Frontispice. 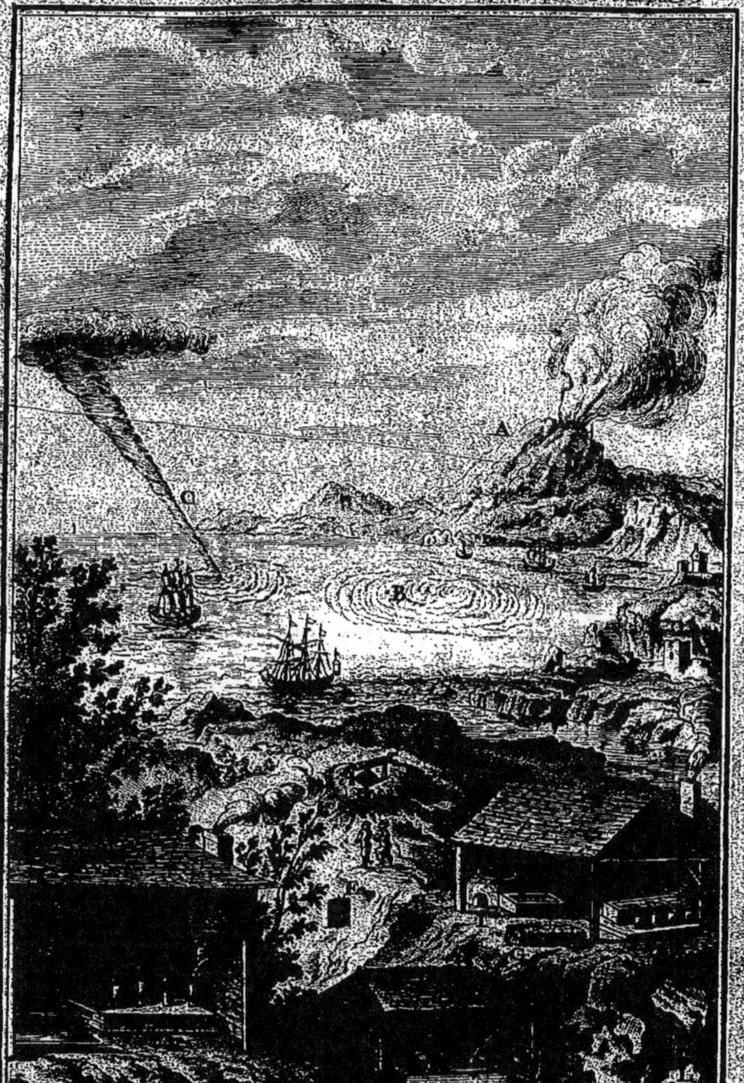
A
B
C
Pelletier Sc.

PYRITOLOGIE,

OU

HISTOIRE NATURELLE

DE LA PYRITE,

OUVRAGE DANS LEQUEL ON EXAMINE
l'origine, la nature, les propriétés & les usages de ce Minéral important,
& de la plûpart des autres Substances du même Regne :

ON Y A JOINT

LE *FLORA SATURNISANS,*

OÙ L'AUTEUR DÉMONTRE L'ALLIANCE
QUI SE TROUVE ENTRE LES VÉGÉTAUX ET LES MINÉRAUX;

ET

LES OPUSCULES MINÉRALOGIQUES

Qui comprennent un Traité de L'APPROPRIATION, un Traité de L'ORIGINE DES PIERRES,
plusieurs Mémoires sur la CHYMIE & l'HISTOIRE NATURELLE, avec un TRAITÉ des Maladies
des Mineurs & des Fondeurs.

Par M. JEAN-FREDERIC HENCKEL, Docteur en Médecine, Conseiller des Mines
du Roi de Pologne, Electeur de Saxe ; de l'Académie Impériale des Curieux de la
Nature, & de celle de Berlin.

OUVRAGES TRADUITS DE L'ALLEMAND.

A PARIS,

Chez JEAN-THOMAS HÉRISSANT, Libraire, rue S. Jacques, à S. Paul & à S. Hilaire.

M. DCC. LX.

Avec Approbation & Privilége du Roi.

PYRITOLOGIE,

ou

HISTOIRE NATURELLE

DE LA PYRITE,

OUVRAGE DANS LEQUEL ON EXAMINE

l'origine, la nature, les propriétés & les usages de ce Minéral important,
& de la plûpart des autres Substances du même Regne:

ON Y A JOINT

LE FLORA SATURNISANS,

Où l'Auteur démontre qu'il y a une grande analogie entre les Végétaux & les Minéraux;

ET

LES OPUSCULES MINÉRALOGIQUES,

Qui comprennent un Traité de l'APPROPRIATION, un Traité de l'ORIGINE DES PIERRES,
plusieurs Mémoires sur la Chymie & Physique Naturelle, avec un Traité des Maladies
des Mineurs & des Fondeurs.

Par M. Jean-Frédéric HENCKEL, Docteur en Médecine, Conseiller des Mines
du Roi de Pologne, Electeur de Saxe; de l'Académie Impériale des Curieux de la
Nature, & de celle de Berlin.

OUVRAGES TRADUITS DE L'ALLEMAND.

A PARIS,

Chez Jean-Thomas HÉRISSANT, Libraire, rue S. Jacques, à S. Paul & à S. Hilaire.

M. DCC. LX.

Avec Approbation & Privilège du Roi.

AVERTISSEMENT
DU TRADUCTEUR.

Monsieur Henckel publia la *Pyritologie* en 1725. La réputation dont cet Ouvrage jouit en Allemagne depuis qu'il y a paru, a long-tems excité la curiosité, & causé les regrets de ceux qui ne pouvoient le lire dans la langue de l'Auteur. Les éloges qui lui étoient prodigués, les citations que l'on en rencontroit dans quelques Ouvrages Latins, ne faisoient qu'accroître le désir de connoître un Traité qui renfermoit un grand nombre de découvertes & de vérités intéressantes pour toutes les personnes qui s'occupent de l'Histoire Naturelle. C'est pour satisfaire à des vûes si raisonnables, que j'en ai entrepris la traduction. La langue Françoise est si répandue en Europe, que presque tous les Étrangers pourront maintenant partager avec les Allemands la connoissance d'un Ouvrage précieux, dont jusqu'à présent ceux-ci ont été les seuls possesseurs. Je m'estimerai heureux si mon travail peut contribuer à entretenir & augmenter le goût universel qu'on a conçu pour la saine Physique.

Quoique le titre de cet Ouvrage ne promette qu'un examen particulier des Pyrites, on ne tardera point à s'appercevoir que l'Auteur avoit un but plus étendu; qu'il a occasion de passer en revûe toutes les substances du regne minéral, & que par la liaison de ces substances il a fait le Traité le plus complet & le plus profond que nous ayons sur toutes les branches de la Minéralogie & de la Métallurgie.

Dans l'examen des corps, M. Henckel appelle continuellement la Chymie à son secours. Pour peu qu'on jette les yeux sur la Pyritologie, on sentira combien cette science, dédaignée par ceux qui ne la connoissent pas, est nécessaire lorsqu'on veut arracher à la Nature le moindre de ses secrets. Nos lumieres sont trop étroites pour embrasser la masse totale des êtres, nous sommes réduits à examiner la Nature par petites parties , & nous devons être contens lorſque nous réuſſiſſons à bien connoître les détails de l'objet au-quel nous nous ſommes arrêtés. Chaque page de cet Ouvrage prou-vera qu'il faut ſe pourvoir de matériaux avant que de penſer à élever un édifice durable ; on y verra les ſoins ſcrupuleux qu'exige l'examen des ſubſtances naturelles les plus communes ; la facilité avec laquelle les apparences extérieures peuvent tromper l'Obſer-vateur le plus attentif ; la néceſſité de s'aſſurer par des analyſes exactes de la compoſition intime & de la combinaiſon des corps ; l'extrème réſerve dont il faut uſer lorſqu'il s'agit d'établir des regles générales en Phyſique , & les obſtacles que le ton déciſif & les ſyſtè-mes apportent aux progrès des connoiſſances naturelles. Ceux qui s'en tiennent à l'écorce des choſes , trouveront minutieux la plûpart des détails dans leſquels l'Auteur eſt entré; mais les perſonnes inſtrui-tes lui rendront la juſtice qu'il mérite; elles ſentiront le prix d'un Ou-vrage qui renferme une infinité de faits conſtatés par un travail opiniâ-tre , & des opérations ſuivies & réitérées avec une conſtance infatiga-ble ; elles ſçauront que rien n'eſt à négliger lorſqu'on veut donner au Public des Obſervations exactes , & dont on puiſſe ſe rendre ga-rant. Il eſt vrai que ſi l'examen de la Nature qui ſe fait à l'aide de la Chymie , eſt le plus ſûr , il eſt auſſi le plus lent & le plus pénible : cette voie exige une patience dont peu de perſonnes ſont capa-bles; de-là la grande rareté des Ouvrages ſolides & utiles ſur la Phy-ſique. Les hommes ſont naturellement ſi pareſſeux & ſi inconſtans, qu'ils aimeront toujours mieux nous frapper par des ſpéculations qui ne demandent que de l'imagination , que de nous tranſmettre un petit nombre de faits iſolés & de vérités peu brillantes , qu'on eſt obligé de rechercher par un grand nombre d'analyſes & d'opé-rations ; on trouve plus court de les mépriſer que de les entre-prendre.

En compoſant la Pyritologie, M. HENCKEL ne s'eſt pas ſeulement propoſé d'écrire pour les Sçavans , il a encore voulu que ſon Ou-vrage fût utile aux ouvriers des mines & aux gens du commun ; c'eſt par égard pour cette partie de ſes Lecteurs qu'il a cru quel-quefois ne pouvoir trop s'étendre , ni trop ſouvent répéter quelques vérités ; cela ne pouvoit manquer de jetter de la prolixité dans ſon ſtyle , & de donner lieu à un grand nombre de répétitions. Pour remédier à ces inconvéniens on a cru devoir abréger quelques en-droits , afin d'épargner aux Lecteurs les dégoûts d'une traduction trop littérale. Cependant on n'a uſé de cette liberté qu'avec la plus grande réserve, le Traducteur a eu l'attention la plus scrupuleuse à ne rien retrancher d'utile ou d'intéressant, & il ose assurer que l'on n'aura rien à regretter parmi les choses qu'il a cru devoir supprimer.

On a fait plusieurs découvertes dans la Minéralogie depuis la premiere publication de la *Pyritologie* ; M. BRANDT, de l'Académie de Suede, a montré que le Cobalt étoit un demi-métal particulier, tandis qu'au tems de M. HENCKEL on regardoit cette substance comme une terre métallique. On ne connoissoit pas mieux la nature de la Calamine, de la Blende, ni même du Zinc ; toutes ces substances ont depuis été examinées par MM. POTT & MARGGRAF, qui ne nous ont rien laissé à desirer là-dessus. C'est pour couvrir, en quelque sorte, ces taches légeres de la *Pyritologie*, que l'on s'est permis d'y joindre quelques notes.

On a cru devoir rassembler dans ce Volume les différens Ouvrages du même Auteur, qui étoient relatifs à l'Histoire Naturelle. Le Lecteur trouvera donc à la suite de la *Pyritologie*, les *Opuscules Minéralogiques*. C'est un Recueil de plusieurs Traités qui ont d'abord paru en Latin. M. ZIMMERMANN, disciple de M. HENCKEL, en a publié en 1744. une traduction en Allemand, sous les yeux de l'Auteur qui vivoit encore, & il a joint au Texte des Remarques dont on donne aussi la traduction. Ces Opuscules contiennent, 1°, un Traité de l'*Appropriation* ; 2°, un Traité de l'*Origine des Pierres* ; 3°, plusieurs Dissertations que M. HENCKEL avoit publiées en différens tems dans la Collection des *Ephémérides des Curieux de la Nature*; 4°, l'Extrait d'un Traité en Allemand sur les maladies auxquelles les Ouvriers des Mines & des Fonderies sont communément exposés.

Quant à l'Ouvrage de M. HENCKEL qui a pour titre, *Flora Saturnisans*, l'Auteur se propose d'y démontrer la liaison qui subsiste entre les végétaux & les minéraux. Ce morceau curieux parut en Allemand en 1722. La traduction Françoise que l'on en donne ici, a été faite par M. CHARAS, & revûe par M. ROUX, Docteur en Médecine, qui a donné beaucoup de soins à la publication de cet Ouvrage ; ils ont bien voulu joindre leur travail au mien, afin de rendre ce Recueil plus complet ; par ce moyen l'on aura en François toutes les Œuvres les plus intéressantes de M. HENCKEL, c'est-à-dire, ce que l'Allemagne a de plus parfait sur l'Histoire Naturelle du regne minéral. L'*Introduction à la Minéralogie* du même Auteur, qui doit servir de clef à ses autres Ouvrages, a paru en 1756. en deux volumes *in-12.* chez *Cavelier*, Libraire.

Les planches que l'on trouvera dans ce Volume ont été faites avec le plus grand foin , elles font beaucoup mieux exécutées que dans l'Original ; on a tâché fur-tout de rendre la Planche du Frontifpice plus agréable, que fi l'on n'eût fait que copier celle qui fe trouve dans l'Edition Allemande.

PREFACE

PRÉFACE
DE L'AUTEUR. (1)

L'ÉTUDE de la Minéralogie ne se borne point à la connoissance stérile d'une partie de la Physique ; non contente de nous donner des notions exactes sur la nature des mines, des pierres, des filons métalliques, & de l'intérieur de notre globe, elle offre les avantages les plus réels aux Souverains & à leurs sujets. Comme en publiant ma Pyritologie j'ai eu pour but d'inspirer du goût pour une science dont il résulte tant d'utilité, j'espere qu'on me permettra de puiser dans l'Histoire quelques faits propres à montrer toute l'importance de la matiere que je traite, & à rendre la lecture de mon Ouvrage plus intéressante.

Pour peu qu'on jette les yeux sur les archives & les registres de nos mines de Freyberg & des autres endroits de la Misnie ; on ne verra point sans étonnement les profits immenses que le travail des mines a produit tant à nos Souverains, qu'aux particuliers qui se sont intéressés dans ces sortes d'entreprises. On trouvera que dans le treizieme siécle Henri l'Illustre, Marquis de Misnie, tira des seules mines de Freyberg & de Schneeberg des sommes assez considérables pour faire l'acquisition du royaume de Bohême. Dans le quatorzieme siécle, lorsque cette Souveraineté fut possédée en même tems par trois freres, les seules mines de Freyberg leur produisirent jusqu'à cinq mille écus ou rixdalles (2) par semaine ; pour le dixieme qui est dû au Prince ; d'où l'on peut juger des profits qu'ont dû faire les Concessionnaires. Il est vrai que les produits de ces mines n'ont point toujours été aussi forts, ces trésors souterreins ont été quelquefois épuisés pour un tems, mais on n'a pas tardé à en retrouver de nouveaux qui ont amplement dédommagé des tems

---

(1) On a cru devoir ne donner qu'une traduction libre de cette Préface pour épargner au Lecteur les longueurs de l'Original ; cependant on n'a rien supprimé de ce qui pouvoit être curieux ou utile.

(2) L'écu d'Allemagne, ou *rixdalle*, vaut environ trois livres quinze sols, argent de France.

Pyritologie.   b

de non-jouiffance. Depuis l'année 1529 où l'on introduifit l'ufage d'imprimer les états des répartitions, jufqu'en 1630, c'eft-à-dire, pendant un fiécle, nous voyons que les mines de Freyberg ont fourni trente-fept tonnes d'or (1); les mines de Schneeberg ont donné quarante tonnes d'or depuis 1470 jufqu'en 1510, c'eft-à-dire, en quarante ans. Les mines d'Anneberg ont valu trente-fept tonnes d'or aux Intéreffés depuis 1496 jufqu'en 1626, c'eft-à-dire, en cent trente années. Les mines de Marienberg ont donné vingt-quatre tonnes d'or depuis 1520 jufqu'en 1626. En joignant toutes ces fommes, on trouvera qu'elles montent à plufieurs millions, fur lefquels les Souverains ont prélevé des droits confidérables. Suivant un ancien état manufcrit, depuis 1590 jufqu'en 1626, c'eft-à-dire, en trente-fix ans, ces droits ont produit vingt-quatre tonnes d'or, déduction faite des frais néceffaires pour le monnoyage, pour l'entretien des fonderies & attéliers, pour les appointemens des Officiers, &c. On peut juger par-là du gain qu'ont dû faire les Conceffionnaires de ces mines. A l'égard des profits actuels, ce n'eft point à moi d'en parler, il eft aifé de s'en inftruire de la bouche de ceux qui préfident à ces travaux. La Chronique de Freyberg nous apprend que dans le feizieme fiécle les mines de ce canton étoient partagées en plus de cent conceffions différentes qui, fuivant l'ufage d'alors, étoient fubdivifées en trente-deux *kux* ou portions, dont chacune rapportoit au propriétaire quarante, cinquante, cent, deux cents, & même dans la mine de Thurnhoff, jufqu'à trois cents écus par quartier. On voit par-là que les richeffes de ces mines ne fe bornoient point à quelques endroits particuliers, & l'on a lieu de préfumer que ce terrein n'eft pas épuifé, & que plufieurs de nos montagnes qui n'ont point encore été attaquées, renferment des magafins immenfes, dont la poftérité pourra profiter.

D'après ces avantages, ne devroit-on pas regarder l'exploitation des mines avec d'autres yeux que quelques perfonnes ne l'ont fait jufqu'à préfent. En 1478 on découvrit à Schneeberg en Mifnie un filon de mine d'argent, dans lequel on trouva un bloc d'argent vierge, d'une grandeur prodigieufe ; le Duc Albert de Saxe, étant defcendu dans la mine pour voir ce morceau furprenant, voulut qu'on lui donnât à dîner fur cette maffe qui fervit de table, & dont on tira enfuite jufqu'à quatre cents quintaux d'argent. Ce fait eft rapporté par Albinus dans fa *Chronique des mines de Mifnie.* Il eft vrai

(1) La tonne d'or eft une fomme de cent mille rixdalles ou écus d'Allemagne, c'eft-à-dire, d'environ trois cents foixante & quinze mille livres, argent de France.

que les tems poftérieurs ne nous offrent point d'exemple qu'on puiffe comparer à celui-là; mais à juger par les états que nous avons des ré-partitions de ces mines, nous devons conclure qu'elles ont produit des richeffes immenfes. Les mines riches où l'on trouve de l'argent natif, de la mine d'argent vitreufe, ou de la mine d'argent rouge, ne font point les feules qui aient donné de grands profits, on en a fait de très-confidérables fur les mines de plomb, elles font toujours fort abondantes à une certaine profondeur, & leurs filons font moins fujets à être interrompus. Nous voyons de nos jours que les mines de Schneeberg, de Johann-Georgenftadt & d'Ehrenfriedersdorff, donnent une grande quantité d'argent natif, & de mine d'argent rouge & vitreufe, dont on tire un grand nombre de quintaux d'argent dans nos fonderies.

Ce qui précede fuffit pour convaincre que le travail des mines, quand il eft bien adminiftré, peut faire une portion importante du revenu des Princes; & cette portion eft d'autant plus avantageufe qu'elle fe perçoit fans fouler leurs fujets. Caffiodore, en parlant de ceux qui s'occupent de l'exploitation des mines, dit que : « Ce font » les feuls qui faffent du profit fans commerce. C'eft un mal que » d'acquérir des richeffes par les armes; il y a du danger à les ac-» quérir en s'expofant aux périls de la mer; il y a de la honte à les » acquérir par la fraude; mais c'eft une juftice que de prendre les » biens que la Nature nous préfente; il n'eft point de profits plus » honnêtes que ceux qui ne font tort à perfonne, & l'on a un droit » légitime fur les chofes qui n'ont point de maître ».

Le travail des mines eft avantageux aux Etats d'une autre ma-niere moins directe, mais non moins affurée. Par-là les fujets font retenus dans le pays, la population eft favorifée, il fe fait une plus grande confommation, & le commerce intérieur fe foutient. Nous voyons que l'exploitation des mines a fait bâtir parmi nous plufieurs villes; c'eft elle qui a donné naiffance à la célebre ville de Frey-berg : au treizieme fiécle ce n'étoit qu'un village, maintenant c'eft une ville des plus importantes de l'Electorat de Saxe. C'eft unique-ment aux mines que Schneeberg doit fon exiftence; & la ville de Johann-Georgenftadt, bâtie par l'Electeur Jean-George de Saxe, nous fournit une preuve des avantages que notre pays peut retirer de fes mines, fi la guerre qui ne refpecte rien, ne nous prive pas des moyens de les remettre dans l'état floriffant où elles étoient au-trefois.

Lorfque l'exploitation des mines a été folidement établie dans un pays, elle procure des avantages qui doivent lui faire donner la préférence sur toutes les autres entreprises, & même sur les manufactures : le but de toute entreprise de commerce est d'attirer l'argent dans un pays ; rien ne produit cet effet plus sûrement que les mines, elles nous fournissent les matieres premieres auxquelles on attache le plus de valeur ; mais ce n'est point-là ce que je me propose d'examiner : je ne chercherai pas non plus les causes pour lesquelles certaines branches de commerce font sortir l'argent de nos pays pour enrichir les étrangers, je n'envisagerai que les biens que les mines nous procurent. La partie montagneuse de la Misnie n'est nullement propre à l'agriculture ; nous sommes obligés de tirer nos denrées & nos subsistances des provinces voisines : ce sont les métaux que nous arrachons du sein de la terre, qui nous mettent à portée de satisfaire à nos besoins. D'ailleurs, la fertilité du sol ne suffit pas pour enrichir le Laboureur, il faut encore qu'il trouve à se défaire des fruits que son champ lui a donnés. C'est donc une erreur de prétendre, avec quelques personnes, qu'il seroit plus avantageux pour la Saxe d'abandonner le travail de ses mines pour défricher ses forêts & ses montagnes, & les convertir en terres labourables. Plusieurs pays ont les biens de la terre en une abondance superflue, mais la Pologne nous fournit une preuve sensible que ces avantages sont foibles si l'on n'en trouve le débit. Concluons donc que les mines sont un bienfait de la Nature ; elle les a accordées à quelques pays pour les dédommager d'autres biens dont elle les a privés.

A l'égard des manufactures, nos mines en ont fait naître plusieurs dans la Misnie. En est-il une plus profitable au Souverain & aux particuliers, que celle de la couleur bleue appellée *saffre*, que l'on tire du cobalt ? Cette manufacture unique dans le monde n'a-t-elle pas produit autrefois, & ne produit-elle pas encore des millions ? Les mines de sel sont une grande richesse pour un pays ; elles fournissent une substance nécessaire, & qui ne se trouve pas par-tout, au lieu qu'on peut établir par-tout des manufactures de toile, de laine, &c. Nous avons des mines d'étain dans notre pays, ce métal est d'une utilité connue ; quoique nous en ayons à Altenberg un amas prodigieux & inépuisable, & quoique l'Angleterre en fournisse une grande quantité, ces mines n'en sont pas moins rares en Allemagne, où l'on n'en connoît qu'en Misnie, en Carinthie & en Bohême, ainsi que dans le reste de l'Europe. La Suede, la Norwege, le Dannemarck, & plusieurs autres Royaumes sont totalement privés d'étain, ils sont obligés de le tirer de l'Angleterre, & nous en four-

niſſons à preſque toute l'Allemagne ; n'y auroit-il donc pas de l'imprudence à négliger des mines qui peuvent faire entrer tant d'argent dans notre pays ?

De plus, nos mines de Miſnie ont ſur toutes celles de l'Allemagne cet avantage que, quand même les autres mines tombe-
roient en décadence, les nôtres ne laiſſeroient pas de ſe ſoutenir.
C'eſt une ſuite des travaux prodigieux qui ont été faits par nos Ancêtres ; ces travaux conſiſtent ſur-tout dans les percemens qu'ils
ont pratiqué dans l'intérieur des montagnes, pour donner un écoulement dans les plaines aux eaux qui y ſont contenues, & qui quelquefois s'y trouvent en ſi grande abondance, que les pompes &
les machines ne parviendroient jamais à les épuiſer. Nous avons
dans les mines de Freyberg un de ces percemens qui dégage les
eaux de tous les ſouterreins des environs ; ſans cet ouvrage on eût
été forcé depuis long-tems d'abandonner nos travaux. Pour peu
qu'on y faſſe attention, on verra les peines & les dépenſes qu'il en
a dû coûter pour tailler dans une roche très-dure une gallerie ſouterreine de près d'un mille d'Allemagne, (deux lieues) de long.

Nous devons encore de la reconnoiſſance à nos Ancêtres pour les
forêts qu'il nous ont laiſſées : on conçoit aiſément que le bois eſt
d'une néceſſité indiſpenſable pour l'exploitation des mines ; on en
a beſoin tant pour revêtir & étayer les puits & les galleries, que
pour les fonderies & les travaux de la Métallurgie. Il faut cependant avouer que le bois commence à devenir rare parmi nous, mais
on pourra remédier à cette diſette, ſi on ſe détermine à l'œcono-
miſer, & ſi l'on adopte les idées que M. de Carlowitz, Inſpecteur
général des mines, nous a données dans ſon Ouvrage intitulé,
Sylvi-cultura œconomica, c'eſt-à-dire, *de la culture œconomique des
Forêts* (1), où il propoſe de ne ſe ſervir, pour chauffer les poëles
& les cuiſines, que de charbon de terre, dont nous avons des mines
abondantes en pluſieurs endroits de notre pays.

Nos Prédéceſſeurs, dans les travaux des mines, nous ont encore
établi des ouvrages immenſes ſur la ſurface de la terre. Ils ont creuſé
des réſervoirs & des canaux, bâti des aquéducs, conſtruit des boccards, des lavoirs, élevé des fourneaux de toute eſpece, des machines & des pompes ; en un mot, ils ont fait pour nous tout ce
qui pouvoit faciliter le travail. D'ailleurs, nous pouvons nous

(1) Cet Ouvrage eſt Allemand, quoique le titre ſoit Latin, il a été imprimé à Leip-ſick pour la premiere fois en 1713, en un volume *in-folio* ; & depuis, ſon utilité en a multiplié les éditions.

flatter de posséder un grand nombre de personnes versées dans la Minéralogie & la Métallurgie, qui ne manqueroient point de céder aux offres qui leur ont souvent été faites par les étrangers, si notre pays oublioit ses vrais intérêts, au point de renoncer à l'exploitation de ses mines.

Il résulte encore des avantages pour nous de la diversité des substances minérales que l'on rencontre dans notre pays ; elle nous met à portée de varier leurs mélanges pour faciliter leur fusion ; par-là les métaux se séparent de leurs mines avec plus d'exactitude & sans perte. Cette variété de nos mines nous donne de la supériorité sur nos voisins : c'est ainsi que les Bohémiens ne peuvent traiter dans leurs fonderies la mine d'argent rouge qu'ils ont chez eux ; faute d'avoir des pyrites à leur joindre, ils sont obligés de les acheter de nous, & de les transporter chez eux à grands frais. Leur minerai étant répandu en particules déliées dans la roche qui leur sert d'enveloppe, ne peut en être séparé qu'en se réduisant par la première fonte en une masse que l'on nomme *matte*, opération dans laquelle on ne peut se passer de la pyrite. Je ne m'arrête point ici à parler d'une infinité d'autres combinaisons qui favorisent la fusion des métaux & le traitement du minerai.

Enfin, je dois encore ajouter à l'éloge que je viens de faire de nos mines de Misnie, qu'elles n'ont rien à désirer du côté de l'attention du Souverain, & de ceux à qui il en confie l'inspection ; en cela on ne doit point m'accuser de flatterie : pour se convaincre de cette vérité, l'on n'a qu'à jetter les yeux sur les travaux, les percemens, les galleries, &c. qui ont été faits depuis quelques années, & sur les anciennes mines qui ont été remises en valeur. Tant de soins nous donnent lieu d'espérer que nous ne tarderons point à recueillir les fruits de nos peines. Je n'entrerai point ici dans le détail de toutes ces choses ; je ne me suis point proposé de faire un panégyrique, je ne veux que démontrer la futilité des objections que quelques personnes font contre le travail de nos mines ; & tout Juge désintéressé sentira qu'il n'y a qu'un préjugé qui puisse faire douter des avantages qu'on en retire. Mon but principal dans cet Ouvrage est de prouver qu'une connoissance exacte des substances minérales est la base de l'exploitation des mines & des travaux de la Métallurgie ; & j'espere qu'on me rendra la justice de croire que c'est le désir d'être utile qui m'a déterminé à présenter mes réflexions au Public.

EXPLICATION
DES FIGURES.

FRONTISPICE.

On a eu en vûe dans le Frontispice de repréſenter non-ſeulement les différens travaux qu'on a coutume de faire ſur la Pyrite, pour en obtenir les produits, mais encore les phénomènes que M. Henckel a cru pouvoir attribuer à ce Minéral.

A Volcan.

B Malſtrom, ou tournant d'eau.

C Trombe.

D Puits de mine.

E Percement qu'on pratique dans le flanc de la montagne pour vuider les eaux.

F Attélier où l'on ſublime l'arſénic.

G Tas de Pyrites miſes en effloreſcence.

H Fourneau où l'on diſtille la Pyrite pour en retirer le ſoufre.

I Chaudiere où l'on évapore les eaux qui ont lavé les Pyrites effleuries pour en retirer le vitriol.

K Bain d'eau thermale.

L Fontaine d'eau minérale.

PLANCHE PREMIERE.

Fig. 1. & 2. Pyrites hexaëdres.

Fig. 3. Pyrite irréguliere.

Fig. 4. Pyrite cellulaire.

Fig. 5. Pyrite dans une pierre ſabuleuſe.

Fig. 6. Pyrite en filon.

Fig. 7. Pyrite globuleuſe, caſſée pour faire voir la direction de ſes rayons.

PLANCHE II.

Fig. 8. & 9. Pyrites globuleuſes entieres.

Fig. 10. Pyrite globuleuſe hériſſée.

Fig. 11. & 12. Pyrites ovales.

Fig. 13. Pyrite demi-ſphérique.

Fig. 14. Pyrite en grappe.

Fig. 15. Aſtroïte pyriteuſe.

Fig. 16. Corne d'Hammon pyriteuſe.

PLANCHE III.

Fig. 17. Pyrite dans une corne d'Hammon.

Fig. 18. Corne d'Hammon pyriteuſe en grappe.

Fig. 19. Turbinite pyriteuſe.

Fig. 20. Fongite pyriteuſe.

Fig. 21. Pyrite adhérente à une Bélemnite.

Fig. 22. Conchite pyriteuſe tombant en effloreſcence.

Fig. 23. Alvéole de Bélemnite remplie par une Pyrite.

Fig. 24. Pyrite oblongue qui avoit peut-être été moulée dans une Bélemnite.

Fig. 25. Cochlite pyriteuſe.

Fig. 26. Fragment d'une autre Cochlite pyriteuſe.

Fig. 27. Pyrite priſmatique.

Fig. 28. Bois pétrifié pyriteux.

PLANCHE IV.

Fig. 30. *Alveolus luidii pyriteux.*
Fig. 31. Pyrite en lames.
Fig. 32. Pyrite écailleuse.
Fig. 33. Pyrite fistuleuse.
La *Fig.* 34. renferme, outre les rayons
     solitaires qui forment les
Pyrites globuleuses, tou-
tes les Pyrites simples qui
ont une forme réguliere ;
on en voit de tétraëdres,
de pentaëdres, de cubi-
ques, de rhomboïdes, de
cellulaires, d'octaëdres, de
décaëdres, de dodécaë-
dres & de prismatiques.

PYRITOLOGIE.

CHAPITRE PREMIER.

Dans lequel on expose les raisons qui ont fait entreprendre cet Ouvrage, & l'on rend compte de la maniere dont il a été exécuté.

INTRODUCTION.

'OFFRE enfin au Public la *Pyritologie* que j'avois promise depuis long-tems aux personnes qui aiment l'Histoire Naturelle, & sur-tout à celles qui veulent s'instruire dans la Minéralogie ; peut-être s'en trouvéra-t-il quelques-unes qui, en considérant le tems que j'ai employé à cet Ouvrage, se seront attendues que je donnerois un grand nombre de Volumes sur cette matiere, & qui seront surprises de ne point voir paroître un Traité d'une plus grande étendue : mais quoique ces personnes ne paroissent point capables de juger d'un travail de cette nature, & semblent ne pas mériter qu'on se justifie auprès d'elles ; je crois cependant devoir les désabuser.

Je leur dirai donc en premier lieu, que mon travail a été souvent interrompu ; qu'il ne m'a point été permis de négliger les devoirs de ma place, & que des occupations fastidieuses m'ont empêché quelquefois pendant plusieurs mois de travailler dans mon cabinet, ou dans mon laboratoire, sur les objets qui ont rapport à l'Ouvrage que je m'étois proposé de don-

A

ner; au reste, je ne diffimulerai point que quelquefois les interruptions & les diftractions trop longues ont été fuivies de dégoût & d'indolence: je puis cependant affurer que le tems, que j'ai donné à mes recherches, & les dépenfes qu'elles m'ont occafionnées ont été fi confidérables, que je ne fçais fi en reftant dans la fituation où je me fuis trouvé jufqu'ici, je pourrois encore entreprendre de nouveau un femblable travail. On doit confidérer en fecond lieu, que la nature & l'importance de ces recherches exigeoient beaucoup de tems: il en falloit pour raffembler, autant qu'il étoit poffible, toutes les efpeces de Pyrites de tous les pays & de toutes les mines; & quoique j'aie déja tant différé la publication de cet Ouvrage, j'aurois été obligé de la retarder encore davantage, fi j'euffe voulu attendre l'arrivée de vingt autres efpeces de Pyrites d'Angleterre, que le célèbre M. Woodward m'a envoyées de Londres; mais je commence actuellement à craindre qu'elles ne fe foient perdues en route. Il en falloit un grand nombre pour répéter les Expériences dont j'avois befoin pour appuyer mes idées, & qui fouvent ne pouvoient fe faire qu'avec beaucoup de lenteur; telle eft, par exemple, la vitriolifation de certaines efpeces de Pyrites; il falloit encore du tems, pour prendre des informations par lettres, & pour demander les fentimens & les obfervations des Sçavans. On fçait que cette voie de s'inftruire n'eft pas toujours fort fatisfaifante, & que les éclairciffemens que l'on eft obligé de demander la rendent ordinairement fort longue.

Après ces confidérations, on voudra bien obferver que je ne prétens point donner ici une compilation, comme ceux qui ne cherchent qu'à faire de gros Volumes; je n'ai point non plus voulu groffir mon Ouvrage par un grand nombre de citations; quand même j'aurois eu envie de le faire, cela ne m'eut point été poffible, vû qu'aucun Auteur n'a encore traité de cette matiere de façon à pouvoir en tirer quelque parti. On fent que pour traiter des matieres dans un laboratoire, & pour découvrir des vérités inconnues jufqu'à nous, il en coûte plus de tems, que pour remplir du papier avec des chofes déja connues. On trouvera dans cet Ouvrage un grand nombre de vérités & de faits qui n'occupent que peu de lignes, & qui ont été mifes par écrit en très-peu de tems; mais dont la découverte & les preuves m'ont coûté, je ne dis pas des jours, mais des femaines & même des mois entiers de travaux & de méditations. Parmi ces vérités, il en eft fur lefquelles j'ai réfléchi depuis le tems auquel j'ai entrepris ces recherches, jufqu'au moment actuel où je les donne au Public; nonobftant ces foins fcrupuleux, il a fallu encore admettre des fuppofitions qui m'euffent peut-être occupé pendant le refte de mes jours, fi je me fuffe obftiné à en donner des démonftrations rigoureufes, & à les mettre à l'abri de toutes objections. Je me flatte que l'on voudra bien appliquer à mon Ouvrage le proverbe: *fat citò, fi fat benè.*

Au refte, fi les Critiques, & fur-tout ceux qui voudroient qu'on leur préfentât d'abord de l'or & de l'argent en barres, trouvent mon Ouvrage trop diffus & même inutile, & fi conféquemment à ces idées, ils ne font que le parcourir rapidement & fans fuite, je leur laifferai une entiere liberté de perfifter dans leur fentiment ; mais je les prierai de me faire grace de leur jugement. Si cependant le Lecteur rencontre quelque terme qui ne foit point affez expliqué ou qui ne le foit point du tout ; une propofition qui ne foit pas fuffifamment démontrée ou qui ne le foit point du tout, & qu'alors mes fentimens lui paroiffent obfcurs, équivoques, douteux, & même peu croyables ; je le prie de ne point précipiter fon jugement : l'obfcurité & l'ambiguité viennent quelquefois de l'ignorance, des préjugés ; ainfi que de la difficulté des matieres ; mais je crois pouvoir promettre que ce qui manquera dans un endroit fe retrouvera quelquefois expliqué dans un autre ; & quelquefois la liaifon des chofes préfentera naturellement des conféquences propres à répandre du jour fur ce que l'on avoit trouvé obfcur au premier coup d'œil : il eft auffi déraifonnable de condamner ou de rejetter un Ouvrage avant d'en avoir achevé la lecture, que d'interrompre une perfonne qui parleroit, & de lui donner tort avant qu'elle ait achevé de s'énoncer.

En publiant cet Ouvrage, je me fuis propofé de donner l'exemple à d'autres, & fur-tout aux perfonnes qui ayant plus d'aifances & de commodités pour faire des recherches, n'en font pas pour cela un meilleur ufage de leur loifir & de leurs facultés : il faut donc que j'explique ici en détail les raifons qui m'ont engagé à une entreprife de cette nature, peut-être qu'elles pourront par la fuite produire le même effet fur d'autres ; & que j'expofe le plan de mon Ouvrage, & la maniere dont je l'ai exécuté.

Dès ma plus tendre jeuneffe je me fuis fenti une paffion très-forte pour l'étude de la Nature : je m'apperçus bientôt que pour y faire du progrès, il ne fuffifoit pas de confulter les Auteurs & d'étudier dans fon cabinet : qu'il falloit obferver la Nature elle-même, & que ce n'étoit que par un grand nombre de travaux & de recherches qu'on pouvoit s'ouvrir une route vers la connoiffance de fes myftères. Des circonftances peu favorables m'empêcherent pendant affez long-tems de fatisfaire un goût auffi décidé ; enfin je fus affez heureux pour franchir tous les obftacles, & après avoir pendant un tems affez confidérable pris des leçons de la Nature, qui eft fans doute le plus excellent maître, je fens augmenter en moi de jour en jour le defir de faire de nouvelles découvertes, & de communiquer au Public les connoiffances que je puis avoir acquifes. Je reconnois de plus en plus la folidité des motifs qui m'ont déterminé : ils foutiennent en moi l'ardeur de pourfuivre mes travaux.

C'eft avec douleur que je vois des perfonnes favorifées de la fortune, prodiguer inutilement, pour ne pas dire honteufement, leur loifir & leurs richeffes, au lieu de profiter de ces avantages pour fe livrer à l'examen de la Nature, auquel tout paroît nous inviter. L'Homme n'eft-il pas le maître abfolu des trois règnes de la Nature ? Toutes les Créatures n'ont-elles pas été créées pour fon ufage ? Le Créateur lui-même nous en affure dans les faintes Ecritures, & l'expérience nous fait voir que les animaux les plus forts font obligés de refpecter & de reconnoître la fupériorité de l'homme. Dieu ayant marqué lui-même par la difpofition des chofes, l'intérêt qu'il prenoit à l'Homme qu'il a fait à fon image, la reconnoiffance doit nous porter à contempler les ouvrages que le Créateur n'a faits que dans la vue de notre utilité ; elle doit nous exciter non à les confidérer fuperficiellement, mais avec cette attention réfléchie qui peut nous faire découvrir de plus en plus les propriétés cachées de chaque ordre des Etres. Cependant le commun des hommes néglige les ouvrages du plus grand des Artiftes ; on s'occupe par préférence & fouvent même uniquement de fes propres productions. En général, pouvons-nous faire mieux ? Comment fe dégager des préjugés dont nous avons été imbus dans notre jeuneffe ? Dans cet âge tendre on nous apprend tout au plus à nous fervir du Compas & de la Régle ; nous les appliquons moins aux êtres de la Nature qu'à ceux qui font produits par l'Art ; on regarde l'étude de l'Hiftoire Naturelle, c'eft-à-dire, la connoiffance des formes, des combinaifons & de l'effence des corps, comme une chofe qui eft du reffort des Ecoles, qui ne peut être utile qu'à de certaines perfonnes, & l'on croit que ce feroit perdre du tems que de l'enfeigner dans les Univerfités ; comme fi le peu de Latin que l'on y apprend, & à qui on facrifie malheureufement la méilleure partie de la jeuneffe, ne pouvoit pas s'apprendre en même tems que toutes les Sciences, & fur-tout en même tems que celles qui préfentent des Etres corporels à nos yeux & à nos fens.

Combien y a-t il de perfonnes qui, en voyageant dans des Pays étrangers, fe donnent la peine de faire des obfervations fur la ftructure de la terre, ou d'examiner une pierre qui fe trouve fur leur chemin ? Je ne parle pas des frivolités auxquelles on s'amufe ordinairement ; & pour ne m'arrêter qu'à des chofes innocentes par elles-mêmes, l'expérience ne prouvet-elle pas que c'eft une efpece de miracle, lorfque parmi un grand nombre de Voyageurs, il s'en trouve par hazard quelques-uns qui aient daigné s'arrêter à confidérer des machines, des inventions de Méchanique, & qui aient bien voulu s'en occuper : la plûpart d'entr'eux font beaucoup plus de cas d'une fleur en peinture, que de celle qui eft fortie des mains de la Nature ; ils mettent la première dans un quadre d'or, & foulent aux pieds la dernière. Une pierre, quoique ornée de toutes fortes de figures, leur paroît quelque chofe d'abject, au lieu que s'ils daignoient la confidérer, ils y trouveroient des traces de la Divinité, & des preuves de la vérité des Ecrits de Moïfe.

Il faut cependant avouer que bien des perfonnes commencent à ouvrir les yeux & préférent les Collections de curiofités naturelles aux Cabinets de machines & de productions de la méchanique ; mais la plûpart péchent encore par la préférence qu'elles donnent parmi les fubftances de la Nature, à celles qui frappent les yeux par une figure rare & extraordinaire ; femblables en cela aux Voyageurs, qui ne parlent que des clochers élevés & des châteaux qu'ils ont rencontrés, & qui dédaignent des objets effentiels qu'ils ont regardé comme des chofes triviales, tandis qu'aux yeux des perfonnes éclairées, ils paroîtroient dignes de la plus grande attention. En s'attachant ainfi à la partie la plus frappante de l'Hiftoire Naturelle, on eft peu curieux de connoître les propriétés internes des corps, leurs combinaifons & leurs propriétés ; on conferve fes curiofités comme des idoles vaines, on ne les montre aux autres que par oftentation & par vanité. Il feroit à fouhaiter que l'on n'eût pas quelquefois ce reproche à faire aux perfonnes à qui l'examen des corps de la Nature paroît être réfervé, je veux dire à ceux qui prennent le nom de Phyficiens : fouvent ils ne s'arrêtent qu'à des fubftances étrangeres, ou à l'examen de quelques productions fingulieres ; & fans fortir de leurs cabinets, à l'aide des Livres, ils paffent en revûe les raretés de l'Inde, & croiroient fe dégrader s'ils s'occupoient de chofes communes, & qui font entre les mains de tout le monde : en voyant des Sçavans tenir une conduite femblable, n'eft-on pas en droit de leur reprocher leur vaine érudition & leurs connoiffances frivoles & fuperficielles ? N'eft-ce pas renverfer l'ordre, que de préférer les chofes rares à celles qui font communes, & d'attacher fes yeux fur les cédres du Liban, fans daigner jetter fes regards fur l'hyffope ou l'herbe qui fort de la muraille ?

Il y a très-peu de mérite à ne connoître les corps que felon leurs dimenfions, leurs couleurs, &c ; & comment rendre raifon des exceptions aux régles générales & des irrégularités que la Nature nous préfente, fi l'on ne connoît pas les chofes qui font dans l'ordre, & fi par un grand nombre d'exemples on n'a point acquis la connoiffance des productions régulieres de la Nature, qui font les plus communes & que nous voyons tous les jours ? Dans quelles erreurs ne font point tombés ceux qui ont voulu fixer des principes primitifs & élémentaires des corps, tandis qu'ils ne connoiffoient pas les mixtes, ni même les combinaifons des mixtes, & qui fe font imaginés que tout ce qui avoit rapport à cette connoiffance fi difficile étoit déjà décidé, & n'avoit plus befoin d'examen ? En un mot, tout Etre penfant & raifonnable eft appellé à obferver les phénomènes de la Nature, autant que les facultés de fon efprit, & les foins inévitables de fon état le lui permettent ; il doit remarquer ce que la Nature produit, & ce qu'elle ne produit pas ; il doit commencer par les chofes les plus communes ; en un mot, il doit prendre intérêt aux œuvres de la Nature.

Cette obligation n'impofe rien de dur ou de difgracieux ; la Nature femble elle-même nous inviter à fon école par les charmes qu'elle attache à l'étude de fes œuvres : fans parler des Animaux & des Végétaux, & en m'arrêtant uniquement aux Minéraux, leur examen a autant d'agrémens pour les Curieux & les Sçavans, que les ignorans & les pareffeux craignent d'y trouver de dégoût & d'ennui. Il eft vrai que ces recherches font pénibles ; fouvent fur-tout lorfqu'on eft obligé d'avoir recours au feu, elles fe font à la fueur du corps ; en defcendant dans les fouterreins profonds, en fe courbant pour marcher dans des galeries baffes, où l'on eft quelquefois obligé de fe traîner fur le ventre, on ne trouve pas les mêmes plaifirs que dans une promenade ; mais lorfqu'on eft enfin parvenu jufqu'aux atteliers de Saturne, c'eft-à-dire, aux veines & filons & aux fentes de la terre, l'œil eft enchanté d'y trouver des amas de mines, qui donnent un éclat merveilleux à des fouterreins & à des grottes qui femblent être entiérement couvertes de pierres précieufes. Pour peu qu'on fe foit livré une fois à l'examen des roches & des pierres les plus communes ; pour peu que l'on confidere leur variété ; pour peu qu'on les compare, on y trouvera continuellement , finon des chofes rares & extraordinaires , du moins des vérités neuves ou propres à jetter du jour fur celles qui font déjà connues ; elles dédommageront amplement le Phyficien de fes peines , mais elles ne parviendront jamais à la connoiffance d'un homme qui s'imagine qu'il fuffit d'étudier la Nature dans les Livres : la plûpart des hommes font retenus par leur pareffe , par leur timidité ou par leur incapacité ; d'autres ne font point à portée de pouvoir defcendre dans les mines, de vifiter les montagnes & les rochers ou de comtempler de grandes maffes de roches & de pierres ; par conféquent ces difficultés pourroient plutôt les dégoûter que les exciter à l'étude de la Minéralogie.

Je voudrois donc que guidé par quelque Connoiffeur éclairé, ils commençaffent par aller voir les Cabinets où l'on conferve des collections de Minéraux ; c'eft-là que fouvent un coup d'œil leur fera voir un abrégé du Monde fouterrein. Quelle variété ! Quelle beauté ne découvre-t-on pas dans les mines, dans les pierres ! Quelle foule de réflexions ne fait pas naître la vûe de toutes ces chofes ! Cependant ce n'eft pas-là où fe bornent les plaifirs qu'éprouve un véritable Phyficien ; il n'en trouve pas moins dans les atteliers de Vulcain. Mais combien y a-t-il de gens qui ofent y entrer ? Sur le champ on eft rebuté du coup d'œil, qui ne préfente que de la fuie, du feu & des charbons: on fe fait des idées bien différentes, lorfqu'en approchant plus près des autels de cette Divinité, on entrevoit fon éclat au travers du mafque hideux qui le couvre. Il eft vrai qu'à la fuite de travaux pénibles , après avoir effuyé la plus grande chaleur & épuifé fes forces pendant le jour, il eft très-défagréable de paffer encore quelquefois une partie des nuits à décrire les détails & les circonftances de fes opérations, à joindre toutes les remarques que l'on a faites , & à les comparer avec d'autres, pour n'être point obligé de revenir fur fes pas, pour n'avoir point à fe plaindre de l'infidélité de fa mémoire , ou pour ne point commettre d'inexactitudes dans fes defcriptions.

Je ne diffimulerai donc point qu'il faut de la conftance & du courage dans ces recherches : fouvent on s'appercevra de quelque faute que l'on aura commife ; au milieu d'une opération un vaiffeau viendra à fe brifer, ou bien il furviendra quelque doute peut-être mal fondé , lorfque l'opération fera achevée, alors on fera forcé de répéter en entier une expérience fort longue, & même de la réitérer à plufieurs reprifes. Mais de combien de fatisfaction toutes ces peines ne font-elles pas enfuite récompenfées ? Que ne puis-je en donner une idée à ceux qui ne l'ont pas éprouvé ! Quel plaifir plus vif que celui que fent un Curieux, lorfque l'expérience le met en état de fe former des idées nettes de fubftances dont aucuns Livres ni aucune tradition n'ont parlé, ou fur lefquelles ils ne donnent que des idées fauffes, quoique fouvent fpécieufes ? A quel point un travailleur affidu n'eft-il point encouragé , quand il trouve contre toute attente une découverte qu'il ne cherchoit pas, tandis que d'autres la cherchent fouvent fans fuccès avec beaucoup de peines & de dépenfes ! Quelle fatisfaction pour un vrai Phyficien, que de pouvoir décider avec certitude de la vérité ou de la fausseté d'un fait, de pouvoir dire que l'on a soi-même réitéré plusieurs fois une Expérience, de s'appercevoir des progrès qu'une pratique multipliée fait faire insensiblement dans toutes les parties de la Chymie ; tandis que ceux qui n'ont appris à connoître la Physique que dans les écoles ou dans leur cabinet, n'osent rien avancer avec assurance, & se voient exposés à être contredits aussi-tôt qu'ils hazardent leur sentiment.

En travaillant par soi-même on se forme une excellente bibliothéque dans sa propre tête ; on devient capable de juger des Ouvrages des autres, d'en produire soi-même, ou du moins de parler avec précision des matieres sur lesquelles un autre ne feroit que balbutier. En observant dans ses opérations toutes les circonstances & tous les tours de mains, on a des guides fidéles pour la suite ; on n'aura point à se plaindre, comme tant d'autres, que la répétition d'un essai ne réussit point, & l'on pourra le réitérer avec la certitude du succès. En comparant ensemble les principes qui résultent de ces observations, on tirera des conséquences qui seront toujours ignorées de ceux qui ne s'appliquent qu'à la théorie, quoiqu'elles soient faites pour occuper une place dans un systême lié de connoissances naturelles. Mais pour trouver du plaisir, même dans les travaux du feu, & pour rencontrer de la douceur dans les opérations les plus pénibles, il ne faut entreprendre ses recherches, que dans la vûe de connoître la vérité, & d'étendre les bornes des connoissances : si on est poussé d'un desir inquiet de s'enrichir, il est certain que l'ardeur finira par se ralentir, & l'impatience nuira aux progrès que l'on auroit pu faire.

C'est le desir d'avancer les progrès de l'Histoire Naturelle, qui m'a sur-tout engagé à entreprendre les travaux dont je donne les fruits au Public ; c'est lui qui me fait souhaiter que beaucoup d'autres suivent mon exemple : il seroit inutile de m'étendre ici sur ce motif ; les Physiciens spéculatifs ne croiroient pas ou n'entendroient pas ce que j'aurois à dire, & ceux qui étudient la Nature elle-même sentiront, sans que je les en avertisse, combien nos systêmes de Physique sont imparfaits, & combien il est rare de voir traiter des objets de façon à en donner des idées claires, précises & satisfaisantes ; on n'a soi-même qu'à en faire l'expérience ; que l'on parcoure tous les Livres, & que l'on me dise quelle est la matiere qui y a été assez approfondie pour qu'on puisse s'en faire des notions suffisantes, & pour mettre en état de répondre à toutes les objections que l'on peut proposer à son sujet ; prenons pour exemple l'Ouvrage de Loehneiss *, qui est estimable à bien des égards ; qu'on le consulte sur le Zinc, je ne dis pas sur sa nature ou sur ses propriétés, car cet Auteur n'a écrit que relativement aux mines & aux fonderies ; mais qu'on le consulte, dis-je, sur son origine & sa formation sur laquelle on avoit droit d'attendre de lui des détails très-exacts, puisqu'il vivoit dans le Hartz, c'est-à-dire, sur les lieux mêmes où cette substance se trouve, on verra combien ce qu'il dit est peu propre à satisfaire son Lecteur : mais je me réserve de

---

* Georges Engelhard de Lœhneiss, Gentilhomme Allemand, qui a publié un *Traité fondamental du travail des Mines*, en Allemand. en un volume *in-folio* avec figures, imprimé à Stockholm & à Hambourg, 1690.

traiter cette matiere dans une autre occasion. Qu'on life l'Ouvrage de Caneparius d'un bout à l'autre, on ne pourra jamais fe faire une idée jufte du vitriol, quoiqu'il en parle avec beaucoup d'étendue dans fon Traité *de Atramentis.* Lorfque je cherchois de tous côtés les Ecrits qui pouvoient traiter de la Pyrite, on me renvoyoit ordinairement à cet Auteur Italien, qui d'ailleurs a beaucoup d'érudition. J'avois même lieu de croire naturellement, qu'ayant traité du vitriol, il entreroit dans quelques détails fur le minéral qui le produit ; mais tout ce j'ai trouvé eft fi pitoyable, & fe réduit à fi peu de chofe, que quelquefois on trouve des détails plus fatisfaifans fur cette matiere dans des Livres qui n'ont parlé du vitriol & de la Pyrite qu'en paffant.

Il eft vrai que Georges Agricola a été le premier qui nous ait frayé la route de l'Hiftoire naturelle des Minéraux, il a tiré la Minéralogie des ténebres épaiffes qui l'environnoient jufqu'à fon tems. Il faut encore convenir que la plûpart de ceux qui ont écrit depuis lui fur cette matiere, fe font contentés de le copier fidélement, fans avoir été tentés de l'imiter dans fes travaux & fes expériences ; mais aujourd'hui nous trouvons qu'il manque bien des chofes à la perfection de fon Ouvrage ; & pour en revenir au vitriol & à la Pyrite, il en parle d'une maniere fi confûfe & même fi contradictoire, qu'il faut fe mettre l'efprit à la torture pour concilier ce qu'il en dit, & pour le rendre en termes intelligibles. Il faut convenir que ni lui ni Caneparius n'ont pas examiné avec affez d'exactitude les fubftances dont ils parlent ; le dernier fur-tout s'eft engagé dans des differtations critiques fur un grand nombre de termes bizarres, & au lieu de lever, comme il le devoit, les équivoques auxquelles ces termes étoient fujets, il ne fait que jetter fon Lecteur dans de nouvelles incertitudes ; & par conféquent, il n'a fait que répandre & perpétuer parmi les Sçavans des difputes de mots entierement vuides de fens.

Pour juftifier feulement par quelques exemples ce que je viens de reprocher à Agricola, qui d'ailleurs jouit à tant de titres d'une grande réputation, je ferai obferver que comme le mot *chalcitis,* fuivant fon étymologie, ne paroît fignifier autre chofe finon pierre de cuivre (*lapis æris*), il confond le *chalcitis* & la Pyrite cuivreufe (*Pyrita ærofus*) & les met dans le même rang, c'eft-à-dire, parmi les mines ; tantôt il met ce même *chalcitis* parmi les *atramenta* ou les vitriols, & il l'appelle *atramentum rubrum,* pour l'oppofer au *miſy* ou au *ſory,* il cherche à juftifier cette dénomination par la propriété qu'il a de noircir la thériaque : les vitriols ne peuvent pourtant pas être regardés comme des mines, mais comme des produits d'une mine, qui eft la Pyrite. Dans d'autres endroits, ce même Auteur fe brouille, & ne fçait plus dans quel rang placer cette fubftance, fur-tout en voyant que Galien l'a fait entrer dans la compofition de quelques emplâtres. Je ne fçais où j'en fuis quand je vois dans un autre endroit ce Minéralogifte faire une divifion des *atramenta,* fondée fur les ufages auxquels on les employe dans différens Arts & Métiers : eft-ce que la couleur noire dont fe fervent les Cordonniers differe effentiellement de l'encre des Imprimeurs, ou en général d'une couleur noire & métallique ?

que *? Un Physicien ne devroit-il pas avant toutes choses expliquer la nature & les propriétés d'une substance, & ne parler qu'à la fin, & comme en passant des termes & des dénominations qui peuvent être relatives aux Arts ou aux Métiers?

Quelles idées peut-on se former, quand, en cherchant, dans le même Auteur l'explication du mot *Melanteria*, on trouve que cette matiere est un enduit ou efflorescence qui se forme sur une Pyrite, & qui ressemble à de la laine qui recouvre cette mine; & quand après cela on trouve que cet *exanthema, ἄνϑος τȣ̃ χαλχȣ̃, flos Pyritæ, flos lapidis ærosi*, où cette efflorescence n'est jamais noire, mais blanche & transparente quand elle est délayée; verdâtre & semblable à une substance saline quand elle est plus épaisse; cependant ce qu'en disent Agricola & la plûpart des autres Auteurs, & le nom qu'ils lui donnent, sembleroit annoncer que cette substance est noire. On voudra peut-être les excuser, en disant que cette matiere, sans être noire par elle-même, a pourtant la propriété de noircir, & qu'on pourroit l'appeller *atramentum metallicum*; mais cela ne feroit point concevoir davantage ce que l'*atramentum sutorium* ou l'*atramentum librarium* peuvent avoir de commun avec la Pyrite? Qu'est-ce qu'on entend par *cadmia atramentosa*? La cadmie est une substance arsénicale; mais la *cadmia atramentosa* étant une substance vitriolique dont on nous dit qu'elle effleurit, on ne peut pas désigner par-là ni le *cobalt*, dont on fait le smalte ou le bleu de saffre, ni le *mispikkel* ou la pyrite arsénicale, qui a de l'analogie avec la cadmie par l'arsénic qu'elle contient, ainsi que par sa couleur & son tissu, mais qui en differe par la substance métallique qu'elle renferme, qui est ferrugineuse: car aucune de ces deux substances ne se vitriolise & ne peut être appellée *atramentosa*: puisqu'Agricola donne aussi à cette même substance le nom de *Lapis ærosus*, pierre cuivreuse, il paroît qu'il a voulu désigner une Pyrite arsénicale dont j'aurai occasion de parler dans ce Traité; par conséquent il auroit plutôt dû nommer cette substance une Pyrite ou *Lapis atramentosus cadmeodes*. Je passe sous silence une infinité d'autres contradictions & d'obscurités que l'on rencontre à chaque instant au sujet des vitriols & des *atramenta*, non-seulement dans Agricola, mais encore dans la plûpart des autres Auteurs; enfin, lorsqu'il s'agit de la Pyrite elle-même, on ne trouve nulle part une définition claire de cet important minéral, ni une distinction exacte de toutes ses especes.

Je ne chercherai point à concilier les différens Auteurs qui ont traité cette matiere; ce seroit m'engager dans un labyrinthe d'où ni le fil d'Ariadne, ni toute la dialectique d'Aristote ne pourroient jamais me tirer: je m'arrêterai au seul Agricola, pour faire voir le peu de solidité de ce que l'on a écrit jusqu'ici sur l'Histoire Naturelle des Minéraux, & pour montrer qu'il y a souvent aussi peu à compter sur cet Auteur, qui a jusqu'à présent tenu le premier rang, que sur beaucoup d'autres, qui tombent

---

* Les Cordonniers se servent de deux especes de noir, l'un est du suif mêlé avec du noir de fumée pour cirer ou enduire leurs cuirs; l'autre est une dissolution de vitriol dont ils noircissent les peaux corroyées. L'encre des Imprimeurs est un véritable vernis composé d'huile cuite & de noir de fumée, de charbon de tartre, ou d'os calcinés.

B

très-souvent en contradiction avec eux-mêmes. On pourroit encore excuser Agricola, en difant que de fon tems on ne connoiffoit pas d'autre
Pyrite que la Pyrite cuivreufe ; mais comme il convient en termes exprès,
que fes effais lui ont fait connoître qu'il y a des Pyrites qui contiennent
une fubftance qui, fans être du cuivre, n'en eft pas moins métallique, on
ne peut lui pardonner de s'être contenté de dire que c'étoit un métal
d'une efpece particuliere, *Metallum fibi proprium*, au lieu d'examiner plus
foigneufement ce métal inconnu dont il doutoit, ce qui n'eut pas été fort
difficile. De plus, comment peut-on le comprendre ou le juftifier, lorfqu'il dit qu'il y a des Pyrites qui ne contiennent rien du tout ? Comment
peut-on l'excufer, quand, pour fe conformer aux Anciens, il croit qu'il
exifte du laiton ou du cuivre jaune foffile tout formé dans la Nature ; cependant il feroit auffi peu poffible qu'il en eut vû, qu'il eft poffible de
trouver la pierre philofophale foffile. C'eft encore fans fondement qu'il
avance que les Pyrites contiennent quelquefois du plomb ou de l'étain,
Plumbum nigrum & candidum ; d'où l'on voit qu'il ne diftingue point ce
qui eft intimement combiné avec un corps, d'avec ce qui n'y eft attaché
qu'extérieurement ; c'eft-à-dire, qu'il ne met point de différence entre
une Pyrite qui dans toutes fes parties n'eft qu'une Pyrite toute pure, &
une Pyrite à laquelle il s'eft attaché quelque fubftance étrangere qui peut
contenir du plomb ou de l'étain : il eft vrai que fouvent il faut des
yeux bien exercés pour diftinguer les fubftances, & l'on a tout lieu de
croire qu'en donnant des defcriptions femblables, Agricola n'a eu en
vûe que des morceaux de Pyrites qui étoient mêlées de mine de plomb ou
de mine d'étain, & non pas des Pyrites pures ; car il eft impoffible que
l'on puiffe dire qu'une Pyrite, entant qu'elle eft Pyrite, contienne du
plomb ou un autre métal, à moins que l'on ne voulût auffi donner le nom
de Pyrite au crayon, *Molybdæna, Plumbago*, à la mine de plomb ou galene,
& à d'autres mines de plomb, ce qui feroit abufer des termes, & les confondre arbitrairement.

Le même Auteur s'eft encore laiffé tellement éblouir par les couleurs
extérieures, qu'il les regarde comme des caracteres effentiels des différentes efpeces de Pyrites ; il nous donne des claffes de Pyrites violettes,
bleuâtres & noires : cependant il convient lui-même qu'elles n'ont pas la
même couleur dans leur intérieur ; il aura fans doute obfervé qu'il n'y a
prefque point de mine ou de pierre qui ne prenne à fa furface différentes
couleurs étrangeres, comme je me propofe de le faire voir par la fuite.
Après avoir divifé les Pyrites en celles qui ont une couleur d'or, & celles
qui ont une couleur d'argent, Agricola ajoute, que ces dernieres contiennent plus d'argent, & que les premieres contiennent plus d'or : cette
regle eft entierement fauffe, en effet, une Pyrite comme telle, foit qu'elle
foit blanche ou jaune, ne donne jamais au-delà de deux drachmes ou gros,
& fouvent même elle ne donne qu'un demi gros ou un quart de gros d'argent
par quintal : on fçait de plus que les Pyrites d'un jaune-pâle contiennent
autant d'or que les Pyrites jaunes, peut être même qu'elles en contiennent
davantage ; outre cela il eft conftant que lorfque la couleur jaune pénétre

dans l'intérieur de la Pyrite, elle indique que le cuivre y domine ; la couleur pâle dans l'intérieur de ce minéral fait connoître que le fer y abonde ; la couleur jaune qui n'est qu'à la surface ne prouve rien pour l'intérieur, elle ne vient pour lors que de quelques vapeurs ou exhalaisons, par conséquent elle ne peut être une marque distinctive : Aldrovande fait voir plus de connoissance qu'Agricola, lorsqu'il dit que la Pyrite qui est de couleur d'or à l'intérieur est chargée de cuivre, & il l'appelle *Chalcodés.*

Enfin que peut-on penser de la prétendue différence entre *Pyrita* & *Kiesus* * ? Agricola donne souvent cette dernière dénomination à la Pyrite, mais il n'y a en effet d'autre différence entre l'une & l'autre, sinon que l'une est un mot Allemand, & l'autre un mot Latin ; malgré cela il parle avec beaucoup d'emphase de ce qu'il nomme *Kiesus*, comme d'une substance qui n'est ni une mine de plomb ni une Pyrite, & dont le nom n'est ni Grec ni Latin ; il est vrai que la maniere dont il fait cette distinction fait voir qu'il ne la regarde pas lui-même comme bien fondée ; elle prouve encore en général qu'il n'est pas toujours suffisamment instruit dans l'Histoire Naturelle des Minéraux, & que souvent on a moins à se plaindre des erreurs dans lesquelles il induit, que du tems que l'on perd à feuilleter inutilement son Ouvrage.

Je n'écris point ceci dans la vûe de déprimer personne, je rends au contraire justice à l'application & aux travaux de ceux qui nous ont tracé la route ; mais je me plains surtout de la négligence de ceux qui sont venus après eux, & de la méthode que suivent la plûpart des Ecrivains modernes ; qui n'ayant rien vû par leurs propres yeux dans l'Histoire Naturelle, ne font que répéter sans cesse ce qu'Aristote, Sérapion, Avicénne, Pline, Agricola, &c. ont dit avant eux, & qui ne connoissant d'autres guides que leurs Livres, n'examinent jamais les productions de la Nature, regardent avec dédain les Ouvriers qui travaillent dans les mines, & n'appréhendent rien tant que de mettre eux-mêmes la main à l'œuvre. Ce que je dis s'adresse principalement aux Compilateurs, qui sont si fort à la mode aujourd'hui ; mais on n'a qu'à considérer l'état actuel des Sciences pour sentir que de long-tems on n'aura rien de satisfaisant à se promettre de leurs travaux : ces sortes d'Ouvrages ne peuvent contenter que ceux qui ne veulent connoître la Nature que dans les Livres, & ne satisferont nullement ceux qui veulent connoître la Nature elle-même. Pour se convaincre de la confusion & de l'inexactitude qui régne dans ces compilations, on n'a qu'à prendre quelque article au hazard, l'examiner à fond, & sans avoir égard à la célébrité des Auteurs. Je conviens qu'il faut moins d'art pour critiquer les Ouvrages des autres, que pour les surpasser ; cependant il est des fautes qui suffisent pour nous faire juger de la portée d'un homme & de ses talens. Je ne suis point assez prévenu en ma faveur, pour croire qu'il n'y ait rien d'imparfait ni de repréhensible dans mon Ouvrage ; mais je crois qu'il n'est point nécessaire de flatter personne, quand il s'agit de la recherche de la vérité : je pense que pour faciliter les progrès de la Physique, il faut connoître soi-même & faire connoître aux autres les endroits par où elle est

* Les Allemands appellent en leur langue la Pyrite *Kies*, mot qu'Agricola a voulu latiniser.

encore défectueuse ; je crois que pour sortir de la confusion & des contradictions qui régnent encore dans les observations sur l'Histoire Naturelle, il ne suffit pas de nous en tenir à ce que les Anciens ont fait avant nous ; je crois que pour acquérir des connoissances solides, il faut examiner les corps les uns après les autres, & s'arrêter plutôt à une seule substance, quand on ne devroit en dire que peu de choses, mais bien constatées, que de rapporter un grand nombre de faits vagues & incertains ; en un mot, je pense qu'il est nécessaire de commencer par travailler sur les parties de détail de l'Histoire Naturelle des Minéraux, afin de rassembler peu à peu les matériaux que la postérité pourra quelque jour employer à former des systêmes de Physique plus parfaits que ceux que l'on nous a donnés jusqu'à présent.

Comme dans cet Ouvrage je me suis proposé de répandre de nouvelles lumieres sur la Physique en général, & de faire disparoître une partie de l'obscurités qui couvre encore les Sciences, l'Alchymie pourra aussi en retirer quelque utilité. Les partisans de cette Physique transcendante seront bien aises de connoître les matieres dont il est fait mention dans les Ouvrages des Alchymistes, & de se former des idées nettes des termes équivoques, & des différentes dénominations qu'on a employées pour exprimer les mêmes choses. Il est rare de trouver le mot Allemand *Kieß*, Pyrite, dans les Ouvrages des Philosophes Hermétiques, mais celui de Pyrite s'y trouve quelquefois ; & la substance que les uns indiquent par ce nom, est appellée *Marcassite* par d'autres, l'on trouve même un Traité entier *de Marcassita*, à la page 161. du troisiéme volume du *Theatrum Chymicum* ; d'autres Auteurs désignent encore la même chose sous le nom de *Magnesia*. On m'objectera peut-être, que les termes de cette Méthaphysique mystérieuse n'ont rien de commun avec ceux de la Physique ordinaire ; mais ne faut-il pas sçavoir quelles sont les idées générales que la Physique attache à ces termes, avant que de pouvoir prouver que les Alchymistes s'écartent de l'acception usitée ? Pour expliquer le sens figuré d'un mot, ne faut-il pas commencer par déterminer la signification propre ? Il faudroit encore sçavoir si les Alchymistes, sur-tout les anciens qui ont écrit d'une maniere beaucoup plus claire & moins enveloppée que les modernes, ont réellement attaché des significations si différentes à leurs dénominations, & sur-tout à leur *Materia cruda lapidis*, au vitriol, au sel, au mercure, à l'urine, &c. il faudroit voir s'ils cachent en effet sous ces termes des choses si opposées aux idées qu'elles expriment dans le langage ordinaire. Quand je considere la nature & les propriétés d'une mine, d'un minéral, ou d'un sel, soit que les Physiciens l'appellent *Marcassite*, *Magnésie*, ou *Pyrite*, & lorsque je pense en même tems à l'importance des matieres que l'on en peut tirer, qui sont le but que l'on se propose dans toutes les opérations alchymiques ; il ne me paroît pas croyable qu'ils ayent voulu que l'on donnât des interprétations aussi forcées à leurs termes hiéroglyphiques, que sont celles que leur donnent les personnes qui s'efforcent à chercher des explications extravagantes, fondées sur des circonstances extérieures, sur les couleurs & sur la figure.

Je ne craindrai point non plus qu'on me blâme, si je mets encore au nombre des motifs qui m'ont engagé à faire des recherches, l'espérance de faire quelque découverte utile pour les travaux de la Chymie. Je n'ignore pas que quelques personnes prétendent qu'il faut être d'un désintéressement parfait dans les travaux alchymiques qu'on entreprend ; mais je crains bien qu'elles ne décorent du nom de confiance en Dieu, ou une hypocrisie ridicule ou une paresse innée. Par quelle raison seroit-il moins permis dans la Chymie, que dans toutes autres occupations honnêtes, de chercher ses propres avantages ? Comment un Chymiste qui s'enterre, pour ainsi dire, dans son Laboratoire, qui sacrifie toutes les forces de son esprit aux recherches les plus pénibles, & qui n'a d'autre but que de connoître les substances sur lesquelles il opére, seroit-il blâmable de souhaiter en même tems de faire quelque découverte qui pût apporter du soulagement à sa vie laborieuse ? Mais que l'on entre bien dans le sens de ce que je dis ici. Si l'on aime le repos, il ne faut pas regarder les procédés chymiques comme son but principal, ni se proposer de faire telle ou telle opération ; il faut choisir une seule matiere importante, l'examiner avec toute l'application dont on est capable, & ne cesser de la composer & de la décomposer qu'après en avoir parfaitement connu la nature & les propriétés internes. L'expérience que j'ai me donne la confiance d'assurer hardiment, qu'en suivant ce plan, on travaillera toujours pour l'avantage & l'utilité de la Société ; en opérant ainsi, on ne sera point sujet à se rebuter comme ceux qui n'ont qu'un seul objet en vûe, & qui se voient presque toujours frustrés dans leur espérance ; par-là on aura toujours cette présence & cette tranquilité d'esprit nécessaire, non-seulement pour inventer des routes nouvelles, mais encore pour attendre avec patience le résultat de ses opérations. Lorsqu'un si grand nombre de combinaisons, de décompositions & de changemens de formes se feront sous des yeux attentifs, il est presque impossible que l'on n'apperçoive quelquefois un rayon de lumiere qui pourra conduire à des trésors cachés, ou du moins à la découverte de quelques remedes excellens. On ne trouve pas communément ce que l'on cherche ; ou, si on le trouve, ce n'est que très-difficilement : mais quelquefois un heureux hazard présente des choses très-utiles que l'on n'auroit jamais cherchées ; & c'est à lui que nous devons les découvertes les plus importantes.

Je ne parle point des opérations que j'ai faites sur les Métaux, quoique j'eusse peut-être quelque chose à en dire ; je me contenterai d'avertir qu'en travaillant sur la Pyrite, j'ai découvert une voie de produire de l'argent dans une terre, qui, par elle-même ne contient aucun métal ; & dont assurément on n'auroit jamais dû attendre rien de semblable * : cependant je puis dire que c'est en partie à mes réflexions & non pas à un pur hazard que j'ai dû cette découverte. On m'objectera peut-être que dans cette opération c'est la Pyrite qui a seule fourni les parties métalliques, & que la terre n'a fourni que le *Medium.* Mais il suffit qu'il ne se trouve pas d'argent,

* L'Auteur paroît avoir ici en vûe son procédé par lequel il prétend avoir fait de l'argent avec la craye & la Pyrite arsénicale.

ni dans la Pyrite, ni dans la terre, & que cependant cette opération en aît donné. Ces mêmes opérations fur la Pyrite, m'ont fait trouver, fans l'avoir cherché, & même fans connoître les vrais moyens de la chercher, une teinture martiale très-remarquable par la douceur de fon goût, & qui n'a rien de l'âcreté à laquelle ces teintures font ordinairement fujettes. La connoiffance de la Pyrite m'a encore donné beaucoup de lumieres fur la Métallurgie : on fent aifément combien la connoiffance en eft importante. En effet, quel avantage peut-on retirer de la poffeffion des Mines les plus riches, fi l'on ne fçait la maniere dont il convient de les traiter ? En fuppofant même que les travaux de la Chymie ne procurent pas toujours de grandes richeffes, un Phyficien raifonnable croira fes peines affez récompenfées par la feule connoiffance de la vérité qui eft fi difficile à acquérir, & qui à la fin conduit toujours à des conféquences intéreffantes, & à des découvertes avantageufes.

Parmi les motifs qui peuvent engager à travailler, il en eft un plus puiffant que tous les tréfors de la terre : c'eft l'emploi agréable & utile du tems que nous laiffent les devoirs de notre état; c'eft le contentement d'efprit, c'eft la tranquilité d'ame qui réfulte néceffairement d'un ufage fenfé de notre loifir. Combien n'y a-t-il pas de Médecins, (car c'eft à mes Confreres que je m'adreffe), qui fe plaignent ou de n'être point occupés, ou de ne l'être pas affez: ils font tourmentés de mille foins dévorans, fans pouvoir adoucir la rigueur de leur fituation; par une timidité & une abjection indécentes, qui font les compagnes ordinaires de l'indigence, ils s'aviliffent aux yeux mêmes du peuple, & fe rendent indignes d'un meilleur fort ; ils fe privent eux-mêmes des moyens de fe tirer de la mifere, & s'ôtent toute efpérance de changer leur fortune, d'acquérir la tranquilité d'ame, qui eft le plus précieux de tous les biens.

On m'objectera peut-être qu'on ne trouve pas en tous lieux des matieres qui méritent d'être examinées, & qu'on ne peut pas toujours s'en procurer facilement. On fent combien cette excufe eft foible de la part d'un Phyficien. De quels yeux faut-il qu'il regarde les eaux du ciel, les liqueurs renfermées dans fon propre corps, ou celles dont il fe fert pour appaifer fa foif ? Quelle idée faut-il qu'il fe faffe de la terre fur laquelle il marche : le tartre, le falpêtre, l'alun, le fel marin, la chaux, l'argille, la marne, &c. font-ils déja fi bien examinés & affez connus pour n'avoir plus befoin d'aucune analyfe ? Croit-on que les livres qui ont été faits fur ces matieres, & qui la plûpart font très-défectueux, doivent être regardés comme des livres facrés auxquels l'on ne puiffe rien corriger ou ajoûter ? Mais, me dira-t-on encore, malgré toute la bonne volonté que l'on peut avoir, on n'a pas toujours les commodités néceffaires pour faire les opérations que ces recherches exigent. Je réponds que l'on n'eft point toujours obligé de travailler au grand feu, & qu'il ne faut pas d'abord commencer par bâtir un grand laboratoire : plufieurs opérations de la Chymie, telles que la fermentation, la diffolution, l'évaporation, l'ébullition, la précipitation, &c. peuvent fe faire par-tout; il ne faut pour cela qu'un très-petit emplacement, une cheminée & une table ; ce n'eft que depuis très-peu d'années que la fortune m'a procuré un laboratoire conſtruit exprès pour les opérations de la Chymie. Avant d'avoir cette commodité, je travaillois dans une cuiſine, où je n'avois que deux fourneaux, dont un de réverbère, & l'autre à feu ouvert; malgré cela j'ai eu du ſuccès dans beaucoup d'opérations. L'envie de réuſſir eſt toujours ingénieuſe, elle applanit toutes les difficultés: que l'on commence une fois ſérieuſement, & l'on trouvera non-ſeulement les moyens de ſe procurer les commodités néceſſaires, mais encore on ſentira ſon ardeur augmenter à chaque pas que l'on fera dans cette carriere, & l'on ſe repentira de n'avoir point commencé plutôt.

L'impoſſibilité de faire les dépenſes néceſſaires pour cultiver ce genre d'étude, eſt donc la ſeule excuſe qui ſemble encore reſter à quelques-uns; & il eſt vrai qu'il ſeroit injuſte de ſe priver du néceſſaire ou d'en priver les ſiens, pour faire des expériences; mais ſeroit-ce exiger trop que de demander qu'après avoir ſatisfait aux beſoins de la vie, on conſacre une partie de ſon revenu à l'étude de la nature & de ſes admirables productions. Je ne parle pas d'une infinité de dépenſes frivoles auxquelles on ſe croit obligé pour ſoutenir la dignité imaginaire de ſon état, & qui pourroient être beaucoup mieux employées. Je me contente d'obſerver, qu'il ne faut pas ſe décourager lorſque certains ſecours, ou certains moyens nous manquent : il n'eſt pas d'une néceſſité abſolue que les choſes ſoient portées tout d'un coup au plus haut degré de perfection, ni qu'une matiere que l'on a entrepris d'examiner paſſe ſans interruption, par toutes les eſpeces d'opérations, de diſſolutions & de combinaiſons, ou par tous les degrés du feu ; il ſuffit que ceux qui ſe parent du titre de Phyſiciens, donnent une application plus ſérieuſe à la ſcience dont ils portent le nom, & que chacun d'entre eux contribue autant de matériaux que ſes connoiſſances & ſa ſituation lui permettent de fournir pour la conſtruction du grand édifice de l'Hiſtoire Naturelle : mais il faut que cette contribution ſe faſſe avec fidélité & avec exactitude, afin que la poſtérité puiſſe continuer de bâtir ſur les fondemens que nous aurons poſés. Si l'on ne peut pas faire autre choſe, que l'on tâche au moins de connoitre & de diſtinguer les ſubſtances, eu égard à leur origine, à leurs matrices, à leurs affinités, à leurs dénominations; qu'on les examine du moins à l'aide des ſens extérieurs, que l'on obſerve exactement même les circonſtances qui paroiſſent peu importantes, que l'on communique enſuite ces obſervations au Public ; & alors on aura rempli ſes obligations.

Mais il eſt tems de revenir à mon ſujet, & de faire connoître les raiſons qui m'ont déterminé à examiner la Pyrite préférablement à toutes les autres ſubſtances que la Phyſique ſouterreine m'offroit comme autant d'objets dignes de mes recherches. Le premier de ces motifs eſt que ce Minéral ſe trouve ſi univerſellement répandu dans notre globe, que, comme on le verra au quatrieme Chapitre, il n'y a preſque point de terre, de pierre, de fente, ni de filons, de couches, ou de lit de terre franche, de ſouterreins, ni de mines où on ne rencontre cette ſubſtance. N'eſt-il pas naturel de penſer que parmi les matieres qui compoſent notre globe, celles que le Créateur a placées par-tout, ſont celles qui méritent le plus notre attention?

La raiſon ne veut-elle pas qu'avant d'entrer dans les détails de l'Hiſtoire Naturelle particuliere, & de parler des choſes rares ou extraordinaires, on faſſe connoître les ſubſtances les plus communes. En effet, quoique pour l'ordinaire elles ſoient les plus négligées, parce qu'elles ſont communes, elles méritent principalement nôtre attention, non-ſeulement parce que c'eſt elles que nous connoiſſons le moins ; mais encore parce que lorſqu'elles auront été une fois bien éclaircies, elles ſerviront comme de degrés pour parvenir à la connoiſſance de pluſieurs autres corps ; en voulant compoſer un ouvrage ſur les pierres, ne ſeroit-il pas ridicule de commencer par traiter du diamant ? En donnant un ſyſtême de Botanique, ne ſeroit-il pas abſurde d'entretenir le lecteur de la *Senſitive* ou de quelque autre plante rare, avant que de l'avoir mis en état de diſtinguer un caillou d'avec une plante ? C'eſt par de pareils motifs que je me ſuis propoſé d'entreprendre quelque jour l'examen de l'eau ſimple, qui eſt encore plus univerſellement répandue ſur nôtre globe qu'aucune eſpece de mine. Quand même elle ne ſeroit pas comme Thalès l'a prétendu, ce principe matériel de tous les corps, l'eau par ſa grande influence dans les trois regnes de la nature, peut être regardée comme un agent au moins auſſi univerſel que la terre.

A ce premier motif, il s'en joint un autre qui n'eſt pas moins fort : ſouvent on ſe trompe, quand en employant des matieres rares ou faciles à épuiſer, dans le traitement des mines en grand, on croit avoir fait une découverte avantageuſe & lucrative, ou quand on ne met pas en ligne de compte, ou que l'on ne fait entrer dans le calcul que pour peu de choſe, ce qu'on a obtenu très-facilement une premiere fois, ou quand on ne déduit point d'avance l'augmentation de frais qui doit réſulter néceſſairement de la prompte conſommation d'une matiere qui n'eſt point abondante. C'eſt ainſi que les Métallurgiſtes agiſſent avec imprudence quand ils comptent beaucoup ſur des additions ou fondans, ou ſur des matieres qui ſans fournir rien de métallique groſſiſſent le volume, augmentent par conſéquent le travail, & exigent un feu double, de ſorte qu'on eſt obligé d'employer 48. heures à une fuſion qui pourroit ſe faire en 24. Dans l'un & dans l'autre cas, la Pyrite dont je vais traiter, eſt préférable à une infinité d'autres fondans. En premier lieu, on la trouve dans le voiſinage de preſque toutes les mines ; quelquefois même elle eſt ſi abondante qu'on la rejette comme inutile, ou qu'on ne ſe donne pas même la peine d'en faire le traitement, quoique ſouvent on pût le faire avec profit. En ſecond lieu, les vertus de la Pyrite ne ſe bornent pas à faciliter la premiere fonte & la formation de la matte des mines réfractaires mêlées de blende, de quartz, & de cobalt : non-ſeulement elle les diſpoſe à être traitées plus facilement, elle leur ſert de fondant à cauſe de la partie ferrugineuſe qu'elle contient ; mais comme ſouvent elle contient du cuivre, de l'argent & de l'or, elle contribue encore à augmenter la quantité des Métaux précieux ; c'eſt à quoi les fondeurs doivent faire attention dans leurs travaux dont ils font ſouvent myſtere. Puiſque la Pyrite eſt ſur-tout dans nos pays d'une ſi grande utilité & même d'un uſage ſi indiſpenſable dans nos travaux métallurgiques, j'ai cru devoir l'examiner par préférence à toute autre mine, & je ſuis perſuadé

suadé que si l'on vouloit chercher une méthode de fondre les mines, plus avantageuse que celles qui sont usitées, il faudroit porter sa principale attention sur la Pyrite.

Tous ceux qui sçavent le rang que tiennent le soufre & le vitriol dans l'Histoire Naturelle & le rôle qu'ils jouent dans la Chymie, & qui par conséquent désirent ainsi que moi d'en connoître l'origine, ne seront point surpris de voir que mon choix soit tombé sur ce Minéral. Le soufre, l'arsénic & le vitriol qui sont des produits de la Pyrite, sont généralement répandus dans la nature, & d'un usage indispensable dans la Chymie; & il n'est gueres possible sans en connoître la nature de pouvoir faire de grandes découvertes dans le regne minéral : une personne qui aura acquis cette connoissance découvrira aisément des choses fort avantageuses, quand même elle ne seroit d'ailleurs que peu instruite dans les autres parties de la Chymie, ou qu'elle seroit parfaitement étrangere à plusieurs des principes de cette science. Cela posé, on ne peut se dispenser d'examiner la maniere dont se forme le soufre, l'arsénic & le vitriol ; & l'on sera obligé de regarder la Pyrite avec d'autres yeux que le commun des mineurs qui n'en font aucun cas, lorsqu'ils ne trouvent pas en même tems de la mine d'argent rouge ou blanche, ou ce qu'ils appellent les *Mines des paysans*, c'est-à-dire, les Mines d'argent, que tout le monde connoît, de la Mine de plomb, &c. Je me réserve de faire voir avec plus d'étendue dans la suite de cet Ouvrage, l'importance des Pyrites, & particulierement les avantages qu'on en retire à Freyberg en Misnie.

Quant à la méthode que j'ai suivie dans toutes les opérations que j'ai été obligé de faire pour parvenir au but que je m'étois proposé dans cet Ouvrage, je me suis fait une loi inviolable de ne pas chercher à obtenir des choses que la spéculation a fait concevoir comme possibles à moi ou à d'autres, mais d'examiner uniquement ce que la matiere sur laquelle j'opérois pouvoit contenir ; par conséquent je n'ai pas fait ce que j'ai voulu ; mais ce que la nature des choses m'a permis de faire. Je n'ai jamais cherché à résoudre la Pyrite dans les quatre élémens, dans les trois principes ou en d'autres prétendues parties primitives & élémentaires des corps : en effet, comme ni mes propres expériences ni celle d'aucun autre Physicien, n'ont encore pu les démontrer assez clairement pour qu'un Naturaliste puisse les admettre comme les parties essentielles de la matiere, je regarde comme chimériques toutes les opérations que l'on pourroit entreprendre pour les séparer les uns d'avec les autres. Je n'ai point non plus fait attention à tous les procédés & recettes que j'ai trouvés dans quelques traités sur les prétendues Pyrites *auri-feres*, sur le cobalt, sur les Mines talqueuses, &c. Cependant je ne conteste pas leur mérite ; mais l'extraction de l'or, n'étoit pas le but que je me proposois ; & j'étois uniquement occupé à connoître la nature de la Pyrite que ces procédés supposent tout autre qu'elle n'est en effet. Il est certain que toutes ces recettes n'ont jamais été mises en pratique, & elles ne sont que des résultats de lectures & de spéculations ; ou bien, pour avoir été copiées & recopiées plusieurs fois, elles sont parvenues jusqu'à nous remplies d'obscurités & de défectuosités à cause des omissions & des prétendues corrections qu'on y a faites, soit par ignorance, soit à dessein ; ou, si l'on veut en juger plus

C

favorablement, on trouvera du moins qu'elles ne font pas accompagnées des tours de main dont le détail feroit néceſſaire pour les mettre en pratique : ces tours de mains font quelquefois ſi ſubtils, que bien loin de pouvoir être décrits avec clarté & avec préciſion on a fouvent de la peine à les appercevoir, même dans les opérations de la Chymie.

Cette obfervation eſt très-importante, quoique bien des gens n'y faſſent point d'attention. Souvent ceux qui examinent une ſubſtance n'ont pas aſſez de reſſources dans l'eſprit pour imaginer par eux-mêmes des manieres de la retourner de tant de façons, qu'enfin ils parviennent à en découvrir les propriétés : alors ils ont recours à leurs livres, ils cherchent à ſçavoir comment d'autres Chymiſtes ont procédé, ſe contentent ainſi de raſſembler les idées & les inventions des autres. Elles peuvent ſouvent donner occaſion à des opérations utiles, ſouvent auſſi elles ſont inſuffiſantes & quelquefois impraticables. Mais ce n'eſt pas encore-là le plus fâcheux effet qui réſulte de cette façon de travailler : en voyant que toutes les peines ſont inutiles, & que les travaux entrepris d'après des formules preſcrites demeurent ſans ſuccès, on perd patience ; on ſe rebute enfin, & on renonce à tout travail. Un Phyſicien qui ne s'embarraſſe point de ce que les autres ont pu imaginer ſur une ſubſtance, mais qui veut connoître ce qu'elle contient réellement, ne ſe rallentit jamais dans ſon ardeur, quelle que ſoit la fin où la nature des choſes conduit ſes opérations. Au reſte, il eſt impoſſible qu'en examinant une choſe de toutes les façons imaginables, on ne faſſe quelque découverte avantageuſe, ſoit par hazard, ſoit à deſſein, c'eſt-à-dire, d'après des vûes fondées ſur une ſuite de vérités ſimples ; on trouve ainſi quelquefois ſans peine, ce que d'autres cherchent avec beaucoup de travail, & ce qu'ils ne trouvent preſque jamais ; parce qu'aveuglés par leur avidité, ils n'examinent pas les choſes avec aſſez de ſang froid, de ſimplicité, d'ordre & de perſévérance.

J'ai ſouvent fait ſur la Pyrite des expériences qui ſembloient contraires à tous les principes reçus, & dont le ſuccès n'étoit par conféquent dû qu'au hazard. J'ai lieu de me convaincre de plus en plus qu'en obſervant ce que je dis dans ſes opérations, on rencontre aſſez ſouvent des choſes que l'eſprit le plus ſubtil n'auroit jamais découvertes par la force du raiſonnement. Ne voit-on pas très-ſouvent que lorſqu'une choſe a été découverte, les plus grands hommes ne ſont point en état d'en expliquer les cauſes d'une maniere ſatisfaiſante, ou ce qui revient au même, de montrer la liaiſon de ces cauſes avec leurs effets ? Qui auroit imaginé que le vitriol, qui eſt un ſel acide, ou que la terre alkaline, du kali ou de la ſoude puſſent donner une couleur bleue ; cependant à l'occaſion du bleu de Pruſſe, un grand nombre de gens qui veulent raiſonner ſur l'acide & ſur l'alkali, & déterminer les figures pointues ou ſphériques des parties élémentaires, ont tenté vainement une infinité de voyes pour faire cette expérience. Actuellement que la choſe eſt connue de tout le monde, je voudrois bien qu'on m'expliquât par les principes de la Chymie pourquoi ce mêlange ne produit pas plutôt du rouge ou du jaune que du bleu ? Quels ſont les principes primitifs de la

Pyrite qui pouvoient faire naître l'idée d'en tirer une teinture de Mars très-douce? La chose ne doit point paroître possible selon les régles ordinaires; quand même on conviendroit de l'axiome fondé sur un grand nombre d'expériences, qu'une combinaison convenable peut donner la plus grande douceur aux substances les plus violentes. Jamais on ne découvrira *à priori*, ou par la force du raisonnement, entre un si grand nombre de terres, quelle est celle qui ne contenant point d'argent par elle-même peut pourtant devenir chargée de ce métal par le moyen de la Pyrite.

J'ai donc traité la Pyrite de toutes les façons imaginables, sans m'embarrasser si elles étoient conformes ou contraires aux idées & aux raisonnemens reçus: je l'ai mise en dissolution & précipitée par la voie séche & par la voie humide: je l'ai calcinée & fondue non-seulement toute seule, mais encore après l'avoir combinée avec une infinité d'autres substances, de différentes manieres, & suivant différentes proportions; après avoir épuisé tous les moyens, je me suis enfin arrêté comme je le dirai dans la suite de ce Traité. Que l'on ne s'imagine pas que les opérations que j'ai faites se sont bornées à une seule espece de Pyrite: je les ai toutes réitérées sur plus de soixante espéces différentes; il a fallu répéter ces expériences pour sçavoir les opérations dans lesquelles ces Pyrites différoient entre elles; en suivant cette méthode, j'ai découvert dans quelques-unes des propriétés qui non-seulement ne se trouvoient pas dans les autres, mais encore j'ai trouvé des propriétés qu'on n'avoit pas lieu d'attendre dans celles où on les rencontroit. Deux questions qui se présenterent à moi dans l'examen de la Pyrite me déterminerent principalement à en rassembler un si grand nombre d'espéces différentes; souvent au premier coup d'oeil elles paroissoient être les mêmes, & quelquefois aussi contre toute attente, elles ne différoient point entre elles: la premiere de ces questions est: Pourquoi certaines Pyrites se détruisent & se décomposent par le contact de l'air, & se changent en vitriol; & pourquoi ce même air ne produit aucun changement ni aucune décomposition dans les autres? La seconde question est: S'il y a certaines especes de Pyrites qui donnent dès la premiere distillation du soufre pur, qui ne contienne aucun vestige d'orpiment ou d'arsénic, & à quels signes on peut les reconnoître? Il n'étoit pas facile de répondre à ces questions, mais je me flate que les remarques que m'ont fourni un grand nombre d'opérations, m'ont mis en état de donner des raisons très-probables de la diversité de ces phénomenes.

Souvent je me suis vu obligé de répéter jusqu'à deux, trois & même un plus grand nombre de fois la même opération, parce qu'elle étoit devenue douteuse, soit parce qu'il s'étoit glissé quelque erreur dans le poids, soit parce qu'un vaisseau étoit venu à se briser, soit parce que j'avois négligé de mettre sur le champ en écrit tous les détails de l'opération. A l'égard du choix des matieres que j'ai employées, je puis dire que j'y ai apporté toute l'attention possible; en effet, il est certain que l'on ne sçauroit le faire avec trop de scrupule: il est important de connoître la nature des dissolvans des sels & de plusieurs autres substances, & l'on doit les examiner

C ij

avec foin, pour fçavoir s'ils fe trouvent dans un état fur lequel on puiffe compter : afin de ne pas confondre les alkalis, par exemple, en regardant le fel de tartre & la potaffe comme des matieres parfaitement femblables; ou afin de ne point employer par inadvertence dans les effais, des fondans qui contiennent eux-mêmes une portion de métal. Pour m'en tenir uniquement à la Pyrite, je n'en ai placé dans une collection aucune efpece que je n'aye moi-même tirée du lieu de fa naiffance, ou que je n'aye bien examinée lors même qu'elle m'étoit venue de très-bonne part. J'ai porté mon attention plus loin, avant de commencer fur aucune de ces Mines les expériences que j'avois envie de faire : je l'ai toujours bien pulvérifée, j'en ai féparé toutes les fubftances étrangeres qu'elle pouvoit contenir, & j'ai vu par la fuite que ces précautions avoient été néceffaires pour connoître certains échantillons, quoique le coup d'œil extérieur ne me l'eût jamais fait fuppofer : je ne citerai pour exemple que la Pyrite de Pretfchendorf, qui paroît toute pure; car, à confidérer extérieurement les cubes ou les marcaffites cryftallifées fur une matiere hétérogene qui tient manifeftement de la nature de la blende, le plus clair-voyant n'y découvriroit rien d'étranger; cependant l'expérience m'a fait connoître que cette Pyrite cubique, qui femble être très-pure & très-compacte, a des fentes à fa furface, & quelquefois ces fentes font remplies de blende, au point qu'elle peut tromper ou au moins faire broncher le travailleur le plus circonfpect, dans les obfervations qu'il fera en travaillant fur cette Pyrite. La Pyrite en roignons qui fe trouve à Franckenberg, toute compacte qu'elle eft extérieurement, & quoiqu'on dût préfumer qu'elle eft homogene à l'intérieur, renferme pourtant non-feulement une efpece de blende qui tire fur le noir, mais encore des petits morceaux de Pyrite cuivreufe qui fe diftinguent fenfiblement du refte, qui eft une véritable Pyrite martiale.

Je n'ai pas été moins fcrupuleux fur la netteté des vaiffeaux & des inftrumens dont je me fuis fervi dans mes opérations, que dans le choix des fubftances que j'ai examinées. On fent aifément combien cette attention eft néceffaire; les couleurs qui fe montrent dans les expériences, peuvent contribuer à faire connoître la nature intérieure des fubftances, & de leurs produits, elles font voir au moins en quoi une efpece differe d'une autre par le mêlange de quelque fubftance étrangere. On fçait qu'il n'y a rien de fi délicat que les couleurs, une feule goutte d'une liqueur étrangere, ou un atôme de fel ou d'ordure, fuffit pour les altérer; ainfi ceux qui veulent trouver de belles couleurs, ou en préparer pour les vendre, ne fçauroient prendre trop de précautions pour s'affurer de la netteté de leurs vaiffeaux & de leurs inftrumens. Les mêmes attentions doivent être prifes par ceux qui travaillent fur les diffolutions métalliques, & qui par conféquent employent les diffolvans les plus forts, dans lefquels les fubftances métalliques font fouvent tellement cachées qu'on prendroit ces liqueurs pour des eaux de fontaine très-pures; cependant ces Métaux reparoiffent bientôt, lorfque l'on vient à mettre une de ces diffolutions dans un vaiffeau de verre que l'on croyoit avoir parfaitement nettoyé, mais

dans lequel il étoit encore resté une petite portion d'une premiere
dissolution : & suivant la nature des matieres, au lieu d'une substance
blanche comme la neige qu'on attendoit, on apperçoit quelquefois une
matiere noire comme de l'encre. Ce n'est point aux couleurs seules que
ces changemens arrivent ; les mêlanges mêmes produisent des effets tout
différens, à l'insçu & contre la volonté de celui qui opere, quand il n'a
pas eu soin de nettoyer parfaitement les vaisseaux dont il s'est déja servi,
& quand sur-tout lorsqu'on a employé des vaisseaux de grais, on ne les
change pas pour leur en substituer de neufs. Un peu de sel marin ou de
sel ammoniac falsifie sur le champ l'eau-forte ; la plus petite portion d'un
sel contraire empêche une opération que l'on a en vûe ; un sel alkali ou
lixiviel, qui aura attiré la moindre portion d'acide de l'air, ce qui se fait
d'une maniere imperceptible, n'est plus propre à être employé à la mercurification des Métaux, & à plusieurs autres opérations: si en faisant un
essai il s'est attaché quelque portion de métal dans le mortier ou au marteau avec lequel on pulvérise la mine, un essayeur conçoit quelquefois
des espérances chimériques, lorsque venant ensuite à préparer avec ces
mêmes instrumens & vaisseaux, un échantillon d'une substance stérile, il
le trouve riche par l'essai. Si en dégageant le soufre des Pyrites, je n'avois
pas à chaque fois employé des cornues neuves, & même des récipients
nouveaux, je me serois aisément trompé, ou du moins je n'aurois pas toujours pu observer avec assez d'exactitude les Pyrites qui sont arsénicales
& celles qui ne le sont point ; car la portion d'arsénic que quelques-unes
d'entre elles contiennent est quelquefois si petite qu'on ne peut point
l'appercevoir sans casser les cornues & les récipients ; d'ailleurs les récipients ne perdent point aisément l'odeur désagréable que l'arsénic leur a
une fois communiqué. Outre cela, sans cette précaution il m'eut été impossible de déterminer exactement le poids des matieres qui auroient passé
dans le récipient, & de celles qui étoient restées dans la cornue, ce qui
est cependant aussi nécessaire que d'observer leurs propriétés.

Enfin, dans toutes mes opérations j'ai eu soin de porter mes expériences avec la derniere exactitude, sur un journal destiné à cet usage, & de
mettre des étiquettes sur les bouteilles, les boëtes & les capsules, où je
conservois mes produits ; soit pour les examiner encore dans la suite, soit
pour les retrouver quand je voulois répéter mes expériences, ou faire des
nouvelles observations sur celles qui étoient déja faites : cette précaution
étoit très-essentielle ; on ne peut jamais assez compter sur la fidélité de
sa mémoire ; & pour établir des principes propres à entrer dans un systême lié d'Histoire Naturelle, il est nécessaire de réunir sous un même
point de vue tous les produits qu'on a obtenu & les expériences qu'on a
faites. On est donc indispensablement obligé de tout observer & de ne
rien jetter, attendu qu'il y a des produits & des résidus à qui le tems &
les impressions de l'air font prendre des formes nouvelles, & qui par-là
donnent matiere à de nouvelles observations & à des conséquences intéressantes ; mais quand même leurs formes ne changeroient pas, des expériences & des observations postérieures peuvent nous faire changer d'idées.

C iij

Il est certain que notre esprit sera toujours plus fécond, & nos réflexions seront plus justes quand nos sens seront frappés par les objets mêmes, que si la mémoire ne nous en retraçoit qu'un foible souvenir. Au reste, ma propre expérience m'a fait voir que pour se mettre en état d'écrire & de parler à fond sur une matiere, on ne peut être trop exact ni trop minutieux dans la description de ses opérations : il est fâcheux après avoir répété sans succès une expérience de recourir à son journal & de s'appercevoir trop tard que l'on a omis quelque circonstance, soit pour la durée, soit pour l'application, soit pour le degré du feu, ou du moins qu'on ne l'a point suffisamment expliquée. C'est toujours avec succès que je me suis servi du témoignage de tous mes sens dans les opérations que j'ai eu occasion de faire, & j'ai toujours mis en écrit ce qu'ils m'ont rapporté. Souvent même je porte l'attention jusqu'à remarquer qu'une chose n'a aucun goût ou qu'elle n'a aucune odeur.

Quelquefois en ne travaillant uniquement que dans la vûe de chercher la vérité, on fait par hazard une découverte importante; il faut l'avoir éprouvé pour juger du chagrin d'un Chymiste qui ne réussit point en répétant une expérience, faute d'avoir fait une description claire de son premier procédé; il se voit réduit à agir au hazard & à perdre son tems, sans peut-être retrouver jamais ce qu'il a une fois négligé. Quant à la nécessité de mettre des étiquettes sur les produits que l'on a obtenus, on conçoit aisément qu'il ne doit y avoir rien de plus disgracieux que de ne pas retrouver une chose quand on en a besoin, pour vérifier les idées subséquentes qui nous sont venues à son sujet ; rien de plus fâcheux que de se voir induit en erreur, ou du moins jetté dans le doute, par le défaut ou par l'obscurité d'un étiquette, ou de se souvenir que l'on a rejetté comme inutile une chose que l'on désireroit avoir dans l'occasion, & qu'on est obligé de faire de nouveau. Dans la Chymie, rien ne doit paroitre méprisable ; il n'y a point de *caput mortuum* ; il n'y a point de phlegme, dont on ne puisse encore tirer quelque utilité; peut-être que la terre même que l'on appelle *maudite, ténébreuse & épuisée*, peut aussi bien que son phlegme être quelquefois changée en un être *béni* & en *lumiere.* Par tout ce qui vient d'être dit, on voit que le meilleur parti qu'on ait à suivre, est de ne jamais abandonner un travail; de ne jamais ôter ses mains d'une composition, ni ce qui seroit encore plus mal, de ne jamais porter un produit au fourneau, avant d'avoir mis en écrit dans son Journal tous les détails de l'opération que l'on vient de faire, afin que l'on puisse sçavoir autant de fois qu'on le voudra ce que l'on a sçu une fois.

En un mot ; c'est dans l'exacte observation des régles que je viens de spécifier & de quelques autres qui en résultent, que consiste la méthode que j'ai suivie dans l'examen des Pyrites : je n'ai jamais cherché à faire de ce minéral autre chose que ce qui a dû s'en produire naturellement. Ce ne sont point les procédés; c'est la nature des choses, & mes réflexions qui m'ont guidé dans mes opérations. Je n'ai point cherché de l'or, mais la vérité ; & quelquefois elle s'est présentée à moi sans la chercher. Toutes les différentes especes de Pyrites ont été soumises à l'examen, je les ai fait paſſer par tous les traitemens imaginables; j'ai répété pluſieurs expériences à différentes repriſes: je ne me ſuis point occupé de projets pour réformer la Métallurgie; mais j'ai indiqué les principes de l'art de la fonderie & la maniere de la pratiquer avec plus d'avantage. Je n'ai point perdu mon tems à nettoyer mes matras & mes vaiſſeaux; ordinairement j'en ai employé de neufs pour chaque opération. Autant que mes facultés ont pu le permettre, je n'ai épargné aucune dépenſe dans cette recherche: j'ai voyagé & je me ſuis fait des correſpondances & des connoiſſances pour prendre des informations. Enfin, je puis aſſurer que mon Journal ayant été dreſſé avec un ſoin extrême, je me trouve en état de rendre compte des moindres détails de toutes les opérations que j'ai faites.

Si, d'un côté, j'ai cru ne devoir épargner aucun ſoin, il paroîtra peut-être, d'un autre, que j'ai porté l'attention juſqu'à l'excès, & que même ſouvent je me ſuis donné des peines inutiles: j'en conviendrai à certains égards; & j'ai trouvé moi-même au bout de pluſieurs opérations, que le charbon, les vaiſſeaux & le tems auroient pû être beaucoup mieux employés: mais quand une faute eſt faite chacun eſt plus habile que celui qui vient de la commettre; & quand quelqu'un nous a indiqué une bonne route, on n'eſt point dans le cas de s'égarer. Il faut de plus conſidérer que les vérités négatives mêmes, ont leur utilité dans la Phyſique: en premier lieu, on peut aſſurer avec certitude qu'une choſe n'eſt pas fondée ou qu'une autre n'a pas réuſſi; le détail d'une expérience qui a manqué ſert non-ſeulement à épargner des peines inutiles à ceux qui travailleront après nous, mais encore il ſert à faire voir la fauſſeté des prétentions des gens à pro-jets & des charlatans: en ſecond lieu, il eſt certain que la comparaiſon de ce qui eſt vrai & de ce qui ne l'eſt pas, ſert ſouvent à conſtater des idées qui paroiſſent encore douteuſes, & quelquefois elle nous préſente de nouvelles conſéquences à tirer, qui peuvent devenir des principes; c'eſt ce que nous devons chercher principalement dans toutes nos opérations. Il faut de plus conſidérer qu'il eſt quelquefois tout auſſi impoſſible de de-viner ce qui ne ſera pas praticable, qu'il eſt rare que l'homme le plus éclairé puiſſe d'avance démontrer la poſſibilité des choſes, parce que ſou-vent elles réuſſiſſent contre toute attente: combien les propoſitions né-gatives ne nous auroient-elles pas fait faire de progrès dans l'alchymie, ſi les véritables poſſeſſeurs de la teinture avoient voulu nous indiquer fidé-lement & clairement les fauſſes routes qui ne menent point au but qu'on ſe propoſe?

Je ne devrois point entretenir plus long-tems le lecteur de ces préli-minaires; mais encore faut-il que je lui donne en peu de mots une idée plus particuliere de tout mon travail. J'ai examiné environ ſoixante eſpeces de Pyrites, & principalement celles de Freyberg, qui ſe tirent de la Mine appellée le *Serpent d'airain*; celles de Pretſchendorf qui eſt à une lieue & demie d'ici; celles de Johann-Georgenſtadt, dont on tire du ſou-fre; celles de Geyer; celles de Halſbruck qui eſt dans notre voiſinage, & que l'on rejette, à cauſe qu'elles tiennent de la nature du cobalt ou plutôt de l'arſénic; celles de Braunſdorf qui eſt à une lieue d'ici, dans

lefquelles on trouve auffi de l'antimoine ; celles qui fe trouvent à Tœplitz dans des couches d'une pierre calcaire blanche de la montagne de
Schlofsberg ; celles d'Altfattel en Bohême , qui reffemblent beaucoup à
la terre martiale de Heffe : j'ai encore examiné la terre martiale de Heffe
elle-même ; la Pyrite de Vernigerode, que l'on trouve dans les mines de
cobalt du bas Hartz ; celle de Duben, qui fe trouve dans une bruyere du
côté de Wittenberg ; celle que l'on trouve à Eule derriere Prague ; celle
d'Elterlein dans nos montagnes de Saxe ; celle de Radeberg à laquelle on
attribue les Eaux Thermales , qui ont acquis de la célébrité depuis quelques années. J'ai auffi travaillé fur deux efpeces de Pyrites de Hongrie qui
fe trouvent dans le territoire de Temefwar. J'ai examiné la Pyrite en roignons
qui fe trouve à Franckenberg dans une pierre feuilletée ; celle de Schemnitz en Hongrie ; celle de Pefterwitz, proche de Drefde, qui fe trouve
dans du charbon de terre ; celle de Munzig près de Meiffen , qui fe trouve
dans une pierre feuilletée : j'ai travaillé la mine de fer mêlée de Pyrite ;
la mine de cuivre vitreufe de ce canton, c'eft-à-dire, de Freyberg ; la
Pyrite blanche ou le *mifpikkel*, qui fe trouve ici dans la mine des Vaches ;
la Pyrite arfénicale de Scheibenberg, celle de Gold-cronach, de Hartz-
gerode, de Zellerfeld & de Rammelfberg, d'Ilmenau, de Stollberg ; celles
de Falhun , de Salberg , de Néricia & de la Gothie occidentale en Suéde ;
celle de Norwége, celle qui fe trouve en Pologne dans les mines de fel
gemme de Bochnia : des Pyrites arfénicales mêlées avec les mines d'étain
& avec le cobalt, dont on tire le bleu de faffre, &c.

Voici de quelle maniere j'ai traité toutes ces différentes efpeces de Pyrites chacune en particulier : j'ai commencé par les examiner & par les
comparer entr'elles par leur couleur, par leur denfité, & par leur pefanteur fpécifique : enfuite j'en ai deffiné moi-même les principales figures d'après nature ; parce que j'ai craint qu'un autre ne s'en acquittât pas
d'une façon conforme à mes intentions ; & j'ai confervé les morceaux originaux, afin de pouvoir en tout tems vérifier l'exactitude de mes copies :
j'ai expofé une certaine portion de chaque efpece de Pyrite à l'action de l'air , afin de fçavoir celles qui en feroient diffoutes , &
celles qui lui réfifteroient : enfin , je les ai examinées par le moyen du
feu, & j'ai tâché de découvrir ce qu'elles contenoient ; c'eft dans ce deffein que je les ai mifes en diftillation dans la retorte : j'ai féparé foigneufement ce qui s'étoit fublimé, & par conféquent j'ai obtenu du foufre ,
de l'orpiment & de l'arfénic. Je me fuis fervi du fourneau d'effai pour
m'affurer de l'argent qu'elles contenoient ; & j'ai employé le fourneau à
vent pour trouver combien elles contenoient de cuivre & de fer : j'ai
encore fait plufieurs tentatives pour en tirer de l'or : j'ai examiné les mêmes Pyrites à l'aide de l'aiman , non-feulement telles que la nature nous
les offre, mais encore après les avoir grillées ou calcinées , & même
après des calcinations faites à différens dégrés de feu.

Toutes ces Pyrites, tant crues que calcinées, ont paffé par l'eau-forte
& par l'eau régale , & dans ces opérations je me fuis quelquefois apperçu
d'une odeur tout-à-fait finguliere, je veux dire de l'odeur du foie de foufre :

j'ai

j'ai filtré les dissolutions , j'ai examiné les poudres qui sont restées sur les filtres , & en conservant la moitié des dissolutions après qu'elles s'étoient éclaircies ; j'en ai précipité l'autre moitié par différens précipitans. J'ai ensuite soigneusement examiné les précipités : tantôt je les ai mêlés avec de l'argent , tantôt avec du plomb , & enfin j'ai fait le départ des grains d'argent par le moyen de l'eau-forte. J'ai outre cela pris pour dissolvans le vinaigre & l'esprit de sel ammoniac pour voir si en prenant une couleur verte , ils me découvriroient des parties cuivreuses dans les Pyrites que j'examinois ; enfin , j'ai employé des lessives ou solutions alkalines aussi-bien que des solutions de sel marin & d'alun , j'y ai fait bouillir les Pyrites , ensuite je les ai distillées ; le premier moyen étoit pour voir si le soufre se dégageroit de sa terre métallique pour former du foie de sou-fre ; le dernier étoit pour essayer si l'acide vitriolique attaqueroit le sel marin , en dégageroit l'acide , & enfin si l'acide vitriolique se combine-roit avec la terre alkaline du sel marin , pour former soit du sel d'epsom , soit un autre sel , soit du sel de Glauber , ce qui auroit confirmé ma con-jecture sur l'origine des fontaines salées , ameres & acidules ; j'ai pris pour cela des Pyrites qui avoient de la disposition à se vitrioliser , telles que sont celles du pays de Hesse ; j'ai aussi mêlé dans cette même vûe les Pyrites avec les sels que je viens de nommer , & sur-tout avec du sel marin , & je les ai exposés ensuite pendant quelque tems à l'humidité de l'air.

Je n'ai point oublié non plus de combiner & de mêler les parties des Pyrites entr'elles ou avec d'autres corps , ou enfin de mêler la Pyrite en-tiere avec d'autres matieres ; c'est ainsi que j'ai essayé de combiner le sou-fre & l'arsénic qui forment ensemble de l'orpiment ou arsénic jaune qui est produit par la plûpart des Pyrites , & j'ai tâché ensuite de démontrer (par la synthese) les parties constitutives de l'orpiment. Quoique je n'aie pas entrepris d'entrer dans les détails de l'Histoire Naturelle du soufre & de ses rapports avec les autres corps , je n'ai pourtant pas pû me dispenser de le traiter avec toutes sortes de chaux métalliques , & avec d'autres es-peces de terres ; en effet , je ne pouvois point perdre de vûe l'augmen-tation d'argent qu'il m'avoit produit dans le plomb ; d'ailleurs je souhaitois de connoître si le soufre étoit l'unique cause des effets que l'on voit pro-duire à la Pyrite , où il est combiné avec une terre métallique qui est com-munément ferrugineuse. Je ne m'en suis pas tenu-là : j'ai fait passer les résidus ou le *caput mortuum* des Pyrites par la plûpart des opérations que j'avois faites sur les Pyrites mêmes. Tantôt je les ai mêlés avec du sel ammoniac , & j'ai obtenu les fleurs du safran de Mars ; tantôt je les ai fait détonner avec du nitre dans un creuset , afin de découvrir les différentes terres inflammables qu'elles pouvoient contenir. La difficulté de traiter la Pyrite au fourneau d'essai avec presque toutes les especes de terres & de pierres que j'ai pu me procurer , ne m'a point rebuté , & je me flatte d'avoir fait bien des découvertes qui non-seulement peuvent faire con-noître la nature & les propriétés de la Pyrite , relativement à la fonte des mines , mais qui peut-être un jour pourront être d'une utilité encore plus réelle.

D

Comme je ne crois pas avoir rien omis d'essentiel dans la revûe générale que j'ai faite des Pyrites, je n'ai pas hésité de publier le présent
Ouvrage, qui contient le résultat de mes expériences : je me suis proposé
d'écrire avec simplicité ; j'ai par-tout choisi les termes & les expressions
propres, & j'ai évité toute affectation dans le style : j'ai écrit avec clarté
& avec autant d'ordre qu'a pû faire un homme distrait par beaucoup d'autres occupations ; j'ai établi des principes solides , & je n'ai suivi d'autres guides que la raison & l'expérience. Je n'ai rien avancé gratuitement.
Je n'ai pas aisément ajouté foi aux autres ; j'ai tout examiné par moi-
même, j'ai tout fait de mes propres mains ; j'ai plusieurs fois réitéré
les mêmes expériences , & je n'ai point craint de salir mes mains dans
les Mines ni de les brûler au feu. Quand j'envisage les peines que je
me suis données, & que je les compare avec le peu d'étendue de l'ouvrage que je donne à présent au Public, je suis étonné d'avoir pu resserrer un
si grand nombre de choses en si peu de mots. Si l'on trouve par-ci, par-là
quelque chose à reprendre dans mon ouvrage, j'ose me flatter que souvent la faute ne sera pas tant de mon côté que de celui de mes Critiques ;
si même mon Livre étoit en effet répréhensible en quelques endroits, je
crois pouvoir dire qu'il y a peu d'Auteurs qui aient été plus heureux
dans des ouvrages de Physique, ou même qui aient été dans la possibilité de mieux faire que moi : au reste, on peut être persuadé que
non-seulement je m'occuperai toujours moi-même à corriger & à perfectionner mon travail, mais encore que je recevrai avec reconnoissance, les
avis & les observations que l'on voudra bien me communiquer.

EXPLICATION de la Figure qui se trouve au Frontispice.

POUR aider la mémoire qui s'attache plus facilement à des figures
qu'à des lettres ; & pour inspirer à ceux qui n'ont pas encore de goût
pour les choses dont nous traitons, sinon l'envie de travailler, du moins
celle de lire, & pour satisfaire les personnes qui, soit faute de loisir, soit
par paresse, souhaitent qu'on leur présente toutes les sciences, d'une maniere abrégée ; en tables & par extraits ; j'ai imaginé la Figure qui se trouve
à la tête de mon livre : elle présente d'un coup d'œil l'Histoire de la
Pyrite, c'est-à-dire, celles des principales substances que l'on en tire, &
des effets quelle produit sous la terre. Quoique cette estampe soit fort
intelligible par elle-même, & quoique la lecture de cet ouvrage doive la
rendre encore plus claire, il s'y trouve pourtant certaines choses qui ne
sont point entrées dans mon plan, & sur lesquelles il est à propos de dire
un mot en passant : en effet, je n'avois ni le tems ni l'intention de traiter
dans le corps de cet ouvrage, des volcans, du charbon de terre, du sel
marin, du bitume de la mer, des eaux thermales, &c.

On y voit donc en premier lieu trois atteliers dans lesquels on tire
du soufre, du vitriol & de l'arsénic ; ce sont les trois matieres principales
qu'on obtient de la Pyrite, tant avec le concours de l'air, que sans son se-

cours. Dans l'attelier du foufre, on voit un long fourneau de réverbére, auquel font expofées quelques cornues, dans lefquelles on a mis de la Pyrite jaunâtre, d'où l'on fait paffer à la diftillation le foufre qui eft reçu dans des récipients de terre. Lorfque cette premiere opération eft faite, on remet ce même foufre une feconde fois en diftillation, ou, ce qui eft la même chofe, on le purifie, enfuite on le jette dans de longs moules pour lui donner la forme de bâtons ou de canons; après quoi, l'on en remplit des barils pour le débit. Ces cornues ayant une ouverture par derriere, on en ôte le réfidu de la Pyrite, & on y en remet de nouvelles; on forme avec le réfidu que l'on ôte des cornues, un tas dans un endroit expofé à l'air libre, c'eft-là que la Pyrite prend un mouvement interne, par le moyen de l'air, de la pluye & du foleil; la nature des pierres, des ardoifes, & des matieres graffes & bitumineufes qui n'ont pu en être féparées entierement, fait qu'elle commence à s'échauffer; par-là, non-feulement le foufre qui y eft refté eft remis en action, & fon acide agit fur la terre métallique; mais encore il devient propre à fe charger de l'acide de l'air; en un mot, il produit du vitriol.

Après que la vitriolifation a continué à fe faire pendant un an ou même pendant plus long-tems, on porte la Pyrite vitriolifée dans l'attelier du vitriol, où on la fait bouillir avec de l'eau dans une chaudiere de plomb, afin d'en tirer le fel vitriolique : lorfque la folution eft réduite à la confiftence qui lui eft néceffaire pour qu'elle puiffe fe cryftallifer, on la foutiroit autrefois dans un auge à cire qui fe trouvoit à côté de la chaudiere afin qu'elle s'y cryftallifât; & aujourd'hui on la fait d'abord couler tout doucement fur un foyer long & large, que l'on appelle le *banc à cire*, afin qu'elle fe cryftallife dans le premier, & s'écoule dans la derniere; c'eft ainfi que l'on obtient le vitriol; mais comme toute la fubftance vitriolique que la Pyrite contient ne fe vitriolife point à la fois, parce que la pluye qui emporte toujours une partie du vitriol formé, & qui par conféquent cauferoit à la longue une trop grande perte, empêche d'en différer l'extraction, jufqu'à ce que tout fe foit vitriolifé, on remet la Pyrite dont on a déja extrait le vitriol en tas comme auparavant, & après avoir procédé comme la premiere fois, on répete toute l'opération autant de fois que l'on trouve que la Pyrite peut encore fe charger de nouveau vitriol : on voit qu'il n'y a plus rien à efpérer, lorfque le réfidu de la Pyrite eft devenu tout-à-fait rouge; & c'eft alors qu'on l'appelle *la tête-morte*, ou *le caput-mortuum*.

Dans l'attelier où l'on travaille l'arfénic, on apperçoit pareillement un long fourneau de réverbére garni de longs vaiffeaux fublimatoires, dans lefquels s'éleve l'arfénic qu'on nomme en Allemand *Giftmehl*, c'eft-à-dire, arfénic en farine : cet arfénic fe tire dans des fourneaux particuliers, de la Pyrite blanche, auffi bien que du cobalt, qui fert à faire le bleu de faffre; il eft reçu dans de longs tuyaux ou cheminées, ou bien on l'apporte de quelque autre attelier des Mines, où on l'obtient accidentellement : c'eft ainfi que dans nos cantons on en obtient dans les fonderies où l'on traite une mine d'étain, mêlée de Pyrite blanche; c'eft de cette maniere que l'on obtient l'arfénic blanc ou cryftallin. On fuit le même procédé pour faire l'arſénic jaune, excepté que pour lui donner une couleur qui tienne le milieu entre le jaune orangé & le jaune citron, il faut qu'il y ait déjà une petite portion de ſoufre ſoit dans la Pyrite ou dans la farine arſénicale avant la ſublimation, ou qu'on y joigne du ſoufre à deſſein. On fait la ſublimation de l'arſénic rouge ou réalgar dans des cornues ou dans des tuyaux de tôle.

On voit au bas de l'eſtampe un angar, ou une cabane placée au-deſſus de l'ouverture d'une bure ou d'un puits des Mines ; & plus haut eſt l'entrée d'une galerie : plus haut encore ſe voit un puits avec un tourniquet, toutes ces choſes ont rapport au travail des Mines en général, & particulierement de celles où l'on cherche & exploite la Pyrite jaune auſſi bien que la Pyrite blanche.

L'entretien d'un marchand & d'un ouvrier des Mines, auſſi bien que les vaiſſeaux que j'ai repréſentés dans la même planche, indiquent le débit & le commerce qui ſe fait des ſubſtances minérales dont je viens de parler. Par le volcan, la trombe, & les bains ou eaux thermales, j'ai voulu préſenter au Lecteur, les phénomenes ſouterreins qui ſont dûs en grande partie à la Pyrite.

Pour ce qui regarde les tourbillons, les tournants d'eau, &c ; il s'en trouve ordinairement dans le voiſinage des volcans ; on a remarqué plus d'une fois que les grands embraſemens de l'Etna & du Véſuve, ont été accompagnés d'une agitation violente, & d'un flux & reflux de la mer extraordinaire ; on en a vu ſur-tout un exemple dans le terrible embraſement qui arriva dans les années 1693 & 1694. Voyez les Obſervations de Boccone ; comme les volcans ſe trouvent ordinairement ſur les bords & dans la milieu de la mer, & comme, ſuivant les *Mémoires de l'Académie royale des Sciences de Paris,* année 1708, on a vu s'en former de nouveaux dans la mer, dans le voiſinage de l'Iſle de Santorin ; on peut en conclure que les eaux de la mer doivent y contribuer en quelque façon, comme on peut en juger par le ſel marin ammoniacal qui ſort de cés goufres de feu *. Il eſt encore plus certain que le charbon de terre & le bitume contribuent à la formation de ces volcans ; parmi les ſubſtances minérales, ce ſont elles qui ont le plus de diſpoſition à s'embraſer. En effet, on voit dans nos pays que les Mines alumineuſes mêlées de matieres qui tiennent de la nature du charbon de terre & du bitume, prennent feu d'elles-mêmes. Comme l'eau de la mer contient une portion de ces mêmes matieres, il y a lieu de croire qu'elles ſont encore beaucoup plus abondantes dans les goufres profonds qui ſont au fond de la mer. Enfin, il eſt très-certain que la Pyrite ſulfureuſe ſe joint encore à toutes ces cauſes ; ce minéral eſt compoſé du métal le plus inflammable qui eſt le fer, & du ſoufre qui doit certainement augmenter l'inflammabilité ; auſſi voit-on que dans les laves ou matieres fondues que les volcans vomiſſent par leurs ouvertures, le fer & le ſoufre y dominent toujours ; d'ailleurs on ſçait que le fer & le ſoufre s'enflamment-très-aiſément lorſqu'on les humecte avec de l'eau.

---

* L'eau de la mer & ſon ſel, contribuent à augmenter la violence des exploſions & des éruptions des volcans. Voyez *Lehmann, Traité des Tremblemens de terre.*

A cette occafion, je ne puis me difpenfer de donner les éloges qui font dus à la fagacité de M. Lémery le pere, ni paffer fous filence les expériences qu'il a faites pour expliquer les phénomenes dont je parle : ce fçavant Chymifte a tâché d'imiter en petit les embrafemens fouterreins & les tremblemens de terre. Pour faire voir qu'un embrafement fpontané peut s'opérer fans feu & par la feule combinaifon de certaines matieres, c'eft-à-dire, par des principes internes, il fit un mêlange de parties égales de limaille de fer & de foufre pulvérifé, il humecta ce mêlange avec de l'eau, & en fit une pâte ; cette maffe étant expofée à l'air pendant deux ou trois heures feulement & fans feu, commence à s'échauffer fenfiblement, elle fe gonfle, & entre en fermentation ; cette fermentation fait que la maffe fe fend & fe remplit de crevaffes en plufieuts endroits ; il en fort des vapeurs qui font fimplement chaudes quand la matiere n'eft qu'en très-petite quantité ; mais qui s'enflamment lorfqu'on a fait une maffe de 30. ou 40. livres de ce mêlange.

C'eft par cette expérience que M. Lémery prétend expliquer la caufe des fameux embrafemens du Véfuve & de l'Etna ; il rend fon fentiment très-probable par une autre expérience qu'il ajoute à la premiere : « J'ai mis, » dit-il, du même mêlange de limaille de fer & de foufre en différentes » quantités dans des pots hauts & étroits, enforte que la matiere y a été » plus comprimée que dans les terrines ; il s'eft fait auffi des fermentations » & des embrafemens plus forts, & la matiere s'étant élévée avec un peu » de violence, il en a rejailli une partie autour des pots.

» J'ai mis en été cinquante livres du même mêlange dans un grand » pot, j'ai placé le pot dans un creux que j'avois fait faire en terre à la » campagne ; je l'ai couvert d'un linge & enfuite de terre à la hauteur d'en-» viron un pied ; j'apperçus huit ou neuf heures après que la terre fe gon-» floit, s'échauffoit & fe crevaffoit ; puis il en eft forti des vapeurs fulfu-» reufes & chaudes, & enfuite quelques flammes qui ont élargi les ouver-» tures, & qui ont répandu autour du lieu une poudre jaune & noire : » la terre a demeuré long-tems chaude ; je l'ai levée après qu'elle a été » refroidie, je n'ai trouvé dans le pot qu'une poudre noire & pefante, &c. » Cette opération réuffit mieux en été qu'en hyver, à caufe de la chaleur du » foleil qui excite un plus grand mouvement entre les parties infenfibles du » fer & du foufre ». Voyez les *Mémoires de l'Académie royale des Sciences,* année 1700. page 131. & fuivantes.

Après avoir rapporté cette expérience, M. Lémery répond à quelques objections qu'on auroit pu lui faire. En effet, comme les embrafemens fouterreins ne peuvent pas fe faire fans le concours de l'air, on pourroit d'abord lui demander comment l'air peut entrer dans l'intérieur des vol-cans ? On pourroit demander en fecond lieu comment les matieres qui forment le tonnerre & les éclairs, peuvent s'allumer dans les nuages qui ne font compofés que d'eau ? Quant à la premiere objection, on voit aifé-ment que l'on peut y répondre, en difant que notre globe eft rempli d'un grand nombre de fentes, de canaux & de crevaffes, & que ces cavités font pleines d'air, de même qu'il en eft entouré de toutes parts. M. Lémery tâche de lever la seconde difficulté par l'expérience, qui consiste à faire du vitriol de Mars avec l'acide vitriolique étendu d'eau & le fer, dans laquelle les vapeurs qui partent du matras, s'enflamment comme de l'esprit de vin lorsqu'on en approche une bougie allumée, & portent même la flamme jusqu'au fond du vaisseau, quoique les parties inflammables du soufre soient suffisamment enveloppées dans un fluide aqueux. Voyez les *Mémoires de l'Académie royale des Sciences, de l'année* 1700. *page* 131. & suivantes.

Enfin, à l'égard des eaux thermales ou bains d'eaux chaudes, pour peu qu'on connoisse leur nature, je ne crois pas qu'on puisse douter qu'elles ne doivent en partie leur origine à la Pyrite sulfureuse & martiale : je dis en partie ; car dans quelques-unes de ces eaux, & sur-tout dans celles que l'on appelle *acidules*, dans celles de Carlsbade en Bohême, &c. il domine un sel lixiviel & une terre calcaire, qui ne se trouvent dans aucune Pyrite du monde, & que probablement on doit attribuer si ce n'est au sel marin, du moins à la pierre calcaire ; si ce n'est à la pierre calcaire, du moins au spath, qui est une espece de pierre calcaire ; & sinon au spath, du moins à une espece de terre ou de pierre grasse, telle que celle dont est formée la terre calcaire alumineuse.

Personne n'ignore que ces eaux contiennent ordinairement quelque chose de vitriolique, qui, lorsqu'il n'est point altéré ou décomposé par un sel lixiviel abondant, se montre sous la forme d'un véritable vitriol, & dont l'acide lorsqu'il se décompose s'unit à l'alkali, & forme un sel de fontaine amer, tandis que sa base ou sa terre métallique se dépose sous la forme d'un ochre. Ne voit-on pas souvent du vrai soufre dans ces sources minérales, comme nous en avons un exemple frappant dans les eaux d'Aix-la-chapelle ? On dira peut-être que le soufre peut fort bien se trouver sans Pyrite ; mais il ne s'agit point du soufre tout seul ; & je dis que le soufre, l'acide vitriolique & la terre ou l'ochre métallique sont des substances qui, lorsqu'elles se trouvent réunies ne peuvent venir que de la Pyrite, & nullement du charbon de terre & du bitume auxquels on pourroit être tenté de les attribuer avec quelque apparence de probabilité : je passe quant à présent sous silence quelques autres circonstances.

On voit donc dans cette planche du Frontispice, la représentation des atteliers où l'on tire du soufre, du vitriol & de l'arsénic ; les embrasemens souterreins ; les eaux chaudes ou thermales, & les trombes qui s'élevent sur la mer. Tous ces effets sont produits par la Pyrite : il eut peut-être encore été à propos d'ajouter à tout cela la représentation d'une fonderie dans laquelle se fait la fonte pour dégrossir les mines de cuivre & les réduire en matte, opération qui ne peut se faire qu'à l'aide de la Pyrite ; mais elle a été omise ; cependant on trouvera la description de ce travail, dans le Chapitre où je parlerai des usages de la Pyrite.

CHAPITRE II.*

Du vrai nom de la Pyrite, & des différentes dénominations qui lui ont été données par les Auteurs.

IL est très-peu nécessaire d'entrer dans des détails étymologiques sur les choses qui sont de pure spéculation ; rien n'est, par exemple, moins intéressant que de sçavoir si le mot *Chymie* est dérivé du mot Grec χυμός, *ferment*, ou de χέω, *fondre* ; il est beaucoup plus important pour la connoissance des corps de la Nature d'expliquer avec soin leurs dénominations, afin de lever tous les doutes que l'on pourroit avoir à leur sujet ; en effet, sans cette précaution on seroit continuellement exposé à tomber dans l'erreur & dans la confusion : c'est ce qui est arrivé aux Auteurs qui ont traité de la Pyrite & de plusieurs autres substances du règne minéral.

Quelle différence ne trouve-t-on pas entre les substances que l'on a appellées *Cadmia* ou *Cadmie* ? Je ne parle point ici du *Cadmia fornacum* ou de l'enduit qui s'attache aux parois intérieures des fourneaux où l'on traite certaines mines : cependant quelques Auteurs ont jugé à propos de l'appeller *Cadmia ferruginea.* Si l'on s'arrête simplement à la dénomination de *Cadmia fossilis*, nous voyons qu'elle a été donnée tantôt à la calamine, tantôt au cobalt, dont on fait le bleu de saffre, tantôt à la Pyrite arsénicale que nous appellons *Misppikkel* ; cependant il est certain que ces trois substances minérales différent beaucoup dans leurs propriétés, au point que quelqu'un qui trouveroit dans une formule de Médecine *Cadmia fossilis*, sans autre explication, pourroit en faire usage sans succès, ou même avec beaucoup de danger, s'il venoit à prendre l'une de ces substances pour l'autre.

Il n'y a pas moins d'obscurité dans le mot de *Pyrite* ; on verra par la suite à combien de substances différentes ce nom a été donné : en général, rien n'est plus propre à embarrasser dans la Minéralogie que les dénominations synonymes, & souvent barbares, que l'on a données aux Minéraux ; elles varient presque dans tous les endroits où l'on s'occupe du travail des mines ; cela donne lieu à des erreurs & à des méprises perpétuelles. Sans parler des dénominations arbitraires de Paracelse & de Van-Helmont, je suis obligé de dire que je n'ai trouvé que très-peu de secours lorsque j'ai voulu débrouiller l'obscurité qui étoit répandue sur le sujet que je traite dans les Livres qui parlent des Minéraux. Je vais cependant essayer à me tirer de ce cahos ; j'indiquerai le nom qui est propre à ce minéral, je rapporterai les synonymes, & je finirai par faire voir quelles sont

---

* On a cru ne devoir donner ce Chapitre que par Extrait, mais on a scrupuleusement traduit tout ce qui pouvoit être utile ou intéressant pour la Physique, l'Histoire Naturelle, & la Chymie.

les substances auxquelles on donne communément les mêmes noms qu'à
la Pyrite.

Son nom le plus ancien est *Pyrites*, πυρίτης ; les Grecs l'ont donné à ce
minéral dès qu'ils ont commencé à le connoître & à en parler dans leurs
Ecrits ; ce mot est un adjectif ou une épithete qui signifie *igneus* ou *ignifer*, &
qui indique une substance qui produit du feu ; pour abréger on omet
d'y joindre le substantif Λίθος, *Lapis* ; c'est de la même façon que Gesner,
dans son Traité *de Figuris lapidum*, explique le mot Χαλκίτης, *id est*, Λίθος,
Lapis ærarius ; il y a encore un grand nombre d'exemples qui prouvent
que les Grecs faisoient usage de cette façon de s'exprimer.

Un avantage de la Pyrite, c'est que du moins la dénomination qui lui
est échue en partage est relative à ses propriétés, puisqu'elle renferme le
soufre, qui est une des substances les plus inflammables de la nature ; joint
à ce que la Pyrite donne des étincelles lorsqu'on la frappe avec l'acier,
ce qui fait qu'autrefois on s'en servoit comme on fait aujourd'hui des
pierres à fusil pour en garnir les carabines & les mousquets. Outre cela,
comme on l'a déjà fait remarquer dans le Chapitre qui précéde, la Pyrite est la cause des volcans, des embrasemens souterreins, de la chaleur
des eaux thermales, &c.

Le nom Allemand de la Pyrite est *Kiess*, cependant on ne donne
point par-tout le nom de Pyrite à ce qui le mérite : c'est ainsi qu'ici,
(à Freyberg en Misnie,) on donne le nom de *Mine de cuivre* à la Pyrite
qui contient du cuivre, & le nom de *Mispikkel* à la Pyrite blanche ;
au lieu qu'au Hartz, on appelle *Kiess* ou *Pyrite cuivreuse* une mine de cuivre très-riche.

Le mot *Marcassita*, marcassite, que l'on a donné très-fréquemment à la
Pyrite, est dû aux Arabes qui l'ont fait passer jusqu'à nous ; on le dérive
du mot Hébreu *marak*, *flavescere* ou *expolivit*, *tersit*, ou de *morika*, rouille,
ou de *markah*, *gluten* ; quoi qu'il en soit de ces différentes étymologies,
il paroît qu'on est assez généralement convenu de donner le nom de *Marcassite* à la Pyrite lorsquelle est anguleuse, crystallisée & composée de cubes ou de facettes luisantes ; quoique dans le fond elle ne différe aucunement de la Pyrite ordinaire pour les substances qui entrent dans sa composition. En effet, la différence qui se trouve dans la configuration des
Pyrites n'est dûe qu'à de purs accidens, comme je compte le prouver dans
la suite. Ainsi *Marcassite* & *Pyrite* sont absolument la même chose. Cependant bien des Auteurs ont fort embrouillé la matiere par l'usage impropre
qu'ils ont fait du mot de *Marcassite*, aussi-bien que de celui de *Pyrite* :
c'est ainsi qu'ils ont nommé le bismuth *Pyrites cinereus*, ou *Marcassita plumbea* ; & ils ont désigné le régule d'antimoine par *Marcassita alba*, quoique
la Pyrite ou la vraie Marcassite différe essentiellement de ces deux demi-
métaux. Non contens de cela, d'autres ont distingué quatre especes de
bismuth ou de marcassite ; sçavoir, *Alpudradic*, *Doropel*, *Hager al margasita*,
& *Laridach*. Cependant il n'y a qu'une seule espéce de bismuth, de même
qu'il n'y a qu'une espece de régule d'antimoine. Enfin, quelques-uns ont
poussé l'extravagance jusqu'à vouloir mettre de la différence entre *marcassita* & *marckasita.*

Les

Les Alchymistes ont aussi fait usage du mot de *Marcaffite*, & comme leur coutume est de jetter de la confusion & de défigurer à dessein les Langues, ils ne se sont point oubliés dans cette occasion. Le Trévisan dit avoir travaillé sur toutes les Marcaffites sans avoir rien trouvé ; ce qui ne prouve point qu'il n'y ait rien à y chercher, sur-tout puisqu'il est dit dans un Traité *de Marchaffita* inféré dans le volume IIIe. du *Theatrum Chymicum,* pag. 161, *que l'on peut tirer de la Marcaffite un élixir propre pour teindre en blanc.* L'Auteur de l'*Aurea catena Homeri,* entend quatre choses par Marcaffite ; sçavoir le bismuth, le régule d'antimoine, le zinc, & même l'arfénic ; il étend même cette dénomination à des substances inconnues qu'il appelle *Marcaffites d'or, Marcaffites d'argent, de fer, de cuivre,* &c. L'Auteur anonyme d'un Ouvrage qui a pour titre, *dernier Teftament,* distingue la marcaffite d'or, de celle d'argent : par la premiere, il entend le zinc, parce qu'il jaunit le cuivre ; par la seconde, il désigne le bismuth, parce qu'il rend le cuivre jaune blanc comme de l'argent. Paracelse distingue les Marcaffites en blanches & en jaunes, par où il entend probablement la Pyrite ; mais dans ce sens il a tort de les appeller des *corps imparfaits,* vû qu'ils contiennent du fer & du cuivre, qui sont de vrais métaux. L'Auteur anonyme du Livre qui a pour titre, *Tractatus aureus de lapide Philofophorum,* inféré dans le volume II. du *Theatrum Chymicum,* en examinant la question, si l'on peut faire la pierre philosophale avec les *Minéraux moyens,* cite pour exemple, outre l'antimoine & la magnéfie, la Marcaffite à laquelle il attribue de n'être point fusible, à cause de sa partie terreuse & grossiere, ce qui n'est point applicable à l'antimoine ; je croirois plutôt que cet Auteur a eu en vûe la Pyrite blanche ou arfénicale, attendu qu'elle contient une substance semi-métallique & mercurielle : l'arfénic n'a-t'il pas des propriétés semi-métalliques & semi-mercurielles ? Il me semble que Marcolis se trahit lui-même, quelque masque qu'il ait pris pour se déguiser. En un mot, lorsque les Alchymistes parlent de Marcaffite, le pauvre Minéralogiste est entierement dérouté, sur-tout lorsqu'il l'entend nommer *Electrum minerale immaturum,* & désigner par tant d'autres noms ridicules & entierement étrangers à l'Histoire Naturelle.

Si l'on confulte la plûpart des Ouvrages des Naturalistes & les Dictionnaires, on ne trouve qu'obscurité & contradictions. En ouvrant le *Dictionnaire des Drogues fimples* de Lémery, on trouve un détail très-peu satisfaisant sur les Marcaffites d'or, d'argent & de cuivre ; & l'on voit que l'on comprend fous cette dénomination toutes les pierres chargées de métaux : on n'a pas lieu d'être plus satisfait de ce qu'on trouve dans le *Dictionnaire des Drogues* de Pomet.

On peut en dire tout autant du nom de *Magnefia,* dont nous voyons que quelques Auteurs se sont servis pour désigner la Pyrite ; cependant il n'y a gueres d'analogie entre cette substance & l'aiman (*Magnes*) qui est une mine de fer propre à attirer ce métal. Il y a tout lieu de croire qu'on a voulu se servir du mot *Magnefia,* pour marquer une subftance qui, semblable à l'aiman, en attire une autre, avec qui elle a de l'affinité, & la dégage de celles avec lefquelles elle peut se trouver mêlée. C'est

E

pour cela qu'elle est appellée *Terra sitiens.* Voyez le vol. IV. du *Theatrum Chymic.* page 868. Au reste, le nom de *Magnésie* a été donné non-seulement par plusieurs Alchymistes à la Pyrite; Flamel l'appelle *Magnesiam Pyritem Achaiæ. ibid. vol. I. page 852*; elle est encore désignée sous ce nom dans plusieurs livres de Physique: c'est ainsi que l'on trouve que la terre martiale de Hesse, a été nommée *Magnesia vitriolata*, à cause de la facilité qu'elle a à se décomposer à l'air. Voyez *Bohnii Dissertat. Chym. IV.* page 108. Cependant on est accoutumé à attacher une signification toute différente parmi nous au mot *Magnésie*: dans les Verreries, on entend par-là une substance d'un gris noirâtre, striée comme l'antimoine, ferrugineuse, qui est, dit-on, propre à donner au verre, quand il tire sur le bleu ou sur le verd, une couleur claire & transparente, comme celle du crystal, elle est comme le savon du verre: on la trouve en beaucoup d'endroits d'Allemagne où on la nomme *Braunstein*, pierre brune; il s'en trouve aussi dans la Saxe, en Toscane, en Piémont & en Angleterre. Voyez *l'Art de la Verrerie de Kunckel.* Quand on en a mêlé une trop grande quantité dans la fritte du verre, ou quand le verre n'a point été tenu assez long-tems en fusion pour avoir le tems de s'éclaircir, il devient brun ou d'un jaune de Topase & même noirâtre; mais lorsqu'on n'y a point mêlé de Magnésie, ou qu'on y en a mêlé trop peu, il devient trop blanc & trop glacé; différence que l'on remarque sur le champ entre le verre de Bohême & celui de Venise. Les Potiers de terre se servent de cette même substance minérale pour donner un vernis ou une couverte noire à leurs poteries; les Italiens la nomment *Manganèse*; quelques Auteurs François, tels que Pomet & Furetiere ont prétendu que c'étoit la même chose que le *Périgueux*, qui est une pierre noire comme du charbon, ou que le saffre ou bleu d'émail. Cette substance n'est dans le fond qu'une mine de fer, mais qui ne donne qu'une très-petite quantité d'un très-mauvais fer, à cause des matieres étrangeres avec lesquelles il est mêlé. J'ai reçu de Styrie un échantillon d'un minéral gris, merde-d'oye, plein de gerçures, & d'un tissu semblable à l'amiante, qui ne ressemble point du tout à la *Magnésie* ou *Manganèse* des Verriers & des Potiers, & que cependant on nomme *Magnesia* dans ce pays; peut-être que ce nom lui a été donné parce qu'il se trouve dans le voisinage de la mine de fer, de même que la Magnésie véritable, & même c'étoit un filet de mine de fer qui formoit la liziere ou l'enveloppe de l'échantillon qui m'a été donné; peut-être aussi est-ce à cause de la petite portion de fer que ce minéral contient, comme je puis en juger par la scorie noire comme du charbon qu'il forme. Ce minéral de Styrie ressemble beaucoup à une substance qui se trouve dans nos cantons à Munzig dans la mine de *Wildenmann*, par sa couleur, son tissu, par la couleur noire qu'elle prend par la fusion, & par le voisinage du fer où elle se trouve, comme je suis en état de le prouver.

Si on cherche chez les Alchymistes ce qu'ils entendent par *Magnesia*, on ne sçait comment se tirer de la confusion où ils jettent. Bulandus dans son *Lexicon Alchymicum*, dit que la *Magnésie* est la même chose que la *Marcassite* qui se combine avec le Mercure, & forme avec lui une masse blanche

& caſſante ; plus loin, il dit que c'eſt la matiere de la pierre philoſophale ; ailleurs, que c'eſt *l'eau mêlée, congelée dans l'air, qui réſiſte au feu, & la terre de la pierre.* Dans un autre endroit, il dit que c'eſt une pierre qui a la force de la Marcaſſite, ou une pierre ſemblable à l'hématite ; enfin, il l'appelle *Biſmuth* ou *Mine morte.* Il eſt aiſé de deviner que c'eſt le Biſmuth qu'il veut déſigner ; & Baſile Valentin, ou plutôt Elias Montanus, regarde la magnéſie & le biſmuth comme une même choſe ; mais *Flamel* dans ſes notes, dit, que la magnéſie & l'antimoine ſont une même ſubſtance. Voyez *Theatrum Chymic. vol.* I. *page* 852. L'Auteur qui s'eſt caché ſous le nom d'*Orthomont* dans ſon *Aſtrum ſolis,* appelle la Magnéſie *Wiſmuthum Saturninum,* & a peut-être en vûe l'antimoine, parce qu'il eſt propre à noircir les cheveux ; mais il l'appelle *Plumbago,* en Allemand *Bleyſchweif,* qui eſt une mine de plomb arſénicale qui ſe trouve très-ſouvent avec la galene ou mine de plomb ; ſubſtance qui eſt très-connue dans ce pays-ci, mais où il ne ſe trouve rien moins que de l'antimoine. La Baronne de Clermont, qui étoit une vraie Adepte, morte depuis 9. ans, appelle *Magnéſie,* la matiere crue & *Aſnop ;* elle doit, dit-elle, être purifiée juſqu'au plus haut degré : mais je ne ſçais ſi elle entend par-là le Biſmuth ou une pierre beaucoup plus précieuſe. Flamel appelle le Mercure *Magnéſie,* ſoit celui qui eſt tiré du cinnabre, ſoit celui qui eſt tiré du cuivre. Voyez *Theatrum Chymic. vol.* I. *page* 852. L'Auteur des 79. Merveilles, prétend que la *Magneſia* eſt dans tous les métaux ſi ſenſible aux changemens de l'air, qu'on pourroit à juſte titre l'appeller *Pierre du tems.* Parmi les Alchymiſtes, il y en a d'autres qui entendent par magnéſie, une ſubſtance faite par art ; ainſi le *Turba Philoſophorum,* dit que la magnéſie eſt un corps compoſé de pluſieurs autres. Iſaac le Hollandois, dit qu'après que les matieres ont été amalgamées, on appelle ce mêlange *Terra Magneſia.* Arnauld de Villeneuve, dit qu'après la coction, on l'appelle *Magneſia Ludus puerorum.* La magnéſie eſt le mêlange entier d'où ſe tire notre humide qui eſt le vrai argent vif. Roquetaillade, dit : Notre pierre s'appelle *Saturne* dans la putréfaction, & *Magneſia* après la putréfaction. Le *Lilium de Spinis,* dit qu'il y en a deux ; ſçavoir de l'ame & de l'eſprit, & que le troiſiéme s'appelle *Mort, noirceur, ténèbre,* & *Magnéſie.* Voyez *Theatrum Chymic. vol.* IV. *page* 813, 816, 820, 824, 858, 868. Pour le déſigner d'une maniere encore plus expreſſive, on dit que c'eſt une terre affamée ; mais la dénomination de *Magneſia Marcaſſita* ne peut jetter aucun jour ſur ces incertitudes, ſi l'on veut dire que de la Marcaſſite, on tire une ſubſtance qui ſerve d'aiman ou de magnétiſme à l'or aſtral.

Un ami me pria un jour de lui procurer une Pyrite qui ſe trouvoit, diſoit-il, dans les Eaux thermales de Wolkenſtein, que, ſelon lui, les ouvriers des mines appelloient *Magneſia Marcaſſita,* & dont les autres noms étoient *Marcaſſita plumbea, Biſmuthum plumbeum, ſive Saturninum, Marcaſſita Pedemontana ;* il diſoit qu'elle étoit ſtriée & par aiguilles, comme l'antimoine, de différentes couleurs comme l'arc-en-ciel, ajoûtant qu'il en avoit eu de ſemblable qui venoit des mines de fer de Tranſylvanie, que les Mineurs appelloient le *Mangeur de fer,* & qui reſſembloit preſque à une mine de Biſmuth, excepté qu'elle étoit plus bleuâtre & d'une couleur

E ij

plus foncée. Quelque reſſemblance que j'apperçuſſe entre ce qu'on me demandoit, & quelques ſubſtances que je trouvai, quelque Auteur que je conſultaſſe, jamais je ne pus parvenir à ſçavoir ce que mon ami m'avoit demandé : je cite ce fait comme une preuve de l'obſcurité qui regne dans les ouvrages de Minéralogie.

En parlant des différentes ſignifications de la *Magnéſie*, je ne puis pas omettre la poudre médicinale à qui on donne ce nom, & qui ſe tire de l'eau-mere du ſalpétre : elle nous eſt venue d'Italie ſous le nom de *Polvere albo Romano*, & elle eſt connue parmi nous ſous le nom de *Magnéſie blanche*. Je ne connois point d'autres ſubſtances à qui on donne ce nom. J'ai rapporté ce qui précéde, afin de faire connoître comment ce nom s'eſt gliſſé dans l'Hiſtoire de la Pyrite, qui par la facilité avec laquelle quelques-unes attirent l'humidité de l'air, peut aſſez juſtement être appellée *Magnéſie;* à moins que dans l'origine, ce nom ne lui ſoit venu du lieu où elle s'eſt trouvée, &c.

Quelques Naturaliſtes ont cru que la Pyrite étoit du cuivre jaune foſſile, *Aurichalcum foſſile*, dont Cœſius dit, qu'il y a des montagnes entieres dans les Indes occidentales ; Aldrovandi, qui n'a ordinairement jamais plus de raiſon que lorſqu'il ne dit rien, eſt auſſi tombé dans une erreur auſſi groſſiere, auſſi bien qu'Agricola qui n'a fait en cela que copier les fables ridicules de Pline Il eſt impardonnable à des Auteurs d'écrire de pareilles abſurdités ſur des ſubſtances qu'ils ont perpétuellement ſous les yeux. Si en Amérique il ſe fût trouvé réellement du cuivre jaune tout formé, *Cæſius* eut aiſément pu faire la queſtion, pourquoi les Eſpagnols ne le fondoient point.

Les noms de *Lapis igniarius*, de *Lapis Luminis*, ont auſſi été donnés à la Pyrite ; dénominations qui lui conviennent aſſez à cauſe des étincelles qui en partent lorſqu'on la frappe avec l'acier, & par la matiere inflammable qu'elle contient, tant à raiſon du fer qui fait ſa baſe & qui eſt le plus inflammable des métaux, comme le prouve ſa détonation avec le nitre dans la préparation du régule d'antimoine martial, quà raiſon du ſoufre qui y eſt en abondance. Voici les expériences que j'ai faites ſur les Pyrites en les frappant avec le briquet, & j'y ai trouvé ces différences. Celles qui contenoient beaucoup de cuivre, comme 20, 30 ou 40 livres au quintal, donnoient le moins d'étincelles ; les Pyrites martiales quand elles ne ſont point mêlées de cuivre, ſont celles qui en donnent le plus : les Pyrites ſulfureuſes n'en donnent pas tant que celles qui ſont métalliques ; la Pyrite blanche ou le *miſpikkel*, qui ne contient point de ſoufre, mais qui a en ſa place une ſubſtance arſénicale, donne auſſi des étincelles, mais non avec la même force qu'une Pyrite ſulfureuſe, parce que le ſoufre y manque, & parce que l'arſénic qui y met obſtacle, & qui eſt étranger s'y trouve. Le métal lui-même ne contribue point tant à cet effet que ſa terre métallique qui eſt dure ; c'eſt la premiere terre de Bécher. Voilà pourquoi toutes les pierres dures & compactes, telles que le Jaſpe & la Calcédoine ont cette même propriété, quoiqu'on n'y trouve ni métal ni ſoufre. Mais en faiſant ces expériences de comparaiſon, il faut examiner attentivement l'intérieur, de l’échantillon de Pyrite qu’on veut éprouver avec le briquet : les morceaux qui se divisent aisément, ou qui sont entremêlés d’une roche spathique & peu compacte qu’on a quelquefois beaucoup de peine à appercevoir, ne présentent point assez de résistance à l’acier, & se brisent avant de donner des étincelles, quelque parfaite que soit la combinaison de la Pyrite qui y est mêlée ; au lieu que cet effet se produit très-sûrement lorsque toutes les parties de l’échantillon sont étroitement liées ; ce qui arriveroit quand même il n’y auroit point de Pyrite : il faut aussi pour cela observer de frapper un coup sec & prompt.

La Pyrite a été quelquefois aussi nommée *Pierre de carabine*, parce qu’on en mettoit autrefois sur ces sortes d’armes, mais elle a fait place aux pierres à fusils, cailloux & agates dont on se sert aujourd’hui avec succès, & qu’il ne faut point confondre avec la Pyrite, comme M. *Stahl* dans son Traité du soufre, le raconte d’un homme qui avoit lu quelque part un secret pour rendre rouges les *Pierres de carabines*, ne sçachant point que c’étoit la Pyrite qu’on avoit voulu désigner sous ce nom : il prit des pierres à fusil qu’il calcina sans succès au fourneau de réverbére, & il fut très-honteux de sa méprise lorsque M. Stahl la lui eût fait connoître. Voyez *Stahl, Traité du soufre.*

Ceci me rappelle les *Pierres à feu*, dont parle le *petit Paysan*, qui prétend qu’il faut en mêler *avec de la rouille de fer & de l’aigle rouge fixé pour rendre plus éclatante la doublure verte de son habit gris.* Il y a tout lieu de croire que ce n’est point la pierre à fusil qu’il entend par-là : je n’oserois pas non plus décider que ce soit la Pyrite, quoique la blanche & la jaune renfermént beaucoup de vertus. Je crois que la Pyrite sulfureuse n’est point celle dont il s’agit, & je serois assez tenté de me décider pour la blanche, à cause de sa partie arsénicale, & par conséquent mercurielle. Peut-être aussi que c’est à une autre substance inconnue que cet ouvrage attribue ces vertus.

Le nom de *Pierre martiale* a été aussi donné à la Pyrite, & c’est avec assez de raison, puisque le fer en fait la base.

On peut en dire autant de la dénomination de *Lapis Hephæstius*, ou pierre de Vulcain, ou de *lapis Hypestionius*, qui peut très-bien s’appliquer à la Pyrite, attendu qu’elle sert d’aliment au feu, comme nous en avons des exemples dans le mont Hecla, le mont Etna, le Vésuve, &c. Mais il paroît que l’on ne peut aisément déterminer la substance qu’on a voulu désigner par *Hephæstites*, & peut-être même que ceux qui ont employé ce mot, n’en ont point connu la signification. Pline, & Gesner d’après lui, disent que c’est une substance minérale, qui est comme polie, & qui a la figure d’un miroir concave, dans laquelle non-seulement on peut se mirer, mais encore au moyen de laquelle on peut allumer de la paille, du soufre & d’autres matieres inflammables ; peut-être que ce n’est autre chose que ces petits plats concaves que l’on trouve avec les urnes sépulchrales des Anciens, & que l’on ne peut pas plus regarder comme des corps formés par la nature, que les prétendues pierres de foudre comme des corps formés dans l’air. Je ne comprends point comment Gesner a pu mettre le crystal dans ce nombre, à moins qu’il n’eut été poli par la main des hommes. Agricola

E iij

place l'Hephæftite parmi les pierres dures & tranfparentes, qui prennent un poli merveilleux ; & qui par conféquent font le miroir. Il n'exifte point de pierre de cette efpece, à qui on puiffe donner le nom de Pyrite, & qui ait les propriétés que Gefner attribue à *l'Hephæftite.*

On trouve quelquefois la Pyrite défignée fous le nom de *Siderites,* qui eft dérivé du mot grec σιδηρⓈ, fer, ce nom lui convient très-bien à caufe que ce métal fait avec le foufre la bafe de ce minéral.

Les anciens Naturaliftes l'ont encore appellée *Pyrobolus, Pyrobus, Pyrimachus.* Ces noms peuvent lui être appliqués à caufe des matieres inflammables que la Pyrite contient. Gefner dit, que par *Oïtonna,* on défignoit une fubftance minérale, dont la couleur eft femblable à celle du cuivre, & qui fe trouvoit en Egypte ; on pourroit la regarder comme une Pyrite, auffi bien que le *Lapis Luminis* d'Aldrovandi, & le *Pyrimachus* d'Ariftote. Je ne déciderai point fi ce mot vient d'*Othan,* oifeau, à caufe de la partie volatile & mercurielle qui y eft contenue.

Pierre atramentaire, eft encore un des noms qui fe préfentent dans l'Hiftoire Naturelle de la Pyrite ; mais ce mot n'a point toujours été pris dans un même fens. Il nous eft inconnu ici à Freyberg ; mais il paroît qu'il eft encore en ufage au Hartz, d'où l'on m'a envoyé une fubftance fous ce nom ; elle étoit brune, femblable à une pierre au coup d'œil & au toucher, mais ce n'en eft point une, & on doit la regarder comme une terre vitriolique qui étoit devenue compacte, mais qui perdit entierement fa liaifon dans l'eau, & donnoit du vitriol, comme j'aurai occafion de le dire en parlant du vitriol. A la bonne heure ; cette defcription s'accorde avec celle de Diofcoride & de Galien, mais je ne fçais point fi l'on n'auroit pas plus de raifon d'appeller la Pyrite jaunâtre ou fulfureufe *Pierre atramentaire* ; il me paroît que la Pyrite qui donne le vitriol n'en differe aucunement. C'eft affez mal-à-propos qu'on a nommé la Pyrite *corail,* ce nom ne peut lui avoir été donné qu'à caufe de fa couleur rouge, mais cette couleur vient de la terre dans laquelle la Pyrite martiale fe trouve quelquefois, ou elle ne la prend qu'après avoir paffé par le feu. Le *Jafpe* que nous nommons *Pierre de corail* dans ce pays, à caufe de fes ondulations, eft une pierre cornée (*Hornftein*) dont il n'eft point queftion à préfent. Le nom de *urius* vient d'*urere* brûler, c'eft le même que le *lapis igniarius.*

Chalcopyrites, eft une dénomination qui convient très-bien à la Pyrite cuivreufe, elle peut fervir à la diftinguer de la Pyrite martiale *Sideropyrites,* & de la Pyrite blanche ou arfénicale. Mais je ne puis deviner ce qui a pu engager *Synefius* à donner ce nom au plomb, à moins que cela ne vienne d'une fantaifie pareille à celles auxquelles les Alchymiftes font fujets.

Par le *lapis affius,* ou, comme Agricola l'écrit, *Afiæ lapis* ou *lapis ex Afia, ubi nafcitur farcophagus,* c'eft-à-dire, d'où l'on tire une fubftance qui mange les chairs, quelques Auteurs entendent l'alun ; mais on a bien pu défigner fous ce nom la Pyrite qui fe vitriolife, vû que le vitriol a, auffi bien que l'alun, la propriété de ronger les chairs ; & ils fe trouvent volontiers enfemble : d'ailleurs on ne peut gueres s'en rapporter ni aux livres, ni aux rêveries des Alchymiftes.

Je ne m'arrêterai point à rapporter les noms que l'on donne aux Pyrites dans les différens pays, ils varient quelquefois d'un village à l'autre : c'est ainsi que j'ai reçu de Hongrie une substance qu'on appelloit *Gelfft*, qui étoit de la Pyrite dans une pierre cornée ; ce que l'on nomme *Hiecken*, sont des petits grains de Pyrites répandus dans de l'ardoise que l'on trouve dans les mines de Mannsfeld. Suivant Scheuchzer, en Suisse on nomme *Pierres rayonnées* (*Strahlstein*) les Pyrites en globules, peut-être est-ce à cause de la figure qu'elles ont à l'intérieur, ou parce qu'on s'est imaginé qu'elles étoient tombées avec le tonnerre.

Malgré tout cela, les noms de *Pyrite* & de *Marcassite*, sont ceux que l'on emploie le plus communément pour désigner le minéral dont nous parlons. Tout ce qui a été dit dans ce Chapître, prouvera l'obscurité qui s'est introduite dans l'Histoire Naturelle, par les idées romanesques & alembiquées des Alchymistes, &c.

CHAPITRE III.

Sur les différentes especes de Pyrites.

Il sembleroit d'abord qu'avant de parler des différentes especes de Pyrites, je devrois commencer par donner une idée générale de ce minéral ; mais on ne pourra s'en former une idée parfaite & distincte, qu'après avoir lû toutes les recherches que je me suis proposé de faire ; c'est alors qu'on connoîtra cette substance sans avoir besoin d'une définition, & l'on pourra dire comment ses différentes especes, se distinguent les unes des autres, tant à l'extérieur qu'à l'intérieur : cependant il est à propos que je commence par donner ici une courte description du minéral dont je vais traiter. Ceux qui ont coutume de s'attacher avec scrupule aux regles de la Philosophie spéculative, ne la trouveront peut-être pas assez exacte, mais j'avoue que ce n'est point leur suffrage que j'ambitionne ; il me suffit de pouvoir assurer qu'elle ne contiendra rien qui ne soit conforme à la vérité. J'entens donc, & l'on doit entendre par le mot Pyrite, une mine ou un minéral, tantôt d'un blanc grisâtre, tantôt d'un jaune tirant sur le gris, tantôt d'un jaune semblable à celui du cuivre jaune ; ou pour m'expliquer plus clairement, c'est une mine ou un minéral ou blanc ou jaunâtre, ou parfaitement jaune. Il a constamment pour base : 1°. Une terre métallique, je veux dire une terre ferrugineuse : 2°. Une substance volatile, qui, ordinairement est du soufre, quelquefois de l'arsénic, quelquefois l'une & l'autre à la fois ; il contient accidentellement du cuivre qui n'est jamais sans une petite portion d'argent, qui, lui-même renferme quelquefois un peu d'or. Ce minéral, comme substance métallique, procure différens avantages, soit par le cuivre qu'on en retire ; soit en facilitant la formation de la matte dans la fonte des mines ; soit en donnant du moins du soufre, de l'arsénic & de l'orpiment ; soit enfin en produisant du vitriol.

On peut regarder cette defcription comme le précis de la Pyritologie. Elle comprend tant de chofes importantes, que malgré l'étendue de mon ouvrage, je fuis fort éloigné de croire que je les aie toutes développées comme elles le méritent. Une feule des opérations ou des vérités que renferme le précis que je viens de donner, m'a fouvent couté plus de tems que la compofition entiere de mon ouvrage. Il eft aifé d'écrire, mais il eft difficile de travailler & d'examiner ; on dit quelquefois en un feul mot, & en une feule ligne, des chofes fur lefquelles on a été obligé de méditer très-long-tems.

Je ne parlerai point quant à préfent des queftions que l'on pourroit agiter fur la diftinction entre les principes effentiels & conftituants, & entre les parties purement accidentelles de la Pyrite : on verra dans le cours de cet ouvrage que le fer & le foufre, aufli bien que le fer & l'arfénic, font des parties conftituantes & effentielles du premier ordre ; que le cuivre n'eft qu'une partie accidentelle, ou n'eft tout au plus qu'une partie effentielle du fecond ordre ; que ce n'eft que par accident que la Pyrite contient de l'argent ; que c'eft par un accident encore plus rare, qu'il s'y trouve de l'or ; & que le vitriol enfin n'eft pas une partie conftituante de la Pyrite , mais une fubftance formée par la combinaifon de quelques parties de ce minéral. Je commencerai par examiner les différentes efpeces de Pyrites fous leurs différens points de vûe ; cependant je ne dirai mon fentiment qu'après avoir fait parler les Naturaliftes qui ont écrit fur cette matiere, & après avoir examiné leurs opinions.

George Agricola, donne à la page 884. & fuivantes, ainfi qu'à la page 965. de l'édition de fes Ouvrages *in-folio,* une diftribution des Pyrites, qui a été copiée par Rulandus, dont on a coutume de confulter le Dictionnaire dans des matieres femblables. Si on confidere cette divifion qui eft fondée fur les couleurs, on ne peut point la rejetter comme abfolument mauvaife ; mais elle eft très-imparfaite : *Agricola* multiplie les efpeces fans néceffité ; il en fuppofe même qui n'exiftent point, & il met au nombre des Pyrites des fubftances minérales d'un genre tout différent. Voyons ces efpeces mêmes : la premiere eft, felon lui : 1°, La Pyrite qui eft de couleur d'argent, *coloris argentei,* c'eft-à-dire , la Pyrite qu'on nomme *aqueufe,* ou la Pyrite blanche : 2°, La Pyrite qui eft d'un jaune d'or, *coloris aurei ;* c'eft la Pyrite jaune ou la Pyrite cuivreufe , la pierre cuivreufe, ou la mine de cuivre : 3°, La Pyrite qui eft tout à fait de couleur d'or, *coloris prorsùs aurei ;* felon cet Auteur, elle paroît contenir beaucoup de foufre , mais elle n'en contient pas plus qu'une autre : 4°, La Pyrite de couleur de galêne, *coloris Galenæ,* qui, à parler exactement, n'eft ni Pyrite ni Galène, mais qui, felon Agricola, fait un genre à part, *fuum quoddam genus :* 5°, La Pyrite d'un gris de cendre, *coloris cineracei :* 6°, La Pyrite couleur de fer, *coloris ferrei,* dont Avicenne fait mention, & qu'il appelle mine de fer ; non que ce foit une mine de fer, mais parce qu'elle y reffemble : 7°, L'ardoife dont on tire le cuivre. Voyez Agricola, in *Burmanno, pag.* 884. & fuivantes.

J'obferve en premier lieu que dans la derniere efpece de Pyrite, Agricola perd de vûe la couleur fur laquelle il avoit fondé fa divifion, tandis que

c'eft

c'eſt d'après la couleur qu'il a diſtingué les ſix premieres eſpeces, il diſ-tingue cette derniere par la pierre dans laquelle elle ſe trouve : & comme les trois principales eſpeces de Pyrites, je veux dire la blanche, la jau-nâtre & la jaune, ſe trouvent toutes également dans l'ardoiſe, ainſi que dans toutes les autres eſpeces de pierres & de terres, on ne peut décider de quelle eſpece eſt la Pyrite que l'Auteur a voulu indiquer ſous ce nu-mero; quand même on prétendroit qu'il a eu en vûe toutes les trois eſpeces, ſçavoir, la blanche, la jaunâtre & la jaune, ſa diviſion ſeroit encore inexac-te, attendu qu'elles ont déja été indiquées ſous les numeros qui précedent; & même il y en a qui y ont été employées plus d'une fois. Quelle peut-être la Pyrite qu'il dit reſſembler à la galêne? Il y a lieu de croire qu'il a eu en vûe quelque échantillon particulier, dans lequel la galêne ou mine de plomb & la Pyrite étoient tellement confondues, qu'il étoit difficile de les diſtinguer l'une de l'autre. Comment diſtinguer la Pyrite de couleur d'argent, d'avec la Pyrite cendrée?

Il y a grande apparence que celle qu'il dit être de couleur de fer, n'exiſte point, ou qu'Agricola donne ce nom à une Pyrite qui eſt accidentelle-ment entremêlée de quelque ſubſtance minérale inconnue, telle qu'eſt la Pyrite qui ſe trouve à Geyer en Saxe, & que ſur les lieux on appelle Pyrite vitriolique; extérieurement elle eſt noire & reſſemble à de la ſuie, mais quand on la conſidere de plus près, on lui trouve la couleur ordi-naire de la Pyrite, c'eſt-à-dire, d'un gris tirant ſur le jaunâtre; & ſi elle paroît un peu plus foncée, cela ne vient que de la mine de fer avec la-quelle elle eſt mêlée, & dont elle eſt abondamment chargée. On ſçait d'ailleurs que les filons des mines de fer ſont quelquefois tellement en-trelacés de veines de Pyrites qui conſervent leur couleur ordinaire, que les fondeurs ne pouvant pas ſéparer convenablement l'une de ces mines d'avec l'autre, ſont forcés de tout jetter pour ne point s'expoſer à des per-tes conſidérables. Au reſte, ſi par Pyrite couleur de fer on entendoit l'*Ar-gyromelanos* de Becher *, ce ſeroit aller contre l'intention de cet Auteur, puiſqu'il eſt aiſé de voir qu'il ne veut point indiquer une Pyrite noire, mais un caillou noir ou une pierre cornée, ou un jaſpe qui contient de l'ar-gent.

Quant aux Pyrites indiquées ſous les *numeros* 2 & 3, il faut obſerver qu'elles ſont les mêmes dans le fond, & qu'elles ne different que par le plus ou le moins de cuivre qu'elles contiennent. Outre cela, il eſt abſo-lument faux que plus une Pyrite approche de la couleur de l'or, plus elle contient de ſoufre; en effet, les Pyrites martiales qui en donnent plus qu'aucune autre, ſont d'un jaune plus pâle que les autres : peut-être que tou-te cette prétendue différence n'eſt fondée que ſur le coup d'œil extérieur; car il y a des Pyrites cryſtalliſées & gercées qui ont une couleur auſſi vive que l'or, & quand on vient à les caſſer, on les trouve d'une couleur fort pâle dans l'endroit de la fracture.

Cependant Rulandus auroit encore bien fait de s'en tenir à cette diſ-

* *Pyrites, ſi nigricat cum faſciis argenteum* | *vocatur.* Vid. *Phyſica Subterranea.*
lævorem exprimentibus, ARGYROMELANOS |

F

tribution, car il n'eut point été impossible de le redresser en faisant des subdivisions & des comparaisons ; mais comme il a cru qu'un grand nombre d'exemples répandroient plus de clarté sur cette matiere, il a employé cinq pages de son Dictionnaire à faire un étalage si confus, qu'un Minéralogiste, loin de pouvoir en charger sa mémoire, n'auroit pas seulement la patience de comparer entre eux les exemples qui y sont rapportés : tantôt ses divisions se démentent ; tantôt il a confondu mal-à-propos, & ce qui est encore plus mal, des noms différens lui ont suffi pour imaginer des especes différentes ; tantôt pour de certaines considérations, il répete la même espece dans différentes classes ; & en général, il emprunte les noms qu'il donne à la plûpart des Pyrites de quelque minutie qui ne peut aucunement servir à les faire connoître ; telles sont les dénominations tirées de quelque substance minérale avec laquelle la Pyrite peut se trouver entremêlée, & qui, quelquefois est presque imperceptible. Est-il plus raisonnable de distribuer les Pyrites en Pyrites blanches, en Pyrites jaunes, en Pyrites de Misnie, en Pyrites de Radeberg, en Pyrites sulfureuses, en Pyrites arsénicales, en Pyrites vitrioliques, &c. * que de diviser les hommes en blancs, en noirs, en Allemands, en Saxons, en Luthériens, en Sauvages, &c ?

Comment peut-il appuyer la différence qu'il met entre les Pyrites qui font feu, & entre celles qui n'en font pas ? Ne faut il pas que chaque Pyrite donne des étincelles par la nature de sa mixtion, & parce qu'elle est un corps, qui, s'il ne contient pas toujours du soufre, est au moins toujours métallique, & sur-tout ferrugineux ? Si cependant il s'en trouve qui ne donnent point d'étincelles, cela vient de ce qu'elles sont remplies de gerçures, & de ce que leur tissu n'est pas lié par du quartz, mais par une pierre spathique tendre ou feuilletée, ou par quelque autre matrice tendre, poreuse & peu compacte : alors les véritables grains de Pyrite, perdent trop aisément leur liaison, & ne pouvant par conséquent pas résister au coup violent qui est nécessaire, ils ne peuvent donner des étincelles lorsqu'on les frappe avec de l'acier. La Pyrite de Temeswar dont je parlerai plus loin, & quelques autres sont de ce genre. Les Pyrites de couleur d'or, sont divisées par notre Auteur ; 1°, en Pyrites anguleuses & cuivreuses ; 2°, en celles qui se trouvent à Gishubel, & qui sont accompagnées de verd de montagne ; 3°, en celles qui sont jointes avec de la blende noire ; 4°, en Pyrites avec de l'ochre ; 5°, en celle de Danneberg, qui est renfermée dans du quartz blanc. Il est vrai que celles qui sont jaunes ou de couleur d'or à l'intérieur, font connoître par les différentes nuances de cette couleur, qu'elles contiennent plus ou moins de cuivre ; il est encore vrai que celles sur lesquelles il se forme du verd de montagne, doivent être placées dans cette même classe ; mais comment peut-on tirer des dénominations de la blende noire, du quartz blanc, & des substances ou pierres qui accompagnent la Pyrite ? Ces pierres sont commu-

---

* On voit la même inexactitude dans Agricola, quand il dit : *Pyrites est vel durus vel rarus, vel in flumninibus repertus, vel qui suus est, vel mixtus, vel friabilis.* Vid. in Berman. no. p. 101.

nes à toutes les mines de la terre : j'obmets plusieurs autres circonstances qui doivent paroître peu sûres à tout le monde au premier coup d'œil.

Quant aux substances contenues dans la Pyrite, le même Auteur ne distingue pas, comme il devroit, la Pyrite toute pure telle qu'elle est par elle-même, d'avec un échantillon Pyriteux de mine, lequel, à raison de l'endroit où il se trouvoit dans un filon, est mêlé tantôt de mine de plomb, tantôt de mine d'étain crystallisée, ou de mine d'étain ordinaire, tantôt d'une autre matiere ; pour avoir négligé de faire cette distinction, il ne s'apperçoit pas que c'est s'exprimer d'une façon contraire à la nature, & aux propriétés des substances, que de dire que la Pyrite contient & donne quelquefois de l'étain & du plomb.

Je ne parle point ici des Pyrites bleues, violettes & pourpres ; j'ai déja fait remarquer plus d'une fois, que ces couleurs ne sont pas essentielles, & qu'elles sont produites, soit par des exhalaisons minérales, soit par des dissolvans qui agissent sur l'extérieur d'une mine, & sur les petites fentes sans agir sur son intérieur. Pour s'assurer de cette vérité, on n'a qu'à briser une mine ainsi colorée, & l'on n'y verra plus de couleur ; ou bien, que l'on humecte les Pyrites, sur-tout celles qui sont cuivreuses, avec des eaux mordantes, ou des dissolutions salines, ou bien, après les avoir fait rougir qu'on les expose subitement à l'air, l'on verra qu'elles se couvriront de couleurs si éclatantes, qu'on aura de la peine à les reconnoître. J'ai souvent vu dans notre pays, du jaspe & d'autres pierres que l'on nomme *précieuses*, qui contenoient de la Pyrite ; mais je doute fort que l'on ait jamais trouvé à Eisleben, comme cet Auteur le prétend, une Pyrite qui ressembloit à du jaspe rouge. Si pour excuser Rulandus, on disoit qu'il a voulu parler d'un vrai jaspe, & qu'il a pris le terme de Pyrite dans le sens le plus étendu, en y comprenant toutes les pierres du genre des cailloux qui donnent des étincelles lorsqu'on les frappe avec le briquet, on auroit toujours à lui reprocher de la confusion & de l'obscurité : de plus, il n'auroit pas dû se servir du mot Allemand *Kieß*, Pyrite ; mais de celui de *Kießel* qui signifie caillou ; & il ne devoit pas dire que ce caillou ressembloit à un jaspe, mais que c'en étoit un en effet ; il ne devoit point ajouter en termes exprès que cette Pyrite semblable au jaspe ne donne point d'étincelles ; il y a toute apparence que cette Pyrite rouge, semblable à du jaspe, n'est autre chose que notre Pyrite sulfureuse & métallique ordinaire, qui a pu par hazard se trouver dans une gangue ou matrice rouge, qui pouvoit n'être point assez dure pour donner des étincelles.

Le même Auteur se contredit lui-même, quand à la page 395 il fait mention d'une Pyrite noire semblable à du charbon de terre, tandis qu'il a dit deux pages plus haut, qu'il ne connoît point de Pyrite noire. Je passe sous silence plusieurs autres exemples ; ceux que je viens de rapporter suffisent pour faire voir combien peu on doit compter sur les descriptions & les distributions que les livres d'Histoire Naturelle nous présentent ; & combien il est nécessaire d'étudier la Minéralogie dans ses premieres sources, & d'examiner les substances les plus communes de la maniere la plus simple, & comme si on ne connoissoit encore aucunes de ses propriétés ; l'on verra

en même tems combien ce qui a été jufqu'à préfent publié dans les Dictionnaires fur l'Hiftoire Naturelle, eft encore défectueux.

Ludovicus de Comitibus, dans fon Traité de *Metallis & Metallicis;*
Mindererus, dans fon Traité *de Chalcanto;* Cæfius dans fa *Minéralogie;*
Gefner & beaucoup d'autres Auteurs, nous fourniffent très-peu de fecours
pour l'examen de la Pyrite. Dans cette matiere, Aldrovandi eft encore
préférable à tous les Auteurs que je viens de citer. La Pharmacopée de
Schroeder, à l'article de la Pyrite, ne nous dit rien au fujet de ce minéral :
felon cet Auteur, ce terme eft entiérement fynonyme à celui de caillou
ou de pierre à fufil. Il eft bien furprenant que, parmi la foule d'Auteurs
qui ont écrit fur les eaux minérales, il y en ait un fi grand nombre ou qui
n'ont point du tout parlé de la Pyrite, ou qui n'ont traité cette matiere
que très-légerement : Bauhin, dans fon traité de *fonte Bolenfi*, & Heers
de *fonte Spadano*, font dans ce cas. N'auroient-ils pas dû reconnoître que
ce minéral eft la matrice du foufre auffi bien que du vitriol, & que ces
fubftances font les principaux ingrédiens de ces eaux minérales. L'excellent traité que le célebre M. Berger a donné fur les eaux de Carlfbade, mérite à cet égard d'autant plus d'éloges, qu'il eft fupérieur à tous
ceux qui ont paru en ce genre.

Voyons maintenant s'il eft poffible de faire une divifion des Pyrites,
plus exacte que celle des Auteurs dont je viens de parler. Plaçons ce minéral fous nos yeux, & envifageons-le felon tous fes rapports, & fuivant
tous les points de vûe poffibles. Quand on veut diftribuer en plufieurs efpeces un minéral ou une mine, il faut voir, avant toutes chofes, fi les efpeces auxquelles on donne un même nom, ont en effet quelque chofe de
commun, & ont au moins de la conformité par les parties effentielles qui
entrent dans leur compofition. Souvent des chofes connues fous une même
dénomination, ne fe reffemblent par aucunes de leurs propriétés ; quand le
mot de Pyrite eft, par exemple, appliqué tantôt au minéral dont nous traitons, tantôt au caillou, tantôt à un demi-métal, tantôt à la pierre philofophale elle-même, peut-on découvrir dans tous ces corps, une analogie
ou un rapport qui nous autorife à leur donner le même nom ? Les Minéraux
au contraire que l'on comprend communément fous le nom de *Cobalts*,
tels que la Pyrite blanche ou le *mifpikkel*, la mine d'arfénic noire, ou
l'arfénic foffile, le cobalt dont on tire le bleu, le cobalt écailleux ou tef-
tacé, le cobalt de Freyberg, qui eft une Pyrite fulfureufe très-chargée d'arfénic, ces minéraux, dis-je, ont tous de la conformité dans un point effentiel ;
c'eft par la partie arfénicale qu'ils contiennent ; & quoique d'ailleurs ils
paroiffent différer confidérablement les uns des autres, ils n'en méritent
pas moins le nom commun de *Cobalt* ou de *Cadmie*, qu'on leur donne ; il
n'y a que la derniere efpece à qui on pourroit difputer ce nom ; auffi ne
puis-je pas affurer qu'on lui donne le nom de *Cobalt*, au-delà du territoire
de Freyberg.

Si le mot grec *Pyrites*, indique des fubftances dont la nature & les propriétés font très-différentes, le mot Allemand *Kieff* n'a jamais été donné
à des fubftances qui ne le méritent pas, foit par toutes les parties

conftituantes & effentielles de leur compofition, foit au moins par une des parties principales. Si l'on vouloit parler exactement, on devroit toujours fuivre cet exemple, & ne jamais mettre dans la même claffe des fubftances qui ne fe reffemblent point par quelque partie effentielle : fi dans une collection de minéraux, on alloit mettre le jafpe parmi les Pyrites, jufqu'où ne faudroit-il pas remonter pour rendre raifon de cet arrangement ? Qui eft-ce qui fe feroit jamais avifé de le chercher dans cette claffe ? Mais il eft bien rare de trouver de l'exactitude dans la Minéralogie ; il y a encore bien des parties de cette fcience où il regne la plus grande confufion ; & à certains égards, il eft impoffible de l'éviter, parce qu'une fubftance fe trouve fouvent chargée d'une infinité de noms, ou dérivés de toutes fortes de langues, ou inventés par les ouvriers & par les artiftes, ou imaginés par la bifarrerie de quelque Auteur ; il feroit feulement à fouhaiter que de nos jours on pût fe promettre plus de précifion dans ce genre ; mais il y a trop peu de tems que l'on a commencé à étudier l'Hiftoire Naturelle dans les fubftances mêmes, & la fcience des mots y regne encore plus tyranniquement que dans la Métaphyfique.

Le mot Allemand *Kieß*, Pyrite, que l'on ne doit jamais confondre avec *Kießel*, caillou, a une fignification qui convient à tous les minéraux auxquels on l'applique, à caufe des parties effentielles qui entrent dans leur compofition : je dis des parties effentielles ; car il n'eft pas douteux que les Pyrites ne puiffent accidentellement contenir quelques fubftances qui ne fe trouvent pas dans toutes les efpeces, & que les parties effentielles du fecond ordre ne puiffent quelquefois être réunies dans une même Pyrite, & quelquefois s'y trouver l'une fans l'autre.

Pour dire ici en peu de mots ce que je me fuis propofé d'expliquer & de conftater avec plus d'étendue dans la fuite, je regarde le fer comme la partie la plus effentielle de la Pyrite ; c'eft lui qui tient le premier rang dans la compofition de ce minéral ; & il doit néceffairement fe trouver dans tout ce qui doit porter le nom de Pyrite. Je regarde comme des parties effentielles du fecond ordre, le foufre & l'arfénic ; & quoiqu'ils fe trouvent fouvent l'un & l'autre dans une même Pyrite (de maniere pourtant que le foufre y eft toujours plus abondant que l'arfénic), il arrive néanmoins auffi que l'une de ces fubftances peut s'y trouver fans l'autre. En effet, il y a des Pyrites, quoiqu'en petit nombre, qui ne contiennent que du foufre ; & il eft très commun d'en trouver qui ne contiennent que de l'arfénic. Enfin, le cuivre paroit être la partie accidentelle ou la moins effentielle de la Pyrite. On pourroit cependant mettre auffi le cuivre au nombre des parties effentielles du fecond ordre ; ce métal ne fe trouve pas dans toutes les Pyrites, & lors même qu'il s'y rencontre, il faut qu'il céde au fer qui fe trouve dans toutes les Pyrites, quand même il s'en trouveroit une où le cuivre fe fît voir en auffi grande quantité que le fer. Pour ce qui eft de l'argent, je ne vois pas de raifon affez forte pour le faire confidérer comme une partie effentielle de la Pyrite ; il eft vrai qu'il fe montre dans toutes les différentes efpeces de ce minéral ; mais dans la plûpart d'entre elles, on n'en apperçoit que des traces fi foibles, que fouvent on ne peut pas même en déterminer la quantité avec le poids d'essai, & ce que l'on en tireroit ne dédommageroit pas des frais & de la peine qu'il en auroit couté pour le tirer. L'or mérite encore moins que l'argent qu'on le mette au nombre des substances qui sont de l'essence de la Pyrite: la plûpart de ceux qui nous disent que les Pyrites contiennent de l'or, ne se fondent que sur le témoignage d'autrui; & quoiqu'ils n'ayent pas tout-à-fait tort au fond, il est extrêmement rare d'y en trouver, comme je le ferai voir quand je traiterai avec plus d'étendue les points que je ne fais qu'effleurer ici en passant.

Outre ce qui constitue l'essence intérieure dans la distribution qu'on fait d'un genre de minéral, on doit encore faire attention à sa figure extérieure, quand ce ne seroit que pour être en état de juger des divisions méthodiques où l'on n'a consulté que cette figure.

Il est encore à propos de considérer en troisieme lieu, l'usage que l'on fait d'une substance minérale; car c'est relativement à cet usage que souvent on donne des dénominations différentes à une même substance.

On voit par ce qui vient d'être dit, qu'il se présente naturellement trois manieres de diviser la Pyrite, je veux dire: 1°, celle qui a pour fondement l'essence intérieure de ce minéral: 2°, celle qui est fondée sur son extérieur ou sa figure &: 3°, celle qui est fondée sur sa couleur. Toutes les autres façons d'envisager ce minéral, peuvent être facilement rapportées à l'une de ces trois manieres de le considérer.

I. Pour commencer par la division qui est fondée sur l'intérieur des Pyrites, on doit faire attention en général aux parties qui sont essentielles, & à celles qui sont accidentelles à la composition de toutes les Pyrites; il n'y a rien qui leur soit plus essentiel que le fer; ce métal se trouve dans toutes, & il est la base de toutes. Toute Pyrite est une terre ferrugineuse, pénétrée soit par le soufre, soit par l'arsénic, soit par l'un & par l'autre à la fois; qu'une Pyrite contienne une petite ou une grande quantité de cuivre, le fer sera toujours la principale partie de sa composition. Toute Pyrite consiste donc en une terre ferrugineuse, soit que le soufre ou l'arsénic, soit que l'un & l'autre soient la cause qu'il l'a fait devenir non une vraie mine de fer, mais le corps dont nous parlons.

Mais si l'on envisage les Pyrites selon les matieres qu'elles peuvent contenir accidentellement; il est nécessaire de les distinguer les unes d'avec les autres, & de les distribuer en différentes classes selon ces différentes manieres de les considérer. Tout ce qu'il peut arriver d'accidentel ou de contingent dans la substance d'une mine, résulte ou de la qualité, c'est-à-dire, de la nature de la substance accidentelle, ou de la quantité de cette substance qui peut être plus ou moins grande, & qui peut même se trouver dans les parties essentielles de la composition. En voulant donc distribuer les Pyrites selon les matieres qu'elles peuvent renfermer accidentellement, on doit envisager leur essence par deux côtés; c'est-à-dire, qu'on doit les considérer en premier lieu, relativement à la partie métallique, & en second lieu, relativement au soufre & à l'arsénic, qui peuvent entrer dans leur composition.

Pour ce qui est du métal qui peut se rencontrer dans le minéral dont nous parlons, les Pyrites où il se trouve du cuivre, ont donné lieu à la division des Pyrites en *Pyrites martiales* & en *Pyrites cuivreuses;* dans les fonderies de Freyberg, on appelle *Pyrites cuivreuses,* celles qui ne donnent que fort peu de cuivre, comme, par exemple, une, deux ou trois livres par quintal; mais en d'autres endroits, on donne ce même nom à celles qui contiennent ce métal en très-grande abondance, & que dans nos cantons on a coutume d'appeller *Mines de cuivre.* Cependant si l'on veut parler exactement, & si l'on compare les Pyrites cuivreuses, avec celles qui sont martiales & qui ne devroient point contenir de cuivre, on trouvera pourtant qu'il faudroit donner le nom de Pyrites cuivreuses, à presque toutes les Pyrites qui se tirent des fentes & des filons, c'est-à-dire, des vraies mines; au moins devroit-on donner ce nom à celles qui se trouvent dans les environs de Freyberg, vû que toutes contiennent une portion de cuivre, comme le prouve leur analyse. Mais comme de petits atômes ou de légers vestiges d'une substance, ne suffisent point pour que l'on puisse dire qu'elle est de l'essence de la composition d'un corps, on peut fort bien se dispenser de porter le scrupule jusques-là.

D'un autre côté, il est étonnant que les Anciens ayant tant parlé des Pyrites cuivreuses, n'ayent fait aucune mention des Pyrites martiales; cependant ils connoissoient des Pyrites qui ne donnoient point de cuivre, ou qui n'en donnoient qu'une quantité presque imperceptible, il eût été non-seulement très-naturel d'examiner quelle pouvoit être leur terre métallique, mais encore il eût été très-facile de découvrir la nature de cette substance à l'aide de l'aiman; mais on a mieux aimé donner simplement le nom de Pyrites à celles qui étoient ferrugineuses; & comme autrefois on n'étoit pas fort curieux de connoître ce qui pouvoit servir de base à la composition des mines, les Auteurs ont été à couvert des reproches que l'on auroit pu leur faire sur cette omission. Quelques-uns cependant les ont appellées Pyrites pierreuses & Pyrites sulfureuses; mais ces noms au lieu de présenter une idée claire, ne font que jetter dans de nouveaux embarras. Je comprends donc ici sous le nom de Pyrites martiales ou ferrugineuses, toutes celles, qui, quoiqu'elles ne contribuent pas à augmenter la quantité de cuivre, ou quoiqu'elles n'y contribuent que foiblement, sont pourtant utiles & même nécessaires dans la premiere fonte des mines de cuivre, parce qu'elles servent à y former la *matte*, qui n'est autre chose que la partie métallique d'un grand volume de mine, rapprochée, mise à l'étroit & réunie pour former une espece de régule; enfin quand on ne peut pas les employer à cet usage, elles servent dans nos pays à faire du soufre & du vitriol; je dis dans nos pays, car il peut se faire que dans d'autres endroits on tire ces deux substances des Pyrites cuivreuses, & même de celles qui sont riches en métal.

Quand j'examine cette division des Pyrites en martiales & en cuivreuses, je trouve qu'en faisant attention au principe, que le fer est la base de toutes les Pyrites, & en considérant qu'il est très-probable que le cuivre qui s'y rencontre n'est autre chose que le produit d'une terre ferrugineuse, recuite & mûrie à un certain point, je trouve, dis-je, que cette division ne peut point être regardée comme exacte, & qu'elle ne partage pas les Pyrites en deux parties ou classes égales, vû que la premiere de ces parties l'emporte de beaucoup sur la derniere; cependant toute imparfaite que cette distinction soit au fond, on peut l'admettre dans les fonderies, parce qu'une grande quantité de Pyrites contenant beaucoup de cuivre, on peut fort bien leur laisser le nom du métal qu'elles fournissent; joignez à cela, que cette division peut avoir lieu, même dans l'Histoire Naturelle; parce qu'il n'y a point d'absurdité à nommer un arbre d'après le fruit qu'il porte, quoiqu'il ait été greffé sur un sauvageon, ou sur un arbre d'une autre espece: il faut ajoûter à ces raisons, que le cuivre faisant quelquefois près de la moitié de la masse de quelques Pyrites, on n'a pas tort alors de leur donner un nom qui se rapporte à la partie qui domine dans leur composition. Je ferai observer en passant, qu'il y a des Pyrites dans lesquelles on ne découvre pas le moindre vestige de cuivre; par conséquent, il est naturel de distinguer par le nom de Pyrites cuivreuses, celles qui contiennent une certaine quantité de ce métal.

II. On m'arrêtera peut-être ici, & l'on me dira que j'aurois dû commencer par les Pyrites *auriferes*, ou qui contiennent de l'or: je sçais qu'on en parle beaucoup, aussi bien que des prétendus grenats qui contiennent de l'or; mais voyons si en examinant la chose de plus près, ce qu'on en dit a quelque fondement.

Quand j'examine toutes les différentes substances dont on prétend pouvoir tirer de l'or, je trouve que ce sont ou des mines qui contiennent beaucoup de cuivre, ou des Pyrites ordinaires, qui ont extérieurement une belle couleur d'or. On prétend que les Pyrites contenant de l'or, se trouvent sur-tout en Hongrie, & cette opinion est très-fortement-enracinée. Pour moi, je ne suis point en état d'en donner de description, ni d'indiquer rien de ce qui les caractérise: en effet, pour sçavoir ce qu'elles contiennent, il faudroit en avoir fait l'essai; mais comme ce n'est point ici le lieu de rapporter les essais que j'ai eu occasion de faire, vû que je me propose d'en parler dans le douzieme Chapitre de cet Ouvrage, je me bornerai pour le présent, à rendre compte de mes observations, & à exposer l'idée que j'ai cru devoir me former des Pyrites dont il est question.

J'observe donc en premier lieu, que la plus grande partie de ce qui a été débité sur cette espece de Pyrite, est entiérement faux & chimérique: nous devons une partie de ces erreurs à l'ignorance: quelques gens après avoir été séduits eux-mêmes, en ont ensuite trompé d'autres involontairement; d'autres erreurs sont dûes à la mauvaise foi des hommes, qui promettent des merveilles pour tirer de l'argent des personnes crédules. A l'égard des premiers, je ne puis me dispenser de les avertir qu'on ne peut nullement compter sur les procédés que l'on prescrit pour traiter les prétendues Pyrites *auriferes*: si elles contenoient réellement de l'or, il faudroit qu'on pût l'en retirer par la méthode ordinaire, & sans avoir recours à des secrets particuliers; si par hazard une opération pareille avoit une fois,

donné

donné un peu d'or, il faudroit que l'on examinât d'où il eſt venu ; & puiſ-qu'on n'a pas toujours le même ſuccès , il faudroit chercher la raiſon pourquoi après avoir une fois réuſſi, on ne peut plus y revenir, comme cela arſive très-ſouvent. En travaillant avec attention & en prenant garde à toutes les circonſtances, on découvrira la cauſe de ſon erreur ; où bien, faute de ſçavoir à quoi attribuer le réſultât de ſes opérations, on apper-cevra peut-être par des travaux réitérés, que certaines choſes peuvent ſe produire d'une ſubſtance dans laquelle elles n'étoient point auparavant contenues : on conçoit aiſément qu'on ſe garde bien de publier des pro-cédés de cette natùre ; par conſéquent, on ne peut gueres compter ſur tout ce que les livres en diſent.

Quant aux charlatans, il y en a qui n'oſent pas avancer que ce ſoit de l'or tout formé qu'on tire de ces Pyrites ; ils ſe contentent de dire que c'eſt une ſubſtance *aurifique*, ou qui tient de l'or ; & quand l'effet ne répond point à leurs promeſſes, ils en rejettent la faute ſur l'*immaturité* ou ſur la *volatilité* de cet or prétendu : en ſe ſervant de cette défaite, ils ont recours à un ſubterfuge uſité dans les écoles, qui eſt la diſtinction entre l'acte & la puiſſance, ou entre ce qui exiſte en effet, & entre ce qui peut ſe réduire en acte. En effet, il eſt certain que les matieres qui ſervent de baſe aux Pyrites, le ſoufre ſur-tout, le fer, & même le cuivre & l'arſénic, ſont non ſeulement des agents très-puiſſans, mais encore il y a des opérations qui prouvent que ces ſubſtances ont de la diſpoſition à concevoir, & même à produire de l'or ; mais ce n'eſt point-là l'idée des gens dont je parle : ils prétendent que l'action, & la coction du ſoufre a déja exalté une por-tion aſſez conſidérable des principes métalliques, juſqu'à un degré qui approche beaucoup de la perfection de l'or. Mais comme leur prétention n'eſt étayée d'aucune preuve, il ſemble qu'ils confondent la *ſubtilité* dont parlent les Philoſophes hermétiques, avec la *volatilité* ; & ils ne diſtin-guent pas *ſubtiliſer* de *ſublimer* (*ſubtiliſare & ſublimare*) : ſi leur prétention étoit fondée, il faudroit au moins que l'on pût une fois ſaiſir cet *or vola-til*, & le faire voir ſous une certaine forme : ce ſeroit le moyen d'épar-gner des travaux pénibles à ceux qui s'amuſent à diſſiper leur bien par la cheminée de leur laboratoire, en cherchant la volatiliſation de l'or vé-ritable.

J'obſerve en ſecond lieu, que dans le petit nombre d'expériences par leſquelles les Pyrites ont donné réellement de l'or , on s'eſt preſque toujours abuſé. On me donna une fois un échantillon de la Pyrite cui-vreuſe de Schemnitz, qui étoit répandue en particules très-déliées dans du quartz blanc ; la perſonne qui me donna ce morceau, l'avoit pris ſur les lieux mêmes ; & elle m'aſſura très-poſitivement, que c'étoit une véritable *Pyrite aurifere*. Je trouvai que cet échantillon reſſembloit beaucoup à la Pyrite que l'on trouve à Freyberg, à une petite diſtance d'un endroit qu'on nomme Halſbruck ; c'étoit la même gangue ou matrice, la même eſpece de Pyrite, la même couleur, le même tiſſu, en un mot, la reſſemblance étoit ſi parfaite que l'on auroit cru que ces deux morceaux de Pyrite avoient été détachés du même filon. Ayant briſé cette mine, je l'examinai très-

G

attentivement pour voir si elle n'étoit pas entre-mêlée de quelque subftance étrangere, je n'y découvris rien : malgré cela, elle donna à l'effai un
marc & demi d'argent par quintal ; la chofe me parut extraordinaire, je
n'avois au moins jamais oüi dire qu'une fimple Pyrite cuivreufe eût donné
une fi grande quantité d'argent ; & comme j'avois effayé cette mine fans
en féparer la gangue ou la roche qui l'accompagnoit, cette expérience
me furprit encore davantage. Je commençai à foupçonner que je n'avois
point apporté affez de circonfpection : je confidérai de nouveau un petit
morceau qui m'étoit refté de l'échantillon ; je le caffai, & je découvris enfin que cette mine étoit mêlée de mine d'argent rouge ; on voit par-là ce
que l'on doit penfer de la petite portion d'or qui fe trouva dans l'argent
qui avoit été tiré de cette Pyrite. Je ne dois point oublier d'ajoûter, que
fouvent on peut attribuer à l'or lui-même le produit de ces fortes d'expériences ; car il y a des mines dans lefquelles la Pyrite eft mêlée de particules
de ce métal (qui a même quelquefois pris une couleur noirâtre) fi fines,
qu'on a de la peine à le reconnoître, même à l'aide du microfcope ou de
la loupe : comme l'or fe trouve fouvent renfermé dans la roche la plus
dure, lors même qu'il eft en paillettes affez reconnoiffables, on ne peut
güere le découvrir, à moins de laver foigneufement la mine après l'avoir
pulvérifée. En un mot, on doit obferver ici qu'il y a une différence très-
effentielle entre la Pyrite confidérée comme telle, & entre une mine Pyriteufe qui peut fe trouver mêlée de fubftances étrangeres.

On doit obferver en troifieme lieu, qu'il y a du mal-entendu dans prefque tout ce qui a été dit fur les Pyrites *auriferes.* Souvent des Pyrites ont
extérieurement la couleur de l'or, & c'eft par cette raifon que les anciens
Naturaliftes ont nommé *Pyrites aurei coloris* celles qui étoient ainfi colorées ; mais de même que Boyle a fait voir que l'éclat du ver luifant, n'eft
pas produit par un véritable phofphore que l'on puiffe tirer du corps de
cet infecte, par le moyen du feu, ainfi on ne doit point croire que la couleur extérieure des Pyrites indique quelque fubftance que l'on puiffe en
féparer : je ferai voir dans la fuite, que les caufes qui leur donnent leur éclat
ne font qu'extérieures.

J'ajoûterai enfin à ces trois obfervations, que les effais que l'on a faits fur
les Pyrites pour en tirer de l'or, n'ont abouti le plus fouvent qu'à y en découvrir de très-petits veftiges ; cette raifon n'eft donc point fuffifante pour
faire une claffe particuliere pour les *Pyrites auriferes* ; prefque toutes les
efpeces de pierres & de mines, nous préfentent les mêmes phénomenes ;
de plus, on découvre une petite portion d'or dans plufieurs morceaux d'argent natif, & jufques dans de l'argent rafiné, quoiqu'on n'employe point
de Pyrites dans cette opération ; on ignore fi la même chofe n'arrive
pas à toutes les mines d'argent. J'obmets ici plufieurs autres circonftances qui pourroient concourir à prouver la même chofe.

Mais fuppofé qu'on voulût faire une claffe particuliere pour les Pyrites
auriferes, ne faudroit-il pas alors en faire une autre pour les Pyrites qui
contiennent de l'argent ? Ce métal fe trouvant ordinairement avec l'or,
je ne vois point ce qu'on auroit à répondre à cette objection. Cependant

fi l'on veut admettre cette claffe , il faut prendre garde fur-tout de ne point
fe laiffer tromper par la couleur ; fans cette précaution , le *mifpikkel* ou la
Pyrite arfénicale , c'eft-à-dire , la Pyrite blanche , ou le *Pyrites argentei co-loris* , des anciens , l'emporteroit fur toutes les autres , quoique d'ailleurs
elle foit beaucoup moins chargée d'argent que les Pyrites jaunâtres & jau-nes. En fecond lieu, il faudroit convenir d'un point de féparation, où l'on
cefferoit de nommer ce minéral fimplement Pyrite, & où l'on commen-ceroit à le nommer *Pyrite d'argent*. En effet, prefque toutes les Pyrites du
monde contiennent un peu d'argent, ne fût-ce que le quart d'une drach-me, ou d'un gros par quintal ; outre cela, il faudroit encore fçavoir fi une
Pyrite confidérée comme telle, c'eft-à-dire , fi une Pyrite pure & fans au-cun mêlange étranger, peut donner jufqu'à une demi-once d'argent par
quintal.

Il faut obferver enfuite qu'on ne pourroit pas mettre dans cette claffe
les Pyrites qui contiendroient de l'argent natif. Il eft vrai qu'il eft extrê-mement rare de trouver ce métal en feuillets, ou en filets fur une Pyrite
pure & compacte, fur laquelle il ait été, foit appliqué, foit apporté par
les exhalaifons minérales, ou foit qu'il en foit forti ; mais ce dernier
cas ne s'eft jamais vû. Un examen exact défabufe fouvent d'une fauffe idée
que l'on s'étoit formée : il eft vrai que M. Lichtwer, Greffier des mines,
homme très-verfé dans la Minéralogie, m'a fait voir à Drefde, une
Pyrite très-compacte, qui venoit de Norwége ; elle étoit traverfée par un
filet d'argent natif qui en fortoit ; mais je ne puis me perfuader pour cela
que cet argent foit forti de la fubftance de la Pyrite ; je croirois plutôt que
ce fil d'argent exiftoit avant que la Pyrite eût été formée, & qu'il
en a été enveloppé poftérieurement à fa formation ; il y a même apparence
que cet argent avoit, pour ainfi dire, fa racine dans le quartz ou dans le fpath,
dont on voyoit encore des reftes attachés à la Pyrite dont il eft queftion.
Cet exemple qui eft tout-à-fait fingulier, doit être rapporté au principe que
j'établierai dans les Chapitres V^e & XIIe , en parlant de la formation des
mines en général & de la Pyrite en particulier. On me demandera peut-être, pourquoi l'or & l'argent qui font ainfi formés à la furface de la Py-rite, ou dans fon intérieur, ne fe trouvent jamais de façon à faire préfumer
qu'ils tirent leur origine & leur fubftance de la Pyrite ? A cela, je réponds
que rien ne me furprend plus que de voir que l'on s'opiniâtre à vouloir
trouver dans une chofe ce qui n'y eft qu'idéalement & hypotétiquement. Il
pourroit réfulter de-là, qu'il y a lieu de croire que l'on ne doit point chercher
des Métaux précieux dans la Pyrite ; mais encore un coup, il faut prendre
garde de confondre la Pyrite qui contient de l'argent, avec la roche ou le
quartz chargé d'argent natif qui l'enveloppe affez fouvent : cette erreur
n'eft pas fort à craindre dans nos pays ; mais la chofe pourroit arriver ail-leurs. J'ai moi-même reçu de Norwége un morceau de mine dont la ma-trice ou gangue étoit un quartz mêlé d'un talc ou mica gris feuilleté,
qui contenoit de petites lames ou paillettes d'argent ; on lui donnoit le
nom de *Pyrite d'argent*, quoiqu'elle ne contînt rien qui reffemblât à de la
Pyrite. Après tout, s'il étoit poffible de trouver une Pyrite pure qui étant

G ij

foigneufement dégagée de toute fubftance étrangere, méritât le nom de *Pyrite d'argent*, préférablement à tout autre, il faudroit encore chercher à fe rendre intelligible aux perfonnes chez qui cette façon de parler n'eft point en ufage, c'eft-à-dire, aux ouvriers des mines & aux fondeurs ; car les recherches du Naturalifte font trop étroitement liées avec leurs travaux, pour qu'il puiffe négliger le foin de fe rendre intelligible pour eux.

III. Les autres matieres contenues dans les Pyrites, ont encore donné lieu à d'autres diftributions. C'eft ainfi qu'on les a divifées en Pyrites *fulfureufes*, en *vitrioliques*, en *arfénicales*, &c. En examinant la chofe de près, il eft aifé de voir que la diftinction des Pyrites en fulfureufes & en vitrioliques, ne peut point fubfifter ; car toutes les Pyrites qui contiennent du foufre, donnent auffi du vitriol ; & toutes celles qui donnent du vitriol, doivent néceffairement contenir du foufre : il fuffit d'obferver, qu'il faut d'abord commencer par en tirer le foufre, & qu'après que le foufre en a été dégagé, il faut en tirer le vitriol, ce qui peut fe faire, même à plufieurs reprifes ; & la Pyrite lorfqu'elle a été une fois mife dans l'état où elle doit être pour donner du vitriol, a perdu fon foufre irréparablement. On peut faire fervir l'orge à deux ufages, ainfi que la Pyrite ; on peut d'abord en faire de la bierre, & enfuite on peut en tirer une liqueur fpiritueufe, après l'avoir déja employé à braffer de la bierre ; mais il eft impoffible de faire de la bierre avec de l'orge dont on a déja tiré de l'efprit ardent : je ne penfe pas que cette double utilité que l'on peut retirer de l'orge, nous mette en droit d'en compter deux efpeces & de le diftinguer en celui qui eft propre à faire de la bierre, & en celui qui eft propre à donner une liqueur fpiritueufe.

Quoique la diftribution des Pyrites, dont il eft ici queftion, foit mal fondée, je ne puis dire à combien d'erreurs & de fauffes idées elle a donné lieu. On parle des Pyrites fulfureufes & des Pyrites vitrioliques, comme fi elles différoient effentiellement entre elles ; comme fi le vitriol entroit effentiellement dans la compofition des unes, de la même façon que la plus grande partie d'entre elles, contiennent déja un vrai foufre ; & enfin, comme fi les unes pouvoient aller de pair avec les autres ; tandis que l'on fçait que l'on n'en tire le vitriol qu'après en avoir dégagé le foufre ; mais quoique cette diftribution ne foit pas bien fondée, on ne doit pas rejetter entiérement ces deux dénominations, & il y a des cas où elles peuvent être employées. A Geyer, en Saxe, on fait principalement ufage de deux efpeces de Pyrites ; on apporte l'une de Johann-Georgen-Stadt, & on tire l'autre d'une mine qui eft fur les lieux : on peut tirer du foufre de l'une & de l'autre de ces Pyrites ; cependant on n'en tire que de la premiere, vû que l'autre étant fort impure & mélangée, la grandeur de fon volume demanderoit un travail trop long & trop difpendieux, relativement au profit qu'on en tireroit. Cependant on fe fert de toutes les deux pour faire du vitriol : on employe la premiere, parce qu'après que le foufre en a été dégagé, elle eft toute préparée pour faire, ou, pour ainfi dire, pour *concevoir* du vitriol, ou, parce qu'au moins le profit que l'on tire du foufre, aide à fupporter les frais que demande la préparation du vitriol : on employe auffi la derniere, parce que pour être mise en état de produire du vitriol, elle n'exige qu'un grillage ordinaire, & par-là on épargne les frais de la distillation du soufre, qui sont assez considérables, à cause du fourneau, des vaisseaux, & des soins que ce travail exige : comme les parties étrangeres qu'elle contient, & sur-tout la mine de fer qui s'y trouve jointe en abondance, sont causes qu'on ne se sert point de la Pyrite de Geyer pour en tirer du soufre, quoiqu'elle en contienne très-certainement, on ne peut point sçavoir fort mauvais gré aux ouvriers de cet endroit de ce qu'ils l'appellent *Pyrite vitriolique*, pour la distinguer en quelque façon de la Pyrite sulfureuse. Comme la Pyrite de Johann-Georgen-Stadt, ne laisse pas de rendre du vitriol, & comme après avoir été grillée de nouveau, & exposée ensuite à l'air, elle en donne même à différentes reprises, il ne faut point s'imaginer que la Pyrite de Geyer l'emporte sur elle ; cette derniere au contraire est épuisée beaucoup plutôt, & donne à peine trois fois du vitriol.

Au reste, on n'auroit peut-être pas tort de croire que ceux qui ont introduit ces différentes dénominations des Pyrites, ont eu en vûe celles qui se vitriolisent d'elles-mêmes ; peut-être ont ils pensé que ces sortes de Pyrites ne contenoient pas de soufre, & que le vitriol occupoit sa place. Toutes les expériences & toutes les connoissances que j'ai pu acquérir, concourent à me persuader que toutes les Pyrites qui contiennent du soufre, produisent d'elles-mêmes du vitriol, cependant moins promptement les unes que les autres, & quelques-unes même avec tant de lenteur qu'il est impossible d'attendre la fin de l'expérience pour s'en convaincre entiérement : on auroit pourtant quelque raison d'appeler *Pyrites vitrioliques* par excellence, celles dont la substance se change en vitriol sans laisser presqu'aucun résidu ; telles sont la terre martiale de Hesse, que les Auteurs appellent aussi *Magnésie vitriolée* ; & en général, toutes les Pyrites qui n'étant composées que de fer & de soufre, ne contiennent aucune autre matiere étrangere ; elles sont ordinairement d'une figure sphérique ou arrondie.

IV. La division des Pyrites en *sulfureuses* & en *arsénicales*, est mieux fondée que celle dont je viens de parler : on doit mettre dans la classe des Pyrites sulfureuses, en premier lieu, toutes celles que les mineurs & les fondeurs appellent simplement *Pyrites*, & qu'ils employent pour la formation de la matte, & pour faire du soufre. En second lieu, toutes les Pyrites cuivreuses & toutes les mines de cuivre ; il est vrai que dans nos pays on ne cherche pas à en tirer le soufre, quoiqu'elles en contiennent ; cependant les Pyrites arsénicales qui font la seconde classe de cette division, ressemblent aux sulfureuses par leur partie métallique, & sur-tout par le fer qu'elles contiennent, mais elles en different considérablement par la nature de leur substance volatile : il est vrai que l'on trouve un grand nombre de Pyrites qui réunissent à la fois le soufre & l'arsénic ; mais il y en a d'autres qui ne contiennent aucun vestige d'arsénic, & d'autres encore qui ne contiennent point de soufre : de plus, il faut remarquer que, quoique ces deux substances ayent de la disposition à se trouver ensemble, elles ne peuvent point être transformées l'une dans l'autre, comme on pourroit le dire du soufre & du vitriol ; car il est impossible que l'arsénic donne du soufre, ou que le soufre produise de l'arsénic.

On voit donc que cette division des Pyrites est établie sur des fondemens beaucoup plus solides que plusieurs de celles dont j'ai parlé, & sur-tout de celles que je viens d'exposer en dernier lieu. Cette division n'est point fondée sur les différentes utilités que l'on tire des Pyrites ; mais sur la différence des parties essentielles de leur composition : il seroit seulement à souhaiter que l'on voulût entendre raison là-dessus, aux environs de Freyberg & dans beaucoup d'autres endroits où le nom de Pyrite arsénicale n'est pas en usage. Il est certain que ce minéral se trouve en très-grande abondance dans nos cantons, quoiqu'il y porte un autre nom : nous l'appellons *mispikkel* ou Pyrite blanche ; mais il est probable que l'on connoîtroit plus précisément le nom qui lui convient, si les atteliers d'arsénic étoient moins éloignés de nous ; il faut encore dire ici que la mine noire d'arsénic, que quelques-uns appellent *Cobalt écailleux* ou *Cobalt testacée*, a une propriété qui fait qu'à la rigueur on ne peut pas lui donner le nom de Pyrite ou de Pyrite arsénicale, sous lequel pourtant on le désigne ordinairement : ce minéral est une composition entiérement volatile, qui ne laisse point en arriere de terre fixe ; c'est-à-dire, c'est une mine d'arsénic toute pure ou un arsénic vierge, semblable à celui qui a été obtenu par la sublimation ; par conséquent, comme il n'entre dans sa composition qu'une seule partie de la substance Pyriteuse, & comme elle ne contient absolument rien de métallique, ce qui est pourtant essentiel à toute Pyrite, on conçoit que ce seroit abuser des termes, que de lui donner ce nom.

V. Il est encore à propos de considérer ici la dénomination de *Pyrite d'orpiment*, & d'indiquer en même tems les méprises où l'on peut être tombé à son sujet. L'orpiment n'est autre chose que de l'arsénic pénétré de soufre, ou de l'arsénic à qui le soufre fait prendre une couleur aurore : c'est mal-à-propos que quelques gens ont cru qu'il avoit pour base une espece de Pyrite dont les propriétés sont entiérement différentes de la Pyrite arsénicale. Cet orpiment ne contient à la vérité, que des substances, qui entrent dans la composition de la Pyrite ; mais il est rare qu'on trouve des Pyrites qui les contiennent toutes, sur-tout dans la proportion qui seroit nécessaire pour en tirer de l'orpiment ; il faut par conséquent mêler ensemble plusieurs especes de Pyrites pour faire de l'orpiment.

Dans la distillation du soufre, la plûpart des Pyrites sulfureuses, qui pour l'ordinaire contiennent une portion d'arsénic, donnent à la fin de l'opération, sinon de l'orpiment, du moins quelques portions légeres de cette combinaison : pour s'en convaincre, on n'a qu'à faire attention que dans la purification du soufre crud, on obtient un sublimé transparent, d'un rouge souvent aussi vif que celui d'un rubis, & une poudre de couleur orangée, qui se forme lorsqu'on pousse le feu jusqu'à un certain point, & même sans que le feu soit très-vif. On aura encore une preuve évidente de ce que je viens de dire dans le résidu que l'on a coutume d'appeller *Scories de soufre:* soit qu'on l'examine tel qu'il est, soit qu'on ne le considere qu'après une nouvelle opération, on trouve que les aires sur lesquelles on fait griller des Pyrites, se couvrent d'un vernis ou d'un enduit rouge : il y a des Pyrites qui en donnent un peu plus que d'autres, en raison de la proportion dans laquelle l'arsénic se trouve avec le soufre. Mais si l'on demande plus que de simples vestiges, il faut avouer que l'on ne trouvera que difficilement une Pyrite combinée par la nature, de maniere que par elle-même, sans addition & sans mêlange, elle donne de l'arsénic jaune ou de l'orpiment en quantité suffisante : elle donnera ou simplement du soufre, ce qui arrive le plus ordinairement, ou simplement de l'arsénic sous la forme d'une suie. En voici la raison : pour faire de l'orpiment, il faut que dans le mêlange, il entre trois ou quatre parties d'arsénic contre une partie de soufre ; or, il est extrêmement rare de trouver une Pyrite ainsi composée, du moins, je n'en ai jamais vu qui fût dans ce cas ; j'ai remarqué au contraire que toutes les Pyrites qui étoient très-chargées d'arsénic, contenoient trop peu de soufre ; & que celles qui étoient suffisamment pourvues de soufre, ne renfermoient qu'une très-petite portion d'arsénic.

Quand on veut faire cette composition artificiellement, on ajoute pour l'ordinaire à la Pyrite blanche ou au *mispikkel*, des scories ou résidus de la distillation du soufre ou de la Pyrite sulfureuse, opération que je décrirai dans un autre endroit. On voit donc que l'on pourroit encore, comme font quelques personnes, donner le nom de *Pyrite d'orpiment* à la Pyrite blanche ; mais en se servant de cette dénomination, il faudroit, pour éviter toute équivoque, donner en même tems une explication suffisante de la chose, & remarquer que cette Pyrite pure, c'est-à-dire, lorsqu'elle n'est mêlée d'aucune substance étrangere & sur-tout de Pyrite sulfureuse, ne peut point donner d'orpiment. Au reste, il ne paroît pas impossible que l'on pût trouver des Pyrites, dans lesquelles le soufre & l'arsénic se trouvassent, sinon dans une proportion parfaite, au moins dans des quantités convenables ; je ne dis pas seulement pour produire de l'orpiment, car, à tout bien considérer, il n'y a presque pas de Pyrite dont on ne puisse en tirer ; mais encore pour en donner autant qu'il en faut pour dédommager des frais de l'opération. Mais ce n'est pas de ces Pyrites rares, dont les ouvriers se servent pour la préparation de l'orpiment ; ils emploient pour cela, des Pyrites communes, & ils en prennent de deux especes ; c'est-à-dire, de blanches & de jaunes ; ou bien ils les mêlent avec des scories de soufre. C'est à ces Pyrites que dans nos cantons on donne le nom de *Pyrites d'orpiment*, à cause de l'usage auquel on les employe, quoique ce nom ne leur convienne pas strictement, & quoiqu'on dût plûtôt les appeller *Pyrites arsénicales.*

On voit par ce qui vient d'être dit, que l'orpiment ne peut point être regardé comme faisant partie de la composition de la Pyrite, mais qu'il est formé par les combinaisons de deux des parties de la Pyrite, c'est-à-dire, de l'arsénic & d'une certaine portion de soufre ; c'est donc un produit dont les parties sont en effet contenues dans la Pyrite, mais elles n'y sont que dispersées & séparées les unes des autres, & il faut que l'art les rapproche.

en les dégageant principalement de la terre métallique & non métallique, vû que sans cela, elles ne formeroient jamais la combinaison, que nous appellons *orpiment* ou *arsénic jaune*.

VI. Les fondeurs voudroient encore que l'on fît une classe particuliere pour les Pyrites, qui servent à former la matte. Dans les fonderies des mines, on entend par *matte* une substance ou un régule métallique, formé par les mines qui ont été rapprochées & réduites en un plus petit volume, par le moyen de la premiere fonte, ou fonte à dégrossir. Les différens noms qu'on donne à ce régule, sont empruntés, soit de l'opération qui le produit, soit du plomb, soit du cuivre qui y dominent. Dans la premiere fonte des mines pauvres qui sont répandues dans un grand volume de quartz, ou de roche, ou de blende, & qui ne peuvent point être dégagées de leur roche ou gangue par aucune autre voye, sans avoir fait précéder le grillage, on les fond à l'aide des Pyrites qui se trouvent déja dans la miniere, ou qu'on leur joint à dessein durant la fusion, de façon que ces mines se rapprochant, ou se mettant en un volume beaucoup plus petit, forment un corps qui ressemble plûtôt à une pierre qu'à du métal ; & c'est par cette raison que les ouvriers d'Allemagne lui donnent le nom de *Pierre crue* (*Rohstein*) qui répond à celui de *matte*.

On demandera quelles sont les Pyrites qui peuvent être employées pour la formation de la matte, & si elles different en quelque chose de celles dont nous avons fait jusqu'ici l'énumération ? Elles n'en different aucunement. Sont-ce les Pyrites blanches ou arsénicales ? On prétend que non : cependant il y auroit quelque chose à dire sur cela qui mériteroit au moins quelque attention. Seront-ce les Pyrites d'or ou d'argent ? Elles seroient fort bonnes si on en avoit. En un mot, ce sont les Pyrites sulfureuses en général, les cuivreuses en particulier, & les mines de cuivre elles-mêmes que l'on peut y employer, si la nature du traitement, qui varie infiniment par la diversité des mines, peut le permettre. On voit donc que les Pyrites propres à faire la matte, sont déja comprises dans la troisieme classe que j'ai établie plus haut, & que leur dénomination se rapportant uniquement à l'usage que l'on en fait, n'indique aucunement une composition qui differe de celles des autres Pyrites.

VII. Après avoir examiné les divisions fondées sur la composition des Pyrites, si nous passons à leur aspect extérieur, nous trouvons qu'elles ne sont ni de la même figure, ni de la même couleur. Ce minéral, comme un vrai Protée, se montre sous toute sorte de formes différentes : tantôt il est rond, tantôt anguleux, tantôt allongé, tantôt feuilleté, tantôt blanc, tantôt jaune, &c. J'ai cru devoir donner la représentation de ses variétés principales ; & je joins ici une Table où l'on pourra les distinguer d'un seul coup d'œil.

*L*A *Pyrite*.	*Pyrites.*
I. Qui a une figure déterminée.	I. *Idiomorphus.*
1. ronde.	*rotundus.*
(*a*) sphérique.	*sphæricus.*
	(*b*) demi-

<table>
<tr><td>LA PYRITE.</td><td>PYRITES.</td></tr>
<tr><td>(b) demi-sphérique.</td><td>hemi-sphæricus.</td></tr>
<tr><td>striée.</td><td>radiatus.</td></tr>
<tr><td>feuilletée.</td><td>lamellatus.</td></tr>
<tr><td>(c) ovale.</td><td>ovalis.</td></tr>
<tr><td>en mammelons, comme</td><td></td></tr>
<tr><td>(d) en grappe de raisin.</td><td>botryites.</td></tr>
<tr><td>(e) en forme de crete.</td><td>cristatus.</td></tr>
<tr><td>2. anguleuse.</td><td>2. angulosus.</td></tr>
<tr><td>(a) quadrangulaire.</td><td>tetraedros.</td></tr>
<tr><td>(b) hexaèdre.</td><td>hexaedros.</td></tr>
<tr><td>(a) cubique.</td><td>cubicus seu tessulatus.</td></tr>
<tr><td>(b) oblongue.</td><td>oblongus.</td></tr>
<tr><td>(c) rhomboïde.</td><td>rhomboïdes.</td></tr>
<tr><td>(d) cellulaire.</td><td>cellularis seu favi formis.</td></tr>
<tr><td>(c) à huit côtés.</td><td>octaedros.</td></tr>
<tr><td>(d) à dix côtés.</td><td>decaedros.</td></tr>
<tr><td>(e) à douze côtés.</td><td>dodecaedros.</td></tr>
<tr><td>(f) à quatorze côtés.</td><td>decatesseraedros.</td></tr>
<tr><td>(g) prismatique.</td><td>prismaticus.</td></tr>
<tr><td>(h) à côtés irréguliers.</td><td>trapezius.</td></tr>
<tr><td>3. en facettes.</td><td>bracteatus.</td></tr>
<tr><td>4. fistuleuse.</td><td>fistulosus.</td></tr>
<tr><td>II. Formée sur quelqu'autre corps.</td><td>II. Synmorphos.</td></tr>
<tr><td>1 bois changé en Pyrite.</td><td>lithoxyloides, quasi fibrosus.</td></tr>
<tr><td>2 conchite.</td><td>conchites.</td></tr>
<tr><td>3 cochlite.</td><td>cochlites.</td></tr>
<tr><td>4 cylindrique.</td><td>cylindricus seu linceus.</td></tr>
<tr><td>5 en pyramide.</td><td>turbinites seu pyramidalis.</td></tr>
<tr><td>6 conique.</td><td>conicus.</td></tr>
<tr><td>7 en astroïte.</td><td>astroïtes, &c.</td></tr>
</table>

Je représente sur les planches ci-jointes les Pyrites les plus remarquables, figurées de la maniere qui vient d'être dite ; & l'on trouvera sur la derniere, toutes les autres variétés que j'ai observées, sur-tout dans les figures anguleuses de ce minéral : cependant toutes ces diversités se réduisent à des figures sphériques & anguleuses ; & quoique cette division des Pyrites n'aye d'autre fondement que la figure extérieure, elle comprend tous les exemples dont la regle & le compas peuvent déterminer les figures. Il est vrai que la Pyrite qui semble être composée de feuillets placés les uns à côté des autres, & celle qui, semblable à un morceau de bois, n'est qu'un assemblage de fibres paralleles, ne paroissent point d'abord suivre les mêmes loix ; mais la premiere est réellement anguleuse à ses extrémités ; outre cela, elle n'est pas tellement feuilletée, qu'on puisse séparer les lames qui la composent les unes d'avec les autres, comme celles du spath

H

où du talc (*glacies mariæ*) ; cette ſtructure n'a même rien qui doive ſurprendre ; ne peut-on pas donner une infinité de formes à un édifice de
quelque figure que ſoient les pierres que l'on employe à ſa conſtruction ;
& ſeroit-il impoſſible de former un quarré avec des pierres arrondies ?
Quant à la derniere dont je ſuis redevable à M. Roſinus, on ne peut point
non plus en ſéparer les fibres ; elle n'a reçu la figure qu'elle a que du morceau de bois dont elle a été formée, ou qui lui a ſervi de moule.

En conſidérant même les Pyrites ſphériques, qui ne ſont réellement
compoſées que de rayons & de pyramides, on trouve que les baſes de ces
pyramides, s'étendent non-ſeulement au-delà de la circonférence de la
ſphere ; mais encore qu'elles s'y terminent en angles & en facettes de
toutes ſortes de figures, on peut les voir repréſentées dans les planches
ci-jointes aux numéros 7, 8, 9 & 10, & on peut même les découvrir ſans
le ſecours de la loupe ſur les Pyrites qui paroiſſent les plus liſſes. Ce que
je viens de dire, ne doit s'entendre que des Pyrites ſphériques, telles
que ſont celles de Heſſe, de Toeplitz & d'Altſattel ; car celles qui ſont
hémiſphériques, & celles qui ont la figure d'un roignon, telles que celles que l'on trouve dans les mines de Freyberg, où on leur donne le nom
de *Cobalt*, elles en different conſidérablement : leur tiſſu n'eſt point formé par des rayons qui aillent du centre à la circonférence ; il n'eſt compoſé
que de lames appliquées les unes ſur les autres, & qui peuvent ſe détacher ; ou, comme elles ſont compoſées de rayons qui ſe réuniſſent dans
différens centres & non dans un ſeul, il eſt impoſſible qu'il en réſulte une
figure parfaitement ſphérique. Les numeros 11, 12, 13 & 14, des planches ci-jointes, en donneront une idée plus claire.

Les Pyrites tétraëdres ou à quatre côtés, ſont les plus rares de toutes
les Pyrites anguleuſes ; elles ne ſe trouvent que très-rarement ſur des cryſtalliſations, ou attachées ſur du quartz où elles ont été portées par des
exhalaiſons minérales. La Pyrite pyramidale à quatre faces, eſt plus rare encore, une face étroite fait ſa baſe ; & les trois autres faces ſont d'égale
longueur, & vont ſe terminer en une même pointe ou ſommet. Les Pyrites hexagones au contraire ſont les plus communes ; ſouvent leurs angles ſont auſſi réguliers que s'ils avoient été formés avec la regle ; j'ai
ſur-tout remarqué cette régularité dans des Pyrites qui me ſont venues des
environs de Temeſwar ; celles qui ont cette figure parmi les Pyrites de
Pretſchendorf, qui n'eſt pas fort éloigné d'ici, ont des angles un peu
moins réguliers ; elles forment tantôt des hexagones-oblongs, tantôt
des trapézoïdes, tout-à-fait irréguliers, avec des côtés enfoncés, en de
certains endroits obliques & avec des angles briſés ; mais on n'exige
point une régularité parfaite dans des diviſions méthodiques de ces ſubſtances ; & l'on eſt en uſage de comprendre ſous le nom de Pyrites cubiques, celles mêmes dont les angles & les côtés ſont irréguliers. On doit
remarquer que les Pyrites cubiques dont je viens de parler & qu'on trouve
aſſez communément toutes enſemble dans la même mine, comme cela
ſe voit à Pretſchendorf, affectionnent les endroits où l'on ne trouve jamais
celles qui ſont octogones, ou d'un plus grand nombre de côtés.

Pour donner ici en passant une idée de la formation des fentes & des cavités tapissées de crystaux, que les Allemands nomment *Drusen*, & que j'aurai occasion d'examiner ci-après, je dois faire observer que ces crystaux transparens & souvent pénétrés & colorés par différens sucs métalliques, tirent leur origine d'une eau qui a long-tems séjourné dans les cavités où elle a été renfermée, & ces crystaux ne sont que des especes de sels qui s'y sont crystallisés ; différentes vapeurs minérales, ayant ensuite pénétré dans ces fentes ou cavités par toutes sortes de routes, elles y ont porté les matieres propres à former des mines, & sur-tout des Pyrites ; elles les ont ordinairement répandues à la surface, & quelquefois même elles ont formé des incrustations qui ont recouvert entiérement ces crystaux : au reste, avec quelque attention que j'aie observé, je n'ai point encore trouvé jusqu'à présent, que les Pyrites qui sont contenues dans ces cavités, quelle que soit leur figure, différassent en rien des autres, & méritassent aucune préférence. Quant aux minieres qui sont formées d'une substance tendre, composée d'une matiere argilleuse, marneuse ou talqueuse, & aux fentes ou cavités remplies d'une terre grasse & savoneuse, que les Allemands nomment *Schmeer-klufte*, qui, quoique enchassées dans des rochers très-durs, ne laissent pas de contenir une espece de moëlle ou de substance très-tendre, elles semblent être plus disposées à produire des Pyrites ou cubiques ou hexagones, que toutes les autres Pyrites anguleuses ; je dis anguleuses, car il n'est pas rare d'en trouver de sphériques dans une matrice talqueuse & dans de l'ardoise.

Quant aux Pyrites prismatiques que j'ai représentées dans la figure 27, j'ai remarqué qu'elles sont encore moins communes que les quadrangulaires, & qu'on doit les regarder comme les plus rares de toutes. Celle que j'ai donnée pour exemple, a commencé à prendre naissance sur une colonne de crystal qui étoit dans une cavité tapissée de crystaux ; mais cette colomne se terminoit à une certaine hauteur, & la matiere Pyriteuse continuoit à former ensuite toute seule la plus grande partie du prisme. Je me rappelle encore d'avoir vû il n'y a pas fort long-tems une de ces crystallisations, sur laquelle étoit attachée une Pyrite cuivreuse parfaitement prismatique, & équarrie comme une solive.

La Pyrite cellulaire hexagone que l'on trouve dans le territoire de Freyberg, à Hohenbircken, à Croener, &c, n'est pas non plus fort commune : elle a cela de particulier, que les petites cellules dont elle est composée, sont quelquefois remplies de galene ou de la mine de plomb en cubes, & que, quoique ces petits cubes n'y tiennent pas plus fortement que de mauvaises dents ébranlées dans une mâchoire, ils joignent pourtant si exactement les parois ou côtés intérieurs de ces cellules, qui sont cependant inégaux, que l'on diroit qu'on a pris beaucoup de peine pour les y adapter.

Les Pyrites arrondies, sont ou sphériques ou demi-sphériques. Les sphériques ont un centre commun, d'où partent des rayons qui vont à la circonférence qu'ils débordent, & où ils forment soit des facettes polies, soit des pointes ; il est vrai que souvent ces extrémités ne sont presque point

senfibles ; & à confidérer à la fimple vue les Pyrites arrondies, on a de la
peine à imaginer qu'elles foient raboteufes ; cependant elles le font toutes, & plufieurs le paroiffent même au premier coup d'œil ; au moins on
verra très-facilement que l'on ne peut point regarder comme exactement arrondies, celles qui font formées d'un affemblage de parties femblables à des écailles placées les unes fur les autres, ou celles qui font
formées d'un amas de grains réunis, qui n'ont point été détachés les
uns des autres.

Les Pyrites demi-fphériques, ne font arrondies que d'un côté, & font
ou ftriées ou feuilletées ; elles contiennent ordinairement un foufre impur, c'eft-à-dire, mêlé d'arfénic, & quelquefois même d'une portion de
cuivre ; au lieu que les Pyrites fphériques, font pour la plûpart privées
d'arfénic & de cuivre, & par conféquent elles font propres non-feulement
à donner du foufre très-pur, mais encore de très-bon vitriol martial.

Outre les Pyrites ainfi figurées, il y en a auffi qui font rondes, appla-
ties & ovales ; on les appelle *Pyrites en roignons.* On en trouve encore qui
ont la forme d'une grappe de raifin. Voyez *numero* 14, & qui ne femblent
compofées que de petites boules ou mammelons : peut-être doit-on placer dans la même claffe, celles qui reffemblent à une crête de coq, qui eft une
figure affez ordinaire à l'hématite ou fanguine. Voyez *la figure du numero* 13.

Les Pyrites cylindriques, ont pris cette figure, parce qu'elles ont été
comme moulées dans la coquille que nous appellons *bélemnite* : les Pyrites
coniques ou turbinites, &c, ont toutes été formées par la nature dans de
certaines efpeces de coquilles qui leur ont fervi de moules. Voyez *les fi-*
gures des numeros 15, 16, 17, 18, 19 & fuivans jufqu'à 26.

Le célebre Scheuchzer, dit, que les Pyrites fphériques, fe trouvent
très-communément en Suiffe ; il ajoute, que les pluyes & les torrens les
détachent du fommet des Alpes ; qu'on les regarde comme des pierres de
foudre ; qu'elles ne font pas liffes & unies, mais inégales, raboteufes &
comme couvertes de rouille ; en les caffant, on trouve qu'elles font d'un
tiffu ftrié dans l'endroit de la fracture ; elles brillent comme de l'or & de
l'argent, &c. Mais quand ce même Auteur les appelle *Pyrites æreos,* ou
Pyrites cuivreufes, il faudroit fçavoir fi cette dénomination eft fondée fur
le métal qu'elles contiennent, ou fur la couleur qu'elles ont ; au moins,
je ne puis pas dire avoir jamais vu de Pyrite fphérique, qui contînt le
moindre veftige de cuivre. (Voyez Scheuchzer, *Itinera Alpina, page* 2). On
dit auffi que dans l'ifle Staritzo, il fe trouve des Pyrites qui ont la figure
d'une orange ou d'un limon ; ce qui doit paroître bien tentant à ceux qui
cherchent l'or par-tout ; c'eft qu'on dit de ces Pyrites, que l'on trouve
dans leur intérieur la forme d'un étoile mêlée d'or, d'argent & d'une
couleur brune *.

---

* Voyez *Strauffii Itinerarium,* p. 97. & G.
Agricola in-fol. « *Pyrites rotundi,* dit-il, *in*
» *Pruffia digitos rectos & incurvos exprimen-*
» *tes funt ; cylindrici teretes, in argillarum ve-*
» *nis ; oblongi & intus ut fiftulæ cavi, quales*
» *Hanoveræ inveniuntur in commiffuris faxi,*
» *calcis ochrâ obducti, refferæ figuræ in rivis &*
» *fluminibus ; ovales inftar concharum in Hil-*
» *desheimio ; uvæ fimiles ; modò quadrati, modò*
» *turbinati ; virgulæ plures erectæ ; figura favis*
» *fimiles ; tenuiffimæ bracteæ.* p. 658.

Quoique le célebre Bauhin, dans son Traité des Eaux de Bol, donne une très-longue énumération des Pyrites figurées, qui se trouvent dans le pays de Wirtemberg, aux environs de la source qu'il décrit, on n'y apprend que des noms & des figures; cet Auteur ne donne aucune division de ce minéral, propre à soulager la mémoire des Lecteurs; & il n'examine aucunement la nature de la Pyrite en général, quoiqu'il s'en trouve une très-grande abondance dans le voisinage des eaux thermales dont il parle, ce qui devoit l'engager à en faire un des principaux objets de ses recherches: outre cela, il multiplie les figures des Pyrites sans nécessité; il met des différences dans des choses qui ne sont qu'accidentelles & très-peu importantes, ou qui n'existent que dans son imagination. A en juger par les noms & les figures que Bauhin donne, les Lecteurs seroient tentés de croire qu'il y a des Pyrites qui ressemblent constamment à la face d'un homme, à un casque, à un turban, &c. Si des ressemblances légeres suffisoient pour établir des différences, jamais on ne trouveroit de fin ni pour les especes, ni pour les variétés, ni pour les noms des Pyrites, sur-tout si l'imagination s'en mêle.

Pour me rendre plus intelligible, j'ai cru qu'il étoit à propos de représenter dans des planches quelques Pyrites figurées; mais parmi une quantité prodigieuse, je n'ai choisi que celles qui m'ont paru mériter le plus d'attention, & l'on peut être assuré que dans les figures que je donne ici, il ne se trouve rien qui soit ou faux ou imaginaire, ou même emprunté de quelque autre Livre. Toutes ces Pyrites ont été dessinées exactement d'après les originaux que j'ai conservés pour pouvoir en tout tems vérifier les copies. Comme la nature de la chose même m'avoit fait naître l'idée de la division générale des Pyrites, en sphériques & en anguleuses, les Mathématiques m'ont fait découvrir parmi ces dernieres, un grand nombre de variétés très-marquées, qui m'ont paru mériter d'être représentées; d'autant plus que je ne connois point au monde de minéral, qui se montre sous autant de formes différentes que la Pyrite.

Si je n'ai représenté qu'un petit nombre de Pyrites qui ressemblent à des coquilles ou à d'autres corps marins, ce n'est pas que j'aie cru qu'il n'en existât point d'autres; je suis très-convaincu qu'il s'en trouve beaucoup plus dans le sein de la terre, & même je crois qu'avec le tems on trouvera peut-être que toutes les coquilles apportées par les eaux du déluge peuvent se remplir de Pyrites, ou être pénétrées de la matiere Pyriteuse, pourvû qu'elles se trouvent dans des endroits convenables, où elles ne soient point imprégnées de substances inflammables, ou exposées à des exhalaisons ou à des feux souterreins; je crois même qu'on pourroit former une collection qui ne seroit composée que de coquilles Pyriteuses: au reste, je me réserve de parler de leur formation, au Chapitre cinquieme.

Quant aux Pyrites dont les figures ne sont qu'un jeu de la nature, ou une imitation fortuite de quelque substance d'un autre regne, je n'en ai représenté que deux especes; sçavoir, celle qui ressemble à une grappe de raisin, n°. 14, & celle qui a la forme d'une crête de coq n°. 13: l'une & l'autre se trouvent assez fréquemment, pour être en droit de présumer ue

ces amas de petits globules ou de mammelons placés les uns sur les autres,
ne font pas l'ouvrage d'un pur hazard ; mais si la nature n'a eu aucunes vûes
en les produifant, elles font au moins les réfultats de quelques-unes de fes
opérations, ou de l'arrangement qu'elle a fait des fubftances qui les compofent, ou de la façon dont elles ont été préparées. Au refte, on voit
qu'il eft aifé de rapporter à la claffe dont je parle, toutes les figures bizarres décrites par Bauhin ; mais fi j'ai jugé qu'il étoit néceffaire de faire
connoître les figures mathématiques des Pyrites, il ne faut pas croire que
j'aie voulu en faire le fondement d'une divifion hiftorique de ce minéral.
En effet, il s'en faut beaucoup que ces figures s'accordent dans tous les
individus avec la fubftance interne des Pyrites, comme font les couleurs
de ce minéral. En repréfentant un fi grand nombre de Pyrites diverfement
figurées, qui ne different pas toûjours par leur compofition intérieure,
j'ai eu principalement en vue de donner quelques idées préliminaires
aux perfonnes, auxquelles la Minéralogie n'eft point encore affez fami-
liere pour juger avec certitude des couleurs des mines, qui, d'ailleurs ne
peuvent point être exprimées comme les figures ; & j'ai voulu les mettre
en état de ne pas être furprifes lorfqu'on leur préfentera des Pyrites d'une
figure encore plus extraordinaire. En fecond lieu ; j'ai cru que cette partie
de l'Hiftoire Naturelle du minéral dont je traite, & dont on fait ordinairement très-peu de cas, pourroit augmenter l'attention du Lecteur fur ce
que je dirai par la fuite, & exciter fon ardeur pour l'étude de la Minéralogie en général. Enfin, il m'a paru qu'à l'occafion des loix mathématiques,
que la nature fuit dans la formation des Pyrites, il étoit à propos de faire
voir l'avantage que les Mathématiques ont fur beaucoup d'autres fciences.

Que l'on me permettre donc de dire ici encore un mot fur les loix
Géométriques que la nature fuit dans le regne minéral. Si l'on confidere
les figures & les formes des autres mines & des pierres, qui, felon toutes
les apparences, ont leurs caufes, quoiqu'elles ne nous foient pas encore
connues, & fi on les compare à celles de la Pyrite, on trouvera que la
nature s'eft pareillement plûe à parer & à embellir ce minéral. On aura de
la peine à trouver une mine où l'or ait été minéralifé fous une forme particuliere : l'or (il faut bien remarquer qu'il ne s'agit point ici de l'or natif
ou vierge) fe trouve accidentellement caché, foit dans une mine d'argent, foit dans une mine de fer, foit dans une mine de cuivre, &c. Il eft
naturel de nommer ces mines d'après le métal qui y domine ; voilà pourquoi on ne donne pas le nom de mine d'or à une Pyrite cuivreufe, quand
même elle contiendroit une certaine portion d'or. Car dans l'Hiftoire
Naturelle, on ne fe regle ni fur la valeur & l'eftimation politique qui ne
font fondées que fur l'opinion & la vanité des hommes, ni fur les vertus
médicinales ; les proportions, les poids & les mefures, y déterminent
tout, de forte que l'or n'eft point regardé comme l'objet principal, fur-
tout quand il fe trouve dans une quantité trop difproportionnée, foit avec
le fer, foit avec le cuivre, foit avec l'argent. Il eft vrai qu'il y a des fables,
des glaifes, & même d'autres terres, ainfi que des pierres communes, &
fur-tout des cailloux, qui contiennent, quoi qu'en très-petite quantité, de

l'or qui s'y trouve seul & sans mêlange d'aucun autre métal ; cependant il est difficile de le trouver sans fer, sur-tout dans les cailloux ; alors on peut avec raison donner à ces substances, le nom de *Mines d'or* ; mais l'or qui s'y trouve, est ou natif, ou en paillettes, ou en petits grains, ou du moins il n'y a point une forme ou une figure assez sensible & déterminée pour pouvoir donner un caractere distinctif aux mines d'or. Je me souviens d'avoir vu donner le nom de *Mine de foye* ou *Mine hépatique*, à une vraie mine d'or qui venoit d'Hongrie, à ce qu'on prétendoit ; mais je n'ai jamais été assez heureux pour en voir le plus petit échantillon ; & si je la voyois, les circonstances que je viens de rapporter, me la rendroient encore suspecte.

A l'égard de la mine d'argent vitreuse ou rouge, (car j'ose à peine placer ici la blanche) qui ne contient que de l'argent sans mêlange d'aucun autre métal, elle affecte des figures plus marquées & plus reconnoissables que celles des mines d'or ; cependant la figure n'est point si décidée dans la mine d'argent vitreuse qui paroît ordinairement comme fondue, & qui ne présente que rarement une figure anguleuse ; mais la mine d'argent rouge, lorsqu'elle a eu la faculté de s'étendre dans une miniere ou matrice molle, où elle n'a point trouvé de résistance, est toujours en crystaux de dix à douze côtés, & le plus ordinairement en prismes, c'est-à-dire, sous la forme de petites poutres anguleuses & équilatérales, qui ressemblent à des colonnes de crystal de roche, dont le sommet est terminé par une pyramide de quatre ou de cinq côtés inégaux.

Une chose très-remarquable, c'est que la mine d'argent vitreuse est quelquefois d'une forme cubique ou hexagone assez réguliere ; ce qui ne se voit jamais dans la mine d'argent rouge, ni dans aucune autre mine, si l'on excepte la mine de plomb cubique ou galène, & une mine de fer de Suede qui ressemble à la galène : cette conformité de la mine d'argent vitreuse avec la mine de plomb peut jetter du jour sur la nature de l'une & de l'autre de ces mines. Je passe sous silence les réflexions que ce caractère pourroit encore faire naître au sujet du *plomb des Philosophes*. J'ai dit exprès plus haut que je n'osois placer la mine d'argent blanche au même rang que les mines d'argent vitreuses & rouges, & peut-être aurois-je raison de l'en exclure tout-à-fait : en effet on doit observer en premier lieu, que l'argent que contient cette mine n'est point parfaitement pur ; & que, lors même qu'elle est très-riche en argent, elle n'est pas dépourvue de cuivre ; cependant je n'oserois point affirmer qu'elle en contienne toujours, car je n'ai pas encore examiné suffisamment la chose ; par conséquent, quoiqu'elle differe pour la proportion dans laquelle l'argent s'y trouve, de la mine que nous appellons dans ce pays *mine d'argent grise*, à qui on donne même dans un endroit des environs de Freyberg le nom de *mine d'argent blanche*, cependant quoique cette même mine grise differe de la mine grise de cuivre, il faut la placer, ainsi que toutes celles dont je viens de parler, dans la classe des mines de cuivre : on pourroit pourtant encore accorder du moins à la mine blanche, qui est la plus riche d'entre elles, une place parmi les mines d'argent. Je dois faire remarquer en second lieu, que je n'ai jamais vû la mine d'argent blanche affecter une figure particuliere, à moins qu'on ne voulût se laisser tromper par de fausses apparences, & prendre pour elle une galène ou mine de plomb crystallisée, dans laquelle la mine d'argent blanche est répándue; en effet, il arrive quelquefois, soit par ignorance, soit par supercherie, que l'on veut faire passer une mine de plomb de cette espéce, non-seulement pour une mine d'argent blanche, mais encore pour une mine d'argent vitreuse.

La mine de fer, qu'il ne faut point confondre avec la Pyrite martiale, se trouve ordinairement par lits ou par couches semblables à celles d'où l'on tire les pierres de taille ; elle n'a point de figure déterminée ; il faut cependant excepter la sanguine ou l'hématite, qui, outre sa couleur qui est d'un brun-rouge, se fait encore remarquer par sa figure sphérique ou demi-sphérique, qui lui a fait donner le nom d'*hématite en grape de raisin* (*Botryites*). On peut en dire autant d'une espéce de substance ferrugineuse que les Allemands nomment *Wolfram* ; elle est striée & d'une vraie couleur de fer, on la trouve à Altemberg en Misnie, où on lui donne très-improprement le nom d'antimoine. Il n'y a que le fer dont la mine affecte une forme sphérique ; de plus, comme ce métal domine principalement dans les Pyrites sphériques, il ne paroît pas que cette configuration doive être regardée comme un pur effet du hasard, & il semble qu'elle mérite l'attention des Naturalistes.

Parmi les mines de plomb on trouve d'abord que la galène est toujours hexagone à l'intérieur, & d'une figure ou parfaitement cubique, ou cubique-oblongue à l'extérieur ; mais lorsqu'elle est crystallisée, ses angles sont rompus ; cette figure est si essentielle à la galène, que je ne crois point que l'on en ait jamais vû sous une autre forme ; quant à la mine de plomb si rare, celle qui est blanche, grisâtre ou verdâtre, qui ne contient aucun atôme d'argent, que l'on trouve à Tschopau, & que même on exploitoit autrefois à Tscherper, dans nos environs, elle est toujours prismatique, & quelquefois feuilletée comme du spath ; du moins je ne l'ai jamais vûe sous une autre forme.

La mine d'étain se distingue par sa figure, sur-tout dans la mine que les Allemands nomment *zinn-graupen* ou crystaux d'étain, & dans quelques grenats. Les premiers sont irréguliers, leurs côtés & leurs angles sont inégaux; on en trouve dont la surface est assez polie, & dont les angles ne sont qu'un peu rabbatus ; d'autres ont les angles entiérement tranchés ; quelquefois ils sont seulement un peu obliques ; d'autres sont tranchés si net, qu'ils forment des pointes ou des tranchans. Quant aux grenats, ils ont ordinairement une figure décaëdre assez réguliere.

En considérant la nature & les propriétés singulieres du mercure, on croiroit que sa mine devroit se distinguer de toutes les autres par la figure ; mais quand on examine le cinnabre qui est sa principale mine, on ne trouve point qu'à l'exception de sa couleur rouge, la Nature lui ait donné une forme particuliere ; cependant nous voyons que l'Art peut faire prendre au mercure une infinité de formes & de déguisemens différens; peut-être ne le connoissons-nous pas toujours dans les mines ; peut-être n'avons-

n'avons-nous pas le fecret de lui ôter fon mafque par-tout où il fe trouve.
En effet, il me paroît qu'il eft caché dans l'arfénic, auffi bien que dans
d'autres fubftances métalliques & volatiles de la même nature, & il y
joue fon rôle fans qu'on ait encore pu le découvrir.

La mine d'antimoine reffemble affez au cinnabre : l'une & l'autre de
ces mines font difpofées en maniere d'aiguilles ou de ftries, mais il faut
obferver que ces aiguilles font placées parallélement dans la mine d'antimoine, & que dans le cinnabre elles vont quelquefois fe réunir comme
les rayons d'un cercle, dans un même centre. Il eft vrai que Pomet dans
fon *Hiftoire generale des Drogues*, Tome II. page 245, dit que : « La mine
» de mercure eft fi femblable à l'antimoine de Poitou, que fi ce n'étoit
» que les aiguilles en font tant foit peu plus blanches, il n'y auroit point
» d'homme qui en pût faire la différence ». Mais ce paffage eft fort obfcur,
fur-tout pour ceux qui n'ont pas vû l'antimoine du Poitou. Ayant une
fois fait digérer pendant très-long-tems de l'or & du mercure, j'obtins
une maffe ftriée en forme d'étoile : on trouve la même configuration
dans la mine d'un beau rouge qu'on appelle *fleur de cobalt*, comme auffi
dans la mine rouge d'antimoine, dans deux efpéces de *wolfram*, c'eft-à-
dire, dans celui qui eft de la couleur du fer, dont j'ai parlé plus haut,
& dans celui qui eft d'un brun tirant fur le noir, qui fe trouve pareillement à Altemberg, & qui contient beaucoup d'arfénic ; enfin dans certaines mines de bifmuth qui font quelquefois fi pures, qu'elles reffemblent
à du bifmuth fondu, & montrent affez diftinctement leur tiffu ftrié.

A l'égard des pierres précieufes, elles ont plus d'analogie avec la
Pyrite par la variété de leurs figures ; cependant elles ne la furpaffent
pas par ce côté. Il eft vrai que le cryftal de roche, c'eft-à-dire, cette
pierre claire, tranfparente & femblable au diamant, qui, pour être auffi
commune dans nos mines, n'en eft pas moins merveilleufe, fe montre
fous plufieurs formes différentes ; cependant toutes fes formes font ou
cubiques, ou hexagones, ou, ce qui eft le plus ordinaire, en prifmes
terminés par une pyramide à cinq côtés inégaux. On ne trouvera rien
de plus dans les topafes, dans les hyacinthes, dans les émeraudes, dans
les faphirs, & dans les autres pierres colorées ; elles paroiffent même
n'affecter ordinairement que la figure cubique hexagone ; cependant le
grenat a communément douze ou quatorze côtés, ou il eft en rhom-
boïde, ce qu'on ne trouvera pas facilement dans aucune autre pierre
précieufe ; on ne le rencontre point fous une autre forme, & jamais on
ne le verra ni cubique, ni prifmatique, quoique cette figure fe trouve
affez fréquemment dans les pierres tranfparentes. Je dois encore faire
une obfervation, j'ignore cependant fi elle a des exceptions ; c'eft que
tous les grenats ne font pas des pierres teintes légérement ; mais ce font
des pierres tellement faturées & chargées de métal, fur-tout d'étain, &
peut-être même d'or, qu'il faut les mettre dans la claffe des mines proprement dites, & particuliérement dans celle des mines d'étain.

On trouve à Stolpen en Mifnie une efpéce de marbre dur, d'un gris
noirâtre ou de couleur de fer, que l'on appelle *Bafaltes*, ou pierre de

touche * ; cette pierre eſt en priſmes de ſept, de ſix, de cinq, & quelquefois ſeulement de quatre côtés ; ces priſmes ſont aſſez longs & aſſez
forts pour pouvoir ſervir de bornes aux coins des rues & devant les
maiſons. On voit encore des pierres ainſi figurées ſur la montagne qu'il
faut paſſer pour aller par Brandau à côté de Saygerhutte & de Grunen-
thal près de Gerckau. Les quartz ou cailloux triangulaires d'Anhold,
dont pluſieurs ſçavans Danois ont fait mention, ſont très-remarquables,
mais je n'ai jamais pu parvenir à en voir, & je ne connois aucune autre
eſpéce de pierre qui affecte une figure triangulaire **.

Enfin, pour ajouter encore un mot ſur les mines de cuivre, je dois
obſerver qu'un grand nombre d'expériences & de recherches m'ont fait
connoître que les Pyrites qui ne donnent point de cuivre, ſont toujours
rondes ; que celles qui ne contiennent que très-peu de ce métal, ſont
octogones ; & que les plus riches en cuivre ont ordinairement une figure
décagone, ou dodécagone, ou même polyédre. Geſner a donné d'après
Agricola, un Livre entier ſur cette matiere, il eſt intitulé : *De Foſſilium,
Gemmarum & Lapidum figuris* ; mais il eſt peu propre à ſatisfaire un Lecteur qui cherche à s'inſtruire.

En un mot, parmi toutes les eſpéces de mines & de pierres que je poſſede, & parmi celles que j'ai eu occaſion de voir dans une infinité d'autres Collections, ſoit grandes, ſoit petites, il n'y en a point dont
les figures ſoient auſſi variées, que celles du petit nombre de Pyrites que j'ai cru devoir repréſenter dans les planches qui accompagnent cet Ouvrage. Si cependant les Curieux de cette partie de l'Hiſtoire Naturelle venoient à découvrir des choſes que je n'ai point ob-
ſervées, ou à remarquer que j'ai avancé des choſes contraires à la vérité,
je les prie de ne point regarder légerement & avec indifférence les
morceaux qui leur auront fait faire ces découvertes, mais de les conſerver
ſoigneuſement, ſoit pour eux-mêmes, ſoit pour les faire voir à des perſonnes capables d'en faire uſage : les figures des minéraux méritent d'être
conſidérées du moins avec autant d'attention que celles de pluſieurs autres ſubſtances.

Il y a tant de Phyſiciens qui ſe ſont donnés la peine de repréſenter

---

* Le mot *Baſaltes* vient, ou de βασανίζω,
exploro, *j'examine*, *j'éprouve*, d'où a été formé
βάσανος, *pierre de touche* ; ou il vient de *Biſal-
tia*, nom d'une province de la Macédoine ; &
alors on devroit plutôt écrire *Biſaltes* : au reſte,
cette pierre n'eſt autre choſe qu'un marbre dur
de couleur de fer qui, ſuivant le rapport de
Pline, ſe trouvoit en Egypte. Voyez *Geſner*,
page 21. M. Henckel ſe trompe lorſqu'il met la
pierre de touche de Stolpen au rang des marbres ; M. Pott ayant examiné cette pierre à l'aide
du feu, a trouvé qu'elle ne ſe calcinoit point
comme fait le marbre, au contraire l'action du
feu la vitrifie ſans addition ; d'ailleurs elle ne
fait point efferveſcence avec les acides : M. Pott
croit que c'eſt une terre argilleuſe & ferrugineuſe
qui lui ſert de baſe. Voyez la *Lithogéognoſie*,
Tome II.

** *Inſula hæc, inquit Olaüs Borrichius, in
ſinu Codano infinitos habet ſilices nigros, albos,
varios in ſabulo hinc inde ſepultos, ad ſex tranſ-
verſos digitos in longitudinem protenſos ; la-
tos digitum unum, omnes triquetros ; ac ſi manu
artificis fuiſſent acuminati ; & lateribus plerum-
que in illam faciem excitatis, ut Joſua ſervire
potuerint cultris ſaxeis filiorum Iſraël circumci-
ſionem imperanti. Nunc ferreo hoc ſæculo in alios
vocantur uſus : malleo enim in fruſta convenientia
diviſi, ſclopetorum rotulis ignem prompte miniſ-
trant, & fomitis incendiarii loco, fulmineis bel-
latorum tubis ancillantur. Act. Haſnienſ. Tom.
IV. pag. 117.*

les moindres parties des infectes ! Ne seroit-il pas plus utile de donner des desseins exacts des différentes figures des fossiles ? Cela mettroit les Naturalistes en état de tirer des conséquences intéressantes de ce qu'ils ont vû. Pour connoître ces substances autant que cela est nécessaire, on n'a besoin ni de loupes, ni de microscopes, dont souvent on se sert au risque d'endommager sa vûe, pour ne considérer que des bagatelles qui n'en valent pas la peine ; chaque Observateur peut s'assurer de ces figures par la simple vûe ; outre cela, la Nature dans toutes ses productions & dans toutes ses combinaisons, a coutume de produire les mêmes tissus, le même arrangement de parties & la même configuration extérieure, lorsque les matieres qu'elle emploie & les circonstances extérieures sont les mêmes ; elle ne donne jamais une figure ronde à une Pyrite cuivreuse, ni une figure anguleuse, & encore moins une figure polygone à une Pyrite martiale pure ; elle ne donne jamais à l'hématite la forme d'une galène ou mine de plomb cubique ; elle ne forme jamais avec régularité une mine d'étain, &c. On voit donc qu'il faut ici supposer des causes qui agissent nécessairement d'une maniere constante & uniforme : ces causes méritent toute l'attention des Naturalistes ; & les figures dont je parle, doivent être connues & représentées. Lorsqu'on aura fait un assez grand nombre d'observations de ce genre, on pourra se flatter qu'en comparant le tissu & la configuration, qui sont des signes distinctifs, & en y joignant certaines autres circonstances, on parviendra à juger avec plus de certitude que l'on n'a pû faire par le passé, de la nature des minéraux ; on sera en état de donner des descriptions plus exactes & plus claires que celles que nous avons ; elles suffiront du moins pour faire connoître ces substances par leur configuration extérieure.

Ces recherches devroient principalement occuper les Physiciens qui souvent sans avoir examiné, & sans connoître la figure d'un corps, ni les parties qui entrent dans sa composition, prétendent les connoître par les seules parties les plus subtiles & les plus simples de leur mixtion. Il y a des Pyrites qui sont sphériques, & d'autres qui sont anguleuses ; en voilà assez pour le coup d'œil général, & c'est par-là qu'on en commencera la description : mais si on demande ensuite quelle est la figure & le coup d'œil des parties qni entrent dans leur composition, telles que le souffre, l'arsénic, le fer, le cuivre ; alors la réponse devient plus embarrassante, à moins que l'on ne voulût faire une énumération de toutes les formes différentes, sous lesquelles la nature fait paroître ces substances, ou qu'on peut leur faire prendre, & qu'on ne voulût dire, par exemple, que l'arsénic est composé de particules semblables à de petites lances, comme il l'est en effet dans de certaines mines. Mais comment se tirer d'affaires, en voyant des mines de fer dans lesquelles ce métal se montre, tantôt sous une figure sphérique, comme dans l'hématite, tantôt sous une figure anguleuse, comme dans la mine de fer cubique ; & si l'on considere en même tems que l'une & l'autre de ces mines contiennent du fer presque tout pur, & ne sont qu'un fer véritable, comme le prouve la maniere dont l'aiman agit sur elles ? En effet, on ne peut point attribuer la caufe de ces différentes configurations, ni à l'arfénic, ni au foufre, ni au cuivre, puifqu'aucune de ces fubftances ne s'y trouve d'une façon fenfible; on ne peut pas non plus avoir recours à la terre non métallique que ces mines contiennent; elle y eft en fi petite quantité, que l'on doit la compter pour rien : quand je vois que le minéral ferrugineux, que l'on appelle *Pyrite blanche*, ne fe montre jamais fous une figure fphérique, je m'apperçois bien que c'eft l'arfénic qui produit cet effet, & que par conféquent on doit entre autres caufes, attribuer fur-tout au foufre la figure fphérique que l'on remarque dans quelques Pyrites.

Mais fi on ne vouloit point recevoir l'exemple de l'hématite fphérique, & de la mine de fer cubique, & qu'on voulût prendre le fer natif, (en fuppofant qu'il en exifte de tel dans le monde, & que les morceaux qu'on fait paffer pour natifs, n'aient pas déja éprouvé l'action du feu *) je ne fçache pas qu'on le trouve jamais autrement que fous une forme anguleufe. Comme on devroit naturellement préfumer que les figures des particules d'un mixte, (*mixti*) devroient fe faire remarquer dans la figure des parties du corps compofé, (*compofiti*) dans lequel elles entrent, on a lieu d'être furpris quand on voit, par exemple, que l'argent natif prend tant de formes différentes, & qu'on le trouve tantôt en feuillets, tantôt fous la forme de filets ou de cheveux, tantôt anguleux, tantôt arrondis. Je ne puis point m'arrêter fur le fer natif qui, s'il exifte en effet, eft au moins d'une rareté extrême. Quand on aura bien confidéré la figure d'un corps, auffi bien que celle de fes parties, c'eft alors enfin que l'on fera en droit de demander, fi l'on veut, quelle eft la figure des parties élémentaires ou des premiers principes des corps ; mais comme tout ce que l'on en peut dire, eft très-problématique, & uniquement fondé fur des preuves tirées de l'imagination, il ne faut pas trop fe prévenir en faveur de fes propres conjectures, ni donner lieu par-là à des difputes frivoles, comme cela n'arrive que trop fouvent.

On voit donc clairement que cette troifieme maniere de confidérer les corps ne peut avoir lieu qu'après les deux premieres, & l'on doit reconnoître en mêmetems que les Phyficiens fpéculatifs renverfent l'ordre des chofes, quand ils veulent décrire les principes fans connoître les corps mêmes; quand ils nous parlent des configurations intérieures fans faire feulement attention à la figure extérieure; quand ils traitent des chofes cachées fans appercevoir celles qui fautent aux yeux; quand ils prétendent partir des principes, au lieu d'y remonter à l'aide de l'expérience. Par-là non-feulement ils ne font rien pour parvenir à la connoiffance des corps de la Nature, mais encore, par les chimeres qu'ils fubftituent à la réalité, ils arrêtent le progrès de l'Hiftoire naturelle, & ils

---

* M. Henckel, ainfi que beaucoup d'autres Naturaliftes, femble douter de l'exiftence du fer natif: depuis quelques années cette exiftence paroît entiérement conftatée. M. Marggraf a trouvé dans une mine à Eybenftock en Saxe, un morceau de fer ductile & malléable fans avoir éprouvé la fufion. On trouve, dit-on, au Sénégal des roches entieres de fer, qui peuvent être traitées au marteau fans travaux préliminaires, comme M. Rouelle l'a éprouvé.

regardent comme des choses déja assez connues, le coup d'œil des corps, leurs analyses, & les proportions des substances qui y sont contenues.

VIII. Il nous reste encore à considérer les Pyrites suivant leurs différentes couleurs. On ne seroit pas plus fondé à rejetter une division des Pyrites établie sur cette maniere de les envisager, que celles dont j'ai déja parlé.

J'ai remarqué ci-devant que tout ce que les Auteurs ont dit sur cette matiere, est confus & très-peu satisfaisant ; je suis donc forcé de m'écarter de leurs sentimens, & de suivre une route différente de celle qu'ils nous ont tracée. L'Auteur du Traité intitulé, *Institutiones Metallicæ*, forme sa division des Pyrites d'après leurs couleurs : il y a, selon lui, dix espéces de Pyrites : » Les unes sont blanches, d'autres noires ; d'autres » sont d'un rouge de cuivre ; d'autres sont verd-d'eau ; d'autres sont gri- » ses ; d'autres sont jaunes comme du cuivre jaune ; il y en a qui sont d'un » grain fin ; d'autres sont comme du bronze. De la Pyrite d'argent grossiere » il se forme quelquefois une mine compacte que l'on appelle *cobalt* : » il y a encore d'autres Pyrites qui sont blanches & bleues comme du » bismuth, on les appelle *Speiss* ». Et on a lieu d'être très-peu satisfait de ce que dit cet Auteur : il en donne une très-mauvaise excuse, quand il dit qu'il n'a trouvé rien de plus dans Agricola, dans Rulandus, & dans d'au- tres Naturalistes accrédités. Lorsqu'il dit qu'il y a des Pyrites noires, c'est comme s'il disoit qu'il y a de l'or noir, parce qu'il s'en trouve dans une roche ou gangue de cette couleur. La couleur du cuivre & celle du verd de montagne ne sont pareillement qu'accidentelles ; elles ne sont aucunement de l'essence de la Pyrite.

En rassemblant tout ce qui peut en quelque façon mériter le nom de Pyrite, en considérant toutes ses différentes espéces sans préjugés, je n'en trouve que trois espéces qui different réellement par la couleur ; ce sont, 1°, les blanches, (*albi*) ; 2°, les jaunâtres, (*subflavi*) ; 3°, les jaunes, (*flavi*). Il n'y en a pas d'autres ; mais avant que de parler de cette division des Pyrites, je vais dire quelque chose sur les couleurs des substances minérales en général, afin de prévenir & de lever toutes les objections qu'on pourroit me faire.

J'observe donc en premier lieu, que ce n'est jamais des corps mixtes, que ce n'est que très-rarement des corps composés, mais le plus souvent des corps surcomposés & même des corps formés par la combinaison des surcomposés, que l'on a pour objet quand il s'agit des couleurs des minéraux : à l'égard des substances minérales qui sont de simples mixtes, on ne peut rien dire des causes qui produisent leurs couleurs, à moins qu'on ne voulût se contenter d'une explication fondée sur la nature des différentes *coctions* & des *maturations*, &c. Il est vrai en effet qu'un mou- vement & une chaleur interne suffisent pour faire prendre une nouvelle couleur à une combinaison, sans que l'on ait besoin d'y joindre autre chose ; nous en avons un exemple dans le chyle, qui en se changeant en sang devient du plus beau rouge. Nous ne connoissons pas beaucoup mieux les substances minérales composées. Pourquoi le soufre, par

exemple, est-il jaune, tandis que l'acide le plus puissant de la Nature &
la terre grasse, par la combinaison desquels il est formé, n'ont rien qui
approche de cette couleur ? Pourquoi le mercure est-il blanc ? D'où
vient que le vitriol est verd & bleu, quoique son sel & sa terre métallique aient des couleurs dont on ne peut jamais tirer ni du bleu ni du
verd ? Il est impossible de satisfaire à toutes ces questions. Si l'on n'a pas
encore pu parvenir à connoître le soufre, le vif-argent & le vitriol, qui
sont des matieres si importantes, & qui nous passent tous les jours par
les mains, comment peut-on se flatter de découvrir quelque chose dans
les autres corps qui sont des composés, ou dans ceux qui sont purement
des mixtes ? Mais en considérant enfin les corps formés par l'union de
corps composés, on trouve que l'on peut quelquefois donner des raisons
assez claires de leurs couleurs, pourvu qu'on veuille s'en tenir aux causes
les plus prochaines, & que l'imagination n'aille point au-delà des bornes
jusqu'où nos sens peuvent nous guider.

Les mines ne sont autre chose que des métaux pénétrés soit par le
soufre, soit par l'arsénic, soit par l'un & l'autre à la fois. La substance pierreuse brute ou la terre non métallique, qu'elles peuvent contenir, & avec
laquelle elles sont même quelquefois intimement combinées, n'est point
de leur essence, elle peut se trouver & ne pas se trouver dans les mines,
sans que pour cela elles cessent d'être ce qu'elles sont. Le soufre donne
aux métaux & aux demi-métaux blancs, tels que l'argent, le plomb & le
régule d'antimoine, une couleur noire, ou du moins il les change en un
corps d'un gris-noirâtre ; telle est la mine d'argent vitreuse, la galène &
l'antimoine crud ; en s'unissant avec le mercure, le soufre lui donne
cette belle couleur rouge, qui a fait concevoir des espérances si flatteu-
ses à un grand nombre d'Alchymistes ; en se combinant avec les métaux
que l'on appelle *solaires* ou colorés, c'est-à-dire, avec le fer & le cuivre,
il forme une combinaison jaunâtre ou jaune, qui n'est autre chose que la
Pyrite qui fait le principal objet de cet Ouvrage. L'arsénic produit des
effets presque entiérement opposés ; non-seulement il laisse la couleur
blanche aux substances qui l'avoient, mais encore il blanchit celles qui
ne l'avoient point : lorsque l'étain est combiné avec l'arsénic, il
conserve la couleur qui lui est naturelle, comme on en voit un exemple dans les crystaux d'étain qui sont d'un très-beau blanc. Le fer, bien
loin d'être noirci par l'arsénic, devient d'une couleur plus claire ; pour
s'en convaincre, on n'a qu'à considérer la Pyrite blanche dont la base
est une terre ferrugineuse. Le cuivre, qui par sa nature est d'une couleur
rouge, devient blanc quand il est pénétré par l'arsénic ; on en voit des
exemples dans toutes les mines de cuivre où l'arsénic abonde. Mais un
phénomène très-remarquable, c'est que ce même arsénic agit d'une tout
autre maniere sur l'argent ; on voit par la mine d'argent rouge, qu'il lui
fait prendre une couleur toute différente de celle des autres mines où
il se trouve. A l'égard des crystaux d'étain jaunes, bruns ou noirs, il y
a lieu de croire qu'outre l'arsénic ils contiennent quelque autre substance,
c'est-à-dire, du soufre qui empêche qu'ils ne puissent prendre la couleur
blanche qui est naturelle à l'étain & à l'arsénic.

Je pourrois ajouter à ces remarques des réflexions très-singulieres fur plufieurs fubftances ; mais quand même les bornes de mon Ouvrage le permettroient, je ne ferois pas d'humeur à multiplier les peines de ceux qui craignent le travail, ou qui croient en fçavoir plus que les autres ; cependant je ne puis m'empêcher de faire obferver qu'un phénomène très-digne d'attention, c'eft que l'arfénic & l'argent, le foufre & le mercure, auxquels on doit encore joindre le foufre & l'arfénic, produifent par leur combinaifon des couleurs d'un très-beau rouge, &c. Au refte, quoique les mines dont je viens de parler, foient formées par l'union de corps compofés ; néantmoins il y en a, telles que la galène, la mine d'argent vitreufe, l'antimoine & la mine d'argent rouge, dans lefquelles les parties qui les compofent, ne doivent point être regardées comme la caufe la plus prochaine de la couleur, elle n'eft dûe qu'à une action & réaction interne ; mais dans beaucoup d'autres mines qui méritent ce nom à la rigueur, on voit très-clairement que les fubftances dont elles font compofées, y ont porté leur couleur : dans les Pyrites fur-tout on trouve que le foufre ne perd jamais fa couleur jaune ; car quoique la couleur grife du fer la rende un peu pâle dans les Pyrites martiales, le cuivre rend fa couleur jaune plus vive dans les Pyrites cuivreufes, & l'on fçait en général que le rouge produit cet effet fur le jaune ; c'eft l'arfénic qui eft vifiblement la caufe de la couleur blanche dans la Pyrite blanche ou Pyrite arfénicale, ainfi que dans quelques mines de cuivre, où il l'emporte fur le foufre. Je finis ces obfervations en remarquant que l'on doit faire plus d'attention aux combinaifons de la Nature, dans lefquelles il fe produit de nouvelles couleurs, qu'à celles dans lefquelles des couleurs qui exiftoient déja, ne font que fe mêler, ou fe recouvrir les unes les autres ; les premieres doivent être regardées comme des fignes qui indiquent les proportions des parties & l'action des unes fur les autres.

Pour juger des trois couleurs des Pyrites dont j'ai parlé, il ne faudra pas les confidérer féparément, mais les comparer les unes aux autres. En effet, fi on en regarde une toute feule, une Pyrite fulfureufe, par exemple, on la croira plutôt grife ou blanche ; mais en la mettant à côté de la Pyrite arfénicale, on verra que fa couleur jaune deviendra plus fenfible. C'eft ainfi que l'on aura encore de la peine à diftinguer la couleur des Pyrites jaunâtres, à moins qu'on ne les compare à la Pyrite jaune ; & même on ne trouvera point la Pyrite arfénicale d'une couleur blanche, à moins de la comparer avec les deux autres efpéces de Pyrites. Au refte, on ne doit pas trouver étrange que ces différences ne foient pas plus marquées ; les trois couleurs dont il eft queftion, ne different point infiniment, au contraire elles fe confondent très-aifément les unes avec les autres, fans fe gâter, & leur couleur ne fait que devenir plus ou moins vive par ce mêlange. Outre cela, elles font dans des proportions & des degrés qui n'admettent pas beaucoup d'autres nuances entre elles : ainfi le jaune ne s'éloignant pas beaucoup du jaunâtre, & le jaunâtre approchant affez du blanc ; ni l'une ni l'autre de ces couleurs ne peut être fort vive ; on ne peut cependant pas nier pour cela que du jaune ou du verd pâle ne foient véritablement du jaune ou du verd.

On doit obferver, en dernier lieu, qu'en parlant des couleurs de la Pyrite, je n'ai en vûe que celles qui pénetrent entiérement la fubftance & tout le corps de ce minéral ; par conféquent il ne s'agit point ici de la couleur des roches ou gangues qui la contiennent. En effet, il arrive fouvent que la gangue ou mine de la Pyrite ne peut pas fe diftinguer fenfiblement, fur-tout quand ce minéral n'eft que fort clair-femé dans une mine d'un grand volume. Il n'eft point non plus queftion ici des couleurs rouges, vertes, jaunes, bleues, &c ; qui fans pénétrer les mines ne s'attachent qu'à leur furface, & fur les bords de leurs petites fentes ou crevaffes, auxquelles on donne communément le nom de fleurs de cuivre ; il ne s'agit point non plus de toutes les couleurs extérieures qu'on voit fur des morceaux compactes & non gercés, qui ont été détachés d'un filon folide & denfe : en effet, on fçait que les Pyrites changent de couleur, quand elles font expofées pendant quelque tems aux impreffions de l'air. On ne doit pas davantage s'arrêter aux couleurs que les Pyrites cryftallifées & cubiques nous préfentent à leur extérieur ; fouvent elles leur donnent tant d'éclat qu'on les prendroit pour de l'or : c'eft-là en partie ce qui a donné lieu aux rêveries des prétendues Pyrites d'or qu'on a imaginées de nos jours, tandis que les Anciens n'ont parlé que de Pyrites de couleur d'or. Il faut encore bien moins fe laiffer tromper par une fubftance colorée, de la nature de l'ochre, ou du verd-de-gris qui eft fouvent attachée à la Pyrite ; elle eft produite en partie par la décompofition de ce minéral, & ne lui eft attachée que fuperficiellement; par conféquent elle n'eft nullement de fon effence ni de fa compofition. On voit donc qu'il eft impoffible de bien juger de la couleur d'une mine fi on ne la confidere qu'à fa furface & dans les gerçures qui s'y trouvent ; ou fi on ne l'envifage que par un de fes côtés, il faut l'examiner en tout fens, la brifer avec un marteau, & voir quelle eft fa couleur totale & intérieure.

Pour peu qu'on faffe attention à toutes les circonftances qu'on vient de rapporter, on trouvera non-feulement qu'on s'eft quelquefois trompé dans les idées qu'on s'étoit formées de la Pyrite, mais encore on verra que la divifion fondée fur les couleurs, que je propofe ici, eft auffi naturelle qu'exacte ; en effet, elle comprend tout ce qui peut s'appeller du nom de Pyrite. Je ne diffimulerai point cependant que l'on trouvera des Pyrites des trois efpéces, qui n'auront pas exactement la même nuance : on verra, par exemple, des Pyrites jaunes dont la couleur ne fera pas toujours de la même vivacité ; mais ces différentes nuances n'ont rien qui nous doive furprendre, vû que le cuivre qui leur donne la couleur jaune, ne s'y trouve pas toujours en même proportion : il y en a qui contiennent 10, 20, 30, 40, ou 50 livres de cuivre par quintal. Il en eft de même des Pyrites jaunâtres ou d'un jaune pâle ; quelques-unes font entiérement dépourvues d'arfénic, d'autres n'en contiennent que très-peu, & d'autres en contiennent beaucoup ; par conféquent il faut

néceffairement

néceſſairement qu'il réſulte des nuances différentes de ces variétés. Les Pyrites blanches ſont moins ſujettes à varier, parce que leur couleur eſt dûe à l'arſénic qui, lorſqu'il ſe trouve dans une mine dans la proportion qui eſt néceſſaire pour en faire une Pyrite arſénicale, exclut non-ſeulement le ſoufre qui pourroit altérer ſa blancheur, mais encore le cuivre, comme j'ai eu lieu de m'en aſſurer par un grand nombre d'expériences.

Mais toutes ces différences ſont ſi peu conſidérables, qu'elles deviennent à peine ſenſibles pour les yeux les plus habitués ; & même les trois couleurs principales qui ont fourni le fondement de la diviſion dont nous parlons, ſont aſſez difficiles à diſtinguer pour bien des gens. De plus, ſi on vouloit porter le ſcrupule juſqu'à marquer ces petites nuances, cela ne nous feroit pas mieux connoître la ſubſtance dont il eſt ici queſtion : les proportions où l'arſénic ſe trouve dans les Pyrites jaunes & dans les Pyrites jaunâtres, varient quelquefois conſidérablement, & on ne peut pas toujours décider par l'intérieur ſi la pâleur d'une Pyrite eſt cauſée par la préſence de l'arſénic, ou par l'abſence du cuivre. Enfin, ſi on s'arrêtoit à toutes les nuances de la Pyrite, on ſeroit obligé de faire une quantité prodigieuſe de diviſions inutiles, & l'on ne trouveroit point de nom à leur donner ; en un mot, le blanc, le jaune pâle ou jaunâtre, & le jaune, ſont les trois couleurs qui diſtinguent les trois claſſes, auxquelles on peut rapporter toutes les Pyrites qui exiſtent.

En premier lieu, la Pyrite blanche, eu égard à ſon eſſence, n'eſt autre choſe que la Pyrite arſénicale. A Freyberg & en d'autres endroits de la Saxe, on lui donne le nom de *Miſpikkel* ou de *Miſpilt*, & on la nomme en Allemand *Weiſſer kieſſ*. *Pyrite blanche*, dont par corruption on a fait *Waſſer kieſſ*, qui ſignifie *Pyrite d'eau*. Il eſt vrai que quelques perſonnes donnent ce nom à une eſpéce de Pyrite qui tient le milieu entre la Pyrite arſénicale & la Pyrite ſulfureuſe, & l'on pourroit en effet admettre cette diſtinction, ſi l'on en faiſoit toujours une juſte application, ou s'il étoit poſſible de la faire ; mais ſouvent on donne ſans aucune raiſon le nom de *Waſſer kieſſ*, ou de *Pyrite aqueuſe*, à des minéraux qui reſſemblent parfaitement aux Pyrites ſulfureuſes, ou qui en ſont réellement : ſi l'on prétend dériver cette dénomination de *Waſſer*, *eau*, à cauſe de ſa couleur, elle ne convient qu'à la Pyrite arſénicale ; & elle ne peut s'appliquer à des mines que l'on ne peut point diſtinguer des Pyrites ſulfureuſes, ou bien il faudroit qu'on donnât ce nom à toutes les Pyrites de ce genre ; ſi l'on prétendoit que l'eau elle-même a donné lieu à cette dénomination, je répondrai que je ne crois pas que l'on puiſſe démontrer qu'une eſpéce de Pyrite contienne plus d'eau qu'une autre.

On ne feroit point non plus autoriſé à donner le nom de *Pyrite d'eau* à une Pyrite, parce que le haſard l'aura fait trouver dans des eaux qui ſe ſeront amaſſées dans un ſouterrein de mine, quoiqu'Agricola diſe qu'il y a une eſpéce de Pyrite qui ſe trouve dans l'eau, *Pyritem in fluminibus repertum.* Par la même raiſon, on pourroit donner le nom de Pyrite d'eau

K

à celles que les courans entraînent & dépofent enfuite ; telles que font les Pyrites de Heligland , dont j'aurai occafion de parler dans le Chapitre fuivant. Mais quittons ces difcuffions , & voyons s'il eft poffible de faire connoître la Pyrite arfénicale d'une façon qui mette en état de la diftinguer à la fimple vûe , non-feulement de la mine d'argent blanche , mais encore du cobalt dont on tire le bleu de faffre , qui ont à-peu-près la même couleur.

La diftinction de ces trois efpeces de Minéraux , eft fans contredit une dés chofes les plus difficiles de toute la Minéralogie ; en effet, quoiqu'il y ait des différences confidérables dans leurs compofitions, ils fe reffemblent beaucoup à l'extérieur, fur-tout le cobalt & la Pyrite arfénicale ; car, fans parler de la Pyrite fulfureufe & très-arfénicale, à laquelle on donne abufivement le nom de *Cobalt* à Freyberg , & ne confidérant fimplement que le véritable cobalt dont on tire la couleur bleue, nous voyons que relativement à la partie volatile , c'eft-à-dire , à l'arfénic, il a beaucoup d'analogie avec la Pyrite arfénicale,tandis qu'il en differe confidérablement par la partie fixe ; puifque le véritable cobalt fe vitrifie & forme un verre d'un très beau bleu , au lieu que la Pyrite arfénicale n'eft nullement propre à cette opération , à caufe de fa partie ferrugineufe : de-là vient que quoique ces deux mines aient de la conformité par un côté, elles ne laiffent pas de différer l'une de l'autre ; car la couleur du cobalt eft toujours plus foncée que celle de la Pyrite arfénicale.

De plus, il faut obferver qu'il y a fur-tout deux efpeces de cobalt, auxquelles il faut faire attention , lorfqu'on en fait la comparaifon avec la Pyrite arfénicale : le premier eft le cobalt le plus fin ; c'eft celui qui donne le plus beau bleu de faffre ; on le défigne par les lettres initiales F F C ; que l'on met fur les barils ; il n'eft point rare aux environs de *Schneeberg,* & fur-tout dans la mine de *Rappolt* ; fa couleur eft d'un gris fi foncé qu'il eft aifé de le diftinguer de toutes les autres efpeces de cobalt ; auffi bien que de toutes les efpeces de Pyrites arfénicales : le fecond cobalt eft un peu plus clair que le premier ; il fe trouve auffi affez fréquemment aux environs de Schneeberg, & quoiqu'il reffemble prefque parfaitement à la Pyrite arfénicale ordinaire par fa couleur brillante & claire , il eft pourtant un peu plus foncé qu'elle ; & enfin, il donne un bleu moins beau que le premier : au refte, on trouve encore cette même efpece de cobalt à la Croix en Lorraine, à Wernigerode dans le bas Hartz,& dans deux endroits des environs de Freyberg ; les trois derniers, fur-tout fe reffemblent fi parfaitement, même par le fpath qui les accompagne, qu'on feroit tenté de croire qu'ils ont été tirés du même filon. La premiere efpece qui fe trouve à Rappolt , eft d'une couleur terne & d'un grain très-fin ; quand on la caffe, on la trouve remplie de ftries très-déliées dans l'endroit de la fracture : d'ailleurs elle eft très-compacte & folide. L'autre efpece, qui eft inférieure à celle dont je viens de parler, eft plus brillante ; elle a un coup d'œil uni & liffe, comme celui d'un demi-métal qui a été fondu ; elle eft caffante & moins compacte que la premiere efpece de cobalt, & même elle paroît être plus légere qu'elle. Je ne parlerai point ici des cobalts qui reffemblent à de la fuie, tels que ceux de la mine de S. Hubert à Joachims-Thal : on ne doit pas craindre qu'on les confonde avec la Pyrite blanche ou arfénicale, que je me fuis propofé de faire connoître.

Quant à la mine d'argent blanche à laquelle je crois pouvoir rapporter non-feulement les mines d'argent d'un gris plus ou moins foncé, mais encore la mine grife de cuivre, à de certains égards, & fur-tout à caufe d'une certaine reffemblance qui pourroit induire en erreur ; fa couleur ne differe prefque point de celle du cobalt fin, excepté qu'elle paroît plus unie, & par conféquent qu'elle eft plus brillante : il eft extrêmement difficile de la diftinguer des Pyrites blanches, fur-tout de celles que l'on trouve dans le cercle des montagnes en Saxe, telle qu'eft, par exemple, une certaine Pyrite d'Ehrenfriederfdorf. Comme on pourroit aifément fe tromper dans la diftinction des mines dont je viens de parler, il eft néceffaire que je les faffe connoître plus particulierement. La mine que l'on nomme *Mine blanche* à Halfbruck, eft riche en cuivre ; mais elle n'approche pas, à beaucoup près, de la bonté de la vraie mine d'argent blanche, & n'eft autre chofe qu'une mine d'argent grife : la mine grife appellée *Fahlertz* par nos Saxons, qui eft une mine de cuivre affez chargée d'argent ; & la mine grife de cuivre qui eft moins riche en argent & plus chargée de cuivre, font d'une couleur plus foncée que la vraie mine d'argent blanche ; & la mine grife de cuivre eft la plus foncée de toutes ; de forte que, même avec une connoiffance médiocre, on s'appercevra aifément que la Pyrite blanche, differe non-feulement de ces mines, mais encore de toutes les autres qui leur reffemblent : il ne refte de difficulté que celle de les bien diftinguer du cobalt, fur-tout de celui de la feconde efpece, & de la vraie mine d'argent blanche.

Il faut encore que je parle ici d'une mine d'antimoine qui fe trouve dans le Voigtland, aux environs de Schlaitz : quelquefois elle n'eft que foiblement ftriée, ou même elle ne l'eft point du tout, par conféquent elle ne reffemble point à ce qu'elle eft en effet ; cependant fa couleur grife eft trop foncée pour qu'on puiffe la confondre avec la Pyrite blanche, ni même avec la mine d'argent blanche, avec le cobalt & avec la mine d'argent grife. Pour ranger toutes ces mines, fuivant les différentes nuances, ou fuivant le plus ou le moins de clarté & d'obfcurité de leurs couleurs ; fi on vouloit commencer par la plus claire, il faudroit donner la premiere place à la Pyrite blanche ; on placeroit enfuite le cobalt de la feconde efpece ; enfuite viendroit le cobalt le plus fin, la mine d'argent blanche, la mine qu'on nomme *mine blanche*, la mine d'argent grife, & en dernier lieu, la mine de cuivre grife, qui eft toute noire, lorfqu'elle fe trouve mêlée avec la mine de cuivre vitreufe qui eft fort chargée de fer. Il eft vrai qu'une perfonne peu exercée à comparer & à examiner des mines de cette efpece, peut quelquefois fe tromper dans l'application des noms ; au lieu qu'une autre qui y fera habituée, diftinguera aifément chaque efpece, fans même avoir befoin de les comparer entre elles. Cependant ces différences font réelles, & elles peuvent fervir à faire reconnoître des fubftances fur lefquelles on ne trouve que fort peu de gens qui puiffent inftruire. Au refte , on aura raifon de nommer *Pyrite blanche* , la Pyrite arfénicale , en la comparant à la Pyrite jaunâtre ou à la Pyrite fulfureufe , ou à la Pyrite jaune , ou à la Pyrite cuivreufe, qui font les mêmes ; on conviendra même que fa blancheur qui eft femblable à celle du cuivre blanchi par le moyen de l'arfénic, diftingue ce minéral de tous ceux qui ont une couleur approchante de la fienne : c'eft ce que je fuis en état de prouver, par des échantillons qui m'ont été envoyés de Suéde.

Il eft beaucoup moins difficile de reconnoître les Pyrites jaunes & jaunâtres , & d'en donner des defcriptions exactes.

La Pyrite jaunâtre, *Pyrites fubflavus*, eft celle qui eft compofée de foufre & de fer ; elle ne contient que très-peu d'arfénic & de cuivre , & même elle n'en contient quelquefois point du tout ; eu égard à fes différens ufages : on lui donne tantôt le nom de *Pyrite fulfureufe*, tantôt celui de *Pyrite martiale* ; & dans les fonderies de Freyberg , on l'appelle fimplement *Pyrite*. Comme fa couleur tient le milieu entre celle de la vraie Pyrite cuivreufe , ou de la mine de cuivre Pyriteufe, & celle de la Pyrite blanche, & que par conféquent on ne peut l'appeller ni blanche ni jaune , on eft obligé de la nommer *jaunâtre* ou d'un *jaune pâle*. Cependant on doit encore fe rappeller ici que pour apprendre à bien diftinguer cette Pyrite, il ne faut point la confidérer toute feule ; il eft néceffaire de la comparer aux deux autres efpeces de Pyrites à la fois ; fans cela on la trouveroit jaune en comparaifon de la Pyrite blanche feule ; & blanche , en comparaifon de la Pyrite jaune feule. Il faut obferver que ce feroit inutilement qu'on chercheroit à la reconnoître lorfqu'elle eft mêlée avec une roche ou gangue, ou avec quelque mine d'une couleur foncée ; telles que font la blende, la galène ou mine de plomb, &c ; car alors fa couleur jaunâtre ne pourroit guerés percer ; il faut fe procurer des échantillons, où les Pyrites blanches, jaunâtres & jaunes , fe trouvent réunies dans un même morceau ; fouvent on les rencontre enfemble & accompagnées de plufieurs autres mines & gangues. Enfin , je le répete encore, on ne doit point fe laiffer féduire par la couleur extérieure que l'on remarque fur les fentes ou gerçures de quelques Pyrites , qui eft fouvent d'un beau jaune d'or ; mais il faut brifer ce minéral, & n'en juger que d'après fa couleur intérieure.

Cela pofé, on n'aura nulle peine à reconnoître la Pyrite jaune (*Pyrites flavus*) à laquelle le foufre & le cuivre donnent la couleur jaune qui la caractérife ; cette couleur jaune tire affez fur le verd, ce qui fait qu'on croira peut-être qu'il eut mieux valu l'appeller *Pyrite verte* ; mais comme c'eft toujours le jaune qui domine dans cette couleur, & comme la petite nuance de verd qui s'y trouve, ne fert qu'à l'exalter, j'ai cru qu'il falloit s'en tenir à la divifion qui a été donnée des Pyrites , relativement à leurs couleurs ; de plus, en appellant cette Pyrite verte, on eut donné lieu à des erreurs en ce qu'on eut pu la confondre avec le verd de gris, qui peut quelquefois recouvrir une mine ; au moins eft-il certain que les noms de Pyrite jaunâtre & de Pyrite jaune, font affez expreffifs , & fuffifent pour empêcher que l'on ne puiffe fe tromper dans l'application qu'on en fera.

Lorsqu'on aura appris à bien diftinguer la Pyrite blanche d'avec les autres mines blanches & grifes dont j'ai parlé plus haut, fur-tout d'avec les différentes efpeces de cobalt, la plus grande difficulté fera furmontée, & l'on pourra fans crainte de fe tromper, donner le nom de Pyrites à toutes les mines, dont la couleur jaunâtre ou jaune, approche de celle du laiton ; car jamais on n'a tiré de la terre, des mines ainfi colorées, qui fuffent autre chofe que des combinaifons de foufre, de fer & de cuivre, ou, en un mot, des Pyrites.

Je trouve que quelques Auteurs ont donné à certaines Pyrites le nom de *Pyrites fauvages* : cette épithete eft employée dans les trois regnes de la nature. En effet, on nomme animaux *Sauvages*, ceux qui n'ont point été apprivoifés, & à qui on n'a point fait perdre leur férocité naturelle ; on appelle *Arbres fauvages*, ceux qui n'ont point été greffés ; on peut encore avoir quelques raifons de nommer *roches* ou *pierres fauvages*, celles qui ne contiennent rien de métallique, ou du moins qui ne contiennent point le métal que l'on cherche, ou enfin celles qui fe préfentent aux ouvriers des mines, & qui leur font connoître que le bon filon, fur lequel ils travaillent s'eft perdu ; mais je ne vois point ce qui a pu faire donner le nom de *fauvage* à la Pyrite ; à moins qu'on n'eût voulu défigner par-là une Pyrite dont on ne peut tirer ni or, ni argent, ni cuivre, & dont on ne connoît point l'ufage.

Voilà toutes les différentes efpeces de Pyrites, & tous les noms par lefquels on les a défignées, non-feulement eu égard à leurs différences effentielles, mais encore relativement aux différentes manieres de les confidérer. J'ai parlé des Pyrites martiales & cuivreufes, des Pyrites fulphureufes & arfénicales, des Pyrites contenant de l'or, des Pyrites vitrioliques, des Pyrites dont on tire de l'orpiment, des Pyrites fphériques & anguleufes, & enfin, des Pyrites blanches, jaunâtres & jaunes ; en un mot, j'ai confidéré les Pyrites d'abord felon leur effence, enfuite felon leur figure, & en dernier lieu felon leur couleur. Si on les confidere du côté de la partie métallique qui entre dans leur combinaifon, elles font ou purement ferrugineufes, ou elles font en même tems cuivreufes. Si l'on confidere leur partie volatile, elles font ou fulfureufes ou arfénicales ; car le vitriol d'après lequel quelques Auteurs ont voulu donner un nom à une efpece de Pyrite, ne fe trouve dans aucune Pyrite, comme partie conftituante ; il n'en eft qu'un produit : les Pyrites dont on fait de l'orpiment, font arfénicales ou peuvent être mifes dans la claffe de celles qui font arfénicales & fulfureufes. Je ne déciderai rien par rapport aux Pyrites qui contiennent de l'or ; cependant je doute fort que l'on en conftate jamais bien l'exiftence. A confidérer les Pyrites fuivant les figures qu'elles prennent ordinairement, elles font, comme j'ai dit, ou rondes ou anguleufes ; fi l'on n'envifage que la couleur, elles font ou blanches ou jaunâtres, ou jaunes. Il eft vrai que je pourrois encore confidérer ce minéral felon l'ufage que l'on en fait dans les fonderies des mines ; que cette confidération m'offriroit d'abord des Pyrites qui produifent dans la premiere fonte le régule métallique, qu'on appelle *matte* ; ces Pyrites ne doi-

K iij

vent être que fulfureufes & ferrugineufes ; je trouverois enfuite des Pyrites qui produifent un effet tout contraire, qui font nuifibles dans la premiere fonte, à caufe de l'arfénic qu'elles contiennent, & qui, employées dans le travail du plomb, forment un régule demi-métallique & arfénical, que les Allemands nomment *Speiß*. D'après ces propriétés, on pourroit donner à la premiere efpece de ces Pyrites, le nom de *Pyrite à matte*, & à la feconde celui de *Pyrite de Speiß*. Mais il eft inutile de multiplier les noms ; & je me contenterai de développer la chofe même dans la fuite de cet Ouvrage.

On me demandera peut-être laquelle de ces divifions des Pyrites, eft la meilleure, & mérite d'être confervée dans l'Hiftoire Naturelle, préférablement aux autres ? On a vu qu'elles font toutes fondées fur quelque rapport plus ou moins éloigné : elles font toutes utiles dans l'Hiftoire Naturelle, non-feulement pour l'intelligence des anciens Auteurs, mais encore pour les ouvriers qui travaillent fur les Pyrites. En effet, ceux qui en tirent le foufre, conferveront le nom de *Pyrites fulfureufes* ; ceux qui travaillent dans les fonderies, celui de *Pyrites à matte* ; ceux qui font du vitriol, celui de *Pyrites vitrioliques* ; enfin, ceux qui cherchent de l'or, celui de *Pyrites auriferes* ; quoique fouvent il arrive que tous employent la même efpece de Pyrites dans leurs opérations, & ne faffent que la traiter différemment. Les Pyrites fulfureufes font certainement les mêmes que celles qui facilitent la formation de la matte, & celles qui produifent une bonne matte, ne different point de celles qui font propres à faire du vitriol : quant aux Pyrites auriferes, j'ai remarqué qu'aucune Pyrite, comme Pyrite, ne contient de l'or, & que cette dénomination ne mérite pas que l'on y faffe d'attention. Il eft très-peu intéreffant d'apprendre le langage des vifionnaires chercheurs d'or, qui n'en trouvent pas plus dans une efpece de Pyrites que dans l'autre ; mais il eft plus néceffaire d'entendre celui des ouvriers qui travaillent la Pyrite, & qui en tirent le foufre, le vitriol, &c. ils font très-bien de s'en tenir aux dénominations qui font ufitées parmi eux.

Le but principal que l'on doit fe propofer, eft d'apprendre à diftinguer les Pyrites auffi exactement qu'il eft poffible, non-feulement de toutes les autres mines, mais encore les unes des autres. Chacune des divifions que je viens de rapporter, nous préfente quelque chofe qui femble la rendre préférable aux autres ; mais d'un autre côté, nous trouvons dans chacune de ces divifions, des défauts qui femblent la mettre au-deffous des autres : les noms de *Pyrites martiales* ou de *Pyrites cuivreufes*, font connoître le métal que ces Pyrites contiennent, & indiquent par conféquent la partie principale de la compofition de ce minéral ; mais cette même divifion, ne pourroit-elle pas préfenter une idée fauffe, & faire croire qu'il y a des Pyrites qui n'ont pas pour bafe une terre ferrugineufe. Il faudroit auffi s'entendre avec les ouvriers qui travaillent dans les fonderies, & diftinguer encore les Pyrites cuivreufes des vraies mines de cuivre ; fur quoi il faudroit faire obferver, qu'il y a des mines de cuivre qui ne peuvent point être mifes au rang des Pyrites ; & comment les Métallurgiftes décideront-ils quelle doit être la quantité de métal contenue dans une Pyrite, pour que l'on doive ceffer de l'appeller *Pyrite cuivreufe*, & commencer à l'appeller *Mine de cuivre* ? Enfin, ne vaudroit-il pas mieux trouver une divifion qui fervît à indiquer en même tems les autres parties effentielles de la compofition, c'eft-à-dire, qui fît connoître le foufre & l'arfénic contenus dans ce minéral? C'eft ce que n'indiquent point les noms de *Pyrites martiales* ou de *Pyrites cuivreufes*; c'eft néanmoins ce qu'il feroit important de faire fentir.

Les figures extérieures, annoncent à la vérité des propriétés que l'on ne pourroit pas toujours reconnoître par la couleur feule, & peu s'en eft fallu que l'examen de tant de différentes fortes de Pyrites ne m'eût déterminé à établir comme un principe général que les Pyrites fphériques ne font jamais cuivreufes, & contiennent toujours du fer & du foufre très-purs, & fans aucun mêlange d'arfénic ; mais fuppofé que ce principe fût généralement vrai, comment décider fi on ne nous préfentoit qu'un fragment, fur lequel on ne trouveroit aucune trace de la figure fphérique de la Pyrite dont il a fait partie ? Et pourroit-on conclure de ce principe, que toutes les Pyrites qui ne font pas fphériques, contiennent du cuivre ? Il pourroit fort bien fe trouver des Pyrites anguleufes, qui, de même que les Pyrites fphériques ne fuffent que ferrugineufes ; fi même le tiffu ftrié qui eft prefque toujours reconnoiffable jufques dans les moindres fragmens, faifoit voir qu'une Pyrite n'eft pas du nombre de celles qui font anguleufes, on ne pourroit point décider pour cela s'il faut rapporter un pareil échantillon aux Pyrites fphériques, plutôt qu'aux Pyrites hémifphériques, qui, comme on fçait, contiennent fouvent une portion confidérable de cuivre, & qui ne font jamais entiérement dépourvues d'arfénic. Malgré les inconvéniens dont je viens de parler, il y a une façon de nommer & de divifer les Pyrites, qui eft préférable aux autres, & plus fignificative.

Comme Naturaliftes, nous envifageons la Pyrite fous un autre point de vûe que les ouvriers des fonderies, ou que ceux qui tirent le foufre & le vitriol, il nous faut une divifion dont l'application puiffe fe faire au premier coup d'œil, & qui en même tems exprime, autant qu'il eft poffible, la nature de la chofe, enforte que la fimple vue nous préfente d'abord une différence extérieure qui foit due à une différence intérieure & effentielle. Il eft certain que dans les corps de la nature, c'eft le coup d'œil extérieur de la forme ou de la couleur qui nous frappe d'abord ; fouvent la figure & la couleur feules s'impriment fi fortement dans notre efprit, que nous les voyons toujours toutes deux à la fois, & que nous ne pouvons plus les concevoir féparément l'une de l'autre : fouvent la couleur eft moins aifée à reconnoître, ou du moins très-difficile à décrire ; il faut alors, pour fe décider, avoir recours à la figure ; d'autres fois la figure de certains corps fera moins marquée, & alors on doit les défigner principalement par leur couleur. Les figures de toutes les Pyrites fe réduifent à la figure fphérique, & à la figure anguleufe ; car je ne parle point de celles qui dépendent purement du hazard, ou de celles qu'on attribue mal-à-propos à ce minéral ; on ne doit s'arrêter qu'à celles qui fe préfentent d'une façon diftincte, & il feroit inutile de vouloir faire attention ici aux Pyrites, qui, comme d'autres mines & pierres, offrent quelquefois à nos yeux des figures particulieres & accidentelles, ou à celles qui doivent leur configuration à quelque corps étranger, comme les coquilles & les autres corps marins, dans lesquels elles se sont moulées, & qui, sans cette circonstance, n'auroient jamais pris la figure que nous leur voyons. Les couleurs des Pyrites sont, comme nous avons dit, blanches, jaunâtres & jaunes ; il reste donc à sçavoir si nous devons préférer la division fondée sur les figures, ou celle qui a pour fondement les couleurs de ce minéral.

Après avoir attentivement pesé toutes les circonstances, je trouve que pour faire une division générale des Pyrites, il faut s'arrêter plûtôt à leurs couleurs qu'à leurs figures : j'avoue que j'ai été long-tems d'un sentiment contraire à celui-ci. En effet, quand ce minéral présente des figures, elles sont toujours plus reconnoissables que ses couleurs ; quelquefois l'œil le plus clair-voyant, a de la peine à distinguer les Pyrites blanches, jaunâtres & jaunes ; au lieu qu'une figure sphérique ou anguleuse peut être apperçue de tout le monde ; mais d'un autre côté, ces figures ne nous fournissent pas des signes si certains que les couleurs de la composition intérieure des Pyrites ; car, quoiqu'on ne puisse presque point douter de la généralité du principe, que les Pyrites sphériques sont dépourvues d'arsénic & de cuivre, on ne pourroit pourtant pas nier qu'il n'y eût des Pyrites anguleuses, dont la composition ne fût pas la même ; outre cela, on rencontreroit de grandes difficultés, si, pour donner au Lecteur une idée claire, au moyen des sous-divisions, on alloit diviser les Pyrites rondes ou sphériques, en ovales, & en celles qui ont la figure d'un ovale applati ; car, dans quelle classe faudroit-il mettre une quantité prodigieuse de Pyrites qui ne nous présentent aucune figure déterminée ? Il est vrai qu'on sçait en général, que la Pyrite que l'on trouve par filons dans les mines, affecte ordinairement la figure anguleuse, & l'on peut s'en convaincre par les endroits du filon, où il se trouve quelques fentes ou des cavités dans lesquelles la Pyrite se crystallise ; mais pourra-t-on faire voir la même chose dans les Pyrites qui ne sont point formées dans des cavités, & qui ne sont point crystallisées, telles qu'on les rencontre le plus ordinairement dans les mines ? En un mot, les couleurs font assez connoître les Pyrites, & mettent en état de juger de la nature de leur composition, avec toute la certitude dont est susceptible la Minéralogie, dans laquelle on n'est point encore parvenu à poser des principes assez généraux & assez absolus, pour ne point souffrir d'exceptions.

Toute Pyrite blanche contient toujours de l'arsénic : la Pyrite jaunâtre ne contient point d'arsénic, mais abonde en soufre ; & même les personnes versées dans la connoissance des mines, seront en état de juger avec assez de certitude, à la simple vue, si une Pyrite est, quant à sa partie métallique, purement ferrugineuse, ou, si outre le fer, elle contient encore du cuivre. Quand une Pyrite est vraiment jaune à l'intérieur, lorsqu'elle a été fraîchement cassée, on peut être assuré qu'elle contient du cuivre, & on ne doit jamais adopter l'imagination de l'*orichalcum fossile*, ou laiton fossile des Anciens. Les personnes exercées dans l'examen des mines, pourront encore juger à la simple vue, si les Pyrites de cette derniere espece,

pece contiennent peu ou beaucoup de cuivre ; cependant comme ces diverfités ne font pas marquées par des couleurs différentes, mais feulement par des nuances plus claires ou plus foncées de la même couleur, il feroit fort difficile de les rendre fenfibles par des defcriptions ; & on ne fçauroit parvenir à les connoître, qu'en examinant fouvent des Pyrites, & en les comparant foigneufement les unes aux autres. Cependant il eft à propos de faire attention aux circonftances fuivantes : plus la couleur jaune tire fur le verd, plus la Pyrite cuivreufe ou la mine de cuivre Pyriteufe contient de cuivre ; plus une Pyrite eft compacte, homogène & d'un grain fin, & plus fa couleur jaune eft terne, plus elle contient du même métal.

Ce n'eft pas fans deffein que j'ai dit plus haut, que la blancheur des Pyrites eft un figne qui annonce qu'elles contiennent de l'arfénic, & je n'ai point parlé du métal qui fe trouve dans ces mêmes Pyrites, quoique j'euffe ajouté qu'elles contiennent prefque infailliblement du fer. J'en ai ufé ainfi parce que je n'ai pu regarder la couleur blanche comme un figne général de la préfence de ce métal ; car il y a quelques exemples, quoique très-rares, qui font exception à cette régle : il eft vrai qu'on ne court guere rifque de fe tromper en n'admettant point de cuivre dans la Pyrite blanche, pourvu qu'on veuille fe donner la peine de bien connoître la Pyrite arfénicale où le cuivre ne fe trouve jamais. Il y a cependant une mine de cuivre Pyriteufe blanchâtre que l'on traite comme j'ai déja dit à Chemnitz ou à Stollberg en Mifnie, & qui contient jufqu'à quarante livres de cuivre au quintal : elle n'eft nullement jaune ; elle eft d'un jaune affez pâle, fans pourtant pouvoir être confondue avec la Pyrire blanche, dont elle diffère fenfiblement, quoique d'une maniere difficile à décrire, par fon extrême pâleur, auffi bien que par fa denfité, & par fa dureté ; toutefois cette mine eft fi rare, que jufqu'ici on n'en a trouvé de femblable dans aucun autre endroit de la Mifnie, ni dans aucun autre pays. Cependant comme cette mine de cuivre blanchâtre & Pyriteufe, eft prefque entiérement arfénicale, relativement à fa partie volatile, elle confirme la généralité du principe, que l'arfénic eft la caufe de la blancheur dans les Pyrites, quoique d'ailleurs il y ait de la difficulté à diftinguer la couleur blanche que ce même arfénic fait prendre dans la mine extraordinaire dont je viens de parler, d'avec celle qu'il donne au fer, qui eft inconteftablement la bafe de la Pyrite blanche, qu'on appelle *mifpikkel.*

On doit encore remarquer que la dénomination de Pyrite blanche, ufitée déja depuis très-long-tems, a dû conduire naturellement à faire une divifion fondée fur les principales couleurs des Pyrites. En effet, en prenant la couleur pour fondement d'une efpece de Pyrite, il faut néceffairement envifager toutes les autres fous le même point de vûe : il feroit, par exemple, ridicule de vouloir oppofer à la Pyrite blanche, la Pyrite fulfureufe, & la Pyrite cuivreufe, dénominations qui font empruntées, l'une de la couleur, la feconde de la fubftance volatile qui y eft contenue, & la troifieme de fa partie métallique : on fent aifément qu'une divifion faite dans ce goût, ne peut que jetter beaucoup d'obfcurité, & donner lieu à de très-grandes difficultés. Pour ne parler que d'une feule de ces difficultés ;

L

on fçait que les Pyrites fulfureufes & cuivreufes, bien loin de pouvoir être toujours oppofées les unes aux autres, fe trouvent fouvent réunies, & que dans plufieurs endroïts, on tire par le grillage du foufre des Pyrites cuivreufes. Quand les Pyrites jaunâtres de notre pays, auxquelles on pourroit donner le nom de *fulfureufes*, contiennent feulement deux ou trois livres de cuivre, on les appelle déja *Pyrites cuivreufes*; & quand on donne le même nom aux Pyrites, d'où l'on tire à Falhun en Suéde, une fi grande quantité de foufre, on s'apperçoit aifément que les noms de *Pyrite cuivreufe* & de *Pyrite fulfureufe*, indiquent la même fubftance envifagée fous deux points de vue différens. Je ne parle point de plufieurs autres circonftances.

Alonfo Barba, parle dans fon Traité des mines, d'une Pyrite très-finguliere : « Il y a, dit-il, une grande quantité d'améthyftes, dans une forêt » qui eft auprès des riches mines de Ste. Elifabeth, dans le nouveau Po-» tofi : elles fe forment par lits à une ou deux toifes de profondeur en » terre, dans une Pyrite extrêmement dure & pefante, que les habitans appel-» lent *coco*, attendu qu'elle eft à peu-près de la groffeur de la tête, & fem-» blable au fruit du cocotier : l'améthyfte qui s'y trouve, eft prefque de la » groffeur de deux doigts; elle eft plus ou moins dure & parfaite, fuivant » l'état où elle fe trouve. Lorfque le *coco* fe brife, il fait un bruit auffi » grand que la décharge d'une piéce d'artillerie; la terre des environs » tremble pendant affez long-tems, précifément au moment où le *coco* » s'entrouvre; fur ce fignal, on va à l'endroit d'où eft parti le bruit, & » l'on y creufe pour trouver la boule qui s'eft fendue en deux ou trois mor-» ceaux : ce fait eft avéré dans le pays ».

Il n'eft pas aifé de décider fi le *coco* décrit par Alonfo Barba, eft véritablement une Pyrite, ou fi c'eft un *filex* ou caillou. La defcription qu'il en donne, femble favorifer l'une & l'autre opinion : on eft tenté de croire que c'eft une Pyrite, quand on voit qu'il fe creve avec bruit, ce qui ne peut guéres convenir à un caillou; & comme il eft très-pefant, on peut foupçonner qu'il contient du métal. On pencheroit d'un autre côté à prendre ce *coco* pour un caillou, fur ce que l'Auteur nous dit, qu'il renferme des améthyftes; chofe qui feroit fort extraordinaire pour une Pyrite : cette derniere circonftance ne me paroît pourtant pas fuffifante pour m'empêcher de préférer le premier fentiment qui devient très-probable par la maniere dont le *coco* fe creve. On trouve dans nos pays, des Pyrites globuleufes ou rondes, qui contiennent quelquefois dans leur centre, une fubftance de la nature du quartz ou du caillou, & à laquelle il ne manque que la couleur violette pour être une améthyfte. Les Pyrites en forme de boules, de noix, de roignons, de grains, de poires, de pommes ne font pas rares; on voit encore tous les jours qu'elles crevent & qu'elles fe mettent en morceaux, fans cependant faire autant de bruit que celles dont parle Alonfo Barba; & l'on voit que les caufes qui concourent à produire ce phénomene fingulier, font une furface très-folide & très-compacte; une chaleur interne très-forte & très-prompte, & une expanfion fubite de l'air renfermé, qui eft beaucoup plus forte qu'elle ne peut l'être dans les Pyrites ordinaires, à cause de leur tissu. Quant au nom qu'Alonso Barba donne à cette Pyrite, il ne doit point paroître étrange dans l'Histoire Naturelle de la Pyrite ; & des Minéralogistes sensés auroient tort de chicanner sur les termes : il ne s'agit que de connoître les choses ; il est indigne des Sçavans de se chicanner sur des mots : *In verbis simus faciles , dummodo conveniamus in rebus.*

CHAPITRE IV.

Des lieux où se trouve la Pyrite.

POUR bien faire l'Histoire Naturelle d'un minéral , il est important de faire connoître , avant toutes choses , les lieux où l'on doit le chercher, ou du moins ceux où il peut se trouver. Malgré cela, la plûpart des Auteurs n'ont rien dit sur ce point, d'autres n'en parlent que d'une maniere confuse & très-peu satisfaisante. Quant aux notions que l'on peut acquérir là-dessus, en conversant avec les ouvriers des mines, il est fort rare qu'elles soient exactes; si elles ne sont pas entiérement fausses, comme cela arrive quelquefois, elles sont du moins obscures & défectueuses : en effet, que peut-on demander à des gens qui, quand ils seroient d'ailleurs fort habiles dans leur métier, ne connoissent ni l'Histoire Naturelle, ni la maniere de faire des observations Physiques ; qui, ordinairement n'ont vu que fort peu d'endroits ; & qui, enfin, ne sont pas communément en état de transmettre aux autres ce qu'ils peuvent avoir vu ? Mes fonctions, mes études, & mes travaux métallurgiques, ne m'ont point permis de descendre aussi souvent que je l'aurois désiré, dans les souterreins des mines ; je l'ai fait cependant autant qu'il m'a été possible : outre cela, j'ai consulté des anciens Mineurs, & des personnes versées dans la Minéralogie ; j'ai fouillé & examiné les premieres couches de la terre, les glaises, les marnes, les terres calcaires, les terres gypseuses, les sables dont ces couches sont entremêlées ; de plus, j'ai examiné soigneusement les Pyrites que j'ai trouvées dans les différentes collections de minéraux que j'ai eu occasion de voir ; enfin, j'ai moi-même rassemblé une infinité d'échantillons, avec les notes les plus circonstanciées que l'on ait pu m'en fournir : l'on peut donc être persuadé que ce que je dirai dans la suite, ne sera point une répétition de ce que les autres ont dit avant moi ; mais une exposition solide & suffisante de ce qu'il y a de plus essentiel dans la matiere que je me suis proposé de traiter.

Je ne puis pas me dispenser de faire remarquer à cette occasion les deux principales causes qui font que les Sçavans & les Minéralogistes sont si peu d'accord. La premiere est , que les personnes qui s'occupent des travaux de la Minéralogie, s'appliquent trop peu à l'étude des sciences, & sur-tout à celle de la Physique ; la seconde, c'est que les Sçavans ou plûtôt les Physiciens, qui ne s'appliquent qu'à la théorie, ne veulent pas sentir que pour faire des progrès dans l'Histoire Naturelle, il est nécessaire de descendre dans l'intérieur de la terre, d'examiner par soi-même les souterreins, de s'instruire par la conversation avec les ouvriers qui y travaillent, & avec les personnes qui en ont acquis une connoissance fondée sur l'expérience. Il paroît qu'il seroit très-facile de remédier à ces inconvéniens : ne pouroit-on pas choisir des jeunes gens dans les écoles des villes qui sont voisines des mines, & outre les belles-lettres & les sciences, leur enseigner les élémens de la Minéralogie ; on les disposeroit par-là à l'étude de l'Histoire Naturelle ; on ne manqueroit point de réussir si l'on vouloit dispenser la jeunesse d'apprendre une infinité d'autres choses beaucoup moins essentielles, ou même entiérement inutiles. Mais ce sujet mériteroit d'être discuté en particulier, & peut-être entreprendrai-je moi-même de le traiter quelque jour ; je reviens donc à mon sujet, & je n'en parlerai que d'après mes propres expériences, & d'après celles de personnes dignes de foi.

La Pyrite, & sur-tout celle qui est jaunâtre, où la Pyrite sulfurense se trouve dans toutes sortes de pierres, & je n'en connois même aucune, dans laquelle ce minéral ne soit contenu, ou qu'il n'accompagne quelquefois : il se trouve assez souvent dans le quartz ou caillou ; quelquefois on le rencontre lorsqu'on vient à travailler cette pierre, qui est extrêmement dure & compacte ; & en la détachant avec les outils, on y découvre aussi-tôt la mine, ou du moins on a lieu d'espérer qu'on ne tardera pas à la rencontrer.

1°. Le quartz forme souvent dans les filons autour de la Pyrite, une espéce d'enveloppe ou de lisiere, que les Allemands nomment *salbande*, & qui l'environne de la même façon que les veines environnent & contiennent le sang dans le corps humain : la Pyrite se trouve aussi très-souvent dans un quartz compacte & sans gerçures. Il ne faut pas s'étonner si ce minéral a pénétré dans un corps si solide ; car il est évident que la Pyrite, ou existoit avant le quartz, ou du moins a été formée en même tems que cette pierre. On trouve aussi que la Pyrite s'est attachée extérieurement à du quartz, dans les endroits où cette pierre a rempli quelque cavité, dans laquelle elle s'est crystallisée ; c'est ce que les Allemands nomment *Drusen* : pour lors il sembleroit que la Pyrite a coulé par-dessus, ou qu'elle s'y est attachée sous la forme de petits grains & de masses, ou bien qu'elle y a été répandue sous la forme d'un sable brillant ; ce qui produit un effet merveilleux & une grande variété de couleurs, sur-tout quand la Pyrite est cuivreuse.

2°. Les marbres, ou toutes les pierres que les Mineurs comprennent sous le nom de pierres cornées, (en Allemand *Hornstein*) ressemblent au quartz ou au caillou, excepté que ces dernieres pierres sont plus souvent blanches & remplies de gerçures ; au lieu qu'ordinairement les pierres cornées sont de différentes couleurs, étant ou brunes, ou jaunes, ou rouges, ou grises, ou noires, &c ; outre cela, elles sont plus compactes, & par conséquent plus propres à toutes sortes d'ouvrages. J'ai des pierres dans lesquelles la Pyrite se trouve, que les Lapidaires & les Litographes désignent sous le nom de jaspe rouge ou jaune, de Calcédoine, &c ;

& que peut-être on devroit plutôt mettre au rang des] marbres [1].

3°. Ce qui a été dit du quartz peut aussi s'appliquer également à une pierre d'une nature toute différente, qu'on appelle *Spath*. C'est une pierre calcaire feuilletée, cassante, souvent toute blanche, quelquefois d'un brun-rouge, ou d'une autre couleur; elle est beaucoup plus tendre que le quartz, au point que l'on peut l'égratigner avec la lame d'un couteau, & quelquefois même avec les ongles; au lieu que le quartz ou le caillou approche souvent de la dureté du diamant; mais d'un autre côté, le spath surpasse le quartz par sa pesanteur, au point qu'on seroit tenté de soupçonner qu'il contient quelque substance métallique : cependant jusqu'à présent on n'est parvenu à en tirer que très-peu, ou même point du tout. Dans nos cantons, la Pyrite se trouve très-communément dans le spath & à sa surface, & elle affectionne d'autant plus cette pierre, que la partie terreuse mercurielle, & par conséquent métallique, est plus abondante dans le spath, que la terre vitrescible du quartz, ou la premiere terre de Becher. Quant au talc ou *Glacies Mariæ*, qui doit être mis dans la classe des spaths [2], j'en ai plusieurs échantillons tirés des mines d'étain, dans lesquelles cette pierre se trouve volontiers; ils prouvent très-clairement la présence de la Pyrite.

4°. La Pyrite se trouve encore dans les pierres à chaux, dans les pierres gypseuses ou pierres à plâtre, dans les albâtres, &c.; cependant elle n'y est pas en filons suivis, à moins que ce ne fût dans des endroits où un vrai filon de mine se trouve croisé, ou traversé par d'autres filons ou veines, qui sont chargés de Pyrite : il est plus ordinaire d'y trouver la Pyrite en marons, (*nidulans*) ou en masses détachées que l'on nomme roignons; l'on en a un exemple dans les couches calcaires de Schlosberg près de Tœplitz.

5°. Il faut sur-tout donner ici une place à l'ardoise, non-seulement à cause de la Pyrite cuivreuse, ou de la mine de cuivre pyriteuse, que cette pierre contient très-communément, mais encore à cause de la Pyrite martiale qu'on y rencontre; en effet, on m'a envoyé un échantillon de l'ardoise qui se tire d'une carriere des environs de Goslar, où elle forme une véritable couche.

6°. Il n'est pas surprenant que la Pyrite affectionne aussi le charbon de terre, avec qui elle a de l'affinité par rapport à la partie grasse, ou au soufre qui leur est commun [3]; on en voit un exemple dans les mines de charbon de terre de Peterwitz, dans le voisinage de Dresde.

---

1 Il paroît que M. Henckel ne donne le nom de marbre à toutes ces pierres que pour se conformer au langage des Mineurs, qui désignent par-là toutes celles qui sont capables de prendre le poli : car il n'ignoroit pas que les marbres sont des pierres calcaires qui se calcinent au feu, au lieu que toutes celles qu'il rapporte ici sont fusibles.

2 Il est surprenant que M. Henckel mette le talc ou le *glacies Mariæ*, au rang des spaths qui sont des pierres calcaires, c'est-à-dire, que l'action du feu change en chaux, & qui font effervescence avec les dissolvans acides; tandis que le talc n'a aucune de ces propriétés, & ne soufre aucune altération dans le feu. Peut-être que l'Auteur a voulu dire que le talc par son tissu feuilleté a de l'analogie avec les spaths.

3 Le soufre qui est contenu dans la Pyrite, & la matiere grasse du charbon de terre n'ont rien de commun que leur inflammabilité. Le soufre est, comme on le sçait, un composé d'acide & du principe inflammable combinés ensemble, au lieu que le charbon de terre est un décomposé d'une matiere ligneuse qui

On trouvera peut-être plus extraordinaire que la Pyrite se trouve aussi dans le grais ; cependant pour s'en convaincre, on n'a qu'à considérer les masses d'ochre rouges & brunes, semblables à de la rouille de fer, que l'on rencontre, non-seulement dans la fameuse carriere de Pirna, mais aussi dans les environs de Lauchstedt, où il y a des eaux thermales ; dans la forêt de Grullembourg qui n'est pas fort éloignée de Freyberg, à Naundorf, à Hetzdorf, & à Radeberg près du Couvent d'Osseg en Bohême : j'ai déja fait mention ailleurs de ces trois derniers endroits, en parlant des coquilles pétrifiées & des autres vestiges du Déluge. Ces coquilles, ces masses & ces roignons, dont je viens de parler, font beaucoup de tort aux Sculpteurs & aux Tailleurs de pierre ; car en travaillant la pierre qui contient ces corps, il arrive très-souvent qu'elle éclate dans les endroits où l'outil de l'ouvrier les rencontre : on les appelle *Gallen* en Allemand, & ils sont connus par-tout sous ce nom. Si des personnes qui ne sont pas accoutumées à réfléchir sur les productions de la Nature, trouvent que les exemples que je viens de rapporter, ne prouvent pas suffisamment ce que j'en ai voulu conclure, j'avouerai qu'en effet il n'est pas commun de trouver des Pyrites entieres dans le grais, & il n'est guères possible qu'elles puissent s'y trouver, comme je le ferai voir dans le Chapitre V ; malgré cela, on sera obligé de convenir que je n'ai rien avancé légerement. Si l'on veut seulement faire attention à une pierre qui se trouve à Brug-thanne dans le Margraviat d'Anspach, & qui est un véritable grais, ou une concrétion de sable qui a la couleur d'une ochre d'un brun-foncé ; on y voit très-distinctement des grains de Pyrite d'une figure octaëdre irréguliere, tantôt plus, tantôt moins gros que des grains de chénevi ; j'ai représenté un fragment de cette pierre dans les Planches au Numero V ; on y voit les grains de Pyrites dont je parle ; c'est pour cela que l'on donne à cette concrétion sablonneuse le nom de *mine d'or sablonneuse*.

8°. La Pyrite se trouve encore dans les pierres à chaux. On en voit des exemples dans la fameuse carriere de Querfurth qui a fourni tant de matériaux pour le Traité que M. Buchner a donné sous le titre de *Rudera Diluvii testes* ; on en trouvera encore des preuves dans la montagne de Schlosberg près de Tœplitz, & en d'autres endroits, mais sur-tout à Beyerberg dans le pays d'Anspach, où l'on trouve des pierres à chaux qui contiennent de la Pyrite, immédiatement sous la premiere couche de terre, ou sous la terre franche.

9°. Le même minéral se trouve fréquemment dans l'argille & dans les glaisieres. Je me souviens d'y en avoir vû dans mon enfance aux environs de Mersebourg, près de la Sala ; ce qu'on appelle la terre martiale de Hesse s'y trouve pareillement, & il faut dire la même chose de la fameuse Pyrite de Pretschendorf qui se trouve dans une terre grasse.

---

contient, outre une très-grande quantité de terre, une matiere grasse de la nature des huiles végétales ou des corps résineux : s'il y a quelques mines de charbon de terre qui contiennent du soufre, ce soufre est entiérement étranger au charbon, & assez communément il y est sous la forme d'une Pyrite.

10°. La Pyrite se trouve aussi dans les pierres marneuses, c'est-à-dire, dans une substance déliée, grasse & pierreuse, qui a commencé à devenir pierre sans avoir encore entiérement cessé d'être terre. Pour ne point citer d'autres endroits que je connois, on en trouvera des exemples très-fréquens, non-seulement dans la carriere de Tœplitz, dont j'ai déja fait mention plusieurs fois, mais encore dans celle de Cottitz en Bohême. La Pyrite se trouve encore dans la pierre qu'on appelle *Gemss* en Allemand, c'est-à-dire, dans la pierre tendre & feuilletée, qui sépare le roc inférieur & tout-à-fait dur, d'avec la terre franche ou le *humus*.

11°. On trouve la Pyrite dans les roches & dans les pierres de taille qui se montrent jusqu'à la surface de la terre, que l'on nomme *Knauer* dans le langage des Mineurs, & que l'on appelle communément *roches sauvages*, *roches stériles* ou *sourdes*, parce qu'elles ne contiennent point de métal : j'ai trouvé de la Pyrite non-seulement dans leurs fentes, mais encore, ce qui est plus surprenant, dans le cœur de la roche même ; & quoiqu'elle n'y fût que parsemée, j'ai cependant reconnu par un grand nombre d'échantillons qu'elle y existoit très-réellement.

12°. La Pyrite se trouve dans toutes sortes de substances du regne végétal & du regne animal, qui ont été entraînées & déposées ensuite par les eaux, mais moins dans les premieres que dans les dernieres : on trouve sur-tout une quantité prodigieuse de coquilles & de cornes d'Ammon ainsi minéralisées ; on en voit entre autres des amas considérables dans les environs des Eaux thermales de Boll, dans le pays de Wirtemberg ; & M. Balthazar Erhard de Memmingen, très-avantageusement connu par sa Dissertation *De Belemnitis agri Suevici*, m'a envoyé des cornes d'Ammon, des pectinites, des cochlites, des conchites, des bélemnites, des pierres judaïques, &c. qui étoient entiérement pénétrées par la Pyrite, ou du moins qui en étoient incrustées.

Je dois sur-tout faire observer que la Pyrite se trouve non-seulement dans l'intérieur & à la surface de ces corps, quand ils sont pétrifiés, ce qui ne seroit point étonnant ; mais encore qu'on en trouve sur ces mêmes corps, sans qu'ils aient souffert d'autre altération que d'avoir été légerement calcinés à leur surface, & lorsqu'ils conservent encore la nature du regne auquel ils appartiennent. Quant aux corps du regne végétal, & aux bois qui se trouvent dans le sein de la terre, il est certain qu'on en rencontre qui sont pénétrés de la même maniere. M. Rosinus de Munden m'a envoyé une Pyrite dont le tissu prouve très-clairement qu'elle a été du bois dans son origine, & même on y apperçoit encore une partie qui n'a pas changé de nature. Au reste, il est vrai que les exemples de cette espece sont très-rares ; & la composition des coquilles est beaucoup plus appropriée au regne minéral, que celle des végétaux ; par conséquent les coquilles même, sans avoir souffert d'altération, sont beaucoup plus disposées à être imprégnées des exhalaisons minérales. Je trouve dans le Traité de Lister, *de Fontibus medicatis Angliæ*, pag. 23, que cet Auteur fait mention d'une Pyrite *ligneuse* trouvée en Irlande, que l'on croit avoir été du bois de frêne, qui a été changé en un aiman dur comme le marbre.

Balthazar Roefsler prétend que dans les endroits où le terrein commence à s'élever en pente douce pour former une montagne, c'eſt-à-dire, dans les endroits qui ceſſent d'être des plaines ſans être encore tout-à-fait des montagnes, il ſe trouve des filons & des maſſes conſidérables de mines, qui ſont ordinairement ſtériles & remplies de ſubſtances étrangeres & peu chargées de métal dur, telles que ſont des Pyrites de peu de valeur, c'eſt-à-dire, des Pyrites ſulfureuſes, alumineuſes & vitrioliques.

Comme je n'ai point deſſein d'examiner ici, ſi c'eſt d'après une expérience bien conſtatée, que Rofsler aſſure que les élévations dont il parle, ſe diſtinguent des véritables montagnes de la maniere qu'il le dit, je ne citerai point des faits qui ſeroient contraires à une aſſertion ſi générale; mais je ne puis paſſer à un homme, dont l'Ouvrage eſt d'ailleurs un des meilleurs que nous ayons ſur la Minéralogie *, d'appeller les Pyrites ſulfureuſes, alumineuſes & vitrioliques, des Pyrites de peu de valeur; cela ne convient tout au plus qu'aux Pyrites arſénicales; car les Pyrites ſulfureuſes & vitrioliques ſont préciſément celles qui nous mettent en état d'obtenir le premier but que l'on ſe propoſe dans tous les travaux de la Métallurgie, je veux dire, la fonte des mines; & on auroit tort d'attendre de l'or ou de l'argent des Pyrites conſidérées comme telles. Quant au métal *dur*, dont parle Roefsler, il eſt certain que les Pyrites contiennent abondamment du fer, qui eſt un métal très-dur.

Si nous paſſons aux mines métalliques, (c'eſt-à-dire, à celles qui contiennent une aſſez grande quantité de métal pour pouvoir en porter le nom, & non pas celles où l'on n'en trouve qu'une très-petite portion; car il n'y a preſque point de pierres répandues dans les champs, qui ne contiennent des veſtiges de quelque métal), on verra encore qu'il n'eſt pas aiſé de trouver une mine, ou un filon dans lequel la Pyrite n'entre comme partie principale de la compoſition, & même ne le forme en entier, ou du moins dans lequel elle ne s'inſinue comme partie acceſſoire.

Quant aux mines d'or pyriteuſes, nous n'en avons point en Miſnie qui méritent ſtrictement ce nom; & juſqu'ici je n'ai pas encore pu me faire une idée bien nette de celles que l'on dit ſe trouver dans les pays étrangers, & ſur-tout en Hongrie. Il reſte donc à ſçavoir le cas qu'on doit faire des récits que nous en font les perſonnes qui les ont entre les mains & qui les exploitent. Il eſt vrai que l'on parle d'une mine qui ſe trouve à Schemnitz & ailleurs, & qui donne, dit-on, une aſſez grande quantité d'argent pour mériter qu'on ſe donne la peine de le tirer; mais en l'examinant avec attention, on trouve qu'elle eſt un mêlange d'un ſi grand nombre de matieres différentes, que l'on ne peut dire d'où peut venir l'or qu'on prétend y trouver : en effet, il n'eſt pas extrêmement rare de voir réunir dans un morceau de mine, du poids d'environ une

---

* Balthazar Roefsler a publié en Allemand un Traité ſur le travail des mines, avec le titre Latin de *Speculum Metallurgiæ politiſſimum,* en un volume in-fol. avec figures, imprimé à Dreſde en 1700.

once

once, de la mine d’argent vitreuse, de la mine d’argent rouge, de la mine de plomb, de la Pyrite cuivreuse, de la Pyrite martiale, des substances jaunes, noires, couleur de merde-d’oye, & du cinnabre, ou du moins de trouver assemblée une grande partie de ces substances; mais elles sont tellement enveloppées dans la gangue, ou si confusément mêlées, que souvent on a de la peine à les distinguer, même à l’aide des microscopes, bien loin de pouvoir les séparer avec les outils de fer.

Je sens bien qu’en Hongrie on peut tirer parti des Pyrites cuivreuses, mais si l’on fait l’analyse des Pyrites martiales, telles que j’en ai eu de Schemnitz, c’est-à-dire, de celles qui sont vraiment pures, vû que le cuivre n’est point une partie essentielle de la composition de la Pyrite, ou bien si l’on en fait l’essai pour voir s’il s’y trouve des métaux parfaits, on trouvera qu’il n’y a rien à en tirer, de quelque façon qu’on s’y prenne: il faut ajouter à cela qu’il ne s’agit point ici d’or natif, tel que celui qu’on trouve sur-tout en Transylvanie, où il est renfermé dans un quartz si pur, qu’on n’y apperçoit pas le moindre vestige de minéralisation, & qui s’y est insinué d’une façon très-singuliere; cet or est pur, au lieu que dans une mine le métal se trouve sous une forme toute différente; il est combiné intimement avec du soufre, de l’arsénic & avec d’autres métaux. Il y a une espece de caillou, ou de quartz, dans les fentes ou gerçures duquel on voit une rouille ferrugineuse, que bien des gens seroient peut-être tentés de regarder comme de la mine d’or; mais il est douteux que cette espece de rouille donne encore quelque chose, lorsque les paillettes d’or en ont été séparées par le lavage; cependant cela ne seroit pas tout-à-fait surprenant; on sçait qu’un métal natif peut être dans sa gangue en particules très-déliées, ou que le boccard peut le réduire en une poudre si fine, qu’il est impossible de le séparer entiérement par le lavage du reste de la mine qui l’environne, & qu’il doit nécessairement en rester quelque molécule dans la rouille ferrugineuse, dont on prend des échantillons pour en faire l’essai.

Pour ce qui est de l’or que l’on tire de ces concrétions minérales, formées par l’assemblage de plusieurs especes de mines différentes, inséparables les unes des autres, il nous reste toujours à demander, si une ou même deux, ou plusieurs de ces mines contiennent réellement de l’or; ou si les concrétions, dont je parle, ne sont pas plutôt semblables à certaines substances minérales, ou à de certaines terres qui par elles-mêmes ne contiennent aucune portion d’un vrai métal, mais qui cependant deviennent métalliques quand elles sont combinées avec d’autres substances minérales; qui par elles-mêmes ne contiennent pas plus de métal que les premieres, comme j’en ai l’expérience sur la craye en particulier, & sur d’autres especes de terres. Cependant je ne sçais pas si je dois attribuer ces sortes de productions à une *maturation* ou à une *transmutation*: je ne veux pas fournir matiere à disputer à des gens sans expérience; mais je ne sçaurois me dispenser de dire que c’est un principe incontestable dans la Chymie, & dans toutes les opérations de la Métallurgie, qu’il faut bien distinguer entre les choses que l’on tire d’un

M

corps, & celles qui y font réellement contenues ; & que la Nature, fans aucun fecours de l'Art, peut produire, & produit en effet l'or & l'argent de certaines combinaifons, ce qui eft contraire aux principes des Spéculatifs les plus fubtils.

Si donc on demande fi les mines d'or fe trouvent jointes avec les Pyrites, je réponds qu'on ne peut pas tout-à-fait décider cette queftion, à moins qu'on ne convienne quelles font les efpeces de mines qui par leur nature méritent véritablement le nom de mines d'or : en effet, la mine d'argent vitreufe, la mine de cuivre, & d'autres mines qui fe trouvent en Hongrie, contiennent de l'or, préférablement à celles de nos pays qui font de la même efpece ; cependant il eft certain que ce font toujours des mines de cuivre & d'argent, puifque leur bafe eft de l'argent & du cuivre, & puifque l'or ne s'y trouve qu'accidentellement, & de façon qu'il peut, fans préjudice des parties conftituantes, y être en moindre quantité, & même n'y être point du tout. Si on veut fçavoir comment l'or fe trouve dans ces mines d'argent & de cuivre, je dirai que non-feulement on fçait que les filons de ces mines font prefque par-tout accompagnés & environnés de Pyrites martiales ; de plus, l'expérience fait voir que non-feulement la mine de cuivre, qui n'eft effentiellement qu'une vraie Pyrite, a beaucoup d'affinité avec l'or, mais encore que ce métal natif fe trouve fouvent dans la Pyrite blanche & dans fon voifinage. La Pyrite fe trouve très-fréquemment avec les mines d'argent, telles que la mine d'argent vitreufe, les mines d'argent rouges & blanches, qui font celles qui méritent, à proprement parler, le nom de mines d'argent : il faut cependant obferver que c'eft la Pyrite cuivreufe plutôt que la Pyrite martiale, qui accompagne ces mines riches ; & lorfque c'eft une Pyrite martiale, ce fera plutôt une Pyrite arfénicale, ou du cobalt, que la Pyrite que l'on nomme abufivement *Pyrite fulfureufe.*

L'examen d'une infinité de morceaux de mines m'a entiérement convaincu de la vérité de cette obfervation ; au refte, un phénomene qui m'a paru très-remarquable, c'eft que je n'ai jamais trouvé d'argent natif, ni dans la Pyrite blanche, ni dans la Pyrite jaunâtre, ni dans la Pyrite jaune. Malgré toutes les peines que je me fuis données pour m'affurer s'il n'en exiftoit jamais dans ce minéral, je n'ai pu trouver que deux petits échantillons qui paroiffoient faire une exception à cette régle ; l'un eft celui dont j'ai parlé au Chapitre précédent ; c'étoit une Pyrite cubique traverfée par un fil d'argent, ou plutôt c'étoit un fil d'argent autour duquel s'étoit formée une Pyrite : l'autre qui a été trouvé dans nos montagnes de Saxe, étoit une petite Pyrite qui contenoit un peu d'argent minéralifé fous une forme femblable à la mine d'argent vitreufe : à l'égard du premier de ces échantillons, l'argent n'y étoit pas extérieurement attaché, & il n'en étoit pas forti ; il n'eft pas douteux que ce métal exiftoit auparavant, & que la Pyrite s'eft formée autour de lui, à l'aide des exhalaifons minérales : à l'égard du fecond échantillon, ce n'étoit pas une Pyrite toute pure ; elle étoit entremêlée d'une mine d'argent très-déliée, mais qui pourtant n'étoit pas entiérement imperceptible ; en examinant la chose de près, on appercevoit très-bien que c'étoit de cette mine, & non pas de la substance de la Pyrite, que sortoit comme de sa racine l'argent natif qu'on voyoit sur cet échantillon.

J'aurois bien de l'obligation à quiconque me feroit voir un morceau de mine, où l'argent natif soit en feuillets, soit en filets, seroit placé de façon qu'il n'eût nulle communication avec aucune riche mine d'argent décomposée, & qu'il fût combiné & confondu avec de la Pyrite, ou de maniere que l'argent natif ne fût pas simplement appliqué à la Pyrite, auquel cas il n'auroit aucune liaison avec elle; ou de maniere que sa racine ne pût pas être trouvée dans toute l'épaisseur de la Pyrite, qu'elle eût traversée en passant au travers de quelque petite fente souvent imperceptible. Comment s'attendroit-on à trouver de l'argent natif, sorti de la Pyrite même dans le sein de la terre, puisque nous sçavons que la Pyrite, comme telle, ne contient qu'une portion très-petite d'argent qui ne peut aller qu'à un quart, à une moitié de dragme, & tout au plus à une ou deux dragmes par quintal; lors même qu'elle en contient deux dragmes, il faut qu'elle soit déja mêlée avec quelque substance étrangere? Cette observation doit suffire pour nous convaincre que la Pyrite, & surtout celle qui est purement sulfureuse & martiale, ne peut point être la cause productrice des métaux parfaits: l'on voit par-là que ce seroit se tromper, si en voyant que la Pyrite se trouve presque par-tout, sur-tout dans nos mines de Misnie, on alloit imaginer que ce minéral est nonseulement inséparable des mines d'argent, mais encore qu'il est essentiellement nécessaire pour leur formation & leur accroissement. En général, en jugeant des filons & des mines qui sont mélangées, il ne faut point croire que les substances qui sont à côté les unes des autres, ou qui sont confondues, soient produites les unes par les autres; il faut présumer qu'elles ont pu être produites, ou en même tems, ou successivement, & indépendamment les unes des autres.

Mais quand même on n'attribueroit pas à la Pyrite la vertu de produire de l'argent, & qu'on se contenteroit de dire qu'elle est propre à recevoir ce métal, ou à lui servir de matrice, (*non de ejus activitate sed receptivitate*); & que par conséquent on se réduiroit à demander si une Pyrite, lorsqu'elle est déja telle, a la propriété & la disposition de recevoir de l'argent corporel qui lui seroit porté par une exhalaison minérale, disposition que nous voyons dans d'autres mines & dans toutes sortes de pierres; on sera obligé de convenir que, même de cette maniere, il ne se trouve aucune analogie ou sympathie entre la Pyrite & l'argent. On trouve de l'argent natif dans du quartz, dans du spath, dans de l'ardoise, dans du *kneiss*, dans de l'ochre, dans du jaspe, & dans toutes sortes de pierres cornées; dans la roche appellée *Gemss*, qui se trouve précisément au-dessous de la terre végétale, dans le talc, dans les pierres de taille ordinaires, &c: parmi les mines, il s'en trouve, principalement dans le cobalt dont on fait la couleur bleue, tel qu'est celui de la Croix en Lorraine qui en fournit un exemple remarquable: il n'est point étonnant que l'argent natif se trouve joint avec les mines d'argent rouges;

blanches & vitreufes ; on en trouve auffi dans la mine de fer, mais jufqu'ici on n'en a encore jamais vû dans aucune des trois efpéces de Pyrites comme telles : je crois que l'on peut dire la même chofe de la mine
de plomb & de la mine d'étain : quand j'examine la mine de Norwége,
qu'on nomme *mine de grenat*, fur laquelle on voit clairement de petits
feuillets d'argent, je trouve que ces petits feuillets ne font pas tant fur
les grenats mêmes, que fur les fentes & gerçures qui traverfent cette mine,
qui coupent le filon qui la contient , & qui ont reçu d'ailleurs l'argent
qui s'y trouve.

Il en eft de même de l'or natif ; par conféquent on a befoin des mêmes précautions pour juger des mines d'or. Cependant il faut remarquer
que ce métal differe de l'argent, en ce qu'il fe trouve dans la Pyrite
blanche d'une maniere qui fait connoître que ce minéral a une difpofition particuliere à devenir la matrice de l'or ; circonftance qui étant comparée avec les matrices de l'argent , peut faire naître bien des réflexions
dans l'efprit de ceux qui obfervent attentivement la Nature. Je n'ajoute
qu'un mot. L'argent natif fe trouve ordinairement joint avec des mines
arfénicales ; au lieu que l'or natif fe trouve principalement avec les mines
de cinnabre & de mercure : pourquoi l'argent ne fe trouve-t-il pas auffi
avec le mercure , puifque j'ai donné des exemples qui prouvent que l'or
s'accorde fort bien avec l'arfénic ? On voit bien qu'une fubftance prend
ici la place d'une autre , & que l'arfénic peut tenir lieu dans nos mines
de la fubftance mercurielle qui nous manque faute de cinnabre. Ces réflexions ne devroient-elles pas nous montrer la fauffeté de certains préjugés que nous adoptons fouvent au fujet de ces fubftances tout-à-fait
fingulieres ?

Les mines que l'on nomme communes & groffieres ; parmi lefquelles
on compte fur-tout la mine de plomb & la mine de cuivre , fe trouvent
beaucoup plus communément jointes avec la Pyrite , qu'avec les riches
mines d'argent ; ces dernieres en font quelquefois, ou fi totalement def-
tituées , ou du moins ne font accompagnées que d'une quantité de Pyrite fi petite & fi indifpenfable pour les fondre , qu'à Schneeberg , à Jo-
han-Georgen-ftadt , & dans plufieurs autres endroits de la Saxe , on fe
trouve très-embarraffé quand on veut traiter ces mines ; tandis que dans
beaucoup d'autres cantons, ce minéral fi néceffaire, fe trouve en fi grande
abondance , qu'on le méprife & qu'on n'y fait nulle attention.

Les mines de plomb & les mines de cuivre , qui dans nos cantons fe
trouvent toujours jointes enfemble & dans les mêmes filons, & qui font
prefque tout l'objet de nos travaux métallurgiques, font fi conftamment
accompagnées de la Pyrite, qu'on feroit tenté de croire que l'une de ces
fubftances ne peut point fe trouver fans l'autre. Il eft vrai qu'il eft difficile de trouver un filon dans le fein de la terre, quelque fimple & pure
que foit par elle-même la mine qu'il renferme, qui ne contienne quelque fubftance , foit étrangere , foit peu analogue , foit même contraire , qui eft venue s'y joindre , & qui fuit pendant un fort long efpace
la même direction que ce filon, ou qui s'y joint tout-à-coup , ou qui

s'enfonce dans la terre avec lui, ou qui a été portée à ce filon par d'autres filons qui le croisent ; mais on peut dire de plus, des mines de Freyberg qu'on appelle *grossieres*, & de celles des autres pays, telles que celles du Hartz, que, sur-tout dans les filons capitaux, on les trouve perpétuelle-ment accompagnées de la Pyrite, à laquelle se joignent très-souvent la Pyrite arsénicale appellée *mispikkel*, & la blende : de quelque côté que l'on attaque le filon, on le trouve toujours accompagné de Pyrite ; & même lorsque la Pyrite martiale pure vient à disparoître, comme cela arrive quelquefois, on retrouve toujours la Pyrite cuivreuse, & quelquefois on trouve l'une & l'autre de ces Pyrites mêlées avec la mine de plomb, & étroitement liées & confondues avec elle.

Cette observation nous fait remarquer une différence notable entre les filons qui renferment de riches mines d'argent, telles que les mines d'ar-gent vitreuses, rouges & blanches, qui sont des mines d'argent propre-ment dites, & les mines que l'on nomme *grossieres*. En effet, la Pyrite ne se trouve pas si près des premieres que des dernieres, souvent même elle ne touche pas seulement leurs lisieres ou leurs enveloppes, que l'on nomme *salbandes* dans les mines d'Allemagne : cependant on ne doit point entendre ce que je dis ici, des petites vénules ou fentes dont la plus grande partie n'est remplie que de mine de plomb, de mine de cuivre, de Pyrite, de blende, de Pyrite arsénicale, & par conséquent de mines grossieres ; ces vénules, si elles contiennent une petite portion des mines riches dont je viens de parler, n'en ont qu'un enduit léger qui s'est at-taché dans leurs crevasses & dans leurs cavités, où elles ont été portées par des exhalaisons minérales ; ou bien, ces mines se trouvent répandues dans le corps du filon en particules très-déliées.

A l'égard des Pyrites que l'on nomme *Pyrites en roignons* ou *en marons*, qui sont ou tout-à-fait rondes & de la grosseur d'une balle de fusil, d'une grenade, ou même d'un boulet de canon médiocre, ou d'une forme ovale & applatie ; j'ai remarqué que, quoique pour l'ordinaire ni le coup d'œil, ni les essais à l'aide du feu ne fassent découvrir aucune portion de cuivre dans ces Pyrites, il s'en trouve cependant quelques-unes qui sont mêlées avec de la mine de cuivre, de la blende & de la Pyrite blanche, ce qu'on n'auroit pas lieu de présumer dans un corps si compacte ; telle est la Pyrite de Franckenberg, qui est ronde & applatie comme une écaille de tortue. Si dans les mines de plomb par grandes masses, telles qu'on nous dit qu'il s'en trouve au Hartz, il ne se rencontroit point par hasard de Pyrite à une grande distance, on ne laisseroit pas de la retrouver lors-que le renflement ou la masse, que la mine a formée, vient à diminuer & à se rétrécir, & lorsque ce vaste amas de mine se partage en plusieurs rameaux, semblable à un étang dont les eaux s'écoulent par de petits ruisseaux ; c'est alors que la Pyrite se montrera de nouveau avec les subs-tances minérales qui l'accompagnoient auparavant. Il est vrai qu'il est souvent difficile, & même impossible de faire les recherches nécessaires pour constater ce qui vient d'être dit ; soit parce qu'on perd un filon qui change de direction, soit parce qu'il se partage en un grand nombre de petits rameaux, soit parce qu'il fait un coude, soit parce qu'il se trouve rempli par quelque substance non métallique, soit parce qu'on n'a pas la patience ni la capacité de suivre une pareille recherche.

L'analogie qui se trouve entre les parties qui constituent la Pyrite & la mine de fer, doit faire naturellement présumer qu'elles doivent se trouver ensemble : en effet, le fer est la partie la plus essentielle de la Pyrite ; & ce minéral n'est que du fer pénétré par le soufre, de même que le cinnabre n'est que du mercure combiné avec du soufre ; ou, comme l'antimoine est un demi-métal arsénical imprégné par le soufre. Cependant la mine de fer ne contient pas seulement de la Pyrite martiale en petits cubes ; mais encore de la Pyrite cuivreuse, comme je suis en état de le prouver par la mine de fer d'Orbissau en Bohême, qui est sur nos frontieres à peu de distance de Kuhnheide. C'est une chose très-remarquable, que la Pyrite renfermée dans cette mine de fer, forme exactement la liziere d'un banc de pierre à chaux blanche, qui traverse la même mine & la tient renfermée. J'ai observé que la Pyrite faisoit la même chose dans le charbon de terre de Pesterwitz. La Pyrite cuivreuse se trouve aussi dans les mines de fer, & les traverse comme une veine, sans cependant avoir de liziere ou enveloppe particuliere. La mine d'Orbissau nous en fournit encore des exemples : les ouvriers des forges de cet endroit, ne connoissent que trop la Pyrite, sur-tout celle qui est cuivreuse, par les effets qu'elle produit lorsqu'ils n'ont pas eu soin de la séparer de leur mine de fer, qui, d'ailleurs est d'une très-bonne qualité : ces effets viennent de ce que le soufre, même lorsqu'il a été entiérement dégagé du fer, lui laisse toujours une mauvaise qualité ; mais le cuivre, dont il ne se dégage que très-difficilement, fait qu'il s'unit encore plus fortement au fer ; par-là, il nuit à sa ductilité, ainsi qu'à celle de tout autre métal, & il le rend aigre & cassant ; car, quoiqu'un fer mêlé de cuivre, soit assez malléable quand il est froid, il est extrêmement cassant lorsqu'on le chauffe, & on ne peut ni le souder ni le convertir aisément en acier. Pour ce qui est de la mine rouge de fer que l'on appelle *hématite* ou *sanguine*, je ne doute point qu'elle ne s'accommode du voisinage de la Pyrite ; cependant je n'ai jamais pu m'en assurer par moi-même, & je n'ai point trouvé d'Auteur qui nous dise les avoir rencontrées ensemble.

On croiroit au premier coup d'œil, qu'il n'y a point d'affinité entre la mine d'étain & la Pyrite ; car les crystaux d'étain & la mine d'étain ordinaire contiennent de l'arsénic, qui est la substance qui minéralise l'étain, & par-là la Pyrite blanche semble avoir plus d'analogie avec ces mines ; d'ailleurs, il est très-difficile de trouver dans ces deux mines d'étain, lorsqu'elles sont pures & dégagées de toute matiere étrangere, le moindre vestige de soufre qui est une des parties essentielles de la Pyrite. Malgré cela, la Pyrite & même la mine de fer ne veulent point perdre le privilége que la nature semble leur avoir donné de se trouver par-tout, & elle s'associe toujours avec la mine d'étain, & même la mine de fer est communément si étroitement liée avec elle, que l'œil le plus clair-voyant ne peut les distinguer, & que l'on est obligé d'avoir recours à l'aiman pour les réparer. Ce qui eſt très-remarquable, c'eſt que le fer, quoique très-dur, s'unit ainſi que le cuivre avec l'étain qui eſt un métal mou ; d'où l'on voit que la Pyrite, eu égard aux terres métalliques qu'elle contient, doit avoir de l'affinité avec l'étain ; cependant ce mélange le rend dur & *épineux*, pour me ſervir du langage des ouvriers : c'eſt-là ce qui donne la ſupériorité à l'étain d'Angleterre, ſur tous les autres, à cauſe de ſa pureté, qui vient de ce que ſa mine n'eſt point mêlée de ſubſtances ferrugineuſes, telles que le *wolfram*.

On ne peut pas douter que la mine d'antimoine ne ſe trouve accompagnée de la Pyrite : on en a un exemple dans la mine d'argent chargée d'antimoine, que l'on travaille à Braunſdorf dans nos environs, mine très-ſinguliere ; car outre la mine d'argent rouge & un peu d'argent ſous la forme de cheveux & de paillettes, la plus grande partie de la mine de Braunſdorf eſt compoſée de Pyrite, & d'un peu de mine de cuivre ; & tout le filon qui en pluſieurs endroits, a plus d'une toiſe d'épaiſſeur, quoique très-mêlé de quartz & de *kneiſſ*, ou d'une roche compoſée, eſt ſi rempli d'antimoine qu'on peut dire avec raiſon qu'il n'eſt compoſé que de cette mine ; cependant on ne retireroit point ſes frais ſi on vouloit la travailler pour en tirer ce demi-métal qui eſt d'un prix très-médiocre. Il faut pourtant remarquer ici, que, quoique le fer qui eſt la principale des parties qui conſtituent la Pyrite, ait de la diſpoſition à s'unir avec l'étain, il y a entre lui & le régule qui fait la partie la plus eſſentielle de l'antimoine, une très-grande antipathie : j'en parlerai au ſixiéme Chapitre de ce Traité, où j'examinerai quels ſont les métaux que l'aiman attire lorſqu'ils ſont unis avec le fer.

On a encore moins lieu de douter que la Pyrite ne ſe trouve avec la mine de mercure, & ſur-tout avec le cinnabre, vû que, relativement au ſoufre, il n'y a rien qui ait plus d'analogie avec elle que le cinnabre & l'antimoine. Un de mes amis m'a apporté de Tranſylvanie, un échantillon d'une très-belle mine de cinnabre, ſur lequel on voit la Pyrite la plus pure, renfermée comme une amande dans ſon enveloppe.

Après avoir fait voir que la Pyrite ſe trouve non-ſeulement dans toutes les eſpeces de pierres & de terres, mais encore dans toutes les mines métalliques, proprement dites ; il me reſte encore à prouver la même vérité d'après quelques autres circonſtances relatives à la ſituation de ce minéral, dans la terre & aux endroits où il ſe trouve. Il y a une très-grande variété pour la nature & la quantité des mines, ſuivant les différentes poſitions des lieux où on les trouve ; quelques-unes des cauſes de ces variations nous ſont connues, & elles ſe préſentent à nos yeux ; d'autres nous ſont entiérement cachées.

Premiérement, les mines ſe trouvent, ſoit par grands filons, ſoit par petits filons ou vénules : elles ſont diſpoſées de façon, qu'ordinairement leurs filons deſcendent dans le fond de la terre avec plus ou moins d'inclinaiſon ; mais il eſt rare qu'ils s'enfoncent perpendiculairement. Ces filons reſſemblent aux veines du corps humain, qui deviennent plus fortes à meſure qu'elles s'approchent du cœur.

En second lieu, les mines se trouvent par filons dilatés qui forment une espece de couche ; si elles ne sont pas parfaitement horisontales, elles ont du moins très-peu d'inclinaison.

Troisiémement, les mines se trouvent par nids, en marons ou en roignons, c'est ce qu'on nomme *mines égarées* ; c'est-à-dire, elles sont comme des œufs ou comme des fruits qui ont une coquille ou une enveloppe ; alors elles n'ont point de liaison ou de communication, ni avec d'autres mines, ni avec les filons qui passent auprès d'elles, ni même entre elles ; on peut les regarder comme des corps entiérement distincts & détachés les uns des autres, sur-tout quand les exhalaisons minérales ont détruit les matieres qui les tenoient enveloppées: on trouve souvent une très-grande quantité de mines dans cet état, & elles forment de grands amas près les uns des autres.

En quatriéme lieu, les mines forment des lits ou des bancs que l'on regarde comme des dépots formés par le déluge universel, & qui sont quelquefois d'un si grand volume, qu'on les appelle *blocs* ou *masses*, en Allemand *Stockwerck*. Mais par la maniere dont elles sont disposées, on doit mettre ces mines au rang des mines dilatées.

Cinquiémement, les mines se trouvent par fragmens détachés que l'on rencontre immédiatement au-dessous de la premiere couche de terre ou de la terre végétale, ou même quelquefois dès la surface, lorsque les pluyes & les inondations les ont mises à découvert. Il n'y a qu'un bouleversement extraordinaire ; tel que celui du déluge qui ait pu arracher ces fragmens de mines de leurs filons, & les entraîner ailleurs. Lorsqu'une grande quantité de ces fragmens de mines ainsi détachées, est venue se rassembler & occuper un grand espace, on a donné à cet amas de mine, le nom de *Seiffenwerk*, ou de *mine transportée.* *

Enfin sixiémement, on rencontre des mines qui se sont formées dans les anciens souterreins qui ont été exploités autrefois ; elles se sont attachées aux incrustations & concrétions qui se sont formées sur les parois de ces souterreins ; ce qui prouve clairement que ces mines n'ont point été formées depuis la création du monde, mais qu'elles se produisent quelquefois en un siécle, & même en moins de tems.

Dans toutes ces positions des mines, la Pyrite est toujours la premiere & la derniere chose que l'on rencontre: en effet, elle se trouve, 1°. dans les vrais filons de mines, soit perpendiculaires, soit obliques, soit qu'ils ayent leur direction vers le levant ou vers le couchant. Quelquefois on la trouve remplissant toute seule la capacité du filon ; nous en avons un exemple très-frappant dans la Pyrite de Pretschendorf. Cependant nous avons remarqué que le plus ordinairement elle est jointe avec d'autres substances minérales ; elle est, par exemple, presque toujours accompagnée de la

* Les Anglois nomment *Shoads*, les mines qui se trouvent dans cet état. M. Rouelle, dans ses sçavantes leçons, sur la Chymie & sur l'Histoire Naturelle, distingue encore une autre espece de mines formées par transport, & qui forment des couches ; ces mines ne sont que pour les métaux qui se vitriolisent, & doivent être regardées comme le résidu d'un vitriol qui a été décomposé ; les couches d'ochre, & la plûpart des mines de fer terreuses sont de cette espece. Comme il n'y a que le fer, le cuivre & le zinc qui puissent se vitriolisent, il n'y a aussi que ces substances métalliques, selon M. Rouelle, qui puissent se trouver dans cet état.

blende,

blende, & nous voyons dans la mine de Pretſchendorf, que cette ſubſtance ſe cache communément juſques dans l'intérieur de la Pyrite.

On trouve la Pyrite même dans les plus grandes profondeurs de la terre
où l'on ait pu pénétrer, dans les ſouterreins des mines les plus anciennes
& les plus conſidérables ; parvenue à une certaine profondeur, elle devient
ſouvent cuivreuſe ; mais elle ne tarde pas à redevenir une Pyrite martiale
pure, & elle continue de même juſqu'à ce qu'on ne puiſſe plus la ſuivre, à
cauſe de l'obſtacle des eaux qui deviennent trop fortes à ces grandes profondeurs. On a des preuves indubitables de cette vérité dans les mines de
Croëner & de Hohenbirken ; la nature des embraſemens ſouterreins, & des
volcans, doit nous faire préſumer la même choſe : il eſt très-probable que
les Pyrites doivent être miſes au nombre des ſubſtances qui leur fourniſſent des matieres inflammables ; & ſi l'on conſidère que ces montagnes ſont
preſque inépuiſables, il faut néceſſairement en conclure qu'il ſe trouve
dans le ſein de la terre, des amas immenſes de ce minéral, à une profondeur où l'on ne peut parvenir. On trouve auſſi que la Pyrite remonte vers
la ſurface de la terre, s'approche très-près de la terre végétale, & ſe montre preſque à découvert ; cependant pour lors les ſubſtances minérales qui
l'accompagnoient auparavant, diſparoiſſent pour l'ordinaire, ou ſe rédui-
ſent en petits filets, ſemblables aux vaiſſeaux capillaires ; ou bien, en ren-
verſant les choſes, on trouvera toujours que la plûpart des filons s'annoncent par la Pyrite à leurs extrémités, & ce minéral donne au mineur, une
certitude fondée ſur une expérience conſtante, que, c'eſt un filon principal qu'il a entamé, ou du moins qu'il eſt ſur un rameau qui doit néceſſairement le conduire juſqu'au tronc de l'arbre. Roeſsler, dit, que dans les
mines d'argent de peu de valeur, telles que celles qui ſont mêlées de mine
de plomb, de blende & de Pyrites, & dont les filons s'annoncent dès la
ſurface de la terre, par de la Pyrite ou de la blende ; quand on eſt parvenu
à une certaine profondeur, on rencontre la galêne ou mine de plomb en
cubes, qui contient beaucoup d'argent, & que cette mine de plomb ſe
perd à une plus grande profondeur, où l'on ne trouve plus que de la Pyrite & de la blende très-peu riche en argent.

2°. Les couches d'ardoiſe fourniſſent des preuves ſuffiſantes, que la
Pyrite ſe trouve auſſi dans les couches, quoiqu'il ne ſoit point aiſé d'en
rencontrer dans les terreins compoſés des roches que l'on appelle *Knaver*
Kneiſſ & Gemſſ, de quartz, de ſpath ; & quoique la Pyrite s'enfonce quelquefois en traverſant ces ſortes de couches, elle a toujours beaucoup d'inclinaiſon, elle cherche toujours à s'étendre par les côtés, & forme ce
qu'on nomme une *mine dilatée* ou une *eſpece de banc*. On ne rencontre que
rarement des Pyrites martiales dans des couches d'ardoiſe, ou de ſchiſte,
ce ſont toujours des Pyrites cuivreuſes. Celles qui s'y trouvent, ſont ordinairement dégagées de toute autre ſubſtance minérale ; telles que la blende, la Pyrite blanche, la mine de plomb, &c. C'eſt pour cela que le cuivre
tiré de l'ardoiſe, eſt plus pur & d'une meilleure qualité que celui que l'on
tire des mines par filon, où elle eſt mêlée avec toutes ſortes de matiéres
étrangeres.

N

Nous pouvons encore citer ici les mines de charbon de terre, comme une preuve senſible de ce qui vient d'être dit ; mais la Pyrite qui s'y trouve eſt plus ordinairement martiale que cuivreuſe ; elle eſt accompagnée d'une pierre calcaire, comme on a vu dans la mine de fer d'Orbiſſau. Quant aux pierres à chaux, qui ſont ordinairement par lits ; il y a tout lieu de préſumer qu'on y trouvera la Pyrite ; cependant je ne puis point dire que j'y aie rencontré des maſſes dilatées de Pyrites, comme dans l'ardoiſe & le charbon de terre.

3°. On s'eſt convaincu de plus en plus que la Pyrite ſe trouve par amas ou nids ou en roignons, depuis que l'on a commencé à examiner avec plus d'attention les mines égarées & les pierres calcaires mêlées de Pyrite, que nous trouvons ſi ſouvent dans nos cantons. On trouve non-ſeulement la Pyrite, comme je l'ai déja fait remarquer au commencement de ce Chapitre, dans la glaiſe ou l'argille, dans la marne, dans la pierre calcaire marneuſe, dans la pierre à chaux ; mais encore on a obſervé que les Pyrites que l'on y rencontre, different de celles que l'on tire des filons, en ce qu'étant entiérement dégagées de blende & de Pyrite arſénicale, & par conſéquent d'arſénic, d'orpiment & de toute autre ſubſtance arſénicale, elles ſont purement martiales & ſulfureuſes, & ne contiennent que très-rarement une portion de cuivre.

4°. On trouve la Pyrite par fragmens détachés, qui ont formé des dépots, & par conſéquent,

5°. Dans les amas de ces débris, que l'on appelle *Mines tranſportées* ; & quand même on ne nous le prouveroit point, il ſeroit à préſumer qu'il a dû arriver à la Pyrite, la même choſe qu'aux autres mines ; c'eſt-à-dire, qu'elle a été arrachée des filons qui la contenoient, & que les fragmens après avoir été entraînés par les eaux, ſe ſont amaſſés dans un même endroit. Roeſsler, dit « qu'on trouve dans les mines faites par tranſport, des » fluors ou pierres colorées, du Wolfram, des Marcaſſites, du Schirl, des » grenats, des grains de fer, & même quelquefois du Mercure ». Voyez *Speculum Metallurgiæ*, pag. 12.

6°. Un phénoméne très-remarquable, c'eſt que dans les ſouterreins des mines qui ont été anciennement exploitées, la Pyrite s'eſt reproduite de nouveau, par-deſſus les incruſtations & ſtalactites qui s'y ſont formées. Je renvoye les réflexions importantes que cette formation peut faire naître, au cinquieme Chapitre de ce Traité, où je parlerai de l'origine de la Pyrite ; je me bornerai pour le préſent, à remarquer que cette ſubſtance ainſi formée par les exhalaiſons minérales par-deſſus les incruſtations, ſuffit pour nous en convaincre ; les Pyrites qui ſe trouvent dans les cavités (*Druſen*) & dans les fentes des montagnes, ne doivent point leur origine à la création ; mais ſe forment par accrétion & *juxtâ-poſition*.

7°. Notre minéral ſe trouve enfin dans des corps des autres regnes de la nature, qui, après avoir été entraînés par différens accidens, & ſur-tout par des inondations, ont été dépoſés dans des endroits convenables où ils ſe ſont changés en terre ou en pierre ; il y a même quelques-uns de ces corps pour qui la Pyrite a une eſpece de prédilection ſi marquée, qu'il eſt

aifé de juger de fa préfence au premier coup d'œil. Je n'ai pas befoin d'a-
voir recours à des exemples rares pour prouver cette vérité ; les environs
de Boll, dans le Duché de Wirtemberg , fuffifent pour fournir une quantité prodigieufe de coquilles , de turbinites & d'autres corps marins qui
ne permettent pas de douter ni de leur origine ni de leur changement en
Pyrite. Cependant il faut obferver que jufqu'ici on n'a pas trouvé une grande quantité de corps du regne végétal, où ce changement fe foit opéré d'une
maniere auffi vifible, que dans les corps du regne animal dont je viens de parler. Cependant , fans répéter ce qui a été dit plus haut, du morceau de bois
changé en Pyrite, les exemples n'en font point abfolument rares , & l'on
trouve à des profondeurs affez confidérables en terre des couches alumi-
neufes & pyriteufes, arrangées les unes au-deffus des autres , qui , par leur
forme extérieure & leur tiffu intérieur, reffemblent parfaitement à des morceaux de bois & à de grands arbres ; on ne peut pas non plus fe difpenfer
de croire que le morceau de bois pétrifié, ferrugineux, dont parle M. Wolff,
n'ait été plutôt une Pyrite martiale qu'une mine de fer, puifqu'il s'eft vitriolifé , ce qui peut arriver à une Pyrite martiale, & non à une mine de fer.

Outre cela , fi l'on confidere que d'autres mines, telles que la mine d'argent vitreufe, la mine de plomb & la blende, ont été portées par des exhalaifons minérales fur du bois qui n'étoit point encore pétrifié ; je crois
être en droit de préfumer que la même chofe arrive à la Pyrite, qui eft un
minéral dont la formation s'opere plus aifément que celle de tout autre
mine. Enfin, il n'eft point difficile de découvrir pourquoi les coquilles
font plus propres à fe pyritifer que les végétaux , puifque leur fubftance
tenant de la nature de la pierre, elles ont plus d'analogie qu'eux avec le
regne minéral, comme je le ferai voir dans le Chapitre fuivant.

On voit donc par ce qui précéde que la Pyrite fe trouve dans toutes les
parties du globe terreftre, dans toutes les efpeces de terres, d'argilles, de
limons, de marnes, de fable, &c. J'ignore cependant s'il s'en trouve dans
la craye * : on en rencontre dans toutes les efpeces de pierres , dans le
kneiff, le knaver, le grais, les pierres de taille, la pierre à chaux , le gypfe, l'albâtre, le gemff, le quartz, le caillou , l'agate, la calcédoine , le
jafpe, le cryftal, &c ; dans le fpath , dans l'ardoife & la félénite; non-feulement elle eft dans l'intérieur de toutes ces pierres , mais encore dans les
fentes & dans les cavités qui s'y trouvent; on la rencontre à une grande
profondeur auffi bien que proche de la furface de la terre ; & dans la terre
végétale : dans les endroits fecs, comme dans ceux qui font humides &
remplis d'eau ; cependant elle ne fe trouve dans ces derniers endroits, que
parce qu'elle y a été entraînée par les torrens: On trouve cette même Py-

* Il n'eft pas douteux que la Pyrite ne fe trouve dans la craye : l'Auteur qui habitoit un pays
de montagnes, n'a vraifemblablement pas eu
occafion de faire des obfervations fur cette
efpece de terre. M. Rouelle a trouvé dans la
craye de Champagne , des Pyrites en maffes ,
groffes comme la tête & hériffées de pointes, ou
anguleufes ; il en a auffi trouvé de cubiques ,
ainfi que des Pyrites compofées de mammelons. Il eft vrai pourtant que les Pyrites font
en général peu abondantes dans la craye. On
trouve auffi dans la craye de Champagne, des
Pyrites cylindriques de différentes groffeurs ;
on y rencontre quelquefois des échinites ou des
coquilles d'ourfins pyritifées. Toutes ces Pyrites font couvertes d'une croute ferrugineufe, &
elles fe décompofent à l'air. →

rite jointe avec toutes les especes de mines & de métaux, avec l'or, avec les mines d'argent vitreuses, rouges & blanches, avec la mine de plomb, avec les mines de cuivre, vitreuses & grises, avec les mines d'étain; dans les mines de fer, d'antimoine & de cinnabre; avec la blende, la Pyrite arsénicale, le cobalt; dans le charbon de terre, dans l'ardoise alumineuse, dans les coquilles, & même dans les végétaux pétrifiés; dans les filons, dans les mines dilatées, dans les mines par fragmens, & dans les amas ou couches que les eaux ont formés de ces débris.

On la trouve dans toutes les mines de l'univers, en Grece dans l'Isle de Chypre, &c, suivant le témoignage de Gallien & de Dioscoride; au Potosi, dans les Indes occidentales, comme Alonso Barba nous en instruit dans son *Traité de métallique*; dans l'Isle de Sumatra, aux Indes orientales, dont j'en ai vu plusieurs apportées par un Hollandois: au Méxique; en Russie, aux environs des fameuses eaux thermales d'Olonitz; & j'ai déja fait remarquer que les eaux minérales indiquent ordinairement la proximité de la Pyrite. Il s'en trouve beaucoup en Angleterre, où M. Woodward en possédoit une collection très-considérable: d'autres Auteurs, tels que Lister, Duclos & Boyle en ont parlé comme d'une chose très-importante. J'en ai vu différentes especes qui se trouvent en Suéde & en Norwége; on en trouve en Italie, sur-tout aux environs des Volcans & des Eaux thermales, comme aussi au *Monte Caio*. On m'en a envoyé d'Hongrie, de Transylvanie & de Turquie: il y en a au Hartz, dans le comté de Henneberg, à la Croix en Lorraine, dans les mines d'argent, dont le minerai est entre-mêlé de cobalt: en Suisse; telles sont les pierres rayonnées, que l'on trouve aux sommets des montagnes; & que le fameux M. Scheuhzer a décrites dans son *Hydrographia Helvetica*, pag. 229. En Bohême, à Eule & à Kuttemberg; en Hesse, à Almerode, où cette Pyrite est connue sous le nom de *Terre martiale* de Hesse, dans les mines d'ardoise du pays de Henneberg, & de Mansfeld; en Misnie enfin, & sur-tout aux environs de Freyberg, où il n'y a pas un morceau de mine qui ne contienne du moins une portion de Pyrite. En un mot, il ne manque à la Pyrite que de tomber du ciel, pour pouvoir dire qu'elle se trouve par-tout; & il faudroit des gens assez crédules pour croire, comme on faisoit autrefois, que la foudre de Jupiter en étoit composée; je posséde un morceau de crystal de roche, garni de Pyrite, que des bonnes femmes de ce pays faisoient passer pour une pierre de foudre, & qu'elles donnoient comme un remédé souverain dans les accouchemens pénibles; on le faisoit tenir dans la main des femmes en travail, ou on le mettoit dans le vin qu'on leur faisoit boire; peut-être ce morceau de crystal avoit-il été trouvé par hasard, dans un champ où le tonnerre étoit tombé, & où il avoit peut-être été transporté par quelque accident. Cependant quand je dis que la Pyrite se trouve par-tout, il ne faut pas s'imaginer qu'elle se trouve précisément en tous lieux; en effet, si cela étoit, on ne se trouveroit pas si embarrassé dans de certaines mines & fonderies par le défaut de ce minéral, qui est indispensablement nécessaire pour la fonte; je veux dire simplement qu'il n'y a pas de minéral plus commun dans le monde; qu'il n'existe aucune espece de terre, de filon, de pierre ou de mine auxquelles elle ne s'affocie, & qu'on n'a pas encore travaillé de mine où elle fût tout-à-fait étrangere ; cela n'empêche point qu'il n'y ait des endroits où l'on ne peut s'en procurer qu'avec beaucoup de peine en affez grande quantité, & d'une qualité convenable au but qu'on fe propofe, & à l'ufage que l'on en veut faire.

Il eft à propos d'avertir le Lecteur, qu'en employant le mot de Pyrite, fans y joindre d'épithéte, j'ai fuivi l'ufage du pays où j'écris, où l'on entend fous ce nom, principalement la Pyrite jaunâtre, qu'on appelle *Pyrite fulfureufe* à Freyberg : quant à la Pyrite jaune ou Pyrite cuivreufe ou mine de cuivre, il s'en faut très-peu qu'elle ne fe trouve dans tous les endroits & dans toutes les fubftances où nous avons dit que fe rencontroit la Pyrite jaunâtre.

Cependant je dois faire obferver que je n'ai jamais vu ni entendu dire que la Pyrite jaune fe trouvât en marons détachés comme la Pyrite jaunâtre ; & quoiqu'on rencontre quelquefois la premiere en fragmens arrondis, elle n'a jamais la figure fphérique que l'on remarque dans la derniere ; & même fi, comme cela peut arriver, il s'étoit introduit une petite portion de cuivre dans les Pyrites martiales, en marons ou en roignons, ce métal ne s'y trouveroit jamais en affez grande quantité pour qu'on pût les appeller des *Pyrites jaunes*, ou les mettre au rang des mines de cuivre. Je ne puis pas dire non plus, que j'aie jamais vu ni entendu dire que la Pyrite jaune fe trouvât dans la pierre calcaire, dans le gypfe, dans l'albâtre, & dans d'autres pierres femblables ; je ne fçais pas même fi l'on ne pourroit pas affirmer la même chofe du charbon de terre. Il y a encore apparence que le grais n'en contient jamais, au moins l'expérience ne nous a pas encore démontré le contraire. A l'égard des coquilles pyritifées, il eft vrai qu'il s'en trouve, quoiqu'affez rarement, qui, comme la plûpart des Pyrites contiennent quelque veftige de cuivre ; mais elles ne font jamais chargées de cuivre, au point où elles devroient l'être, pour qu'on pût les mettre au rang des Pyrites jaunes ou des mines de cuivre.

Enfin, à l'égard de la Pyrite blanche, j'ai d'abord cru qu'il n'y avoit que l'ardoife qui en fût exempte ; mais je fuis à la fin parvenu à voir la mine de Goldfthal, dans laquelle cette efpece de Pyrite fe trouve par petits grains. Je l'ai auffi cherchée très-long-tems fans fuccès dans la pierre calcaire, & peu s'en eft fallu que je n'euffe établi comme un principe, que la Pyrite blanche ne fe trouvoit jamais dans cette efpece de pierre ; mais j'ai été détrompé par une pierre calcaire de Suede, qui contenoit des morceaux de cette Pyrite. Jufqu'ici on ne l'a pas encore trouvée dans du grais, & fi on l'y trouvoit en marons, ce feroit une très-grande curiofité : malgré toutes les perquifitions que j'ai pu faire, je n'en ai pas pu découvrir jufqu'à préfent.

J'ai déja fait voir qu'il y auroit autant de folie à chercher la Pyrite dans l'air qu'à croire, comme on faifoit autrefois, qu'elle eft la matiere dont fe forme la foudre. Il feroit beaucoup plus naturel de la chercher dans l'eau, vû que fouvent l'eau inonde des endroits qui contiennent toutes fortes de pierres & de mines, & qu'elle les arrache même quelquefois pour les transporter ailleurs ; je l'ai déja fait remarquer en parlant de la Pyrite, qu'on appelle *Pyrite d'eau ;* cependant on ne doit pas s'imaginer que ce minéral se forme dans l'eau comme dans une matrice ; il faut encore moins croire que ce soit l'eau qui ait fourni les principes dont il est composé. Le Docteur Daum, de Dresde, m'a envoyé sous le nom de *Marcaffita aurea marina* (Marcaffite marine d'or) une Pyrite trouvée au pays de Holftein, dans l'ifle de Heiligeland : cette Pyrite eft fulfureufe, arfénicale & un peu cuivreufe ; elle prend accidentellement toutes fortes de figures, comme celles dont parle Bauhin ; elle reffemble tantôt à un turban à la turque, tantôt à une grappe de raifin, tantôt, comme celles dont parle Wormius, au muffle d'un lion, &c. Quand les vents d'Eft, foufflent avec violence, ils la jettent fur le rivage, & les vents d'Oueft la replongent au fond de la mer ; il eft très-évident que les courans l'ont arrachée de la terre ou de la pierre où elle a été formée. Le Docteur Major, parle auffi de cette Pyrite ; il dit entre autres chofes qu'étant expofée à l'action du feu, cette Pyrite donne non-feulement une efpece de cinnabre, (c'eft plutôt de l'arfénic rouge qui tire fur la couleur du cinnabre), mais encore une couleur bleue, comme l'outremer (*Flofculos ultra marini coloris*) phénomene que je n'ai jamais ni vu ni entendu dire d'aucune Pyrite, & qu'on n'a pas lieu d'attendre. Il eft vrai que les terres bleues, telles que font les outremers, les chryfocolles & la malachite tirent leur origine des mines de cuivre, & par conféquent de Pyrites. Cependant ce n'eft point le feu, mais des exhalaifons minérales qui les produifent fous terre, auffi bien qu'à fa furface ; en effet, on apperçoit quelquefois de ces couleurs qui font de la plus grande beauté, fur les fcories de mine de cuivre, lorfqu'elles ont été entaffées & expofées pendant un certain tems à l'action de l'air.

Le même Auteur obferve encore que cette efpece de Pyrite fe trouve fouvent avec le *lapis lyncurius*, & que les habitans du pays l'appellent *Mummer-gold*, or faux : au refte, je n'examinerai pas ici jufqu'à quel point on eft fondé à lui donner le nom de *Marcaffite d'or. Voyez Majoris Memoriale anatomico-mifcellaneum. obferv.* III. §. 4. *pag.* 17. *& feq.* Le même Auteur prétend avoir découvert dans cette Pyrite tous les effets de la foudre, & avoir trouvé qu'en la mettant en fufion, & en en formant des balles ou de petits globules, ils produifent fur les animaux les effets du tonnerre, c'eftà-dire, que fur la main ils caufent de la douleur fans y faire ni taches ni bleffures, & qu'en tombant fur du papier brouillard ils l'allument.

Les obfervations que j'ai rapportées jufqu'ici, peuvent nous faire conclure, premiérement qu'il peut y avoir dans la nature des caufes de toutes les diverfités que nous venons de remarquer ; en fecond lieu, que lors même qu'on a vu, & examiné une infinité de fubftances, on doit toujours être fort réfervé à tirer des conclufions générales, à établir des regles fans exception. Pour ne dire qu'un mot en paffant de la mine de cuivre Pyriteufe ; (non de la Pyrite cuivreufe qu'on trouve quoique rarement dans la pierre calcaire), n'eft-il pas très-remarquable, que jufqu'ici on ne l'ait jamais trouvée dans la pierre à chaux, dans le gypfe, dans l'albâtre, ni dans d'autres pierres femblables ; & ne pourroit-on pas en conclure, que les terres & les pierres concourent à la formation des mines ; je ne dis pas comme matrices, mais matériellement & en leur fourniffant une bafe, & que quelquefois elles peuvent nuire & mettre obftacle à la minéralifation ? Si la mine de cuivre ne fe trouvoit point dans l'ardoife, (où cependant on la rencontre abondamment & par couches fuivies, & où même on pourroit dire qu'elle fe trouve toujours, tant la terre limoneufe & onctueufe, qui fert de bafe à l'ardoife, paroît être propre à concevoir la mine de cuivre) comme on voit que la mine de cuivre ne fe rencontre jamais dans la pierre à chaux ni dans le grès ; on feroit tenté de croire que cette mine depuis la création ne fe forme & ne fe produit plus journellement, parce que dans ce cas, toutes les pierres ou terres compofées de fable & de fubftances calcaires & limoneufes, qui doivent leur formation au déluge, & qui fe font durcies par la fuite des tems, ne contiendroient point de mine de cuivre ; mais cette objection eft levée par ce qui vient d'être dit. On voit auffi par-là qu'il eft aifé de fe tromper quand on veut établir des principes généraux dans l'Hiftoire Naturelle : de ce qu'une chofe n'eft pas encore arrivée, on n'en peut point conclure qu'elle n'arrivera jamais, vû que les circonftances peuvent varier. Ce feroit tomber moi-même dans cette faute, fi, parce que la mine de cuivre ne s'eft pas trouvée jufqu'ici dans la pierre à chaux, j'allois conclure qu'elle ne peut jamais s'y rencontrer. Nous avons dans la Minéralogie des faits conftatés par une longue expérience : c'eft ainfi que nous fçavons qu'une fubftance foffile que l'on rencontre en fouillant une terre, peut faire efpérer qu'on trouvera telle ou telle efpece de mine ; mais ce feroit une grande erreur que de croire que nous fommes en droit d'établir des principes généraux d'après de pareilles obfervations. Cependant nous voyons qu'on tombe tous les jours dans cet inconvénient ; & par ce qui fe trouve à la furface de la terre, on prétend juger de ce qui eft dans l'intérieur, & décider des mines qui doivent s'y trouver, ou ne s'y point trouver, comme fi ce qui eft à la furface de la terre, étoit une fuite néceffaire de ce qui eft dans fon intérieur : nous fommes encore bien loin de pouvoir faire des axiomes, & de pouvoir tirer des conféquences invariables ; contentons-nous d'obferver & de recueillir : à peine la poftérité la plus reculée fera-t-elle en état d'établir des régles conftantes, & qui ne fe démentiront jamais *

* On n'a donné que l'extrait de la fin de ce | lixe, fans contenir rien de bien intéreffant.
Chapitre qui, dans l'original eft un peu pro- |

CHAPITRE V.

Sur la création & la formation de la Pyrite.

Dieu a créé tous les êtres visibles d'une maniere qui surpasse tellement les bornes de notre entendement, que nous ne pouvons pas même trouver de comparaison qui puisse nous en donner la plus foible idée. Il est certain que le Créateur n'a pas agi dans l'ouvrage de la création comme un Potier de terre ; & quoique S. Paul & d'autres Peres se soient exprimés de cette façon, ce n'est que dans un sens moral, & non dans un sens physique. Lorsque Dieu résolut de créer, il n'y avoit point de matiere hors de lui, & il n'y avoit, pour ainsi dire, point d'argille sur laquelle il pût opérer. Nous n'en sçaurions pas davantage là-dessus, quand même nous prêterions l'oreille aux rêveries de certains Alchymistes qui sont assez téméraires pour donner le nom de *création en petit* aux produits qui résultent de leurs opérations, & aux formes nouvelles qu'ils font prendre à certains corps, prétendant imiter l'action du Créateur, avec la seule différence du plus au moins. En effet, quelques phénomenes singuliers que l'Alchymie puisse produire, ils ne seront jamais en comparaison des œuvres du Créateur, que des jeux d'enfans & des ombres bien foibles, incapables de rendre sensibles à nos yeux & à notre entendement les parties élémentaires des corps qui ont été produits. *Créer*, c'est-à-dire, faire quelque chose de rien, & *produire* sont des mots qui ne doivent jamais être confondus : & sans vouloir rien ôter du mérite des opérations alchymiques, lorsqu'elles sont faites avec le soin & la patience convenables, on peut cependant être convaincu qu'elles ne nous feront jamais connoître, je ne dis pas seulement les merveilles de la création, mais même les principes ou élémens, & les combinaisons des substances que l'Art produit.

Comme il n'est pas possible d'expliquer la formation des fossiles, soit en les imitant par l'Art, soit à l'aide des comparaisons : pour faire connoître la formation de la Pyrite, il ne suffiroit pas non plus de produire ce minéral avec des substances qui ne fussent point de la Pyrite ; (expérience qui n'a jamais réussi, ni à moi, ni, comme je le crois, à d'autres : peut-être même n'a-t-on jamais pensé à la faire ; & par des raisons que j'exposerai au Chapitre XIII. il n'est guère probable qu'elle puisse jamais réussir) on n'en seroit pas pour cela plus en état de démontrer ; ni les matieres simples dont la combinaison forme les parties constituantes de la Pyrite, ni même la maniere dont les parties du tout ont été liées les unes aux autres *. Au reste, il est certain qu'avant la création il n'y avoit, hors la

---

* Comme le but de M. Henckel dans ce Chapitre n'est pas seulement d'expliquer la maniere dont on peut concevoir que la Pyrite s'est formée dans l'instant de la création ; & que ce qu'il dit peut s'appliquer en général à la production de tous les minéraux, nous avons cru, afin de jetter quelque jour sur sa doctrine, devoir rappeller à nos Lecteurs certains prin-

Divinité, aucun être, ni aucune matiere dont il pût réfulter le moindre corps, quelque fubril qu'on puiffe l'imaginer.

En réfléchiffant fur la forme intérieure primitive de notre globe, compofé de terre & d'eau, dans lequel les minéraux font contenus, la raifon auffi bien que le témoignage de Moyfe nous font voir qu'elle étoit très-différente de la forme que prit ce même globe, à la fin du fixieme jour de la création, ou de celle qu'il a actuellement, ou même de celle qu'il eut dès le premier & le fecond jour de la création; puifqu'alors il s'étoit déja fait quelques féparations, & que la plûpart des fubftances fluides s'étoient déja féparées en grande partie des folides: je ne parle point ici de la forme extérieure de notre globe; car Moyfe nous apprend très-pofitivement qu'elle a été changée, fur-tout le troifiéme jour de la création, par la production des végétaux; qu'enfuite ce même globe a éprouvé par le déluge univerfel des révolutions terribles, non-feulement à fa furface, mais encore dans fes par-

cipes qu'on ne doit jamais perdre de vûe fi l'on ne veut pas s'égarer dans des matieres auffi obfcures.

Les minéraux, & en général tous les foffiles, font des corps compofés, c'eft-à-dire, que les molécules, de l'affemblage defquelles réfulte l'aggrégé d'un minéral, font formées par l'union de corps mixtes de différente nature. Par exemple, pour ne pas fortir de l'objet de ce Traité, la Pyrite, comme M. Henckel le démontrera ci-deffous, eft formée par l'union du foufre ou de l'arfénic, ou de l'un & de l'autre, avec une terre métallique & une terre non métallique; le foufre, ni l'arfénic, ni même la terre métallique ne font point des corps fimples; le foufre eft formé par l'élément du feu uni à l'acide vitriolique, qui lui-même eft compofé de terre & d'eau; la fubftance métallique qui entre dans la combinaifon de la Pyrite eft, ainfi que l'arfénic, le réfultat de l'union du principe inflammable avec une terre vitrefcible qui pourroit bien n'être pas un être fimple.

L'Art eft parvenu, à la vérité, à combiner enfemble du foufre & du fer & même du cuivre, qui font les fubftances métalliques qu'on trouve le plus fouvent dans la Pyrite; & de ce mélange il réfulte un corps qui fe vitriolife comme la Pyrite, c'eft ce qu'on peut voir dans les fcories du régule martial, & dans la pâte avec laquelle M. Lémery avoit prétendu imiter les volcans. Mais peut-on dire pour cela qu'on imite la Pyrite? Ou, pour mieux dire, eft-ce la voie que prend la Nature pour la former? Se contente-t-elle d'unir du foufre qui exiftoit déja tout fait, avec du fer qui exiftoit également fous fa forme de fer? Il y a bien de l'apparence que non. Les raifons qu'on peut avoir d'en douter, c'eft qu'on ne trouve point ces fubftances pures & ifolées dans la Nature, ou du moins on ne les trouve pas dans les lieux où fe forme la Pyrite; car je n'ignore pas qu'il y a du foufre pur dans les lieux où il y a eu des volcans, mais il n'y en a que là, & ces fortes d'endroits font peu fréquens fur la furface de notre globe, au lieu qu'on trouve des pyrites

qui fe font formées dans des lieux où il n'y a nulle trace de volcan. Il eft donc plus que vraifemblable que la Nature n'emploie pas des matériaux tous faits pour former les Pyrites & les autres minéraux, & qu'elle produit & les matériaux, c'eft-à-dire, les mixtes & le compofé dans le même inftant. Voici comment on peut concevoir qu'elle procéde. Ou les élémens de ces fortes de combinaifons exiftent dans différens corps compofés, dont ils fe féparent en fe fublimant dans les cavités de la terre, cavités dans lefquelles ils fe rencontrent, & forment par leur combinaifon des mixtes qui s'uniffant enfuite entre eux, compofent des Pyrites ou des minéraux de tout autre efpece. On voit des exemples de cette efpece de combinaifon dans les travaux de la Chymie ordinaire, dans lefquels des corps mis dans l'état de vapeur, venant à fe rencontrer dans le vuide des vaiffeaux, s'uniffent & fe combinent enfemble fous une forme différente de celle qu'ils avoient dans les compofés dont ils faifoient partie; c'eft ce qu'on obferve dans la formation du fublimé corrofif, fur-tout lorfqu'on n'emploie que du vitriol & du fel marin avec du mercure; ou bien on peut encore imaginer que ces élémens n'exiftent combinés fous certaines formes particulieres, que par le mouvement produit dans ce corps par la chaleur fouterreine, ou par tout autre caufe; ils fe féparent pour fe réunir fous de nouvelles formes, Phénomène qu'on pourroit comparer avec affez d'exactitude à la fermentation qui s'excite dans les fucs des végétaux & des animaux, & dont les réfultats font auffi des corps compofés de différentes efpeces. Ainfi ce n'eft point fans fondement que les Alchymiftes comparent l'opération de leur grand œuvre à la fermentation vineufe. Nous ne nous arrêterons pas à démontrer l'analogie qui fe trouve entre la production des mines & des fubftances qui les accompagnent, & celle des différentes parties qui conftituent les liqueurs fermentées, il faudroit écrire un Traité pour cela, & nous n'avons deffein que de faire une Note.

*O

ties intérieures ; que la terre fertile & noire dont il étoit couvert, a été detériorée par le mêlange des débris des pierres, des terres minérales & grossieres, des sables, & de toutes sortes de matieres étrangeres ; que sa figure qui étoit d'abord sphérique & réguliere, est devenue informe & raboteuse. Je ne parle ici que de la premiere mixtion générale qui se trouvoit dans le globe terrestre, avant qu'il fût encore question d'aucune production ou combinaison, & lorsqu'il n'étoit qu'un simple mêlange de terre & d'eau. Il est impossible que ce mêlange ait été fait d'une maniere purement méchanique ; car, par exemple, si on délayoit une argille très-fine dans de l'eau, on uniroit sans doute ces deux substances pour quelque tems ; mais on ne parviendra jamais à les unir assez intimement & d'une maniere assez durable pour qu'on ne puisse pas les distinguer l'une de l'autre dans un vaisseau de verre bien transparent, ou pour que l'une ne puisse pas se séparer aisément de l'autre après qu'on les aura laissé reposer pendant quelque tems. Au contraire, on a lieu de croire que ce qu'on appelle le *Cahos*, n'a été autre chose qu'une matiere visqueuse, c'est-à-dire, un mêlange dans lequel les parties solides & les parties fluides étoient tellement confondues qu'il eût été impossible à l'œil de les distinguer les unes des autres, & qu'elles n'auroient point été en état de se séparer les unes des autres avec le tems & le repos, sans le concours d'une nouvelle force motrice & intérieure : c'est cette masse que Moyse appelle avec raison *Tohu Vahobu*, *inanissima vastitas*, c'est-à-dire, un corps informe dépourvu de figure, & dont il étoit impossible de connoître les parties.

Comme on ne peut concevoir une substance mucilagineuse ou visqueuse sans terre ou sans parties solides, il ne paroît pas qu'on puisse adopter le sentiment de Van-Helmont, de Boyle & de plusieurs autres Auteurs qui croient que l'eau est l'unique principe de tous les corps de la Nature, & que c'est elle qui a produit les parties terreuses ; il semble au contraire que la séparation des parties fluides d'avec les parties solides, doit être regardée comme une séparation des substances qui se trouvoient déja dans le mêlange ; d'ailleurs, comme pour constituer un corps mucilagineux ou visqueux, il ne faut qu'une terre simple & une eau simple, nous n'avons pas besoin de supposer dans le cahos plusieurs especes de terres & d'eaux, ni de croire qu'avant le troisieme jour de la création il y eût déja des parties terreuses particulieres, destinées aux différens regnes de la Nature, qui ne furent établis qu'ensuite. Enfin, comme parmi les parties essentielles d'un corps mucilagineux & visqueux, l'eau est celle dont le volume est le plus considérable, & comme elle l'emporte de beaucoup sur les parties séches ou solides, il y a lieu de croire que la même chose est arrivée dans la création ; mais pour que l'eau ne couvrît point la terre que le Créateur s'étoit proposé de produire, il prévit que la mer, cet immense réservoir ne suffiroit pas pour contenir les eaux, & que pour empêcher que cette terre ne fût submergée, il falloit que la moitié de la substance aqueuse fût, pour ainsi dire, tout-à-fait séparée du globe terrestre par l'évaporation, & que les vapeurs ainsi élevées, fussent réunies & suspendues dans l'air, que Moyse appelle le *Firmament.*

Cependant on pourroit encore demander, si, même après la séparation des eaux du ciel, dont nous ne pouvons pas déterminer le volume, la mer ne l'a pas emporté de beaucoup sur la partie terrestre du globe, quoique cette partie nous paroisse si considérable ; il semble au moins que par la suite des tems, la terre s'est toujours desséchée de plus en plus, & est devenue plus dure & plus compacte ; il y a même lieu de croire que ce *durcissement* continuera jusqu'à la fin du monde, & que cette dessiccation, qui va toujours en augmentant, vient en partie de la séparation des eaux toujours continuée, & en partie de la *fixation* & de la *terrification*, ou du changement en terre des eaux mêmes, qui se font unies à la substance terreuse, par les digestions & les cohobations réitérées, & qui se font depuis si long-tems dans notre globe comme dans un grand matras.

On voit donc par ce qui vient d'être dit, qu'il n'est point nécessaire, qu'on ne peut point démontrer, & même qu'on n'a pas besoin de supposer qu'il y ait eu dans le globe terrestre avant la séparation des eaux, ou même dans les premiers instans de cette séparation, plus d'une espece de terre : ce ne fut qu'après que les parties terreuses eurent formé une masse solide, que l'humidité dont la proportion étoit dès lors différente, le concours de la chaleur du soleil, les coctions, les maturations, &c, en produisirent deux ou trois especes différentes ; de sorte qu'il en résulta, qui n'existoient point auparavant. Comme il est tout-à-fait inutile de vouloir résoudre un corps dans ses parties pures & primitives ou dans ses élémens, tels qu'ils étoient au second jour de la création, c'est-à-dire, de le réduire à une terre & à une eau simple ; ce seroit aussi s'écarter beaucoup de la vérité que de vouloir supposer dès ce tems-là des parties terreuses particulieres, primitives & originairement appropriées à chacun des regnes de la nature, qui se sont formés par la suite des tems. Les choses étant ainsi, que doit-on penser de l'assurance avec laquelle la plûpart des Physiciens parlent des principes élémentaires des minéraux ? Ils en parleroient avec plus de circonspection, s'ils considéroient la nature des choses & l'ordre nécessaire de la création, & s'ils voyoient quelles sont les substances grossiéres que les anciens Alchymistes ont voulu faire passer pour des principes : leurs trois idoles, le *sel*, le *soufre* & le *mercure*, ne sont plus revérés de personne ; & quoiqu'on ne fût point fondé à jetter du ridicule sur des Artistes habiles, qui dans de certaines occasions font encore usage de ces dénominations, il ne faut point regarder ces substances comme les vrais principes des corps ; mais comme des êtres chimériques, propres à égarer du bon chemin, & à retarder les progrès de la Chymie.

A l'égard des analyses qui paroissent les mieux fondées dans la nature, & qui ont pour but de résoudre un corps en eau & en terre, lorsqu'on croit ces opérations nécessaires pour ses vues ; il faut bien se garder d'aller prendre pour une terre simple & élémentaire, la premiere terre qu'on aura obtenue ou transformée, & qui est peut-être formée du mêlange de plusieurs autres ; on doit au contraire être bien convaincu que cette réduction, si elle n'est pas impossible, est extrémement difficile ; & lorsqu'on se propose de produire une plante ou un animal, il seroit absurde de vouloir commencer par réſoudre ſa ſemence dans ſes élémens, & en ſéparer deux ou trois principes, comme Bernard Treviſan s'eſt efforcé de prouver qu'il falloit faire.

Mais pour ne pas m'écarter trop loin de mon ſujet, je répéte encore que les parties terreuſes, qui d'abord étoient entiérement homogénes, n'ont commencé à ſe diverſifier, & à devenir propres à la production des pierres, des mines & des métaux, qu'après que l'eau ſuperflue eût été forcée de s'élever en l'air, & après que celle qui étoit reſtée dans notre globe, eut été réunie pour la plus grande partie dans un réſervoir particulier. Lorſque cette ſéparation ſe fut faite ;

1°, Les particules déliées, éparſes & ſpongieuſes, dont la ſubſtance terreuſe étoit auparavant compoſée, furent à portée de ſe rapprocher davantage, & de ſe lier les unes aux autres :

2°, L'humidité qui reſta encore dans cette ſubſtance, comme dans une éponge qui a été preſſée, loin d'être un obſtacle à une *terrification* ultérieure dans la proportion où elle ſe trouvoit, fut un moyen de maturation & de transformation, & agit comme un menſtrue propre à condenſer & à durcir le corps ſur lequel elle opéroit ; effet qu'elle n'auroit point produit, ſi elle avoit été trop abondante, & que les parties ſolides en euſſent été noyées ; car alors toute la maſſe demeurant dans un état de fluidité, il auroit été impoſſible qu'elle eut jamais acquis les propriétés que le Créateur vouloit lui donner.

3°. A cela ſe joignit l'action de l'air, lequel, quoiqu'il ne ſoit qu'une eau atténuée & miſe en expanſion, acquiert cependant par ſon mouvement libre & rapide une activité très-grande ; il vint à toucher les parties ſéches, il pénétra la maſſe ſpongieuſe qu'elles venoient de former & agit ſans obſtacle ſur la terre, avide d'attirer de nouveau l'humidité.

4°. L'action du ſoleil ſe joignit enfin à celle des autres agens, & elle fut d'autant plus vive, que l'action du feu eſt plus forte ſur un mêlange, à proportion qu'il eſt moins chargé d'humidité ; ſans compter que l'air qui pénétre le globe avoit été rendu plus ſubtil & plus agiſſant par les raiſons & les émanations du ſoleil.

Par cette élaboration cauſée par les émanations du ſoleil & le mouvement de l'air, il ſe produiſit & il ſe produit encore des mouvemens nouveaux plus violens que les premiers, des eſpéces de fermentations, & des ſubſtances nouvelles dans les matieres du globe, qui, depuis le commencement de leur exiſtence, n'avoient pas été en repos ; par conſéquent il ſe fit des transformations, des multiplications, & des décompoſitions dont nous voyons des exemples dans les changemens qui arrivent à des corps dont le mêlange paroît très-ſimple, & ſur-tout dans les matieres viſqueuſes, ou dans l'eau ſoumiſe aux opérations de la Chymie. Auſſi-tôt que la ſubſtance primitive, ou les deux ſubſtances primitives, en eurent produit une troiſiéme & une quatriéme, le nombre des formes nouvelles & des combinaiſons alla toujours en augmentant, & devint en peu de tems très-conſidérable. Au commencement, toutes les opérations ſe bornerent à condenſer, à épaiſſir, à durcir ; les corps ſolides formés ainſi ſucceſſivement eurent & conçurent dans la fuite la propriété de fe diffoudre, de s’atténuer & de fe volatilifer de nouveau, fuivant les révolutions continuelles qui arrivent dans la nature, & fans lefquelles les parties aqueufes feroient entiérement confumées & abforbées, ce qui cauferoit la deftruction totale de notre globe, dans lequel les diffolutions des corps une fois durcis, ne s’opérent ni affez fréquemment, ni affez promptement pour que le durciffement s’apperçoive d’une maniere vifible, & pour qu’il augmente & fe multiplie d’une façon fenfible, au point de faire craindre qu’avec le tems il n’arrive une pétrification de la maffe totale dans les parties mêmes, qui jufqu’ici font demeurées molles & fluides.

La condenfation & l’épaiffiffement produifent une augmentation de poids, quoique ce qui eft léger aille toujours à la circonférence, & que ce qui eft pefant tende toujours vers le centre, ou quoiqu’on doive dire de tous les corps „qu’ils ne demeurent point en repos tant qu’ils ne trouvent point de réfiftance; & conclure de-là, qu’il faut que les parties terreufes, tant légeres que pefantes, aient été comprifes dans l’affaiffement. Cependant les parties pefantes ont toujours l’avantage de tomber les premieres, & de laiffer les parties les plus légéres en arriere. Les plus légeres de ces parties furent deftinées à former le Jardin délicieux que le Créateur plaça fur la terre nouvellement defféchée; les plus pefantes furent deftinées à produire les fubftances du regne minéral, & c’eft pour cette raifon qu’elles fe trouvent en plus grande abondance à mefure qu’elles s’enfoncent plus avant dans les entrailles de la terre; & fe perdent en petits rameaux vers la furface, femblables à ceux des arbres, ou aux arteres & veines du corps humain qui fe partagent en vaiffeaux capillaires. Pour expliquer la différente formation des parties terreufes dont la denfité & la pefanteur varient, on n’a pas befoin de recourir à la volonté abfolue du Tout-puiffant, tant que l’on voit des caufes dont Dieu fe fert, fans cependant que fes mains foient liées pour cela; & quand on connoît les loix qu’il s’eft impofées pour ne pas renverfer l’ordre qu’il a établi dans la Nature, loix & caufes qui ne font point par-tout les mêmes.

D’abord il fut impoffible que la mer reftât dans l’état de fimplicité où elle étoit lorfque fes eaux furent raffemblées; le repos dans lequel elle fe trouva dans de certains endroits, l’agitation violente où elle fut mife par des caufes extérieures, dans d’autres circonftances qui dépendent de la difpofition des lieux, produifirent un mouvement interne, qui comme une efpéce de digeftion ou de coction, fit que les parties homogènes du tout fe frotterent les unes contre les autres, s’échaufferent & conféquemment changerent de nature, devinrent vifqueufes, ténaces, épaiffes & pefantes, & fe dépoferent enfin pour la plûpart au fond, après avoir éprouvé une efpéce de fermentation; en effet, l’eau de la mer eft toujours plus épaiffe, plus bitumineufe & plus falée au fond qu’à fa furface.

On fent que par cette difpofition de la mer qui femblable au cœur dans le corps humain, répand fes eaux dans tout le globe, par le moyen d’un grand nombre de réfervoirs intérieurs & de grands & de petits canaux; elle a dû en différens endroits agir diverfement fur notre globe, & il a

O iij

fallu nécessairement qu'elle donnât à la terre d'autres propriétés dans les lieux profonds, qu'aux endroits plus élevés ou plus proches de la surface, & qu'un mouvement plus violent dans un endroit & plus foible dans un autre, la distance & la proximité des lieux, différens accidens; en un mot, une coction inégale, produisissent successivement dans les parties terreuses une grande inégalité par rapport à l'épaississement & à la pesanteur. Je ne parle point ici des effets du soleil & de l'air, qui ont dû nécessairement concourir à tous ces changemens dans les commencemens, & beaucoup plus efficacement encore par la suite, lorsque la matiere se disposoit de plus en plus à recevoir différentes formes ; je dirai seulement un mot des fentes & des conduits que la mer a dû s'ouvrir par différens accidens pour l'écoulement de ses eaux & pour humecter le globe : on voit aisément que toutes ces ouvertures doivent être très-inégales quant à leur longueur, leur direction & leurs dimensions ; & l'on conçoit sans peine que ce dissolvant universel du globe, ayant des propriétés différentes, & ne se trouvant pas en tous lieux dans les mêmes proportions, il a dû & doit encore agir diversement sur les différentes parties de ce globe; & par des cohobations si souvent réitérées, produire des terres tout-à-fait différentes les unes des autres.

Avant d'aller plus loin, je dois encore faire remarquer que le globe ne doit point être ici considéré dans l'état où il étoit après le déluge, ni dans celui où il se trouve actuellement. Les eaux du déluge en sortant non-seulement des cataractes du ciel, mais encore des abîmes de la terre, produisirent une révolution si terrible, que tout fut bouleversé & confondu, & que les parties terreuses, tant légeres que pesantes, furent dérangées de leur situation, & formerent nécessairement un nouveau mélange ; à la suite de cette grande révolution les parties de la terre qui jusqu'alors étoient encore restées molles, fines & légeres, devinrent par la succession des tems plus compactes, plus dures & plus pesantes, & furent par conséquent appropriées de plus en plus à la production des minéraux ; de sorte que les pierres & les mines se sont toujours augmentées & multipliées depuis dans la terre. Il paroît que ce n'est pas sans raison que quelques Auteurs ont cru qu'avec le tems notre globe se durciroit totalement & se changeroit entiérement en pierre, & que par-là il se trouveroit disposé à la vitrification & à la crystallisation, dont parle Bécher ; vû qu'une pierre est moins éloignée de la nature du crystal que ne l'est une terre.

Je ne prétends parler ici que de l'état intérieur de la terre, tel qu'il a dû résulter : 1°, des différens degrés de durcissement des matieres ; 2°, du mouvement que ces matieres ont dû prendre nécessairement ; & 3°, du concours de plusieurs causes secondes qui ont concouru, soit intérieurement, soit extérieurement. Nous avons vû que des parties fluides, légeres & molles ont été changées en des parties dures & pesantes ; que la tendance des parties pesantes les a naturellement portées vers le centre; que cependant par différens accidens les parties pesantes, aussi bien que les parties légeres, n'ont pas été déposées, ou ne se sont point maintenues dans les places que devoient leur donner leurs différens degrés de pesanteur. Ces réflexions peuvent en quelque façon nous faire concevoir de quelle maniere ont pû se former, ou ne pas se former, les parties les plus pesantes de notre globe, c'est-à-dire, les pierres, les minéraux & les métaux, & quelle a dû être par conséquent l'origine de la Pyrite qui est du nombre de ces corps. Si je ne parle que de la possibilité de la formation de ces parties, ce n'est pas que j'ignore qu'en matiere de Physique il ne suffit pas de faire voir qu'une chose est possible, mais qu'il faut dire ce qui existe & ce qui arrive réellement dans la Nature ; mais l'on conviendra que le systême que je viens d'exposer, est beaucoup plus conforme à la raison, que celui qui lui est opposé. Au reste, il faut faire attention que n'ayant pas été témoins des opérations du Créateur, nous ne serons jamais en état d'imiter la création, ou de démontrer par des expériences incontestables la maniere dont elle s'est opérée.

Quittons cette digression pour en revenir à la Pyrite, & examinons à présent d'une façon plus particuliere l'origine de ce minéral. Je crois que tout ce qu'il y aura d'essentiel à dire à ce sujet, se réduit à demander en quel tems, de quelles matieres, & de quelle façon la Pyrite a été formée ?

Quant à la premiere question, après y avoir mûrement réfléchi, je crois, qu'ainsi que toutes les autres especes de mines, toutes les Pyrites qui se trouvent aujourd'hui dans la terre, n'ont point été produites au tems de la création : qu'un grand nombre d'entre elles ont été formées, les unes peu de tems, les autres long-tems après cet événement ; & que ce minéral continuera de se produire de la même façon jusqu'à la consommation des siécles.

Comme le but principal du Créateur en créant le monde visible, fut de faire l'homme à son image, & de lui procurer ses besoins & ses plaisirs, rien ne doit nous faire croire que dans l'état d'innocence il eût pu faire usage d'aucunes mines & d'aucuns métaux. Il n'étoit point comme nous sujet aux maladies ; il ne connoissoit point les édifices somptueux, les champs stériles, les guerres, ni aucuns des maux qui ont été les suites du péché. N'ayant d'autre nourriture que celle que lui offroient les fruits de la terre, il n'avoit pas besoin d'outils ni d'instrumens pour tuer les animaux, ni pour préparer les viandes. D'ailleurs, c'est une chose très-remarquable que Moyse, le plus ancien des Historiens que nous connoissions, ne nous apprenne rien sur l'origine des minéraux : dans tout ce qu'il dit de la création, il ne se trouve pas la moindre chose qui fasse seulement présumer qu'ils ont été produits avec les ouvrages des six jours : on seroit donc fondé à croire que les minéraux n'ont point été un des principaux objets de la création, comme on pourroit se le figurer d'après la distribution qu'on a faite de tous les corps de la Nature, en trois regnes ; & on a lieu de présumer qu'ils se sont formés par la suite des tems, par le mouvement & les combinaisons différentes des substances créées. Cependant on ne doit point nier que dans l'espace des six jours de la création, sur-tout à compter du troisieme, il n'ait commencé

*

à se former, non-seulement des matrices propres à recevoir les mines, c'est-à-dire, des pierres compactes, mais encore des mines mêmes & des métaux natifs ; c'est sans contredit dans ce sens-là qu'on peut
dire qu'il y a eu des minéraux de créés ; mais si nous cherchons à nous
faire des notions moins vagues sur la nature & l'origine du regne minéral, & si nous ne voulons pas nous refuser aux lumieres que nous offrent ce raisonnement & l'expérience, il est impossible de faire remonter
à la premiere création, ou aux commencemens du monde, la formation
de ce que nous trouvons, ou nous présumons trouver, dans les fentes &
les filons, ou de croire que les filons métalliques étoient tels que nous
les voyons actuellement, non-seulement depuis le déluge, mais même
avant cette grande révolution ; & qu'il n'y en ait pas qui se soient élargis,
allongés ou reproduits de nouveau par la succession des tems. En un
mot, on ne doit attribuer à la création que ce qui lui appartient ; on doit
donner au déluge une grande part dans la formation des mines & de leurs
filons ; & on ne doit point s'imaginer que dans les tems qui ont suivi,
la Nature n'en ait plus produit, ou qu'elle n'en produise pas encore tous
les jours.

Cependant il ne faut point regarder les trois tems que je viens de distinguer, comme des époques où la Nature a tantôt entiérement cessé, &
tantôt repris ses opérations. En effet, depuis le commencement des siécles jusqu'à présent, il y a eu un tems individuel, & par conséquent une
continuité de mouvement dans l'intérieur & à la surface de la terre. Quand
on dit que le Créateur se reposa le septieme jour, ce repos n'a été que
relatif à la formation ou à la fondation des trois regnes de la Nature, aux
premieres productions de chacun de ces regnes, & à la résolution que
Dieu prit d'en rester aux ouvrages qui avoient été faits jusqu'alors. Tous
les changemens arrivés depuis peu dans le monde, & même sa conserva-
tion, font une continuation des ouvrages des six premiers jours. En considérant par conséquent la création comme Moyse l'a envisagée lui-même,
c'est-à-dire, comme la production de toutes sortes de corps d'une matiere déja visible, elle n'a, à proprement parler, jamais cessé, & ne cessera qu'au moment où, comme S. Pierre le dit, cette masse obscure &
informe *sera changée par le feu en un nouveau ciel & en une nouvelle terre ;*
c'est-à-dire, en un monde lumineux, transparent & inaltérable. Au reste,
il a fallu fixer les trois époques dont je viens de parler, en faveur de ceux
qui s'imaginent que toutes les mines, ainsi que leurs filons & leurs fentes,
doivent leur origine au tems de la création, & qui nient toute minéralisation & toute formation postérieure des métaux.

Je suis déja convenu plusieurs fois qu'il a pu y avoir des mines & des
métaux, & même des Pyrites dès les six premiers jours de la création.
En effet, quoique l'expérience nous fasse voir que la nature des substances qui entrent dans la composition des minéraux, ainsi que la formation
des mines, demande infiniment plus de tems que celle d'un plante ou
d'un animal, & que par conséquent il semble qu'un jour, ni même trois,
ne soient point suffisans pour la minéralisation ; il faut considérer que dans
tous

tous les premiers ouvrages, le Créateur a abrégé le tems de leur production ; car selon le cours ordinaire de la Nature, il est aussi impossible
qu'une mine se produise en un mois, ou même en une année, qu'une
plante ou un animal se forme en un jour. Si l'on prétend que les six jours
de la création n'étoient point des jours naturels de vingt-quatre heures,
sentiment qui seroit pourtant contraire au récit de Moyse, qui dit formellement que ces jours se firent du soir & du matin, & si l'on croit que
le mot de *jour* ne marque qu'un certain espace de tems déterminé, toutes
les objections tomberont d'elles-mêmes.

Il n'est donc pas douteux qu'il ne se soit réellement formé des mines
dès le commencement dans les plus grandes profondeurs de la terre ;
puisque c'est alors que la mer, ce grand dissolvant, ou ce moyen universel & puissant de mixtion, de combinaison, de coction & de maturation, sans lequel on ne peut se former d'idée de ces productions, a pu
pénétrer le plus facilement la terre, & agir sur elle plus immédiatement
& avec le plus de force : de plus, l'expérience nous fait voir que, quoique nous ne soyons pas encore parvenus à creuser bien avant dans la terre,
l'épaisseur & le volume des mines augmentent à mesure qu'elles s'enfoncent vers le centre de la terre, & au contraire leur volume diminue à
proportion qu'elles remontent vers sa surface ; par conséquent nous devons chercher leurs racines & leur tronc principal dans l'intérieur de la
terre. A l'égard de la racine, du tronc & des branches les plus considérables de cet arbre immense, la raison veut sans doute qu'on attribue leur
origine aux premiers tems du monde ; & il y a tout lieu de croire que
les filons principaux qui ont été mis à nud & exploités jusqu'à présent,
quoiqu'on n'ait pu pénétrer tout au plus que jusqu'à cinq ou six cents roi-
ses, ou à environ trois mille pieds de profondeur, ont été produits pour
la plûpart dès le tems de la création ; il paroît même qu'il y a certaines
vénules, & certaines petites fentes, sur-tout celles qui sont des rameaux
d'un grand filon, dont la formation doit être rapportée à la même époque ; il suffit de ne pas tout attribuer au tems de la création, & de ne
point s'imaginer que par la suite les filons n'ont point acquis de l'épaisseur ou de la longueur, & qu'ils n'ont pas formé de nouveaux rejettons :
l'on ne doit point appréhender les conséquences qu'on peut tirer de ce
sentiment qui, comme nous verrons bientôt, est fondé sur un grand
nombre de preuves.

Puisque la Pyrite est un minéral qui accompagne la plûpart des mines
du monde, qu'elle se rencontre dans les plus grandes profondeurs de la terre
où l'on ait jamais pénétré, que même le plus souvent elle ne devient abondante qu'à une grande profondeur ; il faut convenir que comme, & même
préférablement à toute autre mine, elle doit son origine en partie à la
création. Ceux qui sont si sujets à prendre pour des causes efficientes,
des circonstances purement accidentelles, seront tentés de regarder la
Pyrite comme la mere, ou du moins comme la nourrice de toutes les
mines ; mais pour peu qu'ils veuillent y réfléchir, ils reviendront de leur
erreur, & ils reconnoîtront aisément que des substances co-existantes ne

P

font point toujours les caufes des unes des autres. Cependant il faut accorder à la Pyrite une prérogative fur les autres mines : les fubftances
qui entrent dans fa compofition, fur-tout les parties ferrugineufes & fulfureufes, font de ces efpéces de terres qui tirent leur origine le plus immédiatement de la terre fimple & indéterminée, & avec lefquelles elle
a par conféquent le plus d'analogie ; le foufre eft déja tellement contenu
dans la terre brute, fur-tout dans celle qui eft limoneufe & bitumineufe,
que pour entrer dans la compofition de la Pyrite, il a moins befoin d'une
transformation que d'une fimple extraction : & quoiqu'il faille mettre
de la différence entre le bitume & le foufre minéral commun, il n'en
faudra pas moins convenir, en premier lieu, qu'il y a beaucoup d'analogie entre eux : en fecond lieu, que ce n'eft point le foufre, mais le
fer qui conftitue la partie principale, ou plutôt la bafe de la Pyrite.
Quant à la terre métallique, nous ne trouvons rien dans aucune mine ou
métal, qui mette entre elle & une terre crue encore-indéterminée une
affinité auffi grande que celle que nous remarquons entre celle-ci & la
terre métallique de la Pyrite & de la mine de fer ; c'eft pour cette raifon
qu'en ajoutant du phlogiftique qui opere la métallifation, on tire aifément & promptement du fer des terres graffes, limoneufes, argilleufes,
&c, on ne réuffit point à faire la même chofe fur les autres métaux, &
on n'y parvient qu'en mêlant les terres avec d'autres fubftances, & en
commençant par mettre en ufage des moyens d'appropriation & d'autres
grands détours. La terre pyriteufe & ferrugineufe que l'on nomme *ochre*,
reffemble tellement à une terre commune, & fur-tout à une terre limoneufe, par fon tiffu & par fon poids, ou plutôt par fa légereté naturelle,
qu'on peut regarder la premiere comme tirant immédiatement fon origine
de la derniere ; leurs couleurs mêmes different fi peu, qu'on les prendroit
aifément l'une pour l'autre ; en un mot, il n'y a point de métal au monde
qui puiffe fe produire auffi aifément d'une terre brute, que le fer ; & il n'y
en a point qui fe change auffi facilement que lui en terre. Or le fer eft
la bafe de la Pyrite ; nous pouvons donc en conclure que ce minéral,
ainfi que la mine de fer qui n'eft point pénétrée de foufre, font les mines
métalliques qui dans le commencement ont pu être produites les premieres d'une terre non-métallique & non élaborée.

Il eft vrai qu'il y a des terres dont on tire de l'or, de l'argent, du
cuivre, du plomb même & de l'étain, ou qui fe métallifent très-promptement : mais il faut prendre garde en premier lieu, fi c'eft en effet une
prétendue argille d'or, ou chargée d'argent, &c, qui fe métallife ; ou fi
ce que l'on en tire, ne vient pas plutôt de quelques petites particules
imperceptibles d'une vraie mine, qui font quelquefois mêlées avec ces
argilles. En fecond lieu, l'or & l'argent qu'on fait fonner fi haut, fe réduifent à des atomes, qui cependant fuffifent à quelques gens pour donner même à des mines de fer le nom de mines d'or : au refte, il eft très-
naturel d'y découvrir ces traces, fur-tout quand de petites vénules remplies de mines des métaux parfaits, font venues fe joindre à un filon de
mine de fer, ou quand cette mine de fer fe trouve mêlée de particules

imperceptibles d'argent natif ; mais il ne s'agit point ici de ce qui peut arriver accidentellement, ni de simples vestiges qui peuvent souvent induire en erreur. Outre cela, dans l'examen des terres calcaires, des argilles, des ochres, &c. qui suintent au travers des fentes dans les souterreins des mines, & qui quelquefois se montrent même à la surface de la terre ; il faut observer attentivement si ce qu'elles contiennent d'or ou d'argent, vient véritablement de leur combinaison ou de leur mixtion intime ; ou si ces métaux n'y sont que superficiellement attachés : en effet, dans ce cas, il faudra bien distinguer entre la mixtion & l'aggrégation. On sçait que les exhalaisons, l'action de l'air & de l'eau, le tems & les différentes positions font souvent perdre leur forme aux mines, & même aux métaux natifs, & les mettent dans l'état d'une véritable terre : c'est ainsi que l'argent se convertit en une terre blanche, l'or en une terre noirâtre & grise, &c ; ces terres se mêlent aisément avec d'autres terres fines, les eaux délayent ce mêlange & l'entraînent ; alors l'œil peut souvent appercevoir ces dernieres terres, mais jamais il n'apperçoit les premieres ; leur grande finesse & leur légereté font cause qu'on ne peut point les séparer par le lavage. Après tout, s'il se trouve en effet des terres brutes & communes, telles que celles qui sont à la surface, qui contiennent de l'or & de l'argent, elles sont de la plus grande rareté * ; au lieu que le fer se trouve par-tout, non-seulement dans la marne, dans l'argille & le limon, qui sont les terres les plus subtiles, & par conséquent les plus propres à la métallisation, mais encore dans la terre franche ou la terre végétale ; & ce ne sont point de simples traces de fer que l'on découvre dans ces terres, c'est une quantité sensible & très-considérable de ce métal.

On ne peut pas disconvenir qu'il n'y ait des terres grossieres, dont on tire quelquefois du cuivre, du plomb & de l'étain ; mais l'expérience nous apprend que ces trois métaux sont en si petite quantité en comparaison du fer, que si nous ne sçavions pas les moyens de les chercher dans le sein de la terre, les vaisseaux de cuivre & d'étain seroient beaucoup plus chers que ceux que l'on fait avec l'or. Outre cela, il faut faire attention que l'étain que l'on peut retirer des terres grossieres qui sont à la surface, n'a point été produit par ces terres, mais que ce métal vient des fragmens & des débris de mines d'étain, de grains de la mine que les Allemands nomment *Schirl*, & par conséquent d'un amas de mines transportées.

Il est vrai que Tollius dans ses *Epistolæ itinerariæ*, pag. 96, & Alonso Barba dans son *Traité de Métallique*, croient qu'il existe une terre qui non-seulement contient de l'étain, mais encore qui en produit : le premier de ces Auteurs rapporte que dans son voyage il en a trouvé sur les frontieres de la Bohême, aux environs du bourg appellé Gottesgabe, qui est

---

* Ces sortes de terres grossieres chargées de particules d'or peuvent être assez rares en Europe ; mais M. Henckel auroit-il ignoré qu'en Afrique, au Sénégal, au royaume de Galam, en Amérique, au Chyli, au Pérou, &c. l'on retire une très-grande quantité d'or des terres par le lavage ; ce qui fait que les Espagnols appellent ces sortes de terres *Lavaderos* ? Voyez le *Voyage de la Mer du Sud* par M. *Frézier*.

à peu de diſtance de Joachims-thal ; & le dernier prétend en avoir vû au Potoſi : à quoi il ajoute une choſe très-remarquable , ſi elle eſt vraie, ſçavoir que dans les terreins couverts de cette terre , on peut, pour ainſi dire , faire une récolte d'étain ; & qu'en les retournant & les laiſſant en friche pendant quelque tems , on peut y recueillir de nouveau ce métal , de ſorte que ces champs ont l'avantage d'être des mines d'étain perpétuelles ; mais la terre dont parlent ces Auteurs , eſt très-éloignée de nous, & quand nous la connoîtrions mieux , nous ne ſerions pas en droit de tirer des concluſions générales d'un ou de deux exemples particuliers.

Quant au cuivre , je ne me ſouviens pas d'avoir vu aucune terre qui en contint ; car, j'excepte de ce nombre, comme je le dois , premiérement les *Guhrs* cuivreux , qu'on rencontre dans les mines , & qui ne ſont autre choſe qu'une ochre ou une rouille de cuivre , ou les débris de la Pyrite cuivreuſe, qui a été diſſoute, décompoſée, précipitée après s'être vitrioliſée : en ſecond lieu , j'excepte encore les argilles & les glaiſes entremêlées de verd de montagne , qui ſont dans le même cas , & qui doivent leur couleur à une diſſolution de cuivre. A l'égard de la terre d'un verd clair, que l'on trouve dans nos cantons , aux environs de Tſchopau , elle mérite un examen particulier.

A l'égard du plomb , je ne connois que les grains de plomb natif de Maſſel ¹ qui aient rapport à la queſtion préſente , ſi ce n'eſt l'argille entremêlée de plomb , qui ſe trouve aux environs de Johann-Georgen-Stadt , où elle eſt appellée *Bley ſpath* , ſpath de plomb ² , & qui , à ce qu'on m'a dit, ſe rencontre auſſi quelquefois dans une des mines de Freyberg & à Tſchopau , jointe avec la mine de plomb ſi rare , qui ſe trouve dans cet endroit , & qui eſt ou blanche ou griſe & quelquefois d'un très-beau verd. Comme cette terre de plomb eſt très-rare , & n'a été trouvée juſqu'ici que dans des véritables filons & à une très-grande profondeur, on ne peut point la mettre en parallele avec une terre univerſellement répandue à la ſurface , qui eſt toujours ferrugineuſe , mais on doit la regarder comme une terre déja élaborée & appropriée à un métal particulier , ou peut-être comme une vraie mine de plomb , ſur-tout voyant qu'elle ſe trouve dans un vrai filon qui eſt accompagné de ſes liziéres ou *ſalbandes* ³ , & en voyant la quantité conſidérable de plomb que cette terre contient & qui va quelquefois à plus de vingt livres par quintal ; on doit donc conclure que ce filon a

---

(1) Maſſel eſt une petite ville de Siléſie. Il y a dans ſon voiſinage , un endroit où l'on trouve des petits globules de plomb tout pur , ſemblables à de la dragée , mais qui ſont couverts d'un enduit ſemblable à une eſpece de céruſe ou à une terre blanche. Malgré cet exemple, les Minéralogiſtes nient l'exiſtence du plomb natif , & prétendent que celui qui ſe trouve près de Maſſel , a été enfoui en terre par quelque accident.

(2) M. de Juſti , dans ſa *Minéralogie* , diſtingue la terre qui contient du plomb , de la mine de plomb ſpathique : la premiere eſt dans l'état d'une terre , au lieu que la derniere eſt ſemblable au ſpath calcaire , étant compoſée de feuillets comme lui ; mais elle en diffère par ſa peſanteur qui eſt plus grande que celle du ſpath ordinaire , & en ce qu'elle ne fait point efferveſcence avec les acides , comme fait tout ſpath calcaire.

(3) Ce que les Allemands nomment *Salbandes* , & qui a été traduit par *liziéres* , ſont les parties de la roche d'une montagne qui ſervent d'enveloppe à un filon de mine, & qui le ſéparent du reſte de la ſubſtance de la montagne ; ces liziéres ou enveloppes ſont quelquefois tranchées ſi exactement , que l'on croiroit qu'elles ont été taillées au cizeau par la main des hommes.

été autrefois une fente ouverte, & la terre chargée de plomb que l'on y trouve actuellement, peut être regardée comme un Guhr fluide, qui s'est formé par la décomposition & le changement en terre, d'une mine de plomb qui avoit autrefois une autre figure.

Au reste, la terre franche ordinaire, est tellement appropriée à la formation du fer, que ses parties terreuses qui passent dans les plantes ne perdent point cette propriété, &, suivant l'expérience de M. Lémery, elles se réduisent en un fer véritable, comme on peut le voir, parce qu'elles sont attirables par l'aiman.

En renversant les choses, nous trouvons aussi que tous les métaux peuvent être changés en terre; mais il n'y en a point un seul qui subisse ce changement avec autant de facilité que le fer : l'humidité de l'air suffit toute seule pour le changer en rouille, en ochre & en terre; au lieu que le cuivre exige beaucoup plus de tems pour se décomposer; le tems le plus long produit à peine cet effet sur le plomb & sur l'étain; l'or & l'argent lorsqu'ils sont purs, sont inaltérables à l'air; quelque tems qu'ils y soient exposés ils ne perdent point leur forme métallique. Outre cela, il n'y a point de métal qui perde sa forme plus promptement que le fer, l'effervescence violente qu'il fait avec les dissolvans les plus foibles & les moins capables d'agir sur la plupart des autres métaux, suffit pour nous en convaincre; on ne trouve point non plus de métal qui tienne si peu à la terre & qui se réduise si facilement que le fer : pour avoir la preuve de ce que j'avance, on n'aura qu'à faire la réduction de différentes terres & chaux métalliques, & les traiter toutes de la même maniere. Enfin, il n'y a presque point de métal qui se vitrifie avec autant de facilité que le fer, & qui puisse être aussi aisément porté au plus haut degré de perfection dont les terres sont susceptibles. C'est par cette raison que la Pyrite est indispensablement nécessaire pour la fonte des mines, vû que la réduction ou la métallisation ne peut point se faire sans vitrification ou sans scorification, ce qui est la même chose. En un mot, le fer se change très-facilement en terre, & les terres le rendent sans peine; le fer est une substance dans laquelle la terre & le métal subissent les révolutions les plus promptes, les plus faciles & les plus fréquentes; le fer est le métal qui a la disposition la plus prochaine à se former, & qui se forme en effet le plus immédiatement de la terre brute & grossiére; &, ce qui est très-remarquable, l'Ecriture Sainte en fait mention avant de parler de l'or & de l'argent, lorsqu'elle nous apprend que Tubalcaïn excella dans toutes sortes d'ouvrages de fer. Il seroit donc à propos que les Physiciens établissent entre les planetes souterreines, un ordre différent de celui que les Astronomes donnent à celles qui tournent autour de notre soleil; & il faudroit qu'au moins pour l'ancienneté de la formation, ils donnassent à Mars le pas sur Saturne, & sur toutes les autres planètes. En effet, on auroit tort de vouloir fonder cet ordre, sur la filiation prétendue que quelques Auteurs attribuent aux métaux : ils imaginent assez mal-à-propos que dans le sein de la terre, un métal est toujours produit par un autre; que le fer, par exemple, produit le cuivre; que le cuivre ou la Pyrite produisent l'or. Les ouvriers des mines, ont une idée semblable lorsqu'ils croient que le plomb se forme de la blende; & de cette manière ils pensent qu'une substance plus mûre, est produite par une autre qui l'est moins, & qu'une substance plus parfaite, est dûe à une autre qui est plus imparfaite. La terre ferrugineuse est la première de toutes les terres métalliques qui ait été formée de la terre brute par une élaboration particuliere; le fer est la terre qui sert de base à la Pyrite : ainsi il résulte de toutes les observations qui viennent d'être rapportées qu'il y a beaucoup d'apparence que la formation de la Pyrite a dû précéder celle des autres mines.

Ni Moyse ni aucun autre Auteur ne nous ont appris où n'ont pu fixer le tems ou le jour auquel l'existence du regne minéral a commencé. Quoique j'aye déja exposé assez clairement mes idées sur son origine, il me reste encore à ajouter quelque chose qui contribuera à jetter plus de jour sur cette matiere. La raison dont nous ne pouvons point rejetter les lumieres, ne nous permet point de croire qu'il eut déja existé des combinaisons minérales & métalliques, dès le second jour de la création; au contraire, suivant le témoignage de l'Ecriture, nous voyons que la terre étoit alors une masse informe. Prenons pour exemple la substance dont la nature se sert encore journellement pour la formation de l'homme: peut-on y reconnoître des formes différentes ? Y peut-on distinguer les humeurs de la chair, la chair de la peau, la peau des os, & les os des autres parties ? Peut-on croire que la structure du corps d'un animal puisse être déja tracé comme en mignature dans la semence humaine ou dans un œuf ? Qui est-ce qui ignore que dans un œuf de poule qui a été pondu, & qui, par conséquent n'est plus dans l'état de son origine, les substances qui étoient visiblement distinctes & séparées pour former un poulet entrent dans un mouvement interne, par lequel le blanc & le jaune se confondent & produisent un mélange, dans lequel ces parties ne sont plus reconnoissables ? Qui peut nous dire quelles sont dans le mout nouvellement sorti du pressoir, les parties grasses & inflammables; quelles sont les parties aqueuses; quelles sont celles qui constituent le sel acide ou le tartre ; quelles sont enfin parmi ces dernieres, celles qui formeront ce qu'on appelle la *Terre morte* ? Ne sçait-on pas qu'un œuf ayant d'être pondu, contient une substance moins variée ou plus simple; & si un partisan des molécules organiques découvre à l'aide de ses microscopes, quelques particules qui s'y trouvent, soit accidentellement, soit conformément à l'ordre de la nature, ne pourroit-on pas présumer qu'elle s'est formée, comme le jaune dans un œuf de poule, par une chaleur, par un frottement, & par une fermentation interne ? Et ne faudroit-il pas croire que la formation de l'œuf n'étant alors que commencée, & sa mixtion étant encore beaucoup plus simple qu'elle ne sera peu de tems après, cette même molécule se détruira, se dissoudra, & se transformera encore beaucoup plus aisément que le jaune de l'œuf déja pondu ?

Combien le chaos n'a-t-il pas dû être plus simple au moment de sa création, puisqu'il ne contenoit, pour ainsi dire, que les premiers élémens d'une substance visible & grossiére, tirée d'un œuf & produite par une matrice qui n'etoit ni tout-à-fait spirituelle, ni entiérement corporelle , mais qui tenoit pourtant plus de la premiere nature que de la derniere ? Il faut qu'elle ait été infiniment plus subtile que toutes les semences que nous connoissons ; car , quoique ces dernieres nous présentent encore journellement une création en petit, on ne peut pas douter qu'elles ne soient plus grossieres & plus matérielles que les premiers élémens du cahos; pour peu même qu'on les examine, on y découvre plusieurs formes & plusieurs combinaisons ; ces formes disparoissent ensuite, lorsque l'être dont la Nature s'est proposé la production , commence à se développer ; c'est sur-tout alors qu'il se forme une combinaison dans laquelle on ne peut plus distinguer les parties qui ont concouru à la production du nouvel être. En un mot , comment pourra-t-on compter jusqu'à dix ou jusqu'à cent ; si après avoir commencé par un & deux, on passe par-dessus les nombres intermédiaires ?

Ce fut le second jour que la substance terreuse ou solide commença à se séparer du chaos & à prendre une forme ; ce fut donc depuis ce tems & sur-tout à compter depuis le troisieme jour, que la terre par un ordre exprès du Créateur, fut disposée à la production des plantes : cette élaboration multiplia & varia les particules terreuses ; les plus déliées furent disposées par le moyen de l'eau à passer dans le regne végétal; & les autres particules terreuses devinrent compactes , pesantes , & propres à la formation des mines & des métaux. Les choses n'en resterent point-là ; des circonstances & de nouvelles causes se présenterent , & les especes de pierres & de mines se multiplierent ; semblables aux mots d'une langue qui n'ont pour base qu'un petit nombre de lettres. Si nous faisons attention aux autres révolutions arrivées après coup, dont j'ai parlé plus haut, nous découvrons aussi les raisons pourquoi les bornes du regne minéral se trouvent souvent déplacées , & les corps qui en dépendent se rencontrent ailleurs que dans les endroits où ils devroient naturellement être situés ; & nous voyons pourquoi nous y trouvons aujourd'hui tant d'irrégularités , de désordres & de destructions.

Rien ne nous oblige à croire que le regne minéral ait été formé en un jour, comme le regne végétal & le regne animal : l'Ecriture qui marque le tems où ces deux regnes furent achevés , ne nous a rien appris sur le regne minéral ; & la raison à laquelle il faut s'en rapporter au défaut des lumieres de la révélation , nous fait croire tout le contraire. En effet , en considérant le regne minéral en lui-même, on voit aisément qu'il ne peut point aller de pair avec les deux autres , & que son affinité avec eux n'est point aussi grande que la division généralement reçue des trois regnes de la Nature sembleroit le faire entendre. Les minéraux sont composés sinon entiérement , du moins en grande partie de particules solides : les végétaux sont principalement composés, de particules fluides : les animaux ressemblent assez aux végétaux à cet égard ; cependant les os & les coquillages prouvent que la partie terreuse est plus abondante dans les animaux que dans les végétaux. Les animaux & les végétaux ont en eux-mêmes le prin-

*

cipe de leur accroiſſement qui réſulte de la mixtion la plus intime : les
ſubſtances que fourniſſent les alimens ſont reçues dans les ſucs animaux,
qui leur ſervent, pour ainſi dire, de levain, & les mettent dans une fermentation qui les rend analogues à leur nature ; les minéraux au contraire
s'accroiſſent par une action extérieure, par une ſimple *juxtà*-poſition, vû
que les matieres qui ſont propres à en augmenter le volume ne s'y attachent, pour ainſi dire, que par couches : nous en voyons des exemples
dans la cryſtalliſation des ſels, & dans les Pyrites que les exhalaiſons minérales ont formées ſur des cryſtalliſations. De plus, lorſqu'un minéral a
été une fois formé, ſes parties ne ſe mettent plus en mouvement, & ne
peuvent y être remiſes ſans qu'il ſe détruiſe.

Outre cela, la multiplication ou la propagation ſe fait d'une maniere
toute différente dans ces différens regnes. Celle des végétaux & des animaux ſe fait ordinairement par des œufs & des ſemences qui ne ſont autre choſe que des principes réunis, qui reproduiſent des individus ſemblables à ceux dont ils ſont ſortis, & qui s'accroiſſent comme eux. Nous ne
voyons rien de ſemblable dans les minéraux ; & l'imagination même ne
peut nous faire concevoir comment une Pyrite, par exemple, pourroit,
ſans ſe détruire, en produire une autre. Pour qu'une Pyrite ſe produiſe,
quoi que puiſſent dire les Alchymiſtes & les partiſans des *ſemences minérales*,
il faut néceſſairement qu'elle ſe forme ou des mêmes élémens dont a été
formée la premiere Pyrite du tems de la création, ou d'une autre Pyrite
décompoſée, c'eſt-à-dire, d'une Pyrite ou d'une mine réduite à ſes premiers principes. La terre eſt la mere de toutes les productions ; & comme
elle n'y concourt que d'une maniere paſſive, on devroit donner le nom
de *pere* à l'eau, qui eſt un principe actif qui féconde la terre, & ſans lequel
les enfans de cette mere, tant animés qu'inanimés, ne pourroient ni ſe
conſerver, ni s'accroître, ni ſe multiplier.

Je ne m'étendrai point ici ſur les inconvéniens qui réſultent d'une diviſion auſſi peu exacte que celle des trois regnes de la Nature. Je ne m'a-
muſerai pas à prouver qu'elle nous empêche de connoître la Nature, qu'elle
nous en donne une fauſſe idée, & qu'elle nous conduit à des concluſions
erronées, & peu claires ; je me borne à une ſeule remarque qui ſuffira pour
faire voir ce que j'avance. La terre, cette mere commune s'avance de
plus en plus vers la décrépitude : les filons métalliques qui autrefois étoient
tendres & flexibles, ſe ſont changés par la ſuite des tems en de vieux oſſemens auſſi durs que le fer ; les matieres en ſe durciſſant de plus en plus,
ne fourniſſent point aux ſucs des paſſages auſſi faciles qu'autrefois ; le terreau qui faiſoit, pour ainſi dire, la chair de la terre, ſe ſéche, dépérit & diminue ; il s'éleve ſur ſon corps des inégalités & des boſſes qu'aſſurément
elle n'avoit point dans ſon adoleſcence ; les agitations extraordinaires, telles que celles des tremblemens auxquels la terre eſt ſujette, l'accablent &
la briſent fréquemment ; les vents renfermés dans ſes entrailles l'ébranlent
& lui cauſent des convulſions terribles ; ſes fibres & ſes nerfs ſe relâchent,
les eaux ſortent avec violence de ſon ſein pour inonder des villes & des

contrées

contrées entieres. La mer en fortant de fon lit caufe des inondations terribles, dont nous avons eu des exemples récens dans la mer Baltique ;
ces ravages affreux caufent des ftagnations & des obftructions dans les
vaiffeaux & dans les conduits qui étoient autrefois des paffages libres &
ouverts : il fe forme dans le corps de la terre des fquirrhes & des exoftofes
dans les endroits qui autrefois n'étoient couverts que d'une chair faine ; il
fe forme des maffes de pierre & de mine ; & les filons font dans les
fentes & dans les cavités nouvelles qu'ils rencontrent des dépôts infor-
mes ; les pierres qui s'engendrent dans fon intérieur la réduifent, pour
ainfi dire, aux abois. Toutes ces révolutions font entrées dans le plan du
Créateur, & nous pouvons fentir par celles qui furviennent à nos propres corps ; qu'elles ne réfultent que d'un état de maladie & de corruption qui eft une fuite de l'ordre qu'il a établi.

Si le regne minéral proprement dit, ne peut point être mis fur la même
ligne que le regne végétal & le regne animal ; & s'il faut regarder les corps
qui le compofent, non pas comme des fruits ou des productions détachées, mais comme les entrailles & les os de la mere des deux autres regnes ;
comment veut-on fixer l'époque où ce regne a été formé ? Comment
pourra-t-on refufer de croire qu'après que fes fondemens eurent été jettés
le troifieme jour de la création, il s'eft par la fuite des tems accrû, étendu
& fortifié ? Je ne puis m'empêcher de remarquer à cette occafion, que
puifque l'or & l'argent font des chofes fi méprifables, lorfqu'on les compare aux fruits & aux productions du regne végétal, il eft honteux qu'on
leur donne une préférence fi marquée, & qu'on recherche avec tant d'a-
vidité des fubftances qui ne font que de vieux offemens de la terre. Cependant fi l'on fait attention aux vûes que le Créateur a eües en créant le
monde, il eft impoffible de ne pas reconnoître fa providence dans la production de l'or, de l'argent, du fer, de l'étain, de la Pyrite & de tous les
autres métaux & mines. Car quoique l'homme en abufe fouvent à fa perte,
ils n'en font pas moins des dons de la Bonté Divine, & des inftrumens
qu'elle nous a fournis pour fatisfaire à nos befoins.

Rappellons-nous ici que pour répondre à la première queftion propofée
dans ce Chapitre, fur l'époque de la formation de la Pyrite, il faut porter
nos vûes fur le déluge ; évenement qui a produit fur notre globe la plus
grande révolution qu'il ait éprouvée depuis la création jufqu'à nos jours,
& dont nous voyons encore aujourd'hui les effets à la furface de la terre
& dans fon intérieur. Si d'un côté le déluge répand beaucoup de lumieres
fur l'Hiftoire Naturelle, & fur-tout fur la formation des couches fupérieures des éminences & de l'intérieur de la terre ; d'un autre côté, les difpofitions fingulieres de certaines contrées, les foffiles & les autres corps qui
s'y trouvent enfévelis, & que l'on y découvre fouvent contre toute attente, doivent nous conduire à la connoiffance des vérités facrées qui doivent être le but de toutes nos recherches phyfiques ; la conviction même
qui réfulte de ces recherches doit nous engager à les porter plus loin ;
& je puis dire fans hypocrifie, que la connoiffance de Dieu où nous
conduit la perfuafion de l'authenticité des écrits des Prophetes & des

*Q

Apôtres, le defir de conduire d'autres à la même connoiffance, ont produit cet effet fur moi , & ont adouci les travaux dans lefquels l'étude de la Nature m'a engagé.

On conçoit aifément que les eaux du ciel venant à fe joindre à celles des abyfmes de la terre, elles ont été fuffifantes pour rendre le déluge univerfel ; & fon univerfalité ne peut être contefté par des gens qui contre le témoignage de leur raifon admettent des caufes fecondes & une infinité d'autres chofes femblables dans la création. Cette inondation univerfelle , femblable à l'invafion d'un ennemi terrible , caufa un dérangement inconcevable dans les trois regnes de la Nature. Je ne parlerai point ici du regne végétal : toutes les plantes & tous les arbres furent entiérement déracinés ; le fol même ou la bonne terre qui les nourriffoit fut bouleverfée de fond en comble. Mais je me borne uniquement au regne minéral, aux défordres, aux dérangemens qui y ont été caufés par le déluge, & aux nouvelles mines & filons qui ont été formés par la violence des eaux qui couvroient la terre du tems de ce terrible évenement.

Ce ne furent pas feulement les fources qui fe trouvoient dans les couches fupérieures, mais encore les eaux renfermées dans les abyfmes les plus profonds qui fe répandirent fur la terre ; & comme ces immenfes réfervoirs communiquoient fans doute avec la mer, on conçoit que fes eaux ont dû naturellement fe joindre aux autres. Mais on fent en même tems que les mers étant épuifées, il devoit refter des endroits à fec ; & dans ce cas, l'inondation n'eut point été univerfelle, fi la Toute-puiffance divine n'avoit pas commandé aux eaux qui appartenoient à d'autres fpheres de fe joindre à celles de notre globe. Si l'on confidere que des fimples débordemens de quelques lacs, de quelques rivieres , ou les marées trop hautes de la mer Baltique font capables d'enlever des terres dans un endroit, d'en dépofer en d'autres & de caufer les plus grands ravages , on concevra fans peine qu'un volume d'eau , tel que celui qui caufa le déluge , a dû entiérement bouleverfer la terre. Il paroît que les eaux fouterreines, dont, felon toutes les apparences, les réfervoirs n'étoient point alors fi folides qu'ils le font aujourd'hui, ayant été pouffées par les eaux qui fortoient des abyfmes, ont formé des courans très-violens. N'y a-t-il donc pas lieu de croire que leurs eaux mifes dans un très-grand mouvement , ont percé les entrailles de la terre en une infinité d'endroits, ont brifé des roches & des filons de mines , & ont porté toutes fortes de foffiles & de fubftances minérales à la furface de la terre. Ces torrens parvenus à cette furface , fe joignirent aux eaux qui y rouloient, & ce concours bouleverfa la terre végétale de fond en comble ; par-là les fubftances qui étoient renfermées d'abord dans le fein de la terre en fortirent en abondance , & celles qui fe trouvoient auparavant à la furface , furent entraînées par la force des flots & des courans vers l'intérieur de la terre (1); car la circulation des eaux qui

---

(1) Il eft bien furprenant que les Naturaliftes qui croient que le déluge univerfel a caufé un changement total fur notre globe, n'aient point fait attention , que fuivant le texte même des Saintes Ecritures, les révolutions caufées par cet évenement n'ont point été fi confidérables qu'on fe l'imagine ; puifque immédiatement après que le déluge eût ceffé , Noé , fuivant la Genèfe , fir fortir de l'arche une colombe qui lui rapporta un rameau d'olivier. Si le renver-

la subsisté dans notre globe depuis la création, & qui s'y fait encore actuellement, ne trouva alors aucune résistance. Enfin, lorsque les eaux étrangeres & superflues furent séparées de celles qui étoient nécessaires & suffisantes à notre globe; & lorsque ces dernieres commencerent à reprendre un cours plus tranquille, & à rentrer soit dans leurs réservoirs anciens, soit dans ceux qui s'étoient formés de nouveau, & lorsque la partie séche de notre globe reparut, les fragmens & les débris de pierres & de mines, tenus jusqu'alors en mouvement par les eaux, tomberent; le sable & la terre se déposerent aussi, & se placerent au hasard par-tout où ils purent.

On conçoit qu'il étoit impossible que les matieres se déposassent comme elles font dans une cuve où l'on fait le lavage d'une mine, c'est-à-dire, de maniere que toutes les parties grossieres allassent tomber au fond, & que toutes les substances légeres & déliées se plaçassent par-dessus; cependant on trouve quelquefois les couches supérieures de la terre arrangées d'une maniere assez conforme à la nature des substances, en sorte que les parties les plus déliées occupent la partie supérieure; mais souvent nous voyons le contraire dans les terreins où l'argile, le sable, l'ardoise, le roc & d'autres matieres semblables, sont placées confusément ou par couches, qui sont les unes sur les autres, & l'on reconnoît aisément que le déluge est la cause de ces arrangemens (2).

---

sement & la confusion des parties du globe eussent été aussi considérables que M. Henckel le dépeint ici, & si, comme Woodwart l'a prétendu, tout le globe terrestre & les roches mê[...] eussent été détrempées par les eaux [...] possible qu'il fût resté un olivier ou un arbre sur pied[...]

Le transport des substances minérales que M. Henckel donne ici comme une preuve de ce bouleversement terrible n'est pas, à beaucoup près, aussi concluant qu'il semble l'imaginer; car la plûpart des mines transportées l'ont été, à la vérité par les eaux, mais on ne peut pas supposer que ce soit par celles du déluge; il y a bien plus d'apparence au contraire que c'est par les eaux qui tombent continuellement des montagnes; ce qu'il est aisé de démontrer quand on fait attention à la nature de ces mines. Ce sont presque toujours des mines de fer, de cuivre, ou de zinc, rarement en trouve-t-on d'autres dans cet état, ou pour mieux dire, on n'en trouve point. Or ces mines, pour avoir pu être transportées & déposées ensuite dans les couches de la terre comme nous les trouvons, ont dû être solubles dans l'eau, c'est-à-dire, ont dû être sous la forme de vitriol. Les eaux chargées de ces matieres vitrioliques, étant venues à rencontrer quelque terre calcaire qui a plus de rapport avec l'acide vitriolique que le métal qui lui étoit uni; ce métal a dû nécessairement le dégager; [...] c'est de cette maniere que se sont formés les dépôts que nous trouvons dans les couches de la terre, qu'on suppose avoir été produites par le déluge. Mais pour que cette vitriolisation ait pu se faire, il a fallu que les filons qui ont fourni les mines vitriolisées, aient été découverts pendant des siécles, ce qu'on ne peut attribuer au déluge, qui n'a duré qu'un tems très-limité. Quant au renversement des filons ou aux matieres minéralisées qu'on rencontre quelquefois dans ces mêmes couches, il n'est pas [...] d'autres causes [...] effets. Ces causes sont les tremblemens de terre, la fonte des neiges & la chûte des torrens qu'elles produisent. Quant aux tremblemens de terre, on n'a vû que trop souvent les bouleversemens affreux qu'ils sont capables de produire; & on voit encore tous les jours les torrens qui tombent des montagnes entraîner des rochers énormes & les fragmens des mines qui y sont attachées. Au reste, en combattant les fausses preuves que quelques Ecrivains plus religieux qu'éclairés, ont crû pouvoir rapporter en faveur de ce terrible événement, nous sommes fort éloignés de [...] sans doute sur son existence qui est [...] prouvée par le témoignage de Moïse, ou plûtot de Dieu même, dont ce saint Prophete n'étoit que l'organe.

(2) On trouvera toujours des difficultés invincibles quand on s'obstinera à attribuer au déluge la formation des couches de la terre. En les considérant attentivement on verra que les couches, étant formées par des dépôts successifs qui se sont faits au fond d'eaux tranquilles, n'auront pu se faire qu'en plusieurs siécles, &

A Waldembourg, qui eſt célebre par les vaiſſeaux de terre qu'on y fait pour la diſtillation & pour d'autres uſages, on trouve au-deſſous de la terre végétale qui eſt déja fort pierreuſe, un gros gravier dans lequel on trouve des cailloux qui excedent quelquefois la groſſeur d'un œuf de poule ; enſuite on rencontre un ſable blanc ſi fin, que l'on peut s'en ſervir pour répandre ſur l'écriture ; au-deſſous eſt un ſable moyen qui contient des maſſes d'une pierre noire, & de moëlle de pierre (*Medulla ſaxorum*) ; enfin, à la profondeur tantôt de dix, tantôt de vingt pieds, ſuccede une couche d'excellente argille onctueuſe & fine, qui eſt de l'épaiſſeur de deux pieds ou deux pieds & demi ; c'eſt de cette argille que l'on fait la poterie la plus fine ; au-deſſous de cette argille on en rencontre une autre plus maigre, c'eſt-à-dire, mêlée de ſable, dont la couche a environ un pied d'épaiſſeur ; c'eſt de cette derniere que ſe font les cornues & les autres vaiſſeaux qui doivent être expoſés à feu nud ; après l'argille, on rencontre une couche d'un ſable gris, dont on n'a point encore ſondé la profondeur. Je tiens cette deſcription du terrein de Waldembourg, & j'ai reçu des échantillons de chacune de ſes couches, d'un Potier de terre qui demeure ſur les lieux. On voit que ces couches ſont arrangées très-différemment de ce que naturellement elles devroient être.

Nous trouvons un arrangement tout auſſi ſingulier dans les mines d'Eiſleben. M. Mylius nous apprend que l'on y rencontre : 1°, une couche de terreau de trois ou quatre toiſes ou braſſes d'épaiſſeur : 2°, du limon : 3°, de l'argille rouge : 4°, de l'argille bleue : 5°, du ſable mouvant de l'épaiſſeur d'une toiſe & demie : 6°, une terre rouge de l'épaiſſeur de trois toiſes : 7°, un banc de pierre qui a douze toiſes d'épaiſſeur, mais qui n'eſt pas par-tout de la même épaiſſeur : 8°, un lit de pierre par fragmens, de l'épaiſſeur de trois toiſes : 9°, une terre ſemblable à de la cendre, de l'épaiſſeur de trois toiſes, qui ſe trouve immédiatement ſur le roc. Dans cet exemple, les ſubſtances ſont encore arrangées d'une maniere aſſez conforme à leur peſanteur & leur légereté. Dans d'autres endroits des mêmes mines d'Eiſleben, on trouve la diſpoſition ſuivante : 1°, le gaſon : 2°, la terre végétale : 3°, le limon : 4°, des pierres ſemblables à celles qui ſont répandues dans les champs : 5°. du gros gravier : 6°, du gravier rouge : 7°, du gravier jaune : 8°, du ſable blanc : 9°, de la terre noire : 10°, de la terre brune : 11°, de la terre rouge : 12°, de la terre argilleuſe & rouge : 13°, de la terre rouge non liée : 14°, une roche calcaire groſſiere : 15°, de la pierre à chaux : 16°, de la pierre à chaux feuilletée ; & pour ne rapporter ici des quarante-neuf eſpeces de terre & de pierre que Mylius décrit, que celles qui ont le plus de rapport à ce que j'ai voulu prouver, on y trouve : 17°, des pierres argilleuſes : 18°, des pierres en fragmens : 19°, de la roche appellée *kneiſſ*, &c. Voyez *Mylii Saxonia ſubterranea, Part. I. pag. 10. & ſequent.* Mais quoique ces couches ſoient placées conformément à

---

qui par conſéquent ne ſont point l'ouvrage d'une inondation paſſagere & violente, telle que celle du déluge univerſel, lequel, ſuivant la narration de Moyſe, n'a duré que quelques mois.

Voyez l'article *Foſſiles* dans l'Encyclopédie, & la Préface que j'ai miſe à la tête du troiſieme volume des *Oeuvres Phyſiques de M. Lehmann.*

la nature des substances, elles ne sont jamais composées de matieres entiérement homogénes, & quand même il n'y auroit point dans la craye &
dans l'argille fine de Waldembourg, non pas des pierres entieres, mais
des fragmens d'agate ou de la calcédoine noire & grise si connue, ou de
silex, on ne laissera pas que de trouver par-tout des vestiges qui prouvent que si le déluge a dérangé un grand nombre de substances à la surface,
& couvert quelques pays de sable & d'autres de limon tout pur, il n'en
a pas moins mis & laissé la plûpart des substances dans une confusion qui
doit faire supposer des causes qui ont empêché les différentes especes de
terre de se trouver dans la situation où elles devroient être naturellement,
& qui n'ont point permis qu'elles se dégageassent des autres substances
étrangeres.

Il n'y a même rien dans ce désordre qui doive nous surprendre. Notre
globe n'a point la figure d'une cuve, dans laquelle les terres délayées,
mêlées & agitées en tout sens, forment en se déposant des couches régulieres; au contraire, comme ce globe est d'une figure sphérique &
convexe, le mouvement des eaux y est extrêmement violent à cause de
la convexité de sa surface, ce qui a dû empêcher que les cailloux ne pus-
sent se séparer entiérement d'une marne déliée, avec laquelle ils sont mêlés. On voit par conséquent que l'on ne doit point regarder les eaux
du déluge comme celles d'un lac, qui n'ayant point d'écoulement violent, ne sont remuées que par les orages, les flots & par le bouillonne-
ment des sources. Il n'y a point de courant, point de goufre qui ait
égalé la rapidité & la violence de leur agitation : de plus, il faut considérer que ce n'est pas lorsque ces eaux se furent élevées jusqu'au plus haut
degré, & lorsqu'elles furent entraînées par une force supérieure ; mais
que ce fut au commencement, & encore plus vers la fin de cette terrible
inondation, que, selon les différentes pentes du sol, les courans agirent
& combattirent les uns contre les autres. En effet, on voit que la même
chose arrive dans les inondations locales & particulieres : lorsque les
eaux viennent à diminuer, elles se partagent en plusieurs lacs ou étangs,
dont chacun cherche à se frayer un chemin, & à percer dans l'endroit
où porte la plus grande pesanteur des eaux, & où la violence de leur
mouvement peut forcer le plus aisément la résistance du terrein.

Dans tout ce qui vient d'être dit, on doit sur-tout ne point perdre de
vûe deux circonstances qui méritent toute notre attention. La premiere
est que les profondeurs de la terre, les cavernes & les conduits souterreins en partie comblés de débris & de ruines, en partie excavés & ag-
grandis par le mouvement des eaux, ont dû nécessairement être pénétrés
& remplis non-seulement par la vase salée & sulfureuse de l'Océan, mais
encore par toutes sortes de terres enlevées à la surface du globe, & même
de végétaux & d'animaux. La seconde de ces circonstances est que les
eaux ont non-seulement arraché des pierres, des mines & des substances
qu'elles rencontroient au-dessous du sol qu'elles venoient d'enlever, mais
encore que les courans qui sortoient des abîmes, ont emporté avec eux,
à de plus grandes profondeurs de la terre, d'autres pierres & d'autres

fubftances minérales, qui ont enfuite été mêlées & confondues avec la terre qui couvre actuellement notre globe : en un mot, on voit que le déluge a porté dans l'intérieur de la terre des fubftances qui fe trouvoient antérieurement à fa furface, & que fes eaux ont dépofé à fa furface des fubftances qu'elles avoient arrachées des entrailles de la terre. Quant à l'intérieur du globe, il eft certain que nous ne pouvons pas y defcendre pour chercher les preuves de ce que j'avance, & fi même il y avoit moyen d'y pénétrer, on pourroit toujours douter fi avant le déluge les chofes n'étoient pas dans la même fituation qu'aujourd'hui. Mais quelle raifon auroit-on d'en nier, je ne dis pas la poffibilité, mais la néceffité ? Pour s'en convaincre, il n'y a qu'à faire attention à la violence des eaux, qui en fortant des plus grandes profondeurs de la terre fe font ouvert un paf-fage au travers de tout ce qu'elles ont rencontré, & qui après avoir été renforcées par le volume immenfe des eaux de la mer, ont formé des cou-rans en tous fens, & ont pénétré par tout. Comment décider s'il y a eu des volcans avant le déluge, ou fi ce ne font point les fubftances ani-males & végétales, ou du moins la vafe bitumineufe de la mer que fes eaux ont dépofée dans quelques endroits, qui, jointe aux amas immenfes de mines fulfureufes, ont caufé ces embrafemens ? Au moins faudra-t-il convenir qu'il eft probable que la mer fournit encore journellement des matériaux & des alimens propres à entretenir ces terribles feux fouter-reins, qui, comme on doit bien le remarquer, agiffent fans difconti-nuer. En effet, les volcans ne fe trouvent jamais que dans le voifinage de la mer, & il faut néceffairement attribuer leur durée à une caufe ca-pable de fournir fans ceffe de l'aliment à un feu qui continue toujours.

Il eft vrai qu'il y a des Auteurs qui prétendent qu'il n'eft pas néceffaire de regarder, comme des reftes du déluge, les végétaux & les animaux que l'on rencontre dans le fein de la terre ; mais fi l'on examine leur fen-timent avec attention, on trouvera que la plûpart d'entre eux ne profi-tent point affez des lumieres que préfentent l'Hiftoire Naturelle ou la Chy-mie, ou l'une & l'autre à la fois ; uniquement attachés à leurs fpéculations vagues, ils négligent de faire attention aux propriétés & aux phénome-nes remarquables que l'on découvre dans ces fortes de foffiles. Comme ce fujet eft trop vafte pour pouvoir être traité ici, je renvoie le Lecteur à mon Traité qui a pour titre, *Flora faturnizans*, où je crois avoir fuffi-famment prouvé la différence qui fe trouve entre de fimples jeux de la Nature, & les bois, les offemens & les coquillages véritables qui ont été pétrifiés. Je ne parlerai ici que des mines, tant de celles qui après avoir été brifées & arrachées, foit du fein de la terre, foit d'ailleurs, ont été les unes raffemblées & réunies, les autres difperfées & répan-dues çà & là dans les premieres couches de la terre ou au-deffous, que des mines qui fe font formées de nouveau dans des couches & dans des lits récemment produits, & qui étoient propres à leur fervir de matrice. Je ne puis pas m'empêcher, à cette occafion, de demander s'il feroit ab-folument abfurde de croire que le déluge eût formé des filons qui méri-taffent d'être appellés des filons capitaux & fuivis ?

D'abord, à l'égard des mines par fragmens transportés, on ne peut faire aucune difficulté de les attribuer à une révolution que le déluge seul a pu causer. Quels effets ne produisent pas même aujourd'hui des petits ruisseaux qui traversent les montagnes ? N'arrachent-ils pas dans leur passage toutes sortes de substances, qu'ils vont ensuite porter dans les plaines ? Nous en avons des preuves évidentes dans la Schwartz en Thüringe, dans la Goldsche en Voigtland, &c, & dans plusieurs autres ruisseaux qui charient des paillettes & des grains d'or ; souvent on trouve que ces paillettes & ces grains d'or sont encore attachés à leur gangue ou minière, ce qui prouve évidemment qu'ils ont été arrachés de quelques filons ; d'autres pierres chargées de métaux nous feroient voir la même vérité, si nous y faisions autant d'attention qu'à celles qui contiennent de l'or. Les grands débordemens n'agissent-ils pas dans les vallées avec une telle violence contre les murailles les plus fortes, qu'on a quelquefois de la peine à retrouver les plus grosses pierres dont elles étoient bâties ? les rochers même & les collines ne sont point à l'abri de leurs ravages, ils en arrachent des morceaux considérables, qu'ils entraînent souvent à une très-grande distance ; mais tous ces effets méritent-ils d'entrer en comparaison avec ceux qu'a dû produire la plus grande de toutes les inondations ? M. Roessler a raison de dire que, « Le déluge a enlevé en certains endroits des plus hautes montagnes la terre qui les couvroit, a » arraché les couches quelquefois jusqu'au roc vif, & a mis à nud les crêtes » que nous voyons encore aujourd'hui ». J'ajouterai encore à cela que dans ce même déluge, la force irrésistible qui fit monter les eaux souterreines, & qui dut rompre & élargir en plus d'un endroit leurs réservoirs, a attaché des mines & des pierres dans l'intérieur du globe, à des profondeurs où les hommes ne pourront jamais parvenir, & les a transportées à la surface de la terre. Comme ces mines étoient placées différemment dans la terre, & comme elles étoient de différentes especes, c'est-à-dire, tantôt compactes, tantôt poreuses, tantôt proches, tantôt éloignées des grandes sources sorties de l'intérieur du globe, il est naturel que les débris que nous en trouvons aujourd'hui, soient différens, & que leur position soit variée.

Il est vrai que ces mines par fragmens contiennent ordinairement de la mine d'étain, ou de la mine de fer, ou même l'une & l'autre à la fois ; & que parmi tous les amas de mines ainsi transportées, que l'on a trouvées jusqu'ici, il ne s'en est pas encore rencontré un seul qui contînt un autre métal ; mais jusqu'où avons-nous poussé nos recherches, même à la surface de la terre ? Peut-être que nous avons à nos pieds des trésors qui nous sont inconnus, parce que nous nous en tenons à la régle générale, qu'il faut s'enfoncer profondément en terre pour trouver des mines abondantes ; principe qui est vrai lorsqu'il est question des mines par filons. Qui est-ce qui s'est jamais donné la peine d'examiner toutes les couches supérieures de la terre, pour voir si elles contiennent des débris de toutes les différentes especes de mines, ou si elles n'en contiennent que quelques-unes, & de quelle nature sont celles qu'elles contiennent ? Le

nombre des mines feroit bien petit, fi le hafard n'avoit point fait rencontrer des fentes & des vrais filons de mines qui fe montroient dès la
furface de la terre, ou fi on ne les eût trouvées fortuitement en creufant pour faire des puits, ou pour jetter les fondations de quelque bâ-
timent.

Les chofes étant ainfi, on ne doit pas trouver extraordinaire que jufqu'ici on ait fi rarement rencontré des Pyrites par fragmens ou en débris
dans les premieres couches de la terre ; je dis des fragmens & des débris de Pyrite, car il n'eft point rare d'y trouver ce minéral en roignons
ou en marons ; mais je ferai voir plus bas que ces Pyrites ont été formées
dans les endroits où elles fe trouvent, foit peu de tems, foit long-tems
après le déluge. Cependant malgré le peu de foins qu'on apporte dans
ces fortes de recherches, ce n'eft point une chofe inouie que de rencontrer des débris de Pyrites dans les premieres couches de la terre : il
eft impoffible de croire, par exemple, que la Pyrite cuivreufe, que l'on
trouve à Wiera dans l'Ofterland, à peu de diftance de Neuftadt fur l'Orla,
ait été ou créée ou formée dans l'endroit où elle fe trouve. Un habitant
de ce lieu ayant fait creufer une cave, y apperçut de la mine de cuivre à la profondeur d'une toife ou d'une toife & demie, c'eft-à-dire, à
environ fix pieds, & en fouillant enfuite aux environs, il en découvrit encore en plufieurs autres endroits de fon terrein.

Il y a dans cet exemple plufieurs circonftances qui méritent toute notre
attention : en premier lieu, il n'y a à Wiera ni couche, ni filon, dont la
mine que l'on y trouve, fuive la direction. En fecond lieu, on voit qu'il
n'y a pas de continuité dans cette mine, & les morceaux, quoiqu'on les
rencontre affez proches les uns des autres, font toujours difperfés fans
ordre, & féparés par la terre végétale. En troifieme lieu, parmi ces morceaux, même dans ceux qui fe trouvent le plus près les uns des autres,
on ne peut jamais diftinguer les côtés par lefquels ils auroient pu être joints
antérieurement. En effet, il y a de petits filons, ou vénules, dans lefquels la mine eft brifée & partagée par des fentes qui ont été remplies
de *gührs*, qui femblent avoir encore écarté davantage les morceaux les
uns des autres, cependant on peut toujours voir diftinctement que leurs
côtés ont été joints autrefois, & que tous ces fragmens ont formé un
véritable filon ; mais dans l'exemple que je viens de rapporter, les fragmens ne peuvent pas plus s'adapter les uns aux autres par leurs côtés &
leurs angles, que les pierres d'un tas formé au hafard. En quatrieme
lieu, on obferve dans les fragmens de cette mine de cuivre des angles
fi tranchans, que quoiqu'on ne puiffe pas croire qu'elle ait été formée
dans l'endroit même où on la trouve, on ne peut cependant point préfumer qu'elle ait été apportée de fort loin, car ordinairement ces fragmens ont leurs angles prefque entiérement ufés & arrondis, lorfqu'ils
ont été entraînés & roulés à une grande diftance.

Mais qu'eft-il befoin d'avoir recours à un exemple fi rare ? Les Fondeurs n'éprouvent que trop que la mine d'étain qui fe trouve par fragmens
tranfportés, eft fouvent mêlée de Pyrite : fi on vouloit m'objecter que

puifque

puisque selon moi la Pyrite se trouve par-tout, elle devroit se trouver en fragmens plus souvent qu'elle ne fait. Je réponds à cela qu'il faut faire attention que ce minéral se décompose & se réduit en terre beaucoup plus facilement que tout autre, sur-tout quand il est placé proche de la surface de la terre, & par conséquent exposé à l'action de l'air ; il y a donc lieu de croire que dans l'espace de quelques milliers d'années un grand nombre de ces témoignages qui attestoient le déluge, ont été détruits & effacés. De plus, on a beaucoup de raisons pour présumer que les endroits pleins de rouille, qui se trouvent sur-tout dans le grès, ne sont autre chose que des vestiges de Pyrites qui ont été détruites ; & on conçoit en même tems qu'il n'est pas surprenant que l'on trouve plutôt des Pyrites cuivreuses que des Pyrites martiales, dans une position semblable à celle dont je parle ; car les premieres sont beaucoup plus durables que les dernieres, & même elles sont quelquefois entiérement indestructibles ; au reste, il ne sera pas fort difficile de se convaincre de l'imperfection & de l'insuffisance de la plûpart des régles générales que l'on a établies relativement aux mines qui se trouvent en débris & par fragmens.

Il est certain que les corps pesans, & sur-tout les substances métalliques, n'ont pas pu demeurer long-tems suspendues dans l'eau ; elles ont dû bientôt retomber au fond : il n'est pas moins certain que les angles plus ou moins tranchans, plus ou moins usés des fragmens de mine, donnent lieu de juger avec assez de vraisemblance si les filons, dont ces fragmens ont été arrachés, sont proches ou éloignés de l'endroit où on les rencontre actuellement. Quand la roche d'une montagne voisine est de la nature de celle qui forme la gangue des fragmens de mine, on a lieu de croire que le filon que l'on cherche, se trouvera dans cette montagne, & on doit y fouiller, puisque d'ailleurs il est fort aisé de découvrir des fragmens au pied d'un terrein qui s'eleve soit brusquement, soit par une pente douce & insensible : mais il n'est pas besoin que je fasse remarquer combien ces indices sont incertains *. Des fragmens de mine peuvent avoir été roulés pendant fort long-tems sur un terrein mou, sans que leurs angles aient été usés considérablement ; & une mine trouvée dans un endroit, peut ressembler à celle d'un filon éloigné. Il a pu arriver que des gens avides aient regardé des morceaux de mine trouvés sur le grand chemin, & qui étoient peut-être tombés de quelques voitures, comme des débris qui indiquoient la proximité d'un filon. Quelles sont les raisons qui peuvent nous faire croire que les eaux du déluge sont venues du côté du Midi, & comment peut-on établir comme une régle, que pour trouver des mines par fragmens, il faut les chercher de ce côté-là ? Sur quels fondemens peut-on penser que les ruisseaux, ou les rivieres qui ont leur cours d'Orient en Occident, ont du côté du Septentrion une mon-

* Les Anglois nomment *Shoads* les mines qui se trouvent par fragmens détachés : on en trouve beaucoup dans la province de Cornouailles ; & c'est en remontant dans les montagnes, d'où ces fragmens ont été arrachés, que l'on trouve les filons de mine d'étain. Voyez les *Transactions Philosophiques*, num. 69.

R

tagne, & une plaine du côté du Midi, & que celles qui coulent du Septentrion au Midi, ont une montagne à l'Orient & une plaine à l'Occident, & qu'elles différent des rivieres qui coulent du Midi au Septentrion, & qui ont une montagne du côté du Couchant, en ce qu'elles charient des particules & des fragmens de mines d'or, tandis que les dernieres n'en charient pas ? Comment peut-on faire des régles générales d'après deux ou trois exemples, qui ne s'accordent peut-être pas même dans toutes les circonstances ? Ignore-t-on que dans la Minéralogie les observations les plus multipliées ne suffisent souvent pas pour établir un principe ?

Je dois encore remarquer que l'on comprend aussi sous le nom de Pyrites par fragmens, les filons dilatés de ce minéral, qui forment des especes de couches, & qui contiennent ordinairement de la Pyrite cuivreuse ; ce n'est pas sans quelque fondement, vû que ces especes de couches, ainsi que les couches de terre qui les accompagnent par-dessus & par-dessous, sont arrangées les unes sur les autres par bandes. C'est ce que Lohneiss a en vûe quand il dit : *On trouve aussi des filons dilatés qui s'étendent en longueur & en largeur, & occupent souvent un grand terrein ; on les appelle Geschiebe, ou mines par fragmens transportés.* Mais on doit observer qu'il y a une différence essentielle entre ces filons horisontaux & dilatés, & les mines par fragmens ; en ce que dans les premiers ce n'est point la mine elle-même qui a été transportée & arrangée par bandes, qui se sont placées successivement les unes sur les autres ; comme dans les mines par fragmens, dont nous avons parlé jusqu'à présent ; mais c'est la terre dans laquelle la mine s'est formée par la suite, qui a été ainsi disposée par couches.

Au reste, les mines par couches, eu égard à leur origine qui est dûe au déluge, méritent une attention particuliere ; en effet, leur formation s'est faite d'une maniere très-différente de celle des autres mines : le grais, la pierre à chaux, la pierre argilleuse, l'ardoise, qui font communément la base des couches, pour peu qu'on les considere, ne paroissent formées que par du sable qui s'est lié, & par des terres qui se sont durcies ; les figures de plantes, de bois, d'ossemens, de coquilles & de poissons qui se trouvent dans ces pierres, & sur-tout dans l'ardoise, ne peuvent point être regardées comme des jeux de la Nature ; elles viennent de véritables animaux, ou de végétaux ; ou elles portent les empreintes de ces corps. A quelque cause que l'on attribue le transport de ces corps dans les endroits où ils sont, on sera toujours obligé de convenir qu'ils viennent d'ailleurs, & qu'ils ne tirent pas leur origine du regne de la nature qui les renferme actuellement. J'ai prouvé dans mon Traité qui a pour titre, *Flora Saturnizans,* ce que je dis ici par un grand nombre d'exemples, & je l'ai fait voir par l'uniformité des endroits où ces substances se trouvent, ou de leurs matrices qui sont toujours les mêmes ; au lieu que la Nature dans ses autres ouvrages ne s'asservit point à des regles constantes, & trace, par exemple, des dendrites, ou d'autres figures semblables, indifféremment sur une roche grossiere, sur une agathe & sur une pierre à chaux,

Je l'ai prouvé par les propriétés des corps mêmes, qui sont ordinairement d'une nature durable, pierreuse & très-propre à faire des empreintes. Et si ces choses n'étoient que des jeux de la Nature, je ne vois pas pourquoi elle eût mieux aimé s'amuser à les produire, qu'à faire des roses ou des tulipes, qui sont des ouvrages encore plus parfaits. Je dois remarquer à cette occasion, que dans l'Ouvrage que je viens de citer, je n'ai point regardé l'hystérolite comme une véritable coquille, & que j'ai paru douter si les glossopetres étoient en effet des dents de chien de mer; mais depuis la publication de ce Traité, j'ai été détrompé au sujet des hystérolites par une Dissertation de M. Verdries, & je suis revenu de mon sentiment sur les glossopetres par plusieurs témoignages, & sur-tout par un morceau que j'ai vu dans le Cabinet de M. le Docteur Buttner à Chemnitz, dans lequel une de ces glossopetres est encore attachée à un fragment de mâchoire. J'ajouterai aux raisons que je viens de rapporter, que souvent la substance de ces corps renfermés dans les pierres, n'est nullement altérée, & que par conséquent on ne peut point méconnoître leur origine : que quelquefois on ne trouve que des fragmens de ces corps, qui d'ailleurs sont amassés avec tant de confusion qu'on est obligé d'attribuer leur situation, non pas à un jeu de la Nature, mais à une révolution causée par une violence irrésistible. Sans parler de plusieurs autres circonstances, il paroît évident qu'on ne peut attribuer qu'au Déluge de Moyse une révolution qui a enseveli des végétaux & des animaux à une si grande profondeur dans le sein de la terre, & qui a, pour ainsi dire, changé le globe en un cimetiere commun aux productions du regne animal & du regne végétal, sur-tout puisque l'Histoire Naturelle nous apprend que ces sortes de substances se trouvent enfouies dans toutes les parties du monde.*

En voyant que les couches de Pyrites cuivreuses, qui sont quelquefois mêlées de Pyrites martiales, sont accompagnées de ces monumens du déluge ; comment peut-on croire que des mines semblables se trouvent dans les endroits où on les rencontre depuis le tems de la création ? Ne sent-on pas qu'il faut qu'elles s'y soient formées après coup ? Il y a trois circonstances sur-tout qui, si elles ne produisent point une conviction entiere, donnent au moins une très-grande probabilité à ce sentiment. La premiere est la disposition des couches de terre qui se trouvent, soit au-dessus, soit au-dessous de la Pyrite. J'en ai déja décrit quelques-unes sur le rapport de M. Mylius & de quelques autres Auteurs ; ces terres, selon leurs différentes natures, sont arrangées par lits, ou par bandes distinctes placées les unes sur les autres, de façon qu'on a lieu de présumer qu'elles ont été ainsi disposées par un mouvement horisontal

---

* Si on croit pouvoir regarder le déluge universel comme la cause des révolutions qui ont enfoui dans le sein de la terre les végétaux & les animaux qu'on y trouve, qu'on explique pourquoi ces animaux & ces végétaux examinés attentivement, sont tous différens de ceux qui sont actuellement propres à nos climats. Pourquoi trouve-t-on des ossemens d'éléphans en Sibérie ? Pourquoi trouve-t-on les empreintes de fruits & de plantes des Indes à S. Chaumont en Lyonnois ? Pourquoi nos coquilles fossiles ne sont-elles point les mêmes que celles de nos mers ? &c.

& d'ondulation, les plus baffes de ces couches se trouvent quelquefois à la profondeur de dix, de vingt, de trente toifes, & plus.; de forte qu'on ne peut point croire qu'elles aient été formées par de petites inondations particulieres, qui ne fe font étendues que fur un canton ; enfin elles nous font voir une féparation diftinéte du fol qui formoit la furface de notre globe avant le déluge, & qui a été arraché & mis à nud par la violence des eaux au commencement de cette inondation univerfelle. A cette premiere circonftance fe joint la nature de pierres que l'on trouve par lits ou par couches. Pour ne nous arrêter qu'aux ardoifes, dans lefquelles on a découvert jufqu'ici la plûpart des couches de Pyrites, il eft certain que l'on a lieu de croire qu'elles n'ont été d'abord que du limon ou de la vafe, qu'elles fe font durcies avec le tems, & ont été changées enfin en une pierre feuilletée : en effet, j'ai déja remarqué plus haut que les corps étrangers qui s'y trouvent, font voir évidemment que la denfité & la dureté que ces pierres ont préfentement, font des propriétés qu'elles n'ont pas toujours eues. La nature de l'ardoife alumineufe fur-tout, doit nous confirmer dans ce fentiment. Elle eft inflammable, & femblable à un limon gras, elle contient beaucoup plus de parties graffes que toutes les autres efpeces de pierres ; il y en a même qui mife au feu s'enflamme comme du fuccin ou comme du bitume, & qui en a l'odeur. Je crois enfin qu'on peut ajouter à ces circonftances que la pierre calcaire qui eft d'une nature faline plus que toute autre pierre, accompagne volontiers l'ardoife ; que la pierre à chaux, l'ardoife & le charbon de terre fe trouvent prefque toujours enfemble ; que quelquefois, comme nous en voyons l'exemple à Bottendorf en Thuringe, on trouve du véritable fel gemme mêlé avec la pierre calcaire ; enfin, que la mer eft toute remplie, fur-tout dans le fond, de parties falines & bitumineufes, c'eft-à-dire, fulfureufes, & qu'outre cela le fel & le foufre, le fel & la terre peuvent aifément fe transformer les uns dans les autres. Ne feroit-on pas autorifé à conclure de-là que l'on doit regarder la mer comme la caufe commune, de la compofition & de la fubftance, auffi bien que de l'arrangement des ardoifes, du charbon de terre & des pierres à chaux ?

Si on n'a nulle raifon pour croire que l'origine des mines par couches remonte au tems de la création, on en aura encore moins pour les regarder comme des débris & des fragmens ainfi difpofés & amaffés par le mouvement des eaux ; puifque non-feulement ces couches ont de la continuité, lors même qu'elles font traverféés par des veines de fpath, par des fentes & par d'autres fubftances foffiles, mais encore parce que la mine s'y trouve quelquefois divifée en rameaux fi déliés, qu'on ne peut point concevoir qu'elle ait été ainfi formée. Le déluge n'a fait qu'en former la bafe, en dépofant des amas de terres immenfes ; ces terres étant venues à fe durcir, fe font remplies de crevaffes & de fentes, parce que leur tiffu étoit par fa nature lâche, fpongieux & pénétrable ; ces crevaffes & ces fentes ont fourni des paffages & de l'efpace aux exhalaifons ou émanations minérales, qui ont trouvé dans la terre une matrice bien préparée à les recevoir ; & la Nature qui avoit befoin de beaucoup de tems pour achever cette formation, n'a rien trouvé qui l'empêchât d'en employer autant qu'il lui en falloit. Mais me demandera-t-on peut-être : pourquoi n'a-t-elle pas produit dans ces endroits toute autre mine que la Pyrite, & sur-tout que la Pyrite cuivreuse ? Je pourrois me dispenser de répondre à cette question, car on sçait qu'il est rare, ou peut-être impossible de découvrir les causes premieres ; cependant on me permettra de placer ici les réflexions suivantes.

Nous trouvons des amas de terres & de pierres, & des mines par couches ou par lits ; nous avons par-tout des preuves convaincantes pour les premieres, dans les glaisieres & autres couches de sable & de terre, dont j'ai déja eu occasion de parler. Les couches de pierres nous sont moins connues que celles des terres, parce que leurs bancs commencent ordinairement à une profondeur, où les gens qui auroient des moyens de les examiner, ne sont guères tentés de descendre ; à l'égard des récits que nous font les ouvriers des mines, on ne peut pas trop y compter, & l'on est trop paresseux pour les vérifier : il est vrai que nous remarquons des lits ou des bancs, très-distincts dans les carrieres ou dans les masses de pierres, qui se montrent à la surface de la terre ; mais ordinairement ces lits sont de la même espece de pierres ; ce ne sont ni leurs différentes couleurs, ni leurs différentes natures qui produisent ces différentes couches ; s'il y a des séparations & des feuillets dans ces pierres, ce ne sont les effets que des fentes qui s'y trouvent ; les masses de pierres de ce genre depuis la partie qui est immédiatement au-dessous de la terre végétale jusqu'à leur plus grande profondeur, ne sont composées que d'une roche grise mêlée de particules de mica, qui dans ses bancs supérieurs ou inférieurs, ne different tout au plus que par le plus ou le moins de dureté ; il y a aussi des couches qui different par la couleur, & par conséquent par le mélange de quelque substance étrangere ; d'autres varient pour la substance même, c'est-à-dire, par leur combinaison intime. En effet, on trouve alternativement des couches de pierres de taille, de grès, de pierre à chaux, &c. Mais il ne faut pas borner nos recherches à la seule connoissance de ces vastes couches de terres & de pierres, qui occupent des plaines & des montagnes entieres ; il faut encore faire attention aux différentes couches plus petites, ou veines, qui traversent ces grands bancs.

Nous avons un exemple remarquable de ces petites vénules qui forment, pour ainsi dire, des couches en miniatures, dans une carriere que l'on appelle *carriere de jaspe* ou *carriere de corail*, que nous avons en Misnie aux environs de Freyberg. On y trouve 1°, du spath blanc fort pesant ; 2°, du crystal de roche ; ces deux couches ont ensemble un ou deux pouces d'épaisseur ; 3°, de l'améthyste ; 4°, du crystal de roche, ou du quartz ; 5°, du jaspe ; 6°, du crystal de roche ; 7°, du jaspe ; 8°, du crystal de roche ; 9°, du jaspe ; 10°, du crystal, (ces huit dernieres couches n'ont quelquefois chacune que l'épaisseur d'un fil, & toutes ensemble n'ont souvent que trois lignes d'épaisseur, cependant elles sont parfaitement distinctes) ; 11°, du jaspe d'un rouge-clair ; 12°, du jaspe d'un rouge-foncé ; 13°, de la calcédoine ; 14°, du jaspe ; 15°, de la calcédoine ; quelquefois même ces deux dernieres pierres se succédent encore une fois ou deux alternativement ; enfin, 16°, du quartz dur. Les six ou huit dernieres couches deviennent plus fortes, & l'épaisseur du jaspe va quelquefois au-delà d'un pouce. Je dois faire observer, premierement, que ces couches, dont l'assemblage présente un coup d'œil très-agréable, sont si étroitement liées qu'on a moins de peine à casser la pierre transversalement, que suivant la direction de ces couches : en second lieu, ces couches ne se trouvent point jointes ensemble comme des feuillets, mais elles sont, pour ainsi dire, engraînées les unes dans les autres, par le moyen de petits cercles semblables à des pois qui seroient placés les uns à côté des autres, de sorte que depuis la couche de jaspe, qui est la plus épaisse, on voit ces especes de petits mammelons se continuer très-distinctement jusques dans la plûpart des couches supérieures, où cependant elles finissent par se perdre peu-à-peu : cette pierre se sépare aussi un peu plus aisément dans le sens des couches, dans l'endroit où se trouve cette même couche de jaspe, & où elle est la plus épaisse, ainsi que la couche de calcédoine ; comme dans ce même endroit on n'apperçoit dans la pierre que des mammelons ou de petites éminences arrondies, semblables à de petits globules, qui auroient été tranchés, placés les uns près des autres, & dont la concavité est dans la calcédoine, on lui donne ordinairement dans ce pays le nom de pierre de *corail*.

La couleur violette de l'améthyste & la couleur d'un rouge de corail qu'a le jaspe, couleurs qui se font sur-tout remarquer dans les différentes couches de cette pierre, me donnent occasion de continuer le fil de mes réflexions. Il est à présumer que c'est une substance métallique qui a coloré cette améthyste & ce jaspe : je ne sçais si c'est l'or qui a coloré la premiere ; cependant jusqu'ici on ne connoît que ce métal développé par l'étain, qui puisse donner une couleur violette à du verre lorsqu'on veut contrefaire l'améthyste *. Je connois encore un procédé, au moyen duquel on peut, sans le secours de l'étain ni d'aucune autre substance minérale & métallique, à l'aide d'un certain sel, tirer cette couleur de l'or, la communiquer, l'incorporer & la faire tenir dans de l'eau de fontaine, & par-là rendre ce métal vraiment *potable*, puisqu'il est parfaitement doux au goût. A l'égard de la couleur rouge du jaspe, je ne sçais si je dois l'attribuer au fer, vû que la couleur de la terre de ce métal en approche beaucoup, ou si je dois l'attribuer encore à l'or, soit tout seul, soit combiné avec d'autres substances ; l'un ni l'autre de ces sentimens n'ont rien d'absurde ou de contraire à la Nature.

Je ne parle ici que par conjecture ; puisque l'analyse la plus exacte ne fait trouver ni de l'or ni aucun autre métal dans les améthystes, les quartz, les crystallisations ou *fluors* : il en est de même quand on fait l'analyse des pierres factices ou des verres colorés ; on n'y découvre

---

* En mêlant une grande quantité de manganèse, qui est une substance ferrugineuse, avec du verre, on peut aussi lui donner une couleur violette.

point une portion de métal sensible, & qui fasse la moindre impression
sur la balance d'essai la plus exacte ; ce qui vient de la prodigieuse division
où est le métal, & de la ténacité & solidité du verre qui tient ses parties
enveloppées. Cependant les opérations de l'Art peuvent rendre ces
conjectures très-vraisemblables ; en effet, la couleur pourpre qui se tire
de l'or, ou l'or précipité par l'étain, donne au verre ou même à l'eau,
une couleur violette & non une couleur d'un rouge de rubis, que
quelques-uns recherchent ; & l'on doit considérer que dans la Chymie,
aussi bien que dans la Physique, les preuves tirées de la composition d'un
corps sont toujours préférables à celles que l'on tire de sa décomposition.
Quoi qu'il en soit, les différentes couches de la carriere de jaspe que je
viens de décrire, montrent toujours de la diversité, sinon dans les combinaisons intimes, du moins dans les degrés de la coction & de la maturation des matieres dont la pierre est composée ; ces couches n'ont
point été formées par des dépôts extérieurs, & de la maniere que les
eaux placent de tems à autre des bancs de sable & de terre les uns sur les
autres ; puisque cette pierre se montre à la surface de la terre, il a fallu
qu'elles se formassent d'elles-mêmes & d'un mêlange inconnu de parties
terreuses, mûries & élaborées par la chaleur, l'humidité, l'air & les autres
agens, tant souterreins qu'extérieurs, & qu'elles prissent les variétés qu'on
y remarque par une espece de précipitation : en effet, il est impossible de
concevoir que ces couches colorées aient pu être formées par une inondation même particuliere ; la roche qui les contient s'enfonce trop avant
dans la terre, & s'étend tellement en largeur, qu'on l'apperçoit dans les
ornieres des chemins à près d'une lieue à la ronde, & quoiqu'à sa partie
supérieure qui se montre au jour, elle soit remplie des couches colorées
dont nous avons parlé, cette partie est peu de chose en comparaison
de la masse totale de cette roche ; ainsi il y a apparence que ces couches
colorées tirent leur origine du sein de la terre ; & l'on pourroit peut-être
attribuer, ou au moins comparer leur formation à une fermentation, dans
laquelle les sucs minéraux auroient produit des bulles & de petits mammelons ; & lorsque la fermentation a été achevée, une portion des matieres
les moins parfaites se sont précipitées comme une espece de lie, une
portion s'est arrêtée à la partie supérieure, & les substances les plus parfaites qui occupoient le milieu se sont réunies, en laissant pourtant encore des séparations entre elles ; d'ailleurs il n'est point absurde de croire
que dans l'adolescence de notre globe, les parties que nous trouvons
aujourd'hui si dures & semblables à des os, aient été plus tendres, &, pour
ainsi dire, plus charnues.

Mais pour ne point trop nous écarter de notre sujet, il faut d'abord
distinguer les couches qui ont été formées tout d'un coup par les eaux
du déluge, de celles qui se sont formées peu-à-peu d'elles-mêmes, soit
devant, soit après cette grande révolution. Les premieres sont ou des
terres ou des sables, qui n'ont pas encore souffert de changement ; ou
bien ce sont des terres ou des sables qui ont été pétrifiés ; tels sont sur-
tout l'ardoise & le grais. On doit regarder comme des couches de la

derniere efpece, les bancs de pierre qui font immédiatement au-deffous de la terre végétale, & que l'on nomme *gemff* en Allemand, ceux du roc vif qu'on nomme *knaver*, fur-tout ceux qui font de la même nature que la roche qui eft à la plus grande profondeur de la terre, onpeut encore leur joindre les fucs minéraux qui ont été fluides, & qui fe font pétrifiés par la fuite ; on peut du moins adopter ce fentiment jufqu'à ce qu'on ait des preuves que ces pierres ainfi formées doivent leur origine au déluge, dont les ouvrages font ordinairement caractérifés par des ruines & par le defordre. Nous parlerons par la fuite de la feconde efpece de ces couches, qui n'eft point actuellement de mon fujet : quant aux premieres ; la queftion qui a déja été faite, vient encore fe préfenter, & on demandera pourquoi les couches formées par le déluge contiennent de la Pyrite, & fur-tout de la Pyrite cuivreufe par préférence à toute autre mine, je ne dis point uniquement, mais le plus communément ? Il eft vrai que cette queftion doit paroître prématurée, vû que la terre n'a point encore été fuffifamment fouillée, pour établir une regle auffi générale, & qu'on n'eft point encore fûr qu'elle ne fe démentira jamais. Cependant toutes nos expériences s'accordent à prouver que l'on ne trouve jamais que de la Pyrite dans l'ardoife, & que fi on y rencontre quelquefois de petites vénules, ou de petits grains épars de mine de plomb d'une mauvaife qualité, on ne doit point y faire attention, puifqu'il ne s'agit ici que des couches principales, dont on doit parler comme des filons. En effet, a-t-on jamais découvert une couche d'ardoife dont la mine de plomb fît la partie principale ; de façon que la Pyrite, ou ne s'y trouvât point du tout, ou ne s'y trouvât qu'accidentellement, comme on fçait que cela arrive dans les filons qui s'enfoncent profondément en terre ? A-t-on jamais oüi dire qu'on eût trouvé dans l'ardoife des mines de métaux précieux, telles que la mine d'argent rouge & blanche, du cobalt & du bifmuth, de la mine d'argent vitreufe, à moins que ce ne fût dans des filons qui traverfoient les couches de cette pierre ? N'eft-il pas très-rare d'y trouver de l'argent natif, & encore ne l'y trouve-t-on jamais que par petits feuillets extrêmement minces ? Y a-t-on jamais rencontré de la mine d'étain ? Des circonftances de cette nature méritent notre attention, & feroient dignes d'être examinées, quand même on ne pourroit pas fe flatter d'en découvrir les caufes.

La Pyrite eft principalement une combinaifon de fer & de foufre ; nous voyons donc que l'ardoife a du moins beaucoup d'analogie avec ces deux principes effentiels de la Pyrite : fi elle ne contient déja formellement l'un & l'autre de ces principes, il n'y a pas de pierre qui contienne auffi abondamment qu'elle la fubftance graffe & inflammable du foufre : quelquefois même cette fubftance fulfureufe fait la plus grande partie de fon volume, comme le prouvent l'odeur, le goût & l'infpection feule du fchifte ou de l'ardoife alumineufe, de l'ardoife qui accompagne le charbon de terre, & des autres fubftances femblables qui font bitumineufes & noires, & qui font de la nature du fuccin. Quant au fer, toutes les terres graffes font propres à le produire ; il peut même fe produire de

toute

tout autre terre propre à être combinée d'une maniere convenable avec
le phlogistique ; comme j'ai déja fait remarquer plus d'une fois que la
préfence de ce métal se manifeste dans toute la Nature, on ne doit point
être surpris de le trouver dans l'ardoise, il feroit au contraire étonnant
qu'il ne s'y trouvât pas. Le fer est la premiere forme métallique qu'on
puisse faire prendre facilement & promptement à une terre : nous voyons
par la détonation du fer avec le nitre, qu'il y a beaucoup de rapport entre
ce métal & la terre inflammable. Il est constant que parmi tous les minéraux & métaux, le soufre & le fer font, à tous égards, les principales
substances intermédiaires ; de sorte que si l'on vouloit attribuer au Créateur la production immédiate de quelque minéral ou de quelque métal, il
y auroit lieu de préfumer que c'est préférablement le fer & le soufre.

Enfin la Pyrite cuivreuse dans sa mixtion fondamentale est-elle autre
chose qu'une Pyrite ferrugineuse ? Et quand même l'abondance du cuivre, dont la quantité peut quelquefois faire près de la moitié du volume de la mine, lui feroit perdre le nom de Pyrite ferrugineuse, soit
avec raison, soit conformément à l'usage, il n'en feroit pas moins vrai
que le cuivre ne se trouve qu'accidentellement dans ces Pyrites. En effet,
les Pyrites de Hesse, de Boll, d'Altsattel, de Toeplitz, &c. nous font
voir qu'il y en a où le fer se trouve sans cuivre, tandis qu'on n'en a jamais trouvé qui continssent du cuivre sans fer : quand même on voudroit
encore refuser de se rendre à cette preuve, on sera toujours obligé de
convenir qu'il n'y a pas de corps qui ait plus d'affinité avec le fer que le
cuivre. On connoît assez de filons de Pyrite cuivreuse qui ne contiennent
pas la moindre trace d'une autre mine, pas même de mine de plomb ;
mais on n'a jamais vu de filon métallique qui ne fût mêlé ou accompagné
de quelque autre substance minérale, & qui fût entiérement dépourvu de
Pyrite. Souvent le fer & le cuivre font si étroitement unis, qu'il n'y a pas
moyen de les séparer l'un de l'autre ; les Intéressés des mines de Strass-
berg au Hartz inférieur, en font la fâcheuse expérience : on dit qu'ils
ont plusieurs centaines de quintaux d'un cuivre noir qui contient près de
cinquante-six livres de cuivre de rosette & deux onces d'argent au quintal, qu'ils ne peuvent bonifier, parce qu'il est impossible de séparer de la
mine de cuivre une mine de fer grise qui contient environ trente livres
de ce métal, & qui rend le cuivre ferrugineux & d'une mauvaise qualité.

Le cuivre & le fer contiennent enfin plus de phlogistique qu'aucun
des autres métaux, sans même en excepter le bismuth, le zinc, le régule d'antimoine, ni même l'étain qui semble tenir beaucoup de la nature des demi-métaux ; j'omets un grand nombre d'autres phénomenes
qu'il seroit trop long de rapporter ici.

Pour jetter plus de jour sur la question que nous venons d'examiner,
on pourroit en faire une autre, & demander pourquoi on ne trouve pas
également des Pyrites dans le grès, dans la glaise & dans d'autres couches qui, comme l'ardoise, doivent leur formation aux eaux du déluge. Je réponds encore à cela que pour pouvoir former des questions
de cette nature, il faudroit avoir suffisamment fouillé dans le sein de la

terre, au point de pouvoir affurer positivement qu'il ne s'y trouve rien. Dans la fameufe carriere de grès que l'on travaille à Pirna, le travail n'a pas encore été pouffé jufqu'à la profondeur la plus ordinaire des mines ; & il n'y a pas même d'apparence qu'on y parvienne de fi-tôt : croit-on qu'à Eifleben & à Manebach, il foit auffi facile de détacher la mine qu'il l'eft de tirer des pierres d'une carriere ? Et après tout, quelqu'un s'eft-il jamais avifé de fuivre les indices qui probablement ont dû fe montrer dans le grès de Pirna ? N'eft-il pas honteux pour nos Phyficiens que jufqu'ici aucun d'entre eux n'ait entrepris d'examiner & de décrire cette carriere fi finguliere, qui eft la feule de fon efpece en Allemagne, & qui n'a peut-être que fort peu de pareilles dans l'univers * ? Mais peu de gens ont à cœur le bien-être de leur patrie, la connoiffance de la Nature & les progrès de l'Hiftoire Naturelle : quand des Etrangers qui s'appliquent à l'étude de la Nature, & qui voyagent fouvent exprès pour voir ce que nous avons dans nos pays, nous demandent les détails fondés fur des obfervations exactes ; n'eft-il pas honteux de n'avoir rien à leur préfenter ? Les pierres que l'on emploie pour les bâtimens, devroient déja fournir matiere aux obfervations, & exciter à porter l'examen plus loin. A l'égard des couches de glaife, nous les abandonnons ordinairement au Payfan, qui n'ayant d'autre foin que de trouver promptement ce dont il a befoin, ne penfe guères à faire des recherches ; cependant il n'eft point rare de voir qu'il furpaffe les Sçavans dans la connoiffance des chofes naturelles dont il eft obligé de fe fervir ; fi par hafard d'autres perfonnes ont befoin de cette terre pour faire de la brique ou des tuiles, on fe garde bien de fouiller trop avant ; nos murailles & nos toîts feroient bientôt percés de tous côtés, fi la terre que l'on emploie à ces ufages contenoit de la Pyrite.

Quand même les foibles connoiffances que nous avons acquifes jufqu'à préfent, fuffiroient pour établir que l'ardoife a par-deffus toutes les autres couches formées par les eaux, le privilége de contenir la Pyrite, il ne feroit pas fort difficile de rendre raifon de cette différence. J'ai déja fait remarquer plus haut que les deux fubftances qui conftituent la Pyrite, c'eft-à-dire, une terre graffe propre au foufre, & une terre fubtile propre au fer, appropriées à la formation d'une Pyrite, non feulement fe trouvent dans l'ardoife, fur-tout la premiere, mais encore y font plus abondantes que dans la glaife & dans le fable ; outre cela, les matrices des mines ne font pas de fimples réceptacles, il faut encore que leur

---

* La carriere dont parle M. Henckel, a été décrite depuis par M. Helck : fa defcription a été inférée dans les Tomes IV. & VI. du *Magazin de Hambourg*. Cette pierre eft un grès compofé de plufieurs couches fort épaiffes, qui varient pour la liaifon & pour la fineffe du grain. M. Helck y a trouvé des coquilles pétrifiées, & fur-tout des bivalves de toute grandeur. On y a trouvé, fuivant le même Auteur, une étoile de mer pétrifiée, de l'efpece que l'on nomme *tête de Médufe*, qui fe conferve à Drefde dans le Cabinet d'Hiftoire Naturelle du Roi de Pologne, Electeur de Saxe. On rencontre auffi dans ce même grès des corps cylindriques pétrifiés qui reffemblent à des rameaux d'arbres. M. Helck a de plus obfervé dans cette pierre des cavités ovales remplies d'une fubftance noire : il conjecture que ce font des débris de poiffons qui ont été renfermés dans ce grès. Voyez le *Magazin de Hambourg*, Tome IV. & VI.

matiere ait une certaine aptitude, c'est-à-dire, que les exhalaisons qui portent le germe ou la semence des métaux & des minéraux, ne suffisent point pour produire une mine ; il faut encore que la matrice, où cette mine doit être formée, fournisse des matieres appropriées, & qu'elle les porte par les exhalaisons au-devant de celles qu'elle doit recevoir, afin que les parties qui ne sont que passives, soient mises en action par celles qui sont actives, & pour qu'il résulte une nouvelle substance de leur combinaison. Il est vrai qu'il se trouve dans la glaise une substance onctueuse, dont il peut se former du fer, & dont il s'en forme en effet ; mais elle n'y est point en assez grande quantité pour que le fer puisse prendre la forme d'une Pyrite, c'est-à-dire, d'un corps où le soufre abonde.

Dans le grès, les parties de la masse totale sont déja si éloignées de la nature d'une terre, & tellement dans l'état d'une pierre, qu'il est presque impossible qu'elles puissent s'éloigner davantage de la forme de terre, d'où doit nécessairement partir la formation de toute mine & de tout métal. Le grès n'est composé que de grains de sable qui ne sont autre chose que des petits cailloux, c'est-à-dire, des corps rapprochés, condensés & durcis au point qu'ils sont incapables de devenir des matrices, parce que les exhalaisons les plus efficaces ne peuvent plus mettre leurs parties amorties en mouvement. Il est vrai qu'on pourroit m'objecter ici que les *salbandes* ou lisieres, qui bordent les filons des mines, sont ordinairement formées de silex ou de quartz, & souvent même d'une pierre encore plus dure, qui est celle qu'on nomme *pierre cornée* ; mais les choses qui se trouvent à côté les unes des autres, ne sont point produites nécessairement les unes des autres, & peuvent avoir été formées ou successivement, ou en même tems. Il faudroit sur-tout examiner si du tems que les mines ont commencé à se former, ce quartz & ces pierres cornées qui en forment aujourd'hui les lisieres, étoient déja des corps compactes & solides, tels qu'ils le sont actuellement ; ou si pour pouvoir servir de matrices, ces pierres n'étoient point alors d'une consistence fluide, tendre, & capable non-seulement de recevoir & de s'incorporer avec les exhalaisons qui devoient former la mine, mais encore de fournir matériellement quelque chose à la minéralisation. Je ne vois point que l'on ait raison de trop insister sur le premier sentiment. On est obligé de convenir que la dureté n'est point une propriété originaire & donnée par la création aux substances de notre globe, & que quelques-unes n'ont acquis cette qualité qu'après coup ; d'un autre côté, on ne peut nier que les métaux ne contiennent une substance de la nature du caillou, du quartz, du sable, des pierres, qui se vitrifie, & qui n'est autre chose que la premiere terre de Bécher, c'est-à-dire, la terre vitrescible.

Enfin, en traitant des Pyrites qui doivent leur origine aux effets produits par le déluge, une chose très-remarquable, c'est qu'on trouve ce minéral formé par des exhalaisons sur des corps entiérement étrangers au regne mineral, & qui ne lui sont nullement propres. Une mine demande de la pierre, la pierre demande de la terre, & le bois n'a pas encore été changé en terre, cependant il est constant que nous avons des exemples de mines formées fur du bois ; j'en ai vu moi-même chez des Curieux ; & différens Auteurs, dignes de foi, l'affirment pofitivement. M. Lichtwer, Sécretaire du Confeil des mines, à qui le Roi dé Pologne a confié l'infpection de fon Cabinet de minéraux à Drefde, eft en état de montrer un morceau de bois d'environ un pouce de longueur, fur autant de largeur, où l'on voit de la mine de plomb & de la blende, non-feulement attachées à la furface, mais qui ont pénétré jufques dans les moindres fentes. Ce morceau a été trouvé à Schwartz en Tyrol en 1658. Il faifoit partie d'un vieux poteau de la porte des galleries d'une mine qu'on exploitoit autrefois ; c'eft véritablement du bois qui fans avoir été pétrifié commençoit à fe pourrir, mais la mine y étoit fi étroitement unie, qu'on ne peut foupçonner aucune fupercherie, ni rien d'artificiel dans ce morceau fingulier.

Cet exemple m'a excité à en chercher d'autres, ou du moins à m'informer fi l'on ne trouvoit pas de la mine fur des corps qui fuffent pareillement étrangers au regne minéral, mais qui approchaffent plus que le bois de la nature de la pierre, & par conféquent fi on en avoit jamais rencontré fur des coquilles qui n'euffent point été pétrifiées préalablement ; car pour celles qui font pétrifiées, les coquilles foffiles que l'on trouve à Bofl dans le pays de Wirtemberg, fuffifent pour lever toute incertitude à cet égard. Il eft vrai que j'ai vu des coquilles qui avoient été trouvées à Wierau en Ofterlande, à une lieue de Neuftadt fur l'Orla, dont les cavités qui étoient remplies de grès, contenoient de la mine de plomb affez fortement attachée aux parois de l'écaille qui y tenoit encore, & qu'on pouvoit détacher du grès ; mais il m'a femblé que cette écaille n'étoit plus dans l'état naturel d'une fubftance animale, & qu'elle avoit été pétrifiée.

Au refte, il eft encore plus ordinaire de trouver de la mine dans du bois pétrifié, ou du moins dans du bois changé en charbon de terre. M. Mylius, entre autres, rapporte que l'on en a trouvé au Bailliage de Tifebach dans le Comté de Henneberg, qui étoit tout rempli de marcaffites ; il ajoute que l'on en a découvert encore en creufant des puits à Leipfick & à Bitterfeld. Voyez *Saxonia fubterranea, part. I. pag.* 62. Mais dans ces exemples, les coquilles ou le bois avoient tellement changé de nature en devenant des pierres, qu'ils ne peuvent plus être regardés comme des fubftances du regne végétal ou du regne animal. Quoiqu'il foit très-fingulier de rencontrer de la mine de plomb avec ces foffiles, il n'eft pas moins rare de trouver cette même mine dans du grès : on n'a pas encore découvert d'exemples convaincans & décififs, qui prouvent que la Pyrite & d'autres mines fe trouvent fur des reftes du déluge, qui n'ont point éprouvé d'altération ; il peut fe faire qu'on en découvre par la fuite. En effet, le morceau de bois chargé de mine de plomb, dont j'ai parlé, a été découvert depuis très-peu de tems ; de plus, l'expérience nous apprend que parmi les corps entraînés & enfévelis par le déluge, il y en a un affez grand nombre qui ont confervé fans altération la nature des regnes auxquels ils appartenoient. Il eft vrai que ces corps, sur-tout ceux du regne végétal, sont d'un tissu si facile à changer & d'une composition si chargée d'eau, qu'ils ne peuvent guères rester long-tems sans se pétrifier, ou sans se réduire en terre ou en poussière ; cependant on trouve dans quelques endroits que leur substance a été préservée de corruption ; que les ossemens & les coquilles n'ont subi tout au plus qu'une calcination, ou quelque chose d'approchant, & que le bois n'a souffert qu'une grande dessiccation. Outre cela, j'ai trouvé moi-même des substances du regne animal, qui prouvent très-clairement que les corps de ce regne, sans avoir été pétrifiés & dans leur état naturel, sont très-disposés à souffrir que la Pyrite se produise sur eux, & sont même plus propres à recevoir les exhalaisons minérales que les corps du regne végétal.

Je vais actuellement prouver que la Pyrite, indépendamment du déluge, a pu se former par la suite des tems, & se forme encore journellement. Je ne prétends point parler ici des filons capitaux & entiers ; cependant il y a bien des raisons pour croire que parmi les filons il s'en trouve dont l'origine ne remonte point jusqu'à la création du monde. Notre globe étant sujet à des révolutions continuelles & à des secousses très-violentes, il a dû nécessairement se faire un grand dérangement dans les mines, & se former des fentes dans les rochers, comme cela arrive encore tous les jours ; par conséquent il est très-probable que ces cavités se sont remplies & se remplissent encore de nouveau, & que dans de certains endroits, il s'est produit récemment, & il se forme encore actuellement des mines. Mais je ne veux pas faire valoir des probabilités ou de simples possibilités, tandis que nous avons tant d'autres preuves qui doivent convaincre évidemment que la minéralisation s'opere encore actuellement dans notre globe.

1°. Que l'on jette les yeux sur les incrustations calcaires, entremêlées de mine de plomb & de Pyrite, que l'on trouve dans les souterreins des anciennes mines à Freyberg, & ailleurs, dans des grottes, & même à la surface de la terre : les personnes qui aiment à parler avec exactitude, entendent par incrustations les terres qui après avoir été dissoutes & délayées par les eaux, suintent par les fentes des rochers, ce qui leur a fait donner en Allemand le nom de *guhrs* * ; après quoi elles s'épaississent, elles deviennent visqueuses & tenaces, à mesure que les eaux s'en dégagent ; elles acquierent la consistence & la dureté d'une pierre, elles forment des pointes semblables à des glaçons, ou bien elles restent visqueuses & grasses au toucher comme du beurre, selon la diversité des tems, des lieux, de la terre même qui les compose, & d'une infinité d'autres circonstances qui nous échappent quelquefois entiérement. Les *guhrs* ou incrustations de la derniere espece, sont ordinairement d'une couleur d'ochre jaune ou brune ; il y a lieu de croire qu'elles ont été produites par la terre métallique de quelques Pyrites qui se sont décomposées en d'autres endroits ; cette terre ayant été extrêmement atténuée & rendue légere par la dissolution, est non-seulement entraînée avec facilité par

* Le mot Allemand *guhren* signifie *sourdre*, sortir de terre comme les eaux.

les eaux au travers des fentes , & coule le long des parois des souterreins,
mais encore elle s'éleve & est portée à la surface de la terre , comme
nous en avons des preuves dans la plûpart des eaux minérales. Les incrustations de la premiere espece, dont la couleur approche plus que celle
de la derniere de la blancheur du spath, qui est une pierre calcaire, sont
moins communes. Je présume qu'elles sont produites par une pierre qui ,
si elle n'est point une pierre à chaux, ou du gypse tout pur , en approche
du moins beaucoup. Ce ne peut point être du quartz, ou une autre pierre
de cette nature ; on peut s'en convaincre par leur décomposition : en
effet, en les faisant rougir au feu , & en en faisant l'extinction dans l'eau,
on sent une odeur lixivielle , on voit qu'elles tombent par morceaux, &
qu'elles sont devenues d'une très-grande blancheur, de sorte qu'on ne
peut pas douter de leur origine. On peut aussi s'en convaincre par leur
composition : en effet , nous voyons entre autres à notre grand aquéduc
de Halsbruck , que les eaux qui pénetrent les voutes & les murailles, en-
levent insensiblement la chaux , & la déposent ensuite en forme de lames ou de stalactites , en d'autres endroits des voutes & des murs ; cependant il y a cette différence, qu'une incrustation formée ainsi à la surface de
la terre , dans les endroits même qui paroissent le mieux fermés , mais
qui ne le sont jamais assez pour empêcher l'air d'y entrer, n'acquiert pas
la consistence & la dureté de celles qui se trouvent dans des lieux souterreins ou des mines abandonnées & comblées , qui ne sont pas immédiatement exposées à l'action de l'air.

Ce sentiment sur l'origine des deux especes de stalactites ou d'incrustations, devient encore plus probable quand on considere que celles qui
sont blanches, semblables en cela à la chaux, acquierent aisément la nature d'une pierre , & que les jaunes au contraire qui sont métalliques, ne
prennent point la même consistence. Cependant il faut remarquer que les
belles incrustations argilleuses & talqueuses , sur-tout celles que l'on
trouve dans les mines de Weissenborn , font une exception à cette regle ;
elles ne deviennent point dures comme de la pierre , mais aussi leur couleur est-elle plutôt d'un gris-argenté que d'un blanc de chaux. En un mot,
les incrustations sont ou argilleuses , & tirent leur origine d'une argille ,
ou métalliques , & sur-tout ferrugineuses, ou calcaires & pétrifiables ; c'est
de cette derniere espece que nous voulons parler ici. Cette espece d'incrustation connue sous le nom de *stalactite* ou de *stalagmite* , & fameuse
par les descriptions de la grotte de Baumann, n'est point rare dans les
mines, quoiqu'ordinairement on n'y fasse guères d'attention ; cependant
il ne s'en trouve dans nos cantons nulle part en si grande quantité que
dans la mine qui porte le nom de l'*Ascension de Jesus-Christ* : il n'est pas
étonnant qu'elle soit rare ; car pour qu'elle puisse se former , il faut non
seulement des galleries de mines abandonnées , mais encore il faut des
eaux toutes particulieres. Dans la mine de Freyberg , dont je viens de
parler , on reconnoît sa nature si clairement , qu'il est impossible d'attribuer sa formation à la création. En effet , on trouve dans les fentes & aux
parois des souterreins , des endroits tout recouverts d'un enduit pierreux

qui reſſemble à une croute de glace ; & même , ce qui eſt plus merveilleux , on y voit un puiſard rempli d'eau , qui autrefois étoit entiérement
couvert d'une croute pierreuſe de l'épaiſſeur d'une lame de couteau ,
comme d'une glace mince ; cette croute s'y voit encore , quoiqu'à préſent elle ſoit détachée par les bords , elle ſe ſoutient & nage à la ſurface
de l'eau , parce que ſon plan qui eſt aſſez conſidérable , peſe de toutes
parts également , c'eſt pour cela qu'on a coutume de l'appeller *incruſtation
nageante.*

Ces ſortes d'incruſtations ou de concrétions ne ſe forment point , comme quelques perſonnes ont cru mal-à-propos , parce que les eaux ſe pétrifient ; ce ſont les terres charriées par les eaux qui prennent la conſiſtence
d'une pierre. On a trouvé des incruſtations de cette nature ſur leſquelles
il étoit venu ſe former de la vraie mine de plomb , de la même maniére
que l'on trouve des pierres chargées d'autres ſubſtances minérales qui
leur ont été apportées par les exhalaiſons ſouterreines : je poſſéde moi-
même quelques morceaux qui ſont dans ce cas ; & l'on ne peut douter
qu'il n'y en ait un grand nombre d'autres dans le monde. Je ne ſçaurois
exprimer la joie que j'ai reſſentie à la vue de ces ſortes d'incruſtations. Un
Curieux qui veut faire une collection de minéraux avec connoiſſance de
cauſe , doit néceſſairement avoir plus d'affection pour une choſe ſi ſingu-
liere , quelquefois même pour un ſimple morceau de roche , que pour une
mine d'argent rouge , pour une mine vitreuſe ou pour de l'argent natif. Si
pour être habile Minéralogiſte , il étoit néceſſaire de poſſéder des échantillons de mine riches ou d'une beauté extraordinaire , les pauvres Artiſtes employés dans les atteliers de Vulcain ſeroient fort à plaindre , & ſouvent le plus ſot l'emporteroit dans la connoiſſance de la nature ſur l'homme le plus pénétrant.

Souvent un rayon de lumiére qui nous éclaire dans les ténebres nous
fait découvrir des choſes qui étoient devant nos yeux ſans que nous les
connuſſions ; auſſi la découverte de cette incruſtation me mit-elle en état
de mieux conſidérer ce que je poſſédois dans ma propre collection , ce que
je voyois dans celles des autres & dans les ſouterreins même des mines.
Et quelque étrange que paroiſſe ce ſentiment , je vis par-tout des choſes
qui me convainquirent , qu'il ſe forme encore journellement des mines &
des Pyrites. J'ai ſous mes yeux une incruſtation remarquable tirée du fond
d'une mine à Hohenbircken , qui eſt actuellement entiérement inondée
par les eaux : il s'eſt formé par-deſſus de la mine de plomb cryſtalliſée ;
& par-deſſus cette mine de plomb , il s'eſt encore formé une nouvelle incruſtation , ſur laquelle on voit de la mine de plomb par petites maſſes détachées comme des boutons , qui font un effet très-ſingulier. J'ai auſſi des
incruſtations ſur leſquelles il s'eſt attaché de la Pyrite , & ſur-tout de celle
qui eſt cuivreuſe ; & je ne doute point qu'on ne faſſe un plus grand nombre de découvertes ſemblables , quand on commencera une fois à être
moins curieux de mines d'argent rouges ou vitreuſes & d'autres mines
précieuſes , & quand on ſe mettra à examiner avec plus d'attention , les
pierres & les mines communes que l'on a dédaignées juſqu'ici.

Ce qu'on vient de dire, suffira sans doute pour les personnes accoutumées à réfléchir sur les productions de la nature ; mais je crois qu'il est nécessaire que j'ajoute encore un mot en faveur de ceux qui ne font que commencer à étudier l'Histoire Naturelle. Dans quelque endroit du monde que l'on se trouve, on n'aura pas besoin d'aller bien loin pour découvrir des preuves que les incrustations & les stalactites se sont formées & se forment encore actuellement dans des lieux où il n'y en a point toujours eu. Il s'en produit au bout d'un certain tems dans toutes sortes d'ouvrages de maçonnerie, pour peu que le hazard y rassemble des especes de pierre & de chaux propres à produire cet effet, & pour peu que la situation aussi bien que la température de l'air y soient favorables. J'ai déja dit plus haut que dans notre aquéduc appellé *Halsbruck*, on voit des stalactites sous la forme de glaçons, suspendues aux voûtes ; & que les pierres qui sont au bas, en sont entiérement incrustées : en faut-il davantage pour prouver qu'il y a des incrustations & des stalactites, qui ne doivent pas leur origine à la création ?

Mais qu'avons-nous besoin de chercher des exemples rares & singuliers ? Ne sçavons-nous pas que les eaux donnent de la terre, & que c'est de la terre que se forment les pierres ? Si on se donnoit la peine d'examiner avec attention, combien n'en trouveroit-on point de preuves dans son voisinage, dans sa maison même & dans son champ ; enfin, dans les eaux qui déposent des terres & des pierres ? Sans avoir besoin d'aller visiter la grotte de Baumann, ou la caverne appellée *Nebelloch* *, fameuse par les prétendus spectres qu'on y voit : la source des eaux thermales de Carlsbade en Bohême, que tout le monde connoît, forme à l'endroit où elle sort de terre, un dépôt ou une pierre blanchâtre, mêlée de couleur de chair par dessous, & jaunâtre par-dessus ; ce dépôt de pierre est assez dur pour se travailler & prendre le poli comme du marbre ; & il se forme en si grande abondance que les habitans sont obligés de l'ôter de tems à autres, ce qui ne se fait jamais sans beaucoup de peine, parce que sans cela la source qu'ils ont intérêt de conserver, se boucheroit entiérement. A Merane, dans le comté de Schœnburg, il y a une carriere dans laquelle une eau semblable, produit le même effet à vue d'œil ; elle couvre en très-peu de tems les pierres sur lesquelles elle passe, d'une croute qui paroît être de glace ; & immédiatement au-dessous de la terre franche, on trouve des masses énormes d'incrustations. Les incrustations s'augmentent tant que les eaux continuent à leur apporter la terre dont elles se forment, & tant que le cours de ces mêmes eaux n'est point interrompu, comme cela arrive, soit lorsque la fente ou le conduit par où elles passent vient à se boucher tout-à-fait, soit par quelque autre accident.

L'accroissement des incrustations est démontré clairement par tous les exemples que je viens de rapporter, & sur-tout par celui de la pierre de Carlsbade, dont le volume augmente de jour en jour aux endroits où elle s'attache, & par les fentes & les grottes qui quelquefois se retrécissent ou même se bouchent entiérement. L'on conçoit sans peine que toute accrétion suppose un concours libre des matieres, & lorsque ce concours est inter-

* Cette Caverne est située en Souabe, dans le Duché de Wirtemberg.

rompu,

rompu, l'accrétion doit nécessairement cesser. On en voit entre autre un exemple dans des mines semblables à celle que j'ai dite avoir été tirée de la mine de Hohenbircken, où l'on remarque que les exhalaisons minérales qui ont formé la mine de plomb cubique, ayant cessé, les eaux ont commencé à recouvrir cette mine d'une incrustation ; mais leur cours ayant été interrompu peu de tems après, les exhalaisons minérales ont recommencé de nouveau à former de la mine par-dessus l'incrustation.

Je ne dois point obmettre de remarquer ici, que quoique l'accroissement de cette pierre se fasse par un dépôt successif des parties terreuses qui se dégagent des eaux, ces incrustations ne forment pourtant point des lits ou des couches ; par conséquent elles ne peuvent pas se fendre ou se partager en feuillets transversaux ; elles se rompent plus aisément de bas en haut, ou du haut en bas, & en les brisant on y apperçoit un tissu qui pourroit faire croire que leur accrétion s'est faite à peu près comme celle du vitriol satiné de Hongrie, c'est-à-dire, latéralement & par la *juxta-position* d'une infinité de petites fibres. A l'égard des incrustations qui se forment sur des ouvrages de maçonnerie, & par conséquent qui sont produites d'une chaux déja travaillée, elles se mettent par feuillets ; mais on sent qu'il ne seroit pas naturel d'en rien conclure pour celles qui doivent leur origine à une pierre à chaux brute & crue, & peut-être encore à quelque autre substance que nous ne connoissons pas. J'ai cru nécessaire de faire cette observation, afin que la pierre de Carlsbade ne fît point prendre une fausse idée des incrustations : il est vrai que cette pierre est composée de différentes couches, qui non-seulement se distinguent par leurs couleurs comme les rayes d'un étoffe ou d'un ruban ; mais encore qui se séparent assez facilement les unes des autres : il n'est pas douteux non plus, que ces différentes couleurs supposent quelque différence dans la composition, & que si l'on vouloit analyser séparément quelques-unes des couches principales, on y trouveroit de la différence au moins dans les proportions des matières ; mais il n'est pas possible que ces couches ayent été formées successivement comme celles de la terre, où tantôt une couche brune, tantôt une jaune, tantôt une blanche & tantôt une rougeâtre, se sont arrangées les unes dessus les autres ; il a fallu au contraire que les couches de cette incrustation se formassent d'elles-mêmes, quoique d'une manière différente, selon la variété des causes qui concourroient à leur formation, sur-tout suivant les variations de l'air extérieur, & par conséquent par une maturation, ou, si j'ose le dire, par une précipitation ou par un dépôt (*Subsidentiâ*). En effet, on doit considérer en premier lieu que les eaux thermales de Carlsbade, contiennent toujours les mêmes matières dans la même proportion, & que toutes les semaines ou tous les mois elles ne se chargent point d'une terre différente ; outre cela, sans admettre quelque cause extérieure & accidentelle, on ne peut concevoir d'où peut venir une variété qui est si régulière & si constante. Car, ces couches conservent leur couleur comme les fils d'une étoffe rayée d'un bout à l'autre, elles ne sont jamais plus larges dans un endroit que dans un autre ; enfin, pourquoi la pierre que ces eaux déposent dans l'intérieur de la terre

T

& dans des endroits couverts differe-t-elle de celle qui fe forme à l'air libre & dans les réfervoirs? & pourquoi dans le premier cas eft-elle blanche & rougeâtre , & dans le dernier eft-elle jaune & brune , au point qu'elles different fi fort , qu'en les voyant toutes les deux dans une collection , on ne foupçonneroit jamais qu'il y eût aucun rapport entre elles ?

Mais il faut fortir d'une digreffion , où je me flatte pourtant que l'on aura trouvé des obfervations dont on fentira l'utilité en tems & lieu ; & pour ne pas m'arrêter davantage fur la maniere dont fe produit la pierre de Carlfbade , qui eft formée en effet par incruftation ; je répete que les incruftations pierreufes qui fe forment dans les fouterreins des mines anciennement travaillées , ne fe partagent point par feuillets ou par couches , d'où je conclus , premiérement , que leurs parties terreufes font liées le plus étroitement qu'il eft poffible : en fecond lieu , que pour être fufceptibles de cette liaifon , elles ont été atténuées & divifées dans l'eau , de la même maniere que les fels qui fe diffolvent plus parfaitement qu'aucune autre fubftance dans la nature , & qui furpaffent auffi dans leur cryftallifation ou incorporation tout autre fubftance par l'uniformité de leur tiffu.

C'eft fur ces incruftations récemment formées & qui ne font point dues à la création , que l'on rencontre de la mine de plomb & de la Pyrite martiale & cuivreufe. Pour prévenir un doute que mes Lecteurs pourroient fe former , je dois remarquer que ces mines n'y ont pas été portées par alluvion & qu'elles n'ont pas été fimplement collées fur ces incruftations , mais qu'elles y ont été portées par des exhalaifons minérales. En effet , il arrive fouvent que des mines par petits grains , ou que des particules de mines font détachées de leurs filons , foit d'elles-mêmes , foit par la main des hommes , & qu'après avoir été entraînées & dépofées par les courans , elles ont été attachées à d'autres corps , tantôt par des eaux lapidifiques , tantôt par la propriété glutineufe des exhalaifons minérales. J'ai eu occafion de voir des morceaux de mine , dans lefquels on voyoit que des fragmens de pierre affez grands avoient été unis les uns aux autres par ces mêmes caufes ; & il n'eft point rare de trouver que des exhalaifons minérales & lapidifiques rempliffent les fentes & les cavités des montagnes ; mais il eft évidemment impoffible que les mines qui fe trouvent fur les incruftations y aient été portées par alluvion , & on doit néceffairement préfumer qu'elles y ont été formées par des exhalaifons minérales. Nous voyons en premier lieu que la mine de plomb & la Pyrite cubique & anguleufe , font appliquées fur les incruftations , de la même maniére qu'elles le font fur des morceaux de quartz & de fpath , à l'egard defquels on ne pourra gueres admettre d'alluvion ; & je ferai même voir par la fuite que la mine doit néceffairement y avoir été portée par des exhalaifons : je dois faire obferver en fecond lieu que je me fuis d'abord défié moi-même de mon fentiment ; mais malgré toutes les recherches que j'ai pû faire , je n'ai jamais trouvé ni fur les cryftallifations qui tapiffent les cavités , ni fur les incruftations , la moindre particule de mine dont les facettes & les angles ne prouvaffent inconteftablement que la mine étoit entiere & avoit confervé la figure qui lui étoit propre. Enfin , en troifiéme lieu , il eft certain qu'entre deux corps coexif-

tans & qui ne font point décompofés ni altérés par leur jonction, il faut
qu'il y ait un lien que l'on apperçoive, foit qu'il ait été produit de ces
corps mêmes, au moyen d'un mouvement qui peut fouvent s'exciter par
le choc de deux corps jufques-là en repos, qui en produifent un troifiéme, foit que ce lien foit formé par des exhalaifons extérieures ou par les
eaux ; mais on n'apperçoit point entre la mine & l'incruftation fur laquelle
elle fe trouve, de fubftance intermédiaire qui puiffe fervir de lien ou de ci-
ment pour les unir enfemble : la mine fe trouve immédiatement attachée fur
cette pierre. Je n'ai pas befoin de m'arrêter à ce troifiéme point, vû que
les deux premiers font évidemment démontrés.

En un mot, la Pyrite qui fe trouve fur les incruftations, eft une pro-
duction nouvelle : la pierre qui lui fert d'appui s'eft formée récemment.
Comment pourra-t-on dire que ce qu'elle porte foit plus ancien qu'elle ?
L'incruftation s'eft, pour ainfi dire, formée fous nos yeux : comment peut-
on rapporter l'origine de la mine que l'on y voit au tems de la création ?
Il n'y a point d'enfant qui exifte avant fon pere dans le regne minéral,
quoique la *Lyfimachia* nous offre cette fingularité dans le regne végétal.
Comme il n'y a aucune affinité entre l'incruftation & la mine qui s'y trouve
appliquée, je dis qu'il eft contraire à la nature des chofes de compter trois
avant deux, ou de placer le jour préfent avant le jour paffé. Au refte, cette
matiere des incruftations mérite d'être traitée avec une attention toute
particuliere ; mais fi jamais on l'examine à fond, il eft à craindre qu'on ne
caufe beaucoup de chagrin aux Philofophes Hermétiques, qui cherchent
la pierre philofophale dans les *Guhrs* ou fucs minéraux, & qui ne veulent
point qu'on leur enleve leur prétendue terre *adamique* & *hyléatique*. En
attendant, je puis dire que perfonne n'a fait avant moi les obfervations
qu'on vient de lire, par rapport aux mines formées fur les incruftations.
J'ai le premier fait voir l'ufage qu'on peut en faire pour convaincre de leur
erreur ceux qui aiment mieux rapporter tout à la création, que fe donner la
peine de réfléchir fur l'origine des chofes ; & les lumieres qu'on peut en
tirer fur la formation des minéraux, tant de ceux qui fe trouvent dans les
cavités des filons, que de ceux qui font enveloppés d'une roche entiere.

II°. Cela ne donne-t-il pas lieu de conjecturer que les mines qui fe trouvent dans les cavités, en marons ou par nids, & dans les fentes peuvent
avoir été formées poftérieurement, auffi-bien que celles qui fe trouvent
fur les incruftations ? N'eft-il même pas encore plus probable pour les
premieres que pour les dernieres, qu'elles fe font formées après la création,
& qu'il s'en forme encore tous les jours ? Il eft conftant en premier lieu,
que la gangue ou miniere qui les contient, & qui ordinairement eft du
caillou ou du quartz, eft encore plus appropriée à la nature d'une mine
qu'une incruftation calcaire & fpathique ; de plus, les exhalaifons minérales
font beaucoup moins troublées & peuvent fe placer plus facilement
dans des matrices ainfi renfermées, que dans des endroits où les fucs de
la terre ou *Guhrs* font encore en mouvement, & ajoutent tous les jours
quelque chofe à la pierre qu'ils ont commencé de former. En fecond

T ij

lieu, on trouve auſſi des incruſtations dans les cavités où il s'eſt produit de la mine ; mais on ne peut pas les reconnoître pour ce qu'elles ſont, quand on eſt aveuglé par ſes préjugés, lorſqu'on s'obſtine à vouloir tout attribuer à la création, & quand, au lieu d'examiner les choſes mêmes, on ſe borne à étudier la nature dans les livres. En troiſiéme lieu: pourquoi les cavités cryſtalliſées qui ont été recouvertes de mines par les exhalaiſons minérales ; ſemblables en cela aux arbres couverts de mouſſe, ont-elles leur mine qui ordinairement eſt une Pyrite, ou d'un ſeul côté, ce qui arrive ſouvent, ou du moins en plus grande abondance d'un côté que de l'autre ? Ne faut-il pas conclure de ce phénomene, que toute la ſubſtance attachée aux parois de ces cavités, ne peut pas avoir été produite avec la cavité même, & ne peut pas en être ſortie comme un champignon ſort de la terre ; que les matieres raſſemblées à la ſurface de cette cavité ont tiré leur origine & leur accroiſſement & les tirent encore par le côté où on les trouve appliquées ; enfin, que ces ſubſtances y ont été apportées ſous la forme d'exhalaiſons minérales ? Comment pouvons-nous croire enfin, que des productions ſemblables qui ſe trouvent quelquefois par couches ſucceſſives placées les unes ſur les autres, aient été achevées toutes à la fois & dans le même inſtant? De plus, qu'y auroit-il de déraiſonnable à croire que les cavités n'ont point toutes été formées dans le même tems, quand même on accorderoit qu'elles ont pu être faites dans le tems qui approche le plus des ſix jours de la création ? En effet, il y en a parmi elles qui ont été formées en différens tems, ſoit avant, ſoit après le déluge, & même très-récemment ; & il y a tout lieu de penſer, qu'il s'en formera encore par la ſuite, de la maniere que je vais le dire.

L'expérience nous apprend que les eaux les plus claires & les plus pures ne laiſſent pas de contenir & de charrier des terres, & qu'elles les dépoſent enſuite ; les terres dépoſées ſe pétrifient, &, enfin, ce qui mérite ſur-tout d'être remarqué, les pierres ainſi produites peuvent former des cryſtaux auſſi réguliers & auſſi tranſparens que les belles colonnes de cryſtal qui tapiſſent l'intérieur des cavités ou *Druſen* : on aura peut-être de la peine à croire ce que j'avance, mais je ſuis en état de le prouver par une expérience que j'ai faite par moi-même, auſſi-bien que par une production de la nature. Qu'on prenne de l'urine fraîche d'un adulte : on en remplira juſqu'à la moitié, un grand matras que l'on bouchera avec de la veſſie : on la mettra pendant trois ou quatre ans dans un endroit où regne une chaleur tempérée, de maniére qu'il ne puiſſe ſe faire d'évaporation ſenſible ; on ne pourra pas cependant empêcher qu'il ne s'en faſſe une très-lente ; mais l'on fera enſorte que la décompoſition s'opere de la façon la plus imperceptible, par les vapeurs très-déliées qui s'éleveront & qui retomberont ſous la forme de gouttes : lorſque les parties terreuſes & tartareuſes les plus groſſiéres ſe ſeront dépoſées au fond de cette liqueur, ce qui arrive plûtôt ou plûtard, en raiſon de la grandeur du vaiſſeau, & du degré de chaleur de l'endroit où on l'aura placé, on appercevra vers les bords du matras de petites pierres blanches & oblongues qui reſſemblent aſſez à de l'avoine mondée ; elles y ſeront attachées ſi fortement qu'elles y reſteront quand on décantera l'urine. La premiere fois que j'apperçus ces pierres, je crus d'abord que c'étoit un ſel cryſtalliſé ; mais après avoir lavé ces cryſtaux avec ſoin, on n'y trouvera jamais la moindre ſaveur ſaline ; jamais on ne pourra les diſſoudre comme un ſel dans l'eau la plus chaude, & l'on ſera obligé de convenir que ce ſont de vraies pierres cryſtalliſées dont la figure oblongue & priſmatique reſſemble à celle des cryſtaux du nitre, ou à celle qu'ont ordinairement les cryſtaux de quartz qui tapiſſent les cavités. Six livres d'urine m'ont au moins produit une drachme de ces cryſtaux. Il eſt vrai qu'on trouve une ſubſtance pierreuſe ſemblable, que l'on pourroit peut-être regarder comme la premiere terre de Becher, dans le ſel eſſentiel de l'urine quand il a été vitrifié ; mais il s'agit de montrer ici comment une terre peut ſe produire d'une eau, non pas ſous une forme ſaline, mais ſous une forme purement pierreuſe, anguleuſe & cryſtalliſée. On voit par l'expérience que je viens de rapporter qu'une digeſtion lente, & même le tems & le repos ſeuls ſont capables de produire des effets que non-ſeulement le vulgaire, mais même les plus grands Artiſtes ſeroient tentés de regarder comme impoſſibles ; & comme ces ſortes de phénomenes ne ſe préſentent pas ordinairement dans les laboratoires, on ne les rencontre preſque jamais que dans les atteliers de la nature. Au reſte, la formation de ces corps pierreux n'a rien qui doive nous ſurprendre : nous ſçavons qu'il ſe forme des pierres d'une groſſeur ſurprenante dans le corps humain ; il ſeroit même impoſſible qu'il ne s'y en formât point, vû que les eaux que nous buvons & que nous prenons avec nos alimens, contiennent le germe de la pétrification.

Je me rappelle encore au ſujet de ces pierres formées par l'urine, quelques circonſtances qui méritent qu'on y faſſe attention. Premiérement, en faiſant rougir au feu ces petites pierres, l'odeur volatile & très-agréable qu'elles répandent fait connoître qu'il s'y trouve des traces de la partie la plus ſubtile du ſel eſſentiel de l'urine ; cependant ces parties ſe trouvent enveloppées, incorporées, &, pour ainſi dire, fixées de façon qu'elles ne ſont point ſenſibles au goût, & que l'eau bouillante ne peut point les détacher ; outre cela, juſqu'ici ni l'art ni la nature ne nous ont offert aucune eau chargée de ſel, ou de parties terreuſes, qui ſoit en état de produire des cryſtaux ſemblables : toutes les eaux chargées de vitriol, d'alun, de ſel marin, de nitre, &c., ne ſe dégagent jamais de leurs terres ; & quand même on les mettroit en digeſtion pendant une longue ſuite d'années, elles ne produiront jamais que des cryſtaux du ſel qu'elles contiennent. Cependant il faut remarquer que plus l'évaporation ſe fait lentement, plus les cryſtaux des ſels mêmes deviennent compactes & ſolides, & plus ils approchent par conſéquent de la nature des pierres, & outre cela, plus ils deviennent grands. A l'égard des eaux purement terreuſes & inſipides, l'expérience ne nous a jamais fait voir qu'il s'y formât rien de ſemblable ; auſſi n'eſt-on pas en droit de l'attendre d'une eau qui ne contient aucun ſel, parce qu'il lui manque la partie qui ſert de lien, ou

T iij

la fubftance intermédiaire qui fait que la terre refte dans l'eau ; à moins qu'on ne voulût emplir un vaiffeau de verre d'une grandeur immenfe, d'une eau femblable , & lui donner des fiécles pour s'évaporer avec toute la lenteur que la nature de l'opération l'exige.

Je demande à préfent fi nonobftant toutes les opinions en faveur defquelles on peut être prévenu, on n'eft point actuellement tenté d'adopter le fentiment que je propofe à l'égard de la formation des cryftallifations & des quartz qui fe trouvent dans notre globe ? Quoique dans l'exemple pris dans la nature même , que j'ai promis d'ajouter à l'expérience que je viens de rapporter, la production des pierres cryftallifées ne s'opere pas d'une maniere affez fenfible pour qu'on les voie fe former comme celles du matras, & pour que le coup d'œil fuffife pour nous convaincre ; on y verra du moins des circonftances qui conduiront infenfiblement à une conviction à laquelle on ne pourra fe refufer , nonobftant toutes fes préventions.

On connoît les maffes ou roignons qui fe trouvent dans les mines d'ardoife d'Ilmenau. Elles font d'une figure ovale & oblongue , ou ronde & applatie, & elles fe féparent aifément de l'ardoife qui les renferme. Outre les empreintes de toutes fortes de poiffons, on y voit fouvent des cavités que l'on croiroit formées par des épics de bled, ou par des petits rameaux de pins, ou plûtôt par une certaine efpece de corail : ces cavités font tapiffées , & garnies de petites pierres tranfparentes & blanches qui reffemblent à du fucre candi : ces petits cryftaux font fi tendres qu'ils peuvent s'écrafer fous les dents, mais ils réfiftent au feu à un tel point qu'il ne leur fait prefque rien perdre ni de leur dureté, ni de leur tranfparence : ce qui mérite le plus notre attention, c'eft que, lorfqu'on vient à caffer ces gateaux ou ces roignons, on trouve quelquefois dans leurs cavités de l'eau toute pure. Je ne répéterai point ici qu'il y a de certains corps qui fe trouvent dans l'ardoife fans y avoir été formés , mais qui y ont été portés d'ailleurs ; & que l'ardoife n'a été originairement que de la vafe ou du limon ; enfin , qu'il faut néceffairement qu'il y ait eu une inondation fur notre globe ; je demanderai feulement fi , les chofes étant telles que je les ai repréfentées , on peut croire que les petits cryftaux de ces gateaux d'ardoife ayant été produits dès le tems de la création , & fi l'eau qui fe trouve quelquefois dans les cavités qui les contiennent, ne nous fait pas affez connoître leur formation ? N'eft-il pas très-probable qu'ils fe font formés de l'eau, de la même maniere que les fels lorfqu'ils fe cryftallifent ? L'expérience que j'ai faite avec l'urine, démontre clairement non-feulement la poffibilité, mais encore la néceffité de cette formation.

Il faut ajoûter à cela, que quoiqu'on ne foit point obligé de démontrer une uniformité abfolue dans les deux exemples cités, il y a pourtant affez de rapport entre les pierres qui en réfultent : elles font toutes les deux féléniteufes, fpathiques, ou à moitié calcaires : il n'y a point d'autre différence, finon que j'ai trouvé les dernieres un peu plus dures & même un peu plus réfiftantes au feu que les premieres ; il eft donc très-naturel d'appliquer les phénoménes que nous fournit l’expérience, non-seulement à la production de la nature que j’ai décrite, mais encore à beaucoup d’autres semblables. Ce n’est point un préjugé, c’est une preuve démonstrative qui nous sert de principe pour décider si les pierres dont il s’agit sont dûes à la création, ou si elles ont été formées par la suite des tems, & pour nous convaincre qu’elles se sont produites par l’eau. On ne peut donc point dire que nous manquons entiérement d’expériences sur la lapidification. Cependant jusqu’ici on s’est fort peu occupé de l’examen des piérres, à l’exception de celles auxquelles on attribue des vertus transcendantes, comme de changer le plomb en or, ou à celles qu’on appelle précieuses, telles que les diamans, que l’on a cherché à imiter. Il est vrai que je ne puis pas me vanter d’avoir eu aucun dessein lorsque j’ai obtenu les cryftaux que l’urine m’a donnés, je ne les ai obtenus qu’accidentellement, & lorsque j’y pensois le moins ; mais je crois pouvoir me vanter de la satisfaction que me procure la recherche de la vérité. J’observe dans toutes mes expériences jusqu’aux moindres circonstances, & je ne sçache personne qui ait fait sur l’urine les remarques que je viens de communiquer, ou qui se soit servi de cette observation pour expliquer la formation des pierres transparentes dans le sein de la terre, & sur-tout celle des cryftallisations qui garnissent les creux ou cavités des roches.

Seroit-ce donc tirer une conséquence trop forcée que de donner aux cryftaux de toute espece & aux pierres diversement colorées dont ces cavités sont tapissées, la même origine qu’à celles qui se forment dans l’urine ? Quoique ces dernieres n’approchent point de la beauté, de la grandeur ni de la solidité des premieres, il faut considérer que nous n’avons point les mêmes atteliers que la nature, & que nous ne pouvons pas donner à nos opérations autant de tems qu’elle en employe pour les siennes. D’abord, il est incontestable que la terre ou la partie féche de nôtre globe, a été autrefois un corps fluide, mou & poreux ; ce corps s’est durci par la séparation & l’évaporation de l’humidité qui dominoit encore dans la matiere terreuse ; ce durcissement ne s’est point fait tout d’un coup, mais peu à peu ; il va encore actuellement en augmentant, & selon toutes les apparences, cela continuera toujours. Il est également constant que la sécheresse a produit des fentes dans la terre ; les tremblemens & les secousses de la terre, en ont aussi formé dans les rochers ; ces fentes ont été remplies & se remplissent encore de toutes sortes d’eaux ; ces eaux contiennent des terres, & ces terres peuvent produire des pierres transparentes. Au moins, en examinant la véritable base de ces pierres, on ne peut point imaginer de formation plus simple & plus naturelle.

Le simple coup d’œil suffit pour nous empêcher de croire que ces pierres soient sorties des matrices qui les environnent ; elles n’y sont point attachées assez intimement, c’est une simple application extérieure ; souvent même les cryftallisations tiennent si peu à l’endroit où elles se sont formées que l’on n’y apperçoit, pour ainsi dire, point leur racine ; du moins le quartz ou le caillou auxquels ces cryftaux sont ordinairement attachés sont

séparés d'une façon si tranchée & si distincte de la roche grossiere qui se
trouve au-dessous, que l'on n'y apperçoit aucune racine ; s'il y en avoit,
elle devroit s'y perdre peu à peu. Ces crystaux qui ne contiennent point
de sels, ne viennent point non plus de simples vapeurs ou exhalaisons ;
toutes les émanations ou exhalaisons qui produisent quelque chose dans
les fentes, viennent latéralement par les conduits qui leur sont propres,
& laissent leur trace sur le côté comme nous le voyons par les mines qui
se trouvent attachées sur des crystallisations ; au lieu que les crystaux mêmes dont il s'agit ici, se forment en tout sens, c'est-à-dire, tant à la partie supérieure qu'à la partie inférieure des cavités qui en sont entiérement
tapissées ; ils y sont placés comme les dents dans la mâchoire ; quelquefois on trouve de ces grouppes de crystaux qui ne tiennent à la cavité que
par une pointe ; d'autres en sont entiérement détachés, & forment une
masse hérissée de pointes comme un maron dans son enveloppe.

En un mot, toutes les circonstances nous font voir que ces crystaux
ne peuvent point avoir été produits par des exhalaisons ou émanations ;
elles prouvent qu'une crystallisation semblable à celle des sels & du sucre,
est la vraie & peut-être l'unique cause de la formation du crystal de roche
& des autres pierres transparentes & colorées. Je ne parle point ici de
leurs figures, qui sont tantôt cubiques comme celle du sel marin, tantôt
prismatiques comme celles du nitre, tantôt irréguliéres, hexagones, rhom-
boïdales, en lozange, comme le tartre vitriolé, &c ; je ne m'arrêterai
point non plus à prouver que quoiqu'une terre propre à faire du crystal
lorsqu'elle est dépourvûe de sel, ne puisse pas être contenue dans l'eau en
si grande quantité qu'une terre saline, elle peut pourtant y être assez intimement combinée pour pouvoir passer avec l'eau par tous les filtres imaginables, & par conséquent il n'y a rien d'absurde à la comparer aux sels.
Mais je n'insisterai pas davantage pour justifier mon sentiment : je verrai
avec plaisir ce que le célébre Comte de Marsigly nous apprendra sur cette
matiere dans son grand Ouvrage sur le Danube, où il promet de nous
faire part d'un grand nombre de découvertes dans les choses naturelles ;
& j'attendrai sur-tout les preuves qu'il annonce avoir trouvées dans son
Prodromus operis Danubialis, pag. 25 ; où il dit que le crystal de roche est
une végétation d'un caillou très-pur ou du quartz : *Vegetationem crystalli mon-
tanæ nonnisi propaginem esse purissimi silicis, quartz, &c.*

Quoiqu'à présent la réponse se présente d'elle-même, je me contente
de demander, après les observations que nous venons de faire, ce qu'il faut
penser de la formation des mines, & sur-tout des Pyrites qui se trouvent
attachées sur des grouppes de crystaux? On doit en porter le même jugement que de celles qui se trouvent sur les incrustations : en un mot, la
Pyrite qui se trouve plus fréquemment sur des crystallisations semblables
qu'aucune autre mine, s'y est formée depuis la création, s'y forme encore
journellement, & ne cessera point de s'y former aussi long-tems que la
partie intérieure de notre globe sera sujette à des mouvemens & à des révolutions semblables à celles qu'il a éprouvées jusqu'à présent. Un phénomene

mene très-remarquable, c'est que les Pyrites occupent ordinairement la partie la plus élevée dans les grouppes crystallisés, souvent elles ne sont attachées qu'aux sommets de leurs crystaux, & quelquefois même elles n'y tiennent que par un seul de leurs côtés; ce qui forme un point de contact très-peu étendu, qui prouve qu'elles sont étrangeres aux endroits où elles se trouvent.

III°. J'ai encore souvent trouvé des pierres remplies de gerçures & de fentes, qui ont été ou remplies ou recollées par la Pyrite, & on en trouveroit plus souvent si l'envie d'avoir des choses rares & précieuses ne nous faisoit point négliger celles qui sont communes & de peu d'apparence. Il y a des crystallisations ou des quartz que des tremblemens de terre ou toute autre cause que l'on voudra supposer, ont remplis de crevasses ou de gerçures; & l'on peut voir sur ces morceaux, qu'ils ont été originairement entiers & continus, & qu'ils ont été fendus par la suite; car quoique la fente ou séparation aille ordinairement en serpentant, les deux côtés se répondent aussi exactement que dans une pierre récemment brisée. Je ne sçais point s'il est absolument nécessaire d'attribuer une antiquité bien reculée à ces gerçures ou fentes dans lesquelles nous trouvons la Pyrite, & j'ignore s'il y auroit de l'inconvénient à placer leur origine dans des tems très-postérieurs à la création, peut-être même dans celui où nous vivons. De plus, j'ai trouvé des pierres où l'on voyoit clairement qu'elles n'étoient composées que de petits fragmens liés ensemble, & en partie incrustés par une exhalaison minérale Pyriteuse : je possede un échantillon de cette espece, qui, suivant toute apparence a été tiré de quelque ancienne mine, où les pierres de quelques filons après avoir été brisées, soit par le travail, soit en s'écroulant d'elles-mêmes, ont été recolées ensuite par la Pyrite.

IV°. On ne doit pas être surpris de voir que la Pyrite se trouve dans des endroits où elle a pu entrer facilement, & où elle a rencontré de l'espace pour se loger; il est bien plus étonnant de la voir dans des pierres tout-à-fait compactes & sans fentes ni gerçures. Je ne parlerai point ici des fentes de la terre & des filons qui ont de la communication avec d'autres, ou qui sont eux-mêmes des branches considérables de mines qui descendent dans la plus grande profondeur de la terre, & qui par conséquent semblables aux branches d'un arbre, tirent leur accroissement & leur nourriture de leur tronc & de leurs racines; il ne s'agit point ici non plus des couches dans lesquelles les Pyrites ont été portées par des inondations, & où leurs débris ainsi réunis ont été, pour ainsi dire, cimentés & comme pétrifiés ensemble; je ne parle que des cas où il n'y a ni filons ni débris. Je possede un morceau d'une roche de la nature de celles que les mineurs Allemands nomment *Knaver*, qui fut percée en creusant le puits d'une mine qui contient de la Pyrite: ce que les ouvriers de nos mines appellent *Knaver*, s'appelle *Pierre de taille* dans le langage des Maçons & des Tailleurs de pierre. On rencontre cette roche lorsqu'on forme un puits de mine : elle est très-commune dans nos montagnes, & dans celles de beaucoup d'autres pays; c'est la pierre qui se montre la première au-dessous de la terre végétale; quand on la considere avec attention de côté, on voit qu'elle est

V

compofée de particules de deux efpeces de pierres, qui font pourtant quelquefois très-difficiles à diftinguer les unes des autres, je veux dire d'une fubftance grife, brillante & feuilletée, ou de mica entremêlé & lié étroitement avec une pierre blanche de la nature du quartz *.

Ce *Knaver* contient des grains de Pyrite, non-feulement dans fes gerçures les plus déliées, qui, quoiqu'on ne les apperçoive qu'après que la pierre a été brifée, n'en font pas moins des fentes réelles : en effet, la Pyrite qui s'y trouve, eft quelquefois rouillée ; il faut par conféquent que des exhalaifons aqueufes ou d'autres capables de produire de la rouille, y ayent trouvé de l'accès ; mais encore ces grains Pyriteux font répandus dans le cœur de la pierre même, & dans des endroits où elle eft fi compacte & fi homogene qu'on n'y voit aucune trace de décompofition ni de rouille. Quant aux grains de Pyrite de la premiere efpéce, je ne prétends point décider s'ils viennent de petits rameaux capillaires qui partent des filons ou de leurs branches, auxquelles il arrive fouvent de fe partager, mais qui vont cependant toujours fe réunir dans un même endroit ; en effet, quand on creufa le puits dont j'ai parlé, on ne fut point curieux de fuivre ces fentes remplies de Pyrites ; cependant il paroît probable que s'il y avoit eu en effet quelque liaifon entre elles, elles n'auroient pas pu entiérement échapper aux yeux.

A l'égard des particules ou petits grains de Pyrite répandus çà & là dans le *Knaver*, ils méritent un examen plus particulier : on feroit auffi peu fondé à les regarder comme des débris & des fragmens, que de regarder le *Knaver* lui-même comme une production du déluge ou de quelque autre inondation ; & il paroît inconteftable que cette roche que l'on appelle *Sauvage*, eft du nombre des corps qui ont été produits dès les commencemens du monde ; il faut par conféquent que ces particules & ces grains ayent été formés dans les endroits mêmes où on les trouve. Cependant cela n'a pas pu arriver dans un tems où le *Knaver* étoit auffi compacte & auffi dur qu'il l'eft aujourd'hui ; car il eft impoffible qu'une formation femblable ait lieu dans une maffe, dont la terre qui a dû fervir de matrice étoit tellement endurcie, qu'elle ne pouvoit concevoir, & où les émanations & les fucs minéraux qui auroient dû féconder cette terre n'avoient plus d'accès : il faut néceffairement que l'enfant ait été conçu avant que la matrice fût devenue incapable d'être fécondée ; il faut qu'au tems de la conception & du développement du germe, la matrice fût encore jeune, tendre, pleine de fuc ; & tant que la matrice a été en cet état dans la terre, elle a été propre à concevoir les mines & les Pyrites, & elle ne ceffera d'en concevoir, lorfque les autres circonftances néceffaires concourront.

V°. Je dois enfin rapporter ici les coquilles qui font ou pénétrées par la Pyrite, ou qui l'ont reçue à leur extérieur, j'en ai déja parlé plus haut, à l'occafion des endroits où l'on trouve la Pyrite. Parmi ces coquilles

---

* Suivant cette defcription que M. Henckel donne de la pierre appellée *Knaver* par les mineurs d'Allemagne, il paroît que c'eft un vrai granite qui eft compofé de quartz & de particules de mica, ou de talc.

il y en a dont toute la capacité eſt remplie de Pyrite : j'ai repréſenté dans mes Planches une bélemnite de cette eſpece, au n° 21. Il y en a d'autres dont la capacité, outre la Pyrite, contient encore une ſubſtance ſéléni-teuſe, ou une pierre ſemblable à du gypſe ; d'autres ſans avoir d'écaille, ſont entiérement changées en Pyrite : il y en a d'autres où ce minéral ne s'eſt appliqué qu'à la partie extérieure de la pierre marneuſe ou argil-leuſe, qui s'eſt moulée dans la coquille & qui en a pris la figure ; & il ſe trouve tantôt à un bout, tantôt à un autre, & tantôt également ré-pandu par-tout. On trouve auſſi, quoique très-rarement, des coquilles qui ont encore leurs écailles, & la Pyrite s'eſt attachée immédiate-ment ſoit au-deſſus, ſoit au-deſſous, ſoit dans l'entre-deux. Il eſt vrai qu'eu égard à la prodigieuſe quantité de coquilles de différentes eſpeces qui exiſtent, nous n'en connoiſſons point encore un grand nombre qui ayent été changées en Pyrites. Celles que je poſſede, celles que j'ai eu occaſion de voir, & celles dont j'ai pu prendre des informations, ſe ré-duiſent à des cornes d'Ammon, des tellines, des chames, des aſtroïtes, des bélemnites, des turbinites, des pectinites, des fungites, des tubu-lites ou tuyaux, (*alveolus Luidii*) &c. Mais il ne faut pas douter qu'on n'en découvre un plus grand nombre par la ſuite ; on peut même eſpérer d'en trouver qui ſeront ainſi pénétrées, dans toutes les eſpeces de co-quilles qui auront été jettées dans des terres convenables, c'eſt-à-dire, dans des terres où la Nature a trouvé des matieres, des poſitions, des ſucs, des conduits convenables, & pluſieurs autres circonſtances qui ſont néceſſaires à la formation d'une Pyrite, ou qui ſont requiſes pour qu'un corps puiſſe en être pénétré. La baſe de la combinaiſon terreuſe eſt la même dans toutes les coquilles ; & parmi les ſubſtances animales il n'y en a point qui approche autant de la nature des pierres, & ſur-tout des pierres calcaires : loin donc d'être contraires à la lapidification & à la conception des mines, les coquilles y ſont, pour ainſi dire, appropriées dans leur état naturel, ou elles le deviennent au moins par une prépara-tion très-facile, c'eſt-à-dire, par un ſimple développement ; c'eſt donc uniquement l'effet de certaines circonſtances accidentelles, quand ces coquilles ſe trouvent tantôt changées, tantôt dans leur état naturel ; quand leurs écailles ſe ſont conſervées, ou ont été détruites ; enfin, on voit que la plûpart d'entre elles ne ſont ni pénétrées, ni couvertes de Pyrites, comme nous en voyons entre autre un exemple dans celles qui ſont renfermées dans le grès, où il s'en trouvera difficilement qui ſoient pénétrées de ce minéral.

En peſant toutes ces circonſtances, je ne conçois pas comment on peut attribuer la formation de ces coquilles foſſiles à un ſimple jeu de la Nature : je ne veux point répéter ici tout ce qui prouve le ſentiment que j'ai propoſé ailleurs ſur leur origine, & tout ce qu'on peut répondre à ceux qui ſont d'une opinion contraire ; je me borne à demander, pourquoi les foſſiles que l'on appelle figurés, ſe trouvent ſouvent briſés, & pourquoi quelques-uns, & même la plûpart d'entre eux ne ſe trouvent jamais que par fragmens ? Il eſt vrai que l'on rencontre quelquefois des arbres, des

V ij

fquéletes d'animaux, & des coquilles en entier & très-bien conſervées; cela n'eſt pas fort-étonnant pour les coquilles qui ſont des corps fort petits, & qui d'ailleurs n'ont pas beaucoup d'articulations & de jointures; malgré cela, il eſt très-ordinaire d'en trouver qui ſont briſées, ſans qu'on puiſſe dire qu'elles l'ont été par ceux qui les ont tirées de la terre. Outre cela, c'eſt une choſe très-remarquable, qu'on trouve ſi rarement dans la terre des animaux marins entiers qui aient des membres, comme on peut le voir par l'Ouvrage laborieux de Roſinus qui a pour titre : *Roſini tentamen de Lithoʒois ac Lytophytis prodromus, ſive de Stellis marinis*, où il a raſſemblé pluſieurs milliers d'étoiles de mer. En ſecond lieu, combien a-t-on trouvé de ſquéletes entiers dans la terre; & quand on les a trouvés, la diſpoſition des lieux & d'autres circonſtances n'ont-elles pas obligé les partiſans les plus zélés des jeux de la Nature, à les reconnoître pour les véritables oſſemens de quelque animal ou de quelque homme qui a vécu ſur terre?

Quand même on ne ſeroit point en état d'alléguer aucune révolution indépendante du déluge, par laquelle les hommes & les animaux euſſent pu être enlevés de deſſus la ſurface de la terre, & tirés de la place que le Créateur leur avoit aſſignée pour être enſévelis & renfermés dans des roches & dans les abîmes de la terre, je ne crois pas pour cela qu'on pût ſe perſuader ſérieuſement & de bonne foi, que ces hommes & ces animaux ont été formés dans les endroits où on les rencontre. Mais ſuppoſons pour un moment que cela fût, ou qu'il y eût des hommes aſſez ſimples & aſſez crédules pour adopter ce ſentiment, malgré toutes les difficultés auxquelles il eſt expoſé, puiſqu'il eſt contraire à l'ordre de la Nature & au récit de Moyſe, ces exemples ſeroient toujours extrêmement rares; & l'on ſçait qu'en fait d'Hiſtoire Naturelle nous devons principalement nous attacher à l'examen des choſes qui arrivent communément ou le plus ſouvent. Lorſque nous jettons les yeux ſur tant de ruinés & de débris, dont la terre eſt remplie, ne doit-elle pas nous paroître un cimetiere immenſe? On y trouve tantôt des os d'un bras, des omoplates, des dents, tantôt des vertèbres, des côtes, des clavicules, &c. Ce qui eſt encore plus remarquable, c'eſt que le plus ſouvent ces parties ne ſont pas entieres, & qu'on ne peut point dire qu'elles aient été briſées par les travailleurs ou par leurs outils; car en certains endroits on a pris toutes ſortes de précautions en fouillant, & en creuſant la terre ou la pierre qui les contenoit. Il faut enfin dire la même choſe des foſſiles qui, ſuivant les idées de quelques perſonnes, reſſemblent à des arbres, ou à quelques-unes de leurs parties, mais qui n'en ſont point en effet, & qui n'en ont jamais été. On dit que l'on a trouvé dans la terre des arbres entiers avec leurs racines, leurs troncs, leurs branches & leurs rameaux, & l'on rapporte que cela eſt arrivé, ſi je ne me trompe, dans les mines de Joachimſthal; mais n'arrive-t-il pas beaucoup plus ſouvent qu'on ne rencontre que des parties & des morceaux d'arbres? On trouve ces ſortes de débris tous les jours, & par-tout on voit des feuilles & des fruits dans un endroit; des branches, des fragmens & des troncs dans un autre. Ain reste, on observe premiérement que celles de ces parties qui sont les plus légeres, je veux dire les feuilles, se rencontrent ordinairement, comme on a lieu de le présumer, plus proches de la surface que les morceaux que l'on regarde comme du bois, & qui sont infiniment plus pesans. En second lieu, non-seulement on voit très-évidemment dans ces morceaux qu'ils ont été rompus ou même coupés à leurs extrémités, mais encore on les trouve dans des couches, où l'on ne rencontre ni branches, ni troncs qui puissent, en les rapprochant, former avec eux un arbre entier, ou dont on pût croire qu'ils ont été séparés : on en voit entre autres un exemple dans les morceaux de bois que l'on trouve dans la terre alumineuse de Belgern. En un mot, la plûpart des fossiles figurés ne sont que des fragmens & des parties de certains corps, & ces parties mêmes sont souvent brisées & défigurées. Outre cela, tous ces fossiles tant les feuilles & les branches d'arbres que les coquilles de toute espece, se trouvent pêle-mêle & dans la plus grande confusion. Lorsqu'on en demande la raison; je ne trouve point de réponse satisfaisante si ces fossiles ne sont qu'un jeu de la Nature, & tout ce qu'on pourroit dire me paroît très-peu naturel.

A l'egard des simples figures qui n'ont point un corps pour base, on pourroit peut-être se tirer d'affaire par une comparaison tirée des figures que la glace prend sur les carreaux de vitres, & de celles des dendrites; cependant il y a une différence infinie entre ces figures & celles des feuilles & des plantes fossiles. Mais quelles raisons peut-on apporter pour nous persuader que des fossiles qui nous présentent non-seulement la figure, mais encore les corps eux-mêmes, tels que sont les coquilles, les ossemens, les morceaux de bois, &c, ne sont que de simples jeux de la Nature. Il est vrai que souvent ces corps n'ont, à l'exception de la figure, rien qui fasse voir qu'ils tirent leur origine du regne végétal ou du regne animal, & ayant été entiérement changés en pierre, ils font à présent partie du regne où on les rencontre * ; mais il n'est pas rare d'en trouver d'autres, sur-tout des coquilles, des os & des cornes, qui outre la figure extérieure, ont parfaitement conservé leur tissu & leurs différentes propriétés, comme on peut s'en convaincre par plusieurs expériences, de sorte qu'il n'y a pas la moindre différence entre eux, & le corps de la même espece que le regne animal nous présente. N'est-il donc pas naturel de croire que cette ressemblance parfaite, tant pour l'intérieur que pour l'extérieur, suppose la même origine & la même formation ?

Cependant quant à la premiere origine ou à la semence de ces corps, les partisans du sentiment contraire pourroient peut-être avoir recours

---

* Rien ne paroît plus décisif contre ceux qui regardent les bois pétrifiés comme des jeux de la Nature, ou contre les personues qui nient entiérement la pétrification du bois, qu'un morceau que je possede dans ma collection d'Histoire Naturelle ; c'est une pierre opaque, dure comme du jaspe, ayant entiérement le tissu du bois, qui par plusieurs côtés donne des étincelles lorsqu'on la frappe avec le briquet, & qui par d'autres côtés est encore dans l'état d'un vrai bois, qui se réduit en charbon & en cendres, & qui répand une odeur très-forte de bitume ou de pétrole. J'ai eu occasion de faire voir ce morceau à MM. de Buffon, d'Aubenton, de Jussieu, Rouelle, de la Condamine, de l'Académie Royale des Sciences, qui sont en état d'attester la vérité de ce fait.

à la diſtinction entre une ſemence actuelle & une ſemence virtuelle, que j'ai admiſe moi-même dans une autre occaſion ; je ne prétends point ſoutenir que pour qu'un corps puiſſe ſe former, il ait toujours abſolument beſoin de la ſubſtance formelle qui le produit ordinairement, car il ne paroît pas qu'on puiſſe entiérement rejetter la génération que l'on appelle *équivoque* ; mais cette génération qui n'eſt qu'une exception à la regle, n'a lieu dans la Nature que pour certains corps comme les inſectes, & certaines parties peu eſſentielles dans les végétaux ; du moins je ne crois pas que quelqu'un ſe ſoit jamais aviſé de mettre ſérieuſement en queſtion ſi des hommes & des quadrupedes peuvent être produits ſans une ſemence formelle ; & dans les corps mêmes dont on pourroit attribuer la formation à une ſemence virtuelle, ne faudroit-il pas admettre une eſpece d'accroiſſement ſucceſſif qui eût quelque rapport avec celui que nous connoiſſons déja dans la Nature. Quand même le bois pourroit ſe produire ſans une ſemence formelle, il ne pourroit pas croître ſans racine, & en croiſſant il pouſſeroit des branches ; il ne ſe forme point d'os ni de ſquélète, mais il ſe forme des hommes & des animaux ; il ne ſe forme point de membres ſéparés, mais il ſe forme des corps organiſés, quoique ceux-ci n'aient point toujours tous leurs membres. Combien ne trouve-t-on pas dans la terre de morceaux de vrai bois qui n'ont ni commencement ni fin, c'eſt-à-dire, ni racine, ni branches ? Combien ne déterre-t-on pas de parties de ſquélètes dans des endroits où, à une grande diſtance à la ronde, on ne rencontre rien qui leur appartienne, bien loin d'y trouver jointe immédiatement la principale, ou la plus grande partie, ou tout le reſte des oſſemens ? Combien ne rencontre-t-on pas de morceaux de bois qui démontrent clairement qu'ils ont été rompus par quelque force extérieure ? Et comment concevoir l'action d'une force ſemblable, ſi l'on ſuppoſe que ces débris ont été formés dans les lieux mêmes où on les déterre, & où très-certainement les hommes n'avoient jamais fouillé auparavant.

Si pour prouver mon ſentiment je rapportois ici les ſubſtances, telles que les ſels volatils, & les huiles empyreumatiques, que l'on obtient de ces bois, de ces coquilles & de ces oſſemens, par le moyen du feu ; & ſi je voulois conclure que les corps qui les contiennent, doivent faire partie des regnes auxquels ces ſels & ces huiles ſont propres, c'eſt-à-dire, du regne animal & du règne végétal, on n'auroit rien à m'oppoſer, ſinon que ces ſubſtances exiſtoient déja dans la terre même ; mais cette objection que je me fais à moi-même, ne détruit aucunement la force de la concluſion que je viens de tirer : il eſt vrai que nous trouvons dans la terre des ſels & des huiles ſemblables : il eſt vrai que le ſel marin ſurtout eſt très-diſpoſé à ſe volatiliſer ; que ſelon toutes les apparences la ſubſtance ammoniacale que l'on trouve à Pouzzole en Italie, & en quelques autres endroits, eſt produite dans des lieux où l'eau bitumineuſe de la mer, ou peut-être auſſi le ſel gemme eſt joint avec de la Pyrite & du charbon de terre, & où toutes ces matieres ſont enſuite travaillées & miſes en mouvement par les embraſemens ſouterreins ; il eſt encore vrai que les huiles fétides tirées des substances végétales, résineuses & grasses, approchent beaucoup de la nature des pétrôles qui ont une très-grande affinité avec le succin & le charbon de terre ; qu'on peut tirer de la poix minérale, du succin, du jais ; des substances minérales qui tiennent de la nature de l'alun, du charbon de terre ; & de l'ardoise noire & grasse, non-seulement des huiles semblables. Mais encore que l'on obtient des sels volatils de quelques-unes de ces substances ; mais de ce qu'il se trouve des huiles & des sels semblables dans le regne minéral, s'ensuit-il pour cela que ceux dont il s'agit ici, tirent leur origine immédiatement du même regne ? Si l'on considere que toutes les substances qui composent notre globe sont dans une révolution continuelle ; on est obligé de convenir que non-seulement les substances dont nous parlons, mais encore tout le regne végétal & animal, tirent leur origine de la terre, & par conséquent du regne minéral dont les bornes sont très-étendues. Il n'est donc point étonnant que la Nature produise dans le sein de la terre, qui n'est point entiérement impénétrable à l'air, des substances & des combinaisons qui, selon l'ordre & la nécessité des choses, font partie des deux premiers regnes. Mais je ne parle pas seulement ici de ces substances comme combinées, il faut encore en considérer la forme, le tissu & la figure ; & lorsqu'on pese toutes les circonstances qui ont été rapportées jusqu'ici, & sur-tout lorsqu'on remarque leur tissu & leur figure, que l'on ne peut point prendre pour de simples imitations ; lorsqu'on fait attention à l'état de destruction & de mutilation où se trouvent les corps dont je parle, enfin lorsqu'on considere leur mêlange confus avec d'autres corps, on ne peut sans se faire une extrême violence, attribuer l'origine de ces substances au regne minéral, & renoncer à un sentiment contre lequel il n'y a aucune difficulté essentielle, & qui d'ailleurs s'accorde parfaitement avec le récit de Moyse. A l'égard des bitumes & des pétréoles, quoique je n'aye point envie de faire une pétition de principes, ni d'établir des régles générales sur quelques exemples particuliers, cependant il paroît assez probable qu'ils tirent leur origine de fossiles qui tiennent de la nature du bois, de la résine & de l'alun, à l'égard desquels on peut demander s'ils n'ont point été originairement de véritables substances végétales, qui ont été mises par les exhalaisons minérales dans l'état où nous les voyons.

En un mot, ce n'est point une seule circonstance, c'est la combinaison de toutes qui doit décider ici ; il ne suffit pas qu'on obtienne des fossiles dont nous parlons, des substances qui ne sont ordinairement propres qu'aux végétaux & aux animaux ; il ne suffit pas que l'on remarque dans ces fossiles de certaines figures ; il ne suffit pas que ces figures soient réelles, & non pas de simples ressemblances ; il ne suffit pas que ces corps se trouvent souvent brisés & dans une grande confusion, pour conclure qu'ils n'ont été ni créés ni formés dans le sein de la terre, mais qu'après avoir appartenu autrefois au regne animal & végétal, ils ont été transportés par quelque cause extérieure dans les endroits où nous les trouvons aujourd'hui ; c'est le concours de toutes ces circonstances qui le prouve fuffifamment : d'un autre côté, il n'y a aucune néceffité ni aucune vraifemblance qui nous déterminent à nous déclarer en faveur des jeux de la Nature, ni d'autres opinions femblables.

Tous les foffiles dont je viens de parler, font fouvent très-fenfiblement pénétrés ou couverts de Pyrite. J'ignore à la vérité, fi jufqu'ici on a trouvé ce minéral dans l'intérieur, ou à la furface de toutes leurs différentes ef-peces ; je ne fçais fur-tout fi on en a trouvé fur des offemens , mais cela ne doit point nous furprendre, vû qu'ils ne fe trouvent point fi fré-quemment dans la terre que les coquilles ; outre cela., il paroît qu'ainfi que le bois ils font par eux-mêmes beaucoup moins difpofés à la minéra-lifation que les coquilles. Quelles conclufions tirer de ce qui vient d'être dit pour l'origine de la Pyrite & des mines en général , finon qu'elles n'ont pas toutes été produites dans les premiers jours de la création, & que par conféquent rien ne nous empêche de croire que leur formation fe continue encore actuellement ? Ce fentiment fera du moins adopté par les perfonnes qui, fans s'arrêter aux préjugés reçus, ne reconnoiffent dans la Nature d'autre guide que les obfervations & l'expérience : il fera admis par ceux qui ont affez de fens pour concevoir que ce qui a été formé poftérieurement, n'a pu précéder ce qui a été fait avant lui : en effet , la Pyrite n'a pu fe former fur ces corps qu'après que les coquilles qui en font pénétrées, ont été elles-mêmes formées, & même après qu'elles eurent déja féjourné pendant un certain tems dans les endroits où on les rencontre.

J'ajoute enfin à tout ce qui précede , qu'à certains égards la formation des mines me paroît avoir beaucoup d'analogie avec celle des plantes & des animaux : ce n'eft pas fans raifon que je dis, à certains égards, car les mines n'ont point une femence formelle qui, lorfqu'elle rencontre une matrice appropriée , puiffe par elle-même reproduire une mine, & rede-venir un corps parfaitement femblable à celui dont la fubftance , qu'on feroit tenté de regarder comme une femence minérale, fait partie. On obfervera en fecond lieu , que par la nature de leur compofition les mines n'ont pas de terme fixe pour le tems de leur durée ; elles refteroient dans l'état où elles font jufqu'à la fin du monde , fi elles n'étoient point atta-quées & détruites par des caufes extérieures & accidentelles : la plûpart même d'entre elles ne fouffrent aucune altération, à caufe de l'incorrup-tibilité de leur compofition, auffi bien que par la fituation où elles fe trouvent, qui les garantit contre les attaques des agens deftructeurs, tels que font fur-tout l'air & la chaleur ; au lieu que toutes les plantes & tous les animaux, à quelque âge qu'ils parviennent, ne vont point au-delà d'un certain terme; parce que la liaifon entre les parties qui les compofent, venant à manquer, leur compofition & leur tiffu fe détruifent néceffai-rement ; ainfi ma fuppofition ne peut avoir lieu qu'en tant qu'il fe détruit & qu'il fe reproduit des corps dans le regne minéral, auffi bien que dans le regne végétal & le regne animal.

CHAPITRE

CHAPITRE VI.

Du Fer contenu dans la Pyrite.

LORSQUE dans le Chapitre précédent j'ai examiné l'origine de la Pyrite, je ne me suis pas proposé de traiter de l'origine des matériaux dont elle est formée ; j'ai eu principalement en vue de rechercher le tems de sa formation, & de traiter par conséquent de sa création & de sa génération. Il paroît donc que je devrois maintenant examiner les principes matériels qui constituent l'essence de ce minéral. Quoique la plûpart des Auteurs suivent cette méthode, je ne la trouve ni avantageuse, ni même pratiquable. Nous ne pouvons pas commencer nos recherches ni nos descriptions, où la Nature commence ses opérations ; il sera donc nécessaire de considérer d'abord les matieres les plus prochaines qui entrent dans la composition des Pyrites, & de remonter ensuite par degrés aux premiers principes de ce minéral ; encore sera-t-il assez difficile d'en indiquer dont la réalité puisse, je ne dis pas être démontrée à nos sens, ce qui seroit impossible, mais seulement paroître fondée sur des vraisemblances & sur des observations bien constatées.

Je dois donc faire observer avant toutes choses que les deux questions : *De quelles substances un corps naturel est composé ; & De quelles substances il tire son origine*, ne sont pas toujours la même chose ; car par les substances dont un corps est composé, on entend ses parties élémentaires ou ses premiers principes : il est vrai que ces deux questions n'ont point de différence essentielle dans le sujet dont nous traitons, & par conséquent on doit répondre à l'une comme à l'autre, & dire que la Pyrite est composée d'eau & de terre, c'est-à-dire, d'une matiere solide & d'une matiere fluide, & qu'elle tire son origine de l'eau & de la terre. Mais si l'on ne considere que les substances les plus prochaines & les plus nécessaires à connoître, c'est-à-dire, les parties qui entrent dans la composition de la Pyrite, telles que la terre mercurielle ou l'arsénic, & la terre métallique ou le fer qui, comme on peut le démontrer, composent la substance de ce minéral, il restera toujours à demander si chacune de ces parties existoit auparavant, & si la Pyrite ne s'est formée que par leur réunion, ou plutôt si la combinaison ou mixtion de ces parties, n'a point commencé à se faire lorsque la Pyrite s'est formée ? Enfin, si par les substances dont il s'agit, on entend des corps véritablement composés, (*composita*) dont la combinaison fait un corps surcomposé, (*decompositum* vel *superdecompositum*) : on n'en conçoit pas moins, & peut-être connoit-on encore plus clairement encore la différence qu'il y a entre les deux questions proposées : par exemple ; quoique la mine de plomb cubique soit composée de plomb & de soufre, il ne s'ensuit pas qu'elle ait été formée d'un plomb & d'un soufre qui existoient déja séparément, ou il ne s'ensuit pas

X

qu'on puisse la faire avec ces matieres, comme on fait du pain avec de la farine & de l'eau. En effet, il est possible que cette mine, & toute autre de même espece, ait été produite des matieres du cahos, c'est-à-dire, de matieres beaucoup moins appropriées à sa formation, que ne le seroient les sucs minéraux propres à former les différentes parties de sa composi-tion, & par conséquent elle ne devroit son origine & son essence qu'à la coction & à la maturation, & si même le sens de ces questions n'étoit point différent à l'égard de ces corps mixtes & des corps composés : je crois pourtant qu'il est nécessaire que la décomposition nous fournisse la ré-ponse à la premiere ; comme une composition exacte doit nous mettre en état de répondre à la derniere.

Il est vrai que le cinnabre est non-seulement composé de soufre & de mercure, comme son analyse le démontre, mais qu'on peut encore très-facilement le reproduire par la combinaison de ces deux substances ; il est encore vrai que dans cet exemple, la composition nous apprend plus que la décomposition ; je dois même ajouter à cela, que j'ai trouvé beaucoup de facilité à reproduire une véritable combinaison d'antimoine avec du régule & du soufre. Mais que l'on essaie de rendre au fer & au soufre le tissu d'une Pyrite, cependant lorsqu'elle est purement martiale, elle se résout en ces deux substances ; que l'on fasse cette analyse par les opérations les plus conformes à la Nature, que l'on prépare le fer avec le plus de soin, que l'on gouverne le feu intérieurement & extérieu-rement avec la plus grande circonspection, on ne réussira pourtant ja-mais à reproduire ce minéral une fois décomposé. Il faut que je fasse observer que dans ces sortes d'opérations on ne doit point employer indifféremment les substances, & prendre, par exemple, de l'antimoine crud à la place du soufre ; car il y a une grande différence entre faire une mine au hasard, & faire une mine déterminée, qui soit composée de subs-tances dans lesquelles on ne puisse plus la résoudre.

Il est certain qu'en unissant les métaux avec l'antimoine, on pro-duit comme je ferai voir plus bas, des especes de mines ; mais sont-ce des mines que l'on a eu intention de faire ? Je ne serois pas plus con-tent d'avoir fait une espece de Pyrite, telle que celle qu'on pourroit ob-tenir en combinant le soufre de la mine de plomb avec du fer, sur-tout si on vouloit aussi qu'il y eût une petite portion de cuivre. Si on com-pare le cinnabre, l'antimoine & la Pyrite martiale, eu égard aux substan-ces dont ils sont composés, à leurs quantités, leurs natures & leurs pro-portions ; on trouve que ces trois substances ont assez de ressemblance pour faire croire que l'on peut produire avec toutes les mêmes effets par la composition & par l'analyse ; & même on ne trouvera point aisément d'au-tres substances minérales qu'on puisse mettre avec plus de raison dans la classe, soit des corps composés, soit des surcomposés, (*compositorum* vel *decompositorum*). Ces trois substances contiennent un vrai souffre ; elles le contiennent même dans une proportion assez égale, puisqu'il fait en-viron la quatrieme partie de leur volume, quoique pour faire le cinnabre d'un beau rouge, c'est-à-dire, pour le rendre propre aux usages de la Médecine ou de la Peinture, on le prépare de façon que le mercure n'eſt chargé que d'un ſixieme ou d'un ſeptieme de ſoufre. Ces trois ſubſtances contiennent quelque choſe de métallique : il y a ſur-tout une ſi grande affinité entre le cinnabre & l'antimoine, qu'il eſt difficile de trouver deux ſubſtances métalliques qui aient plus de reſſemblance entre elles, que le mercure du premier & le régule du dernier. Enfin, ces trois ſubſtances, outre le ſoufre & leur partie métallique, ne contiennent rien qu'on puiſſe raiſonnablement regarder dans la Chymie comme une troiſieme ſubſtance ; malgré cela, la combinaiſon de leurs parties ne réuſſit point dans l'une comme dans l'autre ; dans le cinnabre elle ſe fait le plus facilement & le plus uniformément ; dans l'antimoine, elle ſe fait en effet très-aiſément, mais d'une façon peu uniforme ; & dans la Pyrite martiale, elle ne réuſſit point du tout.

Il eſt vrai qu'on peut facilement découvrir la cauſe de la différence qui ſe trouve à cet égard dans la Pyrite. D'abord ſa terre métallique eſt très-groſſiere, très-fixe, la plus brute de toutes & la moins éloignée de la terre commune, lorſqu'elle n'eſt point encore préparée ni appropriée à la métalliſation ; on ne peut par conſéquent point la mettre tout-à-fait en parallele avec les terres mercurielles & régulines qui ſont ſubtiles, volatiles, & rendues plus exaltées par la coction. On doit remarquer enſuite que le ſoufre eſt ſi ſubtil, ſi volatil, & ſi facile à décompoſer, qu'il ſe diſſipe en l'air, ou ſe détruit tout-à-fait avant que le fer ſoit devenu rouge, & que par-là il ait été rendu propre à le recevoir ; il peut même arriver que le fer en perdant ſa forme métallique, ſe change en rouille, & alors le ſoufre ne peut plus le pénétrer d'une maniere convenable, ni s'unir avec lui ; c'eſt par ces raiſons enfin, que dans la Pyrite martiale pure, le ſoufre eſt ſi foiblement uni au fer, qu'on peut l'en ſéparer ſans avoir beſoin, comme pour le cinnabre & l'antimoine, d'un autre agent que de la chaleur extérieure ; & même la ſeule action de l'air le développe, & le fait agir ſur les parties ferrugineuſes ; ce qui eſt la véritable cauſe de la décompoſition & de la vitrioliſation de ce minéral. Au reſte, cet exemple, ainſi que pluſieurs autres, prouve que la régle de démontrer les décompoſitions des corps par leurs compoſitions, ne doit point être regardée comme univerſelle pour les mines & pour les corps ſurcompoſés, (*decompoſita*).

Je dois encore remarquer ici une choſe qui pourra d'abord paroître étrangere à mon ſujet, mais qui jettera du jour ſur ce que je dirai par la ſuite. Quand j'examine la régle que j'ai établie ci-deſſus, ſur-tout dans ſon application aux ſels, & à d'autres corps dont la compoſition n'eſt point extrêmement compliquée, je trouve qu'on pourroit peut-être établir les principes ſuivans : quelques corps ſe décompoſent d'une maniere ſi ſenſible, que l'on ne peut point douter que les ſubſtances qu'on en tire ne conſtituent leur eſſence ; cependant ces mêmes ſubſtances ne ſe recombinent que très-difficilement, & quelquefois elles ne forment jamais une combinaiſon ſemblable à la premiere. Nous en avons un exemple dans la Pyrite ; car quoiqu'on puiſſe combiner un peu de ſoufre avec le cuivre, comme cela se pratique pour faire l'*æs ustum*, cette combinaison n'a pourtant aucune ressemblance avec une mine de cuivre, dont le soufre & le cuivre ont été tirés. D'autres corps peuvent se former plus aisément par la composition, & de façon qu'on ne peut pas douter que les substances employées n'y soient entrées ; mais il est très-difficile, & même quelquefois impossible, de les décomposer, comme nous en avons un exemple dans le tartre vitriolé ; ou même s'il est possible de décomposer ces corps, on ne peut pas le faire de façon que chaque partie de la composition reparoisse sous la forme qu'elle avoit lorsque nous l'y avons vu entrer. Par exemple, dans l'analyse du cinnabre, le mercure, si trompeur d'ailleurs, se retrouve sans altération ; mais le soufre disparoît sans qu'on sçache ce qu'il est devenu, & quelque précaution qu'on prenne, il n'y a pas moyen de le retrouver *.

Au reste, il est vrai en général que dans les démonstrations chymiques l'analyse ne peut point être mieux confirmée que par la récomposition ; par conséquent on doit tenter tous les moyens qui peuvent la rendre praticable. Lorsque dans les analyses une substance que l'on croit faire partie d'un tout, ne peut point être tirée pure, & dégagée de tout autre matiere, on est indispensablement obligé de la rendre sensible par la récomposition : alors il est presque impossible qu'une analyse convenable & faite sans détruire les principes, ne prouve quelque chose. Cette démonstration devient encore plus nécessaire quand la prétendue partie d'un corps n'en peut être séparée que par la *transomption*, c'est-à-dire, en la faisant passer dans un autre corps, &, quand les prétendues analyses qu'on fait, ne sont que des mélanges confus de substances hétérogênes, des décompositions violentes ou des séparations lentes, telles que les fermentations, dans lesquelles il se fait de nouveaux produits, ou peut-être même des combinaisons ridicules, telles que sont la plûpart des opérations de ceux qui cherchent l'or avec plus d'avidité que la vérité ; c'est alors qu'il est plus nécessaire d'insister sur la récomposition : mais il vaudroit encore beaucoup mieux ne faire aucune attention à des expériences qui sont, ou de pures chimeres des Alchymistes ignorans, ou des mélanges ridicules qui ne peuvent que nuire aux progrès de la Physique. J'ajouterai encore une remarque pour faire voir le peu d'exactitude qu'il y a à distribuer les corps de la Nature en trois regnes. Les analyses des minéraux se font avec assez de succès, & souvent même elles sont assez démonstratives ; mais celles des animaux & des végétaux sont toutes si imparfaites & si incertaines, que l'on seroit tenté de croire qu'il est impossible de faire l'analyse des corps de ces prétendus regnes comme celle des minéraux ; au contraire, les compositions s'y font avec beaucoup plus de facilité que dans les dernieres, à moins qu'il ne fût pas permis de

---

* Il est vrai que dans cette analyse on ne retrouve jamais le soufre sous sa forme naturelle, il est toujours uni à l'intermede dont on s'est servi pour le séparer ; mais il est presque toujours possible de l'avoir pur ; par exemple, si c'est de l'alkali, ou quelque terre calcaire, dont on s'est servi pour intermede, avec lesquelles il a formé du foye de soufre, on l'en dégage par le moyen d'un acide : si on a employé une substance métallique, on peut en faire un foye de soufre, dont on dégagera le soufre de la même maniere.

mettre la génération des animaux, & la culture des plantes au rang des expériences physiques.

Les choses étant ainsi, on conçoit que les deux questions que j'ai proposées, doivent être bien distinguées, lorsqu'il s'agit du minéral dont nous parlons. Nous allons donc examiner de quoi la Pyrite est composée ; & ensuite nous verrons d'où elle tire son origine.

Quant à la premiere question qui regarde les substances dont la Pyrite est composée, je me suis proposé de la traiter dans ce Chapitre & dans les suivans ; & j'examinerai dans un Chapitre particulier la seconde qui regarde ses principes, après que j'aurai fait connoître toutes les parties essentielles & accidentelles de ce minéral.

Pour satisfaire à la premiere question, il faut que j'établisse pour base la division des Pyrites en sulfureuses & en arsénicales. Par Pyrites sulfureuses je n'entends pas seulement, comme font les ouvriers des fabriques de soufre en Misnie, les Pyrites que l'on choisit pour en tirer du soufre, qui ordinairement ne contiennent pas d'autre métal que du fer, & très-peu ou même point du tout de cuivre ; qui ne renferment point d'arsénic, ou du moins qui n'en ont que très-peu, & qui par conséquent ne font point d'orpiment ou d'arsénic jaune, ou qui n'en donnent qu'en petite quantité ; je comprends encore dans le nombre de ces Pyrites les Pyrites cuivreuses, & même celles qui sont de très-riches mines de cuivre.

Sous le nom de Pyrites arsénicales je comprends les Pyrites blanches qui, outre le fer qui s'y trouve lui-même en moindre quantité que dans les Pyrites sulfureuses, ne contiennent ni cuivre, ni aucun autre métal ; qui au lieu du soufre, dont cependant on y découvre quelquefois des traces, contiennent de l'arsénic tout pur, soit sous la forme d'une poudre grise, soit sous celle d'une suie ou d'un enduit, qui étant combinés d'une maniere convenable avec le soufre produisent l'orpiment ; enfin, celles auxquelles dans les environs de Freyberg on donne le nom de *misspikkel* ; & que dans la partie supérieure de nos montagnes on nomme *Pyrites arsénicales*. En un mot, les premieres sont plus sulfureuses, & les dernieres sont plus arsénicales, ou même ne contiennent que de l'arsénic.

Dans les Pyrites sulfureuses, le fer fait la principale partie, la plus grande même, par rapport à leur volume ; & en général, elles contiennent toutes ce métal. Il est vrai que le cuivre qui peut être regardé comme la seconde partie de leur composition, ne se trouve pas dans toutes les Pyrites ; mais quelques-unes en contiennent un peu ; d'autres en ont une assez grande quantité. Le soufre qui fait la troisieme partie, se trouve comme le fer dans toutes les especes de Pyrites. L'arsénic peut être regardé comme la quatrieme partie qui les compose ; cependant il y en a un grand nombre qui n'en contiennent point : il s'en trouve pourtant des vestiges dans quelques-unes ; d'autres le contiennent même assez abondamment, & il montre sa présence, soit dans les scories du soufre, soit par l'orpiment : au reste, je dois faire remarquer que l'arsénic ne se trouve jamais en assez grande quantité dans les Pyrites dont le fer & le soufre font les parties constituantes, pour que, sans joindre du *misspikkel*, ou de la

X iij

Pyrite arsénicale au soufre, on puisse en faire de l’orpiment avec profit.

Une terre pierreuse & ferrugineuse fait la principale partie des Pyrites arsénicales, & en même tems la plus considérable de leur volume ; l’arsénic en est la seconde & la derniere : il faut observer que le soufre faisant ordinairement le quart du fer dans la premiere espece, l’arsénic fait communément dans le *mispikkel* de Freyberg un tiers, & dans la Pyrite arsénicale de nos montagnes de Saxe souvent la moitié, en comparaison de la partie ferrugineuse & quartzeuse de ce minéral ; on sçait même que la matiere noire & arsénicale, dont j’ai déja parlé plus haut, & qui se trouve aussi avec la mine d’argent rouge, se trouve aussi toute pure, & sans accompagner les mines riches ; nous en avons un exemple dans les environs de Schwartzenberg, où on l’appelle *gifft-kieß*, Pyrite de poison, ou *cobalt écailleux*. Mais comme cette substance ne contient ni fer ni aucune autre terre, & comme elle se dissipe entiérement au feu, elle n’est que de l’arsénic pur & natif, & il paroît que c’est par abus qu’on la nomme *Pyrite*, puisqu’on est convenu de ne donner ce nom qu’à un minéral composé d’une terre métallique pénétrée par le soufre ou par l’arsénic.

Après avoir fait l’énumération de toutes les parties qui constituent la Pyrite, je vais exposer actuellement sur chacune d’entre elles les particularités relatives au but que je me suis proposé dans cet Ouvrage. Pour commencer par le fer qui fait indubitablement la principale partie de la composition de ce minéral, je ferai remarquer en général qu’il est formé d’une terre métallique, qui tire son origine plus immédiatement que tout autre, de la terre crue & indéterminée. Les observations que je vais rapporter, prouveront clairement cette vérité.

1°. Le fer se rouille beaucoup plus aisément à l’humidité, sur-tout dans la terre ; il se change par conséquent beaucoup plus promptement en terre qu’aucun autre métal. En effet, quoiqu’il arrive quelque chose de semblable au plomb par son changement en céruse, & au cuivre par la formation du vert-de-gris, ces changemens ne se font pas si promptement & ne vont pas si loin que dans le fer. Becher prétend même prouver par une expérience particuliere, que la terre métallique, sur-tout celle qui est encore contenue dans la mine de fer, est tellement disposée à rentrer dans son premier état, qu’elle se change en un limon, dans lequel la métalléité est entiérement anéantie. Voyez *Physica Subterranea*.

2°. Le fer se change en rouille & en terre encore plus promptement que le cuivre, le plomb, l’étain & le mercure, qui dans différens degrés résistent tous plus long-tems à la *terrification* ; & la terre ferrugineuse, sur-tout celle qui a été produite par une rouille formée par l’air & par l’eau, & à laquelle l’on donne les différens noms d’*incrustations*, d’*ochre*, de *terre jaune*, &c. suivant les différens cas, ressemble tellement par sa subtilité & son onctuosité, à une glaise commune d’un jaune tirant sur le brun, que souvent il est presque impossible de les distinguer.

3°. Il est vrai que parmi les mines métalliques, c’est le fer qui, avec le cinnabre & l’antimoine, contient le plus de soufre ; mais il est beaucoup moins fortement lié avec lui qu’avec ces dernieres substances, puisqu’il s'en dégage de lui-même ; & quoique l'on se serve du fer comme d'un intermede pour tirer le mercure, & pour obtenir le régule d'antimoine, afin d'en séparer le soufre, il ne s'en charge que très-peu. Le cuivre est uni plus fortement avec le soufre, & il est plus aisé de les mettre en fusion tous les deux ensemble que de les séparer ; le plomb dans la galène ne se détache pas plus facilement de son soufre, il entre plutôt en fusion & se vitrifie ; cependant, pour parvenir à les séparer, & en même tems pour obtenir une portion d'argent assez considérable, on peut employer le fer dans la fonte de cette mine comme dans celle de l'antimoine ; le régule d'antimoine & le mercure aiment mieux s'échapper & se dissiper en l'air avec le soufre, que de le quitter. En un mot, la terre du fer est trop grossiere, & celle du soufre est trop subtile, pour pouvoir former ensemble une union ou une combinaison solide & durable ; cependant elles agissent avec beaucoup de force l'une sur l'autre.

4°. La cémentation fait entrer beaucoup moins de soufre dans le fer que dans le cuivre ; en mettant sur du fer & sur du cuivre, que l'on a fait rougir au feu, des portions égales de soufre, & en les tenant tous les deux dans le même degré de chaleur, on trouve que le fer ne s'est chargé au plus que d'environ un huitieme de soufre, & que le cuivre en a pris près d'un tiers, & s'y est uni assez fortement.

5°. Le fer ne s'amalgame point avec le mercure comme les autres métaux ; ce qui vient sans doute de sa *terrestréité*, c'est-à-dire, d'un état métallique grossier, qui n'est pas encore suffisamment élaboré ou exalté : au reste, comme je le remarquerai plus loin, c'est le cuivre qui après le fer résiste le plus à l'union avec le mercure.

6°. Enfin, la fameuse expérience de Becher doit convaincre qu'on peut produire du fer avec toutes les terres brutes, sur-tout les terres glaises, ou les terres argilleuses & onctueuses ; de plus, la Nature & l'Art peuvent même le produire avec des terres fort éloignées de la nature des minéraux, je veux dire, avec des terres végétales & animales. A l'égard des premieres, M. Lémery a tiré, à l'aide de l'aiman, du fer, du bois réduit en cendres. Voyez l'*Histoire de l'Académie des Sciences de Paris*, année 1706. M. Seip dans sa *Description des Eaux minérales de Pyrmont*, décrit un morceau de bois changé en fer qui fut trouvé dans un puits : j'en possede dans ma Collection un semblable qui a été trouvé en Bohême. M. Liebknecht en donne aussi des exemples dans sa Dissertation qui a pour titre : *De Ligni in mineram Ferri factâ metamorphosi.* Nous avons ici dans la Collection de Londres, des exemples d'ossemens humains changés en fer. Voyez les *Acta Eruditorum*, ann. 1682. Je ne crois pas que l'on ait jamais trouvé des exemples de cette espece pour d'autres métaux ; ni même que l'expérience de Becher puisse avoir lieu sur eux. Mars paroît avoir sur les autres métaux un droit d'aînesse que l'on attribuoit autrefois à Saturne. Cependant il ne faut point prendre ce que je viens de dire ici dans le sens des Alchymistes ; ni s'imaginer que le fer est le pere des autres métaux, & que ceux-ci, comme ses enfans, lui doivent leur existence.

On a raison de se plaindre de ce que Becher & Paracelse n'ont point décrit avec toute la clarté convenable leur expérience sur la transmutation du fer en plomb : il y a apparence qu'il y a de l'erreur dans les relations de ceux qui prétendent que les Chinois & les Japonois ont le secret de rendre le fer & l'or aussi flexibles que du plomb, & aussi aisés à fondre que de la cire ; & il peut se faire que Paracelse dans son opération sur le fer, n'ait pas pensé que le régule de plomb qu'il avoit obtenu, venoit de la litarge dont il s'étoit peut-être servi pour fondant. Voyez Stahl, *Specimen Becherianum*. Enfin, si le fait rapporté par Becher d'après la Chronique Helvétique d'Eterlin, quoique dépourvu de toute vraisemblance, étoit vrai, & s'il étoit en effet tombé du ciel parmi une grêle épouvantable un morceau de fer du poids de 48000 livres, on pourroit dire qu'il n'y a aucune substance, aucun élément, ni même aucune partie de l'univers qui ne fût propre à produire du fer. Voyez Becher, *Physica Subterranea*.

Puisqu'une terre grossiere, limoneuse & argilleuse peut si aisément devenir métallique & sur-tout ferrugineuse, il est naturel de chercher de la mine de fer dans des couches d'argille, d'ardoise, de limon, &c ; mais puisque la Pyrite se rencontre si souvent dans les mêmes couches, & puisqu'aucun minéral du monde ne se trouve aussi communément & aussi abondamment qu'elle, dans toutes sortes de pierres & de terres, il est surprenant que personne ne se soit encore avisé de demander si la matiere qui dans les Pyrites, ainsi que dans beaucoup d'autres mines, n'est ni cuivre, ni aucun autre métal imparfait, ni une terre non métallique, ne seroit point de la nature & de l'essence du fer : je ne parle point ici de la vraie Pyrite martiale, elle est déja presque entiérement du fer.

Les Anciens ont, selon toutes les apparences, fait très-peu d'attention à cette circonstance : ils n'ont cherché que le cuivre dans la Pyrite. C'est pour cela que l'on trouve toujours chez eux cette façon de parler : *Pyrites ex quo conflatur æs*. Au reste, ils n'avoient pas besoin de traiter la Pyrite pour en tirer du fer ; ils trouvoient par-tout la mine de ce métal, d'où on le tire plus aisément, & d'une meilleure qualité ; ils se contentoient de faire une bonne matte, & ils s'embarrassoient fort peu si la vitrification qui se fait dans la premiere fonte, étoit causée par le fer, par le soufre, ou par quelque autre substance ; mais l'envie de posséder de l'or & de l'argent ayant augmenté parmi les hommes avec le luxe & l'ambition, on a cherché ces deux métaux dans la Pyrite & par-tout. On commença à regarder avec d'autres yeux, quoique sans raison, les Pyrites dont on ne pouvoit pas tirer le cuivre avec profit, ou qui n'en contenoient point du tout. & l'on s'apperçut que quelquefois elles contenoient de l'or & de l'argent ; on a même donné dans un sentiment tout opposé à celui des Anciens ; &, non-seulement on a imaginé une espece particuliere de Pyrite *aurifere*, mais encore, on a voulu trouver tous les autres métaux dans ce même minéral.

Caneparius dans son Traité *De Atramentis*, cap. 11, pag. 9, dit : *Aurum, argentum, æs & quodcumque aliud metallum, à Pyrite eruitur* : on tire de la Pyrite de l'or, de l'argent, du cuivre, & tous les autres métaux. Comme ces recherches n'ont pas été faites dans le dessein d'étendre les

bornes

bornes de nos connoiſſances phyſiques, mais ſeulement dans la vûe de
contenter l'avidité & les paſſions des hommes, qui ſe couvrent du nom
de beſoin de l'Etat : on s'eſt aveuglé pendant très-long-tems ſur le
compte de la Pyrite, auſſi bien que ſur toute la Minéralogie, & par-là on
n'a pu s'en faire qu'une idée très-imparfaite. Agricola lui-même qui a
mieux connu les mines qu'un grand nombre d'autres Minéralogiſtes, n'a
point connu quelle étoit la partie principale des Pyrites, c'eſt-à-dire, le
fer que l'on trouve dans toutes. L'Hiſtoire Littéraire de la Phyſique ne
nous apprend pas qu'avant Martin Liſter, célebre Anglois, & Membre
de la Société Royale de Londres, quelqu'un ait reconnu que le fer eſt
la principale partie qui conſtitue la Pyrite, & qu'il fait la baſe de ce minéral. Cet Auteur eſt le premier qui ait dit en termes formels : *Pyrites purus
putus ferri metallum eſt* : la Pyrite n'eſt autre choſe que du fer. Cependant,
quand il dit dans un autre endroit : *Unus Angliæ Pyrites purum putum metallum eſt* : une certaine Pyrite d'Angleterre eſt un métal tout pur ; je ne ſçais
pas s'il a été ſûr de ſon fait, & s'il a donné à ſon principe toute la généralité dont il étoit ſuſceptible : Voyez Liſter, *De Fontibus medicatis Angliæ, pag.* 19 & 43. Parmi les Allemands, outre le célebre M. Hofmann
de Halle, on doit attribuer à M. Berger, Médecin du Roi de Pologne,
Electeur de Saxe, l'honneur d'avoir trouvé cette vérité. Il l'a prouvée
avec beaucoup de ſolidité dans ſon excellent Traité ſur les Eaux thermales de Carlſbad. Voyez *Bergeri, Commentatio de Thermis Carolinis.*

Il eſt vrai qu'avant ces Auteurs on avoit quelquefois fait mention
de Pyrites ferrugineuſes ; mais on en parloit comme d'une choſe très-
rare, & comme d'une curioſité qui ne ſe trouvoit qu'à Almerode en
Heſſe, en Angleterre, ou dans quelques autres endroits ; moi-même
après avoir déja long-tems examiné la Pyrite, je ne pouvois point encore
m'imaginer que le fer ſe trouvât dans toutes les eſpeces de ce minéral.
Il étoit naturel que cette idée ne ſe préſentât à moi que fort-tard ; car
les ouvriers qui s'occupent journellement du travail des mines & de la
métallurgie, ne cherchent qu'un manuel qui ſoit profitable, & s'inquie-
tent très-peu de la théorie des ſubſtances ſur leſquelles ils operent ; d'ailleurs ils n'ont ni le tems, ni les lumieres néceſſaires pour y penſer ; par
conſéquent ils ne pouvoient rien m'apprendre à cet égard ; d'un autre
côté, je trouvois encore moins de lumieres dans les Phyſiciens de l'E-
cole d'Ariſtote, qui ne font qu'embrouiller ceux qui veulent s'appliquer
à l'étude de la Nature. Enfin, après avoir examiné toutes les eſpeces de
Pyrites que j'ai pu raſſembler de toutes parts avec beaucoup de peines
& de dépenſes, je me ſuis convaincu pleinement de ce que Liſter &
Berger avoient dit dans leurs Ouvrages.

Autrefois, lorſque je demandois ce que les Pyrites donnoient dans les
eſſais, on me répondoit que c'étoit une eſpece de *ſpeiſſ* ; & quand je
continuois de demander ce que c'étoit que ce *ſpeiſſ* (c'eſt ainſi que l'on
nomme le régule que donnent dans les eſſais les Pyrites qui ne contiennent
pas une portion de cuivre très-ſenſible, ou qui n'en contiennent point
du tout), on ne pouvoit s'expliquer plus clairement ; & l'on me répon-

doit que c'étoit un métal d'une nature particuliere ; ce qui revient à ce que dit Agricola : *Quòd fit metallum fibi proprium.* Lorfque je voulois m'inftruire des principes de la premiere fonte des mines, & fçavoir pourquoi la Pyrite eft fi néceffaire dans cette opération ; on me difoit que le foufre contenu dans les Pyrites rendoit la fonte plus abondante ; & jamais on ne parloit du fer qui s'y trouve bien plus abondamment que le foufre, qui en eft même la bafe, & qui facilite principalement la fufion. Je n'avois pas lieu d'être fort content de ces réponfes.

Je ne parle point ici des chimeres que l'on s'eft forgées fur le foufre des charbons, fur le mercure des métaux, fur le prétendu fel acide des uns, & fur le fel alkali des autres, ni fur les trois principes : encore, fi on eût voulu s'en tenir aux véritables propriétés du foufre & de la fubftance graffe inflammable des charbons, on feroit peut-être parvenu plutôt à avoir une théorie exacte de la fufion ; mais que pouvons-nous efpérer à cet égard de tous les raifonnemens vagues fur le *foufre chaud* & le *foufre froid*, fur le *foufre volatile & fixe*, *mûr & crud*, & fur je ne fçais quel autre *foufre* chimérique que l'on prétend coopérer dans les fontes des mines. Peu s'en eft fallu que ces fauffes idées introduites d'abord par des Charlatans, qui peut-être ne connoiffent pas même les propriétés du foufre ordinaire, & adoptées enfuite par des ouvriers trop crédules, ne m'aient fait regarder le fer comme peu effentiel dans la Pyrite, & ne m'aient fait douter de la vérité des principes établis par les Sçavans que j'ai cités plus haut.

Je devois être confirmé dans ces difpofitions, par l'ufage où l'on eft dans nos cantons de ne point donner fimplement le nom de *Pyrites* à celles qui contiennent feulement quelques livres de cuivre par quintal ; mais de les appeller *Pyrites cuivreufes* ; & de fubftituer au terme de Pyrites, celui de mines de cuivre, dans celles qui renferment dix, vingt, trente, ou un plus grand nombre de livres de ce métal, qui d'ailleurs fe trouve en différentes proportions dans la plûpart de nos Pyrites, parmi lefquelles il y en a fort peu qui foient entiérement ferrugineufes & fans aucune trace de cuivre. Mais je me fuis apperçu bientôt que les principes de Lifter & de Berger font auffi fûrs qu'aucuns de ceux de la Minéralogie ; & comme pendant tout le tems que j'ai employé à l'examen de la Pyrite, je n'ai pas laiffé échapper les occafions d'en dire mon fentiment, on ne doit plus être furpris que j'établiffe à préfent comme une regle, que toutes les véritables Pyrites, les blanches, les jaunâtres & les jaunes, contiennent du fer ; & que ce métal conftitue toute la fubftance métallique dans les unes, que dans d'autres, fa quantité eft égale à celle des autres métaux s'il ne la furpaffe pas, & qu'il conferve du moins toujours fa place comme partie conftituante dans les Pyrites mêmes, où fa quantité eft furpaffée par celle du cuivre.

Par la façon dont je m'explique, on voit que je donne à cette regle encore plus d'étendue que n'ont voulu, fuivant les apparences, lui donner les Auteurs que je viens de citer. Le fer dans toutes les Pyrites fait la bafe de ce minéral ; il ne l'eft pas feulement dans la Pyrite jaunâtre ;

c'eſt-à-dire, dans celle dont j'ai parlé juſqu'ici, & qui s'appelle ſans autre épithete *Pyrite* par excellence; mais encore il l'eſt dans toutes les Pyrites jaunes, dans toutes les Pyrites cuivreuſes, & même dans ce qu'on appelle dans nos pays *mine jaune de cuivre*; dans toutes les Pyrites blanches; enfin, dans toutes les Pyrites arſénicales, & dans ce qu'on appelle *miſpikkel*. Je ne crois point que l'on ait jamais autant généraliſé ce principe. Il eſt vrai qu'il n'a pas été difficile de découvrir cette vérité; il n'a fallu pour cela que faire agit l'aiman : mais puiſque la choſe étoit ſi ſimple, n'eſt-il pas étonnant qu'on l'ait ignorée ſi-long-tems ? Cet exemple ne prouve-t-il pas non-ſeulement notre inadvertance, qui ſouvent nous empêche de faire attention aux choſes les plus communes, mais encore le préjudice que portent dans la Phyſique les ſpéculations qu'on fait marcher avant la connoiſſance des choſes, & qui nous embarquent dans des ſubtilités avant même que d'avoir accoutumé nos ſens à obſerver la Nature.

Ce n'eſt pas ſeulement la Pyrite d'Almerode en Heſſe que l'on a coutume d'appeller *Terra Martis Haſſiaca*, & à laquelle d'autres donnent, je ne ſçais par quelle raiſon, le nom de *Terra Solaris*; ce n'eſt pas ſeulement la Pyrite ſphérique qu'on trouve aux environs d'Egra en Bohême; ce n'eſt pas ſeulement celle qu'à Tœplitz on trouve dans la montagne appellée Shlosſberg; ce n'eſt pas ſeulement, comme je l'ai appris par une infinité d'expériences & de réflexions, la plûpart des Pyrites ſphériques que l'action de l'air décompoſe aiſément; mais encore ce ſont les coquilles pénétrées ou enduites de Pyrite, qui, eu égard à leur partie métallique, ſont du fer tout pur & ne contiennent pas le moindre veſtige de cuivre; le ſoufre qu'elles contiennent ſe diſtingue encore par ſa fineſſe & ſa pureté, de celui qu'on peut tirer de toute autre eſpece de Pyrite. En un mot, non-ſeulement les Pyrites qui ſe trouvent aux environs des eaux thermales & des ſources d'eaux minérales, (qui ont été connues à l'occaſion de l'examen que l'on a fait de ces eaux, & que, ſelon toutes les apparences, on ne connoîtroit point ſans cela), mais encore toutes les Pyrites de la Miſnie, de la Bohême, de la Hongrie, de la Norwege, de la Suede, de l'Angleterre, qui me ſont tombées entre les mains; & en général, toutes celles que l'on trouve par filons & par couches, où que l'on rencontre ſeulement dans de l'argille, dans du limon, dans du ſable, dans de l'ardoiſe, dans les pierres calcaires, ou dans d'autres carrieres, ne ſont, pour ainſi dire, quant à leur partie métallique, que du fer : cependant elles contiennent ſouvent quelques veſtiges de cuivre. Qu'en Miſnie on deſcende dans telle mine qu'on voudra, ſoit de métaux communs ou précieux; qu'elle ait telle direction ou telle diſpoſition qu'on voudra, on trouvera toujours que la plus grande & la principale partie de la ſubſtance des Pyrites qui accompagnent les différentes eſpeces de mines, eſt du fer; & le cuivre qui s'y trouve mêlé, ne s'apperçoit ſouvent qu'à peine, bien loin de pouvoir être ſéparé du reſte. Toutes nos mines de cuivre contiennent du fer : la quantité de ce dernier métal l'emporte même souvent sur celle du premier ; par conséquent on ne peut point, dans la Minéralogie, ôter ces mines du nombre de celles du fer, quoiqu'il y ait plus de profit à en tirer du cuivre que du fer, ce qui ne pourroit même pas se faire avec aucune sorte d'avantage ; & quoiqu'en envisageant les choses uniquement du côté de l'utilité que l'on retire de cette espece de Pyrites, on doive leur accorder le nom de mines de cuivre, je ne crois pas que personne soit en état de contredire ce que j'avance sur la présence du fer dans la Pyrite. Cette assertion est fondée sur un examen suivi que j'ai fait pendant un grand nombre d'années de toutes les différentes especes de Pyrites.

Les principes que j'ai posés sont d'autant moins douteux, qu'ils sont fondés sur plusieurs preuves dont une seule suffiroit pour les démontrer. On ne peut point rejetter le témoignage de l'aiman, à moins qu'on ne découvrît ou qu'on ne composât une substance avec laquelle il eut autant de sympathie qu'avec le fer ; il est vrai qu'on peut en empêcher l'action ; car en calcinant trop fortement la Pyrite, sur-tout à feu nud, ce qui la change en une terre ou en un ochre d'un brun tirant sur le rouge, l'aiman ne l'attire pas plus que de la paille ou du papier ; cependant on peut remettre cette terre en état d'être attirée de nouveau, en lui rendant par une fusion convenable l'onctuosité métallique qui lui manque : il n'y a pas de Pyrite, après que le soufre en a été dégagé dans un vaisseau fermé, qui ne soit attirable par l'aiman. En général, il attire toutes les mines auxquelles on donne à cause de leurs différens usages les noms de Pyrites *sulfureuses*, *vitrioliques*, *martiales*, *cuivreuses*, aussi bien que les Pyrites propres à faire de la matte ; & il les attire avec autant de force, que si elles étoient ou du fer fondu, ou une riche mine de fer. L'aiman agit encore sur celles qui contiennent du cuivre ; & quelques livres de ce métal, dans un quintal de mine, ne mettent point un grand obstacle à son action. A l'égard des Pyrites qui sont cuivreuses au point de pouvoir en tirer dix, vingt, trente & un plus grand nombre de livres de cuivre ; il est vrai que l'aiman a moins de prise sur elles ; cependant il fait toujours voir qu'elles contiennent plus ou moins du fer avec lequel il a tant de sympathie : enfin, il agit plus foiblement encore, ou même il n'agit point du tout sur celles où le cuivre est trop abondant ; mais il attire sensiblement quelques portions du *mispikkel* de Freyberg, & des Pyrites arsénicales de nos montagnes de Saxe ; & je serois tenté d'en recommander l'usage dans les premieres fontes pour dégrossir, à cause de la petite quantité de fer qu'elles contiennent, si ce métal n'y étoit point lié par une terre trop réfractaire & trop infusible, & si l'arsénic qui n'est pas à mépriser dans d'autres occasions, ne formoit pas dans ce cas un trop grand obstacle. L'aiman trouve même dans la blende quelque chose qui paroît sympathiser avec lui. C'est ce qu'on n'auroit point eu lieu d'attendre de cet avorton minéral si nuisible dans le traitement des mines, & que personne ne se donne la peine d'examiner. En effet, personne n'a daigné faire des recherches sur la blende ; quoique l'on voye, que comme la Pyrite, elle accompagne continuellement les mines qu'elle annonce ; & qu'outre cela, sa propre pesanteur fait présumer qu'il entre une terre métallique dans sa composition [1]. Ces propriétés de la blende ne devroient-elles pas nous engager à faire un peu plus d'attention qu'on ne fait ordinairement aux minéraux qui ont avec elle tant d'affinité ; tels que sont le *Wolfram*, l'*Eisenmann*, & l'*Eisenram* [2] ?

Il se présente ici naturellement une question ; sçavoir : quels sont les métaux que l'aiman peut souffrir avec le fer, & en quelle quantité il les peut souffrir [3] ? Ayant examiné avec l'aiman plusieurs Pyrites cuivreuses, après en avoir dégagé le soufre, sur-tout celles qui se trouvent aux environs de Freyberg en Misnie, celles de Goslar, de Fahlun & de Nericia en Suéde, &c. j'ai vu très-clairement que l'aiman les attire, ainsi que beaucoup d'autres ; cependant il ne les attire pas si promptement, ni à la même distance que les Pyrites, qui, sont ou purement ferrugineuses, ou qui ne contiennent que très-peu de cuivre ; mais je n'ai jamais pu découvrir par cette méthode combien chacune de ces Pyrites contenoit de fer, ou dans quelle proportion il y étoit avec le cuivre ; par conséquent je n'ai pu sçavoir combien de cuivre l'aiman peut souffrir dans le fer. J'ai bien remarqué qu'il agit avec plus de force sur les unes que sur les autres ; c'est ainsi qu'il attire celles d'Ilmenau & de Suéde plus fortement que les autres ; mais il faut observer, en premier lieu, qu'il n'est point aisé de déterminer les dégrés de l'attraction de l'aiman d'une maniere qui soit intelligible pour tout le monde ; en second lieu, je ne suis pas bien sûr que les Pyrites que j'ai examinées, & que j'ai voulu comparer les unes avec les autres ayent passé toutes par le même dégré de feu : en effet, l'aiman agit avec plus ou moins de force sur les mines de cuivre, selon qu'elles ont plus ou moins éprouvé l'action du feu. En ne faisant qu'une expérience ou deux à la fois, il est impossible d'observer pour les suivantes, précisément le même tems & le même dégré du feu ; & en faisant même plu-

---

[1] Depuis la publication de la Pyritologie, M. Marggraf sçavant Chymiste de l'Académie de Berlin, a examiné la substance que les Allemands nomment *Blende : voyez les Mémoires de l'Académie Royale des Sciences de Berlin, année* 1748. D'après les observations les plus récentes, la Blende est une vraie mine de zinc : on peut s'en servir comme de la calamine pour jaunir le cuivre ; elle ressemble souvent à la mine de plomb cubique ; outre le zinc, elle contient du fer, du soufre & de l'arsénic ; il s'en est même trouvé qui contenoit de l'argent, mais il est fort difficile de l'en tirer à cause des parties arsénicales & volatiles avec lesquelles il est combiné. Le nom de *Blende* indique dans le langage des Mineurs, une substance qui aveugle ou qui trompe ; parce que quelquefois au premier coup d'œil on la prendroit pour de la mine de plomb, à qui elle ressemble par son tissu feuilleté ou composé de lames, qui sont tantôt plus, tantôt moins grandes. Ce minéral se trouve dans presque toutes les mines : on en distingue plusieurs espéces ; il y en a qu'on appelle *Horn-blende*, ou blende semblable à de la corne ; *Pech-blende*, ou blende d'un noir luisant comme la poix ; il y en a aussi qui est brune & rougeâtre ; M. de Justi dit même qu'il s'en trouve qui est en crystaux d'un rouge transparent comme la mine d'argent rouge, mais elle est très-rare. Il y a aussi de la blende grise & jaunâtre. Les rouges abondent en soufre, & les grises en arsénic. Il y a une espéce de blende grise en cubes octogones, dans laquelle on ne trouve point de zinc ; elle n'est composée que de fer & d'arsénic. Voyez la *Minéralogie de M. de Justi*, §. 170, 171 & 183.

[2] C'est le nom que l'on donne dans les mines d'Allemagne à des minéraux crystallisés, composés de fer & d'arsénic qui sont très-difficiles à fondre, & qui nuisent beaucoup aux mines avec lesquelles ils sont mêlés.

[3] M. Gellert a fait voir jusqu'à quel point le fer pouvoit être allié avec d'autres substances métalliques, sans cesser d'être attirable par l'aiman. On trouvera une table que cet Auteur a faite à ce sujet à la fin du premier volume de sa *Chymie Métallurgique*, page 280. de la traduction Françoise.

fieurs effais à la fois ; comme le fourneau de réverbere dont je me fers
eft adapté pour le dégagement du foufre, il eft moins en état de communiquer à tous les échantillons le même dégré de chaleur ; outre cela n'ayant
pu obtenir qu'une très-petite quantité de Pyrites de certains endroits, je
n'en ai pu employer quelquefois à mes effais qu'une once ou deux, tandis
que je mettois dans le fourneau au moins la valeur d'un quarteron de la
plûpart des autres Pyrites que je voulois examiner ; on conçoit aifément
que le feu doit difpofer à l'attraction une petite maffe, bien plutôt qu'une
grande ; enfin, il faut ajouter à tout cela qu'il eft à préfumer, qu'outre les
deux terres principales & métalliques, les mines de cuivre Pyriteufes
contiennent encore une terre groffiére & non métallique dont la quantité
varie, & que cependant on nepeut ni pefer ni évaluer. Cette derniere raifon
me paroît fi importante que, quand même les circonftances que je viens de
rapporter ne feroient point de difficulté, elle fuffiroit toute feule pour empêcher de découvrir par l'aiman les proportions du fer & du cuivre dans les
Pyrites. En fuppofant que la fubftance groffiere & terreufe dont je parle, n'eft
point de la roche appellée *Kneiff*, ou du quartz, ou du fpath, ou une autre
roche ou gangue qui fouvent accompagnent les mines ou qui du moins
les traverfent, & qui quelquefois ne font pas la moindre partie de leur
volume ; mais que c'eft une matiere intimement combinée dans la mixtion
des Pyrites ; on trouvera des exemples dans la Pyrite arfénicale appellée
mifpikkel, fur-tout, & dans la blende, qui peuvent donner de la probabilité
à cette fuppofition.

Je ne parlerai point ici de la blende qui reffemble moins à une mine
qu'à une pierre groffiere, & dont jufqu'ici on n'a pas plus tiré de métal
que du fpath blanc, quoique fa pefanteur pût fournir matiere aux réflexions ;
mais on ne pourra pas refufer une place dans la claffe des mines véritablement métalliques à la Pyrite blanche ou au *mifpikkel* dont la terre fixe
eft fi intimement combinée avec l'arfénic, qu'on pourroit la regarder,
finon comme tout-à-fait métallique, du moins comme plus métallique
qu'elle ne l'eft en effet. Cependant il n'en eft point ainfi ; ce qui refte de
cette Pyrite après que l'arfénic en a été dégagé par la fublimation, fait
ordinairement près des deux tiers de fon volume, & l'arfénic n'en fait
qu'un tiers ; on n'en peut tirer qu'environ un dixieme de fer, & le refte
ne donne ni cuivre ni aucun autre métal ; il n'eft pas même poffible d'en
féparer le fer qui s'y trouve encore, vû que cette matiere fe change en
un verre noir, c'eft-à-dire, prend une forme fous laquelle on ne peut pas
préfumer qu'il y ait une terre purement métallique ; & cela même indique
une fubftance non métallique, groffiere, terreufe, pierreufe & fablo-
neufe. Je ne parle point de la fuye qui fe fublime & fe dégage de la Pyrite blanche en même tems que l'arfénic qui lui donne une couleur noire
& qui n'eft qu'une terre inflammable. Mais qu'eft-il befoin de rapporter
ici des exemples dans lefquels la plus grande partie du réfidu terreux
des mines confifte évidemment en une matiere crue & groffiere ; puifque cette matiere fe trouve inconteftablement dans la Pyrite martiale,

où cependant, comme je le prouverai plus loin, la terre métallique domine? C'est là-dessus que l'on trouvera de quoi exercer sa patience & son génie. Quand, par exemple, un quintal de mine de cuivre Pyriteuse contient un sixiéme ou seulement un septiéme de cuivre, & que malgré cela, l'aiman n'agit que très-foiblement, il est impossible de croire que le résidu de cette mine ne soit uniquement que du fer; mais quand même la manière dont l'aiman agit alors ne pourroit pas me servir de preuve, puisqu'en effet il seroit difficile de démontrer exactement la proportion qu'il y a entre son action & les substances contenues dans une mine semblable, on ne peut pourtant pas nier que les autres Pyrites tant sulfureuses qu'arsénicales, ne contiennent toutes la terre ou la pierre brutte, grossiére & non métallique dont je parle; & quelle raison auroit-on pour dire que les Pyrites cuivreuses n'en contiennent point, puisque, eu égard à leurs principales parties constituantes, elles ne different aucunement des autres? On voit donc, qu'indépendamment du cuivre, il y a dans les Pyrites une autre substance qui empêche l'action de l'aiman.

Comme les expériences que l'on peut faire sur les Pyrites mêmes ne peuvent décider la question sur la quantité de cuivre que l'aiman peut souffrir dans le fer, ni nous apprendre si l'aiman peut indiquer avec certitude la proportion du fer & du cuivre, j'ai imaginé une autre méthode pour découvrir ce que je cherchois; j'ai allié ces deux métaux par la fusion en différentes proportions; & enfin j'ai approché davantage de mon but, quoique je n'aye pas encore pû donner une exactitude arithmétique à mes observations. J'ai donc mis à différentes reprises & en différentes proportions de la limaille de fer, & de la limaille de cuivre, dans des creusets dont on se sert pour les essais de ce dernier métal; & j'ai trouvé que le fondant composé de deux parties égales de flux noir & de verre, d'une partie de borax, & d'une partie de sel de tartre, ont produit sur ce mêlange un si bon effet, qu'il ne manquoit rien à la scorification, & à la fusion parfaite des régules ou culots. Je ne dirai point ici avec combien de force l'aiman a agi sur les culots dans lesquels j'avois fait entrer une partie de fer, contre un huitiéme, un quart & même une moitié de cuivre; je ne dirai point non plus qu'y ayant toujours beaucoup de déchet lorsqu'on fait fondre le mêlange de ces métaux, & que comme quelquefois la moitié ou les deux tiers de ce mêlange se réduisent en scories, ce déchet doit être principalement attribué au fer; car j'ai remarqué qu'en employant des petites lames dans mes opérations, & faisant l'expérience sur elles seules, elles n'ont été que fortement rongées par le fondant, & ne sont point entrées en fusion, tandis que le cuivre se fondoit avec beaucoup plus de facilité; on sçait qu'une portion des métaux mis en fusion se change aussi, quoique très-lentement, en scories; je me contenterai donc de rapporter ici, & de recommander aux réflexions du Lecteur la seule expérience qui suit : j'ai fait fondre ensemble à l'aide du fondant dont je viens de parler, un demi-quintal poids d'essai de fer, & un quintal & demi de cuivre; j'ai obtenu un régule très-scorifié, qui pesoit un quintal & demi & quatre livres : la couleur tiroit assez sur le rouge; & après avoir été caffé en petits morceaux de la groffeur environ d'une lentille, un aiman de moyenne grandeur, l'attiroit affez fortement. On voit que dans cette opération les deux métaux enfemble n'ont point eu tout-à-fait un demi-quintal de déchet; & que même fans compter les quatre livres, le déchet ne va pas au-delà d'un demi-quintal; or, quoique ce déchet doive néceffairement être caufé en partie par le fer, quelque peu même qu'on veuille préfumer qu'il y concoure, je veux fuppofer qu'il ne faille l'attribuer qu'au cuivre feul; l'on trouvera toujours dans ce régule une partie de fer contre deux de cuivre; ce qui m'a fait voir avec étonnement que l'aiman fouffre le double de ce métal dans le fer, fans ceffer de l'attirer; & je ne doute prefque point qu'il ne puiffe y en fouffrir encore davantage : cependant je ne puis dire précifément jufqu'à quel point cela peut aller; car en faifant mes expériences, plufieurs caufes ont concouru à en faire manquer une partie.

Pendant que j'étois occupé à les faire, je m'avifai d'examiner en même-tems les autres métaux; & je voulus voir en quelle quantité l'aiman peut les fouffrir dans le fer : comme ces expériences ont fait une fuite d'opérations, j'ai cru devoir en rapporter ici les réfultats.

1°. Il eft impoffible de mettre le fer en fufion à l'aide du fondant que j'ai décrit plus haut, quand même on le placeroit dans le meilleur fourneau à vent; on ne peut le faire entrer en fufion qu'à l'aide d'une calcination & d'une réduction, dans laquelle cependant il y a du déchet que l'on ne doit point comparer avec celui que le cuivre éprouve dans la fufion.

2°. Le fer forme une fcorie noire; & fa noirceur ne change pas fenfiblement, lorfqu'il eft mêlé avec un autre métal, quand même ce métal y feroit en plus grande quantité que lui.

3°. En mettant du plomb & du fer en fufion; ce dernier furnage toujours, & ne s'unit point au premier, à moins qu'on ne lui ait fait perdre auparavant fon état métallique, & qu'il n'eut été changé en terre, préparation dont il n'a pas befoin pour s'unir très-intimement à tous les autres métaux & demi-métaux.

4°. Le fer fe fondant plus difficilement que le cuivre, il fe brule ou fe calcine plus promptement que ce dernier.

5°. Le fer peut contenir autant d'or que de cuivre, & être également attiré par l'aiman.

6°. L'aiman fouffre encore la même quantité d'argent dans le fer.

7°. Le fer s'unit à l'étain, & fait avec lui un régule en petits globules que l'aiman attire très-fortement.

8°. Le fer produit avec le zinc un régule qui reffemble à de l'argent; il eft ductile & malléable, quoique très-dur, & l'aiman l'attire avec affez de force.

9°. Le fer s'unit avec le bifmuth, de façon que le régule aigre, qui réfulte de leur alliage, ne laiffe pas d'être attirable par l'aiman, quoiqu'il tienne beaucoup de la nature du dernier, & qu'il foit même compofé de plus des trois quarts de bifmuth.

10°. L'aiman attire également le fer allié avec une quantité affez confidérable de cuivre jaune pour que la couleur jaune de la maffe puiffe encore s'appercevoir dans le fer.　　　　　　　　　　　　　11°.

11°, L'aiman attire le régule d'arſénic qui a été obtenu par le moyen du fer.

12°, Il attire encore l'arſénic qui a été ſéparé du *miſpikkel* ou de la Pyrite arſénicale, par la ſublimation, & qui s'unit au fer par la fuſion.

13°, Mais il ne ſouffre en aucune façon le régule d'antimoine, allié avec le fer; cependant j'ai tenté toutes ſortes de voies pour faire ceſſer cette antipathie: il faut en dire autant du *lapis de tribus*, quoique d'ailleurs il ſe métalliſe avec le fer, ce qui me paroît très-ſurprenant. Comme quelqu'un pourroit avoir envie de calculer les proportions du fer avec les métaux & les demi-métaux, relativement à l'action de l'aiman, j'ajouterai que l'expérience m'a fait connoître qu'un quintal de fer & un quintal d'étain, donnent un régule d'un quintal & demi; quatre quintaux de biſmuth & un quintal de fer, donnent un régule de quatre quintaux & un quart; un quintal de fer avec quatre quintaux de régule d'antimoine martial donnent un culot ou régule de quatre quintaux.

Le loup gris du regne minéral, c'eſt-à-dire, l'antimoine, nous fournit une ſeconde preuve de l'univerſalité du fer dans la Pyrite; ſon ſoufre dévore ce fer de même que le fer préparé; il ſe dégage du nouveau régule lorſqu'on y joint des ſels convenables, autant que peut le permettre l'état de pouſſiére dans lequel eſt le fer de la Pyrite après que le ſoufre en a été dégagé. Il eſt certain que l'antimoine agit plus facilement ſur des pointes de clous rougies qui laiſſent par-tout des interſtices entre elles que ſur des parties ferrugineuſes qui ſont appliquées fortement les unes aux autres, qui peuvent même, comme dans le réſidu que l'on retire des cornues après la ſéparation du ſoufre, avoir eſſuyé un feu trop violent & s'être liées enſemble par un commencement de fuſion. A l'égard des Pyrites très-chargées de cuivre, elles donnent moins de terre métallique ferrugineuſe quand on les traite avec de l'antimoine, à proportion que le cuivre y domine; & quand ce métal l'emporte juſqu'à un certain point, on ne trouve pas que cette terre ſe diſtingue de celle qui réſulte de l'opération dans laquelle l'antimoine a été joint avec du cuivre tout pur, & on ne voit point qu'il ait trouvé dans ce métal une ſubſtance plus inflammable que dans le fer. Cependant il eſt rare que la terre métallique ferrugineuſe puiſſe ſe cacher entiérement dans cette opération; elle ſe manifeſte toujours par d'autres voyes: outre cela, les Pyrites où le cuivre domine au point d'abſorber entiérement le fer, ſont les plus rares de toutes.

La vitrioliſation des Pyrites peut en troiſieme lieu nous faire voir avec la derniere évidence que le fer ſe trouve dans toutes les Pyrites. Elles donnent toutes du vitriol comme toutes contiennent du ſoufre, à l'exception du *miſpikkel* ou de la Pyrite arſénicale quand elle eſt parfaitement pure & ſans mêlange d'aucune autre Pyrite. Il ne faut point ſe laiſſer induire en erreur par la diſtinction des Pyrites en ſulfureuſes & vitrioliques; j'ai déja fait voir qu'elles ne different point les unes des autres, & il n'eſt queſtion ici que de leurs parties conſtituantes & non pas de leur qualité & de leurs dégrés d'utilité: il en eſt de ces Pyrites comme du raiſin; en le preſſant, on obtient d'abord un jus doux comme du ſucre, & même un vrai ſucre, lorſqu'on fait évaporer & épaiſſir ce jus encore récent ; en le faiſant fermenter il ſe change en vin, & la diſtillation peut en tirer une liqueur graſſe & inflammable comme du ſoufre, c'eſt-à-dire, de l'eſprit-de-vin : or, il ne s'enſuit point de-là, que parce qu'il y a une ſubſtance graſſe & douce dans le moût, & une ſubſtance inflammable dans le vin, on doive regarder ces deux ſubſtances comme des parties conſti-tuantes qui exiſtoient à la fois dans le raiſin : l'une eſt un nouveau produit de l'autre ; & il eſt auſſi impoſſible de tirer de l'eſprit-de-vin du moût, ſans qu'il ait auparavant été changé en vin, que d'en faire du vinaigre. Il eſt vrai que le ſoufre eſt dans la Pyrite ce qu'eſt le jus dans un fruit ; cette ſubſtance graſſe qui fait ſon eſſence s'y trouve comme une partie conſtituante, qui pour être produite, n'a pas beſoin du concours d'aucune autre matiere, pas même de l'air ou de l'action deſtructive du feu ; & pour l'obtenir on n'a beſoin que d'une chaleur ſuffiſante pour le ſéparer du minéral qui le contient : le vitriol au contraire eſt un nouveau produit ou une ſubſtance qui n'eſt point contenue formellement dans la Pyrite, elle ne s'y trouve que par parties, où peut-être ne s'y trouve-t-il qu'une ſeule partie ; par conſéquent, elle n'y exiſte que potentiellement, c'eſt-à-dire, qu'elle ne ſe forme que par la deſtruction de la Pyrite, par la dé-compoſition de quelques-unes de ſes parties, par la combinaiſon de quel-ques autres, & peut-être même par le concours de la matiere dont l'air eſt compoſé & des particules du feu extérieur. Car quoiqu'il y ait des Pyrites, qui, ſi on les jette dans l'eau auſſi-tôt après qu'elles ont été calcinées, donnent du vitriol, ce qui arrive auſſi au vitriol mêlé d'alun qu'on tire de la calamine ; cependant la plûpart des Pyrites demandent après leur calcination à être expoſées à l'air ; enfin, toutes, après avoir été lavées une ou pluſieurs fois, ſe vitrioliſent de nouveau par le contact de l'air ; & même ce contact ſeul ſuffit pour produire du vitriol dans quel-ques-unes de ces Pyrites, ſans que l'on en ait dégagé le ſoufre, ou ſans qu'elles ayent été calcinées ou grillées auparavant.

De même que le vin ne contient plus la partie graſſe & ſucrée qu'il avoit étant dans l'état de moût, ou du moins comme il la perd de plus en plus, de même auſſi la Pyrite perd ſon ſoufre en ſe vitrioliſant. De plus, ſoit que le vitriol ait été tiré tout formé de la terre, ſoit qu'on le trouve dans des endroits où il a été porté par les eaux qui après avoir paſſé par-deſſus des Pyrites détruites, l'ont dépoſé ſur les parois des ſouterreins des mines où il a formé des eſpeces de ſtalactites ou de concrétions ſalines ; ſoit enfin qu'il ait été obtenu par le travail des hommes dans les atteliers, il eſt toujours ou purement ferrugineux, ou cuivreux ou hermaphrodite, c'eſt-à-dire, compoſé des deux premieres eſpeces. Le vitriol martial eſt d'un verd de mer, & d'un goût douceâtre ; le vitriol cuivreux eſt bleu, & d'un goût acerbe & propre à cauſer des nauſées ; celui qui eſt mêlangé, dé-robe aiſément à la vue la ſubſtance cuivreuſe qu'il contient, mais on lui trouve toujours un goût déſagréable, lors même que le vitriol martial y domine. A l'égard du vitriol blanc qui doit être regardé comme un vitriol de la troifiéme efpece, je me réferve d'en parler dans le Chapitre où je traiterai de la formation du vitriol. En un mot, tous les vitriols en général font compofés de l'acide minéral le plus fort, qui tire fon origine du foufre ou de l'air, & d'une terre métallique qui eft toujours ou ferrugineufe ou cuivreufe, ou l'une & l'autre à la fois, quoique dans des proportions différentes fouvent très-inégales. C'eft par cette raifon que l'on ne doit point mettre dans la claffe des véritables vitriols, ce que l'on appelle *vitriols d'argent*, *vitriols de plomb*, &c, puifqu'ils font faits par l'acide nitreux, ou l'acide du vinaigre, &c.

A l'égard du vitriol qui eft purement cuivreux, on aura beaucoup de peine à le trouver dans les atteliers de la nature ; car quoiqu'on puiffe à l'aide du fer précipiter du cuivre très-pur des eaux que l'on appelle *cémentatoires*, qui fe trouvent en Hongrie & dans d'autres pays, & que l'on auroit plus de raifons d'appeller eaux cuivreufes, il ne s'enfuit pas pour cela que ces eaux contiennent du cuivre plus pur que les Pyrites qui ne peuvent point produire de vitriol par elles-mêmes, à moins de contenir une certaine portion de fer ; & quand on veut obtenir un vitriol cuivreux parfaitement pur, il faut le faire avec du cuivre de rofette ou par d'autres voies artificielles, ou il faut le féparer avec la plus grande précaution, d'un vitriol mêlangé. Le vitriol de cette troifieme efpece eft celui qu'on trouve le plus communément dans les mines : que l'on prenne du vitriol d'Eifleben ou du vitriol romain, on y trouvera toujours des veftiges de cuivre : les vitriols que l'on appelle natifs, & que l'on trouve dans les mines fous la forme de glaçons, de ftalactites, & d'incruftations, auffi bien que ceux que l'on tire artificiellement des Pyrites, prouvent par leurs effais & furtout lorfqu'on en fait la féparation avec intelligence, qu'ils ne font jamais entiérement dépourvûs de cuivre, lors même qu'ils paroiffent fimplement ferrugineux à la vûe. Cependant il ne faut pas croire pour cela que le vitriol de la premiere efpéce foit fi rare qu'on ne puiffe le trouver qu'à Almerode en Heffe ; en effet, quoique les Pyrites que nous avons coutume d'appeller fulfureufes & vitrioliques, contiennent ordinairement au moins quelques traces légères de cuivre, & quoique dans la vitriolifation du fer, il foit impoffible que le cuivre qui lui eft intimement uni ne foit point attaqué & même enveloppé avec lui, on peut cependant obtenir une portion affez confidérable d'un vitriol purement martial à l'aide d'une évaporation lente faite avec précaution, & par la cryftallifation.

Je pourrois rapporter ici en quatrieme lieu, les effais que l'on fait ordinairement fur les Pyrites cuivreufes, & fur les mines de cuivre, pour voir combien elles contiennent de ce métal. On obtient dans ces opérations un régule ou culot que l'on nomme *cuivre noir* ; & l'opinion du vulgaire eft que fa couleur qui eft noire en effet, vient tantôt du fer, tantôt du plomb, comme auffi du foufre, de l'arfénic & du *fpeifs*, ou, fuivant l'expreffion ordinaire, d'une *fubftance étrangère*, c'eft-à-dire, d'une fubftance qu'on ne connoît point. Le foufre peut y contribuer en quelque chofe ; car l'expérience m'a fait voir qu'il ne fe dégage que très-difficilement du cuivre. L'arfénic pourroit encore y contribuer, vû qu'il a de la difpofition à s'unir au soufre, qui d'ailleurs n'est presque jamais entiérement dépourvû d'arsénic dans les mines de cuivre. A l'égard du plomb, on doit sans doute lui attribuer cet effet dans le cuivre, sur-tout lorsque sa mine est entre-mêlée de mine de plomb, ou lorsqu'on a employé pour faire le cuivre noir, des mattes pour la formation desquelles on s'est servi du plomb. On doit en dire autant du fer, sur-tout puisqu'on voit clairement que la mine de cuivre se trouve souvent dans une gangue ou matrice ferrugineuse, ou dans une véritable mine de fer dont il ne peut jamais être entiérement dégagé. Mais jusqu'ici on n'a point encore assez examiné si ce n'est pas sur-tout le fer, ou du moins s'il n'est pas toujours pour quelque chose dans la couleur du cuivre noir ; & par conséquent si les mines de cuivre, même celles qui sont les plus pures ou qui ont été le plus soigneusement dégagées de toutes matieres étrangeres, ne participent point par elles-mêmes & par leur mixtion de la nature du fer. Il y a des mines de cuivre dans le monde, telle qu'est la fameuse mine de Falhun en Suéde, où le minerai est une mine de cuivre toute pure ou du moins fort éloignée de toute espece de mine de plomb; malgré cela ce minerai donne non-seulement du cuivre noir, mais encore ce cuivre ressemble à tous égards à celui qui a été travaillé dans nos fonderies avec du plomb. Il faut encore faire attention qu'il n'y a point uue si grande affinité entre le plomb & le cuivre, qu'entre le cuivre & le fer; il est même probable que le plomb, à cause de sa volatilité, ne resteroit pas le dernier dans la séparation du cuivre ; au contraire, on sçait qu'il s'en sépare aisément ; & qu'on fait fondre exprès du plomb avec le cuivre, afin de le purifier entiérement, & pour en tirer les métaux qui ne s'en sépareroient point par eux-mêmes, tels que sont l'argent & le fer. Mais qu'est-il besoin d'autre preuve? L'action de l'aiman suffit toute seule pour prouver ce que j'avance : je n'ai pas encore trouvé de mine de cuivre qui n'en fût attirée après avoir été auparavant préparée & disposée pour cela.

Je pourrois en cinquéme lieu tirer encore une preuve de la scorification des mines de cuivre. En effet, dans les essais que l'on en fait pour voir combien elles contiennent d'argent, la scorie est toujours d'une couleur obscure ou noirâtre ; sans le fer, ne voit-on pas qu'elle seroit de couleur de foie, c'est-à-dire, d'un brun rouge ou même d'un rouge clair, tel qu'est la couleur naturelle du cuivre ; car quoique le plomb dont on a un besoin indispensable pour la scorification, entre nécessairement dans le mélange, il ne pourroit point détruire entiérement la couleur du cuivre ; de même que dans les scories de la Pyrite martiale, il ne peut point entiérement détruire la couleur noire qui caractérise le fer, quoiqu'en la rendant un peu plus claire, il fasse qu'elle tire sur le brun. Mais j'aime mieux m'appuyer ici de la vitrification que j'ai faite dans un fourneau de verrerie & sans employer aucun fondant : la mine de cuivre, les Pyrites ordinaires, celles qui sont purement sulfureuses aussi bien que celles qui ne sont qu'arsénicales, produisent communément, de même que la blende, un verre noir & opaque.

CHAPITRE VII.

Du cuivre contenu dans la Pyrite.

Le cuivre est, sans contredit, après le fer, la terre métallique que l'on doit chercher & que l'on trouve principalement dans la Pyrite. Ce minéral n'est jamais sans fer ; il est souvent sans cuivre ; mais après le fer, c'est le cuivre qu'il affectionne le plus ; aussi le cuivre est-il de tous les métaux celui qui a le plus d'affinité avec le fer ; je crois qu'on pourra s'en convaincre par les observations suivantes.

1°, Il est vrai que jusqu'ici nous n'avons point d'expérience qui nous fasse voir que le fer puisse se changer en cuivre. En effet, il y a long-tems qu'on est détrompé sur le compte du fameux cuivre de cémentation de Neusol & de Smolnitz en Hongrie *, que M. Lœhneiss a aussi trouvé au Ramnelsberg dans le Hartz, & qui a été très-artistement imité par feu M. Heinemann, Inspecteur des fonderies de Bottendorf en Thuringe : j'en ai moi-même trouvé dans la mine d'étain d'Altemberg. Personne ne croira aujourd'hui que ces eaux changent le fer en cuivre ; mais le cuivre qu'on obtient a été simplement précipité par le fer. *Lœhneiss*, Traité des mines, page 332. *Tollii Epistol. Itinerar. V. p. 192. Wedelius in Ephemerid. naturæ Curiosor. decas I. ann. VI. & VII.* 1673 & 1676. A l'égard de ce qu'on dit de la Pyrite arsénicale d'Ohlsten en Suéde, & de celle qui se trouve dans la mine de Gothe-Gruffwan en Westmanie, que l'on prétend se changer totalement en cuivre, après avoir été exposée pendant quelques années aux impressions de l'air ; il y a lieu de croire que le fait est faux, ou qu'on s'explique mal. Voyez *Leopoldi Epistola de itinere Suêcico, pag.* 82. Cependant je crois que s'il étoit possible qu'il se fît une transmutation des métaux imparfaits, elle auroit lieu entre le fer & le cuivre plutôt qu'entre les autres métaux. Au reste, sans recourir à l'alchymie ni à la pierre philosophale qui sont une chose toute différente, je dirai qu'il est facile & même que c'est un secret assez connu actuellement que d'obtenir de l'or & de l'argent des métaux imparfaits, quoiqu'ils n'en continssent point auparavant, & quoiqu'on n'y en ait point ajouté.

2°, Le cuivre ainsi que le fer est le métal le plus commun, non pas relativement à l'estimation des hommes qui met encore le plomb au-dessous de lui, mais relativement à la quantité qu'on en trouve dans le sein de la terre. En effet, il n'y a a gueres de filon, soit de mine de plomb, soit

---

* On trouve en Hongrie, dans un endroit nommé Neusol & Herrengrund, ainsi qu'à Smolnitz, au pied des monts Krapacks, des sources d'eau si chargées de vitriol cuivreux, qu'en faisant tremper de la vieille ferraille dans cette eau, il se précipite une grande quantité de cuivre très-pur. Ce cuivre ainsi obtenu, s'appelle *Cuivre de cémentation*, & les eaux dont on l'obtient, s'appellent *Eaux cémentatoires*. Il s'en trouve de cette espece, quoique moins riches en cuivre, en plusieurs endroits de l'Europe ; il y en a dans le Lyonnois, près de S. Bel, &c.

de mine d'étain, soit même de métaux précieux, qui soit entiérement dépourvu de cuivre ; au contraire, on trouve des veines ou des filons qui ne font composés que de mine de cuivre pure, & qui ne contiennent absolument aucune autre substance minérale. Puisque la mine de cuivre peut se trouver sans mêlange de tout autre mine, & puisque les autres ne peuvent gueres se trouver sans elle, on ne peut se dispenser de reconnoître qu'elle est très-commune.

3°, Dans les Pyrites, le soufre fait avec le cuivre une combinaison qui ressemble à celle que le soufre fait avec le fer, excepté que le jaune de la premiere est un peu plus vif, & que celui de la derniere est un peu plus pâle. Parmi toutes les autres mines, il n'y en a point qui ressemble en cela aux Pyrites, quoique d'ailleurs elles puissent avoir des ressemblances entre elles : le soufre, par exemple, mêlé avec du plomb, ou le soufre mêlé avec le régule d'antimoine, ou le soufre combiné par l'art avec l'étain, produit des combinaisons qui se ressemblent assez entre elles, mais elles ont très-peu de rapport avec les Pyrites : le mercure combiné avec le soufre, efface par sa couleur pourpre l'éclat de tous les autres métaux ainsi minéralisés ; car je ne parle point ici de ceux qui sont minéralisés d'une autre maniere ; sans cela, il faudroit donner la préférence à la mine d'argent rouge qui n'est pas tant minéralisée par le soufre que par l'arsénic, & peut-être même faudroit-il préférer les belles fleurs de cobalt, qui cependant ne contiennent rien dont on puisse tirer parti.

4°, Il est vrai que la mine de cuivre se dégage plus difficilement que le fer du soufre qu'elle contient ; & qu'elle s'unit plutôt avec lui par un commencement de fusion ; cependant on peut l'en séparer par un grillage lent & modéré ; on peut même obtenir ce dégagement assez facilement en joignant au minerai une terre difficile à fondre de la nature du quartz ou de la blende, ce qui empêche qu'elle ne commence à se fondre & à se pelotonner.

5°, Ces deux métaux se combinent l'un & l'autre de la même maniere avec le soufre par la voie de la cémentation ; avec cette différence seulement que le cuivre en est plus intimement pénétré, & le retient en plus grande quantité & plus long-tems. Au reste, ces deux métaux forment avec le soufre une combinaison semblable à de la suie ou de la rouille ; au lieu que les métaux blancs & les demi-métaux traités de cette façon, prennent la forme d'une mine de plomb, de l'antimoine, & par conséquent sont mis dans l'état d'une vraie mine.

6°, Tous les métaux imparfaits peuvent être brulés ou calcinés sans qu'il soit besoin pour cela d'addition pour faciliter cette opération ; ou plutôt, en perdant leur état métallique, ils peuvent être changés en terre ; mais aucun d'eux ne subit ce changement avec autant de facilité que le fer & le cuivre. Stahl, dans son *Specimen Becherianum*, croit que cette opération se fait plus promptement encore sur le cuivre que sur le fer ; mais je ne crois pas que l'un l'emporte en cela sur l'autre ; car quoique mes expériences ne me mettent point en état d'avancer le contraire, je vois toujours que ces deux métaux se réduisent en écailles en très-peu de tems quand on ne les expose pas tout d'un coup au feu le plus violent ; que ces écailles mettent obstacle à la fusion ; que le feu le plus violent ne peut leur rendre leur état métallique sans le concours d'un fondant, & que l'action du feu les change enfin en scorie ou en verre. Ce que je viens de dire sur la prompte exposition à un feu violent a encore lieu pour les autres métaux, & sur-tout pour le plomb & l'étain.

7°, De tous les métaux, il n'y a que le fer & le cuivre qui se changent en un véritable vitriol ; & cela avec la plus grande ressemblance & avec une grande conformité pour la couleur bleue & verte de leurs vitriols.

8°, On voit par ce dernier phénomene, que ces deux métaux doivent avoir le même tissu, & qu'ils sont également disposés à se combiner avec le sel acide minéral le plus puissant, soit qu'il tire son origine du soufre, soit qu'il la tire de l'air ; il est vrai que le fer saisit cet acide plus avidement que le cuivre, & que l'on doit conclure de-là que le tissu du cuivre est plus compacte que celui du fer, c'est-à-dire, que le cuivre est déja plus éloigné que le fer de la nature de sa terre grossiere, & que sa *métallicité* a déja été plus exaltée.

9°, Ces deux métaux s'accordent encore très-bien ensemble dans le même vitriol, & quoiqu'une évaporation que l'on aura faite avec attention puisse séparer le vitriol cuivreux d'avec le vitriol martial, de la même maniere que l'on peut séparer les uns des autres tous les sels saturés, cependant le cuivre ne quitte presque jamais entiérement le fer quand il s'est une fois combiné avec lui.

10°, Après le fer, le cuivre est de tous les métaux le plus difficile à fondre.

11°, Il est aussi le plus dur après le fer, & c'est par cette raison qu'au défaut de celui-ci, les Anciens s'en servoient pour faire des sabres & d'autres armes : on montre encore une épée dont la lame est de cuivre, dans le cabinet du Roi de Suéde à Stockholm, & on en a souvent trouvé de semblables dans les tombeaux des Anciens. Voyez *Elvii & Benzelii schediasma de re metallica Sueco-Gothorum, pag.* 14.

12°, L'or fixe son séjour, & se produit principalement dans ces deux métaux ; cependant c'est plus communément dans le cuivre que dans le fer.

13°, Après le fer, c'est le cuivre qui a le plus de peine à s'amalgamer avec le mercure ; au lieu que l'or & l'argent y sont très-disposés, ainsi que le plomb, l'étain & le zinc.

14°, L'aiman soufre dans le fer le cuivre plus volontiers & en plus grande quantité qu'aucun autre métal.

15°, Je ne citerai point ici le vitriol hermaphrodite des Alchymistes ; je ne suis point dans l'usage de m'en rapporter à leurs discours : si je leur demandois ce qu'ils entendent par-là, je craindrois qu'ils ne me fissent quelque réponse inintelligible.

Cela posé, on aura fort peu de peine à concevoir, même *à priori*, que le cuivre doive naturellement, dans les Pyrites, accompagner le fer avec qui il a tant d'analogie ; & l'on trouvera ensuite, *à posteriori*, c'est-à-dire, par l'analyse des Pyrites mêmes , que cette conjecture est bien fondée. Cependant comme le cuivre ne se trouve point dans toutes les Pyrites , & comme quelques-unes contiennent du fer tout pur, on ne peut point regarder le premier de ces métaux comme une partie constituante de ce minéral , qui lui soit aussi essentielle que le fer. Au reste , comme il est fort ordinaire de trouver accidentellement du cuivre dans les Pyrites, & comme il n'y en a que très-peu qui en soient entiérement dépourvues; de plus, comme plusieurs Pyrites contiennent une quantité de ce métal qui va quelquefois jusqu'à faire la moitié de leur volume , on doit sans contredit accorder au cuivre le premier rang après le fer. Cependant il est permis à ceux qui voudront ôter les mines qui renferment une si grande quantité de cuivre de la classe des Pyrites, d'en former une espece particuliere , & de regarder ensuite ce métal , non comme une substance accidentelle , mais comme une partie constituante des mines de cette nouvelle classe. Mais il faut éviter de tomber dans la faute des Anciens, qui n'ont connu & cherché que du cuivre dans la Pyrite, ou du moins qui n'ont jamais fait mention du fer qu'elle contient : n'ayant eu en vue que le cuivre dans ce minéral, ils n'ont pas seulement daigné examiner avec soin celles qui n'en donnoient que peu ou point du tout ; ils voyoient pourtant qu'on en avoit un besoin presque indispensable pour la premiere fonte, ce qui auroit dû réveiller leur attention. Au moins est-il certain que je n'ai pu trouver aucun passage dans les Naturalistes Grecs & Romains, tels que Dioscoride, Pline, Gallien, &c, où il soit question du fer contenu dans la Pyrite.

C'est aussi pour cela que parmi tous les noms qui ont été donnés au vitriol, il n'y en a pas un seul qui ait rapport au fer : on l'appelle toujours *chalcantum , chalcitis, Cuperosa* ou *Cupri rosa*, &c, & ce n'est pas seulement parmi les Grecs & les Latins que l'on a privé le fer de la part qui lui appartient dans le vitriol ; on en a fait autant en Allemagne , & on y donne encore aujourd'hui à tous les vitriols en général , & sur-tout à celui qui contient le plus de fer, le nom de *Kupfer Waffer*, eau cuivreuse ; ou, ce qui revient au même , de *Couperose.* Cependant Canéparius admet un vitriol ferrugineux ; mais il est bien éloigné de penser qu'on le tire de la Pyrite : on ne peut le faire, selon lui, qu'avec du fer tout formé ; aussi lui donne-t-il le nom de *Vitriolum Chymicum*, dénomination qui est de sa façon , & qui indique que ce vitriol est un produit de l'art : il enseigne la maniere de le faire, comme si la nature ne pouvoit point le former sans le secours de l'industrie humaine. Voyez *Caneparius de Attramentis, Descript. III. Cap.* 14. En lisant Minderer dans son Traité *de Chalcantho*, qui est écrit avec beaucoup d'emphase , il sembleroit qu'il n'y a jamais eu de vitriol de Mars au monde, quoique cet Auteur ait principalement en vûe l'usage médicinal & chirurgical du vitriol ; il auroit mieux valu qu'il eût donné la place que ses longues discussions sur le *Miffy* & le *Sory* occupent dans son livre, à des recherches exactes sur la nature du vitriol.

Par la suite , lorsque quelques Modernes ont fait mention du vitriol martial natif , ils en ont ordinairement parlé comme d'une chose accidentelle & très-rare; & personne ne s'est avisé de le regarder comme une

substance

ſubſtance eſſentielle & très-commune ; quelques paſſages même que l'on pourroit citer en leur faveur ne font qu'augmenter l'incertitude & la confuſion ; quelques-uns des noms qu'ils donnent à la Pyrite ſuffiſent pour faire voir que leurs idées ſur cette matiere n'étoient point nettes ; ils ſe ſervent du terme de *Chalco-Pyrites*, Pyrite cuivreuſe, ce qui ſembleroit ſuppoſer qu'ils ont connu le *ſydero-Pyrites*, ou la Pyrite ferrugineuſe ; mais perſonne n'en donne une définition exacte. Ne pourroit-on pas croire également qu'ils ont oppoſé à la Pyrite cuivreuſe, c'eſt-à-dire, à la Pyrite métallique, une Pyrite non métallique, c'eſt-à-dire, une pierre commune, dure, & propre à faire du feu, tel que le caillou, la chalcédoine & d'autres pierres ſemblables, que l'on appelle auſſi quelquefois *Pyrites* en latin, en y joignant l'épithete *igniarius*. Lorſque Geſner cite Hermolaus Barbarus qui dit : *Pyritam quoque ſunt qui ſyderitam vocant*, il ne fait aucune remarque ſur ce paſſage ; par conſéquent on ne ſçait ſi par *ſyderita* il n'entend point la vraie mine de fer, qui ſouvent donne des étincelles lorſqu'on la frape, & à laquelle par cette raiſon on pourroit donner le nom de *Pyrites* ; mais Geſner, à qui d'ailleurs on ne peut conteſter du mérite, a ſouvent copié Agricola fort inconſidérément. Encelius dans le Chapitre vingtiéme du Traité *de Rebus metallicis*, fait eſpérer qu'en parlant de la Pyrite de couleur de fer, il donnera la deſcription & la nature de la Pyrite martiale ; mais de tout ſon étalage, il n'en réſulte que quelques mots vuides de ſens, & une confuſion d'idées nuiſible à ceux qui veulent s'inſtruire, & inſupportable pour ceux qui ſont déja inſtruits. Comment l'excuſer quand on voit que dans le titre d'un article il promet de traiter de la Pyrite martiale, & que dans l'article même, il parle de la mine de fer ? En un mot, on a toujours donné trop au cuivre, & trop peu au fer ; & s'il y a quelque choſe qui puiſſe faire excuſer à cet égard les Anciens, c'eſt qu'ils ont ſuivi trop ſcrupuleuſement les ſentimens de leurs prédéceſſeurs, & que quelques Auteurs qui auroient dû examiner cette matiere, n'ont connu dans les endroits où ils vivoient que des Pyrites cuivreuſes, dans leſquelles cependant le fer ne peut point demeurer totalement caché.

Au reſte, il n'eſt pas douteux que le cuivre eſt un des principaux objets dans l'Hiſtoire Naturelle de la Pyrite, ſoit que l'on conſidere le lieu où il ſe trouve, ſoit que l'on faſſe attention à la quantité que les Pyrites en contiennent, ſoit que l'on regarde l'étendue & la groſſeur de ſes filons. A l'égard des endroits où l'on rencontre le cuivre, on aura de la peine à trouver une mine telle qu'elle puiſſe être, qui ſoit tout-à-fait dépourvue de mine de cuivre ; du moins je ſuis en état de prouver ce que j'avance, par toutes celles qui s'exploitent en Miſnie. On a découvert ce métal dans tous les pays du monde où on a eu occaſion de s'occuper du travail des mines : en Suéde, en Norwége, en Ruſſie, en Hongrie, au Japon, en Eſpagne, & en une infinité de provinces d'Allemagne ; on trouve ce métal dans toutes les eſpeces de pierres & de terres ; dans l'ardoiſe, dans la pierre à chaux, dans le quartz, dans le ſpath, en un mot, dans les roches les plus dures & les plus tendres. Cependant il paroît que les Pyrites contenues dans des pierres argilleuſes & calcaires ſont pour l'ordinaire entiérement ferrugineuses; & l'on doit au contraire chercher les Pyrites cuivreuses, tant celles qui sont riches, que les pauvres, dans le quartz, dans le spath, dans l'ardoise & dans d'autres pierres semblables.

La Pyrite cuivreuse ou la mine de cuivre se trouve à différentes profondeurs: j'ai déja remarqué plus haut qu'en certains endroits on en rencontre de la meilleure espece, pour ainsi dire, à la surface de la terre; cependant il est assez rare de les y trouver; mais pour lors, comme on peut juger, ne sont-elles pas aussi abondantes qu'à une certaine profondeur. En d'autres endroits & même plus fréquemment, on les trouve à des profondeurs considérables; il suffit de citer ici pour exemple la fameuse mine de Falhun en Suéde. J'ai pendant très-long-tems fait des réflexions pour sçavoir si les Pyrites contiennent plus de cuivre & moins de fer, en raison de la profondeur où on les trouve: je ne me suis point proposé cette question dans la vue de sçavoir si le fer se change en cuivre, comme quelques Auteurs l'ont avancé sans preuve. En effet, il n'est pas plus probable que cela puisse se faire, qu'il l'est que la blende se change en mine de plomb; cependant il y a encore cette différence entre la Pyrite & la blende, que le cuivre se trouve en effet souvent dans la premiere, & quelquefois même en une quantité assez considérable; au lieu que la blende ne contient jamais de plomb: mais je me réserve de parler de cette matiere dans un autre endroit. Je ne me suis point fait cette question non plus dans l'intention de sçavoir si à des profondeurs considérables & avec les filons capitaux on trouve des Pyrites semblables à celles que l'on a rencontrées près de la surface, c'est-à-dire, jointes avec les vénules ou avec les plus petits rameaux qui partent de ces mêmes filons ou troncs. En effet, comme les Pyrites qu'on trouve dans nos cantons, près de Hohenbircken, à la profondeur de 300 toises, ressemblent exactement & par leur figure & par la quantité de métal qu'elles contiennent, à celles que l'on a trouvées plus près de la surface; & comme il y a toute apparence qu'on en trouveroit de pareilles à une plus grande profondeur si l'on pouvoit épuiser les eaux qui inondent actuellement les souterreins de cette mine, quoique les réservoirs ou puisards soient presque une fois plus profonds que les endroits où l'on a travaillé, je pourrois par cet exemple, & par plusieurs autres trouver la solution de ma question, si je ne la proposois pas dans un autre point de vûe: je veux donc seulement sçavoir si la Pyrite ordinaire que l'on a coutume d'employer dans ce pays pour faire du soufre & du vitriol, dont on se sert pour faciliter la formation de la matte, & dont la partie métallique n'est presque que du fer, diminue en s'enfonçant dans la terre; c'est-à-dire, si ses filons deviennent plus foibles à mesure qu'ils descendent plus avant dans le sein de la terre, ou si, semblables aux filons de mine de plomb & de mine de cuivre, que cette Pyrite accompagne ordinairement par le haut, ses filons augmentent & deviennent plus considérables en s'enfonçant. Je ne citerai ici que l'exemple de la mine de cuivre Pyriteuse; on sçait qu'elle augmente de volume à mesure qu'elle s'enfonce: si la Pyrite martiale qui accompagne ordinairement cette mine, & qui même quelquefois fait feule le commencement de fou filon fe perdoit à mefure que l'autre augmente, on pourroit conjecturer par-là avéc affez de vraifemblance, que le cuivre & le fer ont une parfaite analogie, ou du moins qu'il y en a beaucoup entre eux, relativement aux terres métalliques qui font la bafe de l'un & de l'autre, & par conféquent on pourroit croire que ces deux métaux ne diffèrent entre eux que par les degrés & le tems de leur coction, de leur maturation & de leur exaltation, enforte que les parties de leurs terres métalliques, qui dans la Pyrite ferrugineufe n'auroient pu devenir que du fer, euffent été plus perfectionnées dans les Pyrites cuivreufes, & euffent été changées en cuivre, par les circonftances qui ont pû concourir à les élaborer, à les mûrir & à les perfectionner.

Cependant il ne faut point que cela faffe donner dans la chimere de quelques Alchymiftes, qui, parce qu'ils ont eu quelquefois le bonheur de réuffir dans quelques-unes de leurs opérations, fe croyent initiés dans tous les fecrets de la nature, penfent pouvoir expliquer toutes fes opérations par les leurs, & s'imaginent que les métaux contenus dans les mines, lorfqu'ils ont déja pris une forme déterminée, & quand ils ont acquis de la confiftence & de la folidité comme l'argent qui eft dans la mine de plomb, l'or qui eft dans la Pyrite, &c, peuvent encore s'accroître & augmenter de volume. Je ne difconviens point que hors des mines les métaux ne puiffent s'ennoblir, ou s'améliorer, ou que les métaux parfaits ne puiffent s'accroître ; mais dans le cas dont il s'agit, on établit un principe fans le prouver ; & même il eft fort naturel de préfumer qu'un femblable mouvement interne ne pourroit s'opérer fans la décompofition de toute la combinaifon de la mine ; & les décompofitions qui arrivent continuellement aux mines ne contribuent jamais à leur amélioration, mais à leur deftruction ou à leur détérioration.

On eft d'autant plus autorifé à conjecturer que les Pyrites cuivreufes & martiales ont une origine commune, & fur-tout que les premieres doivent leur origine aux dernieres, que nous voyons rarement les Pyrites cuivreufes fe trouver dès la furface de la terre & précifément au-deffous de la terre végétale, tandis que les Pyrites martiales non-feulement s'y trouvent très-fouvent, & fe rencontrent par couches, par amas & par lits immenfes ; mais encore deviennent peu à peu accompagnées de Pyrites cuivreufes : cependant ces circonftances ne fuffifent point pour décider la queftion. Afin de pouvoir prononcer fur cette matiere, il faudroit que l'on obfervât & que l'on examinât bien la nature des lieux profonds de la terre. On ne peut point douter qu'il ne fe trouve des Pyrites martiales dans les lieux les plus profonds & même au centre de notre globe ; en effet, comme dans la partie fupérieure de la terre, que nous avons à peine effleurée, il y a eu des caufes qui ont empêché que la nature ne portât la minéralifation des Pyrites au-delà du fer, il peut y en avoir eu également qui ont produit ce même effet dans l'intérieur du globe. Mais je parle ici des filons de mines dont l'extrémité fupérieure eft compofée de Pyrites, qui quelquefois fe montrent dès la furface de la terre. Jufqu'ici je ne connois à leur sujet que deux opinions, & je ne sçais point encore en faveur de laquelle je dois me déclarer. Quelques Minéralogistes prétendent qu'à mesure que la Pyrite ordinaire, c'est-à-dire, la Pyrite martiale vient à se perdre ou à diminuer, la Pyrite cuivreuse ou la mine de cuivre prend sa place & s'augmente. La chose est possible, & je la crois très probable ; mais il faut considérer qu'une profondeur de quelques centaines de toises où nous pénétrons à peine & même assez rarement dans nos travaux sur les mines, ne suffit point pour décider cette question ; outre cela, je n'ai point encore pu obtenir des descriptions assez exactes des mines que l'on exploite dans les pays étrangers. D'autres personnes m'ont assuré que les Pyrites se perdent quelquefois en s'enfonçant, mais qu'elles se retrouvent par la suite, & que par conséquent leurs alternatives ont lieu dans la profondeur aussi bien que dans la partie supérieure de la terre. Mais des observations de cette nature exigent des peines infinies, qui sont inséparables d'une fréquente inspection oculaire, sans laquelle on ne peut parvenir à aucun dégré de certitude ; & elles demandent une sagacité qui ne se trouve ni dans un ouvrier ignorant, ni dans un sçavant qui n'a pas l'expérience d'un ouvrier.

A l'égard du cuivre contenu dans les Pyrites, soit qu'on les appelle Pyrites cuivreuses, ou mines de cuivre, je me suis servi de plusieurs voies pour l'en tirer, & je l'ai découvert même dans celles qui n'en contenoient que de légers vestiges. Quand il se trouve beaucoup de cuivre, ou du moins la valeur d'une livre par quintal, on sçait que pour en tirer ce métal, on n'a qu'à suivre la méthode des essais ordinaires, c'est-à-dire, on n'a qu'à réduire en matte, au moyen du verre pilé, la Pyrite, sans l'avoir grillée auparavant ; on dégage ensuite, suivant l'usage, le cuivre noir de cette matte, en la faisant fondre avec du flux noir dans un creuset placé au fourneau à vent ; on réduit le cuivre noir que l'on a obtenu, en cuivre de rosette dans le fourneau d'essai. Cependant comme le cuivre est fort sujet à se calciner, il faut beaucoup de précautions & d'habitude pour le tirer des Pyrites qui n'en contiennent qu'une très-petite quantité : j'ai trouvé un grand nombre de Pyrites dans nos montagnes, qui ne donnoient pas la moindre portion de cuivre ni par mes opérations, ni par celles des plus habiles Essayeurs ; cependant je soupçonnois toujours qu'elles contenoient du moins quelques vestiges de ce métal ; j'imaginai donc d'autres moyens pour découvrir ce que je cherchois. Je crus d'abord que le coup d'œil extérieur pourroit me guider ; mais bientôt je m'apperçus qu'on ne pouvoit point s'y fier : lorsque j'eus à examiner des Pyrites qui contenoient beaucoup de cuivre, sans être en même tems fort chargées d'arsénic, & sur-tout lorsque je les comparai à d'autres, leur jaune vif ou leur couleur verte me faisoient voir ce qui y étoit contenu ; mais ces mêmes couleurs ne m'indiquoient point de foibles vestiges ; & souvent je trouvai des mines qui, quoique d'un jaune très-pâle, étoient fort riches en cuivre. Les couleurs ne pouvoient donc point me fournir un caractere aussi distinctif que je l'aurois souhaité, quoique toutes les Pyrites qui sont ou d'un jaune vif ou verdâtres, doivent toujours être regardées comme cuivreuses & même comme très-chargées de cuivre. L'inverse de cette proposition n'est pas vraie ; & on ne peut pas dire que les Pyrites d'un jaune pâle n'en contiennent point , ni même qu'elles n'en contiennent pas tant que les premieres ; car cette différence de couleur peut venir du défaut de soufre , & de l'abondance de l'arsénic. Ainsi , après avoir renoncé à cet expédient , je mis mes Pyrites crues aussi bien que celles que j'avois calcinées , & même leur régule martial , dans du vinaigre & dans de l'esprit de sel ammoniac ; mais quoique ces dissolvans agissent très-aisément sur le cuivre , & en fassent l'extraction , je n'y ai jamais apperçu ni couleur verte , ni bleue ; & le fer donnoit de telles entraves au cuivre , qu'il ne se déceloit d'aucune maniere ; lors même que le vinaigre ou l'esprit de sel ammoniac se chargeoient quelquefois d'une couleur verte , c'étoit toujours avec un régule ou culot que j'avois obtenu d'une Pyrire , dont on pouvoit tirer de vrai cuivre par les essais ordinaires , & qui pour donner des indices de ce métal n'avoit pas besoin d'être mise dans du vinaigre , ni dans d'autres liqueurs semblables.

Enfin , j'eus recours à la voie de la vitriolisation , tant par l'air que par le feu : je comparai les vitriols que j'obtenois , avec celui qui se fait avec le fer par le moyen de l'huile de vitriol , & qui est indubitablement pur & sans cuivre ; mais je n'apperçus dans les couleurs aucune différence qui pût m'indiquer les vestiges de cuivre que je supposois toujours dans les Pyrites ; enfin , je goutai ces vitriols avec la langue ; & j'y trouvai en effet le nauséabonde du cuivre ; mais comme le vitriol mêlé d'alun & purement martial , tel que celui qui se trouve assez fréquemment à Braunsdorf , dans des filons de Pyrites renfermés dans de l'ardoise & dans le *kneiss* , ou tel que le vitriol natif de Hongrie , produit sur la langue presque la même sensation que le vitriol cuivreux : je fus long-tems sans pouvoir distinguer le goût de l'un d'avec celui de l'autre ; & je me vis de nouveau obligé d'avoir recours au fer qui me découvrit enfin le cuivre dans les Pyrites mêmes où je l'aurois le moins soupçonné. On n'a donc qu'à faire tremper un fil de fer bien poli dans une dissolution de ce vitriol faite dans de l'eau commune , & l'on verra sur le champ que les molécules cuivreuses s'y attacheront , & donneront sensiblement à ce fil de fer la couleur du cuivre , quand il n'y aura que de légers vestiges de ce métal dans la dissolution ; au lieu qu'elles l'enduiront d'une croute de cuivre quand elles s'y trouveront en plus grande abondance : tandis que le fer se décompose , une partie passe dans la combinaison du vitriol , & une autre se dépose au fond du vaisseau , & cela continue tant qu'il y a la moindre particule de cuivre dans la dissolution. Cette méthode est la meilleure pour purifier parfaitement le vitriol martial qui contient des parties de cuivre. J'en parlerai avec plus d'étendue au quatorzieme Chapitre où je traiterai du vitriol.

Je ne connoissois point alors d'autres voies pour arriver au but que je m'étois proposé , & j'ignore encore s'il y en a ; cependant la derniere peut faire voir s'il y a du cuivre dans une Pyrite que l'on veut examiner ; & si elle indiquoit également la quantité de ce métal qui peut y être contenu, on n'auroit rien de meilleur à défirer. Mais voyons à préfent les différentes quantités de cuivre dans les Pyrites ; & commençons par quelques obfervations fur les quantités de métal contenues dans les mines en général. A l'égard des métaux parfaits , c'eft-à-dire , de l'or & de l'argent , leur quantité eft affez conftante dans quelques-unes de leurs mines , telles que la mine d'argent vitreufe, & la mine d'argent rouge. En effet, lorfque la premiere eft toute pure & dégagée de fa gangue ou miniere , elle donne toujours au-delà de la moitié, & ordinairement les deux tiers de fon poids en argent ; la derniere, quand elle eft également pure, en contient ordinairement près de la moitié, quelquefois au-delà , & jamais il n'y eft en petite quantité. Mais pour être fûr d'obtenir cette quantité, il faut bien examiner les caractères effentiels de ces mines ; car pour donner à une mine le nom de mine d'argent vitreufe, il faut qu'on puiffe la tailler avec un couteau, lui donner une empreinte, ou l'étendre fous le marteau & la plier ; cependant il y a bien des perfonnes qui n'y regardent pas de fi près, & qui entaffent dans leurs collections un grand nombre d'échantillons de mines , auxquels elles donnent cette dénomi-nation fans aucun examen. Il peut encore fe faire que la mine d'argent rouge foit accidentellement mêlée avec des matieres étrangeres ; c'eft ainfi que celle de Braunsdorf fe décele par fa couleur qui n'eft point d'un rouge vif comme celui du cinnabre , mais d'un rouge tirant fur le brun , ce qui annonce qu'elle n'eft point pure. Il peut donc fe faire que , fuivant la nature de ces différens mêlanges , cette mine donne en argent tantôt plus , tantôt moins , & quelquefois beaucoup au-deffous de la moitié de fon poids. Dans la plûpart des autres mines, la quantité des métaux par-faits qu'elles contiennent, varie tellement qu'on ne peut pas la détermi-ner à beaucoup près avec autant de certitude que dans les mines d'argent vitreufes & rouges. Dans les mines de plomb, il y a tantôt une demi-once, tantôt un , tantôt deux , tantôt trois, tantôt dix, tantôt un plus grand nombre de *loths* ou demi-onces d'argent : je ne parle point de celles qui contiennent des marcs entiers de ce métal, & qui font infailliblement mêlées de mines très-riches & fur-tout de mines d'argent blanches, quoi-que fouvent ce mêlange ne fe rende point fenfible. La quantité d'argent varie encore extrêmement dans les mines de cuivre ; cependant j'ai re-marqué que quand elle va jufqu'à quelques demi-onces, ces mines ont une couleur grife qui tire fur le noir, & qui leur fait donner le nom de *mine grife de cuivre* ; mais quand elles contiennent un marc d'argent, & au-delà , leur couleur noirâtre commence un peu à s'éclaircir , & on les appelle *mines d'argent grifes*. A l'égard de la mine d'argent blanche , que j'ai reconnu cuivreufe ; à n'en pouvoir douter, je crois qu'elle ne differe de la mine d'argent grife , qu'en ce que d'un côté elle contient beaucoup plus d'ar-gent, c'eft-à-dire, jufqu'à dix, vingt, trente marcs & plus ; & que de l'autre, elle contient moins de cuivre que la derniere. On voit donc par-là, qu'à prendre les chofes dans l'exacte rigueur , la mine d'argent blanche ne peut faire une claffe particuliere comme la mine d'argent rouge, quoiqu'au pre-mier coup d'œil elle dût paroître en devoir faire une. En effet, non-feulement elle varie beaucoup pour la quantité de l'argent, mais encore le cuivre y est très-abondant ; ce qui n'arrive pas dans les mines d'argent rouges.

A l'égard des métaux imparfaits, ou, pour mieux dire, des métaux *ignobles*, leur quantité contenue dans les différentes especes de leurs mines, varie bien moins que celle des métaux précieux : nous en voyons des exemples sur-tout dans les mines de plomb cubiques, blanches & vertes, dans les crystaux d'étain, dans la Pyrite martiale & dans le cinnabre. La mine de plomb cubique contient ordinairement les deux tiers de son poids, & quelquefois même davantage de plomb, & je n'en ai jamais vu qui en contînt au-dessous de la moitié. On observe encore plus d'uniformité pour la quantité contenue dans la mine d'étain en crystaux. Les mines de plomb blanches & vertes contiennent communément au-delà des trois quarts de plomb, & jamais moins, pourvû qu'on prenne garde que ce métal ne se dissipe point dans l'opération. La Pyrite martiale & sulfureuse donne toujours environ les trois quarts de terre métallique, c'est-à-dire, de terre ferrugineuse ; & si même il s'y trouvoit une petite portion d'une autre terre, sa partie volatile qui est le soufre, n'ira guères à plus ou moins d'un quart. La Pyrite arsénicale, qui a pareillement pour base une terre ferrugineuse, en rend à peu près autant, & on n'en obtient qu'un tiers, ou un peu plus d'arsénic. La mine de cinnabre renferme quelquefois quelque substance étrangere dans sa composition, c'est ce qui fait qu'elle n'est pas toujours d'un beau rouge ; elle est quelquefois d'un rouge brun, plus ou moins foncé, alors elle ressemble beaucoup à la mine de fer de cette couleur : quand elle est parvenue à son véritable degré de perfection & de pureté, on y trouve constamment que le soufre & le mercure y sont dans la proportion d'un à six ou à sept.

Mais, pour ne pas m'écarter trop de mon sujet ; je veux seulement remarquer encore, que quelques-unes de ces mines, telles que l'antimoine & la mine de plomb, ont entre elles beaucoup de ressemblance, non-seulement pour les proportions de leur combinaison sulfureuse & métallique, mais pour la nature de leur partie volatile, c'est-à-dire, de leur soufre ; elles en ont même par rapport à la volatilité de leur substance, soit métallique, soit sémi-métallique, & par conséquent encore par rapport à la facilité avec laquelle leurs métaux se dégagent du soufre : ce qui me paroît sur-tout très-remarquable, c'est que toutes ces mines se distinguent, sinon de toutes, du moins de la plûpart des autres, en ce que dans leur combinaison, le métal & le soufre se trouvent toujours dans une proportion si uniforme, que la quantité du métal surpasse constamment celle du reste de la mine. Je ferai aussi observer, qu'après ces mines, les crystaux d'étain, le cinnabre & les mines d'argent vitreuses & rouges sont, suivant toutes les apparences, les premieres sur la quantité du métal desquelles on pourra faire des observations fixes & déterminées. A tout cela j'ajouterai qu'il seroit à souhaiter que les Essayeurs qui seuls ont la commodité de bien faire ces sortes d'expériences, observassent soigneusement les essais qu'ils font, non pas avec des mines réduites en poudre, qui ne font plus reconnoiſſables, mais avec des échantillons de mine purs & connus ; il faudroit qu'ils portaſſent ſur un regiſtre le nom de l'endroit où ces morceaux ont été trouvés ; qu'ils donnaſſent une deſcription de leur coup d'œil extérieur ; qu'ils marquaſſent la quantité de métal tant précieux que non précieux, que ces mines peuvent contenir ; & même qu'ils euſſent l'attention de joindre à tout cela les doutes qui ſe feroient préſentés à eux dans l'opération. En travaillant dans ce goût, avec le tems on feroit en état de tirer de la comparaiſon de tant de milliers d'eſſais faits par un grand nombre d'Eſſayeurs différens, des principes certains ſur les proportions des combinaiſons métalliques dans les mines. Mais revenons aux mines de cuivre pyriteuſes. J'en ai eſſayé un grand nombre de toutes les eſpeces : j'ai employé dans ces eſſais toutes les précautions néceſſaires dans des opérations dont on veut tirer des lumieres pour la connoiſſance des mines. Avant de faire mes eſſais, j'ai examiné avec la plus grande attention les différens échantillons ſur leſquels j'avois à opérer, & après les avoir concaſſés, j'en ai ſéparé, comme il convenoit, toutes les ſubſtances étrangeres ; enfin, j'ai trouvé qu'il n'eſt point abſolument rare que la quantité de cuivre contenue dans les Pyrites aille environ à la moitié de leur poids ; mais d'autres fois cette quantité ne va qu'à une, deux, trois ou quatre livres par quintal, variété que l'on ne trouvera dans aucun autre métal imparfait tiré d'une véritable mine, & qui aſſurément mérite d'être obſervée avec plus d'attention qu'on n'a fait par le paſſé. J'ai déja dit que dans les mines pures de plomb, de mercure & d'antimoine, leur partie métallique n'eſt jamais ſi petite, & qu'elle s'y trouve même aſſez conſtamment dans la même quantité qu'on l'y a trouvée une fois : par conſéquent ces mines ne different jamais conſidérablement entre elles, relativement à cette quantité. Cependant on ne doit point mettre ici en ligne de compte ce que ces métaux peuvent pérdre de leur poids dans l'opération, ce qui vient de leur diſpoſition à ſe volatiliſer, à ſe calciner & à ſe vitrifier, outre ce que l'on en perd ſouvent par inadvertance ou faute d'intelligence.

La quantité d'étain contenue dans la mine pure de ce métal qu'on appelle *cryſtaux*, ou *grenats d'étain*, n'eſt pas non plus ſujette à beaucoup de variations ; elle eſt preſque toujours conſtante & très-conſidérable ; elle va au-delà de la moitié, & même à près des trois quarts. A l'égard du cuivre contenu dans les Pyrites, il y a lieu de croire qu'il y en a ſouvent beaucoup moins d'une livre, comme on pourroit s'en aſſurer par les eſſais en petit, ſi la facilité avec laquelle ce métal ſe calcine & ſe met en ſcorie, permettoit de s'en appercevoir ; mais, que dis-je ! la choſe eſt plus que croyable, puiſque d'autres eſſais, & ſur-tout la vitriolifation, dans laquelle le moindre atome de cuivre eſt obligé de ſe montrer, nous font voir clairement que les Pyrites détachées des véritables filons ſont ordinairement cuivreuſes.

Il ſe préſente à ce ſujet une queſtion qui paroît aſſez importante, c'eſt de ſçavoir ſi, dans nos fonderies, la portion de cuivre qu'on trouve dans le cuivre noir, au-delà de la quantité de ce métal que les eſſais avoient

indiqués

indiqués dans les mines, ne doit point être attribuée aux Pyrites sulfureuses ou ferrugineuses, qu'on appelle *Pyrites à matte*, & dont il n'y a ordinairement qu'un petit nombre que l'on regarde comme cuivreuses. On voit donc par tout ce qui précede, ce que l'on doit penser du cuivre contenu dans la Pyrite, relativement à la combinaison fondamentale de ce minéral ; puisque la quantité de ce métal y varie considérablement, & va depuis une jusqu'à trente ou quarante livres, & au-delà, on ne peut point établir de regle certaine comme pour les autres mines dont nous avons parlé, à moins qu'on ne voulût faire autant de classes de Pyrites cuivreuses qu'on en trouve d'individus, & donner des observations sujettes à varier pour des principes constans ; enfin, faire une regle particuliere pour chaque exemple particulier. On doit donc reconnoître comme une chose certaine, que le cuivre n'est point de l'essence de la Pyrite, c'est-à-dire, qu'il peut être, ou peut ne pas être dans ce minéral, sans que pour cela elle soit anéantie ou détruite ; par conséquent on ne doit l'y regarder que comme une chose purement accidentelle. Au reste, il est très-probable que les variétés que l'on observe par rapport à la quantité de ce métal, viennent des différentes élaborations & maturations des premiers principes de la Pyrite ; & les différences qui se trouvent dans ces opérations, sont peut-être dûes à la durée du tems, à la nature des lieux, aux substances voisines, & à l'accès de l'air & de la chaleur. Entre autres preuves de ce que j'avance, on peut en tirer une de ce qu'il y a toujours dans les Pyrites moins de fer à proportion qu'il y a plus de cuivre ; en sorte qu'on pourroit croire que ce qui auroit dû devenir du fer, a été disposé à devenir du cuivre, & en est devenu réellement ; mais quoique le cuivre soit accidentel dans la Pyrite, il ne faut point s'imaginer pour cela que sa quantité y puisse augmenter ou diminuer, après que la formation de ce minéral est une fois achevée. Tant qu'on ne nous donnera point d'autres preuves que les chimeres des Alchymistes, le plus sûr sera toujours de croire que le fer une fois formé dans la Pyrite, ne deviendra jamais du cuivre ; en effet, il est très-probable qu'un mouvement nécessaire pour accroître, ou pour perfectionner le métal dans une mine, produiroit plutôt une décomposition, & par conséquent une destruction de tout le corps mixte : nous en avons des exemples dans la Pyrite elle-même, & dans le cobalt, quand des exhalaisons dissolvantes viennent à mettre ces substances minérales en action.

Il est fâcheux que l'on ne puisse pas toujours reconnoître à des signes extérieurs la quantité de cuivre contenue dans la Pyrite : l'homme qui a le plus d'expérience, ne pourra souvent rien décider sur un échantillon de mine de cuivre pyriteuse. La solidité de la mine peut quelquefois servir de caractère, cependant on ne peut pas toujours y compter ; car quelques-unes des coquilles de Boll, qui sont pénétrées par la substance pyriteuse, sont si compactes & le grain en est si fin, qu'on ne trouvera gueres de Pyrite qui les surpasse en ces deux points ; malgré cela, elles ne donnent point de cuivre. J'ai observé cependant que dans un même filon, les morceaux de Pyrite qui se distinguent par leur pesanteur & leur tissu compacte, des autres substances qui sont jointes avec elles, peuvent indiquer quelque chose sur la quantité de cuivre qui y est contenue. Les Pyrites qui sont d'un tissu strié ou feuilleté, ou solide comme celui d'une masse fondue, annoncent jusqu'à un certain point des différences dans les substances internes : c'est ainsi que nous sçavons que les Pyrites striées ne contiennent point de cuivre pour l'ordinaire, ou n'en contiennent que très-rarement ; & que les Pyrites feuilletées par lames ou par écailles, sont ordinairement arsénicales ; ce qui fait que dans nos cantons on les appelle *Pyrites cobaltiques*, on leur donne même le nom de *cobalt* ; mais nous n'en sommes pas plus avancés pour juger de la quantité de cuivre que contiennent celles qui sont d'une figure indéterminée, & qui semblent avoir été fondues. La couleur est à l'égard des premieres un caractère bien plus sûr que la solidité & le tissu, & l'on peut être assuré que dans les Pyrites jaunes & verdâtres, on trouvera toujours le fer accompagné de cuivre, & que plus elles seront-jaunes ou verdâtres, plus elles contiendront de ce dernier métal. Cependant il faut bien se garder de croire l'inverse de cette proposition, & de conclure toujours l'absence du cuivre de l'absence de la couleur jaune ou verdâtre ; car quoique cela se trouvât vrai le plus souvent, sur-tout lorsqu'il ne s'agira que des Pyrites d'un certain canton connu, telles que celles des environs de Freyberg, néantmoins l'exemple d'une mine de cuivre assez blanche, dont j'ai parlé plus haut, & dont je n'ai en effet jamais trouvé la pareille, ni dans la Nature, ni dans les descriptions des Auteurs, doit nécessairement empêcher de juger d'après la couleur seule, si l'on ne veut risquer à porter un jugement précipité d'une mine, dont le tissu n'annonce rien de plus que la couleur ; il faut encore considérer sa pesanteur, sa solidité & même son éclat. Il est vrai que la mine de cuivre dont je viens de parler, & qui donne près de quarante livres de ce métal, est d'une couleur presque aussi claire que celle de la Pyrite blanche ; mais en récompense elle est très-compacte, & la couleur jaune perce toujours au travers de sa blancheur ; de sorte que ces deux caractères annoncent une combinaison toute autre que la composition friable & brillante du *misspikkel* ou de la Pyrite blanche, qui ne brille que parce que l'arsénic y abonde, & qui par la même raison ne peut point être pesante à cause de la nature de sa terre métallique. Ces caractères nous font présumer non-seulement que la mine dont il s'agit, est une substance plus métallique que la Pyrite blanche, mais encore qu'eu égard aux circonstances que nous avons rapportées, sa partie métallique doit être enveloppée d'arsénic, & par conséquent que c'est du cuivre.

Mais comment nous tirerons-nous d'affaires avec la mine d'argent grise & avec les mines de cuivre grises azurées ? La mine d'argent grise est d'une couleur plus foncée que celle qu'on nomme mine d'argent blanche ; &, pour parler exactement, ce n'est autre chose qu'une mine de cuivre qui contient un ou deux marcs d'argent au quintal. Au reste, elle ne se trouve presque jamais sans la mine jaune de cuivre : on en voit des exemples dans notre pays dans la mine appellée *Croener*, & dans celle que l'on tire aux environs de l'aquéduc de Halfbruck. La mine de cuivre grife eft encore plus foncée ; & comme jufqu'ici nous en avons l'expérience dans la mine appellée *le Prophete Jonas*, elle contient plus de cuivre & beaucoup moins d'argent que la mine d'argent grife, dont je viens de parler. La couleur de la mine de cuivre vitreufe eft d'une nuance encore plus obfcure, & approche même du noir ; ce qui eft dû aux parties ferrugineufes qu'elle contient : j'en ai vû dans la mine qu'on appelle *les douze Clefs*. La mine de cuivre azurée fe reconnoît à fa couleur d'un bleu foncé qui la fait reffembler à de l'acier ; cependant il faut remarquer que l'on donne encore abufivement le même nom à une mine de cuivre d'un jaune tirant fur le verd, qui fait voir des nuances bleues à la furface des parois de fes fentes ; & il paroît que nos ancêtres par le mot de *kupferglaff*, verre cuivreux, ont voulu indiquer la mine azurée de ce métal : en effet, comme le mot Allemand *glaffur* a été changé en *lazur*, il peut fe faire que par une corruption ordinaire dans prefque toutes les langues, on ait dit *glaff* pour *glafur*.

On pourroit en effet fe délivrer aifément de l'embarras que peuvent nous donner la mine d'argent grife, la mine de cuivre de la même couleur, la mine de cuivre azurée, la mine de cuivre vitreufe, & d'autres mines femblables ; on n'auroit qu'à les ôter de la claffe des Pyrites ; mais, quoiqu'à la rigueur elles ne puiffent point être mifes dans le nombre des Pyrites, qui eft déja affez confidérable, & quoique j'aie même déja ci-devant donné l'exclufion aux prétendues Pyrites noires, les mines cependant dont je parle, ont trop d'affinité avec ce minéral, pour n'en point faire mention en parlant des couleurs des différentes mines, & fur-tout en examinant les caractères qui peuvent indiquer la quantité de cuivre qui y eft contenue.

Quand le fer contenu dans une Pyrite purement martiale, n'eft point noir ou coloré comme dans une mine de fer, & quand il a une couleur jaunâtre, il n'en faut chercher la caufe que dans le foufre ; parce qu'il n'y a que lui dans la Pyrite qui puiffe produire cet effet. Quand la Pyrite martiale, dont le foufre eft mêlé d'une petite portion d'arfénic, eft d'un jaune tirant fur le blanc, perfonne ne pourra nier que l'arfénic n'en foit la caufe ; & quand la couleur ordinaire des Pyrites martiales & fulfureufes devient plus vive, & commence même à tirer fur le verd, on ne doutera point qu'il ne faille regarder le cuivre comme la feule caufe de cette couleur.

Mais pourquoi une mine de cuivre pyriteufe qui contient vingt livres de cuivre par quintal, ne fe fait-elle point connoître par fa couleur, d'une façon affez fenfible pour qu'on puiffe la diftinguer fûrement d'une autre qui ne contient que dix livres de ce métal ? Pourquoi eft-il même fouvent difficile de diftinguer une mine très-riche d'avec une autre mine qui ne contiendra que très-peu de cuivre ? Il me paroît qu'il y a trois caufes qui peuvent produire cette difficulté ; je ne puis cependant dire précifément laquelle des trois eft la premiere & la principale. L'arfénic en eft une fans contredit : nous voyons par la maniere dont on fait le cuivre blanc, que c'eſt lui qui altere la couleur vive de ce métal , c'eſt lui par conſé-quent qui empêche que le cuivre & le ſoufre ne produiſent la couleur jaune ou verdâtre, qu'ils produiroient ſi leur mélange étoit ſans arſé-nic ; c'eſt lui enfin qui ſe trouve plus abondamment dans la mine de cuivre pyriteuſe , & qui y paroît plus eſſentiel & plus néceſſaire que dans les Pyrites martiales ; comme en le voit clairement par le ſoufre brut de couleur d'orpiment que les Pyrites cuivreuſes donnent toujours. La ſeconde de ces cauſes, eſt la proportion du ſoufre avec le reſte de la ſubſtance de la Pyrite : il eſt vrai que dans les Pyrites purement martiales je l'ai toujours trouvé aſſez uniforme ; mais elle varie beaucoup dans les Pyrites cuivreuſes qui, en général, contiennent moins de ſoufre que les premieres. Au reſte , je ſerois preſque tenté de croire que le ſoufre & l'arſénic dominent tour à tour dans les Pyrites ; en ſorte que l'arſénic s'y trouvant, le ſoufre y eſt en moindre quantité ; & le ſoufre y dominant, l'ar-ſénic ne s'y trouve point du tout ; cependant j'ai encore remarqué que, ſur-tout dans les Pyrites cuivreuſes, le ſoufre laiſſe toujours un peu de place à l'arſénic ; mais je n'oſe point encore décider ſi c'eſt toujours en raiſon de la quantité de cuivre : il faudroit que ce fait fût examiné par quelqu'un dans un pays où l'on trouve & où l'on traite plus de mines de cuivre que chez nous. Enfin, on doit, ſelon toutes les apparences, regarder comme la troiſieme cauſe, la terre non métallique, groſſiére & indéterminée, dont je vais parler dans le Chapitre ſuivant, & qui ſe trouve dans la Py-rite comme dans beaucoup d'autres mines ; elle peut non-ſeulement par ſa nature, mais encore par ſa quantité, tantôt *aviver*, tantôt obſcurcir les couleurs des ſubſtances minérales ; il y a même apparence que lorſ-que le ſoufre manque, ou lorſque l'arſénic abonde dans la riche mine de cuivre de Hohenſtein, dont j'ai déja parlé, cette terre non métallique concourt encore à rendre ſa couleur ſi pâle, que ſi on n'y remarquoit point une ſolidité peu commune, on la prendroit facilement, ou pour une Pyrite jaunâtre ou d'un jaune pâle, ou au moins pour toute autre choſe qu'elle n'eſt en effet.

On voit par-là que, pour juger des Pyrites, il ne faut point s'en rap-porter ſans reſtriction aux couleurs ; on doit ſur-tout ſe défier du jaune pâle. Au reſte, il eſt toujours vrai, comme je l'ai fait voir au troiſieme Chapitre, que dans les ſubſtances dans leſquelles on a ſouvent un grand nombre de circonſtances à conſidérer, les couleurs peuvent nous guider plus ſûrement qu'aucune autre qualité extérieure. J'ajouterai en dernier lieu, qu'il ne ſe trouve jamais de cuivre dans la Pyrite blanche ; mais on n'a point encore examiné ſi la mine d'arſénic de couleur de cuivre qu'on nomme en Allemand *Kupfernickel*, & qui eſt une eſpece de cobalt, & ſi les autres minéraux qui ont de l'analogie avec cette Pyrite, contien-nent auſſi ce métal, & combien ils en contiennent.

CHAPITRE VIII.

De la Terre non métallique qui se trouve dans la Pyrite.

J'AI déja fait remarquer qu'outre le fer & le cuivre, il y avoit encore dans les Pyrites une terre fixe qui n'est ni soufre, ni arsénic, ni fer, ni cuivre, ni aucun autre métal. Cette terre faisant une partie essentielle de la Pyrite, elle mérite d'être examinée en particulier dans un Chapitre que je partagerai en quatre sections pour plus de clarté. Je ne promets pas de ne rien laisser à desirer sur les questions que je vais proposer; néantmoins j'ai voulu communiquer mes observations pour donner aux autres occasion de réfléchir, & pour leur ouvrir des vûes. On peut donc demander ici; 1°, ce qu'il faut entendre par cette terre non métallique de la Pyrite; 2°, s'il y a déja des mines dans lesquelles elle se trouve; 3°, si on peut démontrer qu'elle existe dans la Pyrite; 4°, quelle est sa nature & quelles sont ses propriétés?

Quant à la premiere question, sur l'idée que l'on doit se former de cette terre non métallique dans les Pyrites; il faut avant toutes choses que je garantisse mes Lecteurs d'une méprise où quelques-uns d'entre eux pourroient tomber; il est vrai que ceux qui sçavent ce que c'est que les combinaisons physiques, n'y tomberont pas; mais d'autres pourroient se trouver arrêtés, & s'engager dans des disputes de mots, si je n'avois soin de lever toute équivoque. Je ne parle donc ici ni des terres, ni des gangues ou minieres, ni des pierres quartzeuses, spathiques, &c. qui sont attachées aux mines, ou dont elles sont mêlées, & qui peuvent en être détachées méchaniquement au moyen des outils. Je ne parle pas même ici des particules qui sont si déliées, qu'il n'y a que l'œil seul qui puisse les distinguer de la mine, & que nous n'avons ni coins, ni outils propres à les en séparer. En effet, la Pyrite est quelquefois mêlée de particules quartzeuses ou séléniteuses en grains si petits, qu'elles ressemblent à du grès très-compacte: je possede un échantillon qui vient du Bannat de Temeswar, dans lequel ces particules sont si fines qu'on ne peut les distinguer sans l'aide d'une loupe. Mais ces deux remarques ne suffisent point encore pour mettre en garde contre une idée fausse qu'on pourroit se former des Pyrites en marons ou en roignons, & des Pyrites en globules. En les brisant, on y découvrira toutes sortes de parties sablonneuses, pierreuses, &c. assez difficiles à reconnoître; en trouvant ainsi ces particules dans des Pyrites où elles sont renfermées, comme le jaune dans un œuf, on pourroit être tenté de les regarder comme des parties essentielles de la combinaison de la Pyrite. Il n'y a pas long-tems que j'ai reçu un roignon pyriteux de cette espece, qui avoit été tiré de la mine de sel gemme de Bochnia en Pologne; il pesoit plus d'une livre, & l'on ne voyoit ni à son extérieur, ni jusqu'à un pouce de sa surface, aucun vestige de miniere ou gangue, ou d'une substance dont la composition fût différente de celle de la Pyrite la plus pure ; cependant au centre, je découvris encore, à mon grand étonnement, des parties sabloneuses & pierreuses. Outre cela, les coquilles pénétrées de substances pyriteuses prouvent souvent d'une maniere très-sensible ce que j'avance.

La terre fixe & non métallique des Pyrites au contraire, est une substance qui est entrée dans la combinaison la plus intime de ce minéral, dont les terres volatiles & fixes l'ont tellement enveloppée, minéralisée & pénétrée, qu'on ne peut plus la distinguer des autres parties essentielles de la Pyrite, telles que sont le soufre, l'arsénic, le fer ou le cuivre ; quand même pour le découvrir on se serviroit des meilleurs microscopes. La chaux, l'argille & le limon peuvent se mêler si intimement avec un sable fin, ou avec de la poussiere, que le mêlange qui en résulte paroît aussi compacte, est aussi étroitement lié que s'il n'étoit composé que de parties homogènes. Un suc de plantes ou suc gélatineux végétal s'unit encore plus étroitement à la résine des végétaux, comme on peut le voir par une masse de pillules bien atténuée ; mais tous ces mêlanges ne font rien en comparaison de la combinaison que la terre non métallique forme dans la Pyrite avec les autres parties essentielles de ce minéral. A l'aide du tems, & avec les précautions nécessaires, on peut sans violence & sans feu, par le seul secours de l'eau, & par conséquent par une opération méchanique & purement extérieure, séparer de nouveau les parties de ces mêlanges ; au lieu qu'on ne parviendra jamais à séparer d'une Pyrite pure, la moindre partie, soit de sa terre non métallique, soit de son soufre, quand même on la pulvériseroit, on la laveroit, & on la feroit bouillir.

On ne pourra peut-être pas concevoir si facilement, comment cette terre s'est formée dans la Pyrite ; mais on s'en fera une idée nette si on veut faire attention à toutes les circonstances. Quand on considere attentivement l'intérieur des Pyrites en roignons, semblables à celles dont je viens de parler, on est assez tenté de croire que les substances qui constituent actuellement la Pyrite, étoient déja préparées, & se trouvoient ensemble avant de prendre la forme qu'elles ont actuellement ; & que semblables à un métal fondu, ou à de la pâte molle, ou à de la bouillie, elles se font collées & durcies dans les endroits où on les trouve aujourd'hui. Il semble même que ce sentiment reçoit un nouveau degré de probabilité, quand on voit que ces Pyrites renferment souvent dans leur intérieur des particules de quartz, de sélénite & de spath, de sorte qu'il paroît que ces particules ont été enveloppées dans la masse pyriteuse, dans le tems où elle étoit fluide ; mais plusieurs raisons concourent à détruire cette conjecture. D'abord, pour quelles raisons ces pierres, que l'on connoît très-clairement pour ce qu'elles font, se trouvent-elles toujours dans l'intérieur, ou au centre de ces Pyrites, quoiqu'elles soient beaucoup plus légeres que la substance de la Pyrite ; par conséquent, suivant l'ordre naturel, si la Pyrite s'étoit trouvée dans l'état d'un métal en fusion, elle auroit dû repousser ces substances pierreuses à sa surface comme des scories, ou du moins les chasser de son centre ; outre cela, ces particules de pierres sont souvent si déliées & en feuillets si minces, qu'elles pourroient presque nager sur l'eau ? Il faut considérer ensuite que ces mêmes particules sont tellement prises & enveloppées dans la masse pyriteuse, que ce mélange peut être aisément distingué des masses pierreuses & minérales, collées ensemble, que l'on trouve assez fréquemment dans les fentes & filons, aussi bien que dans la terre franche, & dans les mines composées de fragmens & formées par transport. Enfin, on doit surtout ajouter à tout cela, que la Pyrite martiale ne peut jamais être mise en fusion, ce qui certainement ne seroit point impossible si jamais elle eût été fondue : sa combinaison est de nature à n'être jamais imitée par l'Art, soit par le moyen de la fusion, soit autrement ; & quand l'action du feu l'attaque avec trop de vivacité, elle se décompose entiérement, & de maniere à ne pouvoir plus se réduire. On voit donc que le sentiment que je viens d'exposer, ne peut pas même avoir lieu pour les Pyrites, dans lesquelles les petites particules quartzeuses ou calcaires, contenues dans leur intérieur, sembleroient indiquer une réunion des parties pyriteuses & pierreuses déja formées.

Ce sentiment est encore bien moins probable dans les pyrites en roignons, ou dans les Pyrites sphériques qui ne contiennent point de particules pierreuses ni étrangeres, & dont toute la masse est homogène ; il y a donc plus de raisons de croire, comme j'ai fait voir dans le Chapitre sur la formation & la création de la Pyrite, que les Pyrites en roignons ont été formées dans les endroits mêmes où on les trouve ; & qu'elles y ont été formées non-seulement *matériellement*, c'est-à-dire, de certaines substances toutes prêtes à être reçues dans des matrices convenables, & par des sucs minéraux & lapidifiques, venus d'ailleurs sous la forme de vapeurs & d'exhalaisons, & propres à mûrir, recuire, transmuer, féconder & détransformer ; mais encore *formellement*, à l'aide des mêmes causes, c'est-à-dire, avec leurs figures sphériques ; de sorte que les pierres qui ne se trouvent pas dans toutes les Pyrites, ont été produites accidentellement dans quelques-unes d'entre elles. Ces mêmes substances pierreuses devroient presque nous faire conjecturer, non-seulement qu'il y a eu originairement une substance semblable qui a été absorbée dans la combinaison propre de la Pyrite, & prise, pour ainsi dire, dans sa racine ; mais encore elles devroient nous montrer, si cette substance, avant d'entrer dans cette combinaison, a été d'une nature quartzeuse, calcaire, ou spathique.

Pour nous arrêter donc uniquement à la terre non métallique, que les autres matieres, tant volatiles que métalliques, qui composent la Pyrite, ont absorbée & enveloppée d'une maniere imperceptible dans leur tissu, & qui par conséquent est combinée originairement & intimement avec les autres parties essentielles de ce minéral, je demanderai en second lieu, s'il y a d'autres mines qui nous donnent occasion de présumer qu'il se trouve une terre semblable dans les Pyrites ? Je ne puis pas dire, qu'indépendamment des analyses des Pyrites mêmes, j'aie trouvé quelque autre moyen de découvrir la substance dont je parle ; c'est plutôt l'examen de la Pyrite qui m'a fait naître l'idée de chercher s'il y avoit d'autres mines qui continssent quelque chose de semblable. Je trouvai dans la Pyrite, comme je le dirai ci-après, une substance qui n'étoit ni soufre, ni arsénic, & qui cependant ne pouvoit pas non plus être regardée comme une terre métallique : j'avois d'abord plus d'une raison qui m'empêchoit de croire, comme j'en étois tenté, qu'il y eût une substance neutre ou mitoyenne, qui n'étoit ni volatile, ni fixe, ni métallique. Je pris donc le parti d'examiner d'autres mines pour voir s'il seroit si extraordinaire, si peu vraisemblable d'admettre une pareille substance, & je trouvai dans plus d'une mine des preuves de mon sentiment.

Je me bornerai à citer ici le cobalt dont on fait le bleu de saffre, & la mine de bismuth, où la chose est si claire, que personne ne peut en douter. Le cobalt dont on fait le saffre, ressemble assez, tant à l'intérieur qu'à l'extérieur, à la Pyrite blanche ou arsénicale ; excepté que cette Pyrite se change en un verre noir, au lieu qu'on peut faire un verre d'un beau bleu avec la terre du cobalt. Dans la terre qui fait la base de la Pyrite blanche, il y a un peu de fer qui est sans doute la cause de la couleur noire qu'elle communique au verre ; & les couleurs des verres en général sont ordinairement dûes à quelque substance métallique, comme nous le sçavons, non par la décomposition ou l'analyse, mais par la composition qui nous fournit une preuve beaucoup plus forte, c'est-à-dire, par la composition des émaux : de plus, toutes les couleurs bleues minérales, tant naturelles qu'artificielles, telles que sont le lapis lazuli, les mines de cuivre bleues, le bleu de montagne, le vitriol bleu, ne sont produites que par le cuivre : enfin, ce métal se trouve communément d'une maniere sensible dans la mine d'arsénic, d'un rouge de cuivre que les Allemands appellent *Kupfernickel*, qui est une espece de cobalt, & qui accompagne ordinairement ce minéral. Il ne paroît point déraisonnable de présumer que le cobalt, dont on fait la couleur bleue appellée saffre, tire son origine d'une terre qui non-seulement est métallique en général, mais encore d'une terre qui est cuivreuse. Cependant comme on n'a pas jusqu'ici trouvé le moyen de tirer du cobalt la moindre partie métallique *, soit cuivreuse, soit autre, il est naturel de croire que la terre qui en fait la base, est, sinon entiérement, du moins en grande partie non métallique, grossiere, indéterminée, c'est-à-dire, de la nature d'une terre crue, de celle du sable ; & par conséquent qu'elle peut se vitrifier avec beaucoup de facilité.

---

*M. Brandt, de l'Académie des Sciences de Suéde, a tâché de prouver que le cobalt étoit un demi-métal, qui donnoit un vrai régule comme les autres demi-métaux, & que la propriété distinctive de ce régule étoit de colorer le verre en bleu. Voyez *Acta Litteraria Sueciæ Upsaliensia*; & Gellert, *Chymie Métallurgique*, Tom. I. Malgré cela, un grand nombre de Minéralogistes doutent encore que ce soit un vrai régule que celui que l'on tire du cobalt ; ils croient que c'est une combinaison ferrugineuse & arsénicale ; ainsi la question demeurera indécise, jusqu'à ce que de nouvelles expériences viennent fixer nos incertitudes. On a découvert depuis peu d'années en Allemagne un cobalt, qui donne un très-beau bleu, dont par le grillage il ne se dégage pas la moindre quantité d'arsénic : j'en ai vû un morceau de la même qualité qui venoit d'Espagne.

Pour

Pour prevenir les objections que l'on pourroit me faire , je dois rappeller ici plus qu'en tout autre occasion ce que j'ai déja recommandé tant de fois par rapport à d'autres mines ; c'est-à-dire, que pour vérifier ce que je viens d'établir sur le cobalt, on ne doit point le prendre au hasard , mais il faut en choisir qui soit entierement dégagé du quartz , avec lequel il se trouve communément mêlé, & souvent de maniere qu'il est impossible de l'en séparer : l'on ne prendra que des morceaux dans lesquels le cobalt soit parfaitement pur & sans aucun mêlange étranger ; si l'on omet cette précaution, on aura une trop grande masse de terre vitréscible non métallique, dont il ne s'agit point ici, vû qu'elle n'est pas propre à donner un verre bleu ; la vraie terre de cobalt dont on fait ce verre, ne fait ordinairement qu'un tiers de la masse du cobalt ; sa partie volatile & arsénicale fait les deux autres tiers, & même c'est précisément l'arsénic qui en pénétrant cette terre, a empêché qu'elle ne devînt une pierre toute simple , & en a fait une mine parfaitement semblable à une mine métallique, & sur-tout à la mine d'argent ou de cuivre grise.

La mine de bismuth, à laquelle on peut aussi appliquer la plûpart des remarques que je viens de faire , & qui a même la plus grande affinité avec le cobalt qu'elle accompagne ordinairement , après avoir été grillée pour en tirer le demi-métal que l'on nomme *bismuth* & quelquefois *marcassite* ; cette mine laisse en arriere une terre ou une pierre que l'on appelle farine de bismuth, en Allemand *Wismuth-graupen*. Cette substance produit un verre d'un plus beau bleu encore que celui que donne la terre du cobalt, mais on n'en tire pas plus de métal que d'elle, de quelque maniere que l'on s'y prenne. Ne faut-il pas absolument conclure de-là qu'on doit la regarder nécessairement comme une terre non métallique, grossiere & de la nature du sable * ? N'est-il pas évident en même tems qu'elle est une des parties constituantes de la mine de bismuth, & que loin de n'être attachée que superficiellement à cette mine , elle est entrée intimement & originairement dans sa combinaison ? Je ne rapporterai point d'autres exemples , ils pourront faire l'objet des recherches & des travaux d'autres personnes : je crois que ceux que je viens de citer , suffiront pour faire voir que ce qui se trouve dans le cobalt & dans la mine de bismuth , peut se trouver aussi dans la Pyrite , & rendront le Lecteur attentif sur la question principale qui est :

En troisieme lieu, si l'on peut démontrer l'existence d'une terre non métallique dans la Pyrite. Examinons donc chacune des trois principales especes de Pyrites en particulier , & commençons par la Pyrite blanche ou arsénicale. Après en avoir dégagé la partie volatile qui s'attache aux parois de la cornue sous la forme d'un régule ou d'un demi-métal , lorsqu'on la traite dans les vaisseaux fermés , & qui , à feu nud s'éleve sous la forme d'une farine grise & blanchâtre , dont on se sert pour faire ensuite l'arsénic crystallin ; après cette séparation , dis-je , il reste une subs-

---

* La substance dont M. Henckel parle en cet endroit, & qui se tire de la mine de bismuth, n'est point dûe à ce demi-métal, mais au cobalt. qui est souvent joint au bismuth dans la même mine. Jamais le bismuth ne colorera le verre en bleu,

tance terreuse ou pierreuse, grisâtre fort légere, dont la quantité est environ de la moitié de la masse totale de la Pyrite. Il est vrai que l'on ne peut pas nier qu'il n'y ait du métal, & en particulier du fer dans cette substance ou dans ce résidu ; non-seulement l'aiman l'attire assez fortement, mais encore on peut, en la traitant convenablement, en tirer un vrai régule ou culot de fer, & même on peut en obtenir du vitriol martial.

Cependant il faut observer, 1°. que le fer contenu dans cette substance varie considérablement, tandis que le volume total de la terre fixe est toujours dans une proportion assez égale avec la partie volatile de cette Pyrite ; aussi j'ai remarqué que parmi les terres restantes de différentes Pyrites arsénicales, il y en avoit non-seulement qui étoient attirées avec plus ou moins de force par l'aiman, mais encore que le fer de quelques-unes se métallisoit, ou se réduisoit plus aisément que celui de quelques autres. J'ai observé qu'une Pyrite qui avoit été tirée de la mine de Falhun en Suede, s'est sur-tout fait remarquer par cet endroit. 2°. Le fer contenu dans la Pyrite arsénicale blanche, est en proportion du reste de sa terre fixe, tout au plus comme 1 est à 19, ce qui fait une portion si peu considérable qu'elle mérite à peine qu'on y ait égard. 3°. Ce résidu qui n'est point ferrugineux, ne donne pourtant aucun autre métal, de quelque maniere que l'on s'y prenne, quand même dans la métallisation ou réduction du fer, il arriveroit que quelques particules véritablement ferrugineuses se scorifiassent ou se vitrifiassent, vû qu'il est très-aisé dans les essais que l'on fait sur le fer ou sur le cuivre, de manquer à quelque chose, soit pour le gouvernement du feu, soit pour la préparation des matieres ; cependant on ne peut jamais se tromper de beaucoup, & en cas qu'on se trompât, il seroit impossible que cela fût toujours de la même maniere : on a donc raison de croire que le verre, ou la scorie que forme la terre fixe de la Pyrite blanche, n'est, pour sa plus grande partie, qu'une terre brute non métallique, c'est-à-dire, une terre de la nature de celle dont nous parlons ici.

A l'égard des Pyrites d'un jaune pâle, ou Pyrites sulfureuses, l'action de l'aiman & les essais ordinaires que l'on fait par la fusion, prouvent qu'elles contiennent beaucoup plus de fer que les Pyrites arsénicales, dans quelques-unes d'entre elles la quantité de ce métal monte à 50, & même à 60 livres par quintal. Mais, suivant mes expériences, la plûpart de ces Pyrites, sur-tout les sphériques qui sont les plus pures des Pyrites martiales, ne donnent ordinairement que dix à douze livres de fer ; & plusieurs en contiennent cette proportion peut-être à une livre près, ce qui prouve l'exactitude des essais : on voit donc qu'indépendamment du soufre qui fait environ un quart dans les Pyrites de cette espece, & outre la partie métallique qui ne fait pas même la moitié des trois quarts de la terre fixe, elles contiennent une troisieme substance qui n'étant ni soufre, ni métal, doit être regardée comme une terre non métallique. On ne seroit point en droit d'en nier l'existence, si en comptant encore la terre ferrugineuse, qui par hasard auroit pu se scorifier, on vouloit faire monter la quantité de ce métal jusqu'à la moitié, ou même au-delà ; c'est cependant ce dont je ne pourrois point convenir, fondé fur un grand nombre d'expériences faites avec beaucoup d'exactitude.

Enfin, à l'égard des Pyrites cuivreufes, le cuivre & le fer s'y trouvent enfemble, & l'un de ces métaux fe fcorifie dans l'effai, lorfqu'on veut en tirer l'autre ; ainfi la terre ou la troifieme fubftance, fi, comme il y a lieu de le croire, il y en exifte une, paffe dans les fcories, & l'on ne peut pas faire voir dans quelle proportion elle eft avec le fer, ni la dé- montrer ; il y a même des gens qui pourroient prétendre que tout n'eft que du fer : cependant comme la Pyrite blanche, auffi bien que la Pyrite jau- nâtre, prouvent affez l'exiftence de la terre non métallique, nous avons raifon de préfumer qu'elle fe trouve auffi dans la Pyrite jaune, qui a une affinité très-grande avec celle qui eft jaunâtre ou d'un jaune pâle.

Quatriémement, il n'eft point encore tems de demander quelle eft la nature de cette terre non métallique dans la Pyrite, & il nous fuffit de fçavoir qu'elle exifte, & que nous ne pouvons pas la faire voir fans qu'elle foit vitrifiée : je lui donne le nom d'une terre *brute*, ou *crue*, parce que je la regarde comme une matiere informe, dont il auroit pu fe faire une terre métallique, s'il n'eût rien manqué à la fécondation de la matrice dans la- quelle elle a été reçue, ou à la force & à la quantité des fucs dont cette matrice a été impregnée ; ou fi la nature eût eu le tems d'y porter un affez grand nombre de fucs minéralifans pour achever la formation de la Py- rite, & pour élaborer cette pâte avant qu'elle fût entiérement durcie. Je lui donne donc le nom de terre brute, parce qu'elle n'eft point encore devenue métallique ; cependant il ne faut pas la regarder comme abfolu- ment brute, mais comme une terre dégagée de fa groffiéreté primitive, élaborée ou préparée jufqu'à un certain point, & rendue propre à produire quelque chofe, fi elle venoit à être mife en liberté & débarraffée des en- traves qui l'attachent à la Pyrite, ou à quelque autre combinaifon mi- nérale.

CHAPITRE IX.

Du Soufre contenu dans la Pyrite.

JUSQU'ICI j'ai parlé des terres métalliques, tant martiales que cui- vreufes, ainfi que de la terre non métallique ; j'ai fait connoître les parties de la Pyrite qui font fixes & qui reftent dans la cornue après la diftillation, ou fur le têt à fcorifier après la fcorification. Pour fuivre l'or- dre des chofes, j'ai différé jufqu'ici à parler du foufre, quoiqu'il femble qu'il eût été à propos d'en parler avant que de traiter du cuivre, vû que ce métal ne fe trouve qu'accidentellement dans la Pyrite, au lieu que le foufre en fait une partie effentielle. Le foufre eft une fubftance propre au regne minéral : on ne le trouve ni dans le regne végétal, ni dans le regne animal, à moins que par une application contraire aux notions que nous en avons, on ne voulût donner ce nom à des substances qui lui ressemblent extérieurement, ou qui contiennent une matiere grasse & inflammable. Dans le regne minéral il n'y a presque aucune espece de mine qui ne contienne du soufre : il se trouve fort abondamment dans quelques-unes, & on en découvre au moins quelques vestiges dans d'autres. La mer qui est la partie liquide du regne minéral, outre le sel marin, en contient une quantité considérable, comme le prouve la substance visqueuse & grasse qui se trouve principalement dans le fond de son lit & même à sa partie supérieure, & que l'on trouve après qu'on en a dégagé la partie saline en la faisant évaporer avec précaution : cependant il est aisé de concevoir que ce soufre doit avoir souffert quelque décomposition par son mêlange avec le sel marin. On découvre aussi des traces du soufre dans toutes les fontaines qui contiennent du sel marin. Quant à l'air ; je ne crois point qu'on ait encore pû démontrer d'une façon sensible qu'il y existe un soufre réel : les feux & les météores que nous voyons dans l'air, ne prouvent la présence que d'une de ses parties, c'est-à-dire, de la partie inflammable ; & je crois que la poussiere qui tombe quelquefois avec la pluie, n'est autre chose que la poudre jaune & semblable à de la farine qui est attachée aux pommes de pin.

Revenons aux mines & aux pierres métalliques. Nous remarquons que le soufre ne se trouve presque point ou peut-être jamais avec l'étain, le bismuth, & le cobalt ; l'arsénic & l'or le tolerent ; l'argent a plus de disposition à s'unir avec lui ; mais le plomb, le fer & le cuivre ont encore plus d'affinité avec lui, & c'est avec le mercure & le régule d'antimoine qu'il s'unit le plus volontiers. A l'égard de l'étain, je n'ai pas encore vu dans la nature, ni trouvé dans aucun Auteur qu'il y eût des crystaux d'étain, (qui sont dans nos pays la principale mine de ce métal) qui continssent seulement le moindre atôme de soufre, & qui ne donnassent point une farine arsénicale toute pure. On n'en trouve pas plus dans la mine d'étain ordinaire que les Allemands nomment *Zwitter*, soit qu'elle soit composée de très-petites particules ou grains, comme elle l'est le plus communément, soit qu'elle soit sous la forme d'une terre noire ; cependant pour l'ordinaire cette mine n'est point, & paroît ne pouvoir point être parfaitement dégagée des substances étrangeres qui sont communément unies avec une certaine quantité de soufre, telles que le *Wolfram*, qui est une espece de mine d'étain arsénicale & ferrugineuse. Le véritable cobalt dont on peut tirer la couleur bleue, ressemble à cet égard entiérement à l'étain : quant à la mine de bismuth considérée comme telle, ce seroit un phénomene des plus extraordinaires de la Chymie que d'en tirer le moindre atôme de soufre. L'arsénic qui est dans la combinaison minérale que l'on appelle *Pyrite arsénicale*, peut admettre le soufre jusqu'à un certain point ; mais quand cet arsénic s'est logé dans le cobalt dont on tire la couleur bleue, on n'y en remarque pas le moindre vestige : cette circonstance semble mériter toute notre attention.

Il est encore très-singulier de voir que nonobstant la grande affinité, qu'un grand nombre d'expériences indique entre le régule d'antimoine &

le bifmuth ; le premier foit entiérement pénétré de foufre , & ne foit même combiné qu'avec lui , tandis qu'on n'en trouve pas la moindre trace dans le dernier. Cependant je ne dois point omettre de dire ici que ces demi-métaux, c'eft-à-dire, l'arfénic , le bifmuth , & le régule d'antimoine fe diftinguent quelquefois les uns des autres par quelques phénomenes particulieres ; par exemple, les deux premiers fe diffipent & fe volatilifent fous leur forme femi-métallique, au lieu que le bifmuth ne fe volatilife jamais que fous la forme d'une poudre ou farine ; c'eft ainfi que l'aiman fouffre volontiers dans le fer les deux premiers demi-métaux & toutes les autres fubftances métalliques, telles que font le cuivre jaune ou laiton , le cuivre rouge , l'étain & le zinc après qu'ils y ont été alliés par la fufion, au lieu qu'il n'attire point du tout le fer quand il eft allié avec du régule d'antimoine ; on peut ajouter qu'on n'a encore jamais rencontré du régule d'antimoine natif, * tandis qu'on trouve de l'arfénic natif & pur qui fe volatilife entiérement : au refte, l'arfénic a affez de fympathie pour le foufre , ou pour mieux dire , le foufre fupporte encore affez l'arfénic comme nous allons bientôt le voir ; mais l'argent a beaucoup plus d'affinité avec lui , non-feulement dans les mines chargées de foufre, dans lefquelles ce métal ne fe trouve qu'accidentellement, telles que font les mines de plomb , les mines de cuivre & les Pyrites fulfureufes , les mines d'argent blanches & grifes , & dans les mines de cuivre grifes, mais encore dans les mines qui font propres à l'argent , & où il joue le principal rôle, telles que les mines d'argent vitreufes , jufqu'à un certain point dans les mines d'argent rouges , & même dans les mines d'argent blanches ; car la quantité confidérable d'argent qui y eft contenue, nous autorife à la joindre ici aux deux autres.

A l'égard de l'or, nous ne fçavons pas encore bien précifément jufqu'à quel point il peut fe trouver combiné avec le foufre ; du moins je ne puis pas dire avoir jamais vu une vraie mine d'or ; & l'infpection de toutes les mines que l'on m'a données jufqu'ici pour être des mines d'or, ma fait foupçonner que l'or qu'on y trouve, y eft en particules très-fines, & imperceptibles , & par conféquent c'eft de l'or natif ou vierge ; mais nous ne parlons ici que de l'or , tel qu'il feroit s'il étoit combiné ou minéralifé avec du foufre. Au refte, je ne prétends point dire que cette combinaifon foit entiérement impoffible , il me paroît au contraire probable que s'il exifte de l'or véritablement minéralifé, il doit l'être principalement par l'arfénic , mais en même tems par le foufre , c'eft-à-dire , par les deux fubftances du regne minéral qui font feules capables de mettre les métaux dans l'état de mine. Cependant je ne crois point que l'on doive prêter l'oreille à ceux qui nous parlent des veftiges d'or trouvés dans les Pyrites. Pour détruire leur opinion , on pourroit leur demander pourquoi l'or ne fe montre jamais dans les combinaifons minérales dans lefquelles la mine de foufre , c'eft à-dire , la Pyrite jaune, eft la plus abondante, comme cela

* Les Mémoires de l'Académie Royale des Sciences de Suede de l'année 1748, nous apprennent que M. Swab, Membre de cette Académie, a trouvé dans la mine de Salberg, de l'antimoine natif pur, & dans le même état que dans le régule. Voyez la *Minéralogie de Wallerius.*

arrive dans nos mines de Misnie ? Quoi qu'il en soit, il est constant que le soufre a beaucoup plus d'affinité avec le plomb, le cuivre & le fer. A l'égard du premier de ces métaux, on peut se convaincre de cette vérité par les mines de plomb ordinaires : quant au cuivre, non-seulement on le voit par la Pyrite cuivreuse, mais encore par presque toutes les autres mines de ce métal ; enfin, pour le fer, on le voit en général par toutes les espèces de Pyrites. Cependant cette sympathie n'est pas encore si grande que celle qui se trouve entre le soufre & les deux substances métalliques moyennes ou neutres, je veux dire le régule d'antimoine & le mercure. On trouve du fer minéralisé dans lequel on n'apperçoit point de soufre d'une maniere sensible : on en voit des exemples dans la plûpart des mines de fer, sur-tout dans l'hématite. On trouve du cuivre minéralisé sans soufre, & j'en ai vu un exemple dans une très-belle mine de cuivre azurée qui avoit été trouvée en Laponie ; l'on voit enfin par la mine de plomb blanche & verte, que l'on doit en dire autant de ce métal ; mais je ne crois pas que l'on ait jamais vu du régule d'antimoine ou du mercure minéralisé sans soufre ; je dis du mercure minéralisé, car il ne s'agit point ici du mercure vierge qui n'est point une mine, mais un métal ou un demi-métal pur, & qui doit toujours être regardé comme ayant été dégagé de sa mine, c'est-à-dire, du cinnabre, soit qu'on le rencontre dans les mines sous une forme fluide comme de l'eau, soit qu'il se trouve enveloppé dans une substance argilleuse. Le mercure minéralisé n'est donc jamais sans soufre ; le régule d'antimoine, que l'on ne peut pas même en dégager par la dissolution, & qui en cela l'emporte encore sur le mercure, n'est jamais combiné qu'avec du soufre.

C'est ici que je pourrois donner carriere à mes réflexions, & m'étendre sur des matieres les plus sublimes & les plus abstraites de la Chymie. Mais je me contenterai d'ajouter une seule observation que je soumets aux réflexions de mes lecteurs ; c'est que le soufre se trouve moins fréquemment dans les mines des métaux parfaits, que dans celles des métaux imparfaits ; & il n'y a aucun métal minéralisé par le soufre, qui ne contienne au moins quelques vestiges d'arsénic, si, comme cela arrive assez souvent, il n'en contient pas une quantité considérable ; au lieu que jamais on n'en trouvera la moindre trace dans la mine de mercure ni dans celle d'antimoine.

Cependant le fer & le cuivre ne le cédent gueres au mercure & à l'antimoine : ils affectionnent beaucoup le soufre ; & le soufre ne sçauroit être sans ces deux métaux, lors même qu'il n'est joint avec aucun des autres métaux. Outre cela, le fer & le cuivre contiennent une aussi grande quantité de soufre que les demi-métaux dont je viens de parler ; & même ils en contiennent une plus grande quantité que le mercure. Au reste, une chose très-remarquable, c'est que le soufre se trouve avec le fer & le cuivre, dans une combinaison dont on peut le séparer avec profit & sans destruction visible ; au lieu qu'il est impossible de le séparer du mercure & de l'antimoine sans intermede, c'est-à-dire, sans le faire passer dans une autre substance, telle que le fer ou un sel alkali, d'où il résulte une combinaison dont on ne peut plus dégager le foufre, de maniere à le montrer fous la forme qui lui eft propre, & à le retirer avec profit, vû qu'il a fouffert une décompofition. En un mot, le foufre minéralife le fer & le cuivre, & il change ces métaux en Pyrites ; cependant nous verrons par la fuite que cette minéralifation ne fe fait pas toujours de la même maniere, ni dans les mêmes proportions, & que les Pyrites different encore accidentellement les unes des autres. Quant à la Pyrite blanche, j'ai été long-tems incertain fi elle contenoit du foufre, ou fi elle n'en contenoit point. J'avois principalement été jetté dans cette incertitude par une perfonne qui avoit été employée dans des atteliers de foufre & d'arfénic jaune, & qui vouloit abfolument me perfuader que l'on pouvoit tirer de l'arfénic jaune ou de l'orpiment, de la Pyrite blanche ou arfénicale, fans aucune addition : or, puifque l'orpiment ne peut point exifter fans foufre, fi ce fait eût été vrai, on auroit pu en conclure qu'il y avoit du foufre dans la Pyrite blanche. Mais quoique par des expériences plufieurs fois réïtérées, je n'en euffe jamais pu tirer, je voulus pourtant encore les recommencer; & je trouvai que ce qu'on m'avoit dit étoit fans fondement, comme beaucoup d'autres chofes qu'on avance gratuitement dans la Minéralogie. Au refte, je ne prétends point affûrer que la Pyrite blanche, dont j'ai examiné des échantillons très-purs & entiérement dégagés de toute Pyrite fulfureufe, avec laquelle elle eft fouvent imperceptiblement mêlée, ne contienne quelques traces de foufre ; mais ces traces légeres ne méritent pas que l'on y faffe attention, vû que quelquefois elles fe manifeftent à peine par quelque petit grain d'un jaune aurore qui annonce du foufre, & qui fe fublime avec le refte de l'arfénic, ou bien ces traces fe font fentir par une odeur acide & fulfureufe qu'elles communiquent à l'eau, que l'on a mife dans le récipient lors de la diftillation.

On trouve une grande quantité de foufre dans la Pyrite cuivreufe, c'eft-à-dire, dans la mine de cuivre qu'on a coutume d'appeller dans nos cantons Pyrite, parce qu'elle ne contient que peu de cuivre ; & dans la mine de cuivre pyriteufe, fous laquelle je comprends ici la Pyrite qui contient beaucoup de ce métal, ou ce qu'on appelle ici fimplement *mine de cuivre*; & même le foufre y eft fi abondant, que bien loin de pouvoir le regarder comme quelque chofe d'accidentel, on doit le regarder comme une des parties effentielles de la combinaifon de ce minéral; il s'y trouve fi conftamment qu'à tel degré qu'une mine de cuivre puiffe être arfénicale, elle n'eft jamais fans foufre. Il ne fera peut-être pas inutile de remarquer qu'en comparant les Pyrites cuivreufes avec les Pyrites arfénicales, dans lefquelles l'arfénic s'eft emparé tout feul de la terre ferrugineufe qui en fait la bafe, on voit qu'il eft plus aifé de trouver des Pyrites martiales, (fi on peut donner ce nom aux Pyrites arfénicales ou blanches, eu égard au peu de fer qu'elles contiennent) qui foient fans foufre, que de trouver des Pyrites cuivreufes qui puiffent exifter fans lui.

Le foufre fe trouve enfin le plus abondamment dans la Pyrite martiale proprement dite, c'eft-à-dire, dans celle qui ne contient que très-peu ou point du tout de cuivre : fa quantité va ordinairement à un tiers ou

presque à un quart de la masse , tantôt à un peu plus , tantôt à un peu
moins. Cette variété peut résulter ou de quelques circonstances extérieures, sur-tout du plus ou moins de pureté des échantillons que j'ai es-
sayés ; cependant je les ai toujours séparés avec soin de toute substance
étrangere. Cela peut aussi venir de la maniere de les traiter ; car pour ne
faire mention ici que des principales , j'ai trouvé que la Pyrite de la mine
appellée *le Serpent d'airain* , rend par quintal de soufre brut , 28 livres 0 once

	livres	onces
Celle de Pretschendorf	30	12
Celle que l'on tire à Joham-georgen-stadt de la mine appellée *Rautencrantz*	30	12
Celle que l'on tire à Halsbruck	36	8
Celle de Braunsdorf.	26	8
Celle que l'on tire à Tœplitz du Schlosberg	27	8
Celle d'Almerode en Hesse	26	6
Celle d'Altsattel proche d'Egra en Bohême.	26	8
Celle de Boll au pays de Wirtemberg	26	
Les Pyrites en roignons de l'ardoise de Goslar.	24	
La Pyrite de Nericia en Suede.	25	
Les roignons de la Pyrite tirée de la mine de sel de Wiliszka,	26	
La Pyrite du Bannat de Témeswar en Hongrie	27	5
Celle de Schemnitz qui se tire de la mine appellée *le Puits des trois Rois*.	23	

Je ferai remarquer en premier lieu , qu'il est difficile d'obtenir plus
d'un quart de la quantité marquée de soufre brut en traitant ces Pyrites
dans un vaisseau fermé , tel qu'une retorte , dont je me suis principalement
servi pour le séparer de la Pyrite ; & qu'il faut en dégager le reste à feu
nud , par exemple , sous une moufle. Il est vrai que ce que l'on dégage
par-là ne peut point être retenu ou conservé ; cependant l'odeur qui part
en dernier lieu de la terre pyriteuse lorsqu'elle est exposée à l'action du
feu , fait présumer que c'est du soufre. Il faut conclure de-là qu'on ne
peut point exiger un calcul aussi exact que celui que je viens de donner,
dans les atteliers de soufre , où on ne choisit pas si soigneusement les Pyrites ; où on ne les grille pas si fortement que je l'ai fait pour mes essais ;
& où même on ne peut pas pousser la distillation jusqu'au dernier degré,
vû que l'on met une trop grande quantité de Pyrites à la fois dans les retortes. Il faut remarquer en second lieu , que lorsque la quantité de soufre
brut va au-delà du tiers de la masse dans une Pyrite , on doit soupçonner
que ce soufre, ou peut-être la Pyrite même , contiennent de l'arsénic.
On en voit un exemple dans la Pyrite qui se tire des environs de Halsbruck :
sa partie volatile qui est principalement sulfureuse , va à trente-six livres,
& par conséquent au-delà du tiers de la masse qui est si chargée d'arsénic,
qu'on lui donne le nom de cobalt. Quant aux Pyrites dans la composition
desquelles il entre de l'arsénic , ce qui arrive ordinairement quand la terre
qui en fait la base contient du cuivre , & même sans cela , comme on en
voit un exemple dans la Pyrite dont je viens de parler , il est très-difficile d'évaluer avec exactitude la quantité de soufre , & cela pour trois raisons

fons : la premiere eft la difficulté de dégager le foufre de façon qu'on puiffe retenir fans déchet ce qui fe fublime, pour le foumettre enfuite à un examen ultérieur ; il eft vrai que j'ai prefque toujours obfervé, que plus la Pyrite eft chargée de cuivre, plus elle eft en même tems chargée d'arfénic, & moins elle paroît contenir de foufre ; mais quelle précifion peut-on mettre dans des obfervations fondées fur des effais qui, comme je vais le prouver, ne peuvent jamais être que très-imparfaits ?

D'abord il faut fçavoir que lorfqu'une Pyrite eft cuivreufe, fes parties fe pelotonnent très-aifément & fe mettent en grumeaux par la fufion, ce qui arrive plus ou moins en raifon de la quantité de cuivre qui y eft contenue : cet inconvénient arrive moins quand la Pyrite a été pulvérifée groffiérement, & plus, lorfqu'elle a été réduite en une poudre fine. On doit obferver enfuite que ces fortes d'opérations ne peuvent point fe faire dans des vaiffeaux de verre & tranfparens, dans lefquels on puiffe appercevoir fi le degré du feu eft convenable, c'eft-à-dire, s'il eft trop fort ou trop foible ; on eft obligé de fe fervir de cornues de terre pour ces effais. Quand, pour éviter que la matiere ne fe pelotonne, on ne met que de gros morceaux de mine dans la cornue ; il faut encore remarquer qu'en foumettant la Pyrite cuivreufe à un degré de feu trop violent dès le commencement de l'opération, lorfqu'elle n'a pas encore perdu beaucoup de fon foufre, elle entre en fufion, quand bien même elle feroit en morceaux affez gros ; & quoiqu'en effet on ait alors moins à craindre que ces morceaux ne s'attachent les uns aux autres, on ne peut jamais être affuré qu'il ne fe faffe un commencement de fufion, & on fera toujours obligé de caffer la cornue, & de continuer l'opération dans une feconde, & quelquefois même dans une troifieme, ce qui rend le travail fi long & fi pénible, qu'il demande des journées entieres ; comme il faut augmenter le feu fur la fin de l'opération, on eft encore expofé à n'en point donner un degré convenable ; & quand une fois les morceaux fe font collés les uns aux autres, tout le travail devient inutile, & il faut le recommencer. On voit outre cela que les mines en paffant fi fouvent par des vaiffeaux différens, & par les mains de l'Artifte, doivent perdre confidérablement de leur volume, qui eft toujours petit dans les effais, afin que les matieres puiffent être travaillées jufque dans l'intérieur de leur maffe.

Il réfulte encore des pertes lorfque les vaiffeaux viennent à fe caffer, & quand on met d'abord des mines trop divifées dans le vaiffeau, il eft prefque impoffible d'empêcher qu'elles ne fe pelotonnent, effet dont l'arfénic paroît être la principale caufe ; en effet, la Pyrite blanche dans laquelle il n'entre prefque que de l'arfénic, fe met pour l'ordinaire en fufion, lors même qu'il ne s'y trouve ni foufre, ni même du cuivre auxquels on pourroit attribuer cet effet ; il eft vrai que ce qui ne fe fublime point dans la cornue ou dans les vaiffeux fermés, peut être dégagé fous la moufle ou fur le têt. J'ai fouvent été obligé d'en venir là : de forte qu'il eft aifé de trouver les proportions que l'on cherche, par le réfidu ou par la terre métallique qui refte après la féparation du foufre, & par la quantité de matiere volatile que la mine vient de perdre. Mais alors on rencontre

D d

encore une nouvelle difficulté. Une longue expérience m'a fait connoître que l'arfénic fe trouvoit néceffairement & indifpenfablement dans les
mines de cuivre ; & le foufre d'une Pyrite étant parfaitement pur, on doit
en conclure avec certitude qu'elle ne contient point de cuivre ; & autant que j'ai pu m'en affurer jufqu'à préfent, la quantité d'arfénic va en
augmentant, à proportion du métal, dans les mines de cuivre. On peut
encore s'en rapporter à moi, lorfque je dis que l'arfénic & le foufre étant
unis dans la proportion fuivant laquelle ils fe trouvent dans les mines
de cuivre, & donnant un foufre mêlé d'orpiment, ces deux fubftances
ne peuvent être féparées l'une de l'autre que très-difficilement, ou même
ne peuvent point l'être du tout ; de forte que toutes les purifications réïtérées deviennent inutiles pour obtenir le foufre pur & fans mêlange ; &
quand même on voudroit le féparer par le moyen de quelque intermede,
tel que le fer, on ne pourroit y parvenir : en effet, quoique la plus
grande partie de l'arfénic puiffe être dégagée du foufre par le moyen du
fer, le foufre s'unit à ce métal, & alors on ne peut plus établir de calcul ;
outre cela on n'eft point encore en état de décider fi le fer ne reçoit point
avec le foufre une certaine portion d'arfénic.

Il fe trouve une troifieme difficulté dans le grillage qui doit précéder
les effais dont il s'agit. Comment s'affurer que la violence du feu n'enleve point une portion des parties fixes & métalliques, qu'on ne peut
plus enfuite ni pefer ni foumettre au calcul ? En effet, quoique le feu
de charbon que l'on met autour de la moufle, ne porte point une flamme
groffiere fur la mine, cependant l'air libre ne laiffe pas d'agir fur elle &
d'y produire de l'effet ; on ne peut prefque en douter, comme je le ferai
voir par la fuite : l'on fçait qu'il fe diffipe déja des particules métalliques
en l'air, quand on fépare le foufre dans la cornue ; la même chofe eft
encore plus à craindre à feu nud. Autant que j'ai pu en juger par toutes les
Pyrites cuivreufes & par toutes les mines de cuivre qui me font jufqu'ici
tombées entre les mains, la quantité de l'arfénic ne va ordinairement
qu'à un cinquieme ou à un fixieme du foufre.

La couleur du foufre, tel qu'on le tire des Pyrites, fur-tout de celles
qui font jaunâtres, & que l'on appelle *martiales* & *fulfureufes*, eft ordinairement d'un gris tirant fur le jaune : on lui donne tantôt le nom de
foufre brut, parce qu'il n'eft point encore purifié, tantôt celui de *foufre
caballin*, peut-être parce qu'il eft affez bon pour être donné dans certains cas aux chevaux & aux beftiaux ; cependant les Droguiftes débitent
encore fous ce nom une autre compofition fulfureufe. Ce foufre brut ou
caballin eft enfuite remis dans la cornue ; on le diftille une feconde fois,
c'eft ce qu'on appelle *raffiner le foufre*. Alors il prend une belle couleur
jaune, il devient pur, & il laiffe au fond des cornues les parties hétéro-
genes & arfénicales que l'on appelle *fcories de foufre*, dont nous parlerons
avec plus d'étendue dans le Chapitre où je me propofe de traiter des ufages de la Pyrite, entre lefquels la féparation du foufre n'eft pas le
moindre.

Nous allons maintenant confidérer un phénomene très-remarquable qui, j'ose le dire, peut être regardé comme une nouvelle découverte dans la Minéralogie, & particuliérement dans la théorie du soufre ; c'est en un mot, qu'il y a dans le soufre une terre ferrugineuse : je dis une terre ferrugineuse réelle & formelle, qui non-seulement est attirable par l'aiman, mais encore qui est susceptible de prendre une forme métallique. Que l'on prenne des scories de soufre, c'est-à-dire, ce qui est resté dans la cornue après le rafinage du soufre brut, qu'on calcine ces scories dans un creuset ou sur le têt, l'on obtiendra une terre grisâtre semblable à de la cendre, qui sera attirable par l'aiman, & qui traitée d'une façon convenable, se réduira en un régule ou culot de fer. Il est vrai que je n'ai pas préparé d'abord moi-même les scories du soufre brut que j'ai employées à mes essais, & que je les ai prises dans les atteliers où l'on rafine le soufre ; mais d'ailleurs je n'ai rien à me reprocher par rapport à la circonspection qui est nécessaire pour la certitude des expériences ; cependant je préviens une objection que l'on pourroit me faire, c'est que le fer que donnent ces scories, pourroit bien venir des cornues de fer, dans lesquelles le soufre a été distillé. Il est vrai que le soufre, & sur-tout son acide, attaque le fer, sur-tout quand il est aidé de l'action du feu ; il le ronge & le détruit, de sorte qu'il paroît très-essentiel d'employer pour les essais dont il s'agit, des scories qui n'aient point été faites dans des cornues de fer, comme cela s'est pratiqué jusqu'ici parmi nous ; l'on pourroit faire des expériences plus sûres dans les endroits où l'on emploie pour la purification du soufre des cornues de grès ou de terre, à la place de celles de fer. Mais j'ai levé moi-même cette objection ; j'ai fait des scories de soufre sans me servir de vaisseaux de fer, & j'ai trouvé le même résultat dans mes expériences. Il reste encore ici deux observations à faire. La premiere est que cette vérité, qui est actuellement bien constatée, est propre à répandre du jour sur des expériences que l'on pourroit faire sur les scories du soufre, & qu'elle peut contribuer à faire connoître la nature d'une substance minérale, soit que le fer contenu dans les scories ne s'y soit joint qu'accidentellement & soit venu des cornues employées à la purification, soit que dans la premiere distillation du soufre il se soit sublimé une portion de la terre ferrugineuse qui fait la base de la Pyrite.

La seconde observation, c'est que, pour m'expliquer maintenant plus clairement, il ne me paroît aucunement absurde de demander s'il est croyable que la terre ferrugineuse subtile qui se trouve dans la Pyrite, puisse se volatiliser dans la distillation du soufre ? Nous verrons du moins par la suite que cela arrive à la terre cuivreuse, & quoiqu'on ne puisse pas nier, comme je le prouverai bientôt, que les parties cuivreuses ne soient plus étroitement unies au soufre dans la Pyrite que celles du fer ; on ne peut rien conclure de-là, sinon que les particules du cuivre sont plus disposées à se volatiliser que celles du fer, & l'on sera toujours obligé de convenir que les parties des terres métalliques les plus grossieres, telles que celles du fer & du cuivre, & même celles du plomb, de l'étain & du mercure, & de tous les métaux imparfaits, peuvent être volatilisées par la seule action du feu. Outre cela, on aura encore bien moins de peine à se rendre à mon sentiment, si l'on veut faire attention à deux regles constatées par une longue expérience, & qui sont d'une très-grande importance par leur utilité. C'est premiérement, que quelques substances, lorsqu'elles sont encore accompagnées ou liées avec quelque corps qui n'est point de leur essence, produisent soit activement, soit passivement, des effets tout différens, & deviennent plus fortes & plus efficaces, & plus propres à agir sur les substances auxquelles on les présente, que quand on les emploie toutes seules & pures. Secondement, que les terres métalliques ont dans leur état minéralisé des propriétés & des dispositions toutes différentes de celles qu'on leur trouve après les avoir mises dans l'état métallique par la fusion : c'est par cette raison que j'ai de la peine à croire que l'on parvienne jamais à dulcifier l'acide vitriolique, quand on le prendra dégagé de sa terre métallique, & qu'on ne voudra point faire attention que cet acide est d'une nature tout-à-fait différente, quand il se trouve encore dans la combinaison du vitriol. Tant que l'argent a sa forme métallique, on ne parviendra certainement jamais à le volatiliser ; mais si on le joint avec le sel marin, comme on le fait dans la combinaison artificielle que l'on appelle *Lune cornée*, il se dissipera en plus grande quantité que l'on ne voudra. L'acide vitriolique est la substance la plus efficace, la plus pénétrante & la plus agissante qui soit dans la Nature ; mais quand il est privé de la terre inflammable à laquelle il est uni dans le soufre, il ne produira jamais les effets qu'il est capable de produire lorsque nous l'employons sous la forme de soufre ; & quand le soufre à son tour doit agir d'une certaine maniere sur les terres métalliques, c'est en vain qu'en plusieurs occasions on en attend l'effet qu'on désire, si on l'emploie dans son état de séparation : il faut nécessairement, au lieu de soufre, se servir de la mine de soufre même, c'est-à-dire, de la Pyrite. Si on refusoit de croire qu'il y a de la différence entre la terre du plomb contenue encore dans la mine, & cette même terre, telle qu'elle est dans le plomb qui a été obtenu par la fonte ; que cependant on peut remettre par plusieurs moyens dans son premier état, on n'aura qu'à faire usage de la mine de plomb blanche ou verte, dont j'ai déja parlé plus d'une fois ; mais l'on n'exigera pas que j'indique tous les détails de ce procédé.

Ces deux regles sont fondées sur les appropriations ou les moyens d'union, dont un Physicien pourra trouver un plus grand nombre d'exemples qui fourniront une ample matiere à ses réflexions. Tantôt ces choses dépendent d'une simple adhésion ou incorporation, qui empêche que les matieres exposées au feu ne se dissipent trop promptement, afin qu'elles aient le tems qu'il faut soit pour agir, soit pour laisser agir sur elles ; c'est ce que nous voyons dans la formation du soufre, où l'alcali n'est donné à l'acide vitriolique que comme un corps, (*tanquam corpus*). Tantôt ces choses sont fondées sur une autre disposition réelle des substances, dans laquelle la substance sur laquelle on opere, souffre une décomposition des parties intimes de sa mixtion, par la combinaison avec des matieres étrangeres & non essentielles par elles-mêmes au but que l'on se propose,

& alors cette substance prend une forme & des propriétés actives &
passives, toutes différentes de celles qu'elle avoit auparavant. Appliquons ce qui vient d'être dit à la volatilisation de la terre ferrugineuse
de la Pyrite ; il est certain que l'on ne volatilisera jamais le fer lui-même
avec autant de facilité que les particules de ce métal, telles qu'elles se
trouvent dans sa mine, c'est-à-dire, dans la Pyrite ; il n'est pas besoin
de prouver ce que j'avance par des conséquences & par la démonstration de sa possibilité ; pour s'en convaincre, on n'a qu'à prendre du soufre
brut qui ait été distillé dans des vaisseaux de terre, on n'aura qu'à le faire
brûler, & faire passer ensuite l'aiman sur la terre qui restera.

A l'égard de la terre cuivreuse, si on demande si elle passe avec le soufre
dans la distillation de la Pyrite, je répondrai que je n'ai point encore
pu répéter l'expérience de Jean Agricola ; mais comme je ne veux point
révoquer en doute la bonne foi de cet Auteur, je crois devoir rapporter
ici littéralement son procédé ; afin de donner matiere aux réflexions.
Après avoir beaucoup exalté un esprit de soufre métallique, dont la composition est, selon lui, un chef-d'œuvre capable de procurer de grands
avantages à celui qui possédera cet arcane, il continue en ces termes :
« Ayant fait une fois de l'huile de soufre, *oleum sulfuris*, j'en reverberai
» les féces ou le résidu, pendant quinze jours, à un feu modéré ; j'exposai
» ensuite ce résidu au fourneau à vent dans un creuset bien luté, & pen-
» dant six heures je donnai un feu très-violent ; car je voulois calciner
» ce résidu au point de le rendre parfaitement blanc, parce que mon in-
» tention étoit d'en faire autre chose : en découvrant le creuset, je trouvai
» à la partie supérieure une petite quantité du résidu qui étoit gris au lieu
» d'être blanc, & dans le fond il y avoit un beau régule brillant & d'un beau
» rouge de sang ; j'en fus très-surpris ne devinant pas ce que ce pouvoit
» être, car j'étois sûr de n'avoir mis autre chose dans le creuset que les
» féces ou le résidu du soufre ; ayant enfin retiré ce régule je le trouvai
» pesant, & en l'essayant sous le marteau je vis qu'il étoit presque aussi duc-
» tile que du plomb ; l'ayant ensuite coupé avec des ciseaux, je trouvai
» qu'il étoit d'une couleur un peu jaunâtre à l'intérieur, & que ce n'é-
» toit autre chose qu'un cuivre très-fin, ce qui me surprit beaucoup. Pour
» m'en convaincre encore davantage, & pour sçavoir s'il étoit aussi duc-
» tile que du vrai cuivre, je le portai chez un Orfévre pour qu'il en for-
» mât un fil ; non-seulement il se trouva très-ductile, mais encore d'une
» très-belle couleur : je le fis ensuite rougir à plusieurs reprises au feu en
» l'éteignant à chaque fois dans de l'urine, & il prit une couleur presque
» aussi belle que celle de l'or le plus pur. Je montrai ce cuivre à un Juif de
» Prague, qui m'offrit cinq gros par loth ou demi-once ; car on pouvoit
» le travailler comme l'or le plus pur : cependant comme je m'apperçus que
» ce Juif avoit dessein d'en faire un mauvais usage, je ne voulus point le lui
» vendre. Je me suis depuis souvent mis l'esprit à la torture pour découvrir
» par quelle raison il s'étoit formé du cuivre, & non un autre métal ; car je
» sçavois que ce soufre n'avoit pas été tiré d'une Pyrite cuivreuse ; mais
» d'une Pyrite d'or. Enfin, j'en découvris la cause n'ayant employé au-

D d iij

» cune addition, soit minérale , soit métallique , sinon que le soufre avant
» l'opération avoit été dissout dans de l'huile de lin , qui cependant n'est
» point en état de produire du métal ; je conclus qu'il y a encore un es-
» prit métallique, (*spiritus metallicus*) très-efficace dans le soufre, quoi-
» qu'ordinairement on ne le regarde que comme une substance superflue,
» quoiqu'il ait déja essuyé un très-grand feu dans sa distillation. Que des
» gens de génie réfléchissent sur cette opération, ils découvriront toujours
» quelque chose de nouveau dans le soufre aussi bien que dans le mercure.
» Il n'y a pas long-tems que j'ai lû dans l'ouvrage d'un Philosophe, qu'un
» Artiste qui ne sçait point obtenir une teinture particuliere, soit du soufre
» commun, soit du soufre d'antimoine, n'a pas lieu d'espérer de rien tirer
» d'autre chose ». *Voyez Johannes Agricola dans ses Remarques sur les Remedes
Chymiques de Poppius , Traité du Soufre, pag. 855.*

Il y a bien des remarques à faire sur ce récit. On est d'abord en droit
de se plaindre de ce qu'Agricola , semblable en cela à la plûpart des Auteurs qui ont écrit sur l'Histoire Naturelle , a omis de marquer le poids
non-seulement du soufre , mais encore du cuivre qu'il a obtenu ; cependant on peut présumer avec assez de vraisemblance que la quantité de ce
métal n'aura pas été considérable ; d'ailleurs il n'importe pas que ce cuivre
n'ait été que sublimé, ou qu'il ait été produit de nouveau. Quand on voit
ensuite que cet Auteur ne se rappelle , pour ainsi dire , que par hasard ,
qu'il a dissous son soufre dans de l'huile de lin , on peut le soupçonner
d'avoir oublié , soit par inadvertance , soit par erreur , (car je ne veux
point l'accuser d'avoir voulu tromper de propos délibéré) de rapporter,
ou même de remarquer dans cette opération d'autres circonstances qui
étoient peut-être encore plus importantes, & qui auroient pu jetter plus
de jour sur son travail. Outre cela , il se trompe en regardant l'huile de
lin comme une chose qui ne pouvoit contribuer en rien à la métallisation : les parties grasses & inflammables que le feu de réverbère fait entrer dans les substances sur lesquelles on opere ; étant corporelles par
elles-mêmes , & le devenant encore davantage par la suite , ne doivent
point être regardées non plus comme un instrument passager, (*instrumentum transiens*) qui ne laisse en passant rien de sa propre substance ; il faut
au contraire les considérer comme un instrument qui reste, (*immanens*),
c'est-à-dire, dont il s'arrête quelques parties dans le corps sur lequel il
agit, ou plutôt comme une substance qui communique matériellement
quelque chose de son être au corps sur lequel on opere : il ne paroît point
que notre Auteur ait fait toute l'attention nécessaire à cette circonstance.

Au reste , je ne releverai point ce qu'il dit de la *Pyrite d'or* ; cependant
je suis tenté de croire que les particules d'or qui se sont peut-être trouvées dans le cuivre, ont pu avoir été produites dans l'opération même ,
dans laquelle le soufre a *ennobli* & perfectionné une substance métallique
qui auparavant étoit grossiere. Mais quand il regarde la Pyrite d'or & la
Pyrite cuivreuse comme deux especes qui non-seulement different entre
elles , mais encore qui s'excluent entiérement l'une l'autre , il tombe dans

une erreur qui, comme je l'ai fait voir au troifieme Chapitre, eft auffi grande qu'elle eft commune. Le cuivre fe trouve fi communément dans les Pyrites, qu'à peine on en trouve une fur cent qui foit purement ferrugineufe : en fuppofant même qu'il y ait des Pyrites qui donnent plus d'or que les autres, il faut toujours qu'elles aient pour bafe une terre, foit ferrugineufe, foit cuivreufe, ou même l'une & l'autre à la fois. Au refte, j'ai remarqué que les Pyrites que l'on appelle *d'or* ou *auriferes*, & dont j'ignore fi elles font ce qu'on prétend, contiennent toujours du cuivre, & font même les mines de cuivre les plus riches, finon elles ne font que des Pyrites blanches, ou des Pyrites purement arfénicales. Quoi qu'il en foit, qu'Agricola ait employé une véritable *Pyrite d'or*; ou non, il eft toujours conftant que les Pyrites qui fe trouvent en filons & en veines, font rarement dépourvues de quelques légeres traces de cuivre; d'où l'on voit que cet Auteur n'auroit pas eu befoin de fe caffer la tête pour découvrir les caufes de la formation du cuivre, ni d'imaginer un *efprit de foufre métallique*, il n'avoit qu'à fe propofer lui-même cette alternative : Ou il s'eft fublimé du cuivre de la Pyrite, qui s'eft élevé avec le foufre fous la forme d'une terre très-fubtile ; ou bien ce métal s'eft formé, & eft un nouveau produit du foufre, ou de la terre qui eft de fon effence, & de l'huile de lin, ou de fa terre graffe, comme auffi des particules du feu, qui font certainement matérielles & graffes. Si l'on penchoit vers ce dernier fentiment, on ne manqueroit point de trouver dans la Nature des exemples pour l'appuyer.

Cependant on feroit, d'un autre côté, tout auffi embarraffé qu'Agricola pour dire la raifon pourquoi ces caufes ont produit du cuivre plutôt qu'un autre métal. Mais rejetter le premier de ces fentimens pour adopter le dernier, ce feroit chercher bien loin une chofe que l'on a fous fa main ; & pour juger d'un produit quelconque, n'eft-il pas naturel de fixer fes yeux principalement fur la fubftance fur laquelle on opere ? Or il eft très-croyable que le cuivre, dont il s'agit ici, ne doit point être regardé comme une nouvelle production qui n'a été que fublimée. On fçait qu'en général tous les métaux imparfaits fe volatilifent ; nous en avons un exemple particulier dans le fer qui a la plus grande affinité avec le cuivre. Outre cela, on doit naturellement préfumer que cela doit encore plutôt arriver au cuivre qu'au fer, parce que le foufre qui fert de véhicule dans la fublimation, eft uni beaucoup plus fortement & beaucoup plus conftamment avec le cuivre qu'avec le fer. Enfin, les Effayeurs les plus habiles ne font que trop fouvent l'expérience de la volatilité du cuivre : quand ils pouffent trop le grillage des mines, ils en tirent beaucoup moins de cuivre que quand ils fe donnent la peine & le tems de faire cette opération à petit feu ; mais peu de perfonnes ont affez de patience & de précaution pour cela. Cependant on pourroit encore attribuer cette perte du cuivre à la fcorification ; & après tout, on doit répéter ici que lorfque certaines fubftances, ou germes, ont été appropriés d'une maniere convenable, par certaines combinaifons ou mélanges, foit naturels, foit artificiels, on obtient quelquefois des produits, qui fans ces combinaifons ne feroient jamais parvenus à leur exiftence. J'omets plufieurs autres circonftances qui pourroient encore être rapportées pour confirmer ce que je dis.

Selon que les Pyrites dont le foufre à été tiré, & dont par conféquent fes fcories ont été formées, étoient ou tout-à-fait, ou pour la plus grande partie, ferrugineufes ou cuivreufes, le réfidu terreux de ces fcories a dû auffi participer tantôt plus du fer, & tantôt plus du cuivre. C'eft ainfi que les fcories qui m'ont donné la terre ferrugineufe, dont j'ai parlé plus haut, provenoient d'une Pyrite dépourvue de cuivre ; c'eft pour cette raifon qu'on ne l'emploie qu'à faire du foufre, & qu'on l'appelle *Pyrite fulfureufe*. Au refte, il pourroit fort bien fe faire en même tems que le foufre mis en action dans fa féparation d'avec la Pyrite, auffi bien que dans fa purification, eût agi efficacement fur la terre métallique qui étoit liée fi étroitement & fi intimement avec lui, & qui étoit de plus dans un état d'appropriation, dans lequel elle ne fe trouve point aifément par la fuite, de forte qu'il a pû fe faire une tranfmutation de quelques particules ferrugineufes en cuivre ; cela ne feroit point fort étonnant, vû la grande affinité de ces deux métaux : dans une tranfmutation femblable il ne fe feroit point de tranfition brufque ou de faut dans les opérations de la Nature ; & les fubftances paffives, c'eft-à-dire, les métaux, comme je viens de le dire, fe trouveroient non-feulement dans la plus grande aptitude à concevoir, mais encore elles feroient élaborées & fécondées par une fubftance, que nous reconnoiffons comme une des plus actives de la Nature ; quoique nous ne donnions pas comme Agricola l'exclufion à toutes les autres, & quoique nous n'ayons d'ailleurs aucune envie de nous en rapporter à fon autorité ; mais je crois toujours pouvoir affûrer que fi ce n'eft pas le foufre commun qui change le fer en cuivre, ou plutôt fi ce foufre ne difpofe point la terre ferrugineufe à devenir cuivreufe, il y a toute apparence qu'elle doit refter toujours dans l'état où elle eft.

Je ne puis me difpenfer de parler ici des rapports qui fe trouvent non feulement entre le foufre & la terre métallique combinée avec lui dans la Pyrite, mais encore entre le foufre dans fon état de féparation & les métaux mêmes : la confidération de ces rapports fera fuivie naturellement des conféquences qui en réfultent : à l'égard du premier point, il eft effentiel de fçavoir fi le foufre & la terre métallique ont été produits à la fois, ou fi le foufre eft la caufe qui a produit la terre métallique, & par conféquent s'il a exifté devant elle. J'ai déja fait voir dans le Chapitre cinquieme que fi certaines Pyrites ont été produites dès la création, du moins elles n'ont point toutes une origine fi ancienne. J'ai fait voir qu'il s'en eft formé par la fuite des tems, c'eft-à-dire, après le déluge, & qu'il ne ceffe pas de s'en former encore actuellement. Que l'on fe figure donc une couche de terre argilleufe, limoneufe, marneufe, &c. qui foit encore actuellement plus difpofée qu'une autre à concevoir, ou à devenir la matrice d'une mine femblable ; je n'y vois, pour ainfi dire, que des parties d'une même nature, où du moins je n'y trouve point des parties qui foient vifiblement telles que celles qui entrent dans la compofition d'une

Pyrite

Pyrite, ou dont on puiſſe imaginer qu'elle doive ſe former, ſoit en ſe coagulant, ſoit en ſe fondant. Nous ne parlerons point de la terre métallique qui lui ſert de baſe, & qui exiſte du moins *potentiellement* dans ces couches, c'eſt-à-dire, de maniere que la Nature puiſſe aiſément achever de l'approprier à la compoſition des Pyrites, & qui paroît même y être déja appropriée juſqu'à un certain point : l'Art qui n'a ni autant de reſſource, ni autant de tems que la Nature, nous fait voir par la fameuſe expérience que Becher a faite avec l'argille & l'huile de lin, que les terres ſont très-diſpoſées à ſe changer en fer, & par conſéquent à former des Pyrites.

La ſeule choſe que j'aurois à demander, c'eſt d'où peut venir le ſoufre qui donne l'exiſtence à la terre métallique ? On n'en trouve point à une grande diſtance des endroits où cette génération a dû ſe faire. On dira peut-être qu'une glaiſe, par exemple, dans laquelle la Pyrite ſe trouve en marons ou en maſſes détachées, a dû être avant la formation de ce minéral, d'une combinaiſon & d'une nature toute différente de celle qu'elle a actuellement, & par conſéquent qu'ayant entiérement changé de nature, elle n'eſt plus propre à ſervir de matrice, ou à concevoir de pareilles ſubſtances, & qu'elle eſt amortie & épuiſée. Je ne veux point trop inſiſter ſur cet exemple, quoique j'aie déja plus accordé qu'on n'eſt en droit de demander ; & je ſuis moi-même tenté de croire que les endroits que la création avoit rendus propres à la génération des minéraux, ſont devenus incapables d'en produire, ſoit par les nouveaux mêlanges faits par le déluge, ſoit par le deſſéchement, l'épuiſement, le durciſſement & même la pétrification qui ſe ſont augmentés & s'augmentent encore actuellement. Mais d'où eſt venu le ſoufre que l'on rencontre dans certains corps qui ont été pyritifés, tels que les coquilles & les corps marins, qui du moins ſont dûs au déluge ? En ſuppoſant même que le ſoufre eût été dans ces endroits, & que les terres étoient alors d'une nature & d'une combinaiſon toutes différentes de ce qu'elles ſont actuellement, il n'en ſera pas moins impoſſible de concevoir que ce ſoufre y ait exiſté formellement, ou de croire qu'il ait pénétré dans ces lieux ſous une forme fluide ; & telle que celle que le feu pourroit lui donner. Il n'eſt pas poſſible d'imaginer que ſemblable à une ſemence, il ſe ſoit raſſemblé & logé dans des petits eſpaces, dans des cavités ou matrices, & que là il ait pénétré, élaboré & recuit les matieres qu'il a trouvé diſpoſées à produire une combinaiſon pyriteuſe ; enfin, qu'avec ces ſubſtances il ait formé en ſe durciſſant les maſſes dures & ſolides des Pyrites ſphériques, anguleuſes, en roignons & en pointes, que nous trouvons aujourd'hui. Je cherche la vérité, ou du moins la plus grande vraiſemblance avec impartialité ; toutes les opinions me ſont indifférentes ; & comme nous manquons par-tout de démonſtrations exactes & géométriques, nous ne pouvons mieux faire que de recourir aux preuves qui ont le plus de probabilité. Deſcendons donc dans les ſouterreins, & examinons en Minéralogiſtes les cryſtalliſations qui ſe forment dans les cavités des filons, ou ſi on veut, les incruſtations calcaires ou les ſtalactites.

E e

C'eſt ſur ces cryſtalliſations & ſur ces incruſtations que l'on trouve la Pyrite auſſi bien que d'autres mines ; mais choiſiſſons des morceaux ſur leſquels la Pyrite ſe montre ſous la forme de petites pierres ou de cryſtaux, tels que ceux que le tartre vitriolé, l'*arcanum duplicatum*, le ſel marin, &c. forment au fond de l'eau ; car pour appuyer l'autre ſentiment, (ce qui ſeroit cependant une foible reſſource) on pourroit choiſir des morceaux dans leſquels la Pyrite ſemble avoir coulé, & avoir formé un enduit ſur ces corps. Ces petits corps pyriteux cubiques, anguleux, ou cryſtalliſés de différentes manieres, ſont attachés ſi foiblement aux pierres & aux ſommets des cryſtaux, que l'on voit très-clairement qu'ils ne peuvent point être regardés comme des produits de la pierre même ſur laquelle on les trouve ; ils ſe trouvent ordinairement appliqués d'un même côté, & ils ſemblent y avoir été portés par des exhalaiſons minérales qui ſont venues de ce côté : la choſe n'a pas pu ſe faire autrement ; & je me ſouviens même de l'avoir déja démontré au cinquieme Chapitre.

Maintenant il faut ſçavoir ſi ces exhalaiſons minérales contenoient déja formellement & actuellement les Pyrites que nous y trouvons, telles qu'elles ſont lorſque nous en faiſons l'analyſe ; ou il faut examiner ſi ces parties n'ont été formées & produites que dans le tems de la formation de la mine même. On regardera peut-être cette queſtion comme inutile & comme biſarre, mais je la propoſe préciſément pour faire voir à quelques gens, que malgré toute leur ſubtilité ils ne diſtinguent pas les choſes convenablement, qu'ils les confondent toujours les unes avec les autres ; & qu'en voyant par l'analyſe que la Pyrite eſt principalement compoſée de ſoufre & de fer, ils en concluent avec trop de précipitation qu'elle a été produite par ces deux ſubſtances : outre cela, cette queſtion eſt au moins propre à déconcerter ceux qui adoptent le ſentiment ſi ſpécieux qui fait regarder le ſoufre comme le fabricateur & le pere des métaux ; & je veux faire ſentir que de ce que deux choſes ſont jointes enſemble & ſont incorporées l'une dans l'autre, il ne faut pas ſe hâter d'en conclure que l'une doit être néceſſairement produite par l'autre : cependant le ſoufre, tel qu'il eſt actuellement, & ſur-tout tel qu'il ſe trouve dans ſa mine, peut y faire quelque choſe. Après tout, il ſe préſente pourtant des raiſons aſſez fortes pour faire pencher vers le dernier ſentiment : il peut bien ſe faire, à la vérité, que les vapeurs minérales qui s'attachent quelque part pour former une mine, ne ſoient point de la même nature & de la même compoſition. Cependant il eſt certain que leurs particules ne ſont pas encore déterminées : elles ſont comme un petit cahos, où ſi on pouvoit les ſaiſir & les analyſer, on ne pourroit trouver ſéparément ni la terre du ſoufre, ni la terre métallique, ni même diſtinguer la partie ſolide de la partie fluide ; ou bien elles ſont dans le même état que la ſemence des animaux, dans laquelle la chair & les os du corps qui doit être formé, ſont contenus potentiellement, quoiqu'ils ne ſoient point encore développés, & n'aient point encore pris de forme. Outre cela, la diſpoſition des matrices propres à concevoir, leur réaction, la durée du tems, la variété des ſubſtances qui viennent s'y joindre, & le concours de beaucoup d'autres circonstances contribuent infiniment à la formation des mines ; par conséquent je dis que pour se faire une idée de la formation des Pyrites , on ne doit point imaginer des vapeurs déja réellement chargées de particules pyriteuses, sulfureuses & métalliques, corporelles & toutes formées, mais seulement des émanations, ou vapeurs qui deviendront de la Pyrite , du soufre & du métal, & qui le deviennent réellement. En effet :

1°. Si le sentiment opposé étoit vrai , il faudroit d'abord qu'on pût composer une Pyrite avec du soufre & une terre ferrugineuse : c'est à quoi personne , que je sçache , n'a encore pu réussir jusqu'à présent. 2°. Si quelqu'un avoit réussi à faire une expérience semblable , (& moi-même je pourrois peut-être produire quelque chose d'approchant) on ne sçauroit pas pour cela d'où la terre métallique seroit venue dans les atteliers de la Nature. Cette terre métallique ne se trouve point sur les lieux ; par exemple , elle ne se trouve point sur les crystallisations qui sont entiérement pures & renfermées de toutes parts dans des cavités , & qui cependant ne laissent pas de contenir souvent la Pyrite en assez grande abondance & par masses assez considérables ; il est très-difficile de croire que ces masses aient été portées sous une forme métallique avec le soufre sur ces crystallisations.

Les Pyrites souffrent une décomposition des parties qui les constituent actuellement ; leur combinaison se détruit, comme je le ferai voir dans le Chapitre où je traiterai du vitriol ; mais ces parties décomposées & désunies ne se dissipent point pour cela sur le champ , elles ne restent pas même un instant séparées les unes des autres ; le même mouvement qui produit la décomposition de la Pyrite , fait qu'elles agissent les unes sur les autres ; l'acide du soufre agit sur la terre ferrugineuse ; il en résulte une nouvelle combinaison , & s'il y a quelque chose qui demeure exclus de la nouvelle combinaison qui s'est faite , c'est-à-dire du vitriol , ce n'est , selon toutes les apparences , que la terre non métallique : à l'égard du soufre , s'il s'en échappe quelque chose ; il n'y a pas lieu de croire que ce soit en grande quantité , il paroît au contraire qu'il est entiérement décomposé ; car il est certain que la formation du vitriol exige une grande quantité d'acide du soufre, & par conséquent beaucoup de soufre : on peut même conclure par la petite portion de métal qui est contenue dans le vitriol , & par l'abondance de l'ochre ou de la terre métallique du résidu , que la Pyrite auroit formé une plus grande quantité de vitriol , si elle eût contenu une plus grande quantité de soufre ; & par conséquent si une plus grande quantité de soufre avoit pu , avant de s'échapper , s'unir avec le fer dans la combinaison vitriolique.

3°. Il faut considérer que d'autres mines qui peut-être sont sulfureuses & propres à se décomposer , qui donnent du soufre en se décomposant, & qui peuvent produire des vapeurs & des émanations sulfureuses , seroient encore insuffisantes & beaucoup moins propres à fournir des matieres pour la formation des Pyrites, & des exhalaisons dans lesquelles les parties métalliques fussent déja toutes formées , quand bien même on conviendroit que cela pût arriver aux particules sulfureuses ; car toutes les autres mines qui sans être des Pyrites sont minéralisées avec le soufre, ne contiennent pas le fer de la même maniere qu'elles.

4°. On voit enfin, par la conformation & le tissu de la Pyrite, & surtout par celui de la Pyrite sphérique, que ce n'est qu'avec le tems & à l'aide de la coction, qu'elle est devenue telle qu'elle est actuellement, quant aux parties qui la constituent.

La Pyrite sphérique est par écailles ou feuillets, ou striée ; & le tissu de ces deux sortes de Pyrites nous fait voir que leur formation a eu des causes très-différentes d'une juxtà-position extérieure, & qu'il faut l'attribuer à une coction, à une fermentation & à une élaboration interne. Au reste, je ne parle ici que de la production & de la formation de la substance & de la combinaison pyriteuse, dans laquelle je ne comprends aucunement sa configuration extérieure ; d'ailleurs il faut sans doute admettre une accumulation des matieres qui n'étant point encore Pyrite, ne sont que disposées à le devenir. Cependant dans les matrices argilleuses, limoneuses, marneuses, schisteuses, &c. où la Pyrite se trouve principalement en forme de roignons, il n'est pas besoin qu'il vienne d'ailleurs une grande quantité de matieres : la terre fixe qui se trouve dans ces endroits, contient au moins dans un état d'appropriation très-prochain les parties ferrugineuses qui sont nécessaires pour la formation de la Pyrite, & ces parties n'ont besoin pour leur concentration, leur liaison & leur minéralisation, que d'une coction & de quelques vapeurs acides & peut-être même sulfureuses ; au lieu que pour les Pyrites qui se rencontrent dans les cavités tapissées de crystaux, aux environs desquelles on ne trouve, à une très-grande distance, aucune terre capable de fournir autant de substance métallique qu'il y en a dans la Pyrite ; il faut sans doute qu'une beaucoup plus grande quantité de matieres ait été apportée d'ailleurs. En un mot, le soufre est devenu ce qu'il est actuellement dans la Pyrite, & ce qu'il n'étoit point formellement auparavant, de même que la terre fixe de la Pyrite qui étoit brute avant la formation de la Pyrite, quoiqu'elle fût déja disposée à entrer dans cette combinaison par la coction, & à devenir métallique.

Maintenant pour répondre à la question, comment le soufre agit sur la terre métallique dans la Pyrite, il faut bien distinguer les tems. En premier lieu, cette question n'a en vûe que les premiers instans de la formation de la Pyrite ; dans ce cas, ce seroit décider avec trop de précipitation, que de dire que c'est le soufre qui produit le métal dans la Pyrite : le soufre & le métal n'étoient point ce qu'ils sont devenus dans la suite ; ils ont été mis en action à la fois, & une même opération de la Nature leur a donné l'existence à tous deux : il ne faudroit même point dire que le soufre est le minéralisateur ; attendu qu'un corps qui n'existe pas ne peut pas avoir de propriétés. Comment supposer que le soufre ait produit quelque chose dans un tems où l'on ne peut pas prouver qu'il existât lui-même ? L'inflammabilité des vapeurs minérales ou des émanations qui produisent les mines, annonce bien quelque chose de sulfureux, mais elle ne prouve point pour cela un soufre tout formé ; de même que l'odeur pénétrante & l'acidité de quelques autres vapeurs ne prouve la présence que d'une seule partie de la substance sulfureuse, & non pas du soufre entier. Mais si l'on ne parle point du soufre tout-formé, & que l'on se contente de parler des parties qui doivent le former, suivant le principe que pour toutes les productions de la Nature il faut une substance active & une substance passive, on pourroit bien croire que ces parties étant les plus subtiles, les plus volatiles & les plus pénétrantes, elles ont été actives dans la formation des Pyrites, & que les parties qui devoient devenir métalliques étant les plus pesantes, les plus grossieres & les plus compactes, ont dû être passives dans cette formation ; cependant dans les générations, c'est-à-dire, dans les productions qui se font d'une troisieme substance formée par deux autres, les deux substances qui produisent sont mises en action & en réaction, l'on ne peut plus distinguer l'agent du patient, & l'on ne peut plus assigner à chacune des substances les fonctions particulieres.

En second lieu, cette question a pour objet les rapports qui se trouvent entre le soufre & la terre métallique dans la Pyrite déja formée, & telle que nous la voyons actuellement. Sur quoi j'observe d'abord que le soufre est dans ce minéral ce que les liqueurs sont par rapport aux parties solides du corps ; ensuite je crois que la présence du soufre doit être regardée comme une cause & comme une propriété matérielle de la *minéralité* ou de l'état de mine, qui fait que la Pyrite, & toutes les autres mines proprement dites, se distinguent d'un vrai métal, ou du moins d'une terre métallique formelle ; c'est pour cela que la Pyrite ne peut point être appellée ni une terre ferrugineuse, ni du fer ; mais du fer, ou une terre ferrugineuse pénétrée par le soufre ; de plus, dans ce minéral, le soufre n'est plus en action non plus que la terre ferrugineuse ; ils sont l'un & l'autre comme liés par une même chaîne ; aucun d'eux n'est plus ni entiérement actif, ni entiérement passif ; tous les deux sont également passifs, à moins qu'il ne vienne s'y joindre une troisieme substance ; c'est ce qui arrive dans la vitriolisation de la Pyrite ; alors la chaîne est non-seulement rompue, mais encore chacun des chaînons se détache, & le soufre, dont il est ici principalement question, cesse d'être ce qu'il a été, pour devenir ce qu'il faut qu'il soit pour pouvoir entrer dans la combinaison du vitriol.

Cette troisieme considération me conduit à un des points les plus essentiels qui a donné lieu à la question que j'ai proposée, & sans lequel on pourroit même la regarder comme entiérement inutile, je veux parler de l'idée de ceux qui s'imaginent que c'est l'action du soufre qui fait non-seulement que les métaux continuent à croître dans les mines, mais encore que c'est lui qui fait que les métaux imparfaits s'y perfectionnent. Ce sentiment est aussi peu fondé pour les métaux que pour les animaux, qui une fois parvenus à un certain âge tendent plutôt à leur destruction qu'à une plus grande perfection. Outre cela, un système semblable peut nous empêcher de reconnoître certaines vérités utiles dans la pratique, &

même il seroit à craindre qu'il ne donnât lieu de tirer beaucoup de fausses conséquences, & ne portât à faire des opérations qu'on imagineroit utiles au traitement & à l'exaltation ou perfection des métaux; en effet, quoiqu'on doive regarder le soufre comme une substance très-efficace dans la Minéralogie, ce seroit pourtant se tromper très-lourdement que de mettre en lui seul sa confiance, lorsqu'on veut imiter une des principales productions de la Nature.

Où est-ce qu'on trouvera du soufre, c'est-à-dire, la substance active dans les opérations, dans lesquelles deux corps, dont l'un n'est qu'une terre brute dépourvue de sel de soufre & même de mercure, & dont l'autre est un métal déja fondu & tiré de sa mine, se combinent & entrent dans un mouvement par lequel l'un, c'est-à-dire, le premier de ces corps est non-seulement incorporé dans l'autre, mais encore prend sa forme, & par conséquent devient métallique, & même devient un métal parfait par cette combinaison? C'est ce que l'illustre Stahl, dans un endroit de ses Ouvrages, dit d'une certaine terre combinée avec de l'argent, & c'est ce que sçavent d'autres Chymistes expérimentés. Regardera-t-on comme du soufre, ou comme un produit du soufre la calamine qui se distingue par la propriété qu'elle a de colorer le cuivre, de s'incorporer & de se métallifer avec lui * ? Je ne vois rien qui puisse nous le faire croire. Au reste, comme je l'ai dit plus haut, il est certain que le soufre est une substance très-puissante & très-active, qui peut être cause de la minéralisation, & qui agit sur-tout d'une maniere très-efficace, non-seulement sur la terre métallique, avec laquelle elle se trouve jointe, & forme, par exemple, une Pyrite; mais encore qui agit sur d'autres terres étrangeres, lorsqu'après avoir été tiré de la Pyrite, ou de quelque autre substance, on lui donne, avec ces terres, une préparation ou une coction convenable : c'est-là le troisieme point de vue sous lequel on doit envisager le rapport du soufre dans la question que j'ai proposée.

Nous avons, en premier lieu, parlé des rapports qui se trouvent entre le soufre, ou plutôt entre les parties qui doivent le former, & la terre véritablement métallique, ou du moins disposée à le devenir, avec laquelle il se trouve joint : en un mot, nous avons parlé de la maniere dont le soufre se comporte dans les premiers instans de la formation de la Pyrite. Nous avons ensuite considéré la maniere dont il se comporte dans la Pyrite lorsqu'elle est entiérement formée, c'est-à-dire, lorsqu'il est, pour ainsi dire, dans le repos & dans l'inaction. Nous allons voir maintenant, en troisieme lieu, de quelle maniere il agit hors de sa mine sur quelques substances auxquelles on le joint, soit qu'il ait été séparé de cette mine, soit qu'on l'y ait laissé; & nous examinerons comment il opere, lorsqu'on lui présente un corps auquel il puisse s'unir quand il est mis en action par la chaleur extérieure.

---

* La calamine est une mine de zinc; & c'est ce demi-métal qui s'incorpore & s'allie avec le cuivre rouge, pour former l'alliage métallique que l'on nomme cuivre jaune ou léton.

J'entame ici une matiere qui peut conduire à des vérités très-grandes & très-utiles dans l'Histoire Naturelle, & dont, par une suite d'expériences, on pourra avec le tems tirer des avantages très-réels pour la société; quoique la vanité de quelques Physiciens les empêche de les reconnoître; ces avantages ne laissent pas de mériter une attention particuliere. Il n'est pas douteux que le soufre ne soit une substance très-active & très-efficace; & sans qu'il soit besoin de s'en rapporter à ce que disent les Alchymistes, on peut assurer qu'il a la vertu de mûrir, d'exalter & même de transmuer, non-seulement quand il est pur & séparé de sa mine, mais encore quand on l'emploie uni avec un corps métallique & sous sa forme minéralisée. Il opere ces phénomenes suivant les dispositions que la Nature ou l'Art ont données aux substances sur lesquelles on le fait agir; suivant que l'on gouverne le feu & que l'on dirige ses opérations; suivant le concours de quelques autres circonstances & accidens, tantôt sous l'une, tantôt sous l'autre de ces formes il améliore les résultats. Pour ce qui est du soufre dans son état de séparation, il est vrai qu'il minéralise; cependant il ne faut pas m'accuser ici de me contredire, parce qu'en parlant plus haut du soufre relativement à la minéralisation & à la formation de la Pyrite, j'ai dit que c'étoit une substance qui n'existoit point encore, & qui ne faisoit que se former, & par conséquent j'ai parlé des rudimens du soufre, plutôt que du soufre tout formé. Le soufre donne au plomb une forme particuliere qui se décele par quelques particules cubiques, lors même que ce métal est masqué & enveloppé d'une substance terreuse, semblable à de la suie, qui le rend assez méconnoissable: on pourra faire prendre à cette combinaison une forme plus distincte & plus frappante, lorsque des expériences qui exigent sur-tout de la promptitude, auront fait découvrir de certains tours de main. Le soufre minéralise le régule d'antimoine, & lui donne une forme qui ressemble assez à celle de l'antimoine crud. Il change le mercure en cinnabre; il fait avec l'argent une combinaison que l'on ne peut presque point, ou même point du tout, distinguer de la plus riche mine d'argent, si connue sous le nom de mine d'argent vitreuse, sur-tout quand ce métal a été réduit en une chaux blanche, ou un précipité, tel que celui dont on fait la lune cornée: le soufre minéralise encore l'étain, mais il en fait une masse qui ressemble plutôt à l'antimoine qu'à aucune des mines d'étain connues. Le soufre métallise de plus en plus des terres brutes, dont sans lui on ne pouvoit tirer de métal par aucun autre moyen; cependant avec cette différence qu'il en fait plutôt des métaux parfaits que des métaux imparfaits, vû que ces derniers demandent plutôt la seule partie grasse du soufre que sa substance totale.

Il perfectionne les terres des métaux imparfaits; &, selon mes propres expériences, il en convertit en argent une portion assez considérable; peut-être même les change-t-il en or, pourvû qu'on choisisse celles qui peuvent convenir à ce but, & qu'on les traite comme il faut. Ce que j'avance est fondé sur les expériences que j'ai faites sur le régule du plomb & sur celui d'antimoine; & je conclus de-là qu'on ne doit pas rejetter indistinctement tous les procédés où l'on fait entrer le plomb & l'étain; procédés dont le Docteur Kelner rapporte un grand nombre, dans lesquels il entre du soufre, ou dans lesquels du moins il s'en produit pendant l'opération: ces procédés paroissent être fondés sur de bonnes expériences, quoiqu'il puisse fort bien arriver qu'elles ne réussissent point à tout le monde. On doit dire la même chose des procédés qu'on fait avec le cinnabre, dans lesquels le soufre est encore un des principaux agens, & qui ne sont décriés que parce qu'ils ont passé par les mains, & sont rapportés dans les ouvrages d'un grand nombre d'imposteurs. Cependant je dois remarquer sur les procédés où entre le plomb aussi bien que sur ceux où entre l'étain, que leur succès dépend d'une séparation convenable du métal ou de la terre, & sur-tout de leur extrême division, & d'un degré de chaleur qui puisse mettre le soufre en action, sans cependant, comme il arrive très-aisément, il devienne trop fluide; il faut qu'il ne fasse que frémir: il faut encore moins qu'il s'éleve & se gonfle, car pour réussir il ne faut lui donner qu'un commencement de fluidité.

A l'égard du soufre qui est encore dans sa mine, j'ai fait une infinité d'expériences, dans lesquelles j'ai employé les Pyrítes sulfureuses, & j'ai trouvé qu'en certaines occasions le soufre dans cet état produit dans l'amélioration des terres métalliques, ou dans la métallisation des terres brutes des effets qu'un soufre dans l'état de séparation ne produiroit pas également. Mais il ne faut pas s'expliquer trop clairement; j'en ai déja dit assez pour mettre un homme qui examine la Nature avec soin, sur la route, & pour le mettre à portée de faire des expériences qui pourront lui fournir des lumieres, & peut-être même lui procurer du profit.

Il y a encore trois choses à considérer, que je ne dois point omettre. D'abord que l'on considere la nature merveilleuse de la calamine, cette terre, (car ce n'est point autre chose *) ne donne par elle-même aucun métal, si ce n'est une portion très-légere de fer qui mérite à peine que l'on y fasse attention: malgré cela, elle entre dans une combinaison intime avec un corps approprié; & l'on doit bien remarquer que ce n'est qu'avec le cuivre; elle s'incorpore avec ce métal & se métallise avec lui, sans lui ôter sa ductilité, & sans par conséquent lui faire perdre son caractere métallique. Cet exemple qui n'a jamais été suffisamment pesé par les Minéralogistes, prouve assez que les terres peuvent se métalliser, pourvû qu'on choisisse & qu'on leur présente une substance, ou si l'on veut, un aiman propre à les attirer & à s'unir avec elles. Outre cela, qu'on prenne certaines terres glaises & même de la craie, qu'on les grille ou calcine lentement & par degrés, avec de la Pyrite, on obtiendra certainement par-là une portion d'argent en les coupellant, qu'on n'obtiendroit point de ces terres d'aucune autre maniere; de sorte qu'on

---

* C'est une terre chargée de zinc, ou une ochre de zinc (*ochra zinci*). Il est surprenant que les Naturalistes, aidés de la Chymie, aient été si long-tems à découvrir cette vérité; c'est M. Pott & M. Margraff, de l'Académie des Sciences de Berlin, qui ont fait connoître que la calamine & la blende sont les mines de ce demi-métal. Cela détruit tous les raisonnemens que M. Henckel va faire sur la calamine. Voyez la Dissertation de M. Pott *sur le zinc*; & les *Mémoires de l'Académie de Berlin*, année 1748.

est

est fondé à dire que l'argent n'y existoit point, mais qu'il y a été produit
soit par une maturation, soit par une coction, soit par une transmutation, ou de telle autre maniere que l'on voudra s'énoncer.

Ce qui vient d'être dit, renferme des vérités propres à perfectionner
la Métallurgie ; je ne parle point du fer qui se trouve joint avec le soufre
dans la Pyrite, & qui contribue beaucoup à la fusion : cependant je ne
prétends point m'ériger en maître, ni en réformateur ; aujourd'hui les
honnêtes gens sont souvent exposés à être confondus avec les imposteurs.

Comme la terre avec laquelle le soufre se trouve combiné dans la Pyrite, est sur-tout ferrugineuse & cuivreuse, & comme très-souvent l'une
& l'autre s'y trouvent à la fois, on a raison de demander de quelle maniere le soufre se comporte à l'égard de ces deux terres. 1°. Le soufre se
dégage aisément de la terre ferrugineuse qui par-là est mise à-nud, mais
il est beaucoup plus étroitement lié avec la terre cuivreuse, au point que
souvent il entre plutôt en fusion avec elle que de s'en séparer : on peut
s'en convaincre non-seulement par les grumeaux à demi-fondus qui ne
se forment que trop souvent dans les essais des mines de cuivre ; mais
encore par les mattes de cuivre des fonderies en grand, dans lesquelles
même, après avoir déja passé plusieurs fois par les feux de grillage & de
fusion, on trouve encore souvent de gros morceaux qui ont la forme
d'une véritable mine jaune de cuivre. Il est vrai que l'arsénic qui est dans
toutes les mines de cuivre, & qui ne se trouve jamais dans les Pyrites martiales pures, peut être une des causes de cette liaison étroite ; il est même
capable de produire cet effet tout seul, & d'entrer avec la terre métallique, à laquelle il se trouve joint, dans une combinaison plus intime,
c'est-à-dire, en fusion : en effet, on voit qu'il produit cet effet avec la
terre, en partie ferrugineuse, & en partie brute, de la Pyrite arsénicale,
lorsqu'on lui fait brusquement éprouver un degré de feu trop violent,
comme, par exemple, quand on le met dans un creuset exposé au fourneau à vent. Ce phénomene vient de ce que l'arsénic, qui est une substance semi-métallique, approche plus de la nature d'une terre métallique
que le soufre ; cependant il n'y a pas moins lieu de croire que l'union,
dont je parle, ne doive être attribuée en partie à la nature du soufre
même : c'est ce que j'expliquerai quand je parlerai dans la suite des opérations que j'ai faites pour combiner le fer aussi bien que le cuivre avec
le soufre. Mais je ne veux point insister là-dessus ; je veux plutôt fournir
moi-même une preuve très-apparente à ceux qui prétendent qu'il existe
un soufre métallique dans le fer & dans le cuivre.

Ils trouvent du soufre, je ne dis pas dans le fer fondu grossier, où on
n'a pas besoin de le démontrer, & où l'on sçait qu'il doit certainement se
trouver ; mais ils en trouvent souvent même dans du fer forgé, ou même
dans du fer travaillé : cependant il ne faut point regarder le cinnabre
produit par le fer & le mercure, comme un exemple décisif. Il faut remarquer en premier lieu, qu'il y a une différence, quoique purement accidentelle, entre le fer quand ce métal n'a pas été suffisamment rougi,

forgé & dégagé de ses impuretés ; par conséquent, quand il n'est point entiérement dégagé de son soufre minéral, comme on peut d'abord le reconnoître par la grossiéreté de son grain, & par son aigreur, il est naturel que l'on y trouve des indices de soufre, mais que l'on prenne du fer rafiné, ductile & d'un grain fin, ou pour procéder avec plus de sûreté, qu'on prenne de l'acier qui n'est autre chose qu'un fer de la meilleure qualité, & l'on n'y trouvera rien de semblable. Si le soufre tiré peut-être de quelque espece de fer, n'est point, comme on prétend, un soufre commun & minéral, mais un soufre véritablement métallique qui appartient à la substance du métal, ne sera-t-on pas obligé d'avouer qu'il devroit se trouver dans toutes les especes de fer, que ce métal ne pourroit point exister sans lui ? Mais, pour parler exactement, & en considérant la composition & la substance du fer, il n'y en a point de deux especes, & l'on n'a point encore pu démontrer qu'il contînt du soufre.

De plus, quand même on pourroit accorder que cela fût, il ne s'ensuivroit pas pour cela que le fer fût plus disposé que le cuivre à s'attacher au soufre. On voit clairement que le soufre n'a pas encore quitté le fer de fonte ; mais le cuivre noir n'en est pas non plus entiérement dégagé. Il ne reste donc présentement qu'à sçavoir s'il se maintient avec plus d'opiniâtreté dans l'un de ces deux métaux que dans l'autre : on n'aura pas lieu d'être surpris qu'il s'y maintienne également, si l'on fait attention premiérement, que la combinaison de la Pyrite ne ressemble point à une combinaison que l'on pourroit produire en faisant fondre ensemble du soufre & une terre métallique : c'est une génération ; par conséquent, comme je l'ai déja répété plusieurs fois, elle est produite par une union intime des principes ou des parties essentielles, & on ne peut point exiger que dans la fonte pour dégrossir le fer & dans le travail qui donne le cuivre noir, il se fasse une séparation assez exacte pour qu'une des substances ne demeure encore unie avec une petite portion de l'autre. Il ne faut faire attention à des petites portions semblables, qui ne viennent point de la combinaison intime d'un corps & qui n'y sont qu'attachées, qu'afin de n'être pas surpris de quelques expériences singulières, telle que celle par laquelle un de mes amis obtint une petite portion de cinnabre du mercure & du fer ; & alors il ne faut point s'imaginer avoir tiré le vrai soufre du fer. Que l'on considere ensuite combien de fois le cuivre passe par les feux de grillage & de fusion avant même de devenir dans l'état de cuivre noir ; au lieu que la mine de fer, après avoir à peine été grillée une fois, se porte tout de suite au fourneau de forge. Que l'on fasse réflexion à la différence qu'il y a entre les fourneaux de forge où l'on fait fondre le fer, & les fourneaux à manche où l'on fait fondre le cuivre ; la force du feu est incomparablement plus grande dans les premiers que dans les derniers. Il est donc impossible que la séparation du soufre d'avec la terre métallique se fasse aussi parfaitement dans l'un que dans l'autre ; & comme il faut nécessairement que la mine entre en fusion avec beaucoup de promptitude, il est très-possible qu'une portion de soufre s'enveloppe dans le métal, & qu'ensuite il soit très-difficile de l'en faire sortir ; au lieu qu'au commencement on auroit pu par un feu modéré, le séparer beaucoup plus exactement & beaucoup plus promptement même que du cuivre : c'est ce dont j'ai eu lieu de me convaincre, en calculant le tems dont on a besoin pour faire griller les essais des mines de cuivre & ceux des mines de fer. Au reste, je ne prétends point dire qu'il soit absolument impossible de trouver des exemples du contraire ; mais s'il s'en trouve, il faudra d'abord examiner si leur singularité ne vient pas de quelque cause secondaire, du mêlange de quelque mine étrangere, ou de quelque autre substance qui s'y trouve jointe accidentellement. On ne doit pas non plus faire attention à des exemples rares & choisis peut-être exprès dans la vue de contredire un principe établi ; c'est comme si quelqu'un alloit choisir la mine de fer la plus réfractaire pour l'opposer à la mine de cuivre la plus facile à fondre : il ne s'agit ici que de ce qui arrive le plus communément.

En second lieu, le fer ne reprend point le soufre avec autant de facilité que le cuivre, quelque voye que l'on tente pour y parvenir. La maniere que je crois la plus praticable, est de commencer par faire rougir jusqu'à blancheur ce métal, & d'y appliquer ensuite du soufre ; au lieu que le cuivre en se combinant avec le soufre, se minéralise réellement, il perd son état métallique, sa couleur change & devient d'un gris qui approche de celui de la mine de cuivre grise, & son poids augmente presque d'un cinquiéme ; le fer au contraire non-seulement n'augmente point de poids, mais encore il conserve toujours sa couleur & sa ductilité, & par conséquent, il n'est nullement pénétré par le soufre. Il paroît que ce qui met obstacle à la réunion du fer avec le soufre, est l'inflammabilité de ce métal, & la disposition qu'il a à se réduire en terre beaucoup plus aisément que le cuivre ; cependant le cuivre après avoir été rougi, se couvre de même que le fer d'écailles & d'une rouille ; malgré cela, il se laisse entiérement pénétrer par le soufre, tandis que le fer ne l'admet point du tout dans son intérieur, & ne le reçoit qu'à sa surface, quoiqu'on lui fasse éprouver un feu beaucoup plus violent qu'au cuivre, & que par conséquent on fraye au soufre, autant qu'il est possible, une route pour pouvoir y entrer.

Quelques personnes exigeroient peut-être ici un examen plus particulier & une description plus détaillée du soufre ; mais une entreprise de cette nature, eut demandé beaucoup de tems & des opérations particulieres qui ne sont point de mon objet ; & je me crois autant dispensé d'embrasser ici cette recherche, que de donner l'examen particulier des autres parties qui constituent la Pyrite, telles que le fer, le cuivre, l'arsénic, &c. Mon but n'a été que de faire connoître quelle est la composition de la Pyrite & les parties qui y entrent, & non d'écrire l'Histoire de chacune de ces parties en particulier ; cependant si j'ai répandu dans mon Ouvrage des choses qui n'ont pas un rapport immédiat à la connoissance de ce minéral, je ne l'ai fait que parce que j'ai eu besoin de quelques conséquences qui en résultoient, ou parce que la liaison des matieres & d'autres circonstances l'ont exigé. Ceux qui ne pouvant ou ne voulant pas entreprendre eux-mêmes l'examen du soufre, désirent des recherches particulieres, solides & détaillées, ne pourront mieux faire que de lire ce que M. Stahl a donné sur cette matiere, c'est-à-dire, son *Traité du Soufre*, son *Specimen Becherianum*, & son *Experimentum novum verum sulfur arte produ-cendi.*

Je ne dois pas obmettre ici l'analyse du soufre que le célébre M. Homberg a donnée dans les *Mémoires de l'Académie Royale des Sciences de Paris*; car quoique M. Stahl ait déja fait dans son *Traité du Soufre*, beaucoup d'objections importantes contre ce Mémoire sur le soufre; que l'Auteur ne donne que pour un essai, & que j'ai moi-même trouvé très-défectueux; je crois qu'il ne sera point hors de propos d'insérer ici mes observations sur le Mémoire entier dont M. Stahl n'a extrait qu'une partie ou une seule expérience; & je me flatte que le Lecteur ne sera point fâché que je lui mette devant les yeux un morceau qui se trouve dans un ouvrage que tout le monde n'a point entre les mains, & qui d'ailleurs contient des expériences auxquelles on ne peut pas faire assez d'attention dans l'Histoire Naturelle. Au reste, je laisse à chacun la liberté de juger par lui-même des réflexions dont l'Auteur les accompagne.

Essai de l'analyse du Soufre commun; par M. Homberg *: tiré des Mémoires de l'Académie Royale des Sciences*, année 1703.

« Toutes les matieres que nous appellons *sulfureuses*, sont si embarrassées » de matieres terreuses, salines & aqueuses, que très-souvent ce n'est que » la moindre partie de ces mixtes qui méritent le nom de *soufre*, que » la Chymie donne ordinairement aux matieres inflammables, comme sont » le soufre commun, les bitumes, les huiles, &c. Quelquefois aussi elle » donne le même nom à certaines matieres qui ne sont nullement inflam- » mables, mais seulement colorées sans aucune autre raison, particuliére- » ment dans les minérales; ensorte que l'on voit le mot de soufre attribué » à toutes sortes de matieres, même très-opposées entre elles; ce qui » marque assez que nous n'avons qu'une idée fort confuse de ce que c'est » que le vrai soufre, & que l'on pourroit même dire que nous ne le con- » noissons point du tout. Cependant comme c'est le principe de Chymie » le plus considérable ». (Je ne veux pas croire que l'Auteur entende ici par *principe*, une substance simple & primitive; cependant on pourroit le présumer par ce qui suit) « qui doit par conséquent être connu pour rai- » sonner intelligiblement dans cet art; il m'a paru important d'en recher- » cher la nature & le vrai caractere qui le distingue d'avec les autres prin- » cipes, &c.

« Le soufre commun me paroît composé de quatre différentes matie- » res; sçavoir, de terre, de sel, d'une matiere purement grasse ou inflam- » mable, & d'un peu de métal. Les trois premieres matieres y sont à peu » près d'égales portions, & sont presque tout le corps du soufre commun » que je suppose avoir été épuré, par la sublimation de sa terre superflue, » & dont il n'en est resté que seulement autant que le feu de la sublima- » tion en a pu enlever avec ses autres principes »; (il paroît qu'il auroit fallu dire, & dont il n'a passé qu'autant que le feu, &c,) « ce que nous

» appellons ordinairement fleurs de soufre commun y est en si petite
» quantité qu'on pourroit le négliger ». (Pourquoi l'Auteur ne parle-t-il
point ici de l'eau qu'il nous donne pourtant par la suite, quoique d'a-
près une conclusion fausse, pour une partie essentielle du soufre ? De
quelle maniere peut-on trouver & démontrer, sur-tout dans un soufre bien
pur & bien raffiné, dont il est question ici, une terre particuliere distin-
guée de la substance inflammable & du métal, puisque ces deux matieres
se trouvent en très-petite quantité dans le soufre, & le métal y étant presque imperceptible de l'aveu de l'Auteur ?)

« Nous ne pouvons pas par une seule opération séparer distinctement les
» matieres qui composent le soufre commun, tant à cause de leur étroite
» liaison, que par la grande volatilité de l'huile inflammable du soufre qui
» emporte presque toujours les trois autres principes.

« Dans le feu clos, c'est-à-dire, de la sublimation & de la distillation,
» ils sont emportés tous quatre en même tems sans qu'il y ait aucun chan-
» gemènt dans leur liaison. »

« Dans le feu ouvert de la flamme, ils sont emportés aussi ; mais il s'y
» fait une séparation de la matiere bitumineuse ou grasse, qui est enlevée
» par la flamme avec la saline qui s'accroche seule à l'humidité qu'elle ren-
» contre dans l'air, & compose ce que nous appellons *Esprit de soufre*, en
» quittant toute la matiere inflammable sans en retenir la moindre marque ;
» ensorte que l'esprit de soufre n'est que le sel acide de ce minéral, qui est
» en tout semblable à l'esprit de vitriol ».

« Il est difficile de sçavoir précisément combien il y a de sel acide dans
» une certaine masse de soufre commun, parce que l'opération pour en
» tirer ce sel se fait communément en enflammant le soufre ; & comme la
» flamme ne peut subsister sans la laisser à l'air libre ; cet air dissipe peut-être
» la plus grande partie de l'acide du soufre ; cependant il s'en conserve
» plus ou moins selon l'adresse de l'Artiste, & selon la température de l'air
» dans lequel on fait cette opération. Voici la maniere dont je me sers pour
» le tirer, qui me donne une once & quelquefois une once & demie d'es-
» prit acide par livre de fleur de soufre.

« Je prends un ballon de verre le plus gros que je puis avoir ; j'y fais une
» ouverture d'environ huit ou dix pouces ; je suspends ce ballon en guise de
» cloche, immédiatement au-dessus d'un pot de terre qui doit avoir cinq
» ou six pouces de diametre, & autant d'ouverture, je fais fondre aupara-
» vant dix ou douze livres de soufre dans ce pot, jusqu'à ce qu'il soit plein
» de soufre fondu ; j'y mets le feu, ensorte que le soufre brûle dans toute
» sa superficie : je lui approche le balon aussi près qu'il est possible sans
» éteindre le soufre, il dégoutte du balon l'esprit acide dans une terrine
» vernissée, au milieu de laquelle est posé sur un godet renversé le pot
» qui tient le soufre fondu & allumé. Une machine disposée de cette ma-
» niere, & qui est en train d'aller, donne cinq ou six onces d'esprit de
» soufre en 24 heures. » (Cette invention qui est fort ingénieuse, a beaucoup
de ressemblance avec celle qu'on trouve dans le *Cours de Chymie* de M.
Lémery : il se peut que M. Homberg l'en a empruntée ; mais il l'a per-

fectionnée en se servant d'un grand ballon de verre à la place duquel M.
Lémery ne s'étoit servi que d'un entonnoir de verre).

« Cette opération n'est autre chose que l'opération ordinaire de la clo-
» che qui produit peu d'esprit acide, corrigée d'une maniere qu'elle en
» donne davantage. La correction consiste principalement en deux choses :
» la premiere, est de substituer un gros ballon ouvert à la place de la cloche
» des Jardiniers ; la cloche a très-peu de capacité en dedans, & une fort
» grande ouverture évasée en dehors ; le ballon a une grande capacité
» en dedans & une petite ouverture. Le peu de capacité de la cloche fait
» que peu d'esprit s'y peut attacher, & sa grande ouverture évasée donne
» une trop grande facilité à la fumée du soufre de s'échapper & de se per-
» dre en l'air ; le ballon de verre remédie à ces inconvéniens. La seconde
» correction est, qu'on prenoit trop peu de soufre à la fois, & encore
» n'étoit-il souvent pas fondu, & par conséquent non en état de monter
» en esprit aussi abondamment, qu'il le faut pour le recueillir commodément ;
» ce qui est si vrai, que si le pot n'est pas de la capacité au moins de
» dix ou douze livres s'il n'est pas toujours plein, & s'il n'est pas fondu
» jusqu'au fond du pot, le soufre se consomme peu à peu, & l'on n'en tire
» point ou très-peu d'esprit acide. »

« Il faut avoir soin de nettoyer de tems en tems avec un fil de fer la
» superficie du soufre qui brule ; car il s'y fait des croutes terreuses qui ne
» donnent point de flamme, & le font éteindre quelquefois tout-à-fait :
» ce qui n'arrive qu'au soufre qui contient beaucoup de terre, comme sont
» le soufre blanchâtre ou noirâtre, ou celui qui a un œil verdâtre : le sou-
» fre d'un beau jaune n'y est pas tant sujet ». (M. Homberg observe ici une
différence entre le soufre brut & le soufre purifié, ce dernier est toujours d'un beau jaune de citron, au lieu que le premier est ordinairement
grisâtre, ou tire même quelquefois sur l'orangé ou sur l'aurore ; mais il
reste à sçavoir s'il a bien choisi celui qui devoit faire le sujet de ses expériences, c'est-à-dire, s'il a employé pour ses expériences le soufre pur &
non le soufre brut ; car celui qui est orangé, contient encore des matieres
étrangeres & sur-tout de l'arsénic, & ces matieres ne sont point de la substance du soufre ; aussi s'en dégagent-elles, ou du moins elles peuvent en
être séparées par la purification).

« Quoique cette opération donne plus d'esprit acide que l'opération or-
» dinaire, cependant il s'en dissipe encore une plus grande quantité, ce
» qui s'observe par la forte odeur de soufre qui environne les vaisseaux
» qui sont en opération, ensorte qu'on ne sçauroit par cette opération s'as-
» surer de la quantité que le mixte en contient ».

« Cet esprit acide est entiérement dépouillé de son huile inflammable ,
» il est très-propre à se mettre en sel volatil presque insipide, comme fait
» l'esprit acide du vitriol auquel il est semblable, & même l'on pourroit
» dire que c'est la même chose ». (Je ne conçois pas ce que l'Auteur
appelle ici *sel volatil presque insipide* : je connois bien un esprit de vitriol
volatil, c'est-à-dire, un esprit de vitriol qui devient sulfureux par l'addition d'une matiere grasse ; mais il est si peu insipide qu'il ne s'en faut

guéres qu'il n'emporte le palais, & n'ulcere les yeux & le nez, quand on s'en approche de trop près : je connois encore un sel acide volatil concret ; mais il agit avec beaucoup de force sur tous les sels alkalis. Si l'on vouloit distiller de l'esprit de vitriol avec des sels alkalis, & donner à ce qui passe & qui n'est autre chose qu'un phlegme dégagé de son acide, le nom *d'esprit acide dulcifié*, comme quelques-uns ont cru pouvoir le faire, on obtiendroit sans doute, quelque chose d'insipide ; mais ce seroit une substance séparée, & l'acide au lieu d'avoir été dulcifié se seroit uni à l'alkali, & seroit demeuré avec lui, de sorte que bien loin de pouvoir être considéré comme un sel, & encore beaucoup moins comme un sel volatil, ce ne seroit que de l'eau toute pure.).

« Voilà donc l'un des principes du soufre commun, sçavoir son sel dé-
» gagé des autres principes, réengagé cependant de nouveau dans le vé-
» hicule ordinaire de ces acides, c'est-à-dire, dans l'humidité que ce sel a
» rencontrée dans l'air en s'élevant en fumée de la flamme : dans cette
» opération la matiere huileuse ou inflammable du soufre, aussi bien que
» sa matiere terreuse, sont dissipées en l'air & perdues pour l'Artiste. »

« J'ai séparé les principes qui composent le soufre commun en conser-
» vant chaque principe séparément par l'opération suivante : Mettez dans
» un matras qui contienne environ deux pintes, quatre onces de fleur de
» soufre commun ; versez dessus une livre d'huile distillée de fenouil ou
» de térébenthine, laissez en digestion forte pendant huit jours ; l'huile dis-
» soudra tout le soufre & deviendra d'une couleur rouge très-foncée ;
» laissez refroidir les vaisseaux, & vous y trouverez environ les trois quarts
» de votre soufre crystallisé en aiguilles jaunes ; versez par inclination la
» teinture que vous garderez à part, versez de la nouvelle huile de té-
» rébenthine, une livre sur ces crystaux de soufre, remettez en digestion
» comme auparavant ; le vaisseau étant froid, versez par inclination la
» teinture, que vous ajouterez à la premiere, & vous trouverez votre soufre
» diminué considérablement ; faites ceci quatre ou cinq fois, & toutes vos
» fleurs de soufre resteront dissoutes à froid dans l'huile de térébenthine ;
» mettez toutes ces dissolutions ou teintures de soufre dans une cornue de
» verre assez grande, car la matiere se gonfle à la fin, & distillez à très-
» petit feu en douze ou quinze jours & nuits ; il en sortira les deux tiers
» environ de l'huile de térébenthine sans aucune couleur, & en même
» tems environ quatre onces d'une eau blanchâtre pesante & aussi acide
» que du bon esprit de vitriol ; après quoi les gouttes de l'huile commen-
» ceront à *distiller rouges* ; vous changerez de récipient & vous augmenterez
» pour lors le feu par dégrés & en sept ou huit heures de tems, vous chas-
» serez avec un fort grand feu tout ce qui voudra s'en distiller, en prenant
» pour récipient un cornue de verre ; la plûpart de l'huile passera à la fin
» dans le récipient fort épaisse & fort colorée, accompagnée encore d'une
» eau blanchâtre & très-acide ; il restera dans la cornue une tête morte
» noire, spongieuse ou feuilletée, luisante & insipide, qui pesera plus de
» deux onces & demie. Cette tête morte ne blanchit ni ne s'enflamme, ni ne
» diminue considérablement au grand feu.

« La matiere qui a paſſé dans le récipient ſe diſtillera par un très-petit
» feu pendant pluſieurs jours & nuits. Pour en ſéparer encore l'huile
» non colorée & le reſte de leur acide, juſqu'à ce qu'il commence
» à paſſer rouge, il faut pour lors retirer la cornue du feu, & verſer ſur la
» matiere gommeuſe & noire qui reſte, une demi-livre de bon eſprit de
» vin, mêler le tout bien enſemble, & diſtiller à fort petit feu ; l'eſprit de
» vin étant paſſé, vous verſerez une demi-livre de nouvel eſprit-de-vin ſur
» la gomme noire qui reſte dans la cornue, & diſtillerez comme devant :
» faites ceci juſqu'à ce que les eſprits-de-vin qui paſſent, n'aient plus de
» mauvaiſe odeur ».

« Ces diſtillations de l'eſprit-de-vin emportent de la gomme noire qui
» reſte dans la cornue une partie de l'acide du ſoufre que les premieres diſ-
» tillations n'en ont point pu dégager ; & comme l'eſprit-de-vin emporte
» avec l'acide toute la mauvaiſe odeur que les diſſolutions du ſoufre com-
» mun ont ordinairement, je ſoupçonne que l'acide du ſoufre pourroit bien
» être la cauſe de cette odeur inſupportable qui accompagne ces diſſolu-
» tions ». (Il y eſt ſans doute pour quelque choſe ; mais c'eſt conjointement avec la matiere graſſe & inflammable).

« Pour ſçavoir à peu près combien il s'étoit ſéparé de ſel acide de qua-
» tre onces de fleur de ſoufre, j'ai pris deux onces de ſel de tartre bien ſec ;
» je l'ai diſſout dans de l'eau commune ; j'ai verſé dans cette diſſolution
» toutes les eaux blanchâtres & acides que j'avois diſtillées de ces quatre
» onces de ſoufre ; il s'eſt fait une efferveſcence fort conſidérable, & après
» avoir évaporé toute l'eau & ſeché le ſel de tartre, il s'eſt trouvé augmenté
» de trois gros & ſeize grains, que je compte être le ſel acide que les
» diſtillations ont ſéparé du ſoufre que j'y avois employé ». (Suivant cette
opération & ce calcul il y a dans quatre onces de ſoufre trois gros & ſeize
grains de ſel acide ; mais il reſte à ſçavoir ſi M. Homberg a pris aſſez de
ſel de tartre, & ſi par conſéquent tout le ſel acide a pu y entrer ; au moins,
il ne me paroît pas que la quantité de l'alkali qui a été employée ait été
ſuffiſante).

« J'ai examiné la premiere tête morte noire, ſpongieuſe, luiſante & in-
» ſipide, pour ſçavoir ce qu'elle pouvoit contenir. En la faiſant rougir dans
» un creuſet à la forge ; elle a donné un peu d'exhalaiſon qui ſentoit le
» ſoufre allumé, elle s'eſt diminué de deux gros, & étant retirée du feu,
» elle ne m'a pas paru changée ni au gout, ni en couleur, ni en conſiſ-
» tence.

« Je l'ai expoſée enſuite au verre ardent, elle ne s'eſt point fondue ni en-
» flammée, mais il en eſt ſorti beaucoup de fumée d'une odeur d'eau forte
» qui bouilleroit ; je l'ai retirée du foyer lorſqu'elle ne fumoit plus, elle étoit
» diminuée environ de la moitié, & ce qui reſtoit étoit noir, luiſant, feuil-
» leté & ſans gout, n'ayant en apparence changé en aucune maniere au
» verre ardent ». (Ce phénomene très-remarquable eſt-il bien plus ſurpre-
nant que cette tête morte ne ſe ſoit point vitrifiée au feu du ſoleil) ?

« J'ai jugé que cette matiere étoit la partie terreuſe du ſoufre commun,
» elle a peſé après avoir été au ſoleil une once & près d'un gros, ce qui fait
un

« un peu plus d'un quart du total », (c'eſt-à-dire , de quatre onces de ſoufre).

« Je n'ai pas pu la fondre ſeule au verre ardent ; je lui ai donc ajoûté
» un peu de borax , & elle s'eſt fondue en un verre de couleur griſe-brune ;
» & comme ce verre ayant été gardé en un milieu humide, s'eſt couvert d'un
» peu de verd-de-gris ; j'ai reconnu que le ſoufre que j'avois employé, avoit
» contenu un peu de cuivre , mais en ſi petite quantité, que je n'ai pas pu
» l'en ſéparer en forme de métal.

« Il y a toute apparence que la fumée qui eſt ſortie de cette terre pendant
» qu'elle étoit expoſée au verre ardent, eſt un reſte de la matiere huileuſe &
» du ſel àcide du ſoufre commun, que le feu ordinaire n'étoit pas capable
» d'en ſéparer ; je juge que dans cette évaporation, il pouvoit bien y avoir
» eu autant de matiere huileuſe que de ſel acide, & qu'ainſi il pouvoit bien
» y avoir environ trois gros de ſel acide dans cette tête morte, leſquels
» joints aux trois gros ſeize grains , tirés des eaux acides diſtillées , il
» paroît qu'on peut compter vrai-ſemblablement ſur ſix gros de ſel acide
» environ dans quatre onces de fleur de ſoufre , qui font près d'un ſixieme
» du total ».

M. Homberg a donné encore plus d'étendue à ſon Mémoire ; mais comme le reſte n'a point préciſément le ſoufre pour objet, & comme l'Auteur ne fait qu'expoſer ſes idées, que je ne crois point devoir adopter ,
je me bornerai à en extraire quelques articles , & je dirai ce que j'en penſe,
auſſi bien que de quelques autres qui ſont contenues dans le morceau que
je viens de tranſcrire. Je remarque donc en premier lieu , que ce n'eſt
pas une bonne méthode que de vouloir décompoſer une ſubſtance pour
la réduire à ſes principes ou à ſes parties conſtituantes & eſſentielles par
le moyen d'une addition , & ſur-tout par le moyen d'une addition dont
il y a lieu de craindre qu'elle ne produiſe une combinaiſon plus intime,
& peut-être même qu'elle ne donne un nouveau produit , qui enſuite ne
pourra plus être décompoſé ; on ne peut preſque pas concevoir d'affinité
plus grande que celle qui ſe trouve entre le ſoufre & l'huile : comment
a-t-on donc pu regarder l'huile comme un inſtrument propre à opérer la
décompoſition que l'on avoit en vûe ? Auſſi voit-on que cette opération a aſſez mal réuſſi, ſur-tout quand on conſidere le réſidu terreux,
noir & non vitrifiable qui en eſt réſulté. En ſecond lieu , eſt-on ſûr que le
ſixieme de ſel acide que l'on a obtenu par le moyen de cette opération
n'a été tiré que du ſoufre ſeul ? Ne peut-il pas ſe faire que l'acide végétal
qui peut être démontré dans les huiles y ait contribué en quelque choſe ?
Et même comment ſçavoir combien il y a contribué ? Je dois faire obſerver en troiſieme lieu que ce n'eſt que par conjecture que l'Auteur a pris
pour du ſel acide de ſoufre , les trois gros que la terre morte a perdu au
miroir ardent , & cela ne peut pas être prouvé comme pour la matiere qui a
paſſé dans la diſtillation. Outre cela, il faut conſidérer qu'il eſt très-certain
que l'huile a dû laiſſer beaucoup de terre charbonneuſe dans la cornue,& que
l'on ne peut pas attribuer tout ce réſidu au ſoufre ſeul : j'irai plus loin ; on
n'en peut pas attribuer la moitié ni même le quart au ſoufre ; les huiles

G g

contiennent par elles-mêmes une portion confidérable de terre, & l'on a employé beaucoup d'huile dans l'opération dont il s'agit ; dans le foufre au contraire, il n'y a que peu de terre, & il n'eft prefque compofé que de fel acide. Il paroît en cinquieme lieu, qu'on ne doit pas prendre pour du cuivre tout ce qui a une couleur verte : l'alkali combiné avec l'acide ou avec le foufre ne produit-il pas la même couleur ? Au refte, je fuis perfuadé moi-même que le foufre contient une terre cuivreufe ; mais il auroit fallu la démontrer d'une autre maniere, c'eft-à-dire, par le moyen du fel ammoniac ou de l'alkali volatil. Enfin, M. Homberg eft furpris qu'il ait paffé une fi grande quantité d'eau dans la diftillation : il ne fait point attention qu'il auroit dû en préfumer dans les huiles mêmes ; outre cela, il ne fait pas réflexion que dans la fuite de fon Mémoire, il regarde cette eau comme une des parties conftituantes, ou comme un des principes du foufre, tandis qu'il ne l'a pas mis parmi ceux qu'il a indiqués au commencement. Au refte, cette expérience eft très-finguliere, en ce que non-feulement on obtient une grande quantité de fel acide ; mais encore comme l'on voit, on le tire en raifon du poids des matieres. Au refte, il faut dire à la louange de M. Homberg qu'il s'eft livré avec tant d'ardeur à l'examen des corps de la nature, & qu'il a découvert un fi grand nombre de vérités, que nous connoiffons très-peu de Phyficiens qui méritent de lui être comparés.

CHAPITRE X.

De l'Arfénic contenu dans la Pyrite.

CONSIDÉRONS maintenant l'arfénic, cette fubftance volatile fi dangereufe, & voyons comment il fe comporte avec les autres minéraux & métaux, & fur-tout avec les Pyrites. Bafile Valentin, fait ainfi parler l'arfénic à ceux qui veulent connoître fa nature : « Ma compofition » eft très-difficile à connoître ; mes effets font très-fenfibles, & mon ufa-» ge eft très-dangereux pour ceux qui ne me connoiffent pas. Ceux qui » peuvent fe paffer de moi, n'ont qu'à s'adreffer à mes parens ; fi cepen-» dant on peut nous mettre d'accord & me faire partager l'héritage avec » eux, alors chacun reconnoîtra que j'ai la même origine qu'eux, mais il » eft auffi difficile de m'exalter que de faire monter un Berger fur le Trône. » Cependant, comme les Patriarches qui dans leur origine n'étoient que » de fimples Bergers, font devenus Rois par la fuite ; je ne déciderai rien fur » la vérité de ce qui eft ici écrit. Au refte, je fuis un oifeau dangereux, & qui » prend aifément fon effor : j'ai quitté le plus fidéle de mes amis, j'ai fait » bande à part comme un lépreux abandonné de tout le monde ; cepen-» dant fi l'on peut guérir mon mal, je pourrai rendre la fanté à celui qui » aura befoin de moi, afin que ma gloire foit confirmée par le poifon, &

» que mon nom soit consacré comme celui de Marcus Curtius, & à la
» fin l'on trouvera comment Hannibal & Scipion se sont accordés. » Voyez
Basile Valentin, dans sa répétition de la Pierre philosophale, pag. 91. Je doute
fort qu'un Lecteur sensé se contente de cette réponse, qui ne nous apprend rien sur l'origine de l'arsénic, sur sa nature, ni sur ce qu'on peut en
faire : c'est ce que nous allons examiner avec plus d'ordre & de clarté.
Comme l'arsénic est une substance très-dangereuse, personne n'aime à
le traiter, voilà pourquoi sa nature est si peu connue ; malgré cela, je suis
parvenu à le traiter de plusieurs façons, comme j'aurai occasion de le faire
voir dans ce Chapitre.

Il paroît que le mot *arsénic*, ne diffère point du mot grec ἀρσενικὸς,
masculinus, qui est dérivé d'ἄρσην, *mas* ; ainsi son étymologie annonce une
substance mâle, forte, efficace. Il y a lieu de croire que cette dénomination
est dûe au cerveau échauffé de quelque Alchymiste ; car il y en a eu, &
il y en a encore qui cherchent dans cette substance quelque chose d'efficace, de propre à féconder, & par conséquent quelque chose de semblable au mâle, & peut-être même le *Triomphe de Cadmus.* Van Helmont
le jeune, prétend que le mot *arsénic* vient de *ars senum*, l'art des Patriarches. Voyez les *Paradoxes de Van Helmont, page* 107. Mais, sans m'arrêter à
ces étymologies puériles, je me contenterai de faire observer que les Alchymistes sont les premiers qui ayent introduit des idées de mâles & de
femelles pour expliquer la génération des substances métalliques, & ce
jargon ridicule est malheureusement passé dans la Physique raisonnable.

L'arsénic sous la forme qui lui est propre, & lorsqu'il n'est point altéré,
ressemble par la couleur à un métal blanc, & presque à la mine qui le
contient, c'est-à-dire, au *mispikkel* ou à la Pyrite blanche, ou au cobalt.
Mais son tissu, les effets que l'air opere sur lui, ceux qu'il éprouve de la
part du feu, & lorsqu'on le traite avec le marteau, prouvent bientôt qu'il
differe des vrais métaux, & même à un certain point des demi-métaux,
parce qu'il se trouve dans ces derniers, je ne sçais si je dirai quelque chose
de plus, ou quelque chose de moins. Dans le feu, il n'entre point en fusion par lui-même comme un vrai métal, ni même comme le régule de
bismuth, à moins qu'on ne lui joigne quelque substance qui lui donne des
entraves comme le fer ; il commence à fumer & se dissipe ainsi entièrement ; d'où l'on voit qu'il est volátil ; & dans les vaisseaux fermés il reprend son premier état. Lorsqu'il a été mis en régule à l'aide du fer, dont
une portion passe dans ce régule, non-seulement il se sépare du fer par un
foible grillage, mais encore il s'éleve de nouveau & reprend sa premiere
forme. Lorsqu'on le traite avec le marteau, on le trouve aigre, cassant,
& dépourvû de ductilité ; d'où l'on voit qu'il manque d'une des qualités
qui caractérisent les vrais métaux ; il n'a pas même la ductilité moyenne
par laquelle le zinc se distingue ; il a l'aigreur du régule d'antimoine &
du bismuth. Il se couvre d'un enduit tout noir à l'air, quoiqu'il soit brillant, du moins pour la plus grande partie lorsqu'on le retire de la cornue
où il a été distillé ; & même alors il a des facettes très-luisantes ; & si on
le casse, l'endroit de la fracture est le lendemain couvert d'un enduit ou

G g ij

d'une pellicule obscure : de plus, l'air le pénétre, phénomene très-remarquable qui n'arrive ni au bismuth ni au régule d'antimoine ; & même
cela arrive plutôt à quelques vrais métaux quoique imparfaits qu'à ces demi-métaux, comme on le voit par le fer qui se change en rouille, par
le cuivre qui se convertit en verd-de-gris, & par le plomb qui se change
en cérule. En un mot, l'arsénic lorsqu'il est sous la forme qui lui est propre est un demi-métal, un métal moyen, un métal volatil.

C'est sous cette forme semi-métallique, que l'arsénic est le moins connu,
parce que c'est celle sous laquelle il se montre le plus rarement ; ainsi il
faut le décrire sous tous les déguisemens sous lesquels il se masque dans la
nature, & que l'art lui fait prendre. On le rencontre dans la nature, tantôt
pur & dégagé de toute substance étrangere dans la mine noire d'arsénic,
& dans l'arsénic blanc en poudre, quelquefois même sous une forme cryf-
talline. On le trouve ensuite dans un état mêlangé, comme dans le cobalt,
l'orpiment, l'arsénic rouge ou *réalgar*, &c, & sur-tout dans la Pyrite blanche où il est joint avec des terres métalliques qui lui sont étrangeres &
avec du soufre : nous en traiterons en particulier. Pour le présent, nous
n'examinerons que les formes que l'art fait prendre à l'arsénic, formes sous
lesquelles il est ou pur & sans mêlange, ou joint avec quelque autre subftance ; c'est alors qu'on le nomme proprement *arsénic* ou *substance arsénieale*.
On lui donne outre cela, un grand nombre d'autres dénominations différentes, telles que celles de *Diphryges, Cadmia, Tutia, Pompholyx, Spodium, Calamina,*
celles de *Mort aux rats,* de *Poudre aux mouches,* &c. Mais sans nous arrêter à tous
ces noms bizarres que les Naturalistes ont donné à l'arsénic, passons à la chose
même, ensuite nous dirons quelque chose de ses différentes dénominations.

L'art nous présente l'arsénic, ou sous la forme d'un régule, sous celle
d'une poudre, ou sous celle d'un verre ; comme minéralisé de nouveau,
ou comme une scorie pierreuse. On l'obtient sous la forme d'un régule,
soit par la sublimation ; soit par la fusion dans un creuset : je n'ai parlé plus
haut que de celui qui a été obtenu par la sublimation ; j'ajouterai à ce que
j'en ai dit, qu'alors il est léger, composé de feuillets minces, très-peu
compacte, & qu'il ne ressemble point aux autres régules ; mais un phénomene remarquable, c'est l'impression que l'air fait sur lui, & la couleur
noire que l'arsénic prend lorsqu'il reste exposé à son action, ce qui n'arrive à aucune autre substance métallique ; c'est-à-dire, qu'il marque relativement aux particules déliées de l'air, une disposition passive, qui mériteroit bien d'être examinée avec soin ; en effet, on ne sçauroit donner
une attention trop particuliere à toutes les substances minérales sur lesquelles les particules de l'air qu'il est si difficile de saisir, agissent différemment.
Il y a tout lieu de croire que cette couleur noire que l'air fait prendre à
l'arsénic, indique, sinon la présence, du moins la génération de la substance
grasse & inflammable, sur-tout parce que cette couleur noire est précisément une espéce de suie, semblable à celle dont le régule volatil de l'arsénic est ordinairement précédé & accompagné dans la premiere sublimation qui s'en fait lorsqu'on traite au feu la Pyrite blanche ; cependant
cette substance doit plutôt être alors regardée comme faisant partie de la

Pyrite que du régule. Au reste, il est très-difficile de s'assurer si cette couleur noire est un vrai soufre, ou si c'est seulement la partie inflammable du soufre, car on n'en peut point obtenir une quantité assez considérable, pour en faire l'essai. Il paroît cependant que le premier sentiment est le plus probable; en effet, la forme de suie annonce plutôt une décomposition & une altération qu'une nouvelle formation; quoiqu'on soit pourtant obligé de reconnoître la possibilité de cette nouvelle formation, vû qu'il n'y a point de vrai soufre, ni dans l'arsénic seul sur lequel l'air agit, ni dans l'air seul qui agit sur lui; outre cela, il faut faire attention que l'arsénic blanc peut être rendu noir par une nouvelle sublimation, si l'on y joint une substance inflammable qui n'a pas besoin pour cela d'être sulfureuse. Lorsque l'arsénic est sous cette forme, on le nomme *Pierre aux mouches*, parce qu'il fait mourir ces insectes; cependant la substance noire & en poudre, qui s'élève d'abord dans la sublimation est plus propre à cet usage, parce qu'elle est plus propre à s'unir avec l'eau à cause de la finesse de ses parties. Le nom de *Pierre* lui a été donné parce que l'arsénic vient d'une mine ou d'une pierre qui se tire de la terre. Cependant il faut distinguer la pierre aux mouches fossile, de celle qui est faite par l'art; la première peut produire dans les expériences des effets différens de ceux de la derniere, en raison des substances avec lesquelles elle se trouve accidentellement mêlée.

Lorsque l'arsénic est sous la forme d'une poudre, il est dans un état de division qui surpasse celle de la poussiere ou de la farine la plus délicée; cette poudre est ou noire, ou jaunâtre, ou grise, ou blanche, mais sa couleur la plus ordinaire est d'un gris clair; lorsqu'elle est d'un beau blanc comme de la farine elle est parfaitement pure, mais cela n'arrive point dans le premier travail, ce n'est que lorsque l'arsénic a été rassié, & plus il est blanc, plus il est dégagé de toute matiere étrangere. Quand l'arsénic est gris, il est joint avec une petite portion de terre fuligineuse, inflammable, & même métallique, comme on peut le voir par la suie arsénicale que l'on ramasse dans les cheminées des fourneaux, dans laquelle on retrouve quelquefois du plomb, & quelques vestiges d'argent. Lorsque la poudre arsénicale est noire, c'est un signe qu'elle contient encore une plus grande quantité d'une substance charbonneuse; mais jamais l'arsénic ne prend cette couleur à feu ouvert, c'est seulement dans les vaisseaux fermés, dans le travail en petit, & lorsqu'on donne un feu violent. Quand l'arsénic est jaunâtre ou orangé, c'est un signe qu'il est joint avec du soufre. Les différences de ces couleurs viennent premierement de l'état accidentel des mines & des substances avec lesquelles elles se trouvent jointes; c'est ainsi que lorsqu'il y a du soufre dans la mine, il s'éleve en même tems que l'arsénic, & produit un jaune d'aurore; cependant les couleurs dépendent aussi de la manipulation, du degré du feu, de la forme des fourneaux, attendu que ces couleurs varient, soit parce que la matiere noire & fuligineuse a été brûlée & s'est dissipée, soit parce qu'elle est restée, soit parce que le soufre après s'être échappé seul, est ensuite rattrappé & saisi par l'arsénic. Ces circonstances contribuent encore à faire prendre une forme différente à l'arſénic ; c'eſt ainſi que la Pyrite arſénicale traitée à feu ouvert, donne de l'arſénic ſous la forme d'une poudre griſe, au lieu que lorſqu'on la traite dans les vaiſſeaux fermés, elle donne l'arſénic ſous une forme réguline & feuilletée.

En effet, il y a de la différence entre l'opération qui ſe fait dans des retortes, dans des vaiſſeaux ſublimatoires, & dans d'autres vaiſſeaux fermés où la flamme ne peut point toucher la mine, car alors l'arſénic prend la forme réguline qui lui eſt propre, & entre la ſublimation qui ſe fait de l'arſénic dans les fourneaux de grillage, comme cela ſe pratique dans les atteliers où l'on fait torréfier le cobalt & les mines d'étain ; alors le minerai eſt pénétré par les parties graſſes du feu, & par la flamme du fourneau de réverbére. Le traitement eſt encore différent dans les fourneaux de fuſion, où non-ſeulement les flammes des charbons, mais encore leurs parties graſſes, qui ſe changent en ſel, touchent immédiatement le minerai & le pénétrent, & où le vent des ſoufflets diſſipe outre cela, & éléve avec l'arſénic non-ſeulement des particules terreuſes qu'il dégage de la mine qui a été miſe dans la plus grande activité par la violence du feu, mais encore ce vent éleve des particules métalliques, telles que du cuivre, du plomb, & même de l'argent qui ſe combinent avec l'arſénic. Enfin, il doit ſe trouver encore une nouvelle différence lorſqu'on traite la mine dans les fourneaux de grillage découverts, lorſqu'aux flammes & aux charbons qui touchent immédiatement la mine, ſe joint encore l'impreſſion de l'air, la pluie, &c. c'eſt auſſi pour cela qu'on remarque alors dans les poudres arſénicales qui s'élevent, une infinité de couleurs différentes ; elles ſont blanches, griſes, jaunes, &c. couleurs que l'on ne trouve point lorſque le travail s'eſt fait dans les fourneaux fermés. Comme l'action de ces différens agens ont empêché l'arſénic de prendre la forme ſemi-métallique qui lui eſt propre, & comme les différens travaux l'ont décompoſé, lorſqu'il eſt ſous la forme d'une poudre, il n'eſt plus qu'une terre, une cendre ou une chaux métallique, qui a perdu ſon état métallique qui peut pourtant lui être rendu. C'eſt ſous cette forme de poudre qu'il ſe montre dans les fourneaux de grillage, dans des fourneaux à manche, dans les fourneaux où l'on traite le cuivre ; il s'attache auſſi-tôt qu'il trouve un endroit frais où il puiſſe être à l'abri de l'action du feu, ainſi il va toujours chercher les endroits les plus éloignés du feu dans les fourneaux ; & lorſque l'air s'en ſaiſit, il le diviſe, & pour ainſi dire, l'anéantit en le portant à une très-grande diſtance. C'eſt-là ce qu'on appelle *l'enduit* ou *la cadmie des fourneaux*: il ne faut point confondre cette farine arſénicale, ou cet enduit avec la cadmie produite par la calamine ; * qui eſt ſouvent de la même couleur, mais qui s'attache aux parois des fourneaux dans des endroits plus bas, au lieu que celle dont nous parlons, s'attache dans des endroits beaucoup plus éloignés du feu.

L'arſénic ſe cache auſſi dans les ſublimés ou fleurs qui s'élevent du zinc & de la calamine, ou dans les enduits que ces ſubſtances forment ; mais

---

* Cette cadmie produite par la calamine, eſt une vraie chaux de zinc, puiſqu'on s'en ſert pour faire du cuivre jaune.

il y est en très-petite quantité. Ces sublimés sont ou entiérement en poudre, ou ils forment des masses compactes & solides, qui n'ont pourtant point la consistence d'une pierre, puisqu'elles s'écrasent facilement; elles ressemblent à de la terre qui a pris de la liaison. Leur couleur est ordinairement d'un gris noirâtre par le bas; plus haut, elle est d'un gris clair, & dans leur partie la plus élevée, elle est d'un blanc jaunâtre; les particules dont ils sont composés, sont en petits feuillets très-fins, semblables à du mica, par conséquent le poids n'en est point considérable; ils sont rudes au toucher, & comme du sable, même après qu'on les a pulvérisés. Ordinairement on regarde abusivement ces sublimés comme de l'arsénic ou comme un enduit ou une suie arsénicale, sur-tout lorsqu'ils sont sous la forme d'une poudre ou d'une farine grise; mais l'analyse prouve le contraire: outre cela, en voyant que cet enduit demeure attaché dans des endroits assez bas, & même quelquefois à la partie la plus échauffée des fourneaux, on peut aisément en conclurre qu'il ne doit être rien moins qu'arsénical, & qu'il faut que ce soit autre chose; il ne faut donc point être surpris de voir que cet enduit ou cette cadmie ne fasse point mourir les rats & les souris. Cette substance formée par le zinc se présente dans les fourneaux de fusion un peu élevés, & sur-tout dans ceux où se font les travaux pour dégrossir la mine, c'est-à-dire, où l'on traite les mines pauvres, mêlées de quartz, de blende *, de Pyrites, & accidentellement d'un peu de mine de plomb, afin de mettre à l'étroit & de rapprocher la partie métallique qui est répandue dans un grand volume, & de la réduire par la fusion en une espece de régule ou de *pain*, pour me servir de l'expression d'Agricola; alors cet enduit s'attache à la partie la plus basse du fourneau; & sur-tout vers les côtés, & il a au-dessous de lui une substance mêlée de blende, & dure comme de la pierre, dont nous aurons occasion de parler dans un moment.

Il y a tout lieu de croire que cet enduit se forme par la fumée, de même que la poudre ou farine arsénicale, puisqu'on n'y remarque aucun indice de fusion, quoiqu'il soit exposé à la chaleur la plus vive, ce qui fait qu'on ne peut pas le regarder comme des grumeaux produits par les mines que l'on traite dans le travail à dégrossir, comme on peut conjecturer que se forme l'enduit mêlé de blende que je décrirai; mais cela n'est point vrai de tous ces enduits. Quand cet enduit a été quelque tems exposé à l'air, il s'ouvre & se développe, pour me servir de la façon de parler des ouvriers, c'est-à-dire, qu'il devient plus tendre, plus friable & plus propre à faire du cuivre jaune; mais cela n'est pas de mon sujet, puisque je ne parle ici de cet enduit, que relativement à l'arsénic qui peut s'y trouver uni. On jette cette substance comme inutile dans nos fonderies après l'avoir détachée; on la nomme en Allemand *Ofen-bruch*, c'est-à-dire, substance détachée du fourneau; il y a même des gens qui l'appellent *Galmey* ou calamine; mais il ne faut point la confondre avec cette substance dont je dois encore parler, quoiqu'elle n'en differe que foiblement. Mais, comme je l'ai déja dit, elle ne contient que très-peu d'arsénic, & l'on ne peut s'en apperce-

* Nous avons déja fait remarquer plus haut, que la blende est une vraie mine de zinc.

voir que par l'odeur qui en part lorsqu'on la grille afin d'en faire des essais
pour le cuivre jaune. Cette même opération fait connoître que cette substance est chargée d'une plus grande quantité de soufre : en un mot, elle
a une odeur qui participe de celle du soufre & de celle de l'arsénic ; & si
le soufre dans cette combinaison peut résister à toute la violence du feu
sans quitter sa place, à plus forte raison l'arsénic, que le feu ne dégage
pas si aisément que le soufre, peut aussi s'y maintenir & y rester.

Au-dessous de cet endroit, & derrière lui, on trouve dans les fourneaux
à dégrossir une matiere noire, pesante, & solide, dure comme une pierre,
dont il est à propos de dire quelque chose. On seroit assez tenté de la regarder comme une espece de scorie, mais elle n'est rien moins que cela ;
c'est ce dont on peut s'assurer par sa fracture qui n'est point unie, par éclat, ni
semblable à celle du verre, ce qui caractérise une scorie : il est vrai que
souvent cette substance est lisse à la surface, & comme couverte d'un enduit de verre, mais elle a un coup d'oeil bien différent à l'intérieur ; car
quoiqu'elle soit beaucoup plus dure que la cadmie, ou l'enduit dont nous
avons parlé ci-devant, on peut cependant l'écraser entre les doigts qu'elle
noircit, ce qui n'arrive point à une scorie, à moins qu'on ne se fût
donné beaucoup de peine pour la pulvériser. Cette substance est aussi
assez souvent comme vernissée & fondue de même qu'une scorie ; ce qui
ne peut guéres être autrement, vû la nature des mines que l'on traite dans
le fourneau à dégrossir, & vû que les substances pierreuses éprouvent
la plus grande violence du feu dans cet endroit ; mais comme cette matiere ne contient point d'arsénic, ce n'est point d'elle dont il s'agit ici ;
on n'a qu'à prendre la partie qui est luisante, & qui par son tissu ressemble
souvent à une blende compacte, & l'on verra qu'on aura raison de la regarder comme arsénicale : elle ressemble même souvent si fort à la blende
qui se trouve dans la terre, c'est-à-dire, à une mine, que les plus habiles
Minéralogistes pourroient y être trompés. Cette matiere semble s'être formée par la fusion beaucoup plûtôt que l'enduit dont on a parlé plus haut ;
cependant elle varie, & quand on la considere avec attention, on est
obligé d'avouer qu'elle paroît aussi avoir été formée par la fumée ; & quoiqu'on y trouve des morceaux vitrifiés & fondus, on remarque cependant
qu'elle a pour la plus grande partie un tissu & un coup d'oeil tout neuf,
& qui n'a aucun rapport avec les mines où les substances quartzeuses qui
ont été traitées dans le fourneau. En effet, elle est noire & grise, feuilletée presque comme la blende, ce n'en est pourtant point, attendu qu'elle
est plus légere & plus tendre qu'elle ; non-seulement elle est de la nature
du zinc & de la calamine, ce qui ne peut se dire d'aucune blende * au
monde, mais encore elle contient beaucoup plus d'arsénic qu'on n'en tirera jamais de la blende. En un mot, c'est un sublimé arsénical qui ne
s'éleve qu'à la fin, & qui ne monte point fort haut dans les fourneaux ;
qui, outre la partie calaminaire & arsénicale, volatile par elle-même, a

*Consultez ce qui a été dit dans la note précé-
dente, & sur-tout dans la note sur la Blende, qui
se trouve à la pag. 173 de cet Ouvrage. Vous ver-
rez que les découvertes récentes prouvent d'une
maniere incontestable que la blende est, ainsi
que la calamine, une vraie mine de zinc ; vérité
qui n'étoit point connue au tems où M. Henckel a publié sa Pyritologie.

entraîné

entraîné à l'aide de la violence du feu, une substance terreuse, brute &
peut-être même une portion de blende, & qui par conséquent est formée
par un mélange si grossier, que semblable à un oiseau dont les ailes sont
liées, il ne peut s'élever fort haut. C'est à cet enduit que l'on donne
en Allemand le nom d'*Ofen-bruch*, parce qu'on le détache du fourneau
lorsqu'on veut le réparer pour un nouveau travail; cet enduit diffère de
celui qui a été décrit précédemment, qui est ou gris-blanchâtre ou jaunâtre,
& on peut l'en distinguer par la substance semblable à la blende qu'il
contient.

Je ne connois dans les fourneaux que les substances que je viens de
décrire qui contiennent la substance arsénicale dégagée des mines & des
métaux: tout l'arsénic qu'on y rencontre, est ou sous la forme d'une poudre ou sous celle d'un enduit. Quant aux substances d'une configuration
singuliere, & semblable ou à des grappes de raisins ou à des gâteaux feuil-
letés, dont les Anciens qui ont été fidélement copiés par les Modernes,
nous ont donné la description, on ne les remarque que très-rarement dans
nos fonderies; il y a lieu de croire qu'elles se présentent plus fréquemment dans les fonderies où l'on fait le cuivre jaune que dans les fonderies
des mines; ce sont des concrétions produites par des fleurs du zinc, auxquelles par un vain étalage d'érudition, on a donné un grand nombre de
dénominations différentes, dérivées du grec ou du latin: nous en dirons
quelque chose dans la suite, afin de prévenir la confusion que ces noms
pourroient occasionner.

Cependant il ne faut point s'imaginer que l'arsénic se dégage entiérement
comme le soufre dans les fourneaux de grillage, & dans les fourneaux de
fonte; il s'unit en grande partie à certaines substances auxquelles il se
tient fortement attaché, avec lesquelles il prend une forme métallique,
& entre parfaitement en fusion; alors il coule avec le métal dans le bassin
qui est au-devant du fourneau, & fait un régule ou culot avec lui: il est
vrai qu'il ne se mêle point avec le métal, il nage à sa surface, & il s'en
détache sous la forme d'un gâteau après qu'il s'est refroidi: cependant dans
le travail à dégrossir, on ne l'appercoit point ainsi; mais la partie qui ne
s'est point volatilisée, passe dans la matiere réguline, que l'on nomme
Matte crue, & même il ne peut point alors se montrer séparé, parce que
le métal, soit que ce soit du cuivre, soit que ce soit du plomb, qui devroit
le repousser, n'est point encore parvenu à son état métallique parfait, vu
qu'il est mêlé d'un grand nombre de parties terreuses & étrangeres,
qui rendent son tissu peu dense & peu compacte, par conséquent aussi
léger, & peut-être même plus léger que l'arsénic; ainsi la substance à laquelle il s'attache, n'est point encore séparée de ces métaux; mais dans
les travaux où l'on employe le plomb, & lorsqu'on fait le cuivre noir, il
se montre dans nos atteliers sous la forme sensible dont je viens de parler.
Je dis dans nos atteliers, parce qu'on y traite des mines dans lesquelles
il se trouve des substances & des Pyrites arsénicales que l'on fond dans une
premiere fonte: la matte après avoir été préparée convenablement est re-
fondue avec des mines de plomb, & la nouvelle matte de cuivre qui ré-

H h

fulte de cette opération fe traite pour en obtenir le cuivre noir, ce qui en fait le but principal, lorfqu'on n'a point mêlé la matte crue avec de la mine de plomb toute pure, mais avec toutes fortes d'autres mines riches qui font pour la plûpart arfénicales, ou même avec des fubftances de la nature du cobalt, en un mot, lorfqu'on traite des mêlanges de toutes fortes de mines, & lorfqu'un travail fuccede à l'autre; c'eft pourquoi il ne faut point être furpris fi dans quelques endroits on n'obtient point de la matiere que l'on appelle *fpeifs* ou *leg*, &c.

C'eft fur-tout par une terre ferrugineufe que l'arfénic eft retenu de la maniere que je viens de dire; & il y eft fixé en quelque façon, du moins au point d'entrer en fufion. Ainfi M. de Lœhneifs fe trompe lorfqu'il dit dans fon *Traité des Mines, pag.* 76, que c'eft une terre fubtile, & lorfqu'il prétend que l'arfénic y eft combiné avec le foufre; c'eft ce que prouve non-feulement fon analyfe, puifque l'on en dégage l'arfénic par le grillage à un feu doux, mais encore fa compofition, vû que par l'addition du fer on fait avec l'arfénic un régule qui reffemble précifément au *fpeifs*, & qui eft la même chofe, ou qui peut le devenir en obfervant les circonftances néceffaires. Je dis que c'eft fur-tout par une terre ferrugineufe que l'arfénic eft retenu, non-feulement dans le travail avec le plomb, mais encore dans celui que nous faifons fur le cuivre noir, quoique l'on ne puiffe nier qu'il n'y entre un peu de cuivre, fur-tout dans le dernier travail. Cette fubftance s'appelle *fpeifs* lorfque c'eft le travail du plomb qui la donne; on l'appelle en Allemand *Leg* ou *Kupfer-leg*, lorfqu'elle eft produite dans le travail fur le cuivre: elle nage au-deffus du cuivre noir; & lorfqu'on la fait couler dans le baffin qui eft au-devant du fourneau, elle eft d'un blanc qui tire un peu fur le rouge du cuivre. L'une & l'autre de ces fubftances a le coup d'œil, le tiffu & la péfanteur d'un métal, mais elle eft aigre & caffante, cependant elle eft dure en raifon du plus ou du moins de terre métallique qui s'y eft jointe; l'une & l'autre contiennent depuis un tiers jufqu'à la moitié d'arfénic, comme je m'en fuis affuré, elles peuvent même en contenir davantage fuivant les circonftances & les accidens qui peuvent varier à l'infini dans la fonte, relativement au travail & à la nature des matieres qu'on traite.

Le mot Allemand *fpeifs* eft encore en ufage chez les Fondeurs & chez ceux qui travaillent le cuivre jaune: ils l'appellent *Glocken-fpeifs*, bronze ou matiere à faire des cloches. Cette fubftance lorfqu'elle eft produite par leurs travaux, eft d'une couleur pâle qui tire fur le jaune, ce qui eft dû au cuivre jaune qui y domine; d'ailleurs elle eft plus dure & plus chargée de métal, & par conféquent il ne faut point confondre cette fubftance avec le *fpeifs* de nos fonderies. Les Effayeurs ont auffi une fubftance qu'ils nomment *fpeifs*, mais ils feroient mieux de l'appeller tout fimplement un régule de fer pareil à celui que donnent les Pyrites qui ne contiennent point de cuivre; comme ils ne font l'effai des Pyrites que pour voir fi elles contiennent de l'argent ou du cuivre, ils ne fe mettent point en peine de connoître cette matiere, quoique l'aiman pût fuffire pour les en inftruire, & ils lui donnent le nom de *fpeifs* pour mafquer leur ignorance. Il eft vrai qu'il y a des Pyrites dont la terre ferrugineuse est pénétrée d'arsénic ; les Pyrites blanches sont entiérement dans ce cas ; beaucoup de Pyrites jaunes y sont aussi jusqu'à un certain point , par conséquent elles donnent dans les essais , des régules ou culots que l'on pourroit nommer *speiss* , de même que dans les fonderies ; mais comme il y en a qui ne contiennent que très-peu ou même point du tout d'arsénic , on auroit tort de donner indifféremment le nom de *speiss* à des substances qui ne contiennent pas la moindre partie de la matiere qui constitue le *speiss*. On voit par-là qu'il faut bien distinguer les substances à qui on donne ce nom, attendu qu'elles ne sont point toujours les mêmes *.

Suivons maintenant l'arsénic dans les atteliers où on le raffine, & où on le purifie ; & quoique souvent les ouvriers veuillent faire un mystere de leur travail en grand, nous parviendrons à le découvrir en le faisant en petit : si le produit qu'on en tire étoit plus considérable, on viendroit bientôt à bout de découvrir les secrets & les tours de main des ouvriers, quelque danger qu'il y ait à traiter ce minéral. Dans ces atteliers l'arsénic se montre ou sous la forme d'une farine très-légere, ou sous celle d'un crystal ; & sous l'une & l'autre de ces formes, sa couleur est ou blanche ou jaune ou aurore. Cependant il ne faut point ici faire autant d'attention à sa forme qu'à sa couleur ; en effet, un même travail réduit l'arsénic qui étoit en poudre en une substance crystalline ; & une sublimation douce suffit pour remettre cette espéce de crystal dans l'état d'une poudre, & la poudre dans l'état d'arsénic gris. Or, comme la poudre ou farine soit blanche, soit jaune, peut être entiérement mise dans l'état crystallin, nous allons parler de l'arsénic crystallin ; & comme celui qui est jaune & aurore differe considérablement de celui qui est blanc, nous aurons à parler de trois especes d'arsénic, sçavoir du blanc, du jaune & du rouge.

L'arsénic crystallin blanc est un corps assez pesant, transparent, semblable à du verre ; il est formé par la sublimation avec de l'arsénic en poudre & de la potasse. La potasse sert à détruire & à retenir la matiere fuligineuse qui est dans l'arsénic brut, & qui lui donne sa couleur grise ; soit que cette matiere vienne d'une terre inflammable, soit qu'elle vienne du soufre. Pour sçavoir si la potasse ne produit point encore d'autres effets, il faudroit faire des expériences exactes sur l'arsénic crystallin & sur l'arsénic brut ; & comparer les résultats qu'on auroit obtenus, ce qui nous meneroit beaucoup trop loin. Cependant pour connoître la nature de cette matiere noire que je soupçonnois être une terre grasse & inflammable , je mis en digestion dans de l'huile d'amande tirée par expression, de l'arsénic blanc crystallin que j'avois réduit en poudre ; je le mis à sublimer, & j'obtins un sublimé d'un gris foncé. Je le traitai de la même maniere après l'avoir mêlé avec de la limaille de fer ; & de cette façon j'eus à la vérité quelques portions d'arsénic en poudre très-

---

* En Saxe, on donne encore le nom de *Speiss* à une matiere qui nâge à la surface du plomb lorsque sa mine étoit mêlée avec du cobalt, M. Gellert observe que cette matiere est très-propre à colorer le verre en bleu , & à faire la couleur bleue, que l'on appelle *saffre*. Voyez ma Traduction de la *Chymie Métallurgique de M. Gellert, Tom. I. pag. 15.*

blanche ; mais j'obtins ensuite de l'arsénic d'un gris très-foncé. Par-là, non-seulement je me suis confirmé dans mon sentiment, mais encore j'ai trouvé qu'on n'a point tort d'attribuer à la terre ferrugineuse la matiere noire qui s'éleve de la Pyrite arsénicale, en même tems que l'arsénic, puisqu'il est très-prouvé qu'il n'y a point de Pyrite arsénicale sans terre martiale.

Outre cela, voulant sçavoir s'il n'y avoit point quelque substance qui pût tenir lieu de la potasse ; parmi un grand nombre de matieres, je n'ai trouvé que le mercure qui se chargeât de cette substance noire ; il prend & retient la partie colorante de l'arsénic jaune, & il laisse l'arsénic s'élever sous une forme crystalline blanche ; phénomene bien digne d'exciter l'attention. L'arsénic blanc est d'une pesanteur assez considérable, & même elle est si grande que quand on ne connoîtroit point sa nature, on seroit obligé de soupçonner qu'il contient quelque chose de métallique. Il est quelquefois transparent comme du verre, quelquefois il est d'une couleur laiteuse ; celui qui est transparent perd avec le tems sa transparence, sur-tout à l'air libre & à l'humidité ; cependant il demeure toujours luisant, & il conserve encore sa transparence à l'intérieur, comme on peut le voir en regardant le jour au travers ; & lorsqu'il a été fraîchement cassé ; il finit pourtant par perdre toute transparence, en plus ou moins de tems, suivant que les morceaux sont plus ou moins gros, & selon l'endroit où ils sont placés ; enfin, en conservant toujours son brillant, & sans pour cela se réduire en poudre, il devient entiérement laiteux & semblable à de l'émail blanc, ou comme la masse qui se forme par le mélange de l'alun & du sel marin dans la préparation du sel du Glauber. Je ne veux point entrer en dispute avec ceux qui prétendent que l'arsénic est lui-même un sel ; cependant je n'en suis point persuadé, attendu qu'il n'est pas soluble dans l'eau, ce qui caractérise pourtant un sel * ; de plus, il ne fait point une forte impression sur la langue, & je trouve que l'idée la plus juste qu'on puisse s'en former, est de le regarder comme une substance métallique réduite dans l'état de chaux, vû que dans son origine, il nous montre un corps métallique qui n'a été altéré que jusqu'à un certain point, & qui peut être rétabli dans l'état qui lui est propre, en lui rendant la substance qui le métallisoit. Lorsqu'on le raffine, il s'éleve sous la forme d'une fumée blanche, & s'attache au commencement dans l'état d'une poudre blanche comme de la neige, ce n'est que la chaleur qui augmente dans les vaisseaux sublimatoires qui fait que cette poudre blanche qui sans cela seroit restée dans cet état, se fond, prend de la liaison & du corps, & se change en une substance semblable à du verre.

L'arsénic crystallin jaune, quant à sa partie essentielle, n'est autre chose

---

* Il est certain que l'arsénic est soluble dans l'eau, & l'on ne peut douter de cette vérité en voyant que l'humidité de l'air agit sur lui ; & il y a de grandes raisons pour le regarder comme une substance qui tient le milieu entre les métaux & les sels, puisqu'il participe des propriétés des uns & des autres. De plus, l'arsénic a un goût acerbe & austère qui annonce aussi un caractere salin. Ce qui confirme encore plus ce sentiment, c'est que l'arsénic dégage l'acide nitreux de sa base à laquelle il s'unit, comme feroit l'acide vitriolique ; cela prouve qu'il est de la nature même d'un sel acide.

que l'arſénic blanc ; il ſe forme de la même maniere que lui, avec la ſeule différence que le ſoufre change en jaune ſa couleur laiteuſe ; cependant il n'a point la même tranſparence que l'arſénic blanc qui a été fait récemment ; malgré cela il eſt luiſant, & reſſemble à du verre, & même il a plus d'éclat que l'émail jaune.

L'arſénic rouge ne differe du jaune que parce qu'il eſt chargé d'une plus grande quantité de ſoufre que lui ; conſéquemment il eſt moins tranſparent, & reſſemble moins à du verre : ce n'eſt dans le fond que de l'arſénic auquel les Peintres & les Marchands de couleurs donnent le nom de *réalgar*. Cependant il y a moyen de rendre cet arſénic rouge auſſi tranſparent qu'un rubis, excepté que ſa couleur tire plus ſur l'aurore ; alors on le nomme *Rubis de ſoufre* ou *Rubis d'arſénic*. S'il eſt d'un rouge tirant ſur le brun, c'eſt une preuve ou qu'il a été trop long-tems expoſé au feu, ou qu'il s'y eſt joint quelque ſubſtance étrangere ; ce qui ſe fait quelquefois à deſſein, comme on peut voir par le *Lapis de tribus*, dans lequel c'eſt la partie métallique du régule d'antimoine qui le rend d'une couleur foncée. Cependant, malgré ſa couleur d'un brun rouge, on le trouve ſouvent tranſparent, pourvu qu'on en prenne des morceaux qui ne ſoient point trop épais pour regarder le jour à travers, ou lorſqu'on le poſe ſur l'ongle par l'un des angles. On ne l'obtient point tant par la ſublimation que par une diſtillation ſemblable à celle du ſoufre qui ſe fait avec des cornues & des récipients, & c'eſt-là la cauſe de ſon peu de tranſparence ; mais quand on en met dans une cornue de verre, & qu'on le diſtille au bain de ſable à un feu aſſez vif pour le faire entrer en fuſion dans le col de la cornue, il découle en gouttes tranſparentes qui reſſemblent à du verre rouge.

L'arſénic s'unit très-fortement au ſoufre qui eſt la cauſe de cette couleur rouge, & juſqu'ici on n'a point trouvé de moyen pour l'en dégager, je ne dis pas totalement, ce qui ſeroit impoſſible ; mais pour la plus grande partie : cependant il s'en dégage quelque choſe en expoſant ce mélange tout ſeul à un feu très-doux, parce que le ſoufre s'éleve plus aiſément que l'arſénic, mais cela ne réuſſit nullement avec l'arſénic jaune cryſtallin ; cette ſéparation peut encore ſe faire par le moyen de quelque ſubſtance, ou intermede qui produiſe cette ſéparation, & avec qui le ſoufre ait plus de diſpoſition à s'unir qu'avec l'arſénic, tel qu'eſt le mercure ; alors l'arſénic ſeul & devenu tout blanc, s'attache au haut du vaiſſeau ſublimatoire, tandis que le mercure qui ne peut point s'élever ſi haut, reſte à la partie la plus baſſe ſous la forme d'un ſublimé de couleur griſe. Une choſe digne de remarque, c'eſt que non-ſeulement le ſoufre abandonne l'arſénic pour s'unir avec le mercure, mais encore il entre avec lui dans une combinaiſon plus exacte qu'avec l'arſénic, vû qu'il en prend peu ou beaucoup, ſuivant qu'on lui en donne ; au lieu qu'avec l'arſénic il n'en prend qu'une quantité marquée, & toujours dans les mêmes proportions.

On peut faire le réalgar ou l'arſénic rouge, ſoit avec de la mine pure, c'eſt-à-dire, avec une Pyrite dans laquelle l'arſénic & le ſoufre ſe trouvent dans une quantité ſuffiſante ; ſoit par un mélange de différentes Pyrités, parmi lesquelles les unes suppléent à ce qui manque aux autres ; soit avec de l'arsénic en poudre blanche mêlé avec des Pyrites sulfureuses ; soit avec de la Pyrite blanche mêlée avec des scories de soufre, c'est-à-dire, avec le résidu sulfureux & arsénical de la distillation du soufre brut. Au reste, il est très-difficile, ou même impossible, de faire de l'arsénic rouge avec de l'arsénic blanc crystallin & du soufre pur : cela prouve en premier lieu, que l'arsénic blanc & crystallin s'éloigne déja un peu de là nature de l'arsénic ; en second lieu, qu'il est très-important dans les compositions chymiques de faire attention, comme je l'ai déja fait observer plusieurs fois, à l'appropriation des différentes substances que l'on veut combiner ensemble, à leur préparation artificielle, & à leur état naturel, telles qu'elles sont dans leurs minieres ou matrices. On voit donc que l'arsénic rouge ne differe point essentiellement de l'arsénic blanc, comme quelques gens l'ont cru faussement. Au reste, il n'est pas de mon sujet d'examiner si c'est avec raison que quelques Alchymistes prétendent qu'il faut chercher le *Diable rouge* & non le *Diable blanc*, & que ce n'est pas dans le soufre ordinaire qu'on le trouvera, mais dans le soufre rouge.

Tels sont les différens états par lesquels l'arsénic passe depuis la forme qu'il a dans sa mine, jusqu'à ce que par les opérations de l'Art il soit rendu propre aux usages ordinaires & à entrer dans le commerce. Mais nous pouvons à volonté lui faire reprendre toutes les formes par lesquelles il a passé ; il est sur-tout très-facile de lui rendre celle qu'il avoit dans son origine, c'est-à-dire, la forme réguline & semi-métallique, & même l'Art la lui rend avec plus de beauté que la Nature ne lui en avoit donné. Pulvérisez de l'arsénic blanc & crystallin, joignez-y ou du flux noir, ou du nitre, & du tartre, comme cela se pratique pour obtenir le régule d'antimoine ; faites fondre ce mélange dans un fourneau à vent, vous aurez un régule d'arsénic parfaitement beau ; mais si vous laissez votre creuset trop long-tems au fourneau, si vous poussez trop le feu, ou si vous commettez quelque autre faute, vous n'en obtiendrez que peu, ou même point du tout. Si cette voie que je rapporte d'après des expériences constantes, ne réussissoit point, on n'auroit qu'à avoir recours au fer, & l'on procédera de la même maniere que cela se pratique pour faire le régule d'antimoine martial ; par-là on parviendra immanquablement à obtenir le régule d'arsénic. Mais le régule obtenu de cette façon n'est point de l'arsénic pur ; en en faisant l'analyse on trouve qu'il contient beaucoup de fer ; cependant l'arsénic fait la plus grande partie de sa masse, & il est très-aisé de le faire partir sous la forme d'une fumée. Au reste, ce régule ressemble communément à ce que l'on appelle *speiss*, il n'en differe même point du tout ; & quand on y fait entrer un peu de cuivre, sa couleur rougeâtre & son tissu le font ressembler au *speiss* ou laitier de cuivre, qu'on nomme *kupfer-leg*, & même à la mine d'arsénic d'un rouge cuivreux qu'on nomme *kupfernickel.*

On pourroit encore parler ici d'autres circonstances où l'arsénic, soit par un effet du hasard, soit à dessein, s'unit avec d'autres substances ; mais comme cet examen nous méneroit trop loin, je me bornerai à faire remarquer premiérement, que la fumée arsénicale ronge les carreaux des vîtres, & l'arsénic y trouve une espece d'aiman qui l'attire *. En second lieu, l'arsénic se vitrifie très-aisément avec le plomb. On voit des exemples du premier de ces phénomenes aux vîtres des fonderies qui deviennent d'une couleur laiteuse; & par conséquent qui ne donnent que peu de jour. Quant au second phénomene, il est connu des Essayeurs qui font avec du plomb & de l'arsénic un verre, qui est très-bon pour mettre en fusion les mines réfractaires & difficiles à fondre, lorsqu'ils veulent les scorifier: sur quoi il faut remarquer une circonstance, c'est que l'union de ces matieres par la vitrification, qui est la plus intime, peut se faire même dans les vaisseaux fermés, & dans une petite cornue de verre au bain de sable, ce qui fait un exemple bien singulier, & presque incroyable de la vitrification. Il me semble aussi que cette expérience nous fait connoître une des principales raisons pourquoi on regarde le *mispikkel* ou la Pyrite arsénicale, comme un minéral *rapace*, parce que son arsénic attaque le plomb, ou du moins les particules de mine de plomb que l'on emploie dans la premiere fonte, il le vitrifie, & le fait ainsi passer dans les scories.

En un mot, pour résumer ce qui a été dit, l'Art nous présente l'arsénic ou comme une substance volatilisée, feuilletée, réguline & semimétallique, c'est-à-dire, dans l'état où est l'arsénic tiré par l'Art; ou sous la forme d'une poudre grise, jaune ou blanche; ou sous la forme d'une suie ou d'un enduit qui s'attache aux fourneaux, & que l'on nomme *cadmie*; ou sous la forme de la matiere réguline que l'on nomme *speiss*; ou sous la forme d'une substance semblable à du verre, c'est l'arsénic crystallin blanc & jaune; ou sous la forme d'arsénic rouge; ou enfin il se montre de nouveau sous la forme d'un régule ou d'un demi-métal.

Ce que je viens de dire suffira pour faire connoître les principales propriétés de l'arsénic. Voyons maintenant les différentes dénominations qui lui ont été données; telles sont celles d'*arsenicum*, *auripigmentum*, *realgar*, *sandaraca*, *pompholyx*, *spodium*, *diphryges*, *nihil*, *tutia*, *cadmia*, *climia*, *katimia*, *onichites*, *ostracites*, *capnites*, *zonites*, *botryites*, *placodes*. Tous ces noms introduits par les Alchymistes, dérivés du Grec ou du Latin, ne sont propres qu'à retarder le progrès des connoissances, par l'embarras où ils jettent ceux qui les trouvent dans les Ouvrages des Naturalistes, tels que Rulandus, Caneparius, Agricola, &c; d'autant plus que ces noms ont été quelquefois appliqués à des substances entiérement opposées, & très-peu connues des Auteurs qui les ont employés. C'est ainsi que Caneparius fait un crime à Agricola d'avoir donné le nom de *cadmia* au minéral que les Allemands nomment *cobalt*; mais ensuite il tombe d'accord avec lui, & voudroit seulement qu'on l'appellât *pseudo-cadmia*. Le même Auteur paroît incertain si la *cadmie fossile* est préférable à la *cadmie des fourneaux*. Cependant quand même sous le nom de *cadmie* il ne faudroit entendre qu'une substance sublimée, telles que sont la *tutie*, le *pompholyx*,

---

* Cet aiman pourroit bien être le sel alkali qui est entré dans la composition du verre de ces vîtres.

le *nihil*, ou les matieres que nous connoissons aujourd'hui sous ces différens noms, & quand même cette dénomination ne devroit jamais s'appliquer à une substance minérale, ce qui cependant seroit déja en trop accorder, on ne pourroit pourtant point contester que la *cadmie*, ou la substance de la nature du zinc qui a la propriété de jaunir le cuivre, ne se trouvât dans la pierre calaminaire. On voit par-là la futilité de toutes ces disputes de mots, qui loin de jetter du jour sur l'Histoire Naturelle, ne font que l'obscurcir. Cependant, avant que d'en venir à l'explication de toutes ces dénominations, il est à propos de parler d'une chose dont jusqu'ici je n'ai fait mention qu'en passant ; je veux dire de la substance de la nature du zinc, qui se trouve dans la cadmie fossile ou calamine, aussi-bien que dans la cadmie artificielle, ou dans l'enduit des fourneaux, vû que cette substance se trouve quelquefois combinée avec l'arsénic dans quelques mines, & quoiqu'elle en differe entiérement pour la nature & les propriétés, cependant on les trouve souvent confondues sous les dénominations que j'aurai occasion d'expliquer.

On ne peut mieux définir le zinc ou le *spiauter*, qu'en disant que c'est la substance qui a la propriété de jaunir le cuivre, propriété qui ne convient à aucune substance au monde, à moins que ce ne fût à la vraie teinture des Philosophes. Autant qu'on l'a pu découvrir jusqu'à présent, cette substance se trouve sous trois formes : premiérement, sous celle d'un demi-métal ou d'un régule, & c'est pour lors qu'on l'appelle proprement *zinc* ou *spiauter*, & qu'on la débite sous ces noms : en second lieu, on la trouve sous la forme d'une terre, ou plutôt d'une pierre, telle qu'est la *cadmie fossile*, ou la pierre calaminaire : enfin, on trouve cette substance sous la forme de fleurs ou d'un sublimé, tel qu'est sur-tout l'enduit ou la *cadmie des fourneaux*, qui est tendre & d'un jaune blanchâtre, & que j'ai décrite plus haut : on pourroit encore y joindre la *tutie* des Droguistes & le *nihilum officinale* des Anciens.

Le vrai zinc, que l'on nomme aussi *contrefait*, est un demi-métal qui ressemble à du plomb par l'extérieur, à cela près qu'il est d'une couleur plus claire ; intérieurement il est brillant, & rempli de facettes, ou miroitté ; il n'est point aussi cassant que le bismuth ou le régule d'antimoine, sans cependant être entiérement ductile ; il est inflammable & se consume tout-à-fait comme du soufre, alors il se convertit en une substance légere qui ressemble à des floccons de laine, & qu'on nomme *laine* ou *coton philosophique*. Il jaunit le cuivre, & lui donne une couleur plus vive que la calamine ou cadmie fossile, c'est pourquoi on nomme la composition qui en résulte *métal du Prince*, du moins en Allemagne ; mais cet alliage est plus aigre & plus cassant que le cuivre qui a été jauni par la calamine : cela me fait croire que la substance qui a la propriété de jaunir le cuivre, est combinée dans le zinc avec une substance métallique propre à causer de l'aigreur, en un mot, avec du plomb ; au lieu que cette substance colorante dans la calamine est combinée, à la vérité, avec une terre qui est étrangere, mais qui n'entre point dans le métal avec celle qui est propre à donner la couleur. En effet, que l'on considere le mélange confus de

la

la mine du Hartz, d'où le zinc nous vient, on trouvera qu'il n'est jamais sans mine de plomb, qui en fait même la principale & la plus considérable partie. Outre cela, je connois une manière de tirer du véritable zinc de la calamine, en y joignant de la mine de plomb : je me suis servi de la calamine d'Espagne pour cette expérience qui n'avoit pû me réussir d'aucune autre manière. Ce n'est point non plus une nouveauté dans l'Histoire Naturelle que de trouver la calamine & la mine de plomb ensemble dans les mêmes morceaux de mine, comme je puis le prouver par un échantillon que je possede, & qui m'est venu de Brilon en-Westphalie (1). Que l'on considere la terre glaise qui se trouve près d'Ulkos en Pologne, dans laquelle la mine de plomb se trouve par fragmens, avec plus d'attention qu'on n'en apporte communément à l'examen des terres, & l'on trouvera la vérité de ce que j'avance : je ne parle point ici de l'opération par laquelle on peut tirer du zinc une substance, qui sans être du plomb pur approche pourtant plus de ce métal que du zinc, ni de plusieurs autres expériences du même genre.

Cependant je crois que cette substance qui colore le cuivre se trouve dans plusieurs autres pierres & terres, que celles à qui l'on donne le nom de calamine dans les fonderies où l'on fait le cuivre jaune ; par conséquent elle peut indépendamment du plomb être encore produite par d'autres métaux : du moins j'ai l'expérience que l'étain travaillé avec un certain minéral, sans y joindre de la calamine, ni aucune substance qui y ait rapport, donne sinon du zinc, du moins ce qu'on appelle la *laine philosophique*, qui l'annonce de la facon la moins équivoque, & que j'ai examinée avec l'attention que j'apporte à toutes les opérations que je fais. Et quand même cette expérience ne le prouveroit point, une connoissance légere des substances métalliques suffit pour étendre à l'étain ce que nous avons dit du plomb ; le seul inconvénient est que ce produit se détruit avec une très-grande facilité : en effet, à peine le zinc est-il formé qu'il se consume, & par conséquent il est très-difficile de l'obtenir dans nos fonderies ; ce n'est pas faute de matieres qui en fournissent ; puisque nous le trouvons dans les suies de nos fourneaux ; mais alors, soit par la violence du feu, soit par les mélanges qu'on y traite, soit par l'ignorance des ouvriers, on ne peut le trouver qu'amorti & sous la forme d'une cendre, de laquelle cependant ce phénix peut encore renaître (2).

C'est à dessein que dans la définition du zinc je m'en tiens à celle qui est tirée de son effet sur le cuivre ; je n'ai point envie de parler des vertus transcendantes qui peuvent y être renfermées, & qui jetteroient beaucoup de lumiere sur sa nature si elles nous étoient connues : j'ai une ré-

---

(1) Il est constant que la calamine est une vraie mine de zinc ; dans laquelle ce demi-métal est renfermé sous la forme d'une ochre qui, suivant toute apparence, doit son origine au vitriol blanc qui s'est décomposé, vû que ce vitriol est formé par la combinaison de l'acide vitriolique & du zinc. Dans le pays de Liége on trouve des masses de cette ochre qui servent d'enveloppe à de la mine de plomb cubique. Toutes ces vérités ont été constatées depuis la publication de la Pyritologie.

(2) Le zinc dont M. Henckel parle ici, est dû à la blende, (*pseudogalena*) qui, comme nous l'avons déja fait remarquer, est une mine de zinc aussi bien que la calamine.

I i

pugnance invincible pour les chimeres & les mots vuides de fens ; fans quoi je pourrois aifément faire ici mention du *rouelet de Hermès*, du *petit poiffon d'Æfchines*, & rapporter un grand nombre de paffages des Philofophes hermétiques, tant vrais que faux, pour appuyer mon fentiment. Cependant je ne puis me difpenfer de faire obferver que c'eft agir inconfidérément, que de rejetter entiérement la *matiere crue*, ce qui eft pourtant une faute dans laquelle les perfonnes les plus habiles font fujettes à tomber : en effet, le zinc nous en fournit un exemple frappant ; & il nous préfente une fubftance qui pourroit, felon moi, nous mettre en état d'approcher du but. Mais demeurons-en à l'effet merveilleux que nous fçavons qu'il produit fur le cuivre : ne voyons-nous pas combien le vrai zinc, la cadmie foffile ou calamine, & la cadmie ou l'enduit des fourneaux different les uns des autres ? Qui pourroit s'imaginer que ces trois fubftances euffent la même vertu, ou, pour me fervir des termes de l'Art, continffent la même *matiere première* pour colorer le cuivre ? Mais plufieurs routes peuvent conduire au même but ; & ne trouveroit-on pas bien étonnant que fans le fecours de la calamine, de la cadmie & du zinc, l'étain produifît le même effet, comme cela arrive effectivement ? Mais cela doit fuffire : ceux qui fçavent opérer reconnoîtront la vérité de cette remarque ; & ceux qui ne font point aveuglés par les préventions & par l'orgueil, trouveront que j'ai parlé d'une façon affez claire & très-peu énigmatique.

Je ne puis me difpenfer de faire quelques obfervations fur ce que M. de Loehneiff a dit du zinc dans fon *Traité des Mines*. C'eft d'un Minéralogifte tel que lui qui a vécu au Hartz, d'où ce minéral nous vient ici en Saxe, que l'on devroit attendre les détails les plus exacts ; cependant il n'en dit que quelques mots, & il feroit à fouhaiter qu'il fe fût plus étendu fur l'origine du zinc, & fur les mines du Rammelfberg qui contribuent à fa formation. Voici comment il s'exprime : « Lorfque les ouvriers font » occupés à fondre la mine, il s'amaffe vers le bas de la partie antérieure » des fourneaux, dans les fentes des ardoifes ou pierres feuilletées qui » n'ont point été bien égalifées, un métal qu'ils appellent *zinc* ou *contre-* » *fait* ; & en frappant fur la pierre dont ce mur antérieur du fourneau eft » conftruit, ce métal fe détache & tombe dans une foffe que l'on a pratiquée » au bas pour le recevoir ; ce métal eft blanc comme l'étain, mais il eft » plus dur, moins ductile & plus fonore. On pourroit obtenir une très- » grande quantité de ce zinc fi on vouloit s'en donner la peine, mais on » n'en fait point de cas, & les ouvriers ne s'embarraffent pas beaucoup » d'en recueillir ; ils ne ramaffent que ce qui s'attache de foi-même aux » parois du fourneau. Ils ne fe donnent point la peine de le détacher à » chaque fois qu'on charge le fourneau, il n'y a que quand quelqu'un le » demande & leur donne une petite gratification. Il y a des fournées qui » en donnent une plus grande quantité que d'autres, de forte que quel- » quefois on en détache deux livres, tandis que d'autres fois on en a » à peine une once & demie ou deux onces. Les Alchymiftes recherchent » beaucoup ce zinc ou ce bifmuth, &c. »

La calamine (*lapis calaminaris*) fe nomme auffi quelquefois *cadmia foffi-*

lis ; mais il ne faut point la confondre avec le cobalt que l'on appelle aussi *cadmia*, qui est une mine fort chargée d'arsénic qui donne une couleur bleue ; mais pour éviter toute équivoque on devroit la nommer *cadmia pro cæruleo.* La calamine est une pierre ; où même souvent une terre jaunâtre, brune, rougeâtre : il nous en vient de Hongrie, de Pologne, d'Espagne, des Indes, & il s'en trouve en Bohême, en Franconie, en Westphalie & en plusieurs endroits de l'Allemagne (1). Plus elle est pesante, plus elle est estimée, & plus elle augmente le poids du cuivre & sa couleur. On la trouve communément dans un terrein gras & argilleux ; ces terres ont des propriétés qui marquent beaucoup d'analogie avec la calamine. Elle n'est point ordinairement fort avant en terre, non plus que la terre qui lui sert d'enveloppe, qui se trouve communément immédiatement au-dessous du gason, & qui souvent forme elle-même la premiere couche, comme on le voit à Commotau & à Tscheten en Bohême, où on la ramasse à la surface de la terre. Cette calamine de Bohême donne d'abord du vitriol martial : en effet, elle est mêlée de mine de fer ; ensuite elle donne de l'alun, dont il y a une manufacture dans le voisinage ; & je ne doute point qu'il n'en soit de même de toutes les autres calamines. Si on la joint avec du cuivre, elle s'y incorpore avec une grande portion de sa terre, & prend la nature d'un métal ; la preuve en est que le laiton ou cuivre jaune, dans lequel il est entré un tiers de sa substance terreuse, peut se travailler avec autant de facilité que le cuivre de rosette. Cette substance est très-extraordinaire, attendu que le zinc y est caché, & peut en être tiré d'une façon très-sensible (2).

J'ai déja décrit plus haut l'enduit qui s'attache aux parois des fourneaux que l'on nomme *cadmia fornacum*, cadmie des fourneaux, en tant que cet enduit contient des particules arsénicales ; mais il faut que j'en fasse encore mention ici, parce qu'il est de la nature du *zinc* dont il produit les effets, & c'est cette substance qui a donné lieu à la digression que nous avons faite sur ce demi-métal. De ce genre est premiérement l'enduit qui s'attache dans la partie supérieure du fourneau à dégrossir ; il est tendre, non vitrifié, & d'une couleur blanchâtre ou jaunâtre ; en second lieu, la substance qui s'attache & s'insinue dans les petites fentes des pierres dont on construit le mur antérieur du fourneau ; quant à la substance semblable à de la blende ou à une scorie à demi-vitrifiée, que l'on détache tandis qu'elle est encore molle, lorsque le fourneau est en train, elle ne contient communément que très-peu, ou même point du tout de zinc, cette substance ou enduit s'appelle *geschur* en Allemand. Les fontes qui se font avec le plomb, dans lesquelles on mêle ensemble la matte, les mines de plomb & les mines d'argent riches, après les avoir grillées, ne donnent que peu ou point de cadmie ; aussi n'a-t-on point lieu de s'y attendre, parce que la plûpart des mines qu'on traite dans ce travail, ont déja souf-

---

(1) Il s'en trouve aussi abondamment en Berry, & sur-tout aux environs d'Aix-la-Chapelle.

(2) Tous ces effets sont dûs au zinc qui est contenu dans la calamine, & qui étant un de-mi-métal doué d'un certain degré de ductilité, n'enleve point sensiblement celle du cuivre rouge, & s'allie très-bien avec lui.

fert une grande altération : les mines pauvres ont été privées dans les premieres fontes, ou fontes à dégrossir, de la faculté de produire du zinc *, & les mines riches ont perdu par le grillage leurs autres vertus, leur vie & leur essence, qui auroient peut-être pu contribuer à la même production ; joignez à cela que les mines de plomb de nos cantons ne sont point propres à faire éclore ces fleurs de zinc.

En voyant les substances minérales que l'on mêle ensemble dans la premiere fonte, si j'avois à décider quelles sont celles qui contribuent le plus à la formation de la cadmie chargée de zinc, quoique la chose ne soit point de nature à pouvoir se démontrer d'une façon sensible, je croirois que c'est la mine de plomb & la Pyrite réunies. J'imaginerois que la premiere fournit le corps, & la seconde donne l'esprit, & je dirois que le soufre & le plomb se sont incorporés par une appropriation toute particuliere, au moyen d'une infinité de circonstances accidentelles qui se rencontrent dans le travail en grand, & qui ne se présentent point dans les essais en petit. Je ne puis pas dire comment se forme la cadmie ni le zinc dans les fourneaux des fonderies du Hartz ; je renvoie le Lecteur au *Traité des Mines* de M. de Loehneiss, qui est l'Auteur à qui il est le plus naturel de s'en rapporter là-dessus. Je rapporterai seulement les expériences que j'ai faites avec un de mes amis sur la cadmie de nos fourneaux de Freyberg pour faire du cuivre jaune. Il faut commencer par calciner cette cadmie sous une moufle après l'avoir bien pulvérisée, jusqu'à ce qu'il n'en parte plus de fumée ou d'odeur arsénicale ; il sera encore mieux de se servir de celle qui a été long-tems exposée aux injures de l'air, & qui y est devenue tendre, ou qui s'y est développée, sans cependant que je puisse en dire la raison. On mêlera cette cadmie ainsi calcinée avec du charbon en poudre, de la même maniere que dans les fonderies de cuivre jaune, cela se pratique avec la calamine ; on joindra ce mélange avec du cuivre dans un creuset ; on fera entrer le mélange dans une fusion parfaite ; on aura par-là du cuivre jaune tout-à-fait semblable à un autre, excepté qu'il est un peu plus aigre, mais cependant on pourra en faire des fils assez fins. En un mot, il est naturel que ce zinc étant produit par le mélange confus d'une infinité de matieres, ne soit point si parfait que celui qui vient d'une mine plus pure.

Au-dessous de cette cadmie, &, comme je l'ai déja dit, à la partie antérieure du fourneau, on trouve une poudre légere, blanche, cotoneuse, qui y est en très-petite quantité ; nos ouvriers l'appellent *nicht*, rien, c'est le *nihil* ou *nihil fornacum*. J'ai déja fait remarquer que c'est une espece de cadmie, contenant du zinc & une petite portion d'arsénic ; il ne faut point confondre cette substance avec l'arsénic sous la forme d'une poudre ou d'une farine, que l'on nomme aussi quelquefois *nicht* ou *nihil*, mais que l'on ne pourroit point employer dans les maladies des yeux, à cause de sa

* Pour parler exactement, il faut dire que dans le grillage qui a précédé, le zinc contenu dans la blende qui pouvoit être jointe à ces mines, a été totalement dissipé. Le zinc ne se produit point, mais il se tire des substances qui le contenoient. On s'apperçoit toujours que M. Henckel ignoroit la vraie nature du zinc & de ses mines ; ce qui a été depuis développé par MM. Pott & Marggraf.

qualité corrosive comme le *nihil* que les Apoticaires & Droguistes débitent pour les collyres, qui est dessicatif; c'est ce qu'on nomme *nihilum*
officinale. J'ai eu occasion d'en voir de plusieurs especes, qui n'étoient autre
chose qu'une terre blanche très-fine, ou une espece de marne (*marga fossi-*
lis) comme je l'ai appris du célebre M. Linck, Apoticaire à Leiplik. M.
Erhard, Médecin de Memmingen, m'a aussi informé qu'en Souabe les
Apoticaires calcinent du spath calcaire, & le vendent aux Droguistes
de Francfort & de Nuremberg, sous le nom de *nihilum*. Le *nihilum* des Médecins & des Apoticaires n'étoit autrefois, suivant toute apparence,
qu'une chaux, ou des fleurs de zinc qui se forment dans le travail pour
faire le cuivre jaune, & qui par conséquent étoit entiérement dégagé
d'arsénic, comme Pomet l'a très-bien dit dans son *Histoire des Dro-*
gues, dont je rapporterai le texte mot pour mot. On peut faire passer pour
le *nihilum* la poudre blanche qui s'attache à nos fourneaux, pourvû qu'elle
soit bien choisie, & qu'on l'ait calcinée de nouveau pour en dégager entiérement l'arsénic, cependant il n'approchera jamais de la chaux de zinc
pour la finesse ni pour la pureté. Mais dans aucun cas l'arsénic ne peut
être substitué au *nihilum*, & l'on sent qu'il doit aussi y avoir de la différence
entre de la marne & des fleurs de zinc pour la nature & les propriétés;
d'ailleurs toutes les especes de marnes ne se ressemblent point, & moi-
même j'en ai trouvé qu'on débitoit sous le nom de *nihilum*, qui étoit arsénicale. Voici comment Pomet s'exprime : « Le pompholyx appellé
» calamine blanche, *nil*, *nihil*, *nihili*, ou fleurs d'airain, & mal-à-propos
» cendre de bronze, est ce qui s'attache au carreau qui couvre le creuset,
» & aux tenailles des fondeurs quand ils fondent le cuivre jaune; & il
» est certain qu'il n'y a que le cuivre jaune qui donne la vraie calamine,
» & non pas le bronze, ni le métal, ni le potin, comme la plûpart des
» Auteurs l'ont écrit, n'y ayant humainement que le laiton ou cuivre jaune
» qui donne de la calamine ou pompholyx. Quoique ce pompholyx soit
» facile à trouver, il n'y a guères de drogue plus inconnue, ce qui ne
» provient que de la négligence ou ignorance de quelques-uns, en ce
» qu'ils croient que la tutie & le pompholyx sont la même chose ; ainsi
» ils emploient toujours la tutie pour le pompholyx. La plus belle cala-
» mine vient de Hollande, ce n'est pas néantmoins qu'elle soit meilleure,
» mais parce qu'elle est plus proprement ramassée. On doit choisir le pom-
» pholyx bien blanc, léger, friable, net, de Hollande ou de France, il
» n'importe pas, pourvû qu'il soit bien blanc. Ceux qui fondent les clo-
» ches en pourroient recueillir quelque peu, mais la petite quantité qu'on
» en retire ne mérite pas qu'on en fasse aucune recherche. Son usage est
» pour l'extérieur, étant employé dans quelques onguens; principale-
» ment dans celui qui porte son nom, en étant la base ». Voyez l'*Histoire*
générale des Drogues, Tome II. page 281. édit. de 1735. in 4°.
   Il y a encore une autre forme sous laquelle la substance du zinc se présente, c'est ce que l'on nomme *tutie*. L'origine de ce mot qui paroît
Arabe nous est entiérement inconnue; on la nomme *Tutia Alexandrina*,
parce que peut-être c'est à Alexandrie que cette substance fut d'abord

connue. On ne fçait point comment fe tirer de l'incertitude où nous jettent les Auteurs qui veulent qu'on diftingue la tutie des fleurs de zinc, &
l'on ne fera pas plus avancé quand on aura vu la defcription que Pomet
en donne dans fon *Hiftoire générale des Drogues*, Tome II. page 287. En un
mot, il paroît que la *tutie*, le *nihilum*, le *pompholyx*, la cadmie des fourneaux, & le zinc lui-même ne different point, quant au fond & quant aux
effets qu'ils produifent fur le cuivre, & s'il y a de la différence entre ces
fubftances, elle n'eft qu'accidentelle & dans les formes.

Je me flatte que le Lecteur me pardonnera la longue digreffion que je
viens de faire, & d'avoir quitté l'arfénic pour parler du zinc & de la cadmie : car quoique je paroiffe m'être éloigné de mon fujet, cependant ces
deux matiéres fe forment dans un même travail, & par conféquent il y
a de l'affinité entre elles ; & fi je ne m'abufe, la Pyrite concourt, foit
par fon foufre, foit par fon arfénic, à produire le zinc. Il faudroit encore
examiner s'il n'eft pas vrai, comme Pomet le rapporte d'après Charas,
que l'on puiffe faire du zinc avec l'arfénic. Mais cette conjecture n'eft
point la feule qui m'ait engagé à faire cette digreffion : je l'ai crue néceffaire pour débrouiller & fixer la fignification de quelques termes, que
l'on eft dans l'ufage d'appliquer indiftinctement tantôt à une fubftance,
tantôt à une autre. Comme actuellement nous connoiffons les chofes,
leurs dénominations ne doivent plus nous caufer beaucoup d'embarras.
Les mots d'*arfénic*, d'*orpiment*, de *réalgar* & de *fandaraque* font des noms
que l'on a donnés à des fubftances qui, fi elles ne font point entiérement
arfénicales, le font du moins en grande partie, & il n'y a pas lieu de
craindre qu'on s'y méprenne, & qu'on applique ces noms à des fubftances qui tiennent de la nature du zinc ou de la cadmie : cela pourroit plutôt arriver aux dénominations de *fpodium*, de *pompholyx*, & autres, dont
je parlerai plus bas, & que l'on a affez fouvent confondus avec des fubftances arfénicales.

J'ai déja expliqué ce que fignifioit le mot *arfénic*. L'orpiment, *auripigmentum*, eft un minéral arfénical feuilleté, d'un jaune de foufre ; les
Peintres en mêlent avec de l'indigo pour faire une couleur verte. La
fignification du mot *réalgar* n'eft pas bien déterminée ; quelques-uns s'en
fervent pour défigner l'arfénic jaune cryftallin, d'autres défignent par-là
l'arfénic rouge, d'où l'on voit qu'il n'y a d'autre différence que celle que
met le plus ou le moins de foufre qui eft uni avec l'arfénic qui en fait
toujours la bafe. *Sandaraca*, ou la fandaraque, eft proprement une efpece de
gomme ou de réfine ; on applique ici ce nom à un minéral qui reffemble à
une fubftance gommeufe ou réfineufe ; il eft vrai que le vrai foufre en a
le coup d'œil & les propriétés, mais ce n'eft point de lui dont il s'agit
ici ; il eft queftion d'une fubftance arfénicale qui n'eft que mêlée avec du
foufre ; d'ailleurs l'arfénic blanc, jaune ou rouge peut être changé en une
efpece de gomme, foit par un alkali, foit par un acide, & fur-tout par
l'efprit de nitre, phénomene qui eft très-remarquable. Quelques-uns fe
fervent indiftinctement du nom de *fandaraca* & de celui de *réalgar* comme
de mots fynonymes ; d'autres veulent qu'on ne l'applique qu'à l'arfénic

rouge & tranſparent qui ſe trouve dans la terre, & qui reſſemble à du ſuccin ; d'autres enfin veulent que ce ſoit à l'arſénic jaune ou à l'orpiment. Mais toutes ces dénominations ſont indifférentes pour ceux qui ne veulent connoître que les choſes elles-mêmes ſans s'embarraſſer des noms.

Mais il ne faut point confondre les ſubſtances que l'on nomme *nil, pompholyx, ſpodium, tutia,* qui ſont dûes au zinc & à la calamine, avec les enduits ou ſuies arſénicales de nos fourneaux, qui ſont ou de l'arſénic tout pur, ou qui ſont mêlées avec lui, & qui par conſéquent ſeroient d'un uſage très-dangereux dans les maladies des yeux. Ce ſont les fleurs de zinc qui ſont la baſe de ces ſubſtances, quelle que ſoit l'étymologie de ces mots. Le mot *pompholyx* vient de πόμφος, bulle, *bulla, eminentia, ſpuma* ; on entend ici par-là une ſubſtance qui dans la fuſion d'un métal ou d'une mine forme des bulles, ou qui va s'attacher aux parois du fourneau, ou au couvercle du creuſet ; ce mot pourroit avec plus de propriété s'appliquer aux ſcories, mais l'uſage en a décidé autrement, & il ſert à déſigner une matiere ſubtile qui ſe volatiliſe. *Spodium* vient de σποδός, cendre ; c'eſt un nom générique que l'on a appliqué particuliérement aux ſubſtances dont nous parlons ici. *Cadmia,* & en Arabe, *climia, catimia,* ſignifie l'enduit produit par la calamine dans l'intérieur des fourneaux où l'on traite le cuivre jaune ; il faut le diſtinguer de celui qui ſe forme dans les autres fourneaux, & qui n'eſt preſque jamais exempt d'arſénic. La calamine eſt connue ; c'eſt une ſubſtance minérale ſur laquelle on ne peut plus déſormais ſe tromper, & dont on ſe ſert pour faire le cuivre jaune. *Diphryges* ſignifie *grillée deux fois* ; Caneparius dit que ce mot déſigne la Pyrite grillée : *Pyrites vertitur in calcem ſubrubeam, & fit diphryges.* Cependant, dans un autre endroit, il met le *diphryges* dans la même claſſe que le *ſpodium* & le *pompholyx. Placodes,* ou *placites* indique une ſubſtance feuilletée ou encroutée ; *oſtracites,* une ſubſtance par écailles ; *ſtalactites,* en forme de glaçons ; *zonites* en forme de ceinture ; *botryites* en forme de grappes de raiſin, ou en mammelons ; *onychites* d'une forme que j'ignore * ; *capnites* marque une ſubſtance formée par la fumée. Toutes ces dénominations qui ſont fondées ſur les figures que l'on a vues ou cru voir dans une même ſubſtance, ne nous apprennent rien, ſinon que ceux qui ſe ſont occupés des mots plus que des choſes, n'ont fait que retarder les progrès de l'Hiſtoire Naturelle par la multiplicité des termes barbares qu'ils ont voulu y introduire. Mais pour prendre une juſte idée de ces ſubſtances, il faut faire attention aux mines qui les ont produites, & voir ſi elles viennent d'une fonderie où l'on travaille le cuivre jaune, ou ſi c'eſt d'une fonderie où l'on traite des mines qui ſoient arſénicales ; par-là on ſera à l'abri des inconvéniens qui pourroient réſulter en confondant ces matieres.

La premiere queſtion qui ſe préſente maintenant à examiner, c'eſt d'où peut venir l'arſénic. 1°, On le trouve dans la terre d'une pureté & d'une blancheur ſi grandes, que l'Art ne peut point parvenir à le rendre plus

---

* Il paroît, ſuivant l'étymologie, que l'on a voulu déſigner ſous ce nom une ſubſtance ſemblable à des ongles.

parfait, mais cela est si rare, que quand on en a de cette espece, on peut le mettre parmi les morceaux les plus curieux d'un Cabinet d'Histoire Naturelle. Autant que j'ai pu en juger par différentes circonstances, on ne le trouvera point dans cet état dans les endroits où il y a des amas de mines grossieres & de peu de valeur, composés de Pyrites, de Pyrites arsénicales, de blende, de mine de plomb ; quoique ces substances soient ordinairement entremêlées d'une quantité quelquefois très-considérable de Pyrites blanches qui sont la miniere principale de l'arsénic : il semble que l'arsénic ne se trouve sous cette forme qu'avec les riches mines d'argent qui sont communément arsénicales ; au moins nous n'en connoissons point dans nos environs de Freyberg ; les échantillons que j'en ai vu venoient des mines de Joachim-sthal en Bohême, où les filons ne sont composés que de mine d'argent rouge & de cobalt ; tant de celui qui est le véritable & qui est propre à faire la couleur bleue, que de la mine arsénicale noire dont je parlerai bientôt, à qui on donne aussi le nom de cobalt ; mais qui n'est en effet qu'un arsénic sous la forme de suie ou en poudre.

Il est très-difficile de décider si cet arsénic fossile blanc est un être primitif, dont les parties n'étoient point encore de l'arsénic avant de se trouver dans cet état, & qui le sont devenues par leur formation dans cet endroit ; ou plutôt si cet arsénic n'a pas été produit par le dégagement qui s'en est fait d'une autre substance, dans laquelle il n'étoit point sous la forme d'une poudre blanche comme de la neige, mais sous celle d'un véritable arsénic minéralisé, tel qu'est le soufre séparé de la Pyrite, ou le mercure séparé du cinnabre, qui ne sont que séparés & non pas générés. Le premier cas n'est point impossible, quoique communément les corps simples sortent de ceux qui sont composés ; cependant le second cas est plus probable, parce que la mine arsénicale noire, dont j'ai parlé, est toute disposée, & que n'étant combinée avec aucune terre grossiere & fixé, elle a pu être portée à ce degré de blancheur & de pureté. Je ne parle point du cobalt propre à donner la couleur bleue, lequel dans de certaines circonstances est propre à être mis en dissolution, tant par les vapeurs souterreines, que par les impressions de l'air ; phénomene qui n'arrive point, comme je l'ai remarqué, à la Pyrite arsénicale, quand elle demeureroit exposée pendant dix ans aux injures de l'air. Ce qui nous empêche de croire une pareille purification spontanée de l'arsénic, c'est le préjugé où nous sommes que le feu du laboratoire est d'une nécessité indispensable pour l'opérer, comme, par exemple, s'il n'étoit pas possible qu'il pût se former du soufre sans son secours. Il est vrai que le soufre qu'on trouve à Pouzzole en Italie & en Islande, a été produit par des feux souterreins ; mais où trouvera-t-on un feu pareil à Wenseen au Bailliage de Lavenstein dans le Duché de Hanovre, où cependant on rencontre un soufre jaune & transparent d'une très-grande beauté, qu'on ne peut point distinguer de celui d'Islande * ? Je ne parle point ici

---

* Les feux souterreins ont pu exister autrefois dans ce pays & s'être éteints par la suite des tems ; il paroît constant que le soufre qu'on trouve tout formé dans le sein de la terre, n'est dû qu'à ses embrasemens.

d'autres

d'autres endroits en Hongrie , &c. où l'on trouve la même chose. Est-il besoin de feu pour la dissolution & la vitriolisation de la Pyrite , & croira-t-on que la mercurisation des métaux , ou plutôt de leurs mines, dont je suis très-convaincu malgré le peu de succès que j'ai eu dans un grand nombre d'expériences , puisse être , je ne dis pas entiérement achevée , mais commencée autrement que par le moyen d'une macération lente dans des sels appropriés & dans des eaux chargées de sels , & même par l'air qui , sans avoir de saveur , ne laisse pas d'être un agent très-puissant ?

II°. L'arsénic se trouve encore assez souvent tout formé dans la terre sans aucun mélange étranger, & sous une autre forme , je veux dire sous la forme d'un demi-métal , comme je l'ai déja répété plusieurs fois. Ce minéral est communément d'un gris foncé , & même quelquefois entiérement noir ; aussi-tôt qu'on le casse , il fait voir dans la fracture une couleur claire & brillante comme celle du plomb , mais lorsqu'il a été quelque tems exposé à l'air , il redevient d'une couleur foncée comme auparavant. Quant au tissu , il est tel qu'on le voit dans la mine appellée *cobalt testacé* ou écailleux, c'est-à-dire, qu'il paroît formé d'un assemblage d'écailles , ou de lames placées les unes sur les autres, mais à l'intérieur on ne remarque plus ces écailles , & tout est confondu. Quelques gens l'appellent *cobalt* ; c'est sur-tout les ouvriers des mines qui donnent indistinctement ce nom à toutes les substances arsénicales , ou à tout ce qu'ils ne connoissent pas ; mais, pour parler avec plus d'exactitude , on devroit l'appeller *mine pure & noire d'arsénic,* ou *arsénic fossile,* ou même *arsénic noir fossile.* En effet, lorsqu'il n'est point mêlé de substances étrangeres , non-seulement il se volatilise entiérement sans laisser en arriere aucune portion de terre fixe , mais encore après avoir passé par le feu , il a toutes les propriétés de l'arsénic qui a été tiré par l'Art de la Pyrite blanche , ou d'un autre minéral semblable ; on le traitoit autrefois à Schwartzenberg en Misnie pour en tirer l'arsénic , à quoi il étoit très-propre , mais actuellement on n'en tire plus , parce que la mine a été abandonnée. Outre un autre endroit , dont le nom ne me revient pas , on en trouve une grande quantité à Joachims-sthal en Bohême & dans les montagnes de la Saxe, à Johann-Georgenstadt & à Ehrenfriedersdorff ; où se trouve la mine d'argent d'un beau rouge de cinnabre ; cependant je n'ai pas pu parvenir à le sublimer entiérement. Une chose qui doit faire naître des réflexions dans l'esprit des Naturalistes , c'est l'affection que la mine d'argent rouge a pour cet arsénic , ou que cet arsénic a pour cette mine. Ce n'est pas que je prétende qu'il donne naissance à la mine d'argent rouge ; j'appliquerai ici la regle que j'ai donnée ailleurs, de ne point se hâter de décider qu'une substance doit sa naissance à une autre , parce qu'elles se trouvent ensemble ; cependant il y a des circonstances qui pourroient nous porter à le croire : c'est , par exemple , en voyant que cette mine d'argent rouge , à l'exception de la portion d'argent qu'elle contient , est purement arsénicale & totalement dépourvue de soufre : de plus , on ne trouve point dans ces mêmes endroits , de mine d'argent vitreuse qui ne contienne que du soufre & point du tout d'arsénic dans sa minéralisation , à moins qu'il ne se trou-

K k

vât une vénule ou rameau de mine qui vint s'y joindre ; & alors il y auroit confusion de plusieurs matieres ; cependant il est commun de trouver ensemble la mine d'argent vitreuse & la mine d'argent rouge. De plus, on ne rencontre point de mine sulfureuse dans ces endroits ; joint à ce que la mine d'argent rouge est enveloppée de cette mine d'arsénic comme une noix l'est de sa coquille. J'ajouterai encore un mot en faveur de l'arsénic, c'est qu'il ne lui manque que très-peu de chose pour devenir de l'argent ; ce que j'avance, non dans la vûe de flatter l'imagination des faiseurs d'or, mais relativement aux effets qu'il peut produire dans le traitement des mines.

III°. L'on a lieu d'être convaincu de la présence de l'arsénic dans l'arsénic jaune fossile, ou dans l'orpiment, & on peut l'en tirer, puisqu'on sçait qu'il n'est composé que d'arsénic & de soufre. Ce minéral se trouve soit en roignons, soit par vénules, soit attaché aux parois des fentes de pierres non métalliques ; nous en avons des exemples à Kremnitz en Hongrie, en Turquie, à Coronzay près de Tobaga dans le voisinage de Neusol en Hongrie, dans les mines de soufre ; & un Naturaliste peut former sur sa formation les mêmes conjectures que celles que j'ai données sur la formation de l'arsénic blanc. Cependant il est vrai que ces deux substances sont prodigieusement rares, & je ne balancerai point à dire que lorsqu'on sçait opérer sur les substances arsénicales, c'est cet orpiment natif qu'il faut choisir pour l'objet de ses travaux. Mais je regarde comme une folie de croire, comme font quelques-uns, qu'on ne puisse point réussir qu'avec cette espece de substance arsénicale. Pour dégager l'arsénic du soufre avec lequel il est uni, il ne s'agit que de présenter au soufre une substance avec laquelle il ait plus de disposition à s'unir, qu'avec l'arsénic qu'il abandonne : c'est-là le fondement de toutes les séparations de cette espece, & cela suffit pour faire trouver les moyens d'y parvenir.

IV°. L'arsénic est presque dans toutes, ou du moins dans la plûpart des mines ; il s'y trouve soit accidentellement ou en très-petite quantité, soit essentiellement, & il n'y a que lui & le soufre parmi les substances volatiles qui soient propres à minéraliser les métaux. Il se trouve accidentellement & en très-petite quantité, dans toutes les Pyrites sulfureuses du monde ; on peut s'en assurer par la distillation du soufre, faite avec les Pyrites qui paroissent les plus pures ; on le reconnoît à la couleur grise que prend toujours le soufre brut dans les premiers travaux, & par la petite portion d'orpiment que l'on trouve toujours après que le soufre a été rafiné. Cependant il y a des Pyrites, & sur-tout les Pyrites globuleuses, qui font une exception à cette regle, mais toutes ne sont point dans ce cas. On trouve un peu plus d'arsénic dans les Pyrites cuivreuses & dans les mines de cuivre, & cela à proportion qu'elles sont plus riches en cuivre ; la quantité d'arsénic y est moindre en raison qu'elles sont plus pauvres : mes expériences m'ont appris qu'on n'y en trouve point du tout, lorsqu'elles ne contiennent point de cuivre, & qu'elles sont purement martiales. Dans une espece de mine de cuivre, dont j'ai déja parlé, qui ressemble presque à la Pyrite blanche, mais qui fait un exemple unique, l'arsénic fait la portion principale de la substance qui se volatilise ; c'est aussi de lui que vient la couleur blanche ; cependant c'est ordinairement le soufre qui domine dans les Pyrites cuivreuses & dans les mines de cuivre. Dans la mine de plomb, l'arsénic ne fait qu'une très-petite portion ; c'est le soufre seul qui y domine ; mais l'arsénic fait la partie principale dans la mine d'argent rouge ; c'est ce que prouve l'odeur qui en part lorsqu'on fait griller cette mine, l'arsénic en poudre qui s'en sublime, & le fer qui ne peut point servir à le dégager, mais qui se fond & forme une espece de gâteau, sans que l'argent se précipite, comme cela arrive à de l'argent minéralisé par le soufre, & sur-tout à la mine d'argent vitreuse, où le fer fait un régule comme pour le traitement de l'antimoine. Une chose remarquable, & qui mérite des réflexions, c'est que la mine d'argent rouge pétille & décrépite dans le feu de la même maniere que le spath. L'arsénic est dans la mine d'argent blanche, dans la mine d'argent grise, dans les mines de cuivre grise & blanche : ces quatre mines, & sur-tout la premiere, se mettent au nombre des mines d'argent, à raison de l'argent qu'elles contiennent ; mais relativement au cuivre, dont les trois dernieres sur-tout contiennent une grande quantité, elles doivent être mises au rang des mines de cuivre.

L'arsénic se trouve dans les cobalts dont on fait la couleur bleue, & dans les substances qui en dépendent, telles que celles que l'on nomme *kupfernickel* ; il y domine au point qu'on n'y trouve pas un seul atome de vrai soufre. Les crystaux d'étain, outre leur métal, ne sont composés que d'arsénic : je ne parle point de la mine d'étain commune ; il n'est point surprenant qu'elle contienne de l'arsénic, puisqu'elle est toujours accompagnée de la Pyrite arsénicale, du minéral arsénical nommé *wolfram*, & d'autres substances semblables ; & même c'est cette mine qui fournit dans nos cantons tout l'arsénic que l'on rafine dans les atteliers. Il y a des argilles, des glaises, des marnes chargées d'arsénic, que l'on débite pour de la mort aux rats : j'ai été dans le cas de faire des expériences sur quelques terres, à cause d'un empoisonnement qui étoit arrivé (1), & j'ai trouvé qu'il faut se défier de l'usage intérieur de certaines glaises, quand même on y auroit mis l'empreinte d'un cachet, comme cela se fait pour les terres sigillées. Je n'ai point encore trouvé d'arsénic dans des pierres, cependant je ne puis point dire que je les aie examinées dans cette vûe, mais souvent j'y ai trouvé des traces de soufre. On trouve dans les eaux plutôt des vestiges de soufre que d'arsénic ; il y a cependant des exemples qui prouvent que quelquefois cette substance dangereuse s'est jointe à des eaux thermales ; mais j'aurai occasion d'en parler dans un Traité, où j'examinerai des eaux thermales devenues célebres depuis quelques années. On peut artificiellement unir l'arsénic avec l'eau, en le joignant avec une substance vitriolique & sulfureuse, sans laquelle il est sûr que l'arsénic seul ne peut point passer dans l'eau (2), comme je l'ai fait voir dans la Description que j'ai donnée des Eaux thermales de Schlakenbade près de Frey-

------

(1) Voyez la premiere Dissertation que nous avons insérée dans les Opuscules Minéralogiques.

(2) Il est certain que l'arsénic est soluble dans l'eau. Voyez ce qui en a été dit dans une des notes sur ce Chapitre, page 245.

berg, qui est insérée dans le neuvieme Volume des *Mémoires de Physique & sur les Arts qui se publient à Breslaw.*

Vo. L'arsénic se trouve dans la Pyrite, & sur-tout dans la Pyrite blanche. Cette Pyrite est, ainsi que le cobalt dont on tire le bleu, celle qui fournit la plus grande quantité d'arsénic, & même elle mérite à cet égard plus d'attention que le cobalt; car quoique ce minéral colorant en soit très-chargé, la Pyrite blanche se trouve encore en donner une plus grande quantité; & l'arsénic en farine que l'on emploie dans les atteliers d'arsénic, est sur-tout tiré des Pyrites blanches qui sont mêlées avec les mines d'étain ordinaires. Comme c'est de la Pyrite dont il est ici question, il faut que j'entre dans quelque détail sur cette mine d'arsénic, quoique j'en aie déja donné la description au troisieme Chapitre; mais pour donner plus de liaison, je ne ferai que récapituler ce que j'en ai dit. Je ne m'arrêterai point à parler des Pyrites jaunâtres qui ne donnent qu'un léger vestige d'arsénic, ni des Pyrites cuivreuses & des mines de cuivre; quoiqu'elles en contiennent une plus grande portion, elles ne peuvent point être traitées pour en tirer l'arsénic, & même elles n'en contiennent pas assez pour être appellées des mines d'arsénic. Je vais donc donner une courte description de la vraie Pyrite arsénicale. La Pyrite blanche, *Pyrites albus,* que l'on nomme *mispikkel* ou *mispilt* à Freyberg, (dénomination sous laquelle on entend en Norwege une roche mêlée de talc ou de mica.) & que dans la Saxe montagneuse on nomme *Pyrite arsénicale* ou *Pyrite empoisonnée* (Gifft-kiess.), est un minéral d'une couleur blanchâtre, composé de fer, d'une terre grossiere & d'arsénic. On ne la trouve pas aussi communément seule que les autres Pyrites; jamais on ne la rencontre immédiatement au-dessous de la terre végétale, ou de la premiere couche de la terre; il n'est pas aisé de la trouver par couches, ordinairement elle est dans les filons; dans nos cantons on la trouve mêlée avec les mines grossieres, telles que la blende, la Pyrite cuivreuse & sulfureuse, & la mine de plomb; dans la Saxe montagneuse elle accompagne fréquemment les mines d'étain; outre le fer, elle contient une légere portion d'argent qui ne mérite pas qu'on y fasse attention; car de mes jours je n'ai vu de Pyrite blanche riche en argent, comme quelques-uns le prétendent.

On sépare avec soin cette Pyrite des mines que l'on traite dans nos pays, non-seulement comme inutile, mais encore comme *rapace,* c'est-à-dire, comme propre à dissiper & à entraîner les métaux; ou, ce que je crois encore plus nuisible, comme propre à empêcher que le métal ne sorte de sa mine, vu que sa partie arsénicale, quand elle n'a point été bien dégagée, fait des soufflures non-seulement dans le travail du plomb & dans l'affinage du cuivre, mais encore dans l'opération de la coupelle, & donne une mauvaise qualité à la litarge. On l'emploie pourtant à faire de l'arsénic, ce qui toutefois ne se fait chez nous qu'accidentellement, parce que l'arsénic en farine se forme dans les mêmes opérations que l'on fait pour griller la mine d'étain, dont il est impossible de séparer entiérement la Pyrite blanche & le cobalt; il n'y a pour cela d'autres dépenses à faire que d'en-

trétenir les longues cheminées horifontales, deſtinées à recevoir la fumée
arſénicale, lorſqu'elles ont été une fois établies *. Par ces grillages, l'arſénic
ſe dégage ſous la forme d'une fumée d'un gris blanchâtre, & il s'attache
ſous la forme d'une poudre d'un gris clair dans les tuyaux qui forment
comme des aludels : on enleve cette poudre farineuſe, on la mêle avec
de la potaſſe, & on la fait ſublimer dans des vaiſſeaux ſublimatoires cylindriques ; par-là l'on obtient l'arſénic blanc & cryſtallin, & ſi l'on veut
avoir de l'arſénic jaune, on joint à cette poudre une quantité plus ou
moins grande de ſoufre. On peut conſulter ſur ce travail l'Ouvrage de
Roeſsler ſur les travaux des mines. A l'égard de la quantité d'arſénic
contenue dans ces Pyrites, elle va ordinairement à un tiers de leur volume, & même plutôt au-delà qu'au-deſſous, en quoi cette Pyrite differe de la Pyrite ſulfureuſe qui contient rarement plus qu'un quart de
ſoufre, différence qui mérite d'être remarquée, d'autant plus qu'on obſerve conſtamment la même choſe.

Enfin, comme l'arſénic jaune & rouge tiennent auſſi au ſujet que je
traite, il faut que je diſe quelque choſe des prétendues *Pyrites d'orpiment*,
dont quelques Auteurs ont fait mention. Il n'exiſte point réellement de
Pyrites que l'on puiſſe diſtinguer par cette dénomination. Les Pyrites
blanches ne donnent jamais que de l'arſénic blanc, & dans les Pyrites
jaunâtres & jaunes, lorſqu'elles renferment de l'arſénic, c'eſt toujours le
ſoufre qui y domine ; il ſe dégage d'abord ſous la forme qui lui eſt propre ;
à la fin de l'opération il s'éleve un peu d'arſénic jaune, comme cela arrive à toutes les Pyrites ſulfureuſes, qui en donnent un peu plus ou un
peu moins les unes que les autres : mais elles ne doivent pas être nom-
mées pour cela *Pyrites d'orpiment*, vû que ce n'eſt pas la moindre partie
d'un corps qui doit fixer ſa dénomination. Un grand nombre d'expériences m'ont fait connoître qu'il n'y a point d'autres eſpeces de Pyrites au
monde que la blanche, la jaunâtre & la jaune. Il eſt vrai que quelquefois
on nomme les Pyrites blanches *Pyrites d'orpiment* ; mais ce n'eſt point
parce qu'elles contiennent de l'arſénic jaune, c'eſt parce qu'on peut en
faire en les joignant ſoit avec du ſoufre, ſoit avec des ſcories de ſoufre,
ſoit avec des Pyrites ſulfureuſes. Ainſi ni le *miſpikkel*, ni le cobalt dont
on tire le bleu, ni ce que l'on appelle Pyrite arſénicale dans la Saxe mon-
tagneuſe, ne contiennent point par elles-mêmes de l'orpiment, & jamais
je n'ai trouvé de Pyrite qui en contînt ; il n'y en a qu'une très-petite portion qui ſe tire de quelques Pyrites ſulfureuſes, en raiſon de la petite quantité
d'arſénic qu'elles contiennent, arſénic qui ſe combine & ſe colore avec une
petite quantité de ſoufre ſuperflu ; quand on veut en obtenir davantage,
il faut faire le mélange dont j'ai parlé, c'eſt ce qu'on eſt obligé de pratiquer dans les atteliers où l'on fait l'arſénic jaune. C'eſt ainſi que ſur les
aires où l'on fait griller les mines nous voyons ſouvent des Pyrites qui

---

* Ces longues cheminées horiſontales dont
on ſe ſert pour retenir la fumée qui part des
mines arſénicales, afin que l'arſénic s'y atta-
che, ſont repréſentées dans l'*Art de la Verre-* | *rie de Néri, Merret & Kunckel*, pag. 51. de la
Traduction Françaiſe. On y trouvera auſſi une
planche qui repréſente le travail dont M. Henckel va parler pour la ſublimation de l'arſénic.

font couvertes d'une espece d'enduit de verre rouge, mais on ne peut point sçavoir combien il a fallu qu'il se dissipât de soufre avant que cette couleur rouge se formât : on n'a qu'à faire partir le soufre à un feu doux , & l'on verra avec étonnement la petite quantité d'arsénic rouge qu'on obtient.

A l'égard de l'arsénic jaune, il est encore moins possible de trouver une Pyrite qui le contienne ; & l'on sçait que pour l'obtenir il ne faut que joindre un peu de soufre à l'arsénic. En un mot, toutes les Pyrites blanches & jaunes sont propres à cet usage ; mais il faut qu'elles soient mêlées pour que les unes aident les autres à produire cette substance. Si , comme il y a lieu de le présumer , il se trouve des Pyrites dans lesquelles le soufre & l'arsénic se rencontrent dans la proportion qui convient pour faire de l'orpiment , tel que celui qu'on trouve quelquefois dans le sein de la terre, ce ne sont point assurément celles de Misnie que nous employons à faire de l'arsénic jaune, ni aucunes de celles d'Europe que j'ai eu occasion de voir : lorsqu'on parle de Pyrites *d'orpiment*, il faut toujours sçavoir si elles renferment un soufre combiné avec l'arsénic, ou de l'arsénic pénétré par le soufre, ou si ce n'est que par le mêlange qu'on peut l'obtenir.

Je joindrai à ce qui vient d'être dit, les effets & les propriétés de l'arsénic , ou plutôt de sa mine ; sur quoi il se présente trois questions : 1°, quels effets la Pyrite blanche produit dans le sein de la terre : 2°, les effets qu'elle produit à l'air libre : 3°, ceux qu'elle produit dans le feu.

1°. Quant à la premiere question ; nous avons d'abord à considérer les endroits où la Pyrite arsénicale se trouve , ce qui a déja été fait ci-devant ; sur quoi je répéterai la différence qui la distingue de la Pyrite sulfureuse, sçavoir, qu'elle se trouve toujours accompagnant d'autres mines, & par conséquent dans des fentes & des filons, & jamais en roignons ou par masses détachées, ou par nids répandus dans la premiere couche de la terre, comme nous voyons que cela arrive à la Pyrite sulfureuse ; du moins je n'ai jamais pu voir de coquilles pénétrées de Pyrite arsénicale, & je n'ai jamais trouvé cette Pyrite ni en globules , ni en marons, ni en boules hérissées de pointes , comme on sçait que l'on trouve les Pyrites jaunes. On voit par-là que dans ces couches supérieures de la terre la Nature manque des matériaux & des choses nécessaires pour cette production , & que les substances végétales & animales qui doivent être regardées comme des restes du déluge , ne sont point si propres à servir de matrices à ces sortes de Pyrites qu'à celles qui sont sulfureuses. Cela nous conduit à une connoissance plus exacte de la nature du fer & du soufre, qui sont les principes dont la Pyrite sulfureuse est composée, vû que ces deux substances minérales s'approchent non-seulement plus des limites des deux autres regnes, mais encore s'approchent du sein de la Nature, c'est-à-dire , de l'air, ce qui prouve, sinon leur origine , du moins leur analogie. Il ne faut cependant pas conclure de ce que je dis que les Pyrites blanches doivent être exclues du nombre des Pyrites & des mines qui se forment encore journellement ; car au défaut de substances animales pénétrées par la Pyrite arsénicale, nous avons des incruſtations & des cryſtalliſations ſur leſquelles cette Pyrite eſt répandue, & qui ne peuvent être attribuées à la création.

Mais je m'écarte trop de mon ſujet. Une queſtion qu'il eſt plus naturel d'examiner ici, c'eſt ſi la Pyrite arſénicale ſe diſſout dans la terre, ſi elle ſe décompoſe ou ſe vitrioliſe, comme cela arrive aux Pyrites ſulfureuſes ſurtout, & aux Pyrites cuivreuſes. Il ſoit que cela n'arrive point; premiérement, parce que ces Pyrites ne contiennent pas un acide tel que celui du ſoufre qui entre en mouvement, & qui en attaquant la terre ferrugineuſe détruiſe le tiſſu de la Pyrite, & permette à l'arſénic de ſe dégager. En ſecond lieu, parce que l'arſénic & le fer, dont la Pyrite blanche eſt compoſée, ſont unis trop étroitement pour cela, & le ſont beaucoup plus que le fer & le ſoufre; par conſéquent il y auroit plutôt lieu de préſumer cette décompoſition de l'arſénic noir foſſile dont nous avons déja parlé, attendu qu'il n'eſt uni ni avec du fer, ni avec aucune autre ſubſtance étrangere. Enfin, parce que l'arſénic qui ſe trouve dans l'argille dont j'ai parlé ci-devant, ſur-tout étant vitriolique, a ſans doute fait partie d'une Pyrite ſulfureuſe, & que le vitriol qui s'eſt formé par la deſtruction de cette Pyrite, a été entraîné par l'eau qui a emporté avec lui la portion d'arſénic avec laquelle il étoit mêlé, & s'eſt incorporé dans le *guhr* argilleux, ou dans la terre détrempée qui étoit charriée en même tems; ou parce que l'arſénic blanc & pur de Joachims-thal, ſi, comme il y a toute apparence, il n'a pas été produit par une mine décompoſée dans un autre endroit, a pour baſe la mine d'arſénic d'un gris noirâtre qui ſe trouve tout auprès, & peut difficilement être regardé comme tirant ſon origine de la Pyrite arſénicale qui ne ſe montre point dans ſon voiſinage.

II°. La compoſition de la Pyrite blanche ne ſoufre point non plus d'altération, ſoit à l'air, ſoit dans la premiere couche de la terre, ſoit dans quelque endroit qu'elle ſoit placée, & quelque tems qu'elle y demeure, il n'y a pas lieu d'eſpérer qu'elle y ſouffre de décompoſition, puiſqu'elle eſt viſiblement la cauſe, peut-être unique, qui fait que les Pyrites ſulfureuſes qui ne contiennent qu'une petite portion d'arſénic, ont tant de peine à ſe décompoſer à l'air, ou même ne peuvent point du tout y être miſes en diſſolution. Les cobalts qui donnent la couleur bleue, ont une propriété particuliere qui conſiſte à ſe couvrir d'un enduit de couleur des fleurs de pêcher; & même il y a des tours de mains par le moyen deſquels on peut en retirer un vitriol d'une eſpece toute particuliere, même en prenant des morceaux dans leſquels il n'y a pas le moindre veſtige de ſoufre, ni de Pyrite ſulfureuſe: cependant je ne puis point décider ſi la mine de biſmuth qui eſt quelquefois mêlée d'une façon imperceptible avec le cobalt, n'y contribue point, ou n'en eſt pas, comme je ſerois tenté de le croire, la ſeule & unique cauſe, ou ſi le cobalt lui-même n'a pas cette propriété.

III°. Il faut conſidérer les propriétés que la Pyrite arſénicale a par elle-même, & relativement à d'autres ſubſtances. A l'égard du premier point, nous avons déja rapporté la plûpart des phénomenes qui pouvoient faire connoître la nature de ce minéral; cependant il nous reſte encore quelque chofe à éclaircir, ce que nous ferons fur-tout en comparant fes effets à ceux que produit la Pyrite fulfureufe.

1°. La Pyrite arfénicale fe débarraffe de fa partie volatile, c'eft-à-dire, de l'arfénic, fans qu'il foit befoin d'y joindre d'autre fubftance ou intermede, pour opérer ce dégagement; elle a cela de commun avec la Pyrite fulfureufe; cependant ce dégagement ne fe fait point fi promptement, & exige un degré de feu beaucoup plus vif; la raifon en eft que l'arfénic eft uni plus étroitement à fa terre, que le foufre ne l'eft à la fienne; cependant dans l'arfénic cette terre eft plus groffiere, quoique dans l'une & dans l'autre elle foit ferrugineufe; l'arfénic eft fi fortement lié avec cette terre, que lorfque le feu eft trop violent, il entre plutôt en fufion avec elle que de s'en dégager: cela n'arriveroit point à la Pyrite fulfureufe, quand même on auroit deffein de produire cet effet. L'arfénic fait voir la même chofe lors même qu'il eft accompagné du foufre; & l'on voit que dans la mine de cuivre il fe tient fortement uni, auffi bien que le foufre, à une terre ferrugineufe & cuivreufe: voilà la raifon pourquoi on fe fert d'un feu doux pour griller les mines de cuivre, quand on veut les effayer pour le cuivre: quant aux mines d'argent mêlées de cobalt, où l'arfénic fe trouve toujours, quand on les effaie pour fçavoir l'argent qu'elles contiennent, jamais on ne donne un degré de feu trop rapide, de peur que la maffe venant à fe pelotonner, on n'obtienne un bouton d'argent impur, & de peur que dans le premier cas on n'ait, outre le *fpeiff*, un cuivre noir fort chargé de parties arfénicales. La raifon pourquoi l'arfénic eft plus fortement uni à cette terre que le foufre, eft fans doute parce qu'étant un demi-métal il a plus d'analogie avec une terre métallique, foit ferrugineufe, foit cuivreufe, que le foufre qui eft un corps léger, fubtil, falin & inflammable.

Toutes les mines arfénicales, telles que le cobalt, tant celui qui donne le bleu que celui qui n'en donne point, le *kupfernickel*, ou la mine d'arfénic d'un rouge de cuivre; la mine d'argent rouge, la mine d'étain, &c. donnent d'elles-mêmes leur partie arfénicale & volatile; mais un phénomene remarquable, c'eft que quoique la Pyrite fulfureufe, quand elle n'eft que peu ou point arfénicale, donne facilement fon foufre & fans en rien retenir; cependant il a plus de peine à fe dégager lorfqu'il accompagne la mine de plomb, & il eft encore plus fortement uni avec le régule d'antimoine, comme on ne le voit que trop quand on le calcine pour faire le verre d'antimoine; & il eft lié fi fortement avec le mercure, qu'il s'éleve avec lui plutôt que de s'en féparer. On pourroit demander là-deffus s'il n'y auroit point de métal que l'on pût préparer de maniere que l'arfénic fe fublimât conjointement avec lui, comme le foufre fait avec le mercure. Il ne fuffiroit pas pour cela qu'il fe fublimât fimplement des portions infenfibles de métal combiné avec l'arfénic, comme cela arrive dans toutes les fublimations arfénicales, telles que celle qui fe fait dans les travaux fur les mines de plomb, fur les mines d'argent, fur le cuivre noir, & fur prefque tous les métaux: en fecond lieu, quoique le foufre & l'arfénic foient tous deux les caufes de la minéralifation, & aient

beaucoup

beaucoup d'analogie par le rapport qu'ils ont avec le cuivre & le fer, on ne peut cependant point les comparer ensemble ; mais si quelque chose pouvoit être comparé à l'arsénic, ce devroit être plutôt le mercure que le soufre. En effet, l'arsénic est un demi-métal, & le mercure ne peut guères être regardé comme autre chose ; il faudroit donc plutôt demander si l'arsénic ne peut point s'unir & se sublimer avec le soufre de même que le mercure, & alors l'arsénic jaune ou l'orpiment sert de réponse à cette question : on voit que le soufre s'y charge de l'arsénic précisément de la même maniere que du mercure dans le cinnabre, & le corps qui résulte de leur combinaison, sçavoir l'orpiment, peut être regardé comme une espece de cinnabre, que je ne sçais si je ne dois pas appeller un *cinnabre philosophique.*

2°. L'arsénic tient encore plus fortement dans sa Pyrite, lorsque, soit par inadvertence, soit à dessein, il a été uni par la fusion avec la terre ferrugineuse qui est à côté de lui. Cela prouve qu'il a de la disposition à acquérir de la fixité, & que c'est peut-être le fer qui lui en fourniroit les moyens ; phénomene qui peut donner lieu à des réflexions qu'a déja pu faire naître ce que j'ai dit dans le Chapitre sixieme, en parlant des propriétés du fer relativement aux autres métaux, & de ses effets par rapport à l'aiman.

3°. Il n'est point surprenant de voir que l'arsénic, lorsqu'il est seul & séparé, ait tant de peine à s'unir avec le fer qui a été obtenu par la fonte ; cette expérience est aussi difficile que la formation artificielle de la Pyrite sulfureuse, parce qu'il est très-difficile d'imiter ce que la Nature a fait pour approprier le fer & pour préparer sa terre, ce qui dépend, comme nous l'avons déja dit, d'élaborations & de combinaisons presque impossibles à saisir. On réussit jusqu'à un certain point lorsqu'on veut imiter la Pyrite sulfureuse, en faisant passer le soufre d'une mine immédiatement dans le fer rougi qu'on lui présente : sur ce pied, la scorie qui se forme à la surface du plomb, qui a été dégagé ou précipité de sa mine à l'aide du fer, & qui est entiérement composée de fer & de soufre, doit être regardée comme une substance analogue à la Pyrite. Mais comment s'y prendre pour faire passer dans du fer de l'arsénic déja uni avec d'autre fer, sur-tout lorsque ce fer a été formé en même tems que l'arsénic, comme je l'ai déja fait voir en parlant de la formation de la Pyrite ; & comment le faire entrer dans du fer, qui ayant déja passé par tant de travaux, doit avoir reçu différentes modifications ; ou comment le faire passer dans une terre martiale intacte, qui n'a passé par aucun des travaux de l'Art, & à laquelle il peut manquer bien des choses nécessaires pour que cette combinaison se fasse ?

4°. Dans la Pyrite arsénicale l'arsénic n'est point suffisamment saturé de terre ferrugineuse, il est susceptible d'en prendre presque encore une fois autant qu'il en a déja ; on peut s'en convaincre en le mettant en régule, ce qui se fait à l'aide du fer. On trouve du soufre pur dans le sein de la terre ; on y trouve aussi de l'arsénic tout pur ; ainsi l'un & l'autre peuvent subsister sans fer, & avoir été produits sans lui. Mais lorsque ces loups

souterreins se sont une fois saisis d'une portion de ce métal, le soufre peut
bien en être saturé, mais l'arsénic en est encore affamé.

5°. La Pyrite arsénicale contient aussi une petite portion d'argent, &
s'accorde parfaitement en cela avec la Pyrite sulfureuse. Mais lorsque l'arsénic est uni avec une terre qui donne une couleur bleue, auquel cas on
le nomme *cobalt*, il est chargé d'argent d'une maniere sensible, qui varie
cependant : on remarque la même chose dans la Pyrite sulfureuse, lorsque sa
terre ferrugineuse est mêlée de cuivre. Cette comparaison des Pyrites
blanches & jaunes relativement à la couleur bleue que donnent les unes,
à la terre cuivreuse que donnent les autres, & à la quantité d'argent qui y
est plus ou moins grande en raison de ces circonstances, mériteroit bien
un examen particulier. Si quelqu'un veut s'en rapporter à ceux qui prétendent que le *mispikkel*, ou la Pyrite arsénicale, contient des métaux précieux, il faudra essayer avec soin les morceaux sur lesquels on voudra travailler, afin de n'être pas induit en erreur par les substances étrangeres qui
pourroient y être imperceptiblement mêlées.

6°. Je ne puis ajouter foi à ce qu'on dit de l'or prétendu qui se trouve
dans la Pyrite, du moins il ne faut pas se laisser séduire par la couleur blanche, non plus que par la couleur jaune des Pyrites sulfureuses. Je sçais la
différence qu'il y a entre les métaux blancs & les métaux rouges, & cette
distinction a quelque fondement ; mais il y a des métaux moyens qui ont
le mercure dans leur sein, & dans lesquels l'arsénic peut jouer un rôle considérable.

7°. La partie volatile de la Pyrite arsénicale est disposée à s'approprier
& à s'unir avec le fer, de même que le bismuth, l'étain & le zinc ; au lieu
que le régule d'antimoine & le plomb ne sont nullement disposés à
se combiner avec lui. Le plomb ne peut souffrir le fer, il ne s'unit point
avec lui par la fusion, & même lorsqu'il est comme mort & vitrifié, il ne
s'en charge point. Le régule d'antimoine s'unit à la fin avec le fer, mais
cette union n'est jamais intime ; car, comme nous l'avons déja fait remarquer, l'aiman n'attire point le fer qui a été fondu avec le régule d'antimoine, tandis qu'il agit sur le fer même lorsqu'il est extrêmement chargé
d'arsénic, d'étain, de zinc & de bismuth.

8°. La Pyrite blanche ou arsénicale ne contient point de soufre, & par
conséquént elle ne contient point d'orpiment.

9°. Son odeur dans le feu est semblable à celle de l'ail, & elle est pénétrante.

10°. Cette odeur se répand dans l'air plus loin que celle du soufre.

11°. La Pyrite arsénicale exposée au feu le plus violent se change en
un verre noir, comme fait tout minéral ferrugineux.

12°. L'arsénic blanchit le cuivre, mais il le rend fragile & cassant.

13°. Il laisse au fer sa couleur, mais il le rend aussi aigre & cassant.

14°. Le verre qu'il forme avec le plomb, est une substance très-singuliere.

Je ne parlerai point actuellement des autres propriétés de l'arsénic ; il n'est
pas nécessaire de tout dire aux paresseux & aux charlatans. J'ajouterai

seulement que l'arsénic, le zinc & le phosphore ont beaucoup d'analogie
& d'affinité. Le zinc & le phosphore sont tous deux des substances inflammables, avec cette différence que le premier s'enflamme par un feu extérieur, au lieu que le second s'enflamme par le contact de l'air & par un
mouvement interne. Le zinc a l'odeur du phosphore, qui lui-même a l'o-
deur des vapeurs ou fumées arsénicales des fonderies. Le phosphore se
combine avec le mercure, l'arsénic & le mercure different très-peu quant
à leur base. Il y a du zinc dans la cadmie ou dans l'enduit qui s'attache aux
fourneaux, quoiqu'il n'y soit point sous la forme qui lui est propre. Il est vrai
que l'arsénic est tout fait dans sa mine, au lieu que le zinc est produit de la
sienne, cependant ils se montrent l'un après l'autre ; l'arsénic se montre
d'abord, & le zinc se montre ensuite, & ils s'attachent l'un à l'autre. On
peut aussi faire du phosphore avec de l'arsénic, ou avec une substance arsénicale. Que le Lecteur pese toutes ces circonstances & ce qui a déja
été dit de ces substances. Voici une expérience qui m'a été communi-
quée depuis peu par M. Meuder de Dresde, qui en est l'inventeur. Prenez
d'orpiment & de limaille de fer parties égales, mettez ce mêlange en sublimation dans un petit matras, ensuite sur dix parties de ce sublimé mettez douze parties de vitriol d'argent, (*vitrioli lunæ*) triturez-les ensemble
sur un porphyre, jettez cette poudre sur du papier, elle s'allumera sur le
champ.

CHAPITRE XI.

De l'Argent contenu dans la Pyrite.

CEUX qui veulent trouver des métaux précieux par-tout, seront peut-
être choqués de voir que je me sois arrêté si long-tems sur des substances ignobles, telles que le fer, le cuivre, le soufre & l'arsénic, & ils
attendent sans doute que je leur indiquerai les moyens de tirer de l'or
& de l'argent de la Pyrite : mais je crois devoir conseiller à ces personnes
avides, de ne point s'amuser à lire mon Ouvrage ; elles n'y trouveront
point d'or, mais en revanche elles pourront y trouver des vérités. Il est
certain qu'il y a de l'or & de l'argent dans la Pyrite ; mais ils y sont en si
petite quantité, qu'on n'en tire que des atomes ou de légers vestiges. On
dira peut-être que cela vient de ce qu'on ignore la maniere de le tirer,
mais je crains bien qu'on ne la cherche inutilement : on a beau dire que
l'or qui y est contenu est volatil ; je crois qu'on parleroit plus exactement
si l'on disoit qu'il y est invisible.

A l'égard de l'argent, c'est un principe certain, constaté par les expériences de tous les Essayeurs & par les miennes, que la Pyrite, comme
telle, n'en contient point au-delà d'une demi-dragme par quintal ; peut-
être même que je vais trop loin, car j'ai des exemples qui prouvent que
cela n'arrive pas toujours. En effet, quand même quelques essais donne-

roient jusqu'à cinq ou six dragmes, comme je l'ai plusieurs fois observé, il faut d'abord remarquer que les Pyrites qui en donnent cette quantité, sont communément cuivreuses, & le cuivre qui s'y trouve, s'il n'en peut être regardé comme une cause, sert du moins à indiquer une composition minérale différente. En second lieu, il faut observer que les échantillons de Pyrites qui sont dans ce cas, sont souvent mêlés avec d'autres mines qui, quoiqu'elles ne soient pas toujours perceptibles, peuvent faire aller même encore plus haut la quantité de l'argent qui y est contenue : cela peut arriver même aux Pyrites ou marcassites les plus compactes, telles que celles de Pretschendorf, puisqu'on trouve qu'elles contiennent de la mine de plomb & même de la blende dans leur intérieur. En troisieme lieu, les essais qui donnent des portions d'argent si foibles, sont si peu constans dans leurs produits, qu'ils ne peuvent détruire ce que j'ai établi. Il en est de même de la Pyrite blanche ou du *mispikkel* ; quelquefois le hasard fait qu'on en tire deux gros ou une demi-once d'argent. Malgré cela, j'ai des raisons pour compter encore plus sur les Pyrites blanches que sur les Pyrites sulfureuses, lorsqu'il s'agit d'en tirer de l'argent. J'ai appris qu'il y a en Suede une Pyrite blanche qui contient jusqu'à quatre onces d'argent : il resteroit cependant encore à demander si cette Pyrite est effectivement pure ; car il faut bien prendre garde de n'être point abusé par le cobalt, qu'il est souvent très-difficile de reconnoître, & qui donne communément de l'argent. Outre cela, je trouve encore une objection à faire, c'est que la Pyrite arsénicale qui, quoique rarement, se trouve accompagner les mines les plus riches, est quelquefois pauvre, & aussi dépourvue d'argent que celle qui accompagne des mines de métaux communs.

Mais lorsque la Pyrite est cuivreuse, on a lieu de présumer par le cuivre qui y est contenu, que la mine a déja éprouvé un degré de coction métallique, & alors on peut s'attendre à y trouver un peu plus d'argent ; cependant cette regle n'est pas constante, & cet argent doit être regardé comme une chose accidentelle de même que le cuivre qui s'y trouve. On doit même si peu compter sur cet accident, qu'il ne faut jamais prétendre juger de la quantité d'argent qui s'y trouvera par celle du cuivre qui y est contenue : il y a des Pyrites cuivreuses très-chargées de cuivre, qui contiennent beaucoup moins d'argent que des Pyrites qui sont moins riches en cuivre. Je ne parlerai point des mines étrangeres qui se trouvent quelquefois mêlées avec les Pyrites, & qui sont souvent capables d'induire en erreur les personnes les plus expérimentées. Ainsi il ne faut pas se laisser séduire par les couleurs des Pyrites, par les mines d'argent qu'elles accompagnent, ni par les usages qu'on peut en faire pour la fonte de ces mines, vû que cela ne décide rien pour l'argent qu'elles contiennent. J'ai reçu de Norwege, sous le nom de *Pyrite d'argent*, un morceau d'une pierre composée de petites couches de quartz & de mica ou talc gris, & qui est de la même nature que la pierre dont on se sert pour bâtir dans nos cantons ; dans les gerçures de cette pierre on remarquoit des petits feuillets d'argent : on voit par-là que c'est très-improprement que l'on avoit donné le nom de Pyrite à cette pierre. Il ne faut point non plus s'en laisser imposer par les noms de *Pyrites argenteus* ou *argentarius*, dont quelques Auteurs ont fait usage : cette dénomination semble fondée sur la couleur, & signifie *Pyrites argentei coloris*, une Pyrite qui est de couleur d'argent, par où on a voulu désigner la Pyrite blanche dont j'ai traité dans le Chapitre qui précède. Lorsqu'une mine ne contient que de l'argent tout seul, comme Rulandus le dit dans son *Lexicon*, alors on ne doit plus lui donner le nom de Pyrite. En un mot, l'argent que l'on peut espérer de tirer des Pyrites, est si peu de chose, que si les Pyrites martiales & sulfureuses ne servoient point à faire la matte dans le traitement du cuivre, ou à faire du soufre & du vitriol, & si les Pyrites cuivreuses ne donnoient point du cuivre, on ne retireroit pas ses frais à les vouloir traiter.

CHAPITRE XII.

De l'Or contenu dans la Pyrite.

CE qui vient d'être dit de l'argent peut aussi s'appliquer à l'or. En effet, quoiqu'un grand nombre d'Auteurs parlent de Pyrites & de marcassites d'or, leur prétention est sans fondement. Si par un hasard extraordinaire il se trouve un atome d'or dans la Pyrite, on sera toujours en droit de demander si cet or y étoit, ou s'il s'est formé par les combinaisons & les travaux que l'on a faits. Il y a des gens qui éluderont la difficulté en disant que cet or s'est volatilisé dans l'opération, mais à quels signes reconnoître de l'or qui se dissipe ? Je conviens qu'il y a des métaux volatils, tels sont sur-tout le plomb ordinaire & le plomb des Philosophes, & même tous les métaux peuvent être volatilisés ; mais pour prouver que cet or prétendu s'est volatilisé, il faudroit pouvoir le réduire & le fixer ensuite, pour rendre la chose probable. On dira peut-être qu'on ne peut le retenir, parce qu'on seroit obligé pour cela de faire ces opérations dans des vaisseaux fermés & non à feu nud, ce qui pourtant est indispensable ; mais n'a-t-on pas des moyens de retenir par des vaisseaux sublimatoires toutes les substances que la violence du feu peut dissiper, sinon en entier, du moins en une quantité suffisante pour pouvoir en faire l'examen ? J'ai moi-même examiné toutes les suies qui s'attachent aux fourneaux dans les travaux sur le plomb & sur le cuivre, & dans celui de la grande coupelle, dans la vûe de sçavoir si j'y trouverois de l'or, je n'y ai rencontré que de foibles vestiges de métaux imparfaits, sur-tout de plomb & de cuivre ; j'ai même trouvé des traces d'argent dans le plomb ; mais jamais je n'y ai pu découvrir la moindre parcelle d'or. Ceux qui ont travaillé sur les suies qui s'attachent aux fourneaux de grillages, pour recouvrer l'argent qui a pu se dissiper dans ces opérations, & qui ont fait l'essai de l'argent qu'ils ont ainsi recueilli, pour sçavoir s'il contenoit de l'or, seront aussi de mon avis. Si cependant on pouvoit se flatter de trouver de l'or volatilisé, ce devroit être dans ces fuies, où l'on opere fur des quantités prodigieufes de Pyrites de toute efpece, qui font jointes à une infinité de matrices, ou de minieres différentes, & auxquelles on fait éprouver un feu capable de volatilifer tous les métaux. Il ne feroit point furprenant que les Hongrois trouvaffent quelque portion fenfible d'or dans leurs fuies ou dans l'enduit de leurs fourneaux, attendu que la mine qu'ils traitent contient de l'or qui pourroit s'élever de la même façon qu'une légere portion d'argent s'éleve avec l'arfénic dans nos fonderies. D'ailleurs, il n'eft pas befoin d'un feu bien violent, lorfqu'après avoir fait agir l'eau-forte ou les diffolvans fur une Pyrite, on évapore enfuite la diffolution à ficcité, pour avoir le prétendu précipité d'or; cependant on n'y trouve plus rien; & fi l'on a recours au fourneau d'effai, dont le feu n'eft pas de la derniere violence, on ne peut pas même découvrir par fon moyen la moindre parcelle d'argent.

Si on m'objecte que cet or n'eft point mûr, qu'il n'eft qu'un embryon; je dirai qu'on ne fait que changer de langage pour m'en impofer. C'eft avec auffi peu de fondement que l'on prétend que le cobalt, l'étain & d'autres métaux femblables, font de l'argent non mûr; bien des gens l'affûrent, mais ils ne peuvent pas le prouver, quoiqu'il y ait affez d'analogie entre ces fubftances & l'argent. On feroit auffi fondé à dire que le fpath eft un fel non mûr, que la blende eft une mine de plomb non mûre, &c. En effet, le fpath a de la reffemblance avec le fel gemme; & la blende ne fe diftingue à l'extérieur de la mine de plomb que par fa couleur qui eft plus noire; elle accompagne la mine de plomb, & fe montre fouvent avant elle dans le filon. Si on fe fonde fur la couleur jaune de la Pyrite, cette raifon ne fera pas plus décifive.

Ce qui vient d'être dit ne doit pourtant point nuire à deux vérités. La premiere eft que d'un métal imparfait il peut fe faire un métal parfait, ou, fi l'on veut, un métal peut être mûri. La feconde eft qu'il peut y avoir des Pyrites dans lefquelles il fe trouve un foible veftige d'or. Quant à la premiere vérité, quiconque a opéré avec les précautions convenables fur les minéraux & les métaux, fçaura qu'on ne peut point la contefter, quoique l'on ne puiffe pas encore donner de regles certaines & invariables fur ces fortes d'opérations: mais de ce que des particules de cuivre & de fer auront été changées en or, de ce que quelques particules de plomb, d'étain, ou de régule d'antimoine, auront été changées ou tranfmuées en argent, au moyen d'une infinité de routes qu'on aura prifes, il ne s'enfuit point pour cela que le cuivre & le fer foient de l'or non mûr, & que le plomb, l'étain & l'antimoine foient un argent non mûr. On pourroit appeller ce changement qui s'opere une *maturation*: je me fuis moi-même quelquefois fervi de ce terme, & on peut fans doute faire des opérations par lefquelles il fe produit une maturation de cette efpece, de même que celle d'un fruit qui s'opere par le moyen du tems & fans addition d'aucune autre fubftance: cependant on feroit toujours en droit de demander fi les autres opérations par lefquelles on obtient des métaux précieux fans le fecours d'une teinture, opérations que l'on pourroit appeller à certains égards des *particuliers*, ne font point des productions qui réfultent du concours & de la combinaifon de particules de deux ou trois efpeces qui en forment une nouvelle ; ou fi elles ne font pas proprement une extraction, qu'on auroit tort de faire paffer pour une maturation ou pour une tranfmutation. Il y a de la différence entre tranfmuer un fel, par exemple, volatilifer le fel marin par lui-même, ce qui peut certainement fe faire, ou produire un fel par l'addition d'une feconde ou d'une troifieme fubftance ; d'où l'on voit qu'il n'y a point de raifon d'appeller huile de vitriol *douce*, (*oleum vitrioli dulce*) celle que l'on aura combinée avec de la chaux vive ou avec un fel alcali, comme on fçait que cela fe pratique. Il eft certain que les métaux ont beaucoup d'analogie les uns avec les autres, mais pourquoi cette analogie iroit-elle toujours en augmentant, & non en defcendant ? On ne peut point prouver cette gradation, je voudrois feulement que quelqu'un changeât du fer en cuivre, puifque ces métaux ont tant d'analogie qu'on ne peut pas préfumer qu'il y ait un métal qui puiffe tenir le milieu entre eux deux.

La façon de parler des ouvriers des mines lorfqu'ils difent qu'*ils font venus de trop bonne heure*, de quelque maniere qu'on l'entende, eft entiérement dénuée de fondement ; cependant ce propos n'a pas laiffé d'être adopté par des perfonnes, d'ailleurs très-éclairées. La diftribution des métaux la mieux fondée eft celle qui les divife en métaux *rouges* & en métaux *blancs*, entre lefquels le mercure tient le milieu. Car quoiqu'on attribue à la pierre philofophale la propriété de porter tout d'un coup tous les métaux indiftinctement avec leur mercure au plus haut degré de perfection, cependant dans les travaux particuliers les *maturations*, les *coctions* ou les *exaltations* n'ont point un pouvoir affez étendu pour changer un des métaux blancs en or, & un des métaux rouges en argent, à moins que le mercure qui a une égale affinité avec ces deux efpeces de métaux, n'ait été ouvert convenablement, & de maniere à donner fon *fang-rouge* fans être brulé, ce qui convient à l'or auffi bien qu'à l'argent. Cependant d'où peut venir la préférence que les Philofophes hermétiques donnent à un métal plutôt qu'à un autre dans leurs teintures ? Cela vient, felon toute apparence, de ce que toutes ces teintures ne conviennent point à tous les métaux.

Pour confoler ceux qui font fi avides d'or, je vais leur dire à quoi fe monte la quantité de ce métal dans la Pyrite ; & pour lever toutes les incertitudes que pourroit avoir mon Lecteur, je vais rapporter la méthode que j'ai fuivie dans mes effais. D'abord j'ai choifi les Pyrites qui étoient les plus pures & les plus compactes dans toutes leurs parties, précaution néceffaire même avec les Pyrites cubiques qui paroiffent les plus pures & les plus homogènes. En fecond lieu, comme ce n'eft qu'en tirant l'argent de la Pyrite que l'on obtient l'or qui peut y être contenu, & qui fe trouve dans le bouton qui refte fur la coupelle, j'ai fait mon effai fur l'argent : comme ce bouton eft communément d'une petiteffe extrême, vû que celui que donnent la Pyrite fulfureufe & martiale, ne va qu'à un demi-gros par quintal, & celui qu'on obtient des Pyrites cuivreufes n'eſt que de deux gros par quintal, on ne peut ſe ſervir de l'eau-forte pour s'aſſurer de l'or qui y eſt contenu. J'ai donc pris le parti d'eſſayer ſix ou huit quintaux à la fois ſur différentes coupelles, & j'ai raſſemblé tous les différens boutons que j'avois obtenus ; enſuite j'ai paſſé ces boutons par l'eau-forte, & j'ai peſé la poudre noire qui reſtoit, après l'avoir édulcorée & fait rougir. Je regarde cette voie comme la meilleure, car ſi on n'obtient rien de cette maniere ; toutes les cémentations, les calcinations & les extinctions dans quelques liqueurs que l'on voudra choiſir, ſeront inutiles pour s'aſſurer de la préſence de l'or ; ces opérations, & ſur-tout les mélanges & les cémentations peuvent être avantageuſes dans d'autres vûes. Que prétend-on faire en voulant tirer l'or de la Pyrite par le moyen de l'eau régale ? Il y eſt enveloppé de beaucoup de matieres étrangeres & d'un métal dont l'eau régale ne peût le ſéparer, puiſqu'elle agit auſſi efficacement ſur le cuivre & ſur le fer que ſur l'or. J'ai encore fait bouillir le précipité ; je l'ai paſſé à la coupelle, mais ſans ſuccès ; car tandis que par l'autre méthode j'obtenois quelque choſe, par celle-ci j'obtenois beaucoup moins, & ſouvent rien du tout.

Il n'y a pas le moindre veſtige d'or dans les Pyrites martiales ſulfureuſes les plus pures, pas même dans la *Minera Martis ſolaris Haſſiaca*, dont on a fait tant de bruit, mais qui ne contient que du foufre ; ſon vitriol eſt inférieur au vitriol martial factice, à celui qui eſt fait avec la calamine, & même au vitriol natif d'Hongrie ; quant à l'or qu'on prétend y être contenu, c'eſt un être de raiſon. Il en eſt à-peu-près de même des Pyrites martiales qui ſont légérement cuivreuſes, & par conſéquent de toutes les Pyrites de l'univers : quelquefois pourtant il y a de ces dernieres Pyrites qui par les eſſais donnent par marc d'argent le quart, la moitié d'un denier, ou même un denier entier d'or, ce qui eſt très-rare ; mais lorſqu'un quintal de la Pyrite ne donne qu'un quart de gros ou un demi-gros d'argent, ſi on compte combien il faut de centaines de quintaux pour obtenir un marc d'argent, on verra que cette portion eſt ſi inſenſible, qu'elle ne mérite pas d'entrer en ligne de compte. Quelques peines que je me ſois données, je n'ai pas eu plus de ſuccès avec les Pyrites cuivreuſes ou mines de cuivre pyriteuſes : il y auroit cependant lieu de le préſumer, vû que le cuivre paroît avoir plus d'affinité avec l'or que le fer ; & il pourroit ſe faire que les Pyrites d'Hongrie, qui ſont celles qui ont réveillé l'attention de bien des gens, euſſent en cela quelque prééminence ſur les autres, & puſſent fournir matiere à des conſidérations*. Juſqu'à préſent on n'a guères été tenté de chercher de l'or dans les Pyrites arſénicales, ſans doute parce qu'elles ne ſont point jaunes, mais blanches

---

*M. de Juſti aſſure dans ſa Minéralogie qu'il ſe trouve en Hongrie des Pyrites que l'on nomme *gelfte*, qui donnent une demi-once & même juſqu'à une once d'or par quintal ; ces Pyrites ſont d'un jaune d'or tirant ſur le vert. Le même Auteur dit que l'on trouve en Suéde, dans la mine d'Adelfors, des Pyrites qui donnent juſqu'à une once & un huitieme d'or par quintal. Il ſe trouve encore en Hongrie une eſpece de mine appellée *zinnopel*, qui eſt pyriteuſe, on en tire de l'argent qui contient environ un quart de ſon poids en or. Voyez la *Minéralogie* de M. de Juſti, §. 43. & 44. Cependant M. Henckel ſemble réſoudre l'objection que ces ſortes de Pyrites font contre ſon ſentiment, comme on le verra dans la ſuite de ce Chapitre.

comme

comme de l'argent ; quoique cette couleur jaune qui a fait illusion à tant
de monde, ne vienne que du soufre, & soit rendue plus vive par le cuivre ; il ne faut pourtant pas que la couleur blanche de ces Pyrites y fasse
chercher de l'argent, bien qu'elles puissent renfermer quelque chose qui
étant mêlé avec d'autres substances, soit capable de produire de l'argent
& même de l'or.

Quelques personnes trouveront peut-être que je décide trop hardiment,
& m'opposeront l'autorité d'un grand nombre d'hommes habiles qui ont
pensé & écrit différemment. M. de Loehneiss, à la page 129 de son *Traité*
des Mines, semble vouloir soutenir d'un côté ce qu'il détruit d'un autre.
Mais il est certain que ce qu'on fait passer pour des Pyrites contenant de
l'or ne sont que des chimeres. On peut dire la même chose des prétendus
grenats *d'or* qui ne contiennent que de l'étain ou du fer. Un habile Essayeur de Norwege m'a écrit en ces termes : « Nous n'avons point ici de
» Pyrites qui contiennent de l'or ; il y en a d'anguleuses ou de cubiques,
» qu'on veut faire passer pour telles ; je les ai souvent essayées sans jamais
» y rien trouver ». Nous aurions encore bien des témoignages semblables,
si tous ceux qui ont fait des expériences, avoient la bonne-foi d'avouer
le peu de succès de leurs tentatives.

Il est certain que la quantité d'or que l'on peut obtenir des Pyrites est si
petite que jamais elle ne peut dédommager des frais qu'il en couteroit
pour la retirer ; d'ailleurs l'or n'y est point à nud, mais enveloppé dans
l'argent qui s'y trouve ; & j'ai fait voir ci-devant qu'il n'y a point de Pyrite dont on retire de l'or sans qu'elle ait donné de l'argent ; ainsi quand
on y cherche de l'or, il faut commencer par en tirer l'argent. On n'a donc
qu'à considérer combien il faut de quintaux d'une mine qui ne contient qu'un
quart de gros, un demi-gros ou même un gros entier d'argent par quintal,
pour obtenir un marc d'argent dans lequel on ne trouvera qu'une portion d'or presque imperceptible : il en faudra 64, 120, ou même 240 quintaux.
Si on vouloit faire ce travail en grand, il faudroit prendre des Pyrites pures, sans mêlange d'aucune mine étrangere ; car lorsqu'elles sont mêlées
d'une infinité de substances différentes, telles que celles que nous avons
à Freyberg, on ne sçaura jamais à quoi attribuer l'or qu'on en retirera.
Quelle étendue ne donneroit-on pas à la classe des mines d'or si l'on s'arrêtoit à de simples vestiges pour les dénominations qu'on donne aux mines ? Il peut se faire qu'en Hongrie les mines d'argent rouges & vitreuses,
& même les mines de plomb donnent de l'argent dans lequel il se trouve
une portion d'or, ce qui dépend de la nature de la mine ou du filon ; sera-
t-on pour cela autorisé à leur donner le nom de *mines d'or* ? L'on voit
donc par-là que l'or étant dans les Pyrites en si petite quantité, elles ne
méritent point qu'on leur donne le nom de *Pyrites d'or* ni qu'on les travaille pour en tirer ce métal : si on vouloit les placer au rang des mines d'or,
il faudroit commencer par décider combien il faut qu'elles en contiennent
pour pouvoir mériter ce nom.

Je ne puis disconvenir qu'il ne me soit tombé entre les mains des Pyrites, & sur-tout de celles d'Hongrie, dans lesquelles il s'est trouvé une

portion d'or plus confidérable que je n'ai dit ci-devant. Mais il reftoit toujours des doutes fur les fubftances qui pouvoient y être mêlées ; & fur cent
exemples, j'en ai à peine trouvé un qui fût exempt de foupçon. J'en ai
même trouvé qui donnoient plus d'or qu'on ne m'avoit annoncé ;
mais il y a lieu de croire que cette portion d'or ne s'y trouvoit qu'accidentellement, & en confidérant la chofe de près, j'ai découvert
que quelques-unes de ces Pyrites étoient entremêlées de mine d'argent qui étoit répandue en particules très-déliées & prefque imperceptibles ; il eft même très-difficile & prefque impoffible de ne pas croire
qu'il n'y eût quelques paillettes d'or imperceptibles mêlées avec cette
mine ; c'eft ce qui m'eft arrivé avec la Pyrite d'Hongrie, que l'on nomme
Gelft. Je ne puis donc trop recommander à ceux qui travailleront fur les
fubftances du regne minéral, de commencer par les confidérer avec la plus
grande attention avant que de les traiter au feu ; de les brifer & de regarder
attentivement chaque morceau, & même d'avoir recours au microfcope.
En effet, on ne peut imaginer à quel point différentes efpeces de mines fe
mêlent & fe confondent. Je ne parle point ici de l'erreur où tombent ceux
qui prennent des Pyrites d'Hongrie d'un beau jaune pour de l'or natif. D'un
autre côté, j'ai effayé un grand nombre de Pyrites d'Hongrie & de Tran-
fylvanie pour y trouver de l'or, mais fans le moindre fuccès.

J'ai fait des effais fur une infinité de Pyrites des différens pays ; fçavoir
fur celles des mines de fel de Bochnia près de Cracovie, celles de Thuringe, de Bohême, celles de Braunfdorf, & d'autres de notre voifinage ;
ces dernieres font plus chargées d'antimoine que les autres Pyrites de la
Mifnie, mais j'y ai trouvé une portion d'or fi petite qu'elle ne méritoit pas
qu'on y fît attention. J'ai effayé une Pyrite qui venoit d'Eule en Bohême,
où l'on a anciennement trouvé beaucoup d'or vierge, ce qui jette beaucoup de foupçons fur l'or que j'ai pu en tirer. J'ai auffi trouvé de l'argent
& une petite portion d'or dans une Pyrite de la mine de Lampertus dans
le comté de Hohenftein ; elle étoit très-pâle & prefque blanche à caufe
de l'arfénic qui s'y trouvoit, ce qui auroit empêché bien des gens de foupçonner ce qui y étoit contenu.

D'après les expériences que j'ai eu occafion de faire fur ces différentes
Pyrites, je crois devoir faire remarquer : 1°, qu'il ne faut point s'en laiffer
impofer ni par la figure anguleufe des Pyrites que l'on nomme *Marcaffites,*
ni par la figure ronde des Pyrites fphériques : 2°, il ne faut point s'en rapporter à la couleur pâle qui ne décide rien, ni à la couleur jaune qui ne
prouve pas davantage, & qui vient foit de la compofition de la Pyrite dans
laquelle il entre du cuivre, foit de quelque exhalaifon minérale qui l'a colorée intérieurement : 3°, je n'ai jamais trouvé de Pyrite qui contînt de
l'or fans argent ; je ne parle point d'or natif, mais d'or minéralifé ou pyritifé.
Cela mérite plus d'attention qu'on ne l'imagine ; & il paroît qu'il eft fort
douteux qu'il y ait dans le monde une vraie mine d'or, c'eft-à-dire, dans
laquelle l'or qui n'eft pas vierge, même fans être dans une Pyrite, ne foit
point mêlé avec de l'argent : 4°, on ne trouvera pas même de Pyrite dans
laquelle l'or foit en même quantité que l'argent ; ce dernier métal l'emporte

toujours de beaucoup : cela mérite d'être remarqué. 5°. Une chose qui peut donner matiere à des réflexions, c'est qu'il y a des Pyrites dont on tire une quantité d'or déterminée, & qui, quoique très-petite, est toujours à peu près la même ; ce qui donneroit lieu de conjecturer avec quelque vraisemblance que l'or qu'on en tire vient de la l'yrite, comme telle, & non pas des autres substances qui peuvent être jointes avec elle, ni de l'or natif qui peut s'y trouver répandu, & sans cela, le produit ne seroit pas le même & seroit plus varié. Mais l'on ne peut point décider si la Pyrite contient de l'or, ou s'il y est produit ; c'est une question que j'examinerai : peut-être que ceux qui ne sentiront point cette différence, croiront que je me contredis moi-même en cette occasion.

Cette question mérite d'occuper des Physiciens quand ce ne seroit que pour distinguer l'erreur de la vérité. En effet, nous avons un grand nombre de faits par lesquels il paroît que quelques personnes ont tiré de l'or de la Pyrite, les unes plus, les autres moins, tandis que d'autres n'en ont pas obtenu la moindre parcelle ; les exemples que j'ai rapportés pourroient suffire pour en faire sentir la raison ; je crois cependant que pour se faire des idées nettes sur cette matiere, il est à propos d'ajoûter encore quelques réflexions sur la présence & sur la génération de l'or dans la Pyrite ; d'autant plus que cela demande une explication détaillée.

Premiérement, en faisant l'essai d'une Pyrite pour voir si elle contient de l'or, il faut examiner attentivement s'il ne s'y trouve point de l'or natif : cet examen demande bien de l'attention, parce que l'or y est répandu en particules d'une finesse extraordinaire. Une des premieres précautions est de faire rougir la Pyrite ; non-seulement cela rend plus vive la couleur de l'or qui peut avoir été obscurcie par quelque substance étrangere, ou être devenue plus pâle par le mêlange de quelque chose de mercuriel, mais encore par-là le morceau de mine, qui est communément mêlé de quartz, se gerce, il présente par conséquent à l'œil plus de côtés, & lui montre les petites fentes sur lesquelles l'or s'attache le plus communément ; par ce moyen la couleur de la Pyrite, qui se confondoit avec celle de l'or lorsqu'elle n'avoit point passé par le feu, devient plus foncée ; ce qui fait sortir plus fortément la couleur de l'or. L'amalgame peut aussi contribuer à faire découvrir ce qu'on cherche ; mais il faut que cette opération soit faite par des mains habiles ; sur-tout quand l'or est en particules extrêmement déliées, au point de pouvoir nâger même à la surface de l'eau. L'eau régale est encore plus propre à cet usage ; mais il faut que la Pyrite n'ait point passé par le feu ; par ce moyen, on sera assuré que l'or qu'on en précipitera, n'est point venu de la Pyrite même, comme Pyrite, vû que les dissolvans n'agissent point ou n'agissent que très-peu sur la Pyrite crue. Enfin, il faudra réitérer les essais lorsqu'on aura trouvé de la différence dans les produits ; ce qui pourra faire connoître si l'or est mêlé avec la Pyrite, ou s'il y étoit renfermé.

Quand on se sera assuré qu'il n'y a point d'or corporel & natif joint avec la Pyrite, il restera encore à examiner la question que j'ai proposée. Comme elle présente un sens équivoque, je vais la reprendre d'un peu plus haut, afin de lui donner plus de clarté. S'il y a de l'or dans la Pyrite, pour l'en tirer, il faut la décomposer fans qu'elle cesse d'être une Pyrite, c'est-à-dire, fans qu'elle devienne autre chose. En effet, il peut se faire de nouvelles productions par des mêlanges & des combinaisons ; nous en avons un exemple dans le vitriol, qui n'est point dans la Pyrite, mais qui en est un produit. Dans la décomposition des substances minérales, il se fait non-seulement des séparations, mais encore des changemens de forme, & même ces deux choses se font presque toujours à la fois. Je parle en premier lieu des décompositions qui s'operent d'elles-mêmes (*per se*) & fans le secours d'aucun nouvel agent matériel, tel que l'eau commune, les sels, les huiles, les dissolvans, le soufre, &c. quoique pourtant ces décompositions ne puissent pas absolument se faire fans le concours de l'air, du feu, ou de quelque nouvelle substance, comme je le dirai par la suite. En second lieu, je parle des décompositions que l'on nomme communément procédés ; dans lesquels on joint des matieres salines, sulfureuses, mercurielles, arsénicales, & même d'autres métaux & demi-métaux avec la Pyrite ; il y en a qui donnent souvent des produits qui ne font pas à rejetter, quoiqu'il y en ait plusieurs dont on nous a caché les tours de mains qu'il seroit trop couteux de chercher par l'expérience. En troisiéme lieu, je parle des mêlanges qui se pratiquent dans les fonderies, fans avoir recours aux préparations chymiques, c'est-à-dire, qui se font simplement en joignant ensemble des mines avec certaines substances terreuses ou pierreuses dans des proportions déterminées, & après les avoir préparées ; & je demande s'il ne peut point y avoir dans tout cela des voies par lesquelles des parties appropriées venant à se réunir par l'action & la réaction, il se forme de nouveaux êtres, de nouvelles formes & de nouveaux produits, & par conséquent s'il ne peut pas se produire une portion d'or, quoiqu'il n'y en eût pas auparavant, ni dans la substance sur laquelle on travaille ni dans celle qu'on lui a jointe.

Premiérement, à l'égard des décompositions qui s'operent fans une addition sensible, il est difficile d'en imaginer qui dégagent l'or de la Pyrite fans le secours d'aucune substance étrangere, quoiqu'on ait coutume de regarder cette substance comme purement instrumentale ; on ne peut cependant pas s'empêcher de la considérer comme un agent dans la combinaison : en effet, il ne faut pas envisager trop superficiellement le plomb dont on se sert dans la coupelle, non plus que l'eau-forte qu'on employe dans certaines dissolutions ; car il ne faut pas croire qu'elle agisse simplement comme un coin ou comme des aiguilles sur le corps qu'on lui présente ; l'eau régale qu'on substitue à la coupelle mérite aussi quelque attention ; enfin il faut avoir égard au précipitant dont on se sert pour enlever à l'eau régale la terre dont elle s'est chargée. En faisant entrer toutes ces choses en ligne de compte, on se convaincra que les décompositions ou analyses des substances minérales en général, & des mines en particulier, operent non-seulement des séparations, mais encore des transformations ; non-seulement elles en font sortir ce qui y étoit, mais encore elles font naître de nouveaux produits ; cela arrive parce que ce sont ordinairement des corps composés & surcomposés de deux & de trois substances (*decompofita & fuper-decompofita*) dans lesquels non-seulement les composés (*compofita*), mais encore les mixtes (*mixta*), & même les corps simples, où les principes agissent & réagissent les uns sur les autres, lorsqu'ils ont été mis en action par l'air ou par le feu.

Par la décomposition, les parties du tout se séparent & se combinent ; elles se désunissent par un côté, & se joignent par un autre, ou bien il s'en dégage quelque chose qui est propre à lier plus étroitement les autres parties : ces unions se font au même instant que se font les séparations ; & il en résulte non-seulement de nouveaux composés, mais encore de nouveaux mixtes. Nous en avons un exemple dans le vitriol qui se forme de la Pyrite, & dans l'alun qui se forme d'une terre ou d'une pierre grasse : ils suffisent pour prouver cette vérité. En effet, le vitriol n'est point dans la Pyrite, mais il en est un produit ; pour s'en convaincre, il n'y a qu'à faire attention que dans la formation du vitriol, le soufre disparoît après avoir fourni son acide pour constituer le vitriol, & par-là son être est détruit, vû qu'il est principalement composé d'acide. D'où peuvent venir les parties de l'alun que l'on tire ordinairement des terres & des pierres feuilletées, argilleuses, limoneuses & bitumineuses ? D'où vient l'acide qui produit le vitriol qu'on retire de la pierre calaminaire ? Il est certain que ni l'acide ni la terre calcaire que l'on dégage par l'analyse de l'alun qui a été fait sans urine, ne sont point dans la pierre feuilletée ni dans l'ardoise, ni dans la mine de charbon de terre alumineuse, ni dans celle qui est mêlée de bois, ni dans celle qui est dans du *kneiß*, ni dans la calamine d'où l'on tire quelquefois de l'alun ; & quand même il y auroit une portion de cet acide dans l'une de ces substances, il n'y sera jamais en assez grande abondance pour fournir la prodigieuse quantité d'alun & de vitriol que l'on obtient de la calamine ; c'est moins le soufre, c'est-à-dire, la source de l'acide qu'on trouve dans la mine de charbon alumineuse que sa partie terreuse, grasse, bitumineuse & inflammable, & l'on est en droit de dire que la terre de l'alun aussi bien que son acide sont des mixtes qui n'existoient point dans sa mine, mais qui y ont été formés, comme je le prouverai dans le Chapitre où je parlerai du vitriol.

L'on voit par-là que souvent toutes les parties qui entrent dans la composition des substances qui se forment de nouveau, se trouvent déja dans les substances qu'on traite, & qu'il s'en fait seulement une nouvelle combinaison ; que souvent elles viennent d'ailleurs, soit ensemble, soit séparément ; que souvent elles se produisent pendant la décomposition par l'action & la réaction des parties qui ont été dégagées, qui viennent à se rencontrer & à se toucher les unes les autres. L'acide vitriolique est dans la Pyrite ; la terre métallique y est aussi ; ces deux choses s'y trouvent abondamment, mais elles n'y sont point dans l'état de vitriol ; l'acide est contenu dans le soufre, & la terre métallique est non-seulement combinée avec le soufre, mais encore avec une autre terre crue. L'acide vitriolique n'est point du tout dans les ardoises alumineuses, mais ou il vient de l'air, ou il est produit par le feu seul, qui cependant ne peut exister sans air ; la terre blanche de l'alun ne vient point non plus de sa mine, & doit par conséquent être regardée comme un nouveau produit ; une partie de l'acide qui est entré dans la composition du vitriol est aussi venu de l'air ; enfin l'eau qui se trouve abondamment dans l'alun, aussi bien que dans le vitriol, n'existoit point du tout dans la Pyrite ni dans la mine d'alun, tandis qu'elles étoient dans leur état naturel ; c'est la nature ou l'art des hommes qui y a joint cette eau. Il en est de même des autres vitriols qui se sont formés de leurs propres mines ; cependant je n'en connois pas d'autre que le vitriol blanc, & celui qui se tire de la mine de bismuth & du cobalt, ou du bismuth tout seul, comme j'en ai l'expérience : le blanc renferme une terre blanche, quoique cuivreuse, qui ne vient ni de la mine, ni de la roche feuilletée & argilleuse, ou du *kneiss* qui l'accompagne ; quant au vitriol qui vient du bismuth & du cobalt, celui qui est verd pourroit être attribué à la terre qui sert de base à la couleur bleue qui donne le cobalt, vû que le bleu & le verd ont beaucoup d'affinité dans la nature ; à l'égard de celui qui est de couleur de fleur de pêcher, & même d'un rouge pourpre, qui est fort remarquable pour sa beauté, il faut qu'il doive son origine à une formation toute particuliere de sa terre. *

Ainsi dans les transformations qui s'operent d'elles mêmes, il se joint toujours des substances étrangeres, sçavoir l'air & le feu. Il paroit que c'est souvent l'air qui s'y joint seul, comme cela arrive lorsque la Pyrite se vitriolise d'elle-même ; souvent c'est le feu tout seul, comme dans la vitriolisation de la calamine ; souvent ces deux substances concourent à la fois, comme cela arrive lorsqu'on fait du vitriol avec des Pyrites cuivreuses ; car alors on commence par leur faire éprouver l'action du feu, & ensuite on les laisse exposées à l'air. On peut encore dire que l'air & le feu agissent ensemble ; mais il ne faut pas toujours imaginer que ce feu soit sensible comme celui du charbon ou de la flamme : cependant l'air ne laisse pas que d'exciter dans les mines alumineuses une flamme & un embrasement si fort que l'on ne peut plus l'éteindre à l'aide de l'eau ; d'où l'on voit que le feu trouve dans l'air la matiere la plus indispensablement nécessaire pour s'entretenir & s'alimenter. De plus, l'air & le feu non-seulement agissent comme instrumens dans cette opération, mais encore ils y entrent matériellement ; & si on veut leur donner le nom d'instrument, il faut, pour éviter toute erreur, dire que ce sont des instrumens qui restent (*immanentia*), & non des instrumens passagers, (*transeuntia*).

On voit sur-tout l'efficacité de l'air, & la maniere dont il pénétre dans les végétaux & dans les animaux qui lui doivent leur origine, & qui sont soumis à son empire ; il est si subtil qu'il passe facilement au travers de leur tissu, quelque délié qu'il soit. Les minéraux & sur-tout les corps sulfureux

---

* Aujourd'hui les Chymistes n'admettent que trois espéces de vitriols auxquels on puisse donner proprement ce nom, parce qu'il n'y a que trois substances métalliques qui se combinent avec l'acide vitriolique pour constituer du vitriol, sçavoir le fer, le cuivre & le zinc. A l'égard de l'alun, c'est un sel formé par la combinaison de l'acide vitriolique, & d'une terre dont la nature n'est point encore parfaitement connue. Ainsi il n'y a point de vitriol de cobalt ou de bismuth.

& bitumineux ne peuvent réfifter à l'action de cet agent ; c'est fur eux principalement qu'il opere des transformations & des féparations, comme on peut le voir clairement par le vitriol & l'alun. L'air agit plus fortement fur les minéraux dans les fonds de la terre qu'à fa furface, parce que non-feulement il est chargé de plus de particules falines, mais encore parce qu'il n'est point fi divifé, ou atténué par le mouvement que le vent excite dans l'atmofphere, ni par le foleil ; par conféquent il a le tems d'agir dans les fentes des montagnes, & de décompofer des corps fur lefquels il n'agit point à la furface de la terre, & qui même y prennent plus de dureté & de folidité. Non-feulement l'air pénetre & s'ouvre des routes dans les corps, mais encore il y féjourne, il y agit par les particules graffes, falines & terreufes, & par les particules aqueufes auxquelles il fert de véhicule, qu'il tranfporte & qu'il combine dans les corps. On n'aura point de peine à fe convaincre qu'il y a dans l'air une partie terreufe, graffe & faline, fi l'on confidere les météores, & fur-tout le tonnerre & les éclairs ; fi l'on fait attention à ce qui arrive à la potaffe lorfqu'elle est expofée à l'air ; fi l'on réfléchit à la maniere dont il ronge & détruit le fer & le cuivre, &c. Je ferai feulement obferver que dans la vitriolifation de la Pyrite, il ne faut pas croire que tout l'acide vienne de l'air : il y contribue fans doute ; mais cet acide est déja très-abondamment contenu dans le foufre qui entre dans la compofition de la Pyrite, & lorfque la Pyrite a été privée de fon foufre, elle n'est plus en état de fournir du vitriol.

Le feu, qui ne confifte que dans un mouvement très-rapide des parties graffes & inflammables, mouvement qui produit la chaleur, étant entré dans la combinaifon des nouvelles fubftances qui n'exiftoient pas auparavant, ou du moins qui n'étoient pas encore dans cet état de combinaifon, produit cet effet foit en dégageant des fubftances qui font propres à cette combinaifon, foit par la flamme du bois ou du charbon qui les frappent à l'extérieur. Nous avons un exemple de ce dernier phénomene dans les corps, tels que le régule d'antimoine, qui après avoir été calcinés, deviennent plus pefans qu'ils n'étoient auparavant, ce qui n'arriveroit point s'il n'y avoit une augmentation dans la quantité & dans le poids ; & nous voyons un exemple du premier phénomene dans les transformations de tous les corps qui contiennent quelque fubftance inflammable qui étant réveillée par le feu extérieur, agit alors fur fes propres entrailles.

Dans toutes ces décompofitions, il fe fait prefque toujours des transformations & de nouveaux produits ; mais il est rare qu'il s'opere des féparations. Cependant lorfqu'on analyfe un corps par lui-même *per fe*, avec le fecours de l'air & du feu feulement fans y joindre aucune autre chofe, on a lieu de fe promettre que l'analyfe, fur-tout des fubftances minérales fe fera plutôt, que lorfqu'on y mêle quelque chofe d'étranger, ne fût-ce qu'un centieme ou qu'un millieme, parce qu'alors le corps qui produit la féparation, s'attache au corps que l'on veut féparer, ce qui fait de nouveaux produits, & l'on n'en obtient point les parties, (*partus, non partes*). Quand on veut opérer avec exactitude, il faut pouvoir prouver fes analyfes par les compofitions. Je parle ici des fubftances minérales,

& des corps que l'on nomme composés & surcomposés, (*composita & decomposita*), car les substances animales & végétales se décomposent assez facilement & assez sûrement, & se réduisent en terre & en eau; principes auxquels ils doivent leur origine. Les parties des mixtes ne peuvent point se séparer du tout qu'elles formoient, sans souffrir de décomposition, à moins qu'elles ne soient reçues dans un autre corps; cette séparation se fait assez difficilement dans les corps composés. Les parties du corps qu'on analyse sont déja formellement dans ce corps; mais ce qu'on en tire, n'y est que potentiellement. On dit ordinairement que le feu n'est pas propre à faire des analyses, & qu'il ne fait que de nouvelles combinaisons : *Ignem esse destructorem, non analystam* : l'on prétend que l'air est plus propre que lui à séparer & à décomposer les corps; mais lorsqu'il s'agit des surcomposés (*decomposita*), tels que sont la plûpart des minéraux; on pourroit affirmer avec plus de vérité l'inverse de cette proposition : *Ærem esse destructorem, non analystam*, que l'air détruit & n'analyse point. En effet, le feu fait connoître assez bien les parties de la Pyrite, & nous donne séparément son soufre, son arsénic, son cuivre & son fer; au lieu que l'air par la vitriolisation anéantit le soufre, sans parler de la partie métallique qui passe dans la combinaison du vitriol, & qui par conséquent est sous une forme différente de la sienne. Il est vrai que cette regle s'applique communément aux analyses que l'on fait dans la vûe d'obtenir les élémens & les principes des corps; cela peut passer, si par-là on entend la terre & l'eau; mais cette tentative est inutile lorsqu'on opere sur les mines & les pierres. Quant à la prétention de quelques gens, qui disent que ces substances peuvent être entiérement réduites en eau qu'ils regardent comme leur unique élément, c'est une rêverie qui ne mérite point qu'on s'y arrête.

Par conséquent, si nous voulons faire l'analyse de la Pyrite pour en retirer de l'or, on est en droit de demander si l'or s'en sépare, ou s'il y a été formé, c'est-à-dire, si cet or y est formellement, ou s'il n'y est que potentiellement. La vitriolisation spontanée de la Pyrite, n'y démontre point d'or, ou s'il y en a quelques parcelles, il ne paroît pas qu'il soit augmenté par cette opération; car quand même il se feroit fait une précipitation particuliere de certaines parties terreuses, quoique dans cette décomposition les précipitations contiennent assez souvent de l'or & de l'argent, malgré cela, il seroit difficile de démontrer que cet or y existoit déja. En effet, les Pyrites qui donnent de l'or sont ou cuivreuses, ou arsénicales, ou même l'un & l'autre à la fois; ces sortes de Pyrites, ne sont point propres à donner du vitriol; d'ailleurs j'ai souvent fait l'essai des ochres qui s'étoient formées naturellement, ou des terres Pyriteuses, pour voir si elles contenoient de l'or, je n'y ai jamais trouvé la moindre chose; & lorsqu'on rencontre des terres jaunes qui contiennent de l'or, il n'y a rien qui puisse donner lieu de conjecturer que ces terres aient été produites par la Pyrite. Il faudroit donc dire que cela vient du feu. Qu'est-ce qui arrive lorsqu'on l'emploie? Ou on fait passer la Pyrite par le grillage, ou sans la griller, on la prend telle qu'elle est;

on la mêle avec du plomb pour la fcorifier, on paffe le culot de plomb
à la coupelle pour féparer le métal précieux de celui qui ne l'eft point ;
par ce moyen on obtient un bouton d'argent qui pourroit venir du plomb
quand même il n'y en auroit point dans la Pyrite ; on diffout ce bouton
d'argent dans l'eau-forte pour faire le départ de l'or qu'on prétend y trouver ;
on le fait calciner, & alors l'opération eft finie.

Quoique dans ce travail on ne joigne aucune matiere étrangere à la Pyrite, & quoiqu'elle paroiffe avoir été traitée toute feule, on n'en peut
pourtant pas conclure que l'or qu'on obtient, fi tant eft qu'on en retire,
y exiftoit déja ; & l'on a tort de croire qu'il ne s'opere qu'une fimple féparation fans qu'il fe faffe de nouveaux produits, parce qu'il ne s'eft point
fait de coctions, de digeftions, de macérations, ou de maturations : il
n'y a donc rien de moins décidé ; car nous n'avons qu'une connoiffance
très-imparfaite de la volatilité du plomb & de la maniere dont il agit ;
cela demande à être examiné de plus près qu'on ne fait ordinairement ;
en un mot, l'opération de la coupelle ne doit point être regardée comme
une féparation abfolue. Si l'on ne veut point avoir égard au plomb, qu'on
faffe du moins attention à l'efficacité du foufre, & à la vertu féminale
de l'arfénic, quand ces fubftances font mifes en action. Cependant toutes
ces chofes font mifes en jeu dans les travaux qu'on fait fur la Pyrite, foit
dans le grillage, foit dans la fcorification avec le plomb ; les terres métalliques après avoir été atténuées, font difpofées à devenir des matrices,
& à recevoir le germe, comme pourroit l'être le champ le mieux cultivé.
Mais quand même on accorderoit pour un moment que les parties qui
ont été féparées de la Pyrite, ne peuvent pas fe transformer ou s'améliorer
les unes les autres, ce qu'on ne peut guéres décider, l'on doit toujours
faire attention au feu, & on eft forcé de convenir que non-feulement il
eft propre à féparer, mais encore qu'il concourt matériellement à l'opération ; l'on fera donc toujours dans le cas de demander, fi fon action fe borne
fimplement à fournir le phlogoftique, ou l'être qui métallife, ou s'il a une
propriété plus relevée.

En écrivant ceci, j'ai fous les yeux l'expérience finguliere de M. Homberg, d'après laquelle ce Chymifte prétend avec affez de raifon qu'il y a
toujours dans l'argent quelques parties aurifiques que le travail amene à
l'état d'or parfait. Il dit de prendre un ou deux marcs d'argent, de l'effayer
par l'eau-forte fuivant la méthode ordinaire, pour s'affurer fi cet argent ne
contient point d'or ; de faire fondre cet argent jufqu'à cent fois confé-
cutives, & de le tenir chaque fois pendant une heure en fufion ; il
affure que fi on en fait de nouveau le départ, on y trouvera une quantité
très-fenfible d'or qu'on n'y auroit point trouvé auparavant. *Voy. les Mémoires
de l'Académie des Sciences, année 1709 pag.* 141. Il eft fâcheux que cet homme d'ailleurs fi exact & fi laborieux, n'ait point indiqué le poids de l'or
qu'il a tiré, & qu'il ne nous ait point appris fi l'on peut réitérer cette opération avec le même fuccès fur l'argent qui a déja été employé. Cependant
il ne paroît pas que cela foit, ou du moins M. Homberg ne femble pas
le croire, comme on peut le conclure de fa feconde expérience que je

N n

rapporterai auſſi dans la ſuite, & par ce qu'il dit de la premiere : outre cela, tout le monde n'eſt point en état de faire des expériences auſſi couteuſes. En attendant, il y a lieu de croire que l'on peut ſe fier à la parole de M. Homberg, qui a d'ailleurs donné des preuves de ſon habileté & de ſa bonne-foi ; nous conclurons de tout cela, que ce n'eſt pas ſans raiſon qu'on ſoupçonne qu'il peut ſe faire des transformations & de nouveaux produits dans les opérations qu'on fait ſur les métaux & ſur les minéraux. En effet dans cette expérience, il ne s'agit point d'une mine, mais on opere ſur un métal pur & dégagé de toute ſubſtance étrangere ; ce n'eſt point un corps compoſé, mais un mixte ; & même, ſuivant quelques-uns, c'eſt un corps ſimple ; il n'y a ici ni ſoufre ni arſénic comme dans la Pyrite, on n'y joint ni plomb, ni aucune autre ſubſtance étrangere.

Mais quelque ſimple que l'argent paroiſſe, il ne l'eſt cependant pas, comme le prouve la ſeconde expérience de M. Homberg, au point que tout l'argent puiſſe ſe changer en or ; il n'y en a que quelques portions qui ſont d'un poids & d'une meſure déterminés, & qui s'épuiſent, ſinon dans la premiere opération, du moins dans la ſeconde ou la troiſieme. Mais quelle eſt la ſubſtance qui eſt dans l'argent ſans être de l'argent ? C'eſt, ſuivant les apparences, une terre. Une terre métallique étrangere peut ſe maintenir aſſez bien dans l'argent, comme on peut en juger par l'affinité mercurielle des métaux, & comme on peut le voir ſur-tout par celle du fer qui ne peut cependant point ſe ſouſtraire à l'eau-forte ; je veux parler de cette chaux noire ſi trompeuſe, que nous regardons comme une chaux d'or, ſans pourtant qu'elle en ſoit une en effet. Si cette terre propre à de-venir de l'or venoit du fer, nous aurions lieu de la ſoupçonner, ſur-tout dans l'argent de la Pyrite, vû que la Pyrite contient toujours du fer. Ou bien, comme on ne peut point décider ſi cette terre eſt une ſubſtance paſ-ſive ou active, ſi elle eſt le champ qui doit être enſemencé, ou la ſemence elle-même, ſi elle eſt la matiere ou la forme (*forma informans*), ſi elle eſt le corps ou l'eſprit, ſi elle eſt la pâte ou le levain, la matiere qui tient le ſoufre, &c, ou quelque autre nom qu'on veuille lui donner ; on ne pourra pas non plus déterminer ſi l'or n'eſt que potentiellement dans l'ar-gent, ce que l'on ne ſeroit en droit de dire que d'une pâte ou de la ma-tiere qui doit ſervir de baſe à une nouvelle combinaiſon : joignez à cela qu'on pourroit prétendre qu'il y eſt contenu formellement & réellement. On dira peut-être que c'eſt un or *non mûr*, mais cela ne rend point la choſe plus claire ; & cela revient à ce que j'ai déja dit, ſçavoir, que ce n'eſt point encore de l'or, mais un être qui eſt diſpoſé à le devenir, qui peut-être fournit une teinture, ou une matiere qui eſt voiſine ; & qui s'y joint exté-rieurement. Toutes ces queſtions ſi dignes de nos réflexions peuvent nous faire connoître la puiſſance du tems & du feu ; elles nous prouvent qu'au défaut d'un degré de feu auſſi violent que celui du fourneau de verrerie, certaines ſubſtances ne peuvent être portées au point où elles pourroient parvenir, & où d'autres réuſſiſſent quelquefois à les porter : nous attribuons ſouvent leur ſuccès, dont nous ſommes ſurpris, à des mêlanges & à des ſecrets particuliers, tandis qu'il ne dépend peut-être que de la patience, du tems, & du degré du feu.

Cela me rappelle l'expérience de Bécher qui a obtenu du fer, en mêlant de l'argille & de l'huile de lin ; & me conduit à parler de la fonte des mines & des métaux, dans laquelle les charbons & la flamme touchent immédiatement ces substances, comme cela se pratique dans toutes les fonderies où l'on traite les mines. Ces deux opérations me fourniront l'occasion d'éclaircir la question de la transformation des substances & des combinaisons qui se font, & d'examiner la maniere dont elles s'operent par le secours des charbons & d'autres substances, soit animales, soit végétales. En écrivant ceci, je suis presque entiérement convaincu de la vérité des réflexions de M. Lémery au sujet de l'expérience de Bécher, & je ne puis m'empécher d'avoir quelques doutes sur le sentiment de Stahl, sur la restitution du phlogistique & sur son influence matérielle dans les terres métalliques ; cependant je ne crois point devoir me déclarer pour l'un ou l'autre de ces champions, chacun est le maître d'adopter l'opinion qui lui paroîtra la meilleure. M. Geoffroy de l'Académie Royale des Sciences de Paris, proposa à l'occasion de l'expérience de Bécher, la question : *S'il étoit possible de trouver des cendres de plantes sans fer.* Ou bien, ce qui rend cette question plus intelligible : Si les particules de fer que l'aiman fait découvrir dans les cendres des végétaux, étoient réellement contenues dans les plantes, avant que d'avoir été brûlées, ou si elles ne deviennent du fer que par l'ustion & l'incinération.

M. Lémery le jeune est du premier sentiment ; il cherche à en prouver la possibilité en se fondant : 1°, sur ce qu'il se trouve du fer dans toute terre végétale, d'où les plantes tirent leur nourriture : 2°, sur ce que le fer au moyen de l'eau se change en vitriol : 3°, enfin il eut encore pû ajouter à cela que cet effet peut être produit par des eaux qui ne contiennent point un sel vitriolique, ou qui ne sont point minérales, mais qui sont végétales, comme nous le voyons dans la liqueur acide, dans laquelle on fait tremper les lames de tôle dont on fait le fer blanc, liqueur qui est faite avec du froment germé ; comme j'aurai occasion de le dire dans le Chapitre où je traiterai du vitriol. M. Lémery répond ensuite d'une maniere peu satisfaisante, & se contente de nier les faits & les conclusions que son adversaire en tire ; enfin, il répond aux objections qui lui ont été faites.

M. Geoffroy soutient le second sentiment, & il demande comment il seroit possible que ce suc végétal vitriolique ne se fît point connoître par le goût, puisqu'un seul grain de vitriol mis dans plusieurs pintes d'eau ne laisse pas de percer ; je ne veux point parler d'autres circonstances qui ne décident pas la question. Il y auroit beaucoup de choses à dire en faveur des deux côtés de cette dispute, dans laquelle M. Lémery me semble pourtant avoir l'avantage dans les réponses qu'il fait aux objections de son adversaire ; cependant il ne défend point son sentiment avec toute la force dont il est susceptible : j'ai cherché moi-même la cause de la formation du fer des plantes dans leur incinération, je n'ai pu encore trouver des raisons suffisantes pour me convaincre moi-même, non plus que les autres.

Il n'importe de sçavoir si les particules du fer sont déja réellement ou

N n ij

non dans les plantes ou dans l'huile de lin: l'autre question est plus essentielle, il faut donc examiner si l'huile de lin & l'argille donnent par l'opération du fer, qui n'étoit auparavant ni dans l'une ni dans l'autre de ces substances. M. Geoffroy accorde volontiers à M. Lémery qu'il peut se faire qu'il y eût déja dans l'argille aussi bien que dans l'huile de lin, quelque portion de fer que l'on pourroit y découvrir à l'aide de l'aiman; cependant je doute beaucoup que cela pût arriver avec de l'argille, ou avec une terre glaise bien pure; & M. Lémery ne peut pas non plus disconvenir que par ce mêlange on n'obtienne plus de fer qu'on n'en tireroit de chacune de ces substances séparément; mais cela ne suffit point pour trancher la dispute; car M. Geoffroy dit qu'il manque à l'argille pour se changer en fer, quelque chose qu'on lui donne & qu'on lui incorpore au moyen de l'huile de lin qu'on y ajoute, au lieu que M. Lémery dit, qu'il se trouve quelque obstacle qu'il faut écarter. Le premier prétend que ce n'est point encore du fer, mais qu'il faut qu'il le devienne; le dernier prétend que le fer y est déja formellement, & qu'il ne s'agit que d'ôter les matieres étrangeres qui empêchent la forme métallique de paroître, ou même qui l'ont enlevée. Le premier dit que dans l'argille ce qui met obstacle à la métallisation & à l'action de l'aiman, est un acide qui est absorbé par une matiere grasse comme feroit un alkali ou un absorbant. Ce qui semble donner beaucoup d'apparence à ce sentiment, c'est que les acides réduisent ordinairement les métaux en une terre visqueuse, joint à ce que les métaux augmentent plutôt qu'ils ne diminuent de poids par la calcination, & par conséquent ils ne perdent point quelque chose qu'on ne puisse pas remplacer, mais plutôt ils gagnent.

Il ne faut cependant point tant insister sur le prétendu acide qui se trouve dans l'argille, ou la glaise; car si le hasard y en a fait trouver, il n'y est point en assez grande quantité pour empêcher le fer de se montrer, puisqu'il faut beaucoup d'acide pour en réduire une petite quantité dans l'état d'une terre; outre cela, je ne vois point assez d'analogie dans les circonstances pour qu'on puisse regarder une terre métallique faite par art comme ayant la même nature que celle qui se trouve dans le sein de la terre. Mais M. Geoffroy auroit pu faire à cela une réponse à laquelle il ne paroît point avoir pensé, c'est que, si cette expérience ne consistoit qu'à enlever l'acide, & si la matiere grasse végétale agissoit comme un alkali, ce ne pourroit pas être dans son état naturel, mais seulement lorsqu'elle auroit été réduite en une vraie cendre, & par conséquent dans l'état alkalin; en effet, l'huile ou la graisse comme telles, ne peuvent point absorber un acide, au contraire elles en contiennent une portion considérable, & elles l'augmentent, au lieu qu'un sel alkali peut produire cet effet: & quelles difficultés cela ne présente-t-il point pour éclaircir le sentiment de M. Lémery!

Premiérement, il faut beaucoup plus d'alkali pour absorber de certains acides; suivant lui, il y a beaucoup d'acide dans l'argille; combien donc l'huile de lin donnera-t-elle de cendre alkaline? Et même combien obtient-on d'alkali d'une cendre? En second lieu, pourquoi les terres ne peuvent-elles point être réduites & métallisées avec de la potasse ou des substances semblables ? Pourquoi lorsqu'on en joint avec de la lune cornée ne se réduit-elle point en argent, & pourquoi s'en perd-il une si grande quantité, & même disparoît-elle totalement quand on cherche à en faire la réduction avec de l'alkali, & quand on y en joint jusqu'à dix parties, au lieu que la poix, la graisse, la résine & d'autres substances semblables, en se servant de manipulations convenables, remettent tout l'argent sous sa forme métallique, quand même on n'en prendroit qu'une quantité & un poids beaucoup moindre que de la potasse, qui ne produit aucun effet ? La moindre portion de poussiere de charbon suffit pour mettre en régule ou en métal l'antimoine diaphorétique & le verre d'antimoine, quoique le premier nage dans l'alkali ; & quand on empêche le charbon d'y tomber, il demeure dans l'état de terre, ou même il se dissipe plutôt en fumée que de se réduire. Cette idée n'est point venue à M. Geoffroy, cependant quelque probabilité que donne au sentiment de M. Lémery l'augmentation de poids que prennent quelques chaux ou terres métalliques, tant que nous n'aurons point d'autres expériences plus décisives, je crois devoir penser que dans l'expérience de Bécher il se produit du fer, non par le dégagement des matieres qui y mettoient obstacle, non par le développement des particules de fer déja existantes, mais par l'addition & le concours matériel des substances qui manquoient, par la jonction de la graisse métallisante, & par conséquent dans cette expérience il s'opere une formation.

L'on voit par-là que les idées de M. Lémery n'ont rien qui soit propre à renverser les sentimens que j'ai établis sur la métallisation d'une terre d'or dans la Pyrite, non plus que ce que j'ai dit sur la production d'un or qui n'y étoit ni sous la forme d'une terre, ni sous celle d'un métal, ni sur la transformation, ni même sur la transmutation, & l'on sentira par ce que je dirai par la suite que la digression que je viens de faire, est fondée sur de bonnes raisons, & peut avoir son utilité.

On voit par ce qui précede, que lorsqu'on ne peut opérer la décomposition ou l'analyse des substances minérales à l'aide de l'air & du feu seuls, on est obligé d'avoir recours à d'autres substances que l'on joint ensemble : on se sert d'incinérations, de digestions, de macérations, de cémentations, d'extinctions, &c ; qui, si elles ne procurent point de richesses à leur inventeur, du moins contribuent à lui faire connoître la vérité, & à jetter du jour sur la physique. Par-là on vient à bout de décomposer les mines & les métaux ; non-seulement on en sépare les parties, mais encore souvent on obtient de nouveaux produits & de nouvelles combinaisons. Pour prouver que les mélanges fournissent souvent des êtres nouveaux, je rapporterai l'expérience de M. Homberg que j'ai promis de donner, je la tirerai mot pour mot des *Mémoires de l'Académie Royale des Sciences*, année 1709 ; persuadé que l'on doit ajouter toute croyance à un homme si habile & si digne de considération.

« Prenez un marc d'argent, dissolvez-le dans l'eau-forte ; séparez-en
» tout ce qui n'a pas été dissout & qui est resté au fond du vaisseau ; pré-

» cipitez cette diſſolution par le ſel commun, édulcorez le précipité &
» ſéchez-le ; ajoûtez à cette chaux d'argent la moitié de ſon poids de ré-
» gule de Mars bien rectifié & en poudre ; mêlez bien & diſtillez au feu de
» ſable par la cornue ; il en ſortira environ trois onces ou plus de beurre
» d'antimoine ; pouſſez le feu juſqu'à la derniere rigueur, l'argent reſtera
» au fond de la cornue, mêlé d'une partie de régule ; mettez cet argent
» dans un creuſet ouvert au feu de fonte ; laiſſez-le fumer juſqu'à ce qu'il
» n'en ſorte plus de fumée, c'eſt-à-dire, juſqu'à ce que tout le régule en
» ſoit évaporé ; refondez cet argent encore une fois ou deux dans des
» creuſets neufs avec un peu de borax & de ſalpêtre, il ſera plus beau & plus
» doux que l'argent de coupelle ; mettez cet argent en grenailles, diſſol-
» vez-le dans l'eau-forte, il vous reſtera beaucoup de paillettes noires,
» fondez-les, ce ſera de l'or : faites cette opération une ſeconde fois avec
» ce même argent & du ſemblable régule, il vous reſtera très-peu de pail-
» lettes noires : réitérez cette opération pour la troiſieme fois avec le même
» argent, vous n'aurez plus de paillettes noires. Dans la premiere opération,
» tous les globules qui ſont fort proches de la perfection de l'or, achevent
» de ſe perfectionner, & tombent en paillettes noires : dans la ſeconde, il
» s'en acheve encore quelques-uns ; & dans la troiſieme il ne s'en trouve
» plus, ayant été épuiſés par les premieres opérations. On ne pourra pas
» dire ici que le régule de Mars ait produit ces paillettes noires, car il s'en
» ſeroit trouvé une auſſi grande quantité dans la ſeconde & la troiſieme
» opération, qu'il en eſt reſté dans la premiere ; cependant il n'y en a que
» très-peu dans la ſeconde, & il n'y en a point du tout dans la troiſieme.
» Ajoutez, que l'on trouve très-ſouvent de l'or dans les mines, qui eſt plus
» pâle que l'or fin ne doit être, ſans qu'on en puiſſe ſéparer aucune partie
» d'argent, & qui par quelques fontes acheve de ſe perfectionner ; & pour
» lors il paroît de la couleur qu'il doit avoir. L'on trouve donc dans l'ar-
» gent une matiere blanchâtre, qui par le feu acheve de prendre la vraie
» couleur d'or. Ce ſont ces deux matieres qui font le métal moyen entre
» l'or & l'argent, mais qui ne demeurent pas long-tems dans cet état, cha-
» que fonte les approchant de plus en plus de la perfection de l'or. »

Lorſque je trouvai cette expérience je reſſentis une double joie ; premiérement, parce qu'elle appuyoit mon ſentiment, & qu'elle fournit matiere aux
réflexions de ceux qui croient qu'on n'opere que des ſéparations, & qui
ne peuvent ſe perſuader qu'on produiſe des *intus-ſuſceptions*, c'eſt-à-dire,
qu'on faſſe entrer dans les corps des ſubſtances qui n'y étoient pas auparavant : en ſecond lieu, je fus charmé de voir qu'en décrivant cette opération, l'Auteur n'avoit omis aucune circonſtance, en ſorte qu'on peut
très-aiſément répéter ſon procédé ; & ſi quelqu'un prétendoit que c'eſt
plutôt le régule que l'argent qui contribue à la production de l'or, il trouvera tous les doutes levés à cet égard. Car comme il peut y avoir dans
l'argent, (je ne dis pourtant pas toujours) quelque choſe de caché qui
puiſſe en être tiré au moyen de certains mélanges ; on peut conjecturer
que la même choſe peut avoir lieu dans les mines, qu'on peut mélanger
de trois manieres. Pour ne pas perdre de vûe la Pyrite dont il s'agit ici,

on n'a qu'à y joindre soit d'autres mines, soit des métaux, soit des terres
non métalliques, ou bien on n'a qu'à la joindre avec du soufre, ou avec
de l'arsénic, ou avec l'un & l'autre à la fois, après les avoir préparés convenablement : je ne parle point ici des mélanges faits avec les sels ou avec
des liqueurs corrosives, parce qu'ils nous écarteroient de l'objet des travaux
sur les métaux & les minéraux, qui sont les seuls dont nous nous proposons
de parler dans cet Ouvrage.

Quant aux mélanges de la premiere espece, les mines ne peuvent guères porter de secours à d'autres mines, qu'après que l'une d'elles a été
préparée de maniere à pouvoir recevoir ou concevoir l'autre ; ou à moins
que le soufre & l'arsénic, qui sont les substances minéralisantes, ne s'y
trouvent dans des proportions inégales, & ne soient d'une nature différente. En effet, non-seulement ces substances volatiles agissent les unes
sur les autres, mais encore l'esprit semi-métallique, l'être mercuriel ou
l'arsénic, par la propriété qu'il a de résister plus long-tems au feu, a le
tems d'attendre que le soufre soit chassé de l'autre mine, & alors il peut
agir sur sa terre mise à nud & affamée, pourvû que faute d'une application
convenable du feu on ne vienne point à gâter la besogne ; ou si dans
l'une des mines il se trouve un métal d'une bonne nature, qui puisse entrer en action & en réaction avec la terre appropriée, le soufre & l'arsénic
pourront se dissiper tous les deux.

A l'égard des métaux, l'expérience m'a fait connoître qu'ils s'amélio-
rent lorsqu'on les mêle avec des Pyrites ; & cette amélioration s'opere
encore mieux lorsqu'ils sont dans l'état métallique que dans l'état d'une
terre ; il ne s'agit que de rencontrer les métaux qui sont les plus propres
à se combiner avec la substance qu'on y joint.

En troisieme lieu, les terres ont plus d'efficacité qu'on ne s'imagine,
malgré le préjugé qui ne les fait regarder que comme des substances mortes, & qui fait qu'on croit ne devoir employer que des substances volatiles, corrosives, brûlantes, que l'on regarde comme seules vivantes &
comme propres à donner de la vie ; quoique souvent on ne puisse point
rendre compte de leur maniere d'agir, & qu'on ne puisse pas distinguer
l'agent du patient, comme dans les productions qui se font par le concours
de corps de deux especes, les terres ne laissent pas que d'être disposées à
recevoir, elles contribuent passivement à la formation qu'on se propose,
de quelque façon que cela s'opere. Je connois des terres qui ne contiennent ni or, ni argent, ni aucun autre métal, & qui jointes avec la Pyrite
donnent plus d'argent qu'on n'en obtiendroit de la Pyrite seule. Il faut
donc se défaire d'un préjugé faux & nuisible, si l'on ne veut obscurcir
des vérités qui sont propres non-seulement à donner des lumieres, mais
encore à procurer des avantages réels. En effet, ne voyons nous pas que
des terres que nous regardons comme mortes, parce qu'elles ne produisent aucune sensation marquée, acquierent la plus grande efficacité ?
Nous en avons un exemple frappant, sur-tout dans la préparation d'un
certain phosphore. Les sels ne sont-ils pas des produits des terres ? Cependant ils ne se montrent pas dans tous les travaux sous leur forme sa-

liné; & ils ne nous donnent pas toujours le tems de les confidérer dans leur état de féparation; mais dès l'inftant qu'ils font formés, ils paffent dans le corps qu'on leur a joint, & en font enveloppés. On fçait que les fels fe remettent dans l'état de terre. M. Rofinus, de Munden, m'a donné un fel blanc en cryftaux, fort femblable à du fel de Glauber ou d'Epfom, qu'il avoit tiré d'une pierre fans aucune addition. L'habileté de M. Rofinus & les preuves qu'il a données de fes connoiffances dans le regne minéral, par fon Traité *De Stellâ marinâ*; ne permettent point de douter de la vérité du fait. De plus, on voit que des fubftances minérales, telles que la mine de bifmuth, le cobalt & fur-tout l'ardoife alumineufe, quoique les fens n'y découvrent aucune matiere faline, produifent des fels par le feul contact de l'air. Enfin, le foufre & l'arfénic qui fortent tous deux de la Pyrite, peuvent agir tant fur la terre de la Pyrite, que fur d'autres terres convenables & appropriées. Cependant l'arfénic eft plus propre à produire cet effet que le foufre, parce que l'arfénic contient plus de terre métallique que le foufre, quoique ce dernier renferme auffi quelque chofe de métallique & de cuivreux; mais il s'agit ici plutôt des terres qui font de l'or que de celles qui le deviennent.

Par l'explication qui précede on voit que nous pouvons confidérer l'or tiré de la Pyrite fous trois points de vûe différens : 1°, celui qu'on obtient par les effais ordinaires, c'eft-à-dire, par le plomb & par le départ ; 2°, celui qu'on ne peut point tirer de cette maniere, mais que l'on obtient par des mêlanges & des combinaifons ; 3°, celui qu'on obtient de plus que par l'effai ordinaire. Quant au premier point, je n'examinerai pas fi l'or y exifte, ou s'il s'y forme ; je demanderai fimplement pourquoi les coupelles qui ont fervi, & qui par conféquent font chargées de verre de plomb, quand on les fait fondre, donnent plus d'argent qu'il n'y en avoit dans le culot de plomb ? A-t-on jamais effayé le plomb dont on s'eft fervi dans cette opération, pour voir s'il contenoit de l'or ? Ne doit-on pas regarder le plomb comme quelque chofe de plus qu'un favon, & la coupelle comme quelque chofe de plus qu'une leffive, puifque le plomb pénetre fi fortement les métaux parfaits, que la moindre portion des métaux imparfaits ne peut pas lui échapper, mais eft obligée de difparoître ? Quelle action & quelle réaction ne doit-il pas s'opérer dans le grillage & dans la fcorification, entre les parties de la Pyrite ? C'eft ce que devroient obferver ceux qui parlent continuellement de l'augmentation ou de l'accrétion de parties précieufes dans les mines, puifque par la décompofition & par la féparation des principes, ces parties font tirées de l'état de repos où elles étoient dans le fein de la terre, & font mifes dans l'action la plus violente : joignez à cela les particules ignées qui pour lors les pénetrent.

On a raifon d'appuyer fur cette queftion, lorfqu'on tire de l'or d'une Pyrite dont on n'en a pas pu obtenir par les effais ordinaires, ou lorfqu'on en obtient une plus grande quantité, comme je l'ai trouvé par mes propres expériences ; mais je croirois faire un crime que de découvrir ces fecrets à des pareffeux qui s'en prévaudroient, ou à ceux qui n'étant occupés que de la recherche de monts d'or, dédaigneroient ce que je

pourrois

pourrois leur dire : en effet, quoiqu'il ne fallût pas compter trouver par-là de grandes richeſſes, cela pourroit du moins contribuer à faire connoî-tre ce qui eſt poſſible dans la Nature, & empêcher d'errer dans les ténè-bres. J'en ai dit aſſez lorſque j'ai avancé que l'on peut aider la Nature au moyen des mêlanges : ceux qui voudront en ſçavoir davantage, n'au-ront qu'à travailler & à bruler du charbon.

L'or que l'on tire de la Pyrite par la méthode ordinaire, n'y eſt jamais formellement ; de même qu'aucun métal n'eſt formellement dans aucune mine, comme telle, & on ne peut pas dire qu'il y exiſte ; on ne peut donc dire que l'or & l'argent y ſont formellement que lorſqu'ils ont leur forme métallique, ou lorſqu'ils y ſont ſous la forme d'or & d'argent vierges, ſuivant la façon ordinaire de s'exprimer : ainſi le métal dans la mine ne doit être regardé que comme une terre qui eſt pénétrée & abſorbée, ſoit par le ſoufre, ſoit par l'arſénic, ſoit par l'un & l'autre à la fois ; ou bien il ſe montre à nos yeux ſous la forme d'une terre ou d'une pierre, ſans qu'on y remarque ſenſiblement ni ſoufre, ni arſénic. On demandera ſi cette terre ou ſi cette chaux d'or & d'argent eſt un vrai métal, ou pour parler plus clairement, ſi cette terre a déja au-dedans d'elle-même tout ce qui eſt néceſſaire pour prendre la forme métallique, ou s'il faut lui join-dre ou lui ôter quelque choſe pour cela. Nous avons examiné cette queſ-tion plus haut en parlant de l'expérience de Bécher & de celle de M. Homberg ; c'eſt comme ſi on faiſoit la même queſtion au ſujet d'un métal réduit en terre par art : je m'en tiens à la conjecture de M. Geoffroy contre M. Lemery, & je crois qu'une terre métallique a beſoin pour ſa métalliſation de quelque choſe, c'eſt-à-dire, qu'elle demande à être incor-porée avec une ſubſtance graſſe & inflammable.

Mais que dira-t-on de la terre d'or que l'on tire de la Pyrite ou de quel-que autre mine, à l'aide de certaines additions & mêlanges ? Elle n'y eſt pas formellement, & elle n'exiſte point dans la combinaiſon des princi-pes, il faut que ce ſoit l'opération qui la diſpoſe à devenir une terre d'or; cependant il y a déja dans la mine ou dans le métal quelque choſe, qui ſemblable à de la farine n'a beſoin que d'un levain ou d'une coction conve-nables, & cette choſe eſt une terre. On peut conjecturer que cette terre eſt dans l'argent de la Pyrite, ſur-tout ſi l'on fait attention à l'expérience de M. Homberg qui a été rapportée ci-deſſus ; cependant la choſe paroît encore douteuſe, vu qu'on peut faire au ſujet de l'argent qu'on tire de la Pyrite, la même queſtion qu'on fait au ſujet de l'or ; joignez à cela que c'eſt lorſqu'on obtient le plus d'argent que l'on trouve le moins d'or, & même que les mines d'argent les plus riches, telles que les mines d'argent rouges & vitreuſes, du moins dans nos pays, ne donnent pas la moindre parcelle d'or; cependant ſi l'argent produiſoit l'or, ou contenoit la matiere prochaine de la terre de l'or, le contraire devroit arriver. Si quelqu'un m'objectoit l'exemple d'un morceau de mine d'argent vitreuſe où l'or ſe-roit environné de la mine, il ne s'enſuivroit point de-là que cette mine ſeroit le champ où cet or ſeroit crû, puiſque, comme je l'ai déja fait ob-

ferver plus d'une fois, dés fubftances peuvent fe trouver enfemble &
être confondues, fans que pour cela l'une foit la caufe de l'autre.

D'où faudra-t-il donc déduire l'origine de la terre de l'or ? Outre la
petite portion d'argent, nous trouvons d'abord dans la Pyrite du fer, enfuite du cuivre, du foufre, de l'arfénic, & enfin une terre non métallique,
comme je crois l'avoir prouvé fuffifamment dans les Chapitres qui précedent. Dirons-nous que c'eft au fer qu'eft dûe cette terre ? Il n'y a pas
lieu de le croire, vu que les Pyrites purement ferrugineufes, c'eft-à-dire
celles qui outre un léger veftige d'argent ne contiennent que du fer &
point du tout de cuivre, & qui ne contiennent que du foufre pur fans
le moindre veftige d'arfénic, ne donnent pas la moindre portion d'or par
elles-mêmes, lorfqu'on les traite par la méthode ordinaire ; & même tous
les mélanges & les combinaifons ne peuvent les améliorer. Attribuera-t-on
cette terre d'or au cuivre ? Il n'y a pas lieu de le préfumer ; car quoique
les Pyrites qu'on nomme *auriferes*, foient communément cuivreufes, &
quoique ce métal dans d'autres circonftances puiffe mériter qu'on y faffe
attention, cependant la quantité d'or n'augmente point en raifon de la
quantité de cuivre, comme on feroit en droit de s'y attendre, & même
les Pyrites les plus riches en cuivre, & que pour cette raifon on nomme
mines de cuivre, font, fuivant mes expériences, celles qui font le plus
éloignées de contenir de l'or.

Si on attribue l'or à la terre crue & non métallique de la Pyrite, dont
on ne peut nier l'exiftence, je dirai que fa nature ne nous eft pas affez
connue ; car à l'exception de ce que j'en ai dit négativement, & de fa
propriété vitrefcible, je ne crois pas qu'on connoiffe aucune de fes propriétés. Je ne fçache perfonne qui l'ait examinée. On n'avoit même
pas encore parlé de fon exiftence, & vraifemblablement on aura beaucoup de peine à la connoître plus parfaitement, parce que quand elle
eft dans un état de féparation, il eft très-difficile de la rétablir fans une
nouvelle combinaifon. Comme l'or, quand il eft fous la forme d'une
terre, peut être renfermé dans des terres, & comme vraifemblablement
les métaux en général ne tirent les terres qui leur fervent de bafe, que
des terres crues, & n'obtiennent leur forme que par la qualité des fubftances qui viennent s'y joindre, & par l'action & la réaction de ces fubftances, fuivant les propriétés des lieux & des minieres ou matrices dans
lefquelles elles fe trouvent ; & comme les terres d'or fe rencontrent communément dans le quartz ou dans le fable, & par conféquent dans les terres
vitrifiables, cette terre pourroit bien être le champ convenable & approprié pour la conception & la génération dont il s'agit ici. Dira-t-on que
le foufre entre pour quelque chofe dans ces effets ? Il n'eft pas douteux
qu'il ne renferme une grande vertu, foit lorfqu'il eft entier, foit lorfqu'il
eft divifé dans les parties dans lefquelles il peut être réduit par les travaux de l'Art ; il mérite d'être examiné avec la plus grande attention, eu
égard à fa partie métallique, laquelle, fuivant Poppius, eft du cuivre qui
s'eft élevé & volatilifé avec lui. Mais d'abord, le foufre doit être regardé

non comme propre à agir , mais comme propre à devenir ; non comme
propre à concevoir, mais comme propre à féconder ; c'eſt ce qui fait que
quelques perſonnes prétendent que le ſoufre met de l'or dans l'argent.
De plus , je ſçais par expérience , que le ſoufre eſt plus propre à produire de l'argent , quand il eſt joint dans de juſtes proportions aux métaux blancs & aux demi-métaux.

Il nous reſte encore à parler de l'arſénic qui eſt dans la Pyrite : nous
allons examiner cette ſubſtance que l'on dédaigne communément, & qui
eſt connue parmi nous ſous le nom de *miſpikkel.* La Pyrite arſénicale peut
produire quelque choſe, ſur-tout lorſqu'il s'y joint du cuivre ; elle contient
une terre mercurielle, une terre vierge qui eſt très-analogue à l'or. Pour
peu qu'on ait travaillé ſur le mercure, on comprendra ce que je veux dire,
vu qu'il n'y a rien qui approche plus de ſa nature & de ſes propriétés que
l'arſénic. Seroit-ce donc par un pur effet du haſard que dans la mine de
Goldeſthal l'or natif ne ſe trouve jamais dans la Pyrite jaune, mais toujours dans la Pyrite blanche, ſur laquelle il eſt attaché & comme collé
immédiatement ? De plus , il ſe trouve toujours ſur les ardoiſes & ſur du
quartz ; phénomenes qui méritent bien d'être remarqués.

A l'égard de cette terre d'or qui ſe tire par la fuſion, ſoit de la Pyrite,
ſoit d'une autre mine, ſoit d'un métal ſous la forme d'un or formel , &
qui peut tirer ſon origine de quelque Pyrite , il faut bien obſerver qu'elle
doit avoir ſon poids & ſa meſure ; & que ſi , par exemple , elle apparte-
noit ſoit à l'argent, ſoit au cuivre , ſoit à l'arſénic, tout l'argent, tout le
cuivre ou tout l'arſénic ne ſeroient point changés en terre d'or, mais il n'y
auroit qu'une quantité déterminée de la partie qui ſeroit appropriée pour
cela. Je tirerai de-là une concluſion qui raſſemblera tout ce que j'ai dit juſqu'ici , & qu'il faut bien retenir : Si cette terre eſt déja une terre d'or appropriée, à qui comme à de l'or changé en terre par l'Art il ne manque
que la graiſſe pour devenir un métal , il faut qu'on puiſſe l'obtenir par les
eſſais ordinaires ; ſi l'on obtient quelque choſe de cette maniere , tout
le reſte doit également ſe montrer ſans qu'il ſoit beſoin de recourir à une
nouvelle opération, & on ne peut pas ſe flatter de trouver la portion
d'or que l'on n'en aura point dégagée par la premiere analyſe ou ſéparation. Si cette terre n'eſt pas encore une vraie terre d'or, & s'il faut
qu'elle le devienne par les opérations, on ne ſera pas en droit de dire
que la Pyrite contient l'or, mais il faudra dire qu'il y a été formé par la
combinaiſon , par la conception, par le concours & par la transformation. Enfin, s'il falloit employer plus de deux eſpeces de Pyrites, &
même des ſubſtances tout-à-fait étrangeres, pour produire une pareille
terre d'or, ce ne ſeroit point une ſéparation qui ſe ſeroit faite, ce ſeroit
une introduction, une production, &c.

Il ne faut pas être ſurpris ſi je me ſuis ſi fort étendu ſur cette queſtion ; elle tient à une autre non moins importante ; ſçavoir, ſi l'Art
peut aider la Nature ; & elle mérite d'être examinée non-ſeulement en
vûe de découvrir la vérité, mais encore en vûe des avantages qu'on peut
en retirer. Si on voyoit qu'il eſt impoſſible d'enrichir des mines, d'enno-

blir ou d'améliorer des métaux, le fruit qu'on en retireroit seroit de s'épargner des peines dont on prévoiroit l'inutilité. D'un autre côté, si l'on reconnoît qu'il peut y avoir des moyens d'amélioration, on se consolera des peines qu'on se sera données, & on sera encouragé à faire de nouvelles recherches.

CHAPITRE XIII.

Des Parties élémentaires ou des Principes de la Pyrite.

Nous avons traité jusqu'ici des parties mêlées & composées de la Pyrite, qui sont; 1°, sa terre ferrugineuse; 2°, sa terre cuivreuse; 3°, une terre crue & non métallique qui enveloppe constamment les deux autres; 4°, le soufre; 5°, l'arsénic ainsi que l'orpiment & l'arsénic rouge qui en sont formés; 6°, l'argent qui est dans la Pyrite; 7°, l'or qu'on en retire. Toutes ces choses se trouvent dans la Pyrite, mais elles n'y sont point également essentielles. En effet, il y en a parmi elles qui lui sont si nécessaires, qu'à leur défaut la Pyrite ne pourroit exister; &, pour me servir du langage de la Métaphysique, elles en sont les parties constitutives, intégrantes & essentielles, au lieu que les autres sont des parties purement accidentelles qui peuvent ne s'y point trouver, sans que pour cela le tout soit détruit. Les parties essentielles de la Pyrite sont une terre ferrugineuse, & une substance volatile qui est le soufre ou l'arsénic; car sans la terre ferrugineuse & l'une ou l'autre de ces substances, la Pyrite ne peut point exister, ni être conçue. Les autres parties, telles que le cuivre, l'or & l'argent, ne doivent être regardées que comme purement accidentelles, vu que souvent la Pyrite se trouve sans la moindre portion de ces substances. Cependant, comme d'un côté le cuivre vient souvent se joindre à la Pyrite en assez grande abondance, pour égaler & même pour surpasser la quantité de la terre ferrugineuse, il ne faut pas le confondre avec les autres substances que nous avons dit s'y trouver quelquefois. Mais comme d'un autre côté il arrive aussi que le cuivre ne s'y trouve point, on ne peut le regarder que comme une partie constitutive secondaire de la Pyrite; par-là on évitera toute équivoque & toute dispute de mots, & on se formera une idée nette d'une chose qui est sujette à varier. Ce que j'ai dit depuis le Chapitre VI jusqu'au Chapitre XII, semble suffire pour donner une idée des principes & des propriétés de la Pyrite; il est pourtant à propos d'en dire encore quelque chose, & de prévenir les disputes que pourroit faire naître le vitriol dont il sera question dans le Chapitre suivant. Il est certain que le vitriol est une substance singulière qui doit sa naissance à la Pyrite; mais comme il n'est point un de ses principes, & comme il en est un nouveau produit, il ne s'agit point ici de ce sel, puisque nous ne nous sommes proposés de parler que des parties élémentaires des substances qui entrent dans la composition de la Pyrite. En un mot, il s'agit d'examiner l'origine & les parties dont font compofés le fer, le cuivre, la terre crue, le foufre, l'arfénic, l'or & l'argent qui font dans la Pyrite.

Ceux qui fe repaiffent de fpéculations, & qui ne ceffent de parler d'élémens & de parties primitives, auroient peut-être débuté par là, avant que de confidérer ce minéral fuivant fa figure, fes proportions, fes effets, fa combinaifon, fa décompofition, fes récompofitions & les produits qui en réfultent : ces fortes de gens veulent raifonner des parties invifibles, telles que font les élémens, fans s'embarraffer d'examiner d'abord celles qui font vifibles ; ils prétendent connoître le germe avant que d'avoir connu le fruit ou la plante. Je conviens que dans les examens que l'on fait, & dans les définitions que l'on donne enfuite d'un corps de la Nature, il ne faut point s'arrêter uniquement à des expériences, qu'il faut auffi donner carriere à fes réflexions, & remonter auffi loin qu'on le peut raifonnablement, mais il eft impoffible de parvenir jufqu'au principe des chofes, & d'en tirer les fondemens d'un fyftême. Un feul principe fondé fur l'expérience, & même une feule expérience vraie, quoique purement méchanique, eft préférable à toutes les vaines fpéculations & aux fubtilités métaphyfiques. La route la plus naturelle eft toujours de conduire le Lecteur de ce qui eft plus proche de lui à ce qui en eft plus éloigné, des parties compofées aux parties plus fimples, & de lui faire parcourir le même chemin que l'on a fuivi dans fes opérations.

Si l'on veut fe former l'idée la plus générale des parties que l'on tire de la Pyrite, on trouvera ou qu'elles étoient déja dans la mixtion de la Pyrite ; & par conféquent qu'elles ont été réellement décompofées ; ou qu'elles fe font formées de nouveau pendant la décompofition ou la deftruction de ces parties ; & par conféquent qu'elles n'étoient point dans la Pyrite, mais qu'elles y ont été produites. Les parties qui étoient déja dans la Pyrite, font une terre ferrugineufe, une terre cuivreufe, une terre crue, le foufre, l'arfénic, l'or & l'argent, que nous avons déja divifées en parties effentielles & en parties accidentelles. Lorfqu'on y fait attention, on ne peut guères placer que le vitriol parmi les parties ou fubftances qui ont été générées & produites de nouveau : c'eft une fubftance fi importante & d'un ufage fi étendu, qu'il y auroit plus de chofes à en dire que de toutes les parties effentielles de la Pyrite. On auroit peut-être encore des raifons pour placer l'arfénic jaune ou l'orpiment dans cette feconde claffe, puifque l'arfénic & le foufre dont il eft compofé, font déja effentiellement & corporellement dans la Pyrite, quoique dans un état de féparation, & non dans un état de combinaifon ; mais on ne pourroit pas en donner une preuve auffi convaincante que celle qu'on donne pour le vitriol : quant à l'or & même à l'argent qui fe tirent de la Pyrite, on pourroit demander s'ils y étoient déja formellement & corporellement, quoique dans un état de difperfion ; ce qui pourroit être nié, ou du moins ce qui feroit fujet à bien des doutes, vu que fuivant ce qui a été dit dans le Chapitre précédent, on fe tire plus aifément d'affaire, en les regardant comme des fubftances générées de nou-

O o iij

veau & produites dans l'opération , sur tout par les mélanges que l'on a faits.

Ainsi, si nous nous bornons aux parties essentielles de la Pyrite qui sont le fer, le soufre, l'arsénic & le cuivre, nous verrons que la Pyrite n'est point un mixte , (*mixtum*) c'est-à-dire, un corps formé par l'union de parties simples ; ce n'est pas même un composé, (*compositum*) c'est-à-dire, un corps formé par l'union des mixtes ; mais que c'est un surcomposé, (*decompositum*) c'est-à-dire, un corps formé par la combinaison des composés. On voit par-là qu'il ne s'agit point ici d'examiner les principes ou élémens de la Pyrite, mais ceux des parties qui la composent. Je ne puis me résoudre à entamer une matiere aussi étendue que seroit l'examen détaillé des élémens du fer, de ceux du soufre, &c. d'autant plus que je ne me suis point proposé d'examiner ces parties comme telles, mais seulement en tant qu'elles entrent dans la combinaison de la Pyrite, & je prouverai qu'il faut même sans nous écarter, n'examiner ici que les élémens de la Pyrite, comme d'un corps décomposé. Sans cela on seroit obligé de faire des Traités différens sur le soufre, sur l'arsénic, sur le fer, sur le cuivre, ce qui demanderoit des travaux immenses.

Quoique la Pyrite doive être regardée comme un corps surcomposé, (*decompositum*) on peut encore demander si les corps composés, tels que le soufre & le fer, existoient déja réellement & formellement lorsque la Nature s'est mise à former la Pyrite, où si ces corps ne sont devenus ce qu'ils sont que durant la formation ou la génération de ce minéral ; ou, pour m'expliquer plus clairement, si la formation de la Pyrite est une composition dans laquelle des corps préexistans se sont réunis, ou une mixtion par laquelle ces corps ont commencé à se produire. En effet, il ne faut pas s'imaginer que la Nature en formant ses individus opere de la même maniere qu'un Architecte qui est obligé de commencer par préparer ses matériaux , & se procurer de la chaux, du bois, de la pierre & de l'eau, lorsqu'il veut élever un édifice ; ni qu'elle ait, par exemple, commencé par préparer la terre ferrugineuse & le soufre, & n'ait eu ensuite besoin que de rassembler les matériaux qu'elle avoit déja préparés lorsqu'elle a voulu former une mine ou une Pyrite : quoiqu'elle soit forcée de se régler sur les propriétés des matieres , & de consulter leur forme, leur proximité & leur éloignement, leurs proportions, leur nombre & les circonstances , la Nature durant la composition produit des mixtes, ou pendant la surcomposition elle fait des composés, & durant la formation elle produit des substances qui n'existoient point auparavant ; & ce qui est singulier, par la destruction qui ne s'opere point sans de nouvelles productions, elle nous présente de nouvelles matieres que nous ne voyions point avant cela. On m'objectera peut-être ici les expériences par lesquelles l'Art parvient à faire des mines avec des mixtes & des composés ; par exemple, avec un métal & du soufre ; mais on ne peut rien conclure des opérations de l'Art pour celles de la Nature, quoiqu'il en résulte une probabilité que la Nature puisse agir de la même maniere que l'Art. D'ailleurs l'Art est très-borné lorsqu'il s'agit d'imiter la formation des mines ;

& je regarderois comme fort habile, un homme qui avec du fer & du soufre viendroit à bout de faire une vraie Pyrite martiale, ou qui avec du fer & de l'arsénic feroit une Pyrite arsénicale. Pour procéder avec sûreté, & ne voulant point m'en rapporter aux recettes dont beaucoup de livres sont remplis, j'ai fait un grand nombre d'expériences sur la minéralisation des métaux : je vais les mettre sous les yeux des Lecteurs.

Une vraie mine est composée d'une terre métallique, de soufre & d'arsénic : ces deux substances volatiles s'y trouvent ou seules, ou toutes les deux à la fois, & souvent il s'y joint une terre crue & non métallique, comme nous l'avons vu ci-devant. Pour éviter toute erreur, je ne crois pas pouvoir répéter trop souvent que par *terre crue* je n'entends pas une substance pierreuse ou une roche, à laquelle la mine est attachée, & que l'on n'en distingue quelquefois qu'avec peine, tandis que d'autres fois on la reconnoît sur le champ ; mais j'entends par-là une terre qui est combinée avec le métal minéralisé, & qui entre dans la combinaison de la mine. Je ne prends pas non plus le mot de mine, (*minera*) dans un sens trop étendu ; & je n'entends point par-là toutes les pierres qui ne contiennent ni métal, ni soufre, ni arsénic, quoiqu'il soit rare d'en trouver qui n'en aient aucuns vestiges. Je ne comprends même point sous le nom de *mines* tout ce que les ouvriers des mines & des fonderies entendent par cette dénomination, quand, par exemple, ils donnent le nom de mines à des terres brunes ou jaunes qui contiennent de l'argent ; mais j'entends par-là, les corps dans lesquels le métal est visiblement & sensiblement minéralisé. Ou bien je dis qu'une mine est un métal pénétré par le soufre ou par l'arsénic : telles sont la Pyrite, la mine de plomb, la mine de cuivre, la mine d'étain crystallisé, les mines d'argent rouges & vitreuses, &c. Lors donc que j'ai voulu tenter de faire des mines avec les métaux &, pour ainsi dire, de les produire, il est bien sûr que je ne pouvois pas prendre pour cela des corps simples, tels que la Nature les emploie pour les produire dans le sein de la terre, puisque l'on ne peut ni voir, ni distinguer, ni toucher ces corps simples, quand ils sont dans un état de division & de séparation ; mais j'ai été obligé de me servir de terres métalliques, ou même de métaux tout formés, aussi bien que de soufre & d'arsénic tout formés, & je les ai combinés ensemble pour mettre ces métaux dans l'état de mine. Ce que les Alchymistes ont dit de leur minéralisation, d'après quoi quelques personnes ont cru qu'il falloit remettre la matiere dans sa premiere forme, est une erreur grossiere fondée sur une équivoque de mots & sur un emblême. J'ai assez bien réussi à imiter quelques mines ; je n'ai eu qu'un succès médiocre pour d'autres ; enfin, il y en a où je n'ai point réussi du tout, comme on pourra en juger par les expériences que je vais rapporter.

1°. On peut faire des métaux avec quelques terres communes qui ne sont, ni n'ont été ni mine, ni métal. On fait, par exemple, avec la calamine non-seulement du fer, il est vrai en petite quantité, mais encore une très-grande quantité de zinc *, que l'on obtient non-seulement en lui

* Par les notes qui ont déja été faites au sujet du zinc & de la calamine, on voit que ce

préfentant le corps avec lequel il peut s'incorporer, c'eft-à-dire, le cuivre qui eft fon aiman, (phénomene qui, toût commun qu'il eft, n'en eft pas moins merveilleux) mais encore ce demi-métal fe montre fimplement par l'addition d'une matiere graffe qui métallife ; il faut feulement pour éviter que ce phénix ne fe réduife en cendre, empêcher qu'il ne fe brûle, & obferver le tems & les circonftances.

2°, On peut faire des métaux avec des terres qui ont déja été métalliques : c'eft ainfi que l'on fait du plomb & de l'étain avec de la chaux de plomb & d'étain ; c'eft en y joignant une matiere graffe propre à métallifer, que l'on nomme *phlogiftique*, par le moyen de laquelle on opere ce qu'on nomme la *réduction*. On peut encore tirer des métaux de terres qui n'étoient point métal auparavant ; nous en avons une preuve convaincante dans l'or & l'argent qu'on tire par divers procédés des métaux imparfaits & des demi-métaux, & fur-tout du bifmuth, de l'étain, du régule d'antimoine, du plomb & du mercure.

3°. Il n'eft pas aifé de faire des mines avec les terres crues ou non métalliques ordinaires, quoiqu'on eût lieu de le préfumer d'après l'idée de ceux qui prétendent que ces terres font les meres des mines, & que le foufre & l'arfénic les fécondent à l'aide de la coction. Je l'ai fouvent tenté vainement avec le foufre qui a affez d'efficacité ; & j'ai voulu le combiner avec de l'ochre bien purifiée & bien préparée, qui cependant a déja formé une Pyrite, c'eft-à-dire, a été une mine fulfureufe. Si l'on s'imaginoit que cette mine a été réduite par la vitriolifation en une fubftance étrangere & irréductible, on n'aura qu'à prendre du limon, de l'argille ou de la glaife, & choifir une terre la plus déliée, & qui, autant que faire fe peut, foit telle qu'elle eft depuis la création, & qui n'ait fubi aucune altération, & l'on verra s'il eft poffible d'en faire une mine en y joignant du foufre. Cependant je ne veux point nier que le foufre, foit par fon tout, foit par fa partie graffe, ne puiffe réellement opérer la métallifation, fur-tout du fer & de l'argent, lorfqu'il eft joint avec ces fortes de terres ; fi par une appropriation & par un degré de chaleur convenables, on le met en état non-feulement d'agir fur elles, mais encore de s'y fixer à demeure ; mais cela demande beaucoup d'habileté & de connoiffances.

4°. On peut refaire des mines avec quelques chaux métalliques, ou avec des terres qui ont été du métal : c'eft ce que prouve la mine d'argent vitreufe que l'on peut imiter parfaitement, en faifant fondre avec du foufre, la chaux ou l'argent précipité par le fel marin * ; & même en donnant une chaleur douce & continuée, on lui fait prendre une forme cryftallifée.

5°. On peut encore faire la même chofe avec l'argent, fans avoir befoin de le mettre dans l'état d'une terre ; il ne faut pour cela que lui joindre du foufre ou du cinnabre, parce que le foufre qui eft en cinnabre

demi-métal eft contenu dans la calamine qui eft fa vraie miniere, & qu'il ne s'y génere point comme M. Henckel l'a prétendu dans un tems où l'on ne connoiffoit pas la nature du zinc auffi parfaitement qu'aujourd'hui.

* C'eft improprement que l'Auteur appelle cet argent *une chaux* ; c'eft un vrai fel métallique. On ne doit appeller *chaux* que les métaux à qui l'action du feu a enlevé le phlogiftique.

a plus

à plus de tems pour agir sur l'argent & pour s'en saisir. Par ce moyen on peut imiter la mine d'argent vitreuse au point qu'on ne peut que très-difficilement la distinguer de celle qui est naturelle : on en a la preuve dans les procédés connus, où l'on mêle de la limaille d'argent avec du cinnabre, & l'on met ce mêlange en cémentation.

6°. On peut faire des mines avec les métaux imparfaits & les demi-métaux. C'est ainsi qu'on fait de la mine d'étain avec de l'étain & du soufre ; de la mine d'antimoine avec du régule d'antimoine & du soufre ; de la mine de bismuth avec du bismuth & du soufre ; du cinnabre avec du mercure & du soufre ; de la mine de plomb avec le plomb & le soufre : cela se fait en joignant peu-à-peu du soufre avec les métaux en fusion, & en vuidant le creuset à tems, de peur d'en dégager de nouveau le soufre.

7°. Cependant il n'y a que très-peu de métaux auxquels on puisse redonner la même forme de mine que celle d'où ils ont été tirés par la fonte.

8°. C'est ainsi que l'on ne trouve nulle part dans le monde une mine d'étain feuilletée, noirâtre, fuligineuse & striée comme l'antimoine, telle qu'est celle que l'Art produit, quoique l'on puisse dire que c'est de l'étain pénétré par le soufre.

9°. De quelque façon que je m'y sois pris, je n'ai jamais pu faire avec l'étain une mine semblable à la mine d'étain en cryftaux, parce qu'on ne peut point faire entrer en fusion avec lui l'arsénic qui est la substance qui le minéralise, & par conséquent on ne peut pas lui donner l'activité né-cessaire ; d'un autre côté, l'étain ne peut point se combiner avec ce demi-métal, à cause de la facilité avec laquelle il se détruit & se réduit en cendre ou en chaux.

10°. On ne trouve pas non plus dans la Nature une mine de bismuth semblable à celle que l'on fait par l'Art ; car quoique le soufre ne le noir-cisse pas, & quoiqu'il conserve tout son éclat, cependant il ne laisse pas de prendre un tissu & une forme qu'il n'a point dans son état naturel, dans lequel il n'est jamais combiné avec le soufre. Cependant cette ex-périence demanderoit à être réïtérée & examinée plus attentivement pour d'autres raisons.

11°. La masse qui résulte de la combinaison du plomb avec le soufre, ressemble assez à une mine de plomb tirée du sein de la terre, excepté qu'elle est d'un grain très-fin, & quand on n'a pas l'attention de retirer du feu ce mêlange promptement & à point nommé, il devient semblable à de la suie & se réduit en poudre.

12°. On réussit beaucoup mieux à remettre l'antimoine dans l'état de mine en mêlant son régule avec du soufre ; cependant ses aiguilles ou stries sont plus fines que celles de la mine d'antimoine naturelle ; il n'est pas douteux qu'elle n'eût des stries plus grandes, si l'Art employoit au-tant de tems que la Nature pour faire cette production.

13°. C'est dans la formation du cinnabre que l'Art imite le plus par-faitement la Nature, c'est-à-dire, en minéralisant le mercure de façon que l'on ne peut y trouver aucune différence.

P p

14°. On ne peut pas minéralifer le cuivre de la maniere que le fait la Nature : en effet, l'*æs. uftum* qui réfulte de la combinaifon du cuivre avec le foufre n'eft plus un métal ; tant qu'il eft pénétré par le foufre c'eft du cuivre minéralifé, mais lorfque le foufre en a été dégagé par le feu, on ne peut plus le regarder que comme un métal calciné & mis dans l'état d'une terre. Où trouvera-t-on dans le monde une pareille mine ? Et comment imiter la mine de cuivre qui eft jaune comme du laiton ; ou celle qui eft d'un bleu d'azur ? Je doute fort que l'on puiffe y parvenir.

15°. On ne réuffira pas davantage à contrefaire une mine de fer, furtout telle qu'eft une Pyrite. Les recettes que l'on trouve dans quelques Livres, & qui difent qu'on peut imiter la Pyrite en joignant de l'antimoine au mêlange, en font une mine d'antimoine qui n'a aucun rapport avec le travail de la Nature. En effet, a-t-on jamais trouvé de l'antimoine dans la Pyrite ? Il paroît que de cette opération il ne doit réfulter qu'une fcorie, dans laquelle par la précipitation du régule, le fer s'eft uni avec le foufre, & a formé une fubftance qui reffemble à une mine, mais qui n'a point la couleur jaune ni de la Pyrite fulfureufe, ni de la Pyrite martiale. Il eft vrai que cette fcorie ne tombe point en effloréfcence quand on n'a point employé de fels, cependant l'air fait qu'il s'y forme une efpece d'enduit ou de moififfure, mais non pas du vitriol comme celui que le contact de l'air forme fur la vraie Pyrite fulfureufe. On pourroit approcher un peu plus près de la Nature, fi au lieu d'antimoine on fe fervoit d'une mine de plomb bien pure pour pénétrer le fer avec du foufre ; opération qui peut conduire à la découverte de quelques vérités cachées.

Il peut fe faire qu'il y ait encore quelques autres moyens plus fûrs pour faire prendre aux métaux & aux terres métalliques la forme de mine que la Nature leur donne : il y a une infinité de voies pour faire des expériences, & de ce qu'une chofe n'a point réuffi, on n'eft pas en droit de conclure qu'elle eft impoffible ; mais il ne s'enfuit point de-là que la Nature fuive la même route que pourroit faire l'Art dans la formation des Pyrites ; & il y a, comme nous le dirons, de fortes raifons de conjecturer que pour cette formation la Nature n'emploie pas des mixtes, mais des corps fimples ou des principes, comme pour celle de toutes les mines en général, c'eft-à-dire, qu'elle ne fe fert point de matieres préparées & élaborées pour faire une Pyrite, mais qu'elle fe fert de fucs & de vapeurs, qui par leur concours & par la coction deviennent ce qu'elles font dans la Pyrite toute formée ; fçavoir, une terre martiale, une terre cuivreufe, du foufre, de l'arfénic, de l'or & de l'argent.

Si nous confidérons les mines qui fe font dans le fein de la terre, & fur-tout celles qui fe forment à la furface des cryftallifations & des incruftations, qui font celles qui laiffent le moins de doute, nous trouvons trois efpeces de roches, & trois voies qui fervent à leur formation. La premiere voie eft la condenfation des parties terreufes déja exiftantes, mais qui font féches, fpongieufes & en pouffiere, qui deviennent compactes ; par ce moyen, à l'aide de l'air & de l'eau, des terres prennent la liaifon & la confiftence d'une pierre dure. J'ai trouvé un grand nom-

bre de preuves qui me convainquent que c'est ainsi que se forment les
étites ou pierres d'aigle.

La seconde voie consiste dans le dépôt & l'affaissement qui se fait des
parties terreuses dans les eaux qui coulent, qui suintent ou qui tombent
goute à goute ; c'est ainsi que se forment les incrustations ou concrétions ; ce que l'on nomme le *Flos Martis*, les stalactites : il ne faut point
pour cela que les eaux soient troubles, car les terres qui sont charriées
par les eaux, & qui à cause de leur finesse y demeurent quelquefois assez
long-tems suspendues, qui même sont souvent dans une division assez
grande pour passer au travers d'un papier à filtrer quand il n'est point
trop serré, se déposent promptement sous la forme de terre, mais jamais
elles ne peuvent se changer en pierres ; il faut pour former ces sortes de
pierres des eaux de source très-limpides, dans lesquelles les terres soient
extrêmement divisées, au point de ne pouvoir être distinguées à la vûe,
& de passer au travers des filtres les plus serrés.

Enfin, la troisieme voie est celle de la crystallisation, par laquelle il se
forme des crystaux semblables à ceux des sels dans les eaux les plus lim-
pides qui tenoient parfaitement en dissolution des particules terreuses,
soit spathiques, soit quartzeuses, qui produisent ces crystaux à l'aide du
repos & de l'évaporation la plus lente & la plus imperceptible. J'en ai déja
dit mon sentiment d'une maniere très-détaillée dans le Chapitre V, &
je l'ai appuyé par des exemples très-décisifs ; je suis entiérement de l'avis
du célebre Woodward sur la formation du crystal de roche & des autres
crystallisations, c'est aussi l'avis du Comte de Marsigli, & de M. Cappeller
de Berne, dans son *Prodromus Crystallographiæ*.

Quant aux mines mêmes, il n'y a pas lieu de croire que leur formation s'opere par l'une des trois voies que nous venons de dire pour les
pierres. En effet, en commençant par la derniere, il est vrai que nous
voyons des Pyrites qui ont des formes anguleuses, cubiques, prismatiques, &c. de même que les crystaux, les sels & les pierres ; nous les trouvons même sur des crystallisations, & par conséquent attachées immédiatement à des corps formés par la crystallisation, qui leur servent d'appui
& de base, de sorte que l'on seroit tenté de croire qu'ils se sont formés
en même tems qu'elles : mais comment se figurer que des terres métalliques, telles que celles qui sont requises pour la formation des mines,
puissent être tenues en dissolution par des eaux simples, puisque nous
n'en voyons aucun exemple ni dans la Nature, ni dans l'Art, comme
nous en avons pour nous convaincre de la formation des crystallisations ?
Quelle raison avons-nous pour croire que des corps qui sont proches les
uns des autres ou joints ensemble, n'ont pu se former qu'à la fois & de
la même maniere ? Lorsqu'il se forme des concrétions ou des incrustations, les lieux souterreins & les galleries où elles se forment, ne sont
point remplis d'eau, mais sont vuides ; cependant les crystallisations ne
peuvent s'opérer que dans l'eau ; & le coup d'œil nous fait connoître
que ces souterreins n'ont pas plus été remplis d'eau après que la Pyrite a

été formée sur ces incrustations, qu'auparavant, & lorsque les incrustations se sont faites.

La seconde voie ne peut pas non plus avoir lieu pour la formation des mines : en effet, quoiqu'il y ait des exemples qui prouvent que l'eau commune peut dissoudre & atténuer des particules métalliques, cependant elle ne peut point tenir suspendues une quantité assez considérable de terres métalliques pesantes, pour opérer la minéralisation dont il s'agit ; & il faut qu'aussi-tôt que l'eau est en repos, ces terres se déposent sur le champ comme un limon. En un mot, il y a une espece d'analogie ou de rapport, entre l'eau & une terre non métallique, mais il n'y en a point entre l'eau & une terre métallique ; & il faut pour que ce rapport se trouve entre elles, que des substances intermédiaires, c'est-à-dire, des sels, les approprient de maniere à pouvoir agir les unes sur les autres, comme nous voyons que cela arrive aux dissolvans qui ont la faculté d'agir sur les terres métalliques.

La voie de l'endurcissement ne peut point non plus nous faire concevoir la formation des mines : pour s'en convaincre on n'a qu'à jetter les yeux sur la position & la figure des Pyrites qui se trouvent sur les crystallisations & les incrustations, sans compter beaucoup d'autres circonstances. D'un autre côté, bien des raisons nous empêchent de croire que les mines se forment de la même maniere qu'une plante ou un champignon qui sort de la terre ; une des raisons principales, c'est que si cela étoit, on devroit voir dans la roche les racines par lesquelles la mine auroit de la liaison ou de la communication avec d'autres substances d'où elle tireroit son origine ; au lieu que nous voyons souvent que ces mines ne tiennent quelquefois que par un point de contact aux crystallisations sur lesquelles on les trouve, soit dans les fentes, soit dans les roches compactes. La formation des mines se fait par des exhalaisons, comme je me flatte de l'avoir prouvé dans le cinquieme Chapitre : je répete seulement ici la raison que j'ai alléguée, c'est que les mines que l'on trouve formées sur les crystallisations, ne sont jamais que d'un côté où elles ont été portées par les exhalaisons, de la même maniere que si elles étoient saupoudrées de neige.

Il n'est point douteux que ces exhalaisons propres à former & à apporter les mines, ne puissent avoir une origine différente, & varier pour la mixtion, pour la façon d'agir, & pour les accidens. Cependant il n'est point nécessaire de les multiplier à l'infini, puisque l'on voit par la situation & les minieres ou matrices des mines, que les mêmes exhalaisons ne font point naître les mêmes productions, & qu'elles varient pour le tems de leur formation & pour leur degré de coction. Le lieu de la naissance ou la matrice est une des choses préliminaires à la formation des substances, sans laquelle elles ne pourroient devenir ce qu'elles sont. En effet, chaque espece de mine se trouve dans plusieurs pierres de différentes natures, où par conséquent elle a pris naissance, ce qui arrive sur-tout à la Pyrite qui se trouve par-tout : la mine d'argent rouge se trouve dans le quartz, dans le fpath, dans l'ardoife, & dans beaucoup de roches, telles que celles que les Allemands nomment *gemſſ*, *kneiſſ*, *knaver*, &c.; la mine de plomb fe trouve dans toutes ces efpeces de pierres, comme auſſi dans la pierre à chaux; les cryſtaux d'étain font dans du quartz, dans du fpath, dans du talc, dans de l'argille, du *kneiſſ*; cependant on eſt encore bien éloigné d'avoir fait aſſez de découvertes dans le regne minéral pour ne pouvoir point étendre plus loin ces obfervations; & même il y a lieu de préfumer que l'on pourra découvrir par la fuite qu'il fe forme des mines dans des endroits où on ne s'en fût jamais douté. Le quartz fur-tout, & la pierre cornée, qui font des pierres très-compactes, font aſſez généralement les matrices des mines. Il eſt vrai que dans le regne minéral la matrice n'opere point précifément de la même façon que dans le regne animal, où elle contribue matériellement à la génération, tandis qu'elle n'eſt que fimplement néceſſaire dans le regne minéral : cependant les obfervations que l'on a faites juſqu'à préfent, c'eſt-à-dire, depuis un tems aſſez confidérable, prouvent que bien des chofes dépendent auſſi de la différence des matrices ou des lieux où s'o-pere la formation des mines : en effet, pourquoi la mine de plomb, quoi-qu'elle ne foit point entiérement étrangere à l'ardoife, ne s'y trouve-t-elle que clairfemée & fort rarement, tandis que la Pyrite s'y trouve très abon-damment? Pourquoi n'a-t-on jamais vû de cryſtaux d'étain dans l'ar-doife?

Mais il ne faut pas toujours juger de ces chofes par les morceaux qu'on rencontre dans un Cabinet d'Hiſtoire Naturelle, où fouvent on voit avec furprife différentes mines réunies dans un même morceau, qui peut avoir été pris dans un endroit où deux filons très-différens font venus fe croi-fer; pour pouvoir décider avec certitude de la nature d'une matrice, il faut defcendre dans les fouterreins mêmes & y examiner la Nature, & ne pas fe contenter de l'infpection d'un tiroir. Il faut auſſi faire bien de l'attention aux fuperfétations, par lefquelles une efpece de mine ou de pierre vient en recouvrir une autre, & par des générations fucceſſives vient former différentes couches; alors ce n'eſt plus la roche la plus baſſe qui doit être regardée comme matrice, fur-tout lorfqu'elle a été recou-verte d'un enduit par les exhalaifons, & la mine qui s'y forme aujour-d'hui peut feule être regardée comme la matrice de celle qui s'y formera demain. Outre cela, on ne peut nier qu'il n'y ait des endroits, ou plutôt des formations dans lefquelles les fubſtances environnantes ne contri-buent en rien à la minéralifation, & où les exhalaifons minérales appor-tent tout ce qui eſt néceſſaire, & même ce qui peut former ce que Bé-cher appelle la *première terre*; & par conféquent ce qui doit fervir de bafe à une mine. Il ne faut pas s'imaginer que dans l'opération dont il s'agit ici, la Nature travaille comme un Boulanger qui a fa farine, fon eau & fon lait à fa portée pour faire fon pain, & qui n'a befoin que de paîtrir fon mélange, de laiſſer agir fon levain, & de le mettre au four pour lui donner de la confiſtence; ou comme un Potier qui n'a qu'à paîtrir fon argille pour former un vafe, & le fécher enfuite au fourneau. Quoique les *guhrs* & les matieres propres à faire des concrétions ou des incruftations, foient regardées par bien des gens comme les matieres qui fervent de bafe aux métaux, & comme les vraies matrices des mines, il ne faut point regarder cet ouvrage comme celui du Boulanger ni du Potier, & il ne faut point attribuer des propriétés plus grandes que celles des autres pierres ou terres, à ces fubftances calcaires, argilleufes, ochreufes, &c. Lorfqu'on trouve que ces fubftances font chargées de mines récemment formées & de Pyrites, comme cela arrive affez fouvent, on ne peut pas concevoir que cela fe faffe autrement que par une exhalaifon, (*exhalatio*) de la part de la matrice qui fait la fonction de la femelle, & une *inhalation* *, de la part de la vapeur féminale qui fait la fonction du mâle. On ne peut point non plus comprendre comment une terre matérielle & groffiere pourroit être utile ou néceffaire à la formation des mines, puifque nous voyons des mines fe former fur les pierres & les cryftallifations les plus dures, les moins propres à s'amollir, & dont on n'a pas lieu d'attendre une influence matérielle. En un mot, il eft certain que les mines exigent une matrice pour leur formation ; mais elle ne doit être, 1°, que comme un lieu convenable pour que la minéralifation s'y opere ; & 2°, elle ne doit point être confidérée comme entiérement morte & immobile, mais comme agiffante & propre à fournir des émanations, ou du moins comme difpofée à recevoir celles qui lui font apportées par les exhalaifons minérales. Il fe forme bien de la mine ou du métal dedans & à la furface de ces fortes de terres ou de pierres, mais elles ne peuvent point elles-mêmes devenir ni mine ni métal.

Une queftion difficile à décider, c'eft laquelle d'une matrice pierreufe ou d'une matrice terreufe, eft la plus propre à concevoir & à entretenir par fes émanations matérielles le fruit qu'elle a reçu : on feroit porté à croire que la matrice terreufe eft plus propre à produire cet effet, parce qu'une fubftance qui eft atténuée & dans un état de divifion & de molleffe, femble plus difpofée à favorifer l'opération dont nous parlons, qu'un corps folide & dur, tel qu'eft une pierre : mais comment fçavoir fi les mines qui ne font point encore formées, ont plus de difpofition à fe produire dans une roche tendre & feuilletée, telle que l'ardoife, que dans une roche folide & dure, dans les fentes & fur les cryftallifations ; il faudroit pour cela avoir mis le globe plus à découvert qu'on n'a fait jufqu'ici, & avoir comparé les exemples qui fe feroient prefentés. Et quand cela feroit, il ne s'enfuivroit pas que cette préférence vînt de la nature de la matrice, puifqu'elle pourroit ne venir que du repos & de

---

* Ici les termes François me manquent ; cependant pour éclaircir cet endroit je crois devoir faire obferver au Lecteur que les Auteurs Allemands qui ont écrit fur la formation des mines, diftinguent trois efpeces d'exhalaifons. La premiere, qu'ils nomment *auffwitterung*, peut fe rendre par *exhalaifon* ; c'eft celle qui fe fait par les émanations qui fortent d'une fubftance. La feconde fe nomme *einwitterung*, & peut fe rendre en Latin par *inhalatio* ; c'eft celle par laquelle une fubftance émanée entre dans une autre & la pénetre. La troifieme s'appelle *verwitterung*, par où l'on entend l'efflorefcence ou la décompofition que certaines fubftances minérales éprouvent, & qui leur fait perdre leur forme. C'eft ainfi que certaines Pyrites par le contact de l'air fe changent en vitriol & en ochre. M. Henckel parlera dans la fuite de cette efpece de décompofition.

la pénétrabilité que les exhalaisons minérales rencontreroient plutôt dans l'une que dans l'autre.

Dans toutes ces émanations qui peuvent partir de la matrice terreuse ou pierreuse des mines, & qui les rend propres à concevoir, c'est surtout l'inhalation qui opere & qui produit la minéralisation, mais principalement de la Pyrite. Cette *inhalation* se fait sur-tout par le moyen des exhalaisons minérales ou mouffettes que l'on éprouve dans les souterreins; car, comme nous l'avons dit, en considérant les crystallisations & les concrétions qui ont été recouvertes de mines, on voit qu'elles n'ont pu y être formées ni par le transport ou l'alluvion, ni par le dépôt, ni par la crystallisation, &c. Ces vapeurs sont minérales, mais elles ne contiennent point une combinaison de métal ou de mine toute faite, elles sont seulement disposées, appropriées & préparées pour la faire. Les mixtes qui par leur combinaison forment une mine, tels que la terre ferrugineuse, le soufre ou l'arsénic ne sont point tout formés.

On ne peut pas plus remonter jusqu'à l'air, qui dans son état de simplicité concourt à la formation de tous les regnes de la nature; l'air qui est renfermé dans la terre, tant celui qui la pénétre en passant avec les eaux par ses fentes & ses ouvertures, que celui qui y circule, comme un fluide très-délié, doit être altéré, & en s'incorporant avec des particules minérales compactes, pesantes, qui approchent de la nature du métal, & sur-tout avec celles qui sont grasses, salines & arsénicales, cet air, dis-je, doit devenir plus propre à l'opération pour laquelle il est destiné. Les molécules d'air qui contribuent à la formation des végétaux & des animaux, sont presque entiérement aqueuses; au lieu que celles qui doivent entrer dans la combinaison des mines sont plus séches & plus terreuses. Outre cela, elles doivent aussi avoir différens degrés d'activité, avoir des formes différentes, être dans différentes combinaisons, & par conséquent avoir des vertus & des propriétés différentes, puisque l'on ne peut point attribuer la diversité prodigieuse que nous voyons dans la formation des mines, ni à la simple coction, ni à la seule position, ni à la nature de la matrice, à qui pourtant on ne peut point refuser toute influence. Il est certain que les exhalaisons apportent avec elles presque tout ce qui est nécessaire, mais il peut se faire que le lieu de la conception, c'est-à-dire, la matrice, soit déja toute préparée à concevoir & à faire la moitié du chemin pour aller au-devant de ce qui lui est apporté; c'est-à-dire, des terres subtiles, qui dans un tel lieu, dans une telle proportion, dans un tel tems, à un tel degré de chaleur & de coction, suivant telles circonstances, formeront du plomb; qui dans d'autres circonstances formeront de l'étain; dans d'autres, formeront du cuivre, &c, & qui resteront ce qu'elles sont une fois devenues; il est vrai qu'elles pourront se décomposer, mais le métal qu'elles contiendront sera toujours le même, quoiqu'en disent ceux qui pensent que les métaux se métamorphosent les uns dans les autres.

Examinons maintenant l'origine & les propriétés des exhalaisons minérales. Tous les corps tant ceux qui sont inanimés, que ceux qui sont animés, répandent des émanations qui s'élèvent dans notre atmosphere; ces émanations partent non-seulement des corps dont le tissu est lâche &

ſpongieux, mais encore de ceux qui ſont le plus compactes, & même
des pierres les plus dures ; on peut s'en convaincre par les phénomenes
merveilleux de l'aiman. Quelques corps répandent des exhalaiſons qui
produiſent une diminution & une diſperſion de toute leur ſubſtance ; c'eſt
ainſi que s'évaporent l'eau pure, les ſels volatils, l'eſprit de vin, le
camphre, le phoſphore, &c ; ſi les parties de ces ſubſtances ne ſont pas
très-ſimples, il faut du moins qu'elles ſoient très-homogénes, & étroitement liées les unes avec les autres. Il y a d'autres corps qui répandent
des vapeurs par la ſéparation qui ſe fait en eux des parties les plus déliées
d'avec celles qui ſont les plus groſſiéres & les plus compactes ; c'eſt-à-dire,
des parties terreſtres ; c'eſt ainſi qu'une eau ſaline & terreuſe s'évapore
d'elle-même à l'aide de l'air, ou par le moyen de l'art à l'aide de la diſtillation ou de l'évaporation. Une plante, un fruit, de la viande, une terre
ou une pierre humide répandent des vapeurs ſimplement en ſe deſſéchant,
lorſqu'on ne leur donne point le tems ni le degré de chaleur néceſſaires
pour entrer en fermentation, & lorſqu'on ne hâte point trop l'évaporation
par la déflagration, & par l'incinération ou la vitrification ; car alors il
ne ſe fait point de ſéparation, mais il ſe forme de nouveaux produits. Il
y a des corps qui répandent des vapeurs qui réſultent de la deſtruction de
tout leur tiſſu & de leur combinaiſon, ce qui arrive lorſque non-ſeulement leurs parties humides ſimples ſe dégagent, mais encore lorſqu'il s'en éleve des ſubſtances ſalines & ſulfureuſes, qui ne ſe ſeroient
point dégagées par la premiere ou la ſeconde maniere de s'évaporer,
ou du moins qui ne l'auroient point fait d'une façon ſi marquée, mais
qui ſeroient reſtées, & même qui n'auroient point acquis leur forme, &
ne ſe ſeroient pas produites ; nous en avons des preuves ſenſibles dans les
ſels volatils qui ſe dégagent des ſubſtances animales en putréfaction ;
dans l'acide ſpiritueux, qui ſe forme par la fermentation des grains, dans
le levûre de la bierre, auxquels je ne ſçais s'il me ſeroit permis de joindre
l'odeur d'ail qui eſt propre au regne minéral ; ces corpuſcules qui ſe dégagent & qui ſe décelent par leur odeur n'exiſtoient point dans les ſubſtances dont elles partent, mais elles prouvent une deſtruction du tiſſu total
& de la mixtion de ces ſubſtances, & alors non-ſeulement les particules
ſimples & les particules mixtes ſe ſéparent, mais étant miſes en action par
l'air, qui n'agit pas ſeulement comme mobile, mais encore comme in-
fluant, ces particules prennent un mouvement interne, elles ſe choquent,
ſe frottent, ſe pouſſent les unes les autres, & par-là elles paſſent dans
différens états, & forment des combinaiſons nouvelles, ſans qu'on puiſſe
les remettre dans leur premiere forme. Cette décompoſition s'appelle *fermentation* dans le regne végétal ; & *putréfaction* dans le regne animal ;
dans le regne minéral on la nomme *effloreſcence* (*Verwitterung*). Il ne
faut pourtant pas toujours s'aſtreindre à ces dénominations ; en effet,
nous voyons que la plante *kali* ou la ſoude toute ſeule, & d'elle-même
prend par la fermentation une odeur animale très-fœtide & très-inſuppor-
table ; nous voyons auſſi que certains amalgames faits d'une maniere convenable ſe gonflent comme de la pâte qui fermente ; & pluſieurs mélanges

de

de substances minérales nous donnent des signes, tantôt de fermentation, tantôt de corruption qui s'annoncent, soit par l'odeur qui en part, soit par leur inspection.

Les substances, en tant qu'elles répandent des vapeurs, sont ou purement aqueuses, telles sont l'eau pure & l'esprit-de-vin ; ou elles sont aqueuses & terreuses, comme le vin, la bierre, l'huile, les eaux limoneuses, salines & sulfureuses ; ou elles sont terreuses & aqueuses, comme le bois, les eaux, les gommes, les sels, le soufre, le bitume ; ou enfin elles sont presque entiérement terreuses, telles sont les terres non métalliques, les pierres, les mines & les métaux eux-mêmes. L'évaporation est un mouvement, & tout mouvement vient d'une impulsion. Dans le cas dont il s'agit, c'est l'air & le feu qui vivifient & qui mettent en action & en évaporation des substances, qui sans cela demeureroient toujours en repos. Par l'air, nous entendons non-seulement le fluide dans lequel nâgent toutes les créatures de notre globe, mais encore celui qui pénetre & remplit tous les corps spongieux, poreux, & remplis de fentes. Je ne parle point ici des vapeurs qui sont portées dans l'air par des causes accidentelles, telles que celles qui partent des fonderies, des cheminées, des salines, des cloaques, ni des particules de poussiere, d'ordures, ni des parties terrestres grossieres & sensibles : ce fluide contient par lui-même de particules terreuses, & sur-tout salines & inflammables ou grasses dont il s'est chargé, & il s'en charge d'une plus grande quantité quand il se trouve dans les profondeurs de la terre & dans le sein du regne minéral. Par le feu, j'entends celui qui à l'aide de l'air part des substances ou des mélanges, comme nous le voyons dans les mines qui s'échauffent & qui s'enflamment d'elles-mêmes ; j'entends aussi le feu réel, tel que celui de nos cuisines & des laboratoires, dont on se sert pour décomposer les corps, soit doucement, soit violemment.

Il est certain que l'air est le grand mobile qui excite les exhalaisons ou vapeurs, puisque sans le secours du feu, il suffit pour les produire, & même il agit plus efficacement, au lieu que le feu ne peut ni s'exciter, ni subsister sans lui : il n'est pas douteux que les analyses, les dissolutions, les nouvelles combinaisons & les nouveaux produits ne s'operent souvent beaucoup mieux à l'aide de l'air tout seul, que par le moyen du feu. Cependant, comme l'air est froid par lui-même lorsqu'il n'est point échauffé par le soleil, ou mis dans une température convenable par les vents & les saisons, pour qu'il devienne un agent plus efficace, il faut souvent qu'il soit secondé, sinon par un feu réel, du moins par une modification convenable de la chaleur, telle que celle d'une étuve, d'un athanor ou d'une chambre ; c'est à quoi doivent faire attention ceux qui rapportent tout sans exception à un feu interne ; ils devroient bien sentir qu'il n'est point égal pour les opérations de placer un vaisseau dans la neige, ou de l'exposer à une chaleur douce. L'air agit du centre à la circonférence, au lieu que le feu agit plus extérieurement ; l'air agit plus lentement, c'est pour cela que ses opérations sont plus parfaites & plus durables : il est vrai que souvent il introduit des corps étrangers dans les combinaisons, mais ils font plus atténués & plus fimples que ceux que le feu ou la flamme portent dans les fubftances que l'on expofe à fon action. Une des principales propriétés de l'air que nous avons à confidérer actuellement, confifte en ce que les fubftances feches qu'il dégage des corps, font dans une combinaifon & une liaifon plus intime avec les fubftances fluides, que lorfqu'on les dégage violemment par le moyen du feu, parce qu'alors on ne laiffe point le tems à la combinaifon de fe faire. En effet, des exhalaifons qui doivent produire une mine, doivent contenir au-dedans d'elles-mêmes beaucoup plus de parties terreufes que de parties aqueufes : or pour que des parties terreufes puiffent être foutenues & entraînées par des parties fluides, il faut qu'elles foient intimement combinées avec elles, & faffent une efpece de graiffe ou de matiere onctueufe : on peut juger par-là que des parties feches ne doivent fe combiner que très-mal avec des parties fluides, lorfqu'elles n'ont point été dégagées dans le commencement avec douceur, & lorfqu'on a employé la violence du feu pour les arracher. Par cette même raifon, les exhalaifons minéralifantes étant non-feulement dans une combinaifon très-intime, mais encore étant plus chargées de particules feches que de particules fluides, on fentira aifément à quel point elles doivent être déliées, tant dans leur mixtion que dans leur aggrégation ; & l'on verra qu'un feu extérieur ne peut pas les mettre fi parfaitement dans cet état que le feu interne.

Pour examiner de plus près les exhalaifons minérales, & particuliérement celles qui doivent former les Pyrites, nous avons trois points à confidérer : il faut voir, 1°, de quoi ces exhalaifons font compofées ; 2°, d'où, & comment elles partent ; 3°, comment elles forment la Pyrite. Il eft fouvent aifé de s'appercevoir qu'une Pyrite a été formée récemment, mais on n'a point encore pu prendre la Nature fur le fait ; cependant on peut en quelque façon fuivre fes traces, & tirer du moins des inductions, & former des conjectures qui ne font pas entiérement dénuées de vraifemblance.

Quant à la premiere queftion qui confifte à examiner de quoi les exhalaifons minérales font compofées ; ce que j'ai dit ci-deffus fur les fubftances qui fervent à la minéralifation fuffira pour y répondre : en un mot, ce ne font point les particules de l'air qu'il faut regarder comme le germe ou comme la matiere prochaine ; car comme elles fervent à humecter les trois regnes de la Nature, & par conféquent le regne minéral comme les autres, ce feroit reprendre les chofes de trop loin. Cependant il ne faut pas tomber dans un excès oppofé, ni s'imaginer que ces exhalaifons contiennent déja les fubftances ou matériaux dont la Pyrite doit être compofée, c'eft-à-dire, le fer, le foufre, l'arfénic, &c. il faut tâcher de prendre un jufte milieu, & penfer que ces exhalaifons font une fubftance moyenne qui fans être affez générale pour convenir également à tous les trois regnes, ne contient pourtant pas encore formellement les fubftances que l'on peut tirer de la Pyrite par l'analyfe. Il faut auffi appliquer à la Pyrite ce que j'ai dit des mines en général, & en particulier de celles qui font fulfureufes, relativement à la proportion des parties folides &

des parties fluides : en effet, les exhalaisons qui servent à jetter les fondemens de la Pyrite, ne doivent pas être fort fluides ; d'un autre côté,
elles ne doivent pas être purement terreuses ; cependant ces dernieres
doivent y dominer, & il y a bien de l'apparence que nous trouve-
rions que la combinaison de ces particules est grasse, ténace & collante,
si elle pouvoit frapper nos sens & se montrer à nos yeux. Enfin, il y a encore lieu de présumer que de même que les exhalaisons minéralisantes
sont variées, celles qui produisent différentes Pyrites, telles que la Pyrite sulfureuse & la Pyrite arsénicale, doivent déja contenir des matieres
différentes : en effet, ces deux sortes de Pyrites ont certainement des
différences marquées, sans pour cela prétendre que cette diversité vienne
de la coction, ou de l'élaboration, ou de la nature de la matrice ou miniere ; circonstances qui produisent souvent des effets tout particuliers.
Une autre chose que je crois encore devoir faire remarquer, c'est que les
exhalaisons qui produisent la Pyrite, sont le plus universellement répandues dans le sein de la terre, puisqu'à l'exception de la Pyrite arsénicale, on la rencontre par-tout, comme je l'ai prouvé dans le Chapitre IV.
Il faut supposer d'abord que les matieres qui sont les germes de ce minéral, peuvent bien être des terres non métalliques, puisqu'elles sont
disposées à s'élever plus facilement que toutes les autres. En second lieu,
il y a lieu de croire que les terres crues & non métalliques sont propres
à devenir sur-tout du fer, & ensuite du cuivre, dans leur minéralisation
& leur métallisation ; de même qu'elles rentrent le plus facilement dans
leur premier état par leur destruction ou leur décomposition : c'est ce que
j'ai offert aux réflexions du Lecteur dans le Chapitre V. Mais ces matieres
ne peuvent devenir que ce à quoi elles sont propres, & il leur est tout
aussi impossible de devenir une mine de plomb ou d'étain, qu'il l'est à
un grain de froment de devenir de l'orge. Il est vrai que quelques circonstances qui tiennent à la nature du terrein, au tems, au moment où
l'on a semé, peuvent contribuer à dénaturer une semence ; & en cela le
regne minéral peut avoir de la conformité avec le regne végétal.

A l'égard de la seconde question qui consiste à sçavoir d'où viennent
ces exhalaisons ou ces germes de la Pyrite, il est en quelque façon plus
aisé d'y répondre qu'à la question précédente ; mais je pourrai me rendre
plus sensible en parlant en général des exhalaisons propres à produire les
mines, qu'en ne parlant qu'en particulier de celles qui forment la Pyrite.
Sans recourir à l'air, ni aux élémens des mines, pour découvrir la source
des exhalaisons minérales ou mouffettes, c'est-à-dire, d'un air chargé du
germe ou de la semence des mines, nous avons à considérer trois choses
d'où ces exhalaisons peuvent naître, & donc elles sont réellement produites.

I°. Nous avons dans le sein de la terre des corps solides & secs ; ce sont
les terres & les pierres qui sont la même chose, avec la seule différence
que les premieres ne sont point liées ni compactes, au lieu que les dernieres sont serrées, solides, & quelquefois paroissent comme fondues.
C'est pour cela que des terres il s'en forme des pierres, & des pierres

il s'en forme de la terre. Il s'agit donc de sçavoir si ces substances s'é-
vaporent ou répandent des émanations, par où l'on n'entend point l'humidité qui peut y être attachée extérieurement, qui n'est point du tout
de l'essence des pierres, & qui peut en être dégagée sans qu'elles perdent
aucune de leurs propriétés. Il ne s'agit point non plus des exhalaisons qui
peuvent venir des fentes qu'on y remarque, par lesquelles il peut passer
des émanations qui partent de substances qui sont au-dessous de ces roches. Il n'est pas non plus question des petites vénules remplies de mines, dont la décomposition fait que les roches se brisent & se réduisent en
poussiere, comme nous aurons occasion de le dire dans la suite. Il s'agit
d'une évaporation qui part du corps même, & qui ne peut se faire sans
diminution du corps entier: dans ce sens la question est très-difficile à
résoudre, & je ne sçache point d'expérience qui démontre que les pierres
soient susceptibles d'une évaporation de cette nature; & on ne peut
guères compter sur les procédés par lesquels on prétend que l'on peut
parvenir à réduire des pierres en vapeurs & en eau, simplement à l'aide
d'une chaleur douce qui les amollisse, en les exposant au bain-marie dans
un matras de verre. Cependant je rencontre dans le grand attelier ou laboratoire de la Nature, des choses qui me porteroient assez à croire que
cela est possible; il s'y fait bien des opérations, sur-tout celles qui dépendent du tems, auxquelles l'Art ne peut parvenir, soit faute de patience de notre part, soit par nos préjugés qui nous font croire qu'on
ne doit employer que des liqueurs acides & corrosives pour les dissolutions.

Je trouve trois espèces de pierres qui me prouvent ce que j'avance;
c'est la marne, la pierre à chaux & le caillou. La marne est une substance
qui a cessé d'être terre pour commencer à devenir pierre; non-seulement elle perd sa liaison à l'air, mais encore elle procure de la nourriture
aux fruits qui croissent dans les champs qui ont été marnés. J'ai rapporté
dans mon *Flora Saturnizans* différens exemples, sur-tout en parlant de la
marne d'Oberau en Misnie, pour prouver l'affinité qui se trouve entre le
regne minéral & le regne végétal. Pour que cette pierre contribue à la
croissance & à la nourriture des plantes, il est aisé d'imaginer qu'il faut
qu'elle soit dans une dissolution & une atténuation parfaites, & que l'humidité de l'air puisse, non-seulement la délayer, mais même en enlever
une portion, non comme elle feroit une poussiere légere, mais en s'unissant avec elle au point que cette substance ne soit plus ni terre, ni eau,
mais une nouvelle substance gélatineuse, composée de terre & d'eau *.
Lorsque la terre marneuse a été réduite en une substance grasse & visqueuse de cette espece, elle peut être portée par les eaux jusqu'aux ori-

* Par ce que M. Henckel dit de la marne, il paroît qu'il tombe dans l'erreur de plusieurs Naturalistes qui regardent cette substance comme argilleuse; mais il peut bien se faire que la marne soit mêlée de parties argilleuses qui ne sont point de son essence; & M. Pott a très-bien
prouvé dans sa *Litogeognosie*, que c'est une terre calcaire qui fait la base de la marne, & qui
lui donne la propriété qu'elle a de fertiliser les terres, parce que nulle terre n'est plus disposée que la pierre calcaire à se dissoudre, & à être portée par les eaux dans les plantes, à l'accroissement desquelles elle contribue par ce moyen.

fices qui font aux racines des plantes , mais non pas plus loin ; de même que les fucs nourriciers ne peuvent point entrer dans les vaiffeaux lactées. Lorfqu'elle eft parvenue jufques-là , elle eft réduite en vapeurs, divifée & employée par la Nature à la ftructure de la plante , fuivant que le ferment de chaque partie le permet. Mais fi une pareille fubftance devoit fervir à la formation de quelque mine , il faudroit qu'elle fût élevée en vapeurs, puifqu'il eft aifé de prouver que toutes les mines du monde n'ont point été formées par alluvion ou par le dépôt des eaux.

La pierre à chaux paroît auffi être fujette à l'évaporation ; je ne parle point ici de celle qui a été brûlée & qu'on appelle alors de la chaux vive, qui cependant par la facilité avec laquelle elle fe diffout & fe décompofe à l'air , marque de la difpofition à s'évaporer ; mais je veux parler de la pierre à chaux brute & non calcinée. Les ftalactites ou concrétions pierreufes de Freyberg , dont j'ai fouvent parlé , au rang defquelles il faut auffi mettre le *Flos Martis*, font des pierres calcaires ; je dis celles qui fe trouvent à Freyberg communément attachées aux parois des galleries & dés fouterreins des mines , car il peut fe faire que celles qui fe trouvent dans d'autres endroits foient d'une nature différente. Cette fubftance calcaire eft formée par une terre atténuée que les eaux ont entraînée : elle fe dégage en tems & lieu de ces eaux , elle fe dépofe & s'amaffe peu-à-peu , & à la fin elle prend la confiftence d'une pierre. Puifque l'eau lui permet de fe dépofer , il eft aifé de voir qu'elle n'eft point de fon effence , mais qu'elle l'a détachée de quelque endroit , & qu'elle ne s'en eft trouvée chargée qu'accidentellement. Il faut fuppofer que c'eft en paffant par-deffus une roche calcaire ou un fpath calcaire, que l'eau a entraîné ces particules. Nous avons un exemple qui rend cette conjecture très-probable dans les murs qui font bâtis avec de la chaux , tels que ceux de l'aquéduc de Halsbruck dans notre voifinage, ainfi que dans plufieurs voutes, & dans les mâçonneries que l'on a faites dans les fouterreins de quelques mines , pour foutenir les puits & les galleries ; on y remarque d'une façon très-fenfible que les concrétions ou ftalactites qui s'y forment, viennent de la chaux ; ou plutôt on voit clairement que la chaux , après avoir été calcinée , éteinte , & lors même qu'elle femble avoir perdu la vie, a encore la propriété d'être mife en diffolution , & d'être atténuée & entraînée par l'eau , avec la feule différence que les concrétions qui doivent leur origine à la chaux , n'ont jamais la même dureté que les autres , mais font toujours feuilletées & fpongieufes. On ne peut point dire pofitivement que ces fortes de terres ont été détachées par des exhalaifons & incorporées avec les eaux, mais on doit dire qu'elles en ont été atténuées & entraînées ; au lieu que dans les vraies concrétions des grottes & des fouterreins , comme leurs particules font intimement combinées avec les eaux , & en ont été , pour ainfi dire, extraites ; on pourroit fuppofer qu'avant d'être charriées & extraites , elles ont fouffert une efpece de décompofition. A travers ces incertitudes on voit pourtant que la pierre calcaire eft fujette à une décompofition & à une diffolution qui produit des terres très-déliées, dont il peut réfulter de vraies pierres, comme dans le cas dont il s'agit, & qui par le concours d'autres circonstances peuvent produire d'autres combinaisons & d'autres accidens, & conséquemment entiérement changer de nature.

Le quartz ou le caillou paroît au coup d'œil extérieur d'une solidité & d'une consistence que rien ne peut vaincre; cependant les crystallisations & les morceaux de quartz qui semblent avoir été rongés, me font naître quelques doutes sur leur prétendue indestructibilité *. Je serois assez tenté de croire qu'il entre quelque portion de pierres de ce genre dans la formation dés mines, vû qu'elles ont beaucoup de conformité avec la terre qui sert de base aux métaux, que Becher appelle la *terre vitrescible.* Pour peu que l'on considere avec attention ces sortes de pierres rongées, on sera très-porté de donner raison aux Mineurs, lorsqu'ils disent qu'elles ont été décomposées & réduites en vapeurs. Mais ce n'est point-là ce dont il s'agit actuellement; nous avons à considérer la mine non créée, & qui se produit journellement: ceux qui le voudront, seront les maîtres d'étendre leurs conjectures jusqu'à la création de Moyse: je ne nie pas cependant que la formation actuelle & journaliere des mines ne pût nous mettre en état de juger par induction de leur création. Ainsi nous n'avons à nous occuper que d'un petit nombre de mines, dont il faut chercher à rassembler les parties pour en jetter les fondemens, sans nous embarrasser de recherches sur des individus particuliers, & qui sont dûs à des circonstances particulieres. La Nature ne va point prendre en différens endroits les matériaux qu'elle emploie pour les productions souterreines, comme je l'ai fait voir plus haut; elle se sert d'un petit nombre d'êtres pour produire une grande quantité d'especes; elle change les formes; elle fait qu'une semence produit des fruits tout différens de ceux qui l'ont donnée. Outre les pierres dont on vient de parler, elle a encore d'autres sources où elle va puiser des sucs & des matieres pour former ses mines. J'ai seulement voulu faire voir que tout ce qui est renfermé dans le sein de la terre, est dans une circulation & dans une révolution perpétuelle, puisque les corps les plus solides sont sujets à se décomposer & à se réduire en vapeurs; & j'ai voulu prouver qu'il peut aisément y avoir des matieres produites par la destruction de certains corps qui sont propres à donner naissance à de nouveaux corps. Mais il ne faut point opposer certains préjugés, dont je parlerai par la suite, aux raisons que je viens d'alléguer, pour faire voir combien il est probable que les pierres se décomposent & se réduisent en vapeurs.

II°. En second lieu, nous avons dans le sein de la terre des amas considérables d'eaux limoneuses, sulfureuses & salines, d'où il peut s'élever beaucoup d'exhalaisons & de mouffettes qui, si elles ne jouent point le plus grand rôle dans la formation des mines, ne laissent pas du moins d'y

---

* M. Henckel auroit pu ajouter à cela que le caillou éprouve une décomposition, quoique lente, lorsqu'il est exposé à l'air pendant long-tems. Pour s'en convaincre on n'a qu'à jetter les yeux sur les cailloux brisés qui, lorsqu'ils ont été fraîchement cassés, ont dés angles fort tranchans, & sont noirs à l'intérieur; mais après avoir été long-tems exposés à l'air, ces angles s'émoussent, & leur couleur noire blanchit. Ce phénomene commun & journalier ne semble point avoir été assez examiné par les Naturalistes.

contribuer beaucoup. On peut conclure qu'il y a des amas d'eaux dans l'intérieur de la terre comme à sa surface, par la circulation des eaux dont on ne peut douter, par les gouffres & les abysmes qui se trouvent dans la mer, & qui sont d'une profondeur que l'on n'a jamais pu sonder; par la violence même des eaux, & par d'autres faits dont je remets à parler dans un autre tems: il y a tout lieu de croire que le globe immense que nous habitons, présente dans son intérieur les mêmes phénomènes qu'à sa surface. On peut présumer que ces amas d'eaux sont limoneux, croupis, sulfureux & salins, sur-tout si on fait attention aux propriétés de l'eau de la mer, & sans cela même aux degrés de chaleur que ces eaux peuvent prendre, soit d'elles-mêmes, soit par différentes circonstances accidentelles. En effet, l'eau de la mer, sur-tout à certaines profondeurs & dans les conduits par où elle s'ouvre un passage dans l'intérieur de la terre, outre sa salure, contient un grand nombre de parties visqueuses & bitumineuses, & même beaucoup de parties vraiment sulfureuses : ces réservoirs d'eaux sont échauffés, non pas tant par les embrasemens de la terre que nous voyons en plusieurs endroits de sa surface, que par le mouvement interne de fermentation & de chaleur qui les met en évaporation, & en fait partir des exhalaisons : ces vapeurs terreuses & aqueuses ne peuvent pas être long-tems sans s'élever & sans se répandre de côté & d'autre ; &, soit par elles-mêmes, soit en se combinant avec d'autres vapeurs, elles deviennent propres à la génération de toutes sortes de substances minérales.

III°. En troisieme lieu, nous pouvons nous convaincre de la décomposition & de l'évaporation des mines elles-mêmes, d'autant plus que ce phénomène s'opere sous nos yeux d'une façon sensible & palpable. Cependant je ne connois jusqu'à présent que quatre especes de mines qui présentent ces phénomènes, & l'on ne doit pas prétendre que la même chose arrive à toutes : premiérement, parce qu'il peut se produire un grand nombre de mines de différentes especes, sans que pour cela il faille qu'il y en ait beaucoup qui se décomposent & se dissipent. Par exemple, pour faire une mine d'argent rouge, il n'est point nécessaire qu'une mine de cette espece se décompose ; il peut se faire que des exhalaisons qui partent d'une telle mine, il s'en forme une toute différente par les circonstances. Secondement, parce que dans la terre il y a un concours de causes & de circonstances, par lesquelles il peut arriver que les mines qui à l'air libre ne souffrent aucune altération, puissent se décomposer. Les quatre mines dont je veux parler, sont la mine d'alun, le cobalt, la mine de bismuth & la Pyrite. Le cobalt, lorsqu'il a été entassé pendant quelque tems, soit dans un lieu humide & fermé, soit à l'air libre, & exposé aux injures de l'air & aux alternatives du soleil & de la pluie, s'échauffe, & il en part une vapeur qu'il est aisé de reconnoître dans un endroit fermé à son odeur douceâtre & corrosive, & dont on éprouve à la longue les effets par les maladies, les obstructions & les douleurs d'entrailles qu'on ressent. La mine de bismuth qui accompagne communément le cobalt dont on tire la couleur bleue, & qui a beaucoup d'affinité avec lui, eft dans le même cas ; fa décompofition fe manifefte ordinairement par un enduit de la couleur des fleurs de pêcher, phénomene qui méri-teroit plus d'attention qu'on ne penfe, d'autant plus que cette effloref-cence du cobalt, ou plutôt du bifmuth, eft très-différente du minéral à qui on donne le nom de *cobalt ftrié d'un rouge pourpre.*

La mine d'alun, fur-tout celle qui tire fon origine du bois, qui fouvent même en contient réellement, & qui eft de la nature du bitume, telle que celle que l'on trouve à Commotau en Bohême, a la propriété finguliere de s'échauffer à l'air libre, lorfqu'elle y a été quelque tems entaffée & ex-pofée aux injures de l'air, au point que non-feulement il en part beau-coup de fumée, mais encore qu'elle fait un charbon, & produit une vé-ritable flamme, fi l'on n'a foin de prévenir cet effet en l'arrofant très-fou-vent avec de l'eau. Je n'ai pas vu que le vrai charbon de terre s'enflammât comme la mine d'alun, fur-tout lorfqu'il n'eft pas mêlé d'une fubftance alumineufe & légere, & il n'eft point décidé fi les embrafemens qui fe font excités quelquefois dans nos mines de charbon de terre, ont été fpontanées, ou s'ils ont été excités par les lampes des ouvriers, ou par leur négligence.

La pierre à chaux, même fans avoir été calcinée, femble difpofée, comme nous l'avons dit, à répandre des exhalaifons ; & fi ces vapeurs ne s'élevent point dans l'air, du moins elles communiquent quelque chofe aux eaux qui coulent par-deffus cette pierre. Outre cela, les eaux chaudes & calcaires prouvent encore que la pierre à chaux peut éprouver même dans le fein de la terre une calcination, par-là elle devient propre à fe mêler avec les eaux fouterreines, & à en faire partir des vapeurs qui ont les mêmes propriétés falines & terreufes, que celles qui partent des eaux dans lefquelles on a éteint de la chaux vive ; ces vapeurs venant à fe combiner avec d'autres exhalaifons minérales, peuvent devenir pro-pres à donner naiffance à différentes productions.

On prétend communément que la mine d'argent rouge, ainfi que l'ar-gent natif en filets & en petites paillettes, font fujets à fe décompofer, mais je crois que cela eft très-fouvent faux à l'égard de la mine d'argent rou-ge, & toujours à l'égard de l'argent natif. En effet, une vraie mine d'argent d'un beau rouge n'éprouvera jamais aucune altération ; mais un morceau qui contiendra des mines de plufieurs efpeces, & fur-tout de la Pyrite & du cobalt, & qui n'aura que quelques petits cryftaux de mine d'argent rouge à fa furface, pourra fort bien fe décompofer & fe vitriolifer, fans que la mine d'argent rouge éprouve le même fort : on n'aura qu'à confi-dérer attentivement fes particules, l'on verra qu'elles ne font point en-tamées, & on les retrouvera toutes en lavant la mine avec foin pour en dégager la partie qui s'eft vitriolifée. Ainfi l'erreur vient de ce qu'ordi-nairement dans ces morceaux de mine, l'argent fait à peine la centieme partie de la mine torale, qui étant venue à fe décompofer, enveloppe & mafque la partie qui n'a réellement point fouffert de décompofition, & qui n'eft pas toujours auffi confidérable que l'on fe l'eft imaginé. Ce-pendant je conviens ici qu'il peut fe faire que les mines fouffrent dans

le

le sein de la terre, & lorsqu'elles tiennent encore, pour ainsi dire, à leur racine, une décomposition à laquelle elles ne sont plus sujettes quand elles ont été tirées de l'endroit de leur formation, & quand elles sont portées au grand jour; & même je suis obligé de convenir que d'après mes propres observations j'ai lieu de croire que la mine d'argent rouge donne naissance dans le sein de la terre à l'argent natif en filets : il y a des petites cavités tapissées de petits crystaux, dans lesquelles on rencontre quelquefois de petits floccons d'argent par filets, ou de petits fils très-fins qui ne sont attachés à rien; souvent rien ne les accompagne, & quelquefois on trouve à côté, ou au-dessous, un peu de mine d'argent d'un rouge foncé, dans laquelle on ne remarque point la forme crystalline qu'elle a communément dans ces sortes de cavités, mais elle est informe & comme rongée. J'ai vu des morceaux de cette espèce qui venoient de Braunsdorf, de la mine appellée *l'Espérance de Dieu.* Cet argent en filets n'a pu sortir de la roche, puisqu'il n'avoit aucune liaison avec elle, & en étoit entiérement détaché. On y voyoit un peu de mine d'argent rouge dans l'état qui vient d'être décrit; souvent on y trouvoit aussi une substance terreuse & semblable à de la suie; toutes ces circonstances ne donnent-elles pas lieu de conjecturer que c'est de cette mine d'argent rouge que l'argent par filets étoit sorti? Il n'est pas possible d'imaginer que cela ait pu arriver autrement que par une décomposition & une évaporation des autres substances qui entroient dans la composition de cette mine, dont la petite portion terreuse qu'on voyoit étoit les restes. Mais cette décomposition de la mine d'argent rouge, & même de la mine d'argent vitreuse, est peu importante pour la question dont il s'agit, d'autant plus que ces mines se trouvent en trop petite quantité pour influer sur la formation des mines en général.

La Pyrite se distingue par la propriété qu'elle a de se décomposer; cependant la Pyrite blanche ou arsénicale n'est point dans le même cas, & l'on ne trouve dans la terre ni dans l'Art aucun indice qui prouve qu'elle se décompose comme la Pyrite jaunâtre, & comme celle d'un jaune vif. Il est vrai que la Pyrite cuivreuse, sur-tout lorsqu'elle n'est pas très-divisée, ne paroît pas se décomposer facilement; & quand elle est divisée, cela ne lui arrive qu'en partie, quand même on la mettroit en tas, & qu'on l'exposeroit aux injures de l'air; au moins est-il certain que cette Pyrite dans les Cabinets d'Histoire Naturelle n'est point sujette à se vitrioliser comme la Pyrite martiale pure. Cependant les eaux cuivreuses qu'on trouve dans les souterreins des mines, & qui ne peuvent venir que des Pyrites décomposées, prouvent que du moins dans le sein de la terre il y a des circonstances où les Pyrites cuivreuses peuvent être sujettes à se détruire. Ces sortes d'eaux que l'on appelle communément *eaux cémentatoires,* se trouvent non-seulement à Neusol en Hongrie, mais encore dans plusieurs de nos mines, comme à Altenberg, où l'on n'auroit pas lieu de s'y attendre, puisque c'est de la mine d'étain qu'on y exploite; je me suis pourtant assuré que ces eaux étoient cuivreuses en y faisant tremper du fer. Il me paroît aussi que plus les Pyrites sont cuivreuses,

(& dans ce cas on les nomme ici *mines de cuivre*) moins elles font fujettes
à la décompofition , & plus elles font denfes & compactes. En effet, quoique l'eau cémentatoire d'Hongrie , dont on vient de parler, foit très-
chargée de cuivre , & quoique l'on prétende qu'elle le contient tout pur
fans aucune portion de fer, (ce que j'ai pourtant de la peine à croire)
& quoique cela parût indiquer qu'elle eft produite par une mine de cuivre parfaitement pure, cependant cette conféquence ne paroîtroit pas
néceffaire pour cela, parce qu'il pourroit fe faire que cette eau cémentatoire eût d'abord entraîné du vitriol martial qu'elle auroit pu dépofer
par la fuite : en effet, dans les eaux chargées de différens vitriols, c'eft le
vitriol martial qui fe montre le premier ; outre cela, l'expérience nous apprend que moins une Pyrite contient de cuivre, & que plus le fer y eft pur,
plus elle a de facilité à fe vitriolifer. D'ailleurs , on ne trouve pas dans le
monde une très-grande quantité de ces eaux cuivreufes ; au lieu que rien
n'eft plus commun que de trouver des eaux qui contiennent du vitriol
martial très-pur. C'eft donc la Pyrite martiale qui a le plus de difpofition
à fe décompofer, & il faut bien remarquer qu'il n'y a point de minéral
qui fe trouve par-tout en fi grande abondance, & qui foit auffi propre à
exciter des vapeurs, des fumées, & même à produire des éclairs & du
tonnerre ; enfin, à fournir les matieres néceffaires pour produire de nouvelles mines. Mais fous le nom de Pyrite martiale il faut auffi comprendre celle que l'on nomme Pyrite fulfureufe, & celle qui n'eft pas tellement chargée de fer qu'elle ne contienne quelques veftiges de cuivre.
Nous traiterons dans le Chapitre fuivant de la Pyrite cuivreufe, en tant
qu'elle donne du vitriol ; quant à préfent, nous n'en parlons que parce
que la vitriolifation caufe une décompofition, ou du moins l'accompagne, & parce que les émanations ou exhalaifons qui fe forment par-
là, contribuent à la production de nouvelles mines.

   Il n'eft pas douteux que par cette altération qu'éprouve la Pyrite, il
ne paffe une portion confidérable tant de la terre métallique, que de
l'acide fulfureux dans le vitriol qui eft compofé de ces deux chofes ; cependant il y entre plus de cette derniere fubftance que de la premiere : outre
cela, il refte une grande partie de la terre métallique & de la terre
groffiere & crue de la Pyrite, fous la forme d'une poudre d'un jaune
brun que l'on nomme *ochre*, & qui eft entraînée par les eaux. C'eft elle
qui en paffant par les fentes des rochers forme des *guhrs*, des incruftations, ou des ftalactites. Mais une deftruction & une décompofition auffi
confidérable, & une pareille recompofition ou combinaifon nouvelle,
ne peuvent point s'opérer fans que quelques particules ne s'atténuent &
ne fe volatilifent ; & que devient la terre graffe & inflammable du foufre
lorfque fon acide s'en eft dégagé ? Elle ne peut pas fe joindre avec l'o-
chre, puifqu'on ne peut point la métallifer ou la réduire, fans y ajouter
une matiere graffe ; & qu'elle eft comme les autres chaux ou faffrans métalliques, par conféquent on voit qu'elle ne contient point la partie graffe
du foufre : on la trouvera tout auffi peu dans la combinaifon du vitriol,
puifque l'acide qui y eft manque de cette partie graffe, & que la terre métal-

lique qui s'y trouve en si petite quantité, eu égard à celle qui étoit dans
la Pyrite, est dans le cas d'en manquer comme toutes les autres terres
métalliques, qui pour être remises dans l'état d'un métal exigent une
addition de matiere grasse. L'acide qui se dégage dans cette décomposition, ne peut point entrer dans la terre métallique aussi-tôt qu'il est dégagé, sans que l'air qui influe si fort dans ces actions & réactions, n'en accroche quelques parties. A l'égard des terres métalliques fixes, on ne s'i-
maginera point qu'elles puissent s'évaporer, si l'on fait attention à ce que
j'aurai occasion de dire par la suite.

Nous avons encore à peser quelques circonstances qui accompagnent
les exhalaisons minérales, & qui seront propres à nous donner une idée
plus précise de la formation de la Pyrite & des mines en général. J'ai
déja dit beaucoup de choses rélatives à ce sujet dans le Chapitre où j'ai
traité de la création de la Pyrite, & j'en ai parlé par occasion dans plusieurs
endroits de cet Ouvrage.

Premiérement, j'ai averti qu'il ne falloit pas croire que les exhalaisons minérales qui ont fini par produire une Pyrite, continssent déja le
fer, le cuivre, le soufre & l'arsénic; mais qu'il falloit considérer ces choses
comme des germes ou comme une semence dans laquelle la chair, le
sang & les os ne sont point encore formés, mais le seront en tems & lieu.
C'est-là une vérité, sur laquelle on sera maître de se servir des termes d'*actuellement* & de *potentiellement*, mais cela ne rendra point la chose plus
claire. Ce qui a été dit précédemment suffit pour prouver ce principe;
je me borne donc à la preuve tirée du tissu de la Pyrite : ce tissu est si
uni, si étroitement lié, si homogene, & ses parties sont si difficiles à distinguer, qu'elles paroissent comme fondues; d'où l'on voit qu'il faut
que dans son origine la combinaison ait été très-intime & ses particules
très-déliées, & l'on ne doit pas se faire une idée de parties grossieres
quand il est question de l'origine des minéraux.

En second lieu, il ne faut point étendre trop loin la comparaison que
j'ai donnée du germe ou de la semence des animaux ou des végétaux,
& croire que le corps de la Pyrite, quand il est sorti de son germe, soit
capable de s'accroître par lui-même & de s'augmenter : en effet, quoique nous voyons la Pyrite toute faite, tout ne s'est pas trouvé prêt dès
le premier instant; il a fallu que l'évaporation & l'élaboration s'en fît peu
à peu; nous ne découvrons rien qui nous indique que quelque émana-
tion soit sortie de l'intérieur, ou que quelques sucs nourriciers aient en-
tretenu sa croissance. Il se fait ici d'abord un amas ou une aggrégation,
& aussi-tôt commence l'élaboration par laquelle la matiere s'approche
peu à peu de l'état où elle doit être pour constituer le corps qu'elle formera par la suite. Tant que cette matiere est en état de recevoir, ou si
l'on veut, tant qu'elle est molle & dans l'état d'une semence, elle reçoit
les exhalaisons qui viennent à passer par-dessus, & elle les fait entrer dans
l'état de fermentation ou de coction, dans lequel elle est elle-même : lorsque le corps commence à être achevé, ce qui se fait du centre à la cir-

conférence, il cesse tout d'un coup de recevoir, & enfin il parvient à sa perfection, & demeure comme fermé.

Troisiémement, il ne faut point aller s'imaginer qu'une Pyrite, ou une autre mine, lorsqu'elles sont parvenues à leur perfection, puissent augmenter pour la quantité d'or ou d'argent qu'elles contiennent; alors il n'y a plus d'élaboration, & le corps est dans le repos: ce que je dis est fondé sur la raison, & l'on ne peut rien m'alléguer pour détruire ce principe. Il est vrai qu'une mine peut recommencer à se mettre en mouvement & en action: dira-t-on que c'est pour s'améliorer ou pour devenir plus parfaite? Nullement. C'est plutôt pour se détruire & se décomposer, comme je l'ai déja dit ci-devant, & comme je le prouverai encore dans le Chapitre suivant.

Ce que je viens de dire des parties élémentaires de la Pyrite, devroit suffire sur une matiere qui n'est pas susceptible de démonstrations claires & évidentes, mais dans laquelle il faut se contenter de conjectures & d'inductions; & qui d'ailleurs ne peut être que peu importante: cependant je crois encore devoir répondre à quelques objections qu'on pourroit me faire; mon dessein est de faire disparoître certains préjugés; ce qui me donnera lieu de faire quelques observations qui pourront avoir leur utilité.

1°. On demandera comment l'eau peut produire de pareils phénomenes; comment l'humidité de l'air qui n'a ni odeur ni saveur, & qui n'est qu'une eau pure, peut agir sur les pierres & les mines, & causer leur décomposition? Je réponds à cela qu'on n'a qu'à ouvrir les yeux pour voir que le contact seul de l'air suffit pour faire effleurir & vitrioliser les Pyrites, sans avoir besoin pour cela d'employer des eaux corrosives; cela me fournit l'occasion de rappeller une vérité très-essentielle à l'Art. Je ne m'arrêterai point à rapporter ce que des hommes habiles ont dit des vertus de l'eau commune, ou du moins d'une eau qui paroissoit commune; c'est ainsi que Becher a vanté l'eau tirée de l'argille fraîche; que Cassius a parlé du phlegme de l'eau-forte; que d'autres ont célébré le phlegme du vitriol, l'eau de pluie, la rosée, &c. d'après les expériences qu'ils en ont faites. Je ne parlerai point non plus des effets de l'air dans le regne animal & le regne végétal. Je ne m'arrêterai point à faire voir les grands avantages que l'homme pourroit retirer de l'usage intérieur de l'eau dans les maladies, je me bornerai à faire voir la maniere dont l'air & l'eau peuvent agir sur les mines & les métaux. Dans les vraies dissolutions il ne s'agit pas tant de produire une corrosion violente, qu'un amollissement doux & modéré: je dis, dans les vraies dissolutions, c'est-à-dire, dans celles au moyen desquelles on veut produire des substances toutes nouvelles, & même, si ce mot ne révolte pas, des *transmutations*; cependant on peut quelquefois, à l'aide des dissolvans corrosifs, produire quelque chose d'avantageux, mais qui n'est pas fort essentiel. Moins les dissolvans seront corrosifs, moins ils seront chargés de sels, moins ils agiront avec violence sur le corps à dissoudre, moins ils le détruiront, & plus leur action sera conforme à celle de la Nature; c'est ce que l'on doit se propofer. Il y a donc une grande différence entre diffoudre & détremper un corps : le détrempement eft toujours une diffolution , au lieu que la diffolution ne produit pas toujours l'amolliffement. Lorfqu'on a fait une diffolution avec des liqueurs corrofives , il eft bien vrai que le diffolvant & le corps diffous ne font devenus qu'un même corps , mais ils n'ont point la même fiaifon que celle que procure le détrempement ou l'amolliffement , (quoique , fi on ne traite pas convenablement un tel produit , & qu'on ne lui donne point un degré de chaleur convenable, il peut fe décompofer & fe détruire auffi promptement qu'un autre). En effet , par l'amolliffement , le diffolvant & le corps diffous s'uniffent fi intimement , que non-feulement ils deviennent inféparables , mais encore ils forment un nouvel être qui n'exiftoit pas auparavant , même par parties. Il n'eft pas douteux que l'humidité de l'air ne joue un grand rôle dans cette opération , quoiqu'elle ne doive fon origine qu'à l'eau commune ; & comme cette humidité eft faline , il femble qu'elle ne devroit opérer qu'en raifon de fa partie faline comme les autres diffolvans ; mais elle ne contient pas formellement de fel , & l'on aura beau mettre les météores en diftillation , on ne pourra pas en tirer de fel ; celui qui y eft dénaturé , & a changé de forme , foit par la putréfaction , par conféquent par la deftruction & par le changement qu'a éprouvé leur mixtion , foit par le magnétifme & l'attraction , & ce fel a pris différentes formes fuivant la nature du corps avec lequel il s'eft combiné.

2°. On aura peut-être de la peine à concevoir la volatilifation des parties terreufes , qu'on doit fuppofer dans les exhalaifons qui font deftinées à produire de nouveaux êtres ; mais pour s'en former une idée il eft bon de fçavoir qu'il ne faut point entendre par-là une évaporation ou exhalaifon de ces parties fous leur forme de terre : il eft vrai qu'elle peut fe faire ; mais elle ne feroit pas propre à la génération des mines : il faut concevoir une exhalaifon compofée de particules graffes , ténaces , glutineufes , dans laquelle les parties humides font très-intimement combinées avec les parties terreufes. Dans cette opération il peut auffi fe faire une volatilifation de parties feches , foit d'une maniere *philofophique* & douce , conforme à la Nature , foit avec violence ; mais il faut remarquer qu'il y a bien de la différence entre celle qui fe fait fur un corps qui eft dans un état de combinaifon naturelle & groffiere avec d'autres fubftances , & celle qui fe fait fur un corps feul & dégagé de cet état de combinaifon. J'ai dit dans le Chapitre IX. que Poppius , dans fon Commentaire fur Agricola , a prouvé la préfence d'un vrai cuivre dans le foufre ; & , comme je l'ai dit au même endroit , j'ai trouvé du fer dans le foufre groffier. N'eft-on pas forcé de croire que ce fer & ce cuivre fe font volatilifés ? Mais on n'aura qu'à tenter de le faire. « Que l'on » prenne du cuivre ou du fer , qu'on en fépare non-feulement la matiere » volatile le mieux qu'il fera poffible , mais encore qu'on donne au corps fur » lequel on opere la meilleure préparation que l'on puiffe defirer , & l'on » verra que cette volatilifation eft très-difficile , & ne réuffit même point

R r iij

» du tout, quoique ces métaux se volatilisent tout naturellement, sans
» art, & sans qu'on en ait le dessein, lorsqu'on distille la Pyrite pour
» en tirer le soufre ; c'est en vain que l'on cherchèra à recombiner avec
» la terre, le soufre, l'arsénic, ou tout ce qui peut se trouver dans la Py-
» rite, & qui sont les seules substances capables de faciliter la volatilisa-
» tion de la terre métallique ; que l'on tâche, dis-je, de recombiner ces
» choses avec la terre, ce qui est cependant praticable à un certain point
» en faisant le régule de la mine de plomb ». On voit donc que le succès
de l'opération dépend en grande partie, & même entiérement de l'habileté de l'Artiste, & des circonstances auxquelles un homme, aveuglé
par les préjugés, ne peut point faire attention : il s'en prend mal-à-propos aux matieres qu'il a employées, telles que l'acide vitriolique, qu'il
veut dulcifier, ou au sel de tartre qu'il veut volatiliser, sans pouvoir y
réussir. Cependant il est certain que, quoiqu'on doive se proposer d'imiter la Nature, l'Art ne peut pas toujours y parvenir, ni opérer comme
elle. En effet, pour en revenir aux Pyrites qui se décomposent, la Nature, secondée par les circonstances des lieux & des tems, & par d'autres
accidens, peut faire des opérations que nous tenterions vainement dans
nos laboratoires. Ou bien, quoique nous connoissions, autant que nous
le pouvons, les parties élémentaires de la Pyrite, il ne s'ensuit point de-là
que nous puissions les faire voir dans un matras de verre, & que nous
soyons en état de la réduire en ces parties.

Je me flatte cependant que les principes que je viens d'établir sur les
élémens de la Pyrite, sont du moins aussi bien fondés & donnent une
idée plus claire, que ceux des Chymistes qui expliquent tout par le sel,
le soufre & le mercure, par les élémens, par la bénédiction & la malédic-
tion, par le feu & la lumiere, par l'*æther* & l'*aer*, par leur matiere anguleuse & globuleuse, par l'acide & l'alkali, &c. Pour ce qui est du vrai
mercure ou mercure coulant, qu'il ne faut point regarder comme un élément de métaux, quoique j'aie eu bien de la peine à me le persuader, je
suis convaincu que l'on peut le tirer de la Pyrite. Boyle dit sans son Traité
De Producibilitate Principiorum Chymicorum : « Un homme versé dans les
» travaux métalliques, fit l'essai de quelques marcassites choisies d'Angle-
» terre que je lui avois données ; il les travailla sans y joindre rien de mer-
» curiel, cependant il vit avec beaucoup de surprise qu'il en venoit du
» mercure, qu'il remit entre mes mains ». Cet homme avoit lieu d'être
surpris, parce que ce phénomène ne se montre pas tous les jours ; mais
lorsque je considere l'essence de l'arsénic qui est à tous égards mercuriel,
& qui n'a besoin que d'être réduit dans un état de fluidité, je ne vois
pas que dans cette expérience il y ait rien de contraire à la Nature ; quoique je n'ignore pas qu'il est très-aisé de s'y tromper. Je ne parlerai point
de l'acide du soufre qui de tous les corps fluides est celui qui approche le
plus du mercure ; c'est pour cela qu'il y a des expériences par lesquelles
on a tiré des petites molécules de mercure de l'huile de vitriol. Or l'arsénic se trouve dans presque toutes les Pyrites ; les blanches en sont presque entiérement composées ; il y en a une portion dans les jaunes ; &

fouvent il y en a un léger veftige dans celles d'un jaune pâle. Il y a lieu
de croire que celles dont parle Boyle, étoient jaunâtres, parce que les
jaunes ne font pas communément dans l'état de marcaffite, c'eft-à-dire,
anguleufes ou cubiques, & parce que les Pyrites blanches, quoiquelles
affeétent affez fouvent cette figure, ne peuvent point être appellées
des marcaffites; il y a lieu de croire que les Pyrites jaunes & blanches
peuvent auffi être difpofées à la mercurification, mais elles exigeroient
d'être travaillées d'une autre maniere. A l'égard de la queftion, fi l'on
peut tirer du mercure de l'arfénic lorfqu'il eft déja féparé de la Pyrite, comme quand il eft fous la forme d'une farine ou d'une poudre, &
lorfqu'il eft cryftallin; c'eft un problême que je propofe à ceux qui ne
comptent pour rien les accidens & les appropriations, & qui ne veulent
pas admettre de différence entre les corps qui font dans un état de combinaifon & ceux qui font féparés.

Le fçavant M. Verdries, Profeffeur à Gieffen dans le pays de Heffe,
dont j'aurois dû citer la Differtation fur le cuivre dans le Chapitre où
j'ai parlé de ce métal, me propofe dans une Lettre une queftion très-
digne d'attention. Il demande s'il n'y a point de filons de mines dans
lefquels la minéralifation foit encore à fe faire, & ne foit point encore
achevée. Si par-là on entend l'aggrégation ou l'accumulation de la mine,
il n'y a point de doute que de la mine ne fe forme fur de la mine; & il
peut arriver qu'une fente ou une crevaffe fe rempliffe entiérement de
mine; & faute de plus d'efpace, ni la même exhalaifon minéralifante,
ni une autre ne peuvent plus s'y infinuer, & de cette maniere le filon
qui étoit jufques-là à fe faire fe trouve fini. Dans le Chapitre V. nous
avons vu que les mines fe forment journellement; nous avons prouvé
dans celui-ci que cette formation s'opere au moyen des exhalaifons, ce
qui fuppofe toujours une aggrégation. Mais fi la queftion a pour objet
la combinaifon qui fert de bafe aux mines, je répondrai que ni moi, ni
perfonne n'a pu jufqu'à préfent trouver de lieux ou de nids, dans lefquels
l'efprit minéralifateur foit occupé à couver, comme une poule couve fes
œufs, & que l'on ne peut point voir le germe ou l'œuf fe développer
d'une maniere fenfible. De plus, ce que l'on nomme *guhrs*, ne peut point
jetter de jour fur cette queftion, foit que ces guhrs aient été produits par
des Pyrites ou des mines qui ont été détruites ailleurs, foit qu'ils aient été
formés par le détrempement de roches & de terres argilleufes, marneu-
fes, limoneufes, fpathiques ou calcaires. Quoiqu'on ait lieu de fe plaindre de l'infuffifance des expériences, quelque recherche que l'on fît
dans l'intérieur de notre globe, jamais on ne pourroit fe flatter de trouver la Pyrite dans l'inftant de fa formation; & l'on fera obligé de s'en
tenir à croire que la Pyrite, ainfi que toutes les mines, parviennent à
l'état de perfeétion durant l'aéte de la conception, c'eft-à-dire, au moment où les exhalaifons s'amaffent & s'attachent dans la matrice qui leur
convient, ou du moins entrent en même tems dans une prompte coction & maturation, à moins que l'aggrégation même ne faffe la combinaifon.

CHAPITRE XIV.

Du Vitriol que l'on tire de la Pyrite.

C'est à deſſein que je dis le vitriol qu'on tire de la Pyrite, &
non le vitriol qui eſt dans la Pyrite, comme je l'ai dit du fer,
du cuivre, du ſoufre, &c. En effet, le vitriol n'eſt dans aucune Pyrite du monde, mais il en eſt le produit, & la Pyrite lui donne naiſ-
ſance. Bien des gens trouveront peut-être étrange que je ne mette
point le vitriol au rang des parties qui conſtituent la Pyrite, ſur-tout
ceux qui ont entendu nommer certaines Pyrites *vitrioliques*, pour les diſtinguer de celles qu'on nomme *ſulfureuſes*, & ils feront ſurpris que je le
regarde comme un nouveau produit de la Pyrite ; mais j'ai des raiſons
pour m'exprimer ainſi, & je les expliquerai par la ſuite. L'étendue de
cette matiere devroit la faire renvoyer à un Traité particulier, vû qu'elle
renferme des objets de la plus grande importance, dont l'examen feroit
trop long pour trouver place ici. Mais premiérement le vitriol eſt un
produit de la Pyrite, & ſes parties font dans ce minéral, quoique ſous
une autre forme que ſous celle de vitriol, en ſorte que ce ſel ſe produit
ſans aucune addition d'une ſubſtance étrangere, & ſans le ſecours des
particules du feu, puiſque la Pyrite donne du vitriol même ſans feu. Et
quoique le feu ne puiſſe point opérer ſans le ſecours de l'air, les deux
ſubſtances qui font néceſſaires pour conſtituer le vitriol, c'eſt-à-dire, l'a-
cide du ſoufre & la terre métallique, ne laiſſent pas que de ſe trouver
abondamment dans la Pyrite. En ſecond lieu, la formation du vitriol
ſe fait communément dans la même opération, par laquelle on dégage
le ſoufre de la Pyrite ; quoique la vitrioliſation ſe faſſe auſſi d'elle-même,
& ſans qu'il ſoit beſoin d'en tirer le ſoufre : mais comme il y a beaucoup
de Pyrites qui ne donnent point de vitriol, ſur-tout à l'air libre, ſans
que le ſoufre en ait été dégagé par le feu, j'ai cru devoir m'arrêter un peu
ſur le Chapitre du vitriol. En troiſieme lieu, l'examen du vitriol eſt propre à jetter beaucoup de lumieres ſur la nature de la Pyrite. Quatriémement, je ne pourrai point entrer dans tous les détails, vû qu'il me manque beaucoup d'expériences : je ne dirai donc que les choſes principales
dont j'ai la connoiſſance, & je remettrai à un autre tems à faire un Traité
complet de ce ſel métallique incomparable. Nous allons donc en peu
de mots examiner trois queſtions ; 1°, ce que c'eſt que le vitriol ; 2°, ſes
différentes eſpeces ; 3°, la maniere dont il ſe forme. On verra par cet
examen que j'ai eu raiſon de dire dans le titre de ce Chapitre, que le
vitriol ſe tire de la Pyrite, & n'eſt point dans ce minéral.

I. Quoiqu'il paroiſſe qu'il y a un grand nombre d'eſpeces de vitriol,
on peut en général le définir ſimplement un ſel acide combiné avec une
terre métallique. Ce que les Auteurs diſent de ce ſel, eſt ſi rempli de
confuſion

confusion, de définitions contradictoires, de tant de subdivisions inutiles, de dénominations si bisarres, enfin, d'un si grand nombre de méprises & de disputes de mots, qu'il n'y a guères de lumieres à en tirer.

Les deux substances dont le vitriol est composé, c'est-à-dire, son acide & sa terre métallique, peuvent être rendues sensibles de plusieurs manieres, dont je vais rapporter les principales.

A l'égard de l'acide, il ne faut point le regarder comme un corps solide & concret, mais comme un corps fluide & aqueux ; cependant le soufre est-il autre chose qu'un acide vitriolique concentré ? Il ne faut pas croire qu'il soit impossible qu'un acide soit sous une forme concrete : c'est ce dont je me suis convaincu au moyen de l'esprit de nitre & de l'esprit de tartre, avec lesquels j'ai obtenu un sel purement acide qui s'est sublimé sous une forme seche & concrete. L'acide du vitriol peut être tiré du vitriol de la maniere la plus ordinaire par la distillation : on l'obtient alors sous la forme d'une liqueur blanche, que l'on nomme *esprit de vitriol*, & ensuite sous la forme d'une liqueur jaunâtre, épaisse, pesante & un peu terreuse, que l'on nomme *huile de vitriol*. Ou bien on peut encore obtenir l'acide vitriolique en le faisant passer dans des substances alkalines ; ce qui produit les sels neutres connus dans la Médecine, sous le nom de *tartre vitriolé*, d'*arcanum duplicatum*, de *sel admirable de Glauber*, &c. avec cette différence bien remarquable que l'on ne peut point dégager cet acide de l'alkali avec lequel il a été combiné, comme on peut le faire de sa terre métallique, à moins que cela ne se fasse par une nouvelle *intus-susception*, & à moins qu'on n'en fît une combinaison formelle de soufre, alors on le retrouve dans l'esprit de soufre tiré par la cloche ; ou bien en le combinant & en le mettant dans l'état de vitriol, après l'avoir tiré du soufre, & en l'incorporant de nouveau avec une terre métallique. Outre le soufre dans lequel l'acide vitriolique est principalement contenu, & d'où il tire son origine, il se trouve encore dans l'alun, où il a pris corps en se combinant avec une terre grasse & bitumineuse, comme on peut le voir par la mine d'alun de Commotau en Bohême, qui est ligneuse, ainsi que par celle de Schwemseler & de Belger, qui est terreuse ; mais en faisant l'analyse de l'alun, cette terre se montre sous une forme indéterminée de couleur blanche & non fusible, ce qui fait qu'on peut la mettre parmi les terres calcaires. Cet acide se charge souvent durant la distillation de quelque matiere grasse animale ou végétale, ce qui arrive lorsqu'il se fait des félures aux vaisseaux, par lesquelles passe la fumée des charbons ou du bois, qui se joint à la matiere, qu'on distille ; ou lorsqu'on y joint à dessein quelque matiere inflammable, alors on l'appelle esprit de vitriol sulfureux, (*spiritus vitrioli sulfureus.*) parce que par la combinaison de l'acide vitriolique & du phlogistique il s'est formé quelque portion de soufre.

La terre métallique du vitriol se montre aussi par la distillation ; elle reste dans le fond de la retorte sous la forme d'une poudre d'un rouge brun, ou d'un *caput mortuum* : on l'obtient encore lorsqu'on calcine du vitriol pour d'autres usages ; ou par la précipitation, en combinant son acide avec un alkali ; mais alors il se précipite en même tems quelques parties terreuses de l'alkali, qui empêchent que l'on n'obtienne pure la terre métallique du vitriol. Dans la terre qui demeure après la distillation du vitriol, il reste encore une substance que l'on peut en extraire avec de l'eau chaude, qui prend la forme d'un sel blanc, & que l'on appelle *gilla vitrioli* ; mais il faut bien se garder de prendre cette matiere pour un troisieme principe du vitriol. Il ne faut point non plus la regarder comme étant précisément de la même nature que le vitriol qui a été employé dans l'opération, mais comme un vitriol blanc qui a été élaboré, vû qu'il est composé du même acide qui a été tiré du vitriol par la distillation, & qu'il contient encore une terre métallique qui est communément cuivreuse ; c'est pourquoi on s'en sert comme d'un vomitif. Je n'ose point décider s'il y a quelque chose d'alumineux, parce que je ne l'ai point encore suffisamment examiné, quoique je présume que cela soit quelquefois. Ce qui prouve clairement que toute la terre vitriolique est métallique sans exception, c'est qu'en lui joignant des matieres grasses & inflammables elle se réduit en métal, phénomene qui s'opere de lui-même & contre l'intention de l'Artiste, lorsque durant la distillation du vitriol il se fait des fentes à la retorte, par lesquelles le feu fait entrer des particules grasses qui se joignent à une terre qui a passé du degré de chaleur le plus foible jusqu'au plus violent, & qui en réduisent une portion en fer. J'ai eu un jour occasion de faire cette expérience sur un certain vitriol pour convaincre un de mes amis qui ne vouloit point croire qu'il contînt du fer, & je lui en montrai qui s'étoit ainsi formé, & qui étoit attirable par l'aiman.

La proportion de ces deux principes est communément la même dans tous les vitriols. Sur une livre de vitriol frais & qui ne s'est point décomposé, il y a communément cinq ou six onces, & par conséquent un tiers de terre métallique ; il y a deux onces ou un huitieme d'acide ou d'huile de vitriol bien déphlegmée, auquel il faut joindre le poids de ce qui se dégage lorsqu'on fait distiller à feu doux l'*esprit de vitriol*, ce qui fait environ huit ou neuf onces, c'est-à-dire, au moins une moitié de flegme ou d'eau ; il ne faut pas non plus oublier de compter la partie qui s'est dissipée par la calcination ou par le desséchement du vitriol à l'air. A l'égard de la cause qui fait que la proportion de la terre métallique ne se rencontre pas toujours exactement la même, il faut la chercher soit dans la diversité de la combinaison, soit dans l'évaporation & la cuite du vitriol : en effet, il y a beaucoup de vitriol qui est composé accidentellement d'une terre ferrugineuse & d'une terre cuivreuse à la fois, & dans des proportions tout-à-fait différentes ; or le vitriol martial & le vitriol cuivreux ne contiennent point la même quantité de métal. D'ailleurs, l'on sçait que les sels en cryftaux, lorsqu'ils ont été cryftallisés par une évaporation rapide & violente, sont toujours plus chargés d'eau que lorsque l'évaporation s'en est faite doucement & lentement ; c'est pourquoi ces derniers cryftaux de vitriol sont plus denses, mieux saturés & plus colorés, & on leur donne la préférence pour la teinture, sur-tout quand on emploie du vitriol cuivreux, parce que pour cet usage il doit être moins chargé d'eau.

La nature & la forme du vitriol est entiérement saline, on a donc raison d'appeller le vitriol un sel métallique. En effet, 1°, lorsqu'il est nouvellement fait il est transparent ; 2°, il imprime sur la langue une saveur saline & piquante ; enfin, 3°, il se dissout parfaitement dans l'eau sans lui ôter sa transparence, à moins que le vitriol n'ait été déja séché à l'air avant sa dissolution ; car alors il se précipite une portion d'une substance qui n'est plus soluble dans l'eau, & qui la rend trouble ; de plus, le vitriol dissous passe en entier par tous les filtres qui peuvent fournir passage à une liqueur. Cependant en disant que le vitriol est un sel métallique, il ne faut point croire que ce soit un sel qui puisse être tiré des métaux mêmes, sans l'addition d'une substance étrangere, & par conséquent sans l'acide du soufre ; différence qu'a très-bien fait sentir M. Roth dans son *Introduction à la Chymie*, & sur-tout dans l'addition où il traite des sels métalliques. Il ne faut point non plus juger du vitriol comme on feroit d'un acide & d'un alkali, comme sembleroit le suggérer la formation artificielle du vitriol qui résulte de la combinaison de l'acide vitriolique & du fer, qui est accompagnée d'effervescence & de chaleur : de ce que les métaux & d'autres corps font effervescence avec les acides, il ne faut point en conclure que les métaux sont des alkalis ; il est vrai que les alkalis sont opposés aux acides, & sont dans un état de mixtion toute différente ; mais pour ne citer en passant qu'un exemple propre à fournir matiere aux réflexions, on n'a qu'à considérer l'effervescence qui se fait en mêlant, avec des tours de main convenables, du mercure avec des petites lames d'argent : dans cette expérience on n'emploie ni acide ni alkali, cependant la combinaison s'opere avec bruit & effervescence, & ce qui est bien remarquable, c'est que la même chose n'arrive point lorsqu'on se sert de la limaille du même argent que l'on joint au même mercure. Comme ce phénomene ne dépend point de l'argent, on voit qu'il faut qu'il soit dû à des causes extérieures & méchaniques ; & la seule qui se présente dans cette expérience, c'est que l'argent est rendu si mince qu'il éprouve très-promptement l'action du mercure, qui est par-là en état de l'attaquer plus rapidement ; de cette action & réaction subite il résulte un mouvement de chaleur, qui ne se fait point sentir lorsque l'action est plus lente & plus foible.

Pour écarter quelques équivoques sur les parties qui composent le vitriol, nous allons examiner quelques-unes des dénominations qu'on leur donne. Le sel acide du vitriol qui se présente ordinairement sous une forme fluide, est ou étendu d'eau, & alors on le nomme *esprit de vitriol* ; ou c'est une liqueur épaisse, alors on l'appelle *huile de vitriol* ; ou il est sulfureux, & alors on l'appelle *esprit de vitriol sulfureux* ou *volatile* ; ou il reste en petite quantité dans une terre métallique, & alors on l'appelle *gilla vitrioli*, comme je l'ai déja fait remarquer. Ces différens noms indiquent des choses différentes, par conséquent ils ne sont ni inutiles, ni synonymes. Nous ne nous arrêterons point aux dénominations embrouillées des Alchymistes, qui ne seroient propres qu'à nous jetter dans l'embarras.

S ſ ij

A l'égard de la terre du vitriol, sa nature & les différens noms qu'on lui a donnés, méritent d'être examinés avec attention. Cette terre est ou jaunâtre, ou d'un rouge brun : la premiere est ou d'un jaune de soufre, ou aurore : celle qui est d'un jaune de soufre, est celle qui s'attache aux chaudieres dans lesquelles on fait bouillir l'eau vitriolique dans les atteliers ; ou celle qui se sépare avant la cryftallifation, ou pendant qu'elle se fait ; ou celle qui se précipite quand on fait cryftallifer le vitriol de nouveau : cependant aucune de ces especes de terres ne mérite proprement le nom de terre ou d'ochre, parce qu'elles sont encore chargées d'acide ; viennent ensuite les terres qui se séparent d'elles-mêmes, & sans précipitation, des Pyrites, & sur-tout de celles qui sont blanches & arsénicales, quand elles ont été mises en macération & rongées par des eaux salines. Les terres d'un jaune vif comme un jaune d'œuf, ou aurores, se trouvent sur-tout dans le sein de la terre & dans les fentes des montagnes, & en langage des mines on les appelle *guhrs* : on les trouve aussi dans plusieurs fontaines, sur-tout dans celles qui donnent des eaux minérales, des eaux thermales, des eaux vitrioliques ou acidules. On obtient aussi une terre de cette couleur du vitriol, quand on le calcine jusqu'à rougeur. L'on doit mettre encore dans ce rang l'ochre fossile qui se tire du sein de la terre, ou le jaune de montagne, ou ce qu'on appelle la terre jaune que l'on emploie dans la Peinture ; elle contient une portion d'une terre vitriolique, c'est pourquoi l'on peut en tirer une portion de métal, mais elle n'a point été formée du vitriol.

Les Anciens, faute de connoissances, n'ont point apporté assez d'exactitude dans leurs dénominations, ou peut-être nous sommes-nous trop écartés du sens qu'ils ont donné aux noms de certaines substances. L'ochre n'est chez les Droguistes qu'une terre jaune tirée du sein de la terre ; & les Naturalistes modernes ont donné ce nom à la terre qui se précipite des eaux vitrioliques ; mais Théophraste dit que *l'ochre ne differe en rien de l'arsénic,* principe que nous ne pouvons admettre aujourd'hui, quoiqu'il puisse se trouver de l'ochre qui contienne accidentellement de l'arsénic ; de même qu'il y a de l'argille & des sources d'eaux arsénicales. Il faut donc que les Grecs aient donné le nom d'*ochre* à une substance minérale essentiellement arsénicale, & qui étoit presque de l'arsénic pur, puisque Théophraste dit *qu'elle n'en differe point.* Nous en avons un exemple dans l'orpiment qui se tire du sein de la terre. D'autres ont donné le nom d'ochre à la chaux de plomb, qui est devenue jaune ou même rouge par les acides, & que l'on a nommée tantôt *massicot,* tantôt *jaune de plomb,* tantôt *minium.* Voyez Castelli *Lexicon,* page 868. Mais dans ce cas on seroit en droit de donner le nom d'*ochre* à toutes les chaux & précipités métalliques, d'une couleur jaune ou rougeâtre, que l'on obtient non-seulement du fer, du cuivre & du plomb, mais encore de l'or, de l'argent, du mercure & de l'étain ; & que l'on peut parvenir à jaunir soit tout seuls, soit en leur joignant des sels acides & urineux, comme on le sçait, & comme je l'ai déja dit ailleurs. Les Alchymistes qui se servent souvent du mot d'ochre, pourroient nous apprendre bien des choses là-deſſus, ſi l'expérience ne nous faiſoit voir qu'ils ont déja introduit aſſez d'équivoques & d'obſcurités dans l'Hiſtoire Naturelle du regne minéral.

* A l'égard de la terre rouge du vitriol, on la nomme *caput mortuum* ou tête morte du vitriol, non qu'elle ne contienne plus rien du tout, puiſqu'elle renferme encore le *gilla* dont nous avons parlé plus haut, & la partie métallique qui eſt preſque toute entiere, mais parce que le feu lui a enlevé ſon ſel & ſa ſaveur. C'eſt à tort que les Anciens, & ſur-tout Paracelſe, ont regardé cette terre comme abſolument inutile, puiſque la ſaveur qu'elle a perdue, ne doit point la faire regarder comme entiérement dépourvue de propriétés. Aujourd'hui cette terre eſt connue ſous le nom de *colcothar*, nom qu'elle a déja depuis long-tems, & qui a été adopté par tous les Chymiſtes de l'Europe, quoi qu'en diſe Caneparius, *Deſcript.* II. *pag.* 133. On ne peut donc pas adopter le ſentiment de Paracelſe qui donne ce nom à une matiere qu'il appelle *vitriolum fixum*, qu'il dit ſe faire par des cohobations & des diſtillations réitérées, par leſquelles il prétend qu'on incorpore de nouveau le vitriol avec ſon flegme, & qu'on y fixe un mercure prétendu. Voyez Paracelſe, *de Naturâ rerum*, *Lib. VII.* D'autres ont appellé cette terre rouge *atramentum rubrum*, dénomination dont on s'eſt ſervi plus communément pour déſigner le *chalcitis*, c'eſt-à-dire, une ſubſtance foſſile rougeâtre, contenant du vitriol. On la trouve auſſi déſignée ſous le nom de *rubrica*, qu'il ne faut point confondre avec celle que l'on nomme *rubrica fabrilis* ou *ſcriptoria*, qui eſt le crayon rouge, dont on ſe ſert pour deſſiner ou pour écrire.

En un mot, c'eſt l'acide le plus puiſſant de la Nature, & un métal qui forment le vitriol; c'eſt une vérité que prouve ſon analyſe, ainſi que ſa récompoſition. On prétend que le nom de *vitriol* vient du mot Latin *vitrum*, verre, & qu'il a été donné à ce ſel à cauſe de ſa reſſemblance avec du verre. On a auſſi appellé le vitriol *atramentum*, mais cette dénomination que Caneparius a employée à la tête de ſon Traité des vitriols, eſt très-peu d'uſage aujourd'hui. Les Alchymiſtes ont quelquefois employé ce mot pour déſigner la pierre philoſophale. Voyez *Theatrum Chymic. Tom. IV. pag.* 822. Il eſt difficile de décider s'ils ont entendu par-là leur *matiere crue* ou leur *teinture* dans l'état de perfection, & lorſqu'elle eſt en état de colorer & d'exalter les métaux imparfaits & non mûrs. *Chalcanthos* eſt le nom que les Grecs donnoient au vitriol, ce qui ſemble indiquer le vitriol cuivreux, puiſque ce nom ſignifie *fleur* ou *effloreſcence de cuivre.* Il y a lieu de croire qu'ils comprenoient auſſi ſous ce nom le vitriol martial, qu'ils auroient dû nommer *ſideranthos*, fleur ou effloreſcence du fer ou de la Pyrite martiale, d'autant plus qu'ils ne font aucune mention du vitriol martial, quoiqu'il ſoit plus commun que le vitriol cuivreux, & quoique la Pyrite martiale qui le donne, ſoit plus diſpoſée à ſe vitrioliſer que la Pyrite cuivreuſe. Quant aux dénominations barbares de *ʒetus*, *ʒeti*, *ʒerʒi*,

---

* Tout ce qui ſuit eſt conſidérablement abré-gé; on a cru devoir n'en-donner qu'un ex-trait, vu que l'Auteur s'occupe à réfuter très-longuement Caneparius & d'autres Ecrivains qui ont donné un grand nombre de dénomi-nations bizarres au vitriol & aux ſubſtances minérales qui le contiennent.

attingar, akata, duenec, alsrein, malagislaca, azuria, que les Arabes & d'autres ont données au vitriol, il seroit fort inutile de s'y arrêter.

II. Quand on vient à examiner cette question : Combien il y a de différentes especes de vitriol ; on se trouve arrêté par un nombre prodigieux de dénominations, & par des descriptions qui ne servent qu'à augmenter l'embarras. En effet, on trouve les noms de *missy, sory, melanteria, chalcitis, atramentum metallicum, sutorium & scriptorium, cuperosa, calcadis, chalcantum zeg, duenec,* &c. qui ne servent qu'à donner des idées embrouillées de la chose. Voyez Caneparius *de Atramentis Descript.* II. *cap.* 5. Encore les Auteurs qui ont employé ces mots barbares, ne sont-ils rien moins que d'accord sur les significations qu'ils leur donnent, comme on peut le voir par ce qu'ils disent du *chalcitis,* que les uns décrivent comme un vitriol blanc, d'autres prétendent qu'il est jaune ; il y a lieu de présumer que par *chalcitis* l'on entendoit une substance minérale rougeâtre, chargée de petits crystaux vitrioliques blancs. A l'égard de l'usage qu'on en faisoit en le faisant entrer dans la composition du mithridate, il vaut beaucoup mieux se servir d'un bon vitriol martial bien pur, que d'une substance minérale, telle que le *chalcitis,* dans laquelle il peut se trouver quelque matiere étrangere qui pourroit en rendre l'usage dangereux. Il n'y a pas de fond à faire sur ce que Mercati dit du *chalcitis* dans sa *Metallotheca,* pag. 64, non plus que sur ce qu'en a dit Pomet dans son *Dictionnaire des Drogues.*

Le *missy,* suivant Dioscoride & Oribase, est une substance de couleur jaune ou d'un jaune d'or, qui se montre à la surface du vitriol qui est sorti de sa miniere ou du *chalcitis* : de-là le principe que l'on trouve dans un grand nombre d'Auteurs, que *le chalcitis se change en missy.* Il y a lieu de conjecturer que le nom de *missy* lui a été donné par les premiers Naturalistes, du nom de la province de Mysie, d'où vraisemblablement on l'apportoit.

Le *sory* est, suivant Dioscoride & Galien, une substance pierreuse dure, rouge à l'extérieur, & noire ou grise dans la fracture ; on sent aisément que cette substance est étrangere au vitriol qui s'est formé à sa surface.

Le *melanteria* est, suivant les Auteurs, une substance minérale noire, d'une odeur desagréable, qui contient du vitriol.

On voit que dans toutes ces dénominations les Auteurs n'ont consulté que des circonstances purement accidentelles, sans s'arrêter au fond de la chose. Mais toutes ces disputes de mots des Auteurs peuvent être conciliées, en disant qu'une roche grise, ou noirâtre & pyriteuse, fournit un vitriol qui est blanc, ou qui paroît tel à cause de la finesse de ses petits crystaux semblables à des cheveux, ou qui se réduit en une poudre blanche, & qui finit par devenir jaune. Voilà la maniere la plus naturelle d'expliquer ce que Pline & d'autres Auteurs ont dit que, *Sory transit in chalcitin, & chalcitis in missy.* Voyez Caneparius, *de Atrament. Descript.* II. *cap.* 6. & 7. & Mindererus, *de Chalcantho,* pag. 5. En effet, il est certain qu'un vitriol, de quelque nature qu'il soit, soit qu'il soit verd ou bleu, quand il est exposé à une chaleur modérée, se réduit en une poudre blanche, & enfuite jaunit non-feulement à l'extérieur & à fa furface, mais encore dans fon intérieur, & fi on lui donne un degré de chaleur plus fort, il fe change en une poudre rouge. Mais cela n'arrive pas fi aifément dans le fein de la terre qu'à fa furface. Ce qui vient d'être dit fervira à expliquer les trois zones de l'*atramentum metallicum*, ou du vitriol dont parlent les Auteurs ; ils difent que le *fory* fait la zone inférieure, le *chalcitis* forme la zone du milieu, & le *mify* forme la zone fupérieure. Je me fuis fait apporter une grande quantité d'une fubftance vitriolique d'un gris noirâtre, qui fe trouve ici dans la mine qu'on appelle *rouge* ; il eft vrai que la zone fupérieure ou le *mify* y manquoit toujours, mais elle ne tardoit point à fe former, pour peu qu'on expofât cette fubftance à une chaleur modérée. J'ai trouvé à Braunsdorf des morceaux de la roche qui accompagnoit la mine, dans lefquels j'ai remarqué la zone du milieu & la fupérieure, & lors même que je les avois lavés plufieurs fois, après les avoir expofés pendant quelques mois fous un angar, je les retrouvois chargés d'un enduit blanc & jaune. Cependant je trouve en cela quelque différence ; c'eft que lorfque le vitriol eft pur & fimplement martial, tel qu'étoit celui de la mine rouge dont je viens de parler, il devient plutôt blanc que jaune ; mais fi le vitriol eft mêlangé, & fur-tout s'il eft mêlé d'alun, tel qu'étoit celui de la roche de Braunsdorf, il jaunit très-promptement lorfqu'on l'expofe à l'air dans le même endroit que l'autre. Dans une chambre chaude, & fur-tout en l'approchant du feu, tout vitriol, foit pur, foit mêlangé, devient jaune. Je n'ai rien remarqué d'arfénical, ou de la nature de l'orpiment, dans le vitriol qui fe change promptement en *mify* à l'air frais ou dans la cave, quelque foin que j'aie apporté dans cet examen, quoique je l'euffe d'abord foupçonné, fur-tout parce que la Pyrite de Braunsdorf eft très arfénicale, comme je le dirai plus loin, lorfque j'examinerai la queftion fi l'arfénic peut entrer dans la combinaifon du vitriol.

Mais j'aurois dû commencer par parler de l'*atramentum metallicum*, dénomination qui a été affez généralement donnée au vitriol, fans doute à caufe de la couleur noire qu'il donne dans quelques préparations pour les Arts & Métiers. La pierre ou la mine atramentaire, dans un fens étendu, eft la Pyrite, en tant que c'eft d'elle que l'on tire le vitriol, mais plus ftrictement c'eft une fubftance foffile qui contient du vitriol tout formé, qui n'eft que mêlangé avec de la terre ou de la pierre. M. Linck m'en a procuré deux morceaux, dont l'un venoit du Ranmelsberg au Hartz, & l'autre lui avoit été envoyé par M. Baier, Profeffeur à Altorf ; quoiqu'il différât un peu du premier pour la couleur, il me parut être pourtant de la même nature. Non-feulement ces deux morceaux donnoient fur le champ leur vitriol dans l'eau, mais encore tous deux fe changerent très-promptement en une terre d'un brun rouge, le dernier donnoit une couleur de cuivre au fer, ce que ne faifoit point le premier. On voit par-là que cette fubftance qui perdoit fi aifément fa liaifon dans l'eau, n'eft point une pierre, mais une terre produite par des Pyrites décompofées, ou charriées par des eaux vitrioliques.

Rien de plus ridicule que la division que Caneparius donne des différentes especes de vitriols ou d'*atramentum*, qu'il distingue en *metallicum*, *futorium* & *scriptorium* : en effet, tous les vitriols font métalliques, & l'usage auquel on les emploie, foit pour faire de l'encre, foit pour faire la couleur noire dont les Cordonniers fe fervent pour noircir leur cuir, n'eft point une raifon de leur donner des noms différens.

Sans nous arrêter plus long-tems à ces différentes dénominations & à ces différentes claffes, ne prenons pour guides dans les divifions des vitriols que leur compofition, leurs couleurs & leurs figures, & ne nous arrêtons point à leurs ufages méchaniques. Eu égard à la compofition, tout vitriol a pour bafe une terre métallique combinée avec l'acide le plus puiffant de la Nature, qui eft celui du foufre; cette terre métallique eft ou du fer, ou du cuivre, ou l'un & l'autre à la fois; fi c'eft du fer, le vitriol qui réfulte de cette combinaifon doit s'appeller *vitriol martial*; fi c'eft du cuivre, on l'appelle *vitriol cuivreux* ou *vitriol de Vénus*; fi ces deux métaux y entrent à la fois, on l'appelle avec raifon *vitriol mixte*, fuivant que l'un ou l'autre de ces métaux domine. Il pourroit bien fe faire que le vitriol blanc, que l'on nomme en Allemand *galitzenftein*, qui indépendamment du cuivre & du fer, femble contenir de l'alun, fût un vitriol mixte, c'eft ce que je n'ofe pourtant point décider *. Il eft difficile de trouver dans les fouterreins du vitriol, foit martial, foit cuivreux, qui foit parfaitement pur, & quoique l'un y foit toujours en plus grande quantité que l'autre, ils contribuent réciproquement à fe rendre impurs; ainfi quand on veut les avoir parfaitement purs, on ne peut les purifier qu'en les diffolvant dans de l'eau bien nette, & en les faifant évaporer & cryftallifer avec précaution, ou, ce qui eft le plus fûr, en les faifant avec le métal qui leur eft propre, c'eft-à-dire, avec le fer ou le cuivre. La caufe de cette impureté vient de la nature & de la compofition des Pyrites; quoique le fer y domine & en faffe la plus grande portion, elles ne font pas pour cela purement ferrugineufes; & les Pyrites cuivreufes que nous appellons mines de cuivre à caufe de la quantité de ce métal qu'elles contiennent, ne font jamais exemptes de fer. Cela vient auffi de la gangue ou fubftance qui environne ces Pyrites, & fur-tout de la roche noire graffe & feuilletée qui leur fert de matrice, & dans laquelle il y a communément de l'alun : voilà pourquoi la terre martiale de Heffe, dont on fait tant de bruit, ne donne pas toujours un vitriol martial parfaitement pur; elle donne auffi fouvent de l'alun qu'il faut féparer avec foin du vitriol : nous avons pareillement dans nos cantons un vitriol martial qui, quand il eft dégagé de l'alun, eft auffi pur que celui de Heffe, & qui contient tout auffi peu d'or que lui.

Quant à la couleur, il y a deux efpeces de vitriols; l'un eft verd, & l'autre eft bleu; le premier eft martial, le fecond eft cuivreux. On peut en compter trois efpeces, fi le vitriol blanc fait une efpece particuliere.

---

* Lorfque M. Henckel a publié fa Pyritologie il paroît qu'il ignoroit que le *vitriol blanc*, ou *vitriol de Goflar*, eft un vitriol particulier formé par la combinaifon de l'acide vitriolique & du zinc. C'eft une découverte récente, & qui eft actuellement très-conftatée.

Le vitriol verd est d'une couleur fort pâle, & ressemble à une émeraude terne, ou d'une couleur de verd de mer ou d'aigue-marine; il ne faut point le confondre avec le verdet dont la couleur est beaucoup plus vive, & qui se fait avec du cuivre & un acide végétal. Le vitriol bleu ressemble à un beau saphir, ou au lapis lazuli; & certaines circonstances me font croire que c'est à ce vitriol que le lapis est redevable de sa couleur. Comme nous avons remarqué que le fer & le cuivre se trouvent ensemble dans un même vitriol, on sent aisément que la couleur doit varier en raison du plus ou du moins de l'un de ces métaux qui se trouve dans la combinaison; c'est-là ce qui fait que le vitriol est plus ou moins verd ou bleu. Le vitriol blanc mérite qu'on en parle ici, puisque c'est de sa couleur qu'il prend son nom; mais il ne faut point pour cela le regarder comme un vitriol d'une espece différente des deux autres; quant à la terre qui lui sert de base, sur-tout attendu qu'il est toujours cuivreux, & sa couleur blanche est accidentelle, à moins qu'elle ne vienne d'une terre alumineuse, ou d'un autre principe; ou peut-être ne vient-elle que de sa cuisson & de sa préparation.

On pourroit encore faire plusieurs classes du vitriol eu égard à ses différentes figures. Le *trichites* est un vitriol qui s'est attaché à la surface de sa miniere sous la forme de petits cristaux déliés, semblables à des cheveux. Le vitriol en stalactite, (*stalactites*) est celui qui a la forme de glaçons. Celui que l'on nomme *cupæ rosa* ou couperose, est celui qui forme des especes de fleurs sur le bord de la coupe ou du vaisseau, dans lequel on l'a fait crystalliser. Mais on ne doit point s'arrêter à ces différentes figures, qui ne changent rien à la nature de la chose.

Cependant la cause extérieure ou plutôt occasionnelle de la formation du vitriol y met des différences qui méritent d'être considérées. J'examinerai plus loin la cause interne & formelle de la vitriolisation: quant à celle-là elle est la même dans tous les vitriols, entant qu'ils ont tous pour base une terre métallique & l'acide le plus puissant; de quelque part qu'il soit venu, la combinaison se fait de la même maniere, & la proportion est la même: il y a pourtant de la différence en ce que cet acide vient de sources différentes, sçavoir, tantôt du soufre qui dans la Pyrite se trouve avec le métal, & tantôt de l'air d'où il est attiré comme par un aiman, par la terre de la Pyrite qui a été privée de son soufre, & qui même a été lavée plusieurs fois; tantôt il se forme sans soufre & simplement par le feu, comme nous le voyons dans la calamine, ce corps si singulier; tantôt cet acide tout préparé, tel qu'il est dans l'huile de vitriol, forme du vitriol lorsqu'on le joint avec du fer qu'il met en dissolution. En pesant toutes ces circonstances, & en voyant que le vitriol se fait, ou de lui-même, ou par le travail des hommes, on voit que l'on peut le diviser en *naturel* & en *artificiel*. Le vitriol que l'on fait crystalliser dans des vaisseaux de bois destinés à cet usage, & qui étoit contenu dans des eaux que l'on a fait évaporer dans les chaudieres de plomb des atteliers, est un vitriol artificiel. Il y a des gens qui mettent de la différence entre le vitriol naturel qui se trouve par filons suivis dans une roche solide, tel qu'est le

T t

fameux vitriol d'Hongrie , & celui qui entraîné par les eaux formé des efpeces de glaçons ou de ftalactites , fur les parois des fouterreins de quelques mines abandonnées : je ne déciderai point cette queftion , quoiqu'il y ait lieu de croire que ces deux efpeces de vitriols font redevables
de leur formation à des Pyrites décompofées ou vitriolifées , dont le fel
a été lavé par les eaux.

A cette occafion je ne puis m'empêcher de faire fentir ici la fauffeté
du préjugé qui fait donner la préférence à quelques fubftances naturelles
fur celles qui font dûes à l'art des hommes. Il y a des perfonnes qui
croient que les fubftances minérales formées par la Nature fans le concours
de l'Art , font toujours parfaites & infiniment meilleures que celles qui
font faites par le travail des hommes ; c'eft ainfi que bien des gens ont
une idée merveilleufe du cinnabre naturel , & le préferent au cinnabre
factice. Il en eft de même du vitriol , on cherche quelquefois à fe procurer avec beaucoup de peine du vitriol qui s'eft formé de lui-même en ftalactites dans les fouterreins , tandis qu'il feroit aifé d'en avoir d'auffi bon
à moins de frais , & tandis qu'un vitriol martial artificiel pourroit rendre
les mêmes fervices que le fameux vitriol natif d'Hongrie , dont on fait
tant de bruit. Il y a des gens qui ne veulent pareillement employer dans
leurs opérations que du mercure vierge , dont les grandes vertus n'exiftent que dans leur imagination ; nonobftant les prétentions d'un certain
Alchymifte qui veut faire croire qu'on peut s'en fervir pour faire des chofes
merveilleufes. Ces fortes d'idées peuvent devenir nuifibles ; & quand il
s'agit d'employer dans l'ufage interne certaines fubftances , telles que le
cinnabre & l'argent natif , il faut examiner de près ces fubftances qui ont
fouvent un très-grand befoin d'être purifiées avant que d'être prifes intérieurement. Il y a des perfonnes qui mettent de la différence entre le
vitriol artificiel qu'ils nomment *vitriolum coctile* , & celui qui eft formé par
la Nature qu'ils nomment *foffile* ; mais cette différence n'exifte pas , comme
on l'imagine , entre les principes qui compofent les corps qui ont été
faits par Art , & ceux des corps que la Nature a formés. Ce que je viens
de dire a pour objet d'épargner beaucoup de peines & de recherches à
ceux qui feroient tentés d'aller chercher bien loin des chofes qu'ils ont à
leur portée. Cependant , pour mettre en état d'entendre les Auteurs , je
me crois obligé de dire ce que c'eft que le *vitriolum coctile* , *concreticum* ,
ftalactites , *ftillatitium* , *cuperofa* , *trichites* , *leucoion* , *neophyton* , *vitriolum vul-*
gare , *diphryges* , *magnefia vitrioli* , &c. d'autant plus que les Livres ne donnent que très-peu de lumieres là-deffus.

La couperofe , *cuperofa* , que l'on trouve auffi nommée *cuparofa* , *caparo-*
fa , *coparofa* , vient , fuivant Caneparius , de *cupri erofa fubftantia* , & fignifie
une Pyrite cuivreufe qui s'eft décompofée pour faire du vitriol. Ailleurs
il dit que ce mot vient de *cupri rofa* , ou efflorefcence de cuivre , qu'il ne
faut point confondre avec la chryfocolle ou le verd de montagne , qui eft
une efpece de *guhr* qui coule dans les mines de cuivre le long des parois
des fouterreins , ou un verd-de-gris qui fe forme à la furface des morceaux
de mines de cuivre qui ont été long-tems expofés à l'air. Cependant le

même Caneparius dans un autre endroit semble appliquer le mot de *cupe-rosa* au vitriol en général, puisqu'il dit qu'il y en a de blanche, de verte & de bleue.

Vitriolum stillatitium, *stalactites*, *stalagmites*, c'est le vitriol qui se montre sous la forme de glaçons ou de concrétions, dans les souterreins de quelques mines.

Vitriolum concreticum ou *condensatum*. Dioscoride & Galien ont ainsi désigné le vitriol qu'on obtenoit en laissant évaporer d'elles-mêmes, à l'air libre, les eaux vitrioliques qui s'étoient amassées dans les souterreins. Il ne paroît point qu'on ait eu raison de regarder ce vitriol comme différent d'un autre, cependant il peut se faire que celui que Galien dit se trouver dans l'isle de Chypre, sur la montagne du Soleil, eût des effets & des propriétés particulieres. Caneparius prétend, d'après Dioscoride, que le *vitriolum condensatum* n'est pas si bon que le *vitriolum stillatitium*, mais il auroit dû ne point généraliser cette regle qui soufre des exceptions. Le même Auteur dit que le vitriol artificiel n'est pas si bon que le vitriol naturel, parce que les hommes n'emploient point le même tems que la Nature dans leurs opérations, que l'impatience & l'intérêt leur font précipiter ; il se trompe quand il prétend que jamais l'Art ne peut imiter la Nature ; tandis que dans un autre endroit il convient que l'Art peut faire un vitriol meilleur que celui de la Nature, pour les usages médicinaux. J'ai déja fait voir avec combien peu de fondement on a donné la préférence à l'un sur l'autre, & c'est une erreur que d'imaginer un *esprit vitriolisateur* dans le sein de la terre, différent de celui qui regne à sa surface : en considérant mûrement la chose, il me semble que celui qui est dû à l'Art, doit être plus pur que celui qui se fait dans les profondeurs de la terre, où il regne des exhalaisons & des vapeurs quelquefois très-nuisibles. D'ailleurs Caneparius n'auroit pas dû juger de la bonté du vitriol par ses usages médicinaux, vû qu'il doit encore outre cela être bon pour les Arts & Métiers.

Le *vitriolum coctile* ou ordinaire, est celui qui se retire en lavant avec de l'eau, les terres, pierres ou mines vitrioliques, & sur-tout la Pyrite, & en faisant évaporer ou bouillir, & crystalliser cette eau. Ce vitriol ne differe point essentiellement des autres, quoi qu'en dise Caneparius qui n'en fait aucun cas, & qui est surpris de voir qu'il se réduise en liqueur dans un lieu humide ; ce qui peut arriver, parce que l'eau mere n'en a pas été assez séparée, ou parce que l'évaporation en a été faite trop subitement, ce qui l'a rendu trop aqueux, ou parce qu'il a été mis dans les tonneaux avant d'avoir été suffisamment séché, ou enfin pour avoir été transporté dans un tems humide : mais l'on n'a point à craindre que le *vitriolum coctile* se réduise en liqueur quand il a été fait avec soin, & alors il ne le cede en rien au *vitriolum stalacticum*. Et de l'aveu de Caneparius lui-même, il est préférable à tous les autres pour l'usage interne, par où il doit entendre le vitriol martial, qui est le seul dont on puisse faire usage avec sûreté. Malgré cela, il prétend que le *chalcitis*, dont nous avons déja parlé ci-devant, doit être préféré pour la composition de la

thériaque, quoique cette substance minérale doive paroître suspecte lorsqu'elle est brute, & quand elle n'a point été travaillée & dégagée des matieres étrangeres, avec lesquelles elle peut être jointe. Ce vitriol s'appelle *vulgare*, parce que c'est celui qui est le plus commun.

Le *trichites* est le vitriol qui se montre en petits crystaux fins comme
des cheveux, ou comme une moisissure à la surface de certaines Pyrites
ou mines vitrioliques. Caneparius l'a appellé abusivement *chalcitis*. La
finesse des crystaux de ce vitriol fait qu'ils peuvent tromper l'oeil & qu'ils
paroissent blancs & transparens, ce qui pourroit aisément le faire prendre
pour du vitriol blanc, quoique ce soit réellement un vitriol martial qui
est par conséquent verd : on peut s'en convaincre en le lavant dans de
l'eau, que l'on fera crystalliser ensuite pour en faire des crystaux plus
grands. On en doit dire autant du vitriol que quelques Auteurs ont appellé *neophyton*, qui, ainsi que le *trichites*, est un vitriol qui s'est formé naturellement.

Le nom de *diphryges* est fort équivoque, cependant il paroît que les
Anciens l'ont appliqué à une substance qui, si elle n'est pas un vitriol pur,
en contient du moins une portion. Dioscoride en distingue trois especes ; la premiere est une substance minérale jaunâtre, visqueuse, semblable au *misy*, qui léchée au soleil, ou calcinée, donne du vitriol, il
dit qu'il s'en trouvoit beaucoup dans l'isle de Chypre. La seconde espece
est, selon lui, une matiere semblable à de la scorie qui s'attache à la partie
inférieure du fourneau où l'on fond du cuivre, *fœx æris subsidens*, ou *re-
crementum æreum*. La troisieme espece est la Pyrite calcinée jusqu'à rougeur, dont le vitriol n'a point encore été retiré par la lixiviation, & qui
par conséquent imprime un goût acerbe & cuivreux sur la langue ; c'est
à cette troisieme espece que le nom de *diphryges* semble convenir le
mieux, vû que l'étymologie annonce un minéral torréfié ; & comme
Dioscoride en parle comme d'un remede pour les plaies, on ne peut pas
croire avec Rulandus que ce soit une cadmie ou une suie métallique des
fourneaux, qui n'est jamais exempte d'arsénic. Le nom de *diphryges* convient donc sur-tout à la Pyrite grillée, lorsqu'on ne lui a point encore
enlevé son vitriol, & c'est dans ce sens que Caneparius l'a employé.

Leucon ou *leucoion* ; ce nom annonce ou un vitriol blanc, ou du moins
un vitriol qui s'est changé en une matiere blanche en se décomposant à
l'air ; c'est la même chose que le *chalcitis* : mais comme les Anciens qui
se sont servis de ce mot, ne paroissent point avoir connu le vrai vitriol
blanc, il est à présumer qu'ils ont voulu désigner par-là un vitriol calciné
à blancheur, ou une substance alumineuse. Mercati qui n'a point trouvé
ce mot dans les Auteurs Grecs, croit qu'il a été formé par la corruption
d'un passage de Pline tiré de Dioscoride, où il faut lire λογχωτόν, *lancea-
tum, seu instar lanceæ figura concretum*, au lieu de λευκοῖον, & que l'on a
voulu désigner par-là un vitriol crystallisé en aiguilles ; & conséquemment de la même espece que le *trichites*.

On pourroit encore rapporter ici les différentes divisions que Caneparius a faites des vitriols ou *atramentum*, dont il fait trois classes : la

premiere de l'*atramentum metallicum*, sous laquelle il comprend toutes les terres & pierres vitrioliques, le *misy* qui est jaunâtre, le *chalcitis* qui est d'un rouge de cuivre ou blanc, le *sory* qui est gris, le *melanteria* qui est noir. La seconde classe est l'*atramentum sutorium*, dans laquelle il met le *vitriolum stillatitium*; celui qui est formé en glaçons ou à demi-formé, & le *vitriolum concreticum*, qu'il divise en *coctile* & *vulgare*. La troisieme classe est celle de l'*atramentum scriptorium*. Mais il est aisé de sentir le ridicule de pareilles divisions.

Il me reste encore à parler des noms donnés aux vitriols d'après les différens pays d'où ils viennent; quoique cette circonstance ne fasse rien au fond de la chose, elle peut cependant induire en erreur ceux qui cherchent à s'instruire. En effet, on trouve dans les Livres les noms de vitriol de Chypre, de vitriol d'Hongrie, de Rome, d'Angleterre, de Saltzbourg, d'Admond, de Geyer, de Goslar, &c. Caneparius parle de vitriols Indiens, Babyloniens, Egyptiens, &c. Cette division n'est bonne que pour des Marchands, encore devroient-ils sçavoir que le vitriol que l'on tire d'un même pays, peut n'être pas toujours de la même qualité, & que la miniere d'où il sort, peut varier ainsi que le travail de son exploitation. Caneparius n'a pas été exempt de préjugés à cet égard; il dit dans un endroit: *Cuncta superat vitriolum Indum*, que le vitriol des Indes est supérieur à tous les autres; il prétend qu'il est d'un beau bleu comme le firmament, & est rempli de petits points d'or qui en sont comme les étoiles. Mais il y a lieu de croire que cet Auteur a été trompé en prenant pour du vitriol quelque mine de cuivre bleue & remplie de petits points pyriteux, telle qu'est le lapis & la malachite de Tyrol. D'ailleurs, quand il seroit bien décidé que ces petits points fussent des particules d'or, cela ne seroit rien à la chose; & c'est une grande erreur que de juger de la qualité des minéraux comme de celle des végétaux, par le pays qui les produit. Il est vrai cependant que l'or semble affectionner les pays les plus chauds, & qu'il s'y trouve en plus grande abondance; & soit que cela dépende ou non de l'efficacité du soleil, on a au moins lieu d'être surpris que la même chose n'arrive point dans les climats du Nord. Quoi qu'il en soit, par-tout où l'or se présente, que ce soit en Guinée, ou en Hongrie qui est un pays froid en comparaison, il est toujours également parfait & a le même degré de pureté; & c'est un vrai préjugé que de croire que l'or d'Arabie est préférable à tous les autres. On en peut dire autant du vitriol; les différens climats ne peuvent point influer sur la mixtion de ce sel métallique, de maniere à rendre celui d'un pays supérieur à celui d'un autre. L'acide du soufre, le soufre, le cuivre & le fer sont par-tout les mêmes. Sous le nom de *vitriol de Chypre* on nous débite aujourd'hui un vitriol bleu ou cuivreux, quoique jamais il n'ait vû ce pays. Le vitriol Romain est martial & un peu cuivreux, mais en le purifiant on en fait un vrai vitriol martial. Le vitriol d'Hongrie est le seul qui se distingue des autres vitriols naturels par quelques caractères, & eu égard à des circonstances particulieres: je dis, eu égard à des circonstances; car quant aux principes, les expériences que j'ai eu occasion de faire sur ce vitriol, m'ont appris qu'il ne différoit en rien des autres ; mais il eſt remarquable, eu égard à ſon origine : en effet, on le trouve communément dans une roche ſolide & compacte ; au lieu que dans les autres pays le vitriol ne s'eſt trouvé juſqu'à préſent qu'attaché aux parois des galleries, des puits des mines, & par conſéquent non renfermé & non enveloppé par la roche. Je dis, juſqu'à préſent, car il pourroit arriver que par la ſuite on découvrît ailleurs du vitriol diſpoſé de la même façon que celui d'Hongrie.

Quoique j'aie peut-être arrêté déja trop long-tems le Lecteur par des détails qui ne ſont relatifs qu'à l'extérieur du vitriol, je crois cependant devoir encore lui faire obſerver que le nom de *vitriol* s'applique quelquefois à d'autres ſels métalliques, que ceux dans la combinaiſon deſquels il entre du fer ou du cuivre. L'argent, le plomb, le mercure, & même l'or & l'étain, quoique ces deux derniers plus difficilement, prennent une forme ſaline, & alors on peut les appeller vitriols ; c'eſt ainſi qu'on dit du *vitriol de Lune*, du *vitriol de Saturne*, &c. mais ils prennent cette forme à l'aide de l'acide nitreux, de l'acide du ſel marin ou du vinaigre, qui ſont beaucoup plus foibles que celui qui ſe trouve dans le vitriol ou dans le ſoufre, qui eſt le plus puiſſant acide de la Nature, & qui eſt réſervé pour la diſſolution du fer & du cuivre. Cependant l'acide vitriolique ſemble agir juſqu'à un certain point ſur quelques-uns de ces métaux, particuliérement ſur le mercure & ſur le plomb, ſur-tout s'ils y ont été convenablement appropriés ; mais leur diſſolution ne s'opere ni auſſi vivement, ni dans la même proportion : en effet, il s'unit une très-grande quantité de cet acide avec le fer ou avec le cuivre, pour former du vitriol ; au lieu qu'il ne s'en attache qu'une très-petite portion au mercure ou au plomb, qu'il ne fait que ronger : d'ailleurs, l'acide vitriolique ne fait point avec ces métaux, qu'il a réduit dans l'état d'une terre ou d'une chaux, & qu'il n'a même pas pu mettre dans un état ſalin, une combinaiſon auſſi intime & auſſi exacte que dans le vitriol qui eſt un corps tranſparent ; on ne voit pas non plus réſulter de cette union une couleur verte ou bleue, auſſi belle que la ſienne, & même les autres métaux combinés avec les acides qui leur conviennent, ne peuvent jamais en produire une ſemblable. J'excepte cependant la mine de biſmuth qui traitée d'une certaine façon, donne non-ſeulement un verd auſſi beau que celui du vitriol, ſuivant l'expérience de M. Linck que j'ai répétée, mais encore j'ai trouvé qu'elle donnoit un vrai rouge pourpre ou de ſang. Il n'y a rien de moins décidé que ce que Caneparius dit d'après les Anciens, *Que chaque métal mis en diſſolution montre une couleur qui lui eſt propre.* En effet, il attribue à l'argent de donner une couleur bleue ; mais l'argent qui donne cette couleur à ſon diſſolvant, peut être ſoupçonné de contenir une petite portion de cuivre ; & il ne la lui donnera point lorſqu'on achevera de le purifier parfaitement dans un creuſet, où on le fera fondre avec du nitre, quand on n'aura pu y réuſſir à la coupelle, parce qu'on ſe ſera ſervi d'un plomb mêlé de cuivre, ou parce qu'on aura laiſſé refroidir la coupelle. Le même Auteur ſe trompe quand il dit que l'on reconnoît le vitriol martial à une couleur d'un rouge brun ; le vitriol cuivreux à une couleur verte ; & je ne ſçais quel vitriol contenant

de l'or, à sa couleur jaune ; à moins qu'il n'ait voulu parler des eaux vitrioliques, & non des vitriols mêmes ; car alors en effet une dissolution de
vitriol martial devient d'un rouge brun, quoique, lorsqu'elle est bien pure,
elle soit d'un beau verd au commencement ; & une dissolution de vitriol
cuivreux paroît d'un beau verd, quoiqu'elle ne le soit pas en effet ; c'est
ce qu'on n'auroit point présumé. A l'égard de la couleur jaune, elle ne
vient point de l'or mais du fer. Mais un phénomene qui mérite d'être remarqué, c'est que quoique le fer & le cuivre aient exclusivement la propriété de s'unir avec l'acide vitriolique, ils ne laissent pas de s'unir aussi
avec les dissolvans des autres métaux ; non-seulement ils sont attaqués
par le grand acide de la Nature, mais encore par l'esprit de nitre, l'esprit de sel & le vinaigre, quoiqu'ils ne fassent point avec eux une combinaison telle que celle du vitriol : c'est ainsi qu'on ne peut point comparer avec du vitriol cuivreux le verdet ou la combinaison qui résulte du
cuivre avec le vinaigre ou avec un acide végétal, ou le sel produit par
la dissolution du cuivre dans l'esprit de sel. En un mot, quand on ne
joint rien au mot de vitriol, on n'entend jamais que le sel produit par
le fer, ou par le cuivre, ou par l'un & l'autre de ces métaux à la fois.

III. On demandera comment le vitriol se forme de la Pyrite. Cette
question qui est la plus importante de toutes, est celle qui a été le moins
éclaircie par les Auteurs. La Pyrite blanche, quoiqu'elle ait le fer pour
base, & doive par conséquent être mise au rang des Pyrites ; n'est nullement propre à donner du vitriol ; ce phénomene est réservé aux Pyrites
jaunâtres & jaunes, qui avec la terre métallique nécessaire contiennent
le soufre, dont l'acide en se combinant avec cette terre produit un nouvel être qui est le vitriol. Pour examiner avec ordre le phénomene de
la formation du vitriol, il faut d'abord faire attention aux agens ou
moyens par lesquels elle s'opere ; comme il est très-certain que ces agens
sont de deux especes, on voit que la dissolution de la Pyrite ou la vitriolisation se fait de deux manieres. Ces agens sont l'air & le feu : tantôt
c'est le premier qui agit seul, tantôt c'est le dernier, mais le plus souvent ils agissent tous les deux à la fois, & le dernier n'agit guères sans
le premier.

A l'égard de l'air, il agit dans le sein de la terre & à sa surface : dans
le sein de la terre, les Pyrites se vitriolisent non-seulement dans les filons
qui ont été mis à découvert, mais encore dans le centre des roches &
des montagnes qui n'ont point encore été ouvertes, pour peu que l'air
trouve de passage pour s'y insinuer ; enfin, les Pyrites détachées de
leurs minieres & entassées se changent en vitriol. Pour peu qu'on des-
cende dans les souterreins des mines où l'on tire de la Pyrite, on s'apperçoit que les filons mis à nud se vitriolisent : on voit par les eaux vitrioliques & par les eaux cémentatoires, que la même chose arrive dans le
sein de la terre sans qu'on y ait fouillé : ces eaux tirent le vitriol dont elles
sont chargées, de montagnes souvent fort éloignées, & qui n'ont point
encore été ouvertes ; on le voit par une infinité de sources d'eaux minérales qui apportent du vitriol qu'elles ont pris dans le sein de la terre ;

dans des endroits où l'on n'a jamais exploité de mines. On s'apperçoit enfin très-aisément qu'il y a des Pyrites qui se vitriolisent, après avoir été détachées de leurs minieres & portées à l'air libre ; mais il y a des endroits où ce phénomene s'opere plus promptement qu'en d'autres : on le remarque dans les tas de mines que l'on fait à côté de l'ouverture des puits, dans les maisons & sur-tout dans les caves & dans les endroits humides, dans des chambres & même dans des armoires, lorsqu'il n'y fait point parfaitement sec. Mais cette formation spontanée du vitriol n'en produit pas une quantité suffisante pour les besoins de la société ; ainsi, pour aller plus promptement, on est obligé d'avoir recours au feu afin d'épargner le tems. En effet, quand même on laisseroit les Pyrites exposées à l'air, leur vitriolisation se feroit trop lentement, & même on attendroit vainement celle de certaines Pyrites, & sur-tout de celles qui sont cuivreuses. Je ne parle point du soufre que l'on perdroit entiérement en laissant les Pyrites se vitrioliser.

Le feu s'emploie de trois manieres : 1°, on l'applique dans des fourneaux à des vaisseaux fermés, dans lesquels on a mis la Pyrite en distillation pour en retirer le soufre ; 2°, dans des fourneaux de réverbere, dans lesquels la flamme roule sur la Pyrite & la calcine ; 3°, on fait des tas de Pyrites avec du bois, c'est la meilleure maniere de griller ou de torréfier la Pyrite. On traite la Pyrite de la premiere maniere parmi nous, afin de ne point perdre le soufre.

Quoique le feu ne soit pas suffisant pour opérer la vitriolisation des Pyrites, il sert cependant à les ouvrir & à les disposer à donner du vitriol : il y a des Pyrites auxquelles on est absolument obligé de l'appliquer, parce que l'air seul ne seroit pas capable de les mettre en action. Il est vrai que le feu seul suffit pour faire paroître le vitriol dans d'autres substances propres à en produire, telles que la calamine, au point que sans l'action du feu elles ne donnent point de vitriol, & quand ensuite on exposeroit la calamine calcinée pendant très-long-tems à l'air, elle n'en donneroit pas pour cela une plus grande quantité : phénomene qui est tout aussi singulier que celui de la génération du soufre, qu'on a lieu de présumer se faire dans cette même opération. Il y a d'autres Pyrites qui donnent du vitriol immédiatement après avoir été torréfiées, & sans être obligé de les exposer à l'air ; il ne faut pour cela que les laver ; telles sont celles de Geyer ; cependant toutes ces Pyrites ne sont point dans le même cas, & je n'ai pas encore pu découvrir la cause de cette différence : elles n'en donnent pas non plus toutes la même quantité, à moins que l'air n'ait agi sur elles pendant quelque tems. Mais nous aurons occasion d'examiner ces variétés dans un plus grand détail ; nous allons voir d'abord en quoi consiste le phénomene de la vitriolisation, & ce qui en résulte.

I. A l'égard de la vitriolisation il faut considérer plusieurs circonstances qui l'accompagnent, & commencer par l'air qui est le grand mobile de cette opération ; nous avons à examiner ce qu'il y fait, & comment il opere. L'air est composé de deux corps ; l'un est une humidité ou une eau mise en expansion, l'autre est un sel qui a la propriété de s'unir avec

un

un grand nombre de corps ; il ne le fait point de la même maniere, mais en raison de la nature du corps avec lequel il doit s'unir ; de-là vient que les corps secs deviennent humides & plus pesans à l'air ; & que les alkalis s'y réduisent en une liqueur, comme on peut le voir dans les huiles par défaillance, tandis que d'autres reçoivent outre cela une partie saline, comme on peut le voir dans le sel amer & vitriolé que l'on sépare de la potasse. Il n'est pas aisé de démontrer si le sel contenu dans l'air est de plusieurs especes, ou bien s'il constitue seulement plusieurs sels différens, suivant la diversité des corps auxquels il s'unit. Je ne parle que du sel propre de l'air, sans avoir égard aux différens sels qui peuvent se trouver accidentellement dans l'atmosphere : quoi qu'il en soit, les sels alkalis, dont nous avons parlé, qui se vitriolisent, nous font voir que l'acide vitriolique qui s'y trouve, & qui ne differe en rien de celui du vitriol, est déja, sinon formellement, au moins potentiellement dans l'air, & sa présence dans ces sels est prouvée d'une maniere incontestable par le vrai soufre qu'on en peut faire. Ainsi nous voyons que l'air contient non-seulement l'eau qui est nécessaire pour constituer un sel, & pour lui donner la transparence, comme nous le voyons par le vitriol qui se forme de la Pyrite, sans qu'il soit besoin d'y joindre de l'eau réelle ; mais encore l'air contient ce qui est nécessaire pour constituer du vitriol, je veux dire l'acide vitriolique, quoique cet acide ne soit dans la Pyrite, dont le soufre a été dégagé, que comme un instrument qui y entre & qui y reste, au lieu que dans la Pyrite crue ou non calcinée, cet acide qui est déja abondamment contenu dans le soufre, ne doit être regardé que comme un instrument tranchant.

En un mot, l'air, de quelque façon qu'il soit modifié, attaque la Pyrite, & sans lui il ne faut jamais espérer, je ne dis pas du vitriol, mais au moins la vitriolisation spontanée de la Pyrite. En effet, quoique je n'aie point eu la commodité de faire des expériences avec la machine pneumatique, j'ai cependant observé que la Pyrite renfermée dans un vaisseau de verre bien bouché & placé dans un lieu sec, & par conséquent dans un air raréfié, a beaucoup plus de peine à se vitrioliser qu'à l'air libre ; cette différence me feroit présumer que jamais la Pyrite ne se vitrioliseroit, s'il étoit possible de garantir entiérement contre les impressions de l'air le récipient d'une machine pneumatique, dont on auroit entiérement pompé l'air, & sous lequel on l'auroit placée. En un mot, l'air est indispensablement nécessaire pour cette opération, & il y contribue en raison de toutes les parties dont il est composé. En effet, il paroît que ce n'est pas l'eau seule qui opere ce phénomene, puisqu'en y laissant séjourner une Pyrite, & même en l'y faisant bouillir, elle ne perdra jamais rien de son poids : d'un autre côté, l'acide vitriolique seul ne produit point cet effet, puisque la Pyrite n'éprouve aucune altération, même lorsqu'on la met dans de l'huile de vitriol la plus concentrée, quoiqu'au commencement elle semble vouloir l'attaquer très-vivement : cela ne peut être autrement, vû que le fer est déja entiérement saturé par le soufre. L'eau & l'acide ne suffisent point encore pour produire cette vitriolisation ; elle dépend non-seulement des substances dont l'air est composé, mais

encore de son mouvement, de ses attaques douces & réïtérées, de la maniere dont il environne, & de la propriété qu'il a de pénétrer les corps.

Ceux qui veulent qu'on mette les mines en macération, c'est-à-dire,
qu'on les fasse séjourner dans des liqueurs salines & fortes, (*aquæ stygiæ*) &
même qu'on y joigne l'action du feu, n'ont qu'à faire réflexion à cette façon
dont l'air agit, & ils verront que souvent loin d'opérer quelque chose sur une
substance, ils ne font que lui présenter des matieres qui lui sont analogues,
ou quelquefois ils se donnent beaucoup de peine pour lui faire prendre
une forme toute différente de celle qu'ils demandent. La Pyrite est une
forteresse que l'air n'emporte point d'assaut, mais qu'il prend par surprise.
J'ai déja fait remarquer que la Pyrite blanche n'est point propre à la vitriolisation, quoique l'arsénic dont elle est pour la plus grande partie composée, ait de la disposition à se combiner avec l'air, comme je l'ai fait voir
ailleurs. La Pyrite d'un jaune pâle ou la Pyrite sulfureuse, & la Pyrite jaune
ou la Pyrite cuivreuse, que l'on nomme quelquefois *mine jaune de cuivre*,
font celles qui éprouvent, quoique lentement & avec peine, le phénomene de la vitriolisation. Cependant j'ai observé que les Pyrites jaunes ne se vitriolisent jamais, ou du moins très-difficilement, à l'air
libre, quoiqu'elles subissent ce changement dans le sein de la terre. En
effet, je me suis donné des peines infinies pour faire vitrioliser la Pyrite
cuivreuse : pour cet effet, je l'ai prise entiere, & divisée ; je l'ai entassée ; je l'ai exposée à l'air libre, & je l'ai mise à l'abri ; je l'ai laissée
dans cet état pendant plusieurs années, sans jamais avoir pu la faire vitrioliser : il est vrai que je trouvai une fois un léger vestige de vitriol sur de
la Pyrite pulvérisée qui avoit été long-tems exposée à l'air, mais lorsque
je vins à examiner de près ce vitriol, je trouvai qu'il n'étoit cuivreux
qu'autant que l'est celui que donnent les Pyrites sulfureuses ordinaires,
qui n'est point entiérement exempt de cuivre, & non comme ce vitriol
auroit dû l'être en provenant d'une vraie mine de cuivre qui se seroit
vitriolisée : aussi-tôt je soupçonnai qu'il pouvoit y avoir de la Pyrite d'un
jaune pâle mêlée imperceptiblement avec la Pyrite jaune, comme cela
arrive assez souvent. En effet, ma conjecture se trouva juste, comme je
m'en apperçus en considérant attentivement & en cassant des morceaux
de cette Pyrite. Malgré cela, je pensois toujours aux eaux cuivreuses
que l'on trouve dans l'intérieur de la terre, que je ne puis regarder que
comme produites par des Pyrites cuivreuses.

Je commençai donc à soupçonner que la difficulté que ces sortes de Pyrites avoient à se vitrioliser venoit du cuivre, & je jugeai que si des Pyrites
jaunâtres qui ne contenoient que très-peu de ce métal, avoient tant de peine
à donner du vitriol, il devoit être encore beaucoup plus difficile d'en tirer
de celles qui contiennent beaucoup de cuivre ; je n'osai cependant point en
conclure que cela fût entiérement impossible. Cependant, comme je voyois
que la chose se faisoit dans l'intérieur de la terre, & comme on est obligé de
reconnoître que c'est l'air qui produit cet effet, je crus pouvoir établir pour
principe que les Pyrites jaunâtres ou d'un jaune pâle, se vitriolisent tant
à la surface qu'à l'intérieur de la terre, au lieu que les Pyrites jaunes ne

ſe vitriolifent que dans le ſein de la terre, & jamais, ou du moins très-
difficilement, à ſa ſurface : il y a tout lieu de croire que cette diverſité
dans les opérations de l'air vient de circonſtances accidentelles, que
l'Art ne peut ni découvrir, ni imiter. Je ne parle point de la différente
nature de l'air que nous ne connoiſſons point, loin de pouvoir le mo-
difier, & qui doit être beaucoup plus pénétrant dans l'intérieur de la
terre : je dirai ſeulement que l'air emploie à cette opération beaucoup
plus de tems que nous ne pourrons peut-être jamais en mettre à nos expériences.

Quoique j'aie déja fait ſentir la différence que met entre les Pyrites le
plus ou le moins de facilité à ſe vitriolifer, je crois que ce phénomene
eſt aſſez important pour que je m'y arrête encore un peu. Quelque peine
que je priſſe pour faire en ſorte que les Pyrites ſe vitriolifaſſent d'elles-
mêmes, j'eus beaucoup de difficulté à découvrir tant la cauſe générale
& principale, que la cauſe particuliere, pourquoi parmi les Pyrites il y
en avoit qui ſe vitriolifoient promptement, tandis que d'autres le faiſoient
très-lentement, & d'autres point du tout. En effet, quoique je ne tar-
daſſe point à m'appercevoir que c'étoit le cuivre qui mettoit obſtacle à
cette opération, il ſe préſenta à moi des circonſtances & des exemples
qui me firent croire que cette raiſon n'étoit point ſuffiſante. Je trouvai
des Pyrites jaunâtres qui ne contenoient point de cuivre, & qui cependant avoient beaucoup de peine à ſe vitriolifer, & même qui ne le faiſoient point du tout : nous en avons beaucoup de cette eſpece ici dans
le voiſinage de Freyberg, auxquelles on donne le nom de cobalt, &
qui ſont ſulfureuſes & arſénicales. On y trouve deux ſortes de Pyrites ;
l'une vient de Pretſchendorf, & l'autre de la mine appellée *le Serpent
d'airain* ; la derniere ſe vitriolife, tandis que la premiere ne le fait aucunement ; quoique toutes deux contiennent une portion de cuivre également petite. Un phénomene bien remarquable, c'eſt qu'il y a des Pyrites qui non-ſeulement paroiſſent contenir les mêmes choſes, c'eſt-à-
dire, qui n'ont pas la moindre portion de cuivre ou d'arſénic, & dans
leſquelles il n'entre que du fer & du ſoufre avec de la terre non métallique, qui ont la même couleur & la même figure, dont les unes ſe
vitriolifent très-promptement, telles ſont celle d'Almérode en Heſſe &
celles d'Altſattel près d'Egra, tandis que d'autres ne ſe vitriolifent que
très-difficilement & même point du tout, à moins qu'on ne les enfouiſſe
en terre, comme cela arrive à celles de Boll & de Tœplitz. En voyant
ces contrariétés, je ceſſai de regarder le cuivre comme la cauſe qui empêchoit la vitriolifation des Pyrites, & je crus que cela venoit tantôt de
la figure, tantôt de la couleur, tantôt du tiſſu & du grain plus ou moins
fin dont il étoit compoſé, tantôt de l'arſénic, tantôt de la terre non
métallique, tantôt du lieu où la Pyrite s'étoit trouvée & de la matiere ou
miniere environnante ; tantôt j'attribuois ce phénomene à une de ces
circonſtances, tantôt au concours de pluſieurs d'entre elles.

En faiſant réflexion que les couleurs & les figures ne doivent point
tant être regardées comme des cauſes que comme des ſignes qui les

indiquent , je cherchai à reconnoître par leur moyen la raison de ces diversités , & je crus être obligé de m'arrêter aux substances qui entrent dans la combinaison des Pyrites. Je jettai donc mes vûes sur l'arsénic , & je crus pouvoir le regarder comme la cause qui mettoit obstacle à la vitriolisation des Pyrites, fondé sur ce que la Pyrite blanche ne se vitriolise jamais , d'où je conclus que ce pouvoit être le plus ou le moins d'arsénic qui faisoit que la Pyrite jaunâtre se vitriolisoit souvent , tandis que la Pyrite jaune ne le faisoit que difficilement ; mais je fus arrêté par les Pyrites qui sont entiérement dépourvues d'arsénic , sans pour cela se vitrioliser. J'examinai donc la terre non métallique, & je voulus voir si elle étoit différente , & si elle n'étoit point de deux especes , tantôt de la nature du caillou , & tantôt calcaire , mais cet examen ne me donna point la solution de ma difficulté. Je crus que ce pouvoit être le tissu qui tient du plus ou du moins de finesse des parties , & qui , quoique la combinaison soit toujours la même , annonce des proportions & une élaboration différentes , & peut fournir un passage plus ou moins libre à l'action de l'air ; mais je trouvai que la densité , plus ou moins grande , ne suffisoit point pour expliquer la diversité de ces phénomenes , quoique la proportion & la liaison des parties qui composent la Pyrite, doivent être comptées pour quelque chose. En effet, j'ai trouvé des Pyrites qui paroissoient essentiellement les mêmes , & dont le tissu étoit parfaitement semblable , qui cependant étoient différemment disposées à la vitriolisation. Je consultai les couleurs , & j'apperçus bientôt que plus les Pyrites sont jaunes , moins elles sont disposées à donner passage à l'air ; mais lorsque je voulus en conclure l'inverse , c'est-à-dire , que plus elles sont pâles , plus elles ont de facilité à se vitrioliser , je trouvai des exemples qui renversoient mon systême.

Enfin , je considérai la figure tant intérieure qu'extérieure de la Pyrite , suivant laquelle elle est tantôt anguleuse , tantôt sphérique , tantôt striée , tantôt par écailles , &c. mais je ne trouvai point de quoi faire un systême suivi. Il est vrai qu'une Pyrite sphérique se vitriolise plus aisément qu'une Pyrite anguleuse , & celle qui est striée subit ce changement plus aisément que celle qui est par écailles. Je vis aussi que la raison pouvoit venir du cuivre & de l'arsénic , dont les Pyrites sphériques & striées sont dépourvues : mais on pourra toujours demander pourquoi parmi les Pyrites sphériques il y en a qui se vitriolisent plus aisément les unes que les autres , ainsi que parmi les anguleuses , tandis qu'il n'y a point de différence entre elles pour l'essence. En un mot , je vis que plusieurs de ces causes doivent concourir à ces phénomenes , & doivent tantôt retarder , tantôt faciliter la vitriolisation. Ces causes sont le cuivre , l'arsénic , le tissu & la densité qui en résulte , sans parler de la terre non métallique , dont la différente nature peut y avoir aussi quelque part, ainsi que la diversité des proportions.

C'est sans doute le cuivre qui met le plus d'obstacle à la vitriolisation; la moindre portion de ce métal l'arrête , & plus il y en a dans une Pyrite , moins elle est propre à se vitrioliser. Quelle en peut être la raison?

Le soufre qui pour cet effet doit être dégagé de la terre non métallique, & qui cependant doit agir de nouveau sur elle d'une autre maniere, trouve des entraves trop fortes dans le cuivre, avec lequel il est uni intimement & plus fortement qu'avec le fer. L'arsénic s'oppose aussi à la vitriolisation, non-seulement dans la Pyrite cuivreuse, où il se trouve toujours, & où il joint ses efforts à ceux du cuivre, mais encore dans la Pyrite martiale dépourvue de cuivre, comme plusieurs de nos Pyrites le prouvent. Enfin, cela dépend quelquefois uniquement du tissu, de la densité & du grain, sans que le cuivre ou l'arsénic y soient pour rien, mais cela est très-rare : c'est ainsi que je connois des coquilles changées en Pyrites, qui ne sont composées que de soufre & de fer, & qui malgré cela ne se vitriolisent point. Souvent deux causes concourent à empêcher la vitriolisation, c'est ainsi que le cuivre & l'arsénic empêchent celle de la Pyrite jaune, où ils se trouvent toujours ensemble. Souvent cet effet est dû à une seule cause, telle que l'arsénic ou le tissu. Quelquefois toutes les trois causes agissent de concert, ce qui arrive dans les mines de cuivre d'un grain très-fin. Cela nous fournit une preuve qu'un même effet peut être dû à plusieurs causes.

On rencontre souvent dans le même filon des Pyrites dont le tissu & la composition sont différens : en effet, nous avons des filons de mines de cuivre entremêlés de Pyrite martiale ; & d'un autre côté, on rencontre des Pyrites qui, comme une noix ou un œuf, sont renfermées dans une enveloppe, & qui lorsqu'on vient à les briser, montrent des petites veines de Pyrite cuivreuse. Parmi les Pyrites globuleuses d'Almérode en Hesse, connues sous le nom de *terre martiale*, qui ne sont composées que de soufre & de fer, on trouve des Pyrites hérissées de pointes & d'une figure étoilée, d'une structure différente de celles qui sont en globules ; on en trouve aussi de cubiques qui different des deux premieres especes pour la terre métallique, & dans lesquelles il y a quelques vestiges de cuivre, quoiqu'elles soient confondues & rassemblées dans le même terrein. Aux environs de Boll on trouve des lits entiers de coquilles pyritisées, de Pyrites en globules, de Pyrites hérissées, & d'une infinité de formes différentes. J'ai trouvé qu'ordinairement les Pyrites qui se rencontrent précisément au-dessous de la terre végétale, sont de la même composition, & ne sont ni arsénicales ni cuivreuses ; cependant j'ai aussi des exemples de Pyrites trouvées dans une même miniere, & à côté les unes des autres, dans lesquelles on reconnoissoit des vestiges de cuivre & d'arsénic. Il ne faut point en être surpris, vû que ces générations minérales sont sujettes presque toujours à beaucoup d'accidens qui les empêchent de parvenir à terme ; & par conséquent il ne faut pas non plus s'étonner quand on voit que des Pyrites que l'on a crues de la même espece, ne se vitriolisent point de la même maniere. Les Pyrites sphériques sont celles qui se décomposent le plus aisément ; celles qui sont hérissées de pointes sont plus difficiles, & quoiqu'elles se divisent assez facilement en rayons ou en pyramides, ces rayons ont cependant de la peine à se vitrioliser parfaitement. En effet, les Pyrites globuleuſes hériſſées ne ſont formées que d'un aſſemblage de pyramides dont les ſommets ſe réuniſſent au centre, & dont les baſes qui ſont ou anguleuſes, ou tronquées, ou rompues, vont à la circonférence, comme on peut le voir dans les Planches au N°. 33 : à l'endroit où ces pyramides ſe réuniſſent, le tiſſu de la Pyrite ne peut pas être ſi ſerré ni ſi compacte que dans ſes autres parties ; & quoique les yeux n'y puiſſent rien voir, il faut qu'il y ait plus d'eſpace pour donner paſſage à l'air ; cela paroît d'autant plus vrai, que la compoſition à laquelle on pourroit attribuer la différente diſpoſition à ſe vitrioliſer, eſt toujours la même dans ces Pyrites.

Je dois encore rapporter ici quelques circonſtances qui contribueront à jetter du jour ſur l'Hiſtoire Naturelle de la formation du vitriol, & qui répondront à quelques queſtions que l'on pourroit propoſer à ce ſujet. J'ai déja fait voir que l'air eſt l'agent le plus néceſſaire dans cette opération : je le prouverai encore parce que des Pyrites qui n'ont éprouvé aucune décompoſition dans l'intérieur de la terre, & qui en ont été tirées entieres & non vitrioliſées, éprouvent une altération viſible à ſa ſurface, quoiqu'il n'y ait que l'air qui en approche, contre les impreſſions duquel elles étoient plus garanties ſous terre. Une choſe remarquable dans cette opération, c'eſt que le *punctum ſaliens* ou le commencement de cette nouvelle production, eſt du centre à la circonférence dans pluſieurs eſpeces de Pyrites, & le vitriol ne ſe forme point à l'extérieur : c'eſt ce qu'on remarque non-ſeulement dans les Pyrites ſphériques, au centre deſquelles on trouve du vitriol qui s'eſt formé comme dans un nid ; mais encore dans des morceaux de Pyrites anguleuſes détachées du filon, qui commencent toujours à ſe vitrioliſer par l'endroit où elles ont été rompues & ſéparées de ce même filon. Les Pyrites ſphériques doivent ici faire naturellement naître deux queſtions ; ſçavoir, 1°, comment l'air peut s'ouvrir un paſſage dans des corps ſi compactes ; 2°, pourquoi l'air n'agit pas plutôt ſur leur extérieur, & ne travaille pas de la circonférence au centre. Quant à la premiere queſtion, il eſt bon de ſçavoir qu'en général toutes les Pyrites ſphériques, ou du moins celles qui commencent à ſe vitrioliſer à l'intérieur, ne ſont point ſi denſes ni ſi compactes dans cette partie qu'à l'extérieur, & que même elles ont ſouvent une petite cavité imperceptible dans cet endroit : outre cela, ces eſpeces de Pyrites, comme nous l'avons déja fait remarquer, ne ſont formées que par un aſſemblage de pyramides, que l'on apperçoit non-ſeulement lorſqu'elles ſe décompoſent d'elles-mêmes, mais auſſi quand elles ſont encore intactes, ſi l'on vient à les briſer : or les rayons qui partent du centre, ſuivant la direction deſquels on voit que ſe fait la ſéparation de ces pyramides, ſont autant de petits intervalles ou de fentes très-fines, ou du moins ils ne ſont pas ſi ſerrés dans ces endroits, puiſque ces pyramides ſe ſéparent plutôt dans ce ſens que tranſverſalement ; c'eſt par ces fentes que l'air, qui eſt ſi ſubtil, s'inſinue dans l'intérieur, comme fait un petit ver que l'on trouve au milieu d'un fruit ſans qu'on apperçoive le trou par où il a paſſé. Cette même comparaiſon peut ſervir à réfoudre la feconde queftion. En effet, femblable à ce petit ver qui une fois entré dans le fruit en ronge l'intérieur, l'air qui eft l'être le plus fubtil de la Nature, après être entré s'étend, fe dilate, & agit au centre de la Pyrite, avant que de parvenir à la circonférence.

Outre cela, on peut encore expliquer pourquoi l'air agit ainfi. Il n'eft pas douteux que l'air n'attaque l'extérieur de ces corps, mais il ne déve-loppe entiérement fon action fur eux, que lorfqu'il a trouvé du repos & un endroit convenable pour le faire. L'air a befoin d'un efpace pour s'y loger, & il ne le trouve nulle part mieux que dans le centre d'une Py-rite fphérique, où fe trouve, comme on a dit, une cavité, ou du moins où elle eft d'un tiffu moins compacte que dans fes autres parties : voilà pourquoi plus une Pyrite eft compacte & également denfe dans toutes fes parties, non-feulement plus l'air aura de peine à la pénétrer, mais encore moins il pourra s'y amaffer & y féjourner : de plus, l'air une fois entré, a befoin de tems & de repos pour pouvoir échauffer & faire éclore le germe qui y eft comme dans une efpece de matrice ; voilà pourquoi un morceau d'une Pyrite qui n'eft plus dans fon entier, dans laquelle par conféquent la vitriolifation ne peut plus fe faire du centre à la circonfé-rence, & que l'air doit continuer à ronger, lorfqu'elle eft expofée à l'air libre, ceffe de fe vitriolifer, ou du moins ne continue pas à le faire de la même maniere que lorfqu'elle étoit renfermée à couvert, & par conféquent en repos & dans un certain degré de chaleur. Le mouvement violent & continuel de l'air, joint à fa fraîcheur, peut alors être caufe que l'opération de la vitriolifation qui étoit commencée, foit arrêtée ou du moins fufpendue & rallentie, vû qu'elle exige du tems, & ne fe fait point avec la même promptitude que la diffolution d'un métal dans un matras de verre. Ainfi la génération du vitriol dans l'intérieur d'une Py-rite de cette efpece fe fait de la même maniere que celle d'un animal dans la matrice, dont à la fin il fort en s'ouvrant un paffage, lorfqu'il eft de-venu trop grand pour y être contenu plus long-tems ; c'eft ainfi que le vitriol, lorfqu'il s'eft accumulé, & qu'il a augmenté de volume au point de ne pouvoir plus être contenu dans la Pyrite, la détruit pour s'ouvrir un paffage.

Cependant lorfque ces Pyrites fphériques, encore renfermées dans la terre, commencent à fe vitriolifer, elles ne fe brifent point par morceaux; elles demeurent entieres, & elles perdent leur vitriol foit par évapora-tion, foit par defficcation, foit parce qu'il fe réduit en terre, foit par un lavage imperceptible ; cependant je croirois plutôt que cela fe fait de la premiere maniere que de la feconde ; par-là leur intérieur n'eft plus ni vitriolique, ni pyriteux, mais devient comme une mine de fer, ou femblable à une rouille brune ou jaunâtre, ou comme une terre fer-rugineufe devenue compacte ; c'eft ce que nous voyons dans les co-quilles pyritifées, dont la Pyrite s'eft décompofée ; les écailles de ces fortes de coquilles font entieres, quoique communément calcinées ou attendries ; elles font ordinairement crevées, gercées, non comme un œuf dont la coque eft enfoncée en-dedans ; on voit clairement qu'elles ont été écartées & crevaſſées par une matiere qui les a gonflées intérieurement, qui ne peut être provenue que de la vitrioliſation, comme on peut en juger par le petit veſtige de vitriol qu'on en retire par le lavage; malgré cela, les parties de ces coquilles ſont reſtées raſſemblées. La raiſon en eſt d'abord, parce que l'air n'a pas pu y pénétrer ni auſſi promptement, ni auſſi fortement; parce qu'elles étoient étroitement renfermées, comme cela arrive aſſez ſouvent, ſoit dans la terre, ſoit dans une pierre, où elles ont été moins expoſées à l'action de l'air; en ſecond lieu, parce que malgré l'écartement qui s'eſt fait de leur écaille qui a été retenue par la terre ou la pierre qui les environnoit, elles ont dû demeurer jointes, & même ſe pétrifier, d'autant mieux que la vitrioliſation les a changées en terre. On trouve aux environs de Boll une grande quantité de ces Pyrites qui ſe ſont moulées dans des coquilles, briſées rouillées & durcies: on y rencontre ſur-tout des cames, des pectinites, des cornes d'Ammon, &c. mais jamais on n'y a vû juſqu'à préſent des bélemnites, dont cependant les alvéoles ſont aſſez ſouvent remplies de Pyrites, ce qui mérite d'être remarqué. J'ai auſſi trouvé dans la montagne de Schloſsberg près de Toepliz, une térébratulite qui étoit entiérement couverte de rouille & durcie, ce que je n'avois pas rencontré auparavant. De plus, j'ai remarqué que pluſieurs de ces corps marins pyritiſés ne ſont rouillés qu'à la ſurface, & qu'ils ſont ſi compactes que j'ai tenté vainement de les faire vitrioliſer ſoit entiers, ſoit diviſés, vû que leur denſité met obſtacle à cette opération. Enfin, j'ai vu de ces corps qui étoient entiérement pénétrés par la rouille, ſans cependant être crevés ni gonflés. Mais il faut remarquer que beaucoup de ces coquilles ne ſont pas remplies de Pyrite toute pure, elles ſont farcies de beaucoup d'autres eſpeces de terres & de pierres, comme d'ardoiſe, d'argille, de ſpath, & même il y en a qui n'ont point du tout de Pyrite, & alors on ne peut pas préſumer qu'elles aient eſſuyé un effort ou un écartement auſſi conſidérable que celui qui eſt produit par la vitrioliſation; il y a lieu de croire que la rouille ou la terre s'y eſt inſinuée, & s'y eſt moulée.

Ce qui vient d'être dit n'a pour objet que la Pyrite crue; nous ferons voir par la ſuite que c'eſt auſſi l'air qui diſpoſe la Pyrite torréfiée à la vitrioliſation. Nous ne pouvons pas encore traiter ce point, parce qu'il faut auparavant que nous parlions du feu qui eſt le ſecond agent ou inſtrument de la vitrioliſation; mais, avant tout, il faut dire un mot de la cauſe interne qui opere la vitrioliſation ſpontanée de la Pyrite. Les Phyſiciens de l'école expliqueroient ce phénomene par un *magnétiſme*; mais quelque nom qu'on lui donne, c'eſt une vraie décompoſition des ſubſtances qui conſtituent la Pyrite, par laquelle il ſe produit un nouvel être: ce ſont deux effets qui doivent néceſſairement s'accompagner. Dans cette opération, la diſſolution ou décompoſition eſt une ſéparation des parties; il faut que le ſoufre ſoit dégagé de ſa terre métallique; mais au même inſtant que ce dégagement s'opere il ſe produit un nouvel être; auſſi-tôt que le ſoufre a été mis en liberté, ſon acide attaque la terre métallique qui a été ſéparée, & en ſe combinant avec elle, il conſtitue le vitriol.

vitriol. Voilà la raiſon pourquoi jamais on ne trouve le moindre veſtige
de ſoufre dans les vaiſſeaux où l'on fait la vitrioliſation, quelque précaution qu'on ait priſe pour les bien boucher ; & quoique l'on trouve
une partie de la terre de la Pyrite ſéparée, comme cela arrive quelquefois dans les ſouterreins des mines, d'où l'on pourroit conclure que
le ſoufre s'eſt diſſipé de ſon côté après s'en être ſéparé, ce qui pourroit, à la vérité, être arrivé accidentellement ; & l'on pourroit expliquer
de cette maniere la formation des fleurs de ſoufre, telles que celles qui
ſe trouvent dans les eaux thermales d'Aix-la-Chapelle ; mais cela n'a
point dû arriver naturellement, puiſque dans les ſouterreins, où nous
voyons un ſi grand nombre de ſubſtances & d'eaux vitrioliques, nous
ne trouvons jamais de fleurs de ſoufre. On m'objectera peut-être que
ſouvent on ne trouve point de vitriol dans les ochres formées par la décompoſition des Pyrites, & que par conſéquent il n'y a rien qui prenne
la place du ſoufre, ou qui en ait été produit. Mais je réponds à cela que
le vitriol qui a été nouvellement formé, a été lavé & entraîné par les
eaux qui coulent, qui ſuintent & dégoutent perpétuellement ; c'eſt-là
la raiſon pourquoi on n'en trouve plus.

Il eſt certain que cette diſſolution de la Pyrite, ou cette deſtruction
de ſa liaiſon n'eſt point une ſimple ſéparation, quoiqu'elle ſe faſſe auſſi
à certains égards, & la formation du vitriol n'eſt point une ſéparation
de parties qui ſortent de la Pyrite, mais c'eſt réellement une nouvelle
génération : en effet, les parties qui compoſent le vitriol, telles que l'a-
cide du ſoufre & la terre métallique, ſont dans la Pyrite, mais elles n'y
ſont point dans cet état de combinaiſon. En un mot, le vitriol n'eſt pas
dans la Pyrite, de même que l'eſprit-de-vin n'eſt pas dans les grains du
raiſin, & de même que l'alkali volatil n'eſt point dans l'urine récente.
Je ne fais pas un grand cas des allégories, mais je ſerois aſſez porté à
adopter celle des *trois aimans & d'un ſeul or ; trois corps, le vitriol, le vin &
l'urine, mais un ſeul eſprit ; trois regnes, mais une ſeule puiſſance* : ce qui ſignifie, que le vitriol, l'eſprit ardent & le ſel volatil ſont produits par la
Pyrite, le mout & l'urine ; par la décompoſition, la fermentation &
la putréfaction ; & ces corps ſont produits non-ſeulement par une tranſ-
poſition des particules de la Pyrite, du mout & de l'urine, mais encore par une influence réelle & eſſentielle de l'air.

En effet, dans la vitrioliſation, l'air que nous avons ci-devant conſi-
déré relativement à ſes parties aqueuſes, terreuſes & par conſéquent ſalines, non-ſeulement pénetre la Pyrite, mais encore il ſe combine avec
ſes particules *non ut inſtrumentum tranſiens, ſed ut immanens*, comme on eſt
forcé de le reconnoître dans toutes les générations & transformations
qui s'operent dans les trois regnes de la terre, & à certains égards dans
la petite *création philoſophique*. Voilà tout ce qu'on peut dire ſur cette
opération, dont je doute fort que d'autres puiſſent développer le myſtere d'une maniere plus probable ; cependant il paroît encore certain
que ce n'eſt pas tant à raiſon de ſa partie ſaline que l'air pénetre dans la
Pyrite crue, qu'à raiſon de ſa partie aqueuſe, lorſqu'il conſtitue le vitriol :

X x

il paroît que cette conclusion est probable ; vû que la Pyrite contient déja dans le soufre qui s'y trouve beaucoup de parties salines, propres à se combiner avec sa terre métallique, & vû que rien ne semble indiquer que le soufre se dégage & se dissipe en entier dans la vitriolisation. On ne peut pas cependant nier que la partie saline de l'air n'entre pour quelque chose dans cette opération ; puisqu'elle est inséparablement unie avec la partie aqueuse ; cependant cette derniere est encore plus nécessaire qu'elle, puisque c'est l'eau qui donne aux sels la vraie forme saline. Quoique dans la vitriolisation spontanée on soit obligé de reconnoître toujours la présence de l'humidité de l'air, il ne faut point pour cela en exclure entiérement toute autre eau : en effet, cette eau vient au secours de l'humidité de l'air ; c'est pour cela qu'on humecte avec de l'eau, ou que l'on expose à la pluie la Pyrite, lorsqu'elle a été entassée, soit après l'avoir pulvérisée, soit après qu'elle a été concassée légérement ; par ce moyen on parvient plus promptement au but qu'on se propose. Je dis que l'eau aide l'humidité de l'air, & je ne dis pas qu'elle prenne sa place, car en laissant séjourner une Pyrite dans l'eau, de maniere qu'elle ne sente pas les impressions de l'air, jamais elle ne parviendra à se vitrioliser ; d'où l'on voit qu'indépendamment de l'arrosement avec de l'eau & de la pluie, il faut nécessairement le concours du mouvement de l'air, de la chaleur, de ses vertus & de son influence. L'eau qu'on y joint contribue aussi à rassembler le vitriol, & à le mettre en cristaux plus grands & plus purs : en effet, en laissant agir l'humidité de l'air seule, on n'obtient que de petits cristaux imperceptibles, fins comme des cheveux, que l'on a de la peine à retrouver parmi les débris de la Pyrite décomposée, lorsqu'on veut en tirer parti, à moins que quelque eau ne soit venue s'y joindre, ou que l'on n'en ait ajouté exprès, afin qu'elle se charge du vitriol, que l'on met par-là en dissolution, & que l'on fait ensuite cristalliser de nouveau. La même chose arrive dans le sein de la terre ; les eaux qui viennent de toute part, lavent & emportent les petits cristaux du vitriol qui s'est formé ; elles les portent ailleurs, & lorsqu'elles trouvent du repos, ou lorsqu'elles peuvent s'évaporer, elles déposent le vitriol dont elles se sont chargées, sous la forme de stalactites ou d'incrustations, sur les parois de la roche des galleries des mines. On voit par-là qu'il y a une différence entre le vitriol qui se forme de lui-même de la Pyrite, & celui qui a été produit par la seule humidité de l'air, sans addition d'une autre eau qui y a été jointe, soit dans le sein de la terre, soit à la surface : on trouveroit difficilement du vitriol de la premiere espece dans le sein de la terre, si l'on avoit des raisons pour le rechercher ; & je vois qu'il est très-rare que le vitriol qu'on trouve ainsi, ait été produit dans le lieu même où on le rencontre. Cela fait voir le ridicule des prétentions de quelques Alchymistes qui ne veulent pour certains travaux que du *vitriol natif*, c'est-à-dire, du vitriol dans lequel il ne soit point entré d'eau étrangere ; & qui n'ait été produit que par la seule humidité de l'air ; ils verront que le vitriol qu'ils recherchent avec tant d'empressement, n'est point *vierge*, mais qu'il a déja été souillé dans le sein de la terre par des eaux étrangeres. La connoissance de la Nature devroit servir d'introduction à l'Alchymie, elle en feroit disparoître une infinité de chimeres & de prétentions ridicules, qui ne sont fondées que sur l'entêtement & sur l'ignorance.

Toute génération ne dépend pas d'une seule puissance ; elle exige des circonstances qui l'accompagnent : il en est de même de la vitriolisation de la Pyrite qui demande certaines circonstances propres à la faciliter & à l'accélérer. J'ai déja rapporté celles qui doivent venir de la part de la Pyrite ; elles sont négatives, & consistent en ce que la Pyrite ne doit contenir que très-peu ou point de cuivre ni d'arsénic, & ne doit point être d'un tissu trop compacte : j'ajoute à cela encore une conjecture, c'est que la roche noire, que l'on nomme *kneiss* dans nos pays, & qui ressemble à de l'ardoise, sinon qu'elle est plus noire & plus dure si elle n'y contribue pas, semble du moins annoncer des Pyrites faciles à se vitrioliser. Quant aux circonstances extérieures, il y en a de trois especes qui facilitent la vitriolisation : il faut former les plus grands tas de Pyrites qu'il sera possible ; les laisser exposées aux injures de l'air, & même lorsque le tems sera trop sec, les arroser avec de l'eau, parce que sans cela le tas ne s'échaufferoit pas, & n'entreroit pas en action ; si l'on fait des essais en petit, il faudra diviser & pulvériser la mine, en former un tas, & la mettre à la cave ou dans un endroit humide ; si en observant ces choses & en donnant le tems nécessaire, il ne se forme point de vitriol, il n'y aura d'autre parti à prendre qu'à aller chercher ce sel dans le sein de la terre où la Nature l'a formé ; sans s'arrêter à chercher s'il s'y est joint des eaux étrangeres, il suffira de sçavoir si c'est un vitriol martial ou un vitriol cuivreux dont on a besoin.

A l'égard du feu qui est le second agent ou instrument de la vitriolisation, il est d'une nature différente de l'air dont nous avons parlé jusqu'à présent. Les Pyrites qui par elles-mêmes ne donnent point entrée à l'air, celles qui n'en sont attaquées qu'au bout d'un très-long tems, ou celles dont on doit auparavant tirer le soufre, doivent d'abord être grillées ou torréfiées, c'est-à-dire, privées de leur soufre ; non-seulement les Pyrites jaunes ou cuivreuses, mais encore beaucoup de Pyrites jaunâtres ou martiales ont cette difficulté à se vitrioliser. Je fus très-embarrassé d'entendre dire à quelques gens que la Pyrite, après avoir été torréfiée, devoit être communément mise en tas & exposée à l'air, & d'entendre dire à d'autres qu'il y avoit des Pyrites desquelles on pouvoit tirer du vitriol immédiatement après la calcination, en les layant avec de l'eau lorsqu'elles sont encore toutes chaudes. Je ne pouvois concevoir la cause de la différence de ces phénomenes : je fis donc l'essai de toutes les Pyrites que j'avois ; je les calcinai tantôt fortement & tantôt foiblement, & je les mis dans l'eau tantôt toutes chaudes, tantôt après qu'elles se furent refroidies, sans jamais pouvoir rien obtenir, sinon de légers vestiges de vitriol qui ne suffisent point dans cette opération. Je me ressouvins alors de la calamine qui donne immédiatement après la calcination beaucoup de vitriol & d'alun, & je sentis qu'il falloit que la Pyrite dût faire la même chose encore plûtôt, vû que le soufre, & par conséquent son acide, est non-seulement très-abondant dans la Pyrite, mais encore parce qu'il se trouve immédiatement à côté de la terre métallique, tandis que dans la calamine il n'y a guères de soufre formel, & conséquemment guères d'acide du soufre, qui n'y est produit & mis en action que par la calcination. Bientôt après je me mis à faire l'essai de la Pyrite de Geyer, dont j'ai déja parlé plus d'une fois, qui n'est autre chose qu'une mine de fer entremêlée de Pyrite, & qui est de la nature de celles dont on tire du vitriol aussi-tôt après la calcination, vû qu'elle n'est point assez chargée de soufre pour pouvoir l'en tirer par la distillation : je n'eus pas plus de succès ; cependant comme cette Pyrite est entremêlée de mine de fer, on avoit lieu de croire que la propriété qu'elle a de se vitrioliser au sortir du feu & sans le secours de l'air, est dûe au soufre, dont l'acide rencontre un fer presque tout formé, & tout prêt à le recevoir & à se combiner avec lui, ce qu'il ne trouve point dans une Pyrite pure, compacte & homogene, où la terre ferrugineuse pyritisée n'est point appropriée ou disposée de la même maniere à s'unir avec cet acide. Je parvins cependant à obtenir une petite quantité de ce vitriol : le peu que l'on en tire de toutes ces Pyrites prouve que la chose est possible ; & quoique je n'aie pu réussir à en tirer autant qu'on me l'avoit assuré, je ne me crois point autorisé pour cela à nier qu'on puisse obtenir du vitriol de la Pyrite calcinée sans l'avoir exposée à l'air, sur-tout ayant devant les yeux l'expérience singuliere de la calamine. Quand même j'eusse connu la cause qui m'empêchoit de réussir, des expériences en petit ne m'eussent pas donné le droit de douter de la vérité des expériences en grand; d'autant plus que j'ai éprouvé la difficulté qu'il y a d'essayer des Pyrites pour voir si elles donnent du vitriol, à moins de prendre pour cela une très-grande quantité de Pyrites à la fois. Cependant on peut conjecturer que l'air entre aussi pour quelque chose dans cette opération, si on fait attention à la nature du feu, qui ne peut exciter de flamme sans l'air, lequel ainsi que les parties grasses qui forment la suie, est son véritable aliment, d'où l'on voit que l'air est un instrument d'une nécessité indispensable dans la vitriolisation. Quoi qu'il en soit, la Pyrite dont on a tiré le vitriol immédiatement après le grillage, doit être exposée à l'air si on veut continuer à en tirer encore de nouveau vitriol, & il faut qu'après avoir été entassée elle y séjourne pendant assez long-tems. En un mot, dans cette opération l'air est toujours nécessaire devant & après ; il joue son rôle dans la calcination même de la Pyrite, & il reste le dernier sur le champ de bataille, lorsque la terre de la Pyrite est entiérement épuisée, & lorsqu'on la jette comme une tête morte ou comme inutile & incapable de rien produire.

Le feu doit être aussi regardé comme un instrument permanent, (*instrumentum immanens*) dans l'opération de la vitriolisation ; sçavoir, en tant que l'air lui est inséparablement uni, & qu'il constitue presque l'essence du feu lui-même ; d'un autre côté, les parties ignées grasses propres à faire du soufre, & par conséquent de l'acide, doivent aussi s'y joindre : voilà pourquoi une Pyrite grillée à feu ouvert & à l'air libre, est plus disposée à produire du vitriol que celle qui a été privée de son soufre dans des vaisseaux fermés : il ne faut cependant pas croire que dans cette opération le feu & l'air agissent de la même manière. On doit encore regarder le feu comme un instrument tranchant, en ce qu'il commence par élaborer & préparer la Pyrite, afin que l'air qui, pour les raisons que nous avons dites, ne l'attaqueroit point ou du moins difficilement, puisse déployer ses forces sur lui & en faire du vitriol. En effet, ce n'est pas seulement la Pyrite qui doit être exposée à l'air après avoir éprouvé l'activité du feu pour donner du vitriol ; mais encore celle qui au sortir du feu a donné du vitriol, doit être de nouveau exposée à l'air, si l'on veut en tirer, je ne dis pas les dernieres portions, mais même la plus grande quantité de leur vitriol.

Toute Pyrite, soit qu'elle se vitriolise d'elle-même, soit qu'elle ne le fasse qu'à l'aide du feu, exige beaucoup de tems & même beaucoup d'années, avant que la Nature l'ait entiérement épuisée de vitriol ; mais comme on ne peut point attendre si long-tems dans les fabriques de vitriol, dans lesquelles on cherche le profit, & comme en laissant le vitriol qui s'est formé, exposé à l'air & à la pluie jusqu'à l'entier épuisement, il s'en perdroit une grande quantité, on est dans l'usage au bout de l'année de défaire le tas de Pyrites qu'on avoit formé, & de les faire bouillir pour en retirer le vitriol. Il y a des gens qui croient qu'en écrasant la Pyrite pour la réduire en poudre, on peut avancer l'opération, se fondant sur un principe qui, quoiqu'appuyé sur l'expérience, ne sçauroit être applicable au cas dont il s'agit : ce principe est que plus un corps présente de surfaces à son dissolvant, plus il est dissout avec promptitude ; d'où ils concluent qu'une mine réduite en petites parcelles est plus propre à recevoir les impressions de l'air, que lorsqu'elle est en gros morceaux ; mais ils ne font pas attention que quand une mine est trop fortement entassée, l'air n'a point la liberté de pénétrer dans l'intérieur du tas : cependant on pourroit remédier à cet inconvénient par certains tours de main, en retournant souvent la mine entassée de maniere que le dedans vînt en-dehors.

II. Voyons maintenant ce qui suit la vitriolisation : 1°, il en résulte différentes especes de vitriols, tels que le vitriol martial, le vitriol cuivreux, le vitriol mixte & le vitriol blanc. De plus, il en résulte du vitriol en stalactite, des guhrs & incrustations vitrioliques, les substances que l'on appelle, *misy, sory, chalcitis* & *melanteria*, la pierre atramentaire, des eaux minérales acidules & des eaux thermales. Ou bien on peut réduire tous ces vitriols en vitriols martiaux, en vitriols cuivreux, & en vitriols composés de ces deux métaux à la fois. A l'égard du vitriol blanc, c'est une substance dont la formation & la composition sont très-peu connues ; il est blanc, mais non pas de cette blancheur qu'a ordinairement le vitriol lorsqu'il est en petits crystaux, fins comme des poils ou des cheveux, ou quand il a été pulvérisé, ou quand il s'est décomposé à l'air ; mais il est essentiellement blanc, comme on peut en juger par ses crystaux les plus gros ; il eſt vrai qu'il y en a qui eſt bléuâtre, mais on peut lui enlever cette couleur qui n'eſt que ſuperficielle, en le faiſant cryſtalliſer convenablement. Je ne puis rien dire de ſa formation, & d'ailleurs ce n'eſt point le vitriol que j'ai eu principalement en vûe dans cet ouvrage, où je n'en ai parlé que par occaſion. M. de Lohneiſſ n'entre dans aucun détail ſur cet objet ; & on n'en peut pas juger dans nos cantons, vû qu'on n'en trouve point : cependant je vais rapporter les expériences que j'ai faites par moi-même ; peut-être que la choſe ſera plus connue quand on l'examinera, & quand on en fera une analyſe ſuivie.

La Pyrite jaunâtre de Pretschendorf qui eſt cubique, mêlée d'une ſubſtance de la nature de la blende, & qui a pour gangue du *kneiſſ*, c'eſtà-dire, une roche griſe ſemblable à de l'ardoiſe, m'a donné un vrai vitriol blanc, après en avoir dégagé le ſoufre, & après l'avoir laiſſé pendant long-tems expoſée à l'air ; lorſque je lui eus enlevé la couleur bleue & cuivreuſe qui y étoit attachée, il ne différoit ni pour le goût, ni pour la couleur, ni pour les effets dans le feu, de celui de Rammelsberg au Hartz. Je ne ſçais ſi c'eſt à la compoſition de cette Pyrite qu'il faut attribuer la formation de ce vitriol ; ou ſi c'eſt à la nature de la roche qui l'accompagne, à laquelle il faut avoir égard, comme on peut en juger par la formation de l'alun ; ou peut-être cela vient-il du travail. Les relations que nous avons du vitriol de Rammelsberg, ne nous apprennent rien, ſinon que la mine qu'on y exploite eſt mêlée de Pyrite & de blende. Cependant je juge avec aſſez de certitude que ſi la formation de ce vitriol vient de quelque ſubſtance minérale indépendante de la Pyrite, ce ne peut être que de la blende qui contient un peu de terre ferrugineuſe & d'arſénic, ſous la forme d'une poudre ou d'une ſuie ; mais il paroît que ce n'eſt point à cette ſubſtance qu'il faut l'attribuer, vû qu'elle ne contient rien de métallique qui ne ſoit déja dans la Pyrite, à moins qu'on ne crût que ce vitriol vient de la terre non métallique qui fait la partie la plus conſidérable dans la blende *. Outre cela, il faudroit examiner ſi ce vitriol n'eſt pas dû à quelque terre ou pierre étrangere & extérieure à la Pyrite, à ſa ſituation, & à d'autres circonſtances qui peuvent occaſionner des différences. En général, une des choſes qui cauſe le plus d'embarras dans l'Hiſtoire Naturelle, c'eſt le préjugé où l'on eſt que les corps compoſés ont été formés des ſubſtances qui entrent dans leur compoſition ; cependant l'alun ſuffiroit pour nous détromper ; il a pour baſe une terre calcaire ou crétacée ; malgré cela, ni la Nature, ni l'Art ne peuvent en faire de l'alun. Une autre ſource d'erreur, c'eſt que dans les opérations de la Nature nous ſuppoſons perpétuellement des extractions, des ſéparations, des combinaiſons, &c. tandis qu'elles ſont ordinairement dûes à des transformations qui accompagnent preſque toujours ces opérations.

A l'égard de la mixtion ou compoſition du vitriol blanc, je crois pouvoir conjecturer que la terre qui lui ſert de baſe eſt premiérement alumineuſe, & en ſecond lieu cuivreuſe. On voit que ce vitriol eſt cuivreux, lorſqu'on trempe du fer dans la ſolution, tant de celui de Rammelsberg,

---

* Nous avons déja fait voir que ce vitriol eſt dû au zinc dont la blende eſt une mine.

après qu'il a été purifié, que de celui que j'ai fait avec la Pyrite de Pretschendorf ; le cuivre s'annonce aussi par le goût de ce vitriol, par la rougeur qu'il prend dans la calcination, qui indique quelque chose de métallique, & que le goût empêche d'attribuer au fer. On peut conjecturer que ce sel métallique blanc ne se forme point avec les Pyrites de nos cantons, comme avec celles du Hartz, parce que ces dernieres sont plus cuivreuses que les nôtres : à l'égard de sa terre non métallique, on est autorisé à dire qu'elle n'est pas de la nature de celle qui sert de base aux sels amers ; car cette terre, si elle ne vient point du sel marin, est du moins dûe à une pierre calcaire & spathique, qui peut bien former des sels neutres ou vitriolés, mais qui ne peut point faire un vitriol blanc qui suppose une terre métallique : d'ailleurs, la roche de la mine de Pretschendorf n'est nullement spathique ; un sel neutre vitriolé peut, à la vérité, avoir quelque chose de métallique, comme l'*arcanum duplicatum* qui, comme on sçait, se forme par la combinaison de l'acide vitriolique & de la terre alkaline du nitre, dans la distillation de l'eau-forte ; mais cette partie métallique peut en être entiérement dégagée, & alors elle ne masque plus l'amertume qui est propre à ce sel ; au lieu que l'on ne trouve point d'amertume dans le vitriol blanc, & le goût métallique ne s'en sépare jamais. Enfin, il faut encore observer que jamais on ne trouve du vitriol blanc dans les souterreins de nos mines ; au lieu que M. Lohneiss nous apprend que dans les mines de Rammelsberg on voit du vitriol blanc natif sous la forme de stalactites ou de glaçons, & de roses. Voyez Lohneiss, *Description du travail des mines*, Part. V. pag. 79. Pomet étoit mal instruit lorsqu'il dit que le vitriol blanc obtient sa blancheur par la calcination ; elle devoit plutôt lui faire perdre sa couleur & son essence. Il est certain qu'on l'obtient par la crystallisation ; mais les crystaux ne sont point grands, ils sont comme des grains de sable, ce qui vient de ce que l'évaporation se fait avec violence dans les chaudieres, dans lesquelles on en fait la cuite, il doit même y rester une portion de la dissolution de vitriol bleu, parce qu'on le met encore tout mouillé dans les tonneaux. A l'occasion du vitriol blanc, je me rappelle la question singuliere que me fit un de mes amis : il demandoit si ce ne seroit point au zinc ou plutôt à la terre du zinc, qu'il faudroit en attribuer l'origine. Ce qu'il y a de certain, c'est que cette substance singuliere se montre sur-tout dans les mines de Rammelsberg, & dans quelques-unes des nôtres, quoique sous une forme différente : cependant je crois que le plus grand Artiste auroit bien de la peine à trouver un moyen de combiner le zinc à part avec l'acide du soufre, & de le disposer de façon à constituer un vitriol blanc, tel que celui dont il est ici question *.

Parmi les vitriols qui se tirent de la Pyrite il y a encore une différence à observer : il y en a qui au bout de quelques semaines se couvrent d'une espece d'enduit ou de moisissure ; cela est arrivé à du vitriol que j'avois tiré des Pyrites d'une de nos mines appellée *Rothgruben*, & de la Pyrite appellée *terre martiale de Hesse*. Cela ne peut point venir de la Pyrite

____
* Il est bien surprenant qu'avec tant d'indices M. Henckel n'ait point trouvé que le vitriol blanc a le zinc pour base.

elle-même, mais de la substance argilleuse, schisteuse, talqueuse & noire, ou du *kneiss* qui l'accompagne : si on dit à cela que telles sont ordinairement les substances qui donnent de l'alun, qu'elles sont bitumineuses & inflammables, qu'elles tirent leur origine du limon & des végétaux, j'ajouterai que le vitriol & le succin donnent aussi une liqueur qui se moisit : c'est un problème que je propose ici en passant.

2°. L'alun résulte encore accidentellement de la vitriolisation ; c'est ce qui arrive avec les Pyrites de Hesse & plusieurs de celles de notre pays. J'ai vu une Pyrite de Norwege que je regardois comme bitumineuse ou comme contenant de l'asphalte, parce que ce morceau non seulement brûloit, mais encore répandoit une fumée & une odeur semblable à celle du succin. Mais ayant eu occasion d'en avoir encore plusieurs, & ayant remarqué que ces Pyrites étoient toujours accompagnées d'une substance feuilletée, grasse & noire, & que l'odeur agréable ne duroit que tant que cette substance brûloit, sans que le feu eût encore attaqué la Pyrite même, & qu'ensuite il en partoit une odeur d'acide sulfureux très-pénétrante, je fus obligé de changer d'avis ; cependant cela m'a fourni l'occasion de faire quelques observations sur les terres & pierres bitumineuses, grasses, & de la nature du charbon de terre. J'ai remarqué, entre autres, qu'il y a plusieurs de ces substances qui non-seulement s'enflamment, mais encore qui répandent une odeur très-agréable ; telles sont les mines d'alun d'Altsattel, de Commotau, quelques charbons de terre choisis de Pesterwitz & de Zwickau, ainsi que la terre noire qui couvre la mine de sel de Kotschau ; la plûpart des autres charbons de terre ont une odeur empyreumatique & presque sulfureuse. La terre alumineuse de Musker & de Belger n'a point d'odeur bien marquée. La mine de Pyrite de Frankenberg qui est dans de l'ardoise, ne s'allume point, & ne répand d'odeur que lorsque son soufre se dégage. L'on ne trouve donc point de bitume dans la Pyrite même, quoiqu'il y en ait quelquefois dans la substance à laquelle la Pyrite est jointe : ce seroit aussi vainement que l'on voudroit tirer de l'alun de la composition propre à la Pyrite : malgré tout ce qu'on peut dire des prétendues Pyrites alumineuses, l'alun peut, à la vérité, être redevable à la Pyrite de son acide, mais la terre qui lui sert de base vient d'ailleurs, & n'est point produite par une extraction, mais plutôt par une transformation. Il est vrai que l'acide du soufre qui se dégage, agit principalement sur la terre métallique de la Pyrite, & constitue avec elle du vitriol ; mais cet acide ne laisse pas aussi d'attaquer la terre noire & grasse qui environne la Pyrite, & en se combinant avec elle il forme encore de l'alun. Ce n'est pas ici le lieu d'examiner les phénomenes de l'alun, ni de rechercher pourquoi dans les solutions que l'on fait des vitriols mêlés d'alun, sans le secours d'aucune matiere précipitante, tantôt l'alun se dépose le premier, comme il arrive au vitriol de Braunsdorf ; tantôt le vitriol se dépose le premier, & l'alun ne se dégage point sans précipitant. Je ne parlerai pas non plus de la différence qui se trouve entre l'alun qui a été fait sans addition, & celui qui a été fait avec addition, c'est-à-dire, ou avec de l'urine, ou avec de la potasse,

ou

ou avec de la chaux vive, ou avec de l'alkali volatil, &c. M. Baier d'Altorf nous fait espérer un Traité complet sur l'alun.

3°. Dans la vitriolisation il se montre une terre, tantôt grise, tantôt jaune : la premiere s'appelle *schlamm*, la seconde se nomme *ochre*. La premiere ne vient point de la Pyrite même, mais elle vient d'une terre étrangere dont elle est souvent entremêlée, ainsi elle n'est point de mon sujet; il resteroit cependant encore à examiner si la composition de la Pyrite ne pourroit pas donner une terre semblable; je ne l'ai jamais pu remarquer, & il faudroit employer la plus grande attention à cette recherche. La seconde terre ou l'ochre est d'un jaune brun & semblable à la rouille ; elle est en partie composée d'une terre métallique, tantôt cuivreuse, tantôt ferrugineuse, & en partie d'une terre non métallique, qui tire son origine très-certainement de la Pyrite, mais ce n'est point immédiatement, vû que la Pyrite a dû se changer en vitriol avant que le vitriol ait pu produire cette terre. On la voit très-distinctement non-seulement dans les Pyrites décomposées, mais encore dans quelques eaux, dans les *guhrs* qui l'entraînent. Cette terre auroit encore besoin d'être examinée, aussi bien que celle d'un jaune de soufre qui se précipite dans la cuite du vitriol, que les Allemands nomment *schmant*, que l'on fait calciner pour faire une couleur rouge, & qu'il ne faut point confondre avec l'ochre ; non-seulement elle est d'une couleur plus claire, mais sa terre est plus pure, vû qu'elle est encore assez chargée de vitriol & d'alun.

4°. Il reste une liqueur épaisse qui a la consistence du miel, qui mérite d'être examinée, puisque personne n'en a parlé, à l'exception de M. Geoffroy l'aîné dans les *Mémoires de l'Académie Royale des Sciences*, année 1713. & M. Stahl dans son *Traité du Soufre.* Premiérement cette liqueur a une propriété, c'est que, quoique par l'évaporation la plus douce on puisse encore en séparer une portion de matiere groupée, elle n'est pourtant point en vrais crystaux, & ce qui reste ne se crystallise plus, mais ne fait que se dessécher. En second lieu, un phénomene bien digne de remarque, c'est que cette liqueur après avoir été desséchée, redevient visqueuse, humide & même fluide à l'air. Troisiémement, cette substance, quand elle se seche d'elle-même à l'air chaud, se gonfle comme du levain, & ses parties entrent en action les unes avec les autres. Pour se faire une idée de cette substance, il faut parcourir les liqueurs épaisses ou les sucs qui, suivant l'expérience qu'on a acquise jusqu'à présent, contiennent des sels, & dont cependant on ne peut point les obtenir ni par la crystallisation, ni par une autre voie. Je ne parlerai pas maintenant des sucs des végétaux qui sont ou gommeux, ou gélatineux, ou des extraits soit résineux, soit huileux, soit lorsqu'ils sont seuls, soit mêlés avec de l'esprit-de-vin, telle qu'est sur-tout la liqueur des cannes de sucre, le miel, le suc des betteraves, & celui de quelques plantes aigres, qui donnent, à la vérité, des especes de sels après avoir déja pris une consistence assez épaisse, mais qui laissent en arriere une substance visqueuse & ténace, dont on ne peut plus rien faire. Je ne parlerai pas non plus de la liqueur singuliere qui résulte du mélange du camphre & de l'esprit de nitre,

Y y

ni dans le regne animal de cette matiere huileuse blanche qui reste après le sel essentiel de l'urine. Je me bornerai donc au regne minéral. Nous y trouvons d'abord l'arsénic, l'orpiment, &c. qui forment avec l'acide nitreux une matiere visqueuse tout à-fait singuliere : on pourroit peut-être réduire tous les métaux dans le même état, si l'on trouvoit un moyen convenable pour chacun d'eux, comme je suis parvenu à le faire à l'égard de l'or combiné avec de l'urine. Mais de tous les métaux il n'y en a point qui prenne plus aisément cette forme que le fer & le cuivre ; c'est un caractere distinctif de ces deux métaux, & ce sont eux qui, lorsqu'ils sont unis avec l'acide du soufre, prennent la forme si surprenante du vitriol. Je me rappelle au sujet du cuivre une expérience qui consiste à faire évaporer la liqueur verte qui reste, après qu'on a précipité l'argent par le cuivre ; quant au fer, la chose est manifeste, comme je l'ai remarqué avec la plus grande attention. J'avois en général observé lorsque je traitois le fer avec de l'huile de vitriol, pour en faire du vitriol, qu'il restoit toujours une matiere semblable à de l'huile, qui ne se crystallisoit point & que l'on ne pouvoit que sécher ; étant donc assuré que je n'avois pris d'huile de vitriol que ce qu'il en falloit exactement pour saturer le fer, vû que j'en prenois plutôt moins que plus qu'il n'étoit besoin ; j'eus d'abord quelques soupçons sur la pureté de mon fer, d'autant mieux que je comprenois par le travail de la mine de fer, par la nature de ce métal même, & par ses effets avec la terre crue & le soufre, je comprenois, dis-je, qu'il devoit y avoir quelque substance étrangere dans le fer commun, & sur-tout dans le fer de fonte que je n'ai jamais employé dans cette expérience, & même je sçavois qu'il y a souvent dans le fer un vrai soufre qui n'en a point été dégagé : je pris donc le meilleur acier de Styrie, qui est un fer que l'on doit présumer aussi pur qu'il peut y en avoir dans la Nature, malgré cela, j'eus toujours une matiere huileuse & épaisse qui, comme celle qui avoit été produite par le fer ordinaire, se séchoit au feu, & reprenoit sa viscosité à l'air.

Après les substances arsénicales & les métaux, il n'y a point de matiere qui fournisse des exemples aussi frappans de cette matiere visqueuse que les vitriols tirés des Pyrites, soit avec le feu, soit sans son secours, celui que donne la calamine, enfin le vitriol natif d'Hongrie qui est si connu. En effet, que l'on prenne une Pyrite vitriolisée, soit de ce pays-ci, soit de Hesse ; que l'on prenne de la calamine après qu'elle a été grillée ; que l'on prenne du vitriol d'Hongrie sans choisir les morceaux les plus verds, mais mêlé de blanc, tel qu'il se trouve ; qu'on les fasse dissoudre dans de l'eau, qu'on filtre la dissolution & qu'on la fasse évaporer ; qu'on la fasse crystalliser une ou deux fois, qu'on mette ensuite la liqueur restante à évaporer d'elle-même, sans feu, pendant quelques mois ; il se séparera encore quelque chose, mais cette substance n'aura pas la forme de cristaux, elle aura celle des grains de chénevi & de petits points, & la liqueur qui surnagera, sera épaisse & visqueuse comme auparavant. Si, sans prendre toutes ces précautions, on met ce résidu à sécher à une chaleur douce, telle que celle d'une étuve, de façon que le vaiſſeau de verre qui contient cette liqueur ne ſoit que tiéde, elle deviendra épaiſſe comme du beurre, alors elle ſe gonflera & fermentera comme de la pâte.

Avant de donner mes idées, nous allons examiner les obſervations que M. Geoffroy a faites ſur cette matiere. D'abord il donne une diviſion des vitriols en bleus, en verds & en blancs, plus exacte que celle qu'avoit donnée M. Lémery. Voyez *Hiſtoire de l'Académie Royale des Sciences*, années 1707. & 1713. Mais il ne paroît point avoir aſſez connu le vitriol blanc qu'il nomme *couperoſe blanche*; car il dit que ce vitriol eſt mêlé ou de quelque choſe de la pierre calaminaire, (ce qui pourroit être probable relativement à la partie terreuſe qui ſert à la génération de l'alun, & qui ſert de baſe au vitriol blanc), ou qu'il eſt compoſé d'une terre ferrugineuſe, ou d'un peu de plomb ou d'étain, préjugé auquel la couleur blanche de ce vitriol a donné lieu. M. Geoffroy a obtenu, 1°. la liqueur graſſe & épaiſſe qui reſte après la cryſtalliſation du vitriol qu'il appelle *eau mere*, non-ſeulement du vitriol nouvellement fait, mais encore de celui qu'il avoit fait ſécher juſqu'à blancheur, & même de celui qu'il avoit calciné dans le feu juſqu'à devenir jaune, pour en retirer l'eſprit de vitriol volatile. 2°. Il dit enſuite qu'en faiſant diſſoudre & cryſtalliſer de nouveau du vitriol frais, il ſe dépoſa *un limon*, ou *une argille de couleur cendrée*, au fond du vaiſſeau; phénomene qui me paroît étrange, d'autant plus que je n'ai jamais vu pareille choſe, même dans les évaporations les plus lentes, où j'ai bien remarqué une ſubſtance d'un jaune de ſoufre, mais jamais une matiere griſe; d'où je conclus qu'il faut qu'il ait employé un vitriol impur. 3°. Il a remarqué que lorſque le vitriol avoit été expoſé au feu juſqu'à devenir jaune, il donnoit une plus grande quantité d'eau mere, que lorſqu'on ne l'avoit fait ſécher que juſqu'à blancheur, & encore plus que quand on l'employoit tout frais pour en ſéparer cette eau mere. 4°. Que le même vitriol que l'on avoit employé une première fois pour cet uſage, en donnoit encore la troiſieme, la quatrieme fois & plus, & même, ſelon lui, juſqu'à ce que la proportion du vitriol ſoit entiérement conſommée. 5°. Qu'il a obtenu, à chaque fois qu'il a réitéré cette opération, une poudre jaune. 6°. Que cette eau mere s'échauffoit avec l'acide vitriolique; qu'elle faiſoit une efferveſcence ſenſible avec l'acide nitreux; & qu'avec l'huile de tartre elle ne faiſoit d'abord que ſe mêler, mais que peu après elle faiſoit auſſi une grande efferveſcence. 7°. Que quand il l'eut fait ſécher & rougir à grand feu, cette ſubſtance redevenoit fluide & viſqueuſe à l'air.

M. Geoffroy veut rendre raiſon de ces phénomenes, & premiérement il conclut que cette ſubſtance eſt alkaline, de ce qu'elle eſt humide & viſqueuſe comme un ſel lixiviel diſſout à l'air, & de ce qu'elle fait efferveſcence avec l'acide nitreux comme fait un ſel alkali; il dit enſuite que cet alkali ne peut venir que de l'acide du vitriol: en troiſieme lieu, il dit qu'on ne peut diſconvenir que cette ſubſtance ne contienne encore des particules acides, vû qu'elle a un goût aſtringent, quoique ſans être ſenſiblement acide, qu'elle fait efferveſcence avec les alkalis; & qu'en

Y y ij

opérant avec soin on peut encore en tirer, par des crystallisations ré-
térées, un sel vitriolique qui par l'effervescence qu'il fait avec l'alkali, annonce qu'il contient des particules acides. Enfin, il explique les causes
de cette liqueur vitriolique alkaline de maniere à faire croire que son alkali est une transmutation de l'acide en alkali ; mais il ne dit pas, ou du
moins il ne dit pas assez clairement d'où a pû venir cette matiere, telle
qu'il faut la présumer pour constituer un sel alkali concret, & pour se
combiner avec un acide. Je ne dirai point que l'acide vitriolique s'alka-
lise, mais on voit qu'il se transforme de maniere à perdre son essence &
sa nature, entre autres, lorsqu'on distille de l'huile de vitriol sur de la
chaux vive ; de cette opération il résulte un mêlange qui s'humecte à
l'air : mais par-là même on voit qu'il faut qu'il y ait quelque chose qui dé-
truise non-seulement la mixtion de l'acide, mais encore qui lui donne
un corps. En un mot, cette transformation ne peut point se faire sans
secours ; & l'on ne peut proprement regarder le sel qu'on a obtenu dans
cette opération, comme un vitriol retourné ou renversé ; mais comme
un troisieme être qui a dû se former par la combinaison de l'acide avec
une terre.

Pour donner mes idées sur cette matiere, je ferai d'abord observer que
ce résidu vitriolique qui devient liquide à l'air, se montre dans trois circonstances différentes, qui par conséquent ne doivent point être regardées du même œil. 1°. Lorsqu'on lave sa Pyrite qui s'est vitriolisée, soit
au sortir du sein de la terre, soit après qu'elle a séjourné à l'air pour en
tirer le vitriol. 2°. En dissolvant de nouveau, & remettant à crystalliser le
vitriol qui a été tiré de sa mine, c'est-à-dire, celui qui se débite par les
Droguistes & les Apoticaires. 3°. En faisant du vitriol avec du fer & de
l'huile de vitriol. C'est sur du vitriol obtenu de la seconde maniere que
M. Geoffroy a travaillé ; il n'a point parlé de l'eau mere que donne le
vitriol fait de la premiere maniere ; c'est à celle-là que je m'arrêterai,
puisque j'ai à parler de la Pyrite & de sa vitriolisation ; je ne parlerai de la
troisieme maniere, qu'autant qu'elle pourra contribuer à jetter du jour
sur mon sujet, & à faire découvrir la cause de ce produit singulier du vitriol.
Voici les principes que m'ont fourni les expériences que j'ai faites avec
le vitriol obtenu de la premiere façon. 1°. Toutes les fois que l'on fait
cuire du vitriol crud, c'est-à-dire, tiré de la Pyrite vitriolisée, on a une
matiere grasse, épaisse & semblable à de l'huile, soit que la Pyrite ait passé
par le feu, soit qu'elle n'y ait point passé ; soit qu'elle se soit vitriolisée
dans le sein de la terre ou à l'air ; soit que le vitriol soit renfermé dans de
la terre, ou de la pierre qu'il a pénétrée ; soit qu'il soit à nud & ait formé
une concrétion. 2°. Cette substance fait effervescence avec les alkalis, &
il se précipite une terre d'un brun clair, mais elle ne fait jamais effervescence avec les acides. 3°. Quand on le laisse en repos pendant quelques
mois sans feu, il se forme un amas de petits grains en mammelons, qui
ressemblent à de l'alun de plume, comme on l'a déja dit. 4°. Mais si on
fait évaporer le tout ensemble sans en séparer ces petits grains, cette
matiere devient épaisse comme du bitume, & forme à la fin une masse d'un

gris-clair. 5°. En faisant cette évaporation à la chaleur douce d'une étuve, j'ai une fois remarqué que cette substance se gonfloit, s'élevoit, & remplissoit presque entiérement le vaisseau dans lequel on n'en avoit pourtant mis que jusqu'au tiers. 6°. Cette masse grise, à peine refroidie, fait effervescence avec les alkalis, & nullement avec les acides. 7°. Cette même masse, exposée à l'air, s'humecte & devient grasse, & produit les mêmes effets avec l'alkali & l'acide. 8°. En la distillant à feu ouvert, elle donne une liqueur acide, & il reste une terre d'un brun rougeâtre-clair. 9°. Cette terre continue toujours à s'humecter à l'air, mais elle le fait plus ou moins, suivant qu'elle a plus ou moins éprouvé l'action du feu. 10°. Même quand on l'a fait rougir, elle attire encore l'humidité de l'air, mais en petite quantité. 11°. Si on distille séparément la substance alumineuse du numero 3, elle donne aussi une liqueur acide, & il reste une espece de gâteau spongieux gris, & tacheté de rouge en quelques endroits, qui a la propriété de s'humecter à l'air, de même que la substance du numero 7. 12°. Ce qui reste du numero 3, n'est pas plus huileux, ni plus épais qu'auparavant. 13°. La substance grasse qui reste du vitriol qui a été fait avec le fer & l'huile de vitriol, après avoir été séchée, devient aussi humide & grasse à l'air, elle fait aussi effervescence avec les alkalis, mais jamais avec les acides.

Ces expériences font voir que cette matiere huileuse qui reste après la crystallisation du vitriol, devient humide & fluide à l'air, après qu'on l'a fait sécher, & même après l'avoir calcinée ; mais c'est une autre question de sçavoir si elle fait effervescence avec les acides, & si elle a encore d'autres caracteres de l'alkali, ou si elle en contient formellement. Je ne veux point douter des expériences de M. Geoffroy, puisqu'il ne les a pas faites & répétées au hasard, mais de dessein prémédité ; j'avoue cependant que je ne conçois pas comment il a pu se faire que je n'aie jamais trouvé les mêmes effets que lui avec les acides, vû que la chose me paroît devoir être très-possible, puisque, comme je l'ai fait remarquer, cette matiere après avoir été séchée, se gonfle d'elle-même, & devient humide à l'air comme un alkali. En un mot, quelque attention que j'aie apportée, je n'ai jamais rien vu de semblable dans les expériences que j'ai faites en grand nombre sur cette substance, & je ne suis point en état jusqu'à présent de donner la raison pourquoi elle attire l'humidité de l'air. Autant qu'on peut en juger, ce produit du vitriol est composé de deux choses, sçavoir, de l'acide vitriolique & d'une terre. On voit qu'il y a de l'acide, puisqu'en faisant calciner & rougir parfaitement cette substance, l'acide s'en dégage, & alors elle n'attire plus l'humidité de l'air, d'où l'on peut juger que ces deux choses ne sont point dans une liaison fort étroite, & conséquemment il faut qu'il n'y ait point un véritable alkali, dont on ne pourroit jamais dégager l'acide vitriolique sans intermede. Cependant l'acide seul ne peut pas avoir ces propriétés : en effet, il est un peu huileux, comme nous le voyons par l'acide vitriolique que l'on appelle *huile de vitriol* pour cette raison ; mais cet acide ne se desseche point, & par conséquent ne peut être propre à redevenir humide ; il faut que ce soit une terre qui donne des corps à cette substance, sans quoi elle ne pourroit se sécher. Si on a réfléchi & travaillé sur la nature des sels, sur leur génération, leurs transmutations, leur formation des terres & leur réduction en terre, on verra qu'il est très-possible que l'acide vitriolique & la terre produisent une pareille substance qui, malgré les idées chimériques de quelques gens, est une énigme pour les personnes les plus habiles. On pourroit cependant répondre avec assez de probabilité à la question, si cette terre vient du fer. On demande en général de tous les métaux, & en particulier du fer, s'ils sont composés de particules homogènes ou hétérogènes ; je ne sçaurois être du dernier avis, cependant on peut adopter ce que quelques personnes ont dit des substances que l'on tiroit des métaux, dans lesquelles si l'on a des raisons pour soupçonner des séparations, on est du moins assuré qu'il ne s'est point fait de nouvelles combinaisons. C'est ainsi que M. Homberg, dans les *Mémoires de l'Académie des Sciences de l'année* 1710. dit qu'il y a dans le fer une matiere huileuse que l'on peut non-seulement en séparer, mais encore que l'on peut faire passer dans un autre corps ; il dit avoir tiré cette matiere à l'aide du miroir ardent. D'autres Auteurs parlent d'une maniere assez plausible d'un mercure que l'on peut tirer du fer, & ce que M. Roth dit des sels métalliques dans son Introduction à la Chymie, peut fournir matiere à des réflexions. Cependant je serois tenté de croire que le fer est d'une nature différente des autres métaux, vû qu'il tire plus immédiatement son origine d'une terre crue & non métallique, & avec laquelle par conséquent plusieurs substances peuvent être combinées. On pourroit pourtant encore demander s'il ne s'opère point des transformations, (qui en tout cas se feroient sans addition) par le moyen de l'air & du feu, quand même ce changement ne s'étendroit qu'à une très-petite partie du corps total, ce qui dépend des circonstances, quoique le tout pût être propre à prendre une forme nouvelle.

5°. Les dissolutions du vitriol donnent une terre d'un rouge brun que l'on nomme *caput mortuum* ou tête morte ; mais ce nom ne lui convient que lorsqu'elle ne contient plus rien de salin, & par conséquent lorsqu'on la jette comme entiérement inutile dans les fabriques du vitriol.

Il nous reste encore deux questions à examiner ; la premiere est si le vitriol peut être arsénical, ou renfermer quelque portion d'arsénic : cette question est fondée sur ce que cette substance se trouve assez communément dans la Pyrite. La seconde question est quel effet le vitriol & la Pyrite qui le fournit, & la terre alkaline produisent dans les eaux minérales ?

Ce qui me détermine à examiner la premiere question, c'est une certaine eau thermale dont je fais très-grand cas, mais que je ne veux point faire connoître, de peur que la crainte que l'on a de l'arsénic, ne fasse prendre contre cette eau des préjugés peu favorables. Cependant je ne puis nier que je ne regarde cette eau comme arsénicale, vû que j'en ai obtenu un sublimé blanc, & que j'y ai remarqué une odeur d'ail * ; il

* M. Henckel semble ici se contredire, puisque parlant de l'arsénic il a prétendu qu'il n'étoit point soluble dans l'eau.

est vrai qu'il ne faut pas toujours s'arrêter à des substances qui ne sont qu'en une très-petite quantité ; en effet, le phosphore a aussi une odeur arsénicale, & j'ai trouvé cette même odeur dans une opération sur le plomb, dans laquelle il n'entroit que des sels, mais rien d'arsénical ; cependant la nature & les propriétés du phosphore joint avec les substances métalliques, n'ont point encore été examinées, & les corps de ce regne peuvent, à cause de leur affinité, prendre la nature & les propriétés de ceux d'un autre regne ; & il peut se volatiliser quelque chose des parties salines, telles que celles qui sont dans l'eau dont je viens de parler, lorsqu'elles sont dans un état de combinaison grossiere ou de mêlange, tandis que la même chose n'arriveroit point, lorsque ces parties salines sont dans un état séparé ; du moins cela se feroit plus difficilement sans nouvelle combinaison, sans appropriation, &c. Quoi qu'il en soit, je crois avoir découvert dans cette eau quelque chose qui a échappé à tous ceux qui l'ont examinée & décrite avant moi. Il ne faut point aller fort loin pour chercher d'où peut venir l'arsénic contenu dans cette eau, vû qu'il est assez communément dans les Pyrites en général, & qu'il peut se trouver dans celles qui donnent à cette eau sa qualité minérale ; j'en vois la possibilité dans les eaux minérales de Schlakenbade à Freyberg, dans lesquelles au moyen du soufre & du vitriol, il s'est glissé une portion d'arsénic, & qui malgré cela ne laissent pas d'opérer des cures aussi belles qu'aucune autre eau thermale. Nous verrions que beaucoup d'autres eaux thermales sont dans le même cas, si ceux qui les ont examinées l'eussent fait avec plus de soin, ou n'eussent point gardé le silence sur cet article, dans la crainte de décréditer les eaux dont ils parloient. Outre cela, il ne faut point s'imaginer qu'on trouve dans ces eaux une très-grande quantité d'arsénic, elle ne va pas quelquefois à un huitieme de grain sur plusieurs livres d'eau, comme je l'ai éprouvé avec les eaux de Schlakenbade ; & quand même ces eaux contiendroient une plus grande quantité d'arsénic, on ne devroit point pour cela les regarder comme nuisibles ; il ne faudroit en juger que par les bons effets qu'elles produisent. Cependant il est certain que parmi tous les vitriols que j'ai examinés, je n'en ai point trouvé un seul qui fût arsénical, quoique j'eusse lieu de le soupçonner de quelques vitriols formés dans le sein de la terre par la partie arsénicale, qui se trouvoit dans les Pyrites qui avoient servi à leur formation.

A l'égard des eaux minérales, tant acidules que thermales, le vitriol, le soufre, le fer, le cuivre, l'arsénic & l'alun qu'elles contiennent, sont très-certainement dûs uniquement à la Pyrite, & il n'y a que sa vitriolisation qui dispose ces substances à s'unir avec les eaux qui viennent à passer par-dessus, & à les rendre minérales. Il ne faut point attribuer à la Pyrite les autres substances qui sont contenues dans ces eaux, telles que le sel alkali pur ou le sel alkali vitriolisé, dont le dernier cependant n'est point toujours dans cet état, vû qu'il n'y est mis que par l'évaporation. Mais deux questions qui se présentent naturellement, c'est, 1°. pourquoi dans la plûpart de ces eaux il n'y a qu'un très-léger vestige de ces

subſtances minérales ; & 2°, comment elles peuvent quelquefois contenir deux ſubſtances contraires , telles que le vitriol & le ſel alkali, ſans
que l'un ſoit décompoſé par l'autre. Quant à la premiere queſtion , nous
voyons aſſez ſouvent dans le ſein de la terre des eaux qui ſont très-chargées de vitriol ; mais ſuivant ce que j'ai pu apprendre des ſources d'eaux
minérales d'Allemagne , d'Angleterre, de France, d'Hongrie, &c. celles
qui ſe montrent à la ſurface de la terre , n'ont jamais que de foibles veſtiges de vitriol & des autres ſubſtances. Je pourrois rendre raiſon de ce
phénomene , en diſant que plus les eaux minérales ſourdent près de la
terre végétale , & même près de la ſurface , plus il s'y joint d'eaux du
ciel & des rivieres qui doivent contribuer à étendre les ſubſtances minérales dans un plus grand volume ; mais comme il tombe tantôt plus,
tantôt moins d'eau du ciel , comment ſe fait-il que ces eaux minérales
contiennent toujours ſenſiblement la même quantité de ſubſtances dans
les plus grandes chaleurs de l'été , ainſi que dans les tems pluvieux du
printems & de l'automne : je dis ſenſiblement, car ſi ces eaux étoient reſ-
ſerrées dans un endroit où elles fuſſent entiérement à l'abri des autres
eaux , il eſt à préſumer qu'on y trouveroit du changement. Au reſte , il
y a tout lieu de croire que ces eaux viennent de fort loin , tant par les
parties minérales dont elles ſont chargées , que par leur partie aqueuſe,
vû qu'elles ne ſont point ſujettes à tarir dans les plus grandes ſéche-
reſſes, comme cela arrive aſſez ſouvent à d'autres ſources ; par conſéquent
on ne peut pas non plus juger des mines qui ſont à une grande profondeur en terre par celles que nous trouvons près de la ſurface, ſur-tout
puiſque ces dernieres ſont par couches ou par fragmens détachés , au lieu
que les premieres ſont par ſilons , & par conſéquent n'ont point de liaiſon enſemble. On peut encore conjecturer que ces eaux ſont rendues minérales par des Pyrites qui ſont très-long-tems à ſe vitrioliſer, & qu'elles
doivent être en très-grande abondance , puiſque depuis tant de ſiécles
elles coulent ſans interruption & ſans que le magaſin s'épuiſe. Ainſi il ne
faut point attribuer ces effets aux Pyrites ſphériques ; telles que celles
d'Altſattel, d'Almérode, &c. qui ſe vitrioliſent très-aiſément, ni aux Pyrites cuivreuſes qui donnent toujours un vitriol cuivreux que l'on ne rencontre point dans les eaux minérales ; il faut recourir à des Pyrites formées dans les fentes de la terre & dans les ſilons, qui ne ſont que peu
ou point cuivreuſes , qui affectent une figure , ſinon entiérement cubique, du moins anguleuſe , & qui ne ſe vitrioliſent que difficilement & foiblement.

A l'égard de la ſeconde queſtion, ſçavoir comment deux ſubſtances
contraires peuvent ſe trouver dans ces eaux ſans ſe décompoſer & ſe détruire ; cet exemple n'eſt point le ſeul que la Nature nous préſente, nous
en avons un tout ſemblable dans la ſubſtance graſſe & huileuſe ; dont
nous avons parlé, que le vitriol donne , & dans laquelle il ſe trouve un
ſel acide & une ſubſtance alkaline qui reſtent tranquilles pendant quelque tems l'un à côté de l'autre, mais qui au bout d'un certain tems ne
laiſſent pas de s'attaquer réciproquement, comme on peut en juger par
le

le gonflement de cette matiere : d'ailleurs, il n'eſt pas difficile de voir comment cela peut arriver. L'acide le plus puiſſant de la Nature ne ſe trouve jamais ſeul, ou dans un état ſéparé; dans les eaux minérales, il y eſt toujours
combiné ſoit avec une terre alkaline, ſoit avec une terre métallique: lors donc
que ces ſortes d'eaux font effervefcence avec des acides, il faut en conclure
que l'alkali qui y eſt contenu, n'eſt point encore ſaturé par l'acide;
quand ces mêmes eaux dépoſent une terre jaune, on eſt obligé de reconnoître qu'elle vient d'un vitriol qui s'eſt décompoſé, & dont la
terre tombe au fond, d'où l'on peut conclure que l'acide s'eſt dégagé de
cette terre, & s'eſt combiné d'une maniere inſenſible avec l'alkali qui s'y
trouve, & qu'il continue de s'y unir à meſure que par l'évaporation il eſt
obligé de ſe dégager de la combinaiſon vitriolique. Si ces deux corps ne
s'attaquent pas plutôt, il faut en attribuer la cauſe à ce qu'ils font non-
ſeulement épars, mais encore à la proportion dans laquelle ils font, non
pas tant entre eux qu'avec la partie aqueuſe; c'eſt ce que l'Art ne peut
point imiter, & de quelque façon que nous nous y prenions, nous ne
parviendrons jamais, avec toutes les précautions poſſibles, à empêcher
qu'une eau vitriolique ne ſe décompoſe, & ne dépoſe ſa terre métallique
lorſqu'on y verſera une eau alkaline. En effet, pour peu que l'eau s'évapore, ces deux ennemis ſe trouvant plus proches commencent à s'attaquer : or, comme l'acide eſt plus diſpoſé à s'unir avec l'alkali qu'avec les
terres métalliques, il s'en dégage pour ſe combiner avec l'alkali, & ces
terres tombent & ſe montrent d'une couleur jaune. C'eſt à deſſein que
je ne parle ici que des eaux dans leſquelles l'alkali ſe trouve viſiblement
en même tems que le vitriol, telles que font communément les eaux minérales; mais lorſqu'on trouvera des eaux vitrioliques, où l'on ne ſoup-
çonnera point qu'il y ait de ſubſtance alkaline, & dans leſquelles cependant le vitriol ſe décompoſera, après qu'on les aura fait évaporer, comme
on le verra aſſez par la terre jaune qui ſe précipitera, il faudra en conclure,
ou qu'il peut y avoir d'autres raiſons qui contribuent à ce phénomene,
ou que l'on ne s'eſt point ſuffiſamment aſſuré de la préſence de l'alkali.
Si on ne peut y trouver un alkali formel, on aura lieu de préſumer que
c'eſt du ſel marin, qui montre aiſément l'alkali qui lui ſert de baſe, & qui
eſt très-propre à troubler les eaux vitrioliques, & à leur faire dépoſer leur
ochre. Si ce n'eſt point le ſel marin, ce ſera quelque ſubſtance terreuſe,
dont une eau qui ſort du ſein de la terre ne peut guères être exempte, à
laquelle l'acide vitriolique s'unit, ou du moins qu'il attaque, & alors il
laiſſe aller ſa terre métallique avec laquelle cet acide n'eſt que foiblement
uni. Lorſqu'on n'apperçoit rien de ſemblable, ces ſortes d'eaux ne laiſſent
pas de dépoſer, (toutes les fois qu'on les fait bouillir) une liqueur ou un ſuc
brun, gras & viſqueux, qui eſt d'un goût amer, d'une odeur lixivielle, &
quoiqu'il ne ſoit point formellement alkalin, & ne faſſe point effervefcence
avec les acides, il ne laiſſe pas d'en être attaqué. Telles font du moins
toutes nos eaux dans les montagnes de Saxe, & je ne doute point
qu'on ne trouve la même choſe dans les eaux du plat pays, lorſque la
partie terreuſe & ſaline qui y ſera mêlée, permettra d'en faire l'examen.

Z z

Le vitriol étant un sel dont le tissu est si peu serré que l'air seul suffit pour détruire sa liaison, & se trouvant ordinairement en très-petite quantité dans les eaux, ne demande pas quelque chose de bien actif ni en grande quantité pour se décomposer.

Je pourrois parler ici du préjugé où l'on est communément contre les eaux des montagnes que l'on a coutume de regarder comme minérales; quoiqu'elles soient réellement très-pures & dégagées de parties terrestres & grossieres, qu'on trouve toujours dans les eaux des plaines, comme le prouve la substance visqueuse dont nous venons de parler, dont on a bien de la peine à les débarrasser; mais j'aurai occasion d'en parler ailleurs, ainsi que de la substance terreuse subtile, amere, visqueuse, presque alkaline, pure, gommeuse, qui est essentielle à toutes les eaux. J'ajouterai plutôt quelques observations sur l'alkali qui se trouve communément dans les eaux minérales; il me paroît que cet alkali peut venir de plusieurs sources différentes; je ne parlerai point du sel marin qui se trouve assez fréquemment dans le sein de la terre, & qui est précisément le seul sel avec lequel on puisse faire par Art, en y joignant l'acide du soufre ou l'acide vitriolique, un sel amer, tel que celui que fournissent les fontaines acidules. Cependant en considérant la grande quantité d'alkali qui est contenue dans les vraies eaux minérales acidules, telles que celles d'Egra, de Pyrmont, &c. & même dans celles de Carlsbade, je ne puis m'empêcher de croire qu'il vienne du sel marin, sur-tout quand je vois que ce sel amer se trouve dans toutes les eaux salines, comme l'a prouvé M. le Professeur Lehmann qui est si versé dans la connoissance des sels. Je ne parlerai point non plus de la pierre à chaux, de la pierre gypseuse, ni du spath, ni de la pierre spéculaire, ni de la sélénite, qui sont de la nature des pierres calcaires; ces pierres, & sur-tout le spath, accompagnent assez volontiers les Pyrites, elles deviennent alkalines, & peuvent au moyen de l'acide prendre la forme du sel dont je parle: on peut le voir dans la pierre blanche ou dans le tuf, que l'on trouve dans les eaux de la fontaine de Prudel à Carlsbade. Je demanderai seulement si l'alkali, dont il s'agit, ne viendroit pas de la terre grasse noire feuilletée, ou de la roche appellée *kneiss*, qui accompagne le plus communément la Pyrite, qui est la miniere de l'alun, & qui, suivant les apparences, est produite par un limon: pour examiner cette question, il ne faut qu'avoir sous les yeux les transformations des terres en sels, des sels en terres, des sels les uns dans les autres, leurs différentes combinaisons: il ne faut point croire que tout cela s'opere par de simples séparations, mais il est bon de se rappeller toujours qu'une chose peut être dûe à plusieurs causes différentes. Il est certain qu'en différentes circonstances, & sur-tout si la terre provenue d'une pierre de cette espece est saisie par l'acide vitriolique, si cet acide agit sur elle, ou encore plutôt si cette pierre agit au-dedans d'elle-même, & entre en une action qui produit non-seulement l'acide vitriolique par le concours de l'air, mais encore la terre de l'alun, ce qui forme l'alun en entier; il est certain, dis-je, que cette pierre ne sera point en état de produire l'alkali dont il s'agit ici, & qu'elle ne deviendra point saline, mais calcaire & crétacée. Cela ne doit-il pas être regardé comme une transformation ? Si on prétend que ce n'est qu'une séparation, je demanderai que l'on sépare donc de cette pierre ou terre feuilletée alumineuse, une terre semblable à celle qui sert de base à l'alun. Si l'acide vitriolique ne concourt point de cette maniere à cette opération, comme en effet il n'y concourt pas, puisque dans les eaux minérales acidules l'alkali est à nud & n'est point saturé, c'est pourquoi il fait effervescence avec tous les acides ; on est obligé d'avoir recours aux circonstances, & d'attribuer cet alkali à la différence de l'élaboration & des accidens ; alors cette pierre ne présentera plus une matiere terreuse à l'acide, mais un alkali, suivant sa disposition plûtôt essentielle qu'accidentelle. En un mot, que l'on calcine une pierre de cette espece, on y reconnoîtra distinctement la présence de l'alkali non-seulement par ses effets avec l'acide, mais encore parce qu'elle produira réellement un sel amer.

On objectera à cela que ces sortes d'eaux contiennent aussi un acide, & par conséquent que l'alkali n'y est point à nud ; on dira qu'il ne s'agit point ici d'un alkali produit par le feu, mais d'un alkali naturel ; que même dans la formation de l'alun un acide se combine avec un alkali, de la même maniere que lorsque l'on joint un acide avec cette pierre calcinée, quoique par-là on n'obtienne ni un sel amer ni de l'alun : mais ces objections ne sont pas assez fortes pour détruire ce qui a été dit. En effet, quant au premier point, l'alkali qui est dans une eau minérale, est à côté de l'acide sans être combiné avec lui ; il est à nud : tandis que l'acide d'un autre côté est, comme je l'ai dit, uni avec la terre métallique. Quant au second point, je réponds que de ce qu'une chose ne se fait point par l'Art à la surface de la terre, on n'est pas en droit d'en conclure qu'elle ne puisse pas se faire dans son sein par la Nature aidée des circonstances. Outre cela, l'expérience nous apprend que, par exemple, une eau simple peut non-seulement agir sur la terre ou la pierre calcaire, mais encore peut s'unir & s'incorporer avec elle sans perdre sa limpidité, ce qui ne réussit point dans un matras, & même sans le secours du feu, lorsque la substance alkaline qui reste de la combinaison du vitriol & de l'alun, doit se former & se montrer. A l'égard du troisieme point, il ne se forme point dans cette opération un acide, mais il est déja tout formé, & il vient d'ailleurs ; & comme il peut venir uniquement de la pierre dont j'ai parlé, sans le concours de la Pyrite, je ne suis point dans le cas de répondre ici à cette objection. En un mot, mes idées sont fondées sur des observations, sur des probabilités & sur des faits, & je ne parle des eaux minérales qu'en tant qu'elles ont du rapport avec le vitriol, & par conséquent avec la Pyrite.

CHAPITRE XV.

Des ufages de la Pyrite.

IL N'EST point de minéral qui ait autant d'utilité que la Pyrite, & dont les ufages foient plus variés ; en effet, on en tire le foufre, l'arfénic, le cuivre, le vitriol ; & dans nos pays on s'en fert avec fuccès pour faciliter la fonte des mines. Le travail du cuivre eft très-étendu, & comme il feroit trop long de fe jetter dans ces détails, je renvoie le Lecteur à la *Defcription du travail des Mines* de M. de Lohneiff, & au *Miroir de Métallurgie* de M. Roefsler. Je vais parler de la maniere dont on tire le foufre, l'arfénic & le vitriol : je crois devoir faire obferver que les détails les plus minutieux ne font point à méprifer, & que les connoif-fances phyfiques ne peuvent être mieux employées que quand on les ap-plique aux ufages économiques, objets qui font très-dignes d'occuper les Naturaliftes. Je parlerai auffi des avantages que la Pyrite procure en faci-litant la fonte des mines, & en contribuant à la formation de la matte, ainfi que de la maniere dont on la traite pour en obtenir le cuivre, en quoi elle mérite toute notre attention ; cependant je confidérerai ces chofes plutôt en Phyficien qu'en Métallurgifte.

I. *De la maniere de tirer le Soufre.*

ON OBTIENT le foufre de la Pyrite, foit à deffein, foit accidentelle-ment. Dans le premier cas, on le diftille dans des retortes ; dans le fe-cond cas, on l'obtient par le grillage : la premiere maniere fe pratique dans nos pays & dans beaucoup d'autres ; la feconde eft fur-tout en ufage au Hartz, où l'on traite les Pyrites pour en retirer le cuivre, parce qu'elles font très-chargées de ce métal, & parce qu'elles font en très-grande abondance ; par conféquent on eft obligé de les griller : nous ne pou-vons point faire la même chofe dans nos cantons, vû que nous n'avons point la Pyrite de cette efpece en fi grande abondance.

« On prend, (c'eft M. de Lohneiff qui parle) des rognures ou débris
» du minerai tiré des fouterreins que l'on nomme *la petite-mine*, auffi bien
» que le réfidu du travail du vitriol, & l'on en forme des tas quarrés qui
» ont environ une aune & demie, (trois pieds) d'élévation, & environ
» dix aunes, (vingt pieds) de longueur & de largeur : on arrange du bois
» par-deffus, de façon qu'il foit ferré, & qu'il occupe autant d'efpace que la
» mine, on en met auffi de la hauteur d'une aune & demie, (trois pieds) ;
» on répand par-deffus ce bois des morceaux de la mine qui fe tire du
» Rammelfberg, tels qu'ils fe trouvent, c'eft-à-dire, gros comme le
» poing, plus ou moins, on y en met 15 à 1600 *fcherben* à la fois, dont
» chacun pefe cinq quintaux & demi ; par-là on éleve les tas quarrés

» jufqu'à la hauteur de neuf pieds, & on recouvre les côtés avec ce qu'on
» appelle de la *petite mine*, c'eſt-à-dire, avec les rognures de la mine hu-
» meĉtées, que l'on met de l'épaiſſeur de quatre doigts. Au milieu du tas
» de grillage on arrange des morceaux de bois ſec qui vont depuis le
» bas du tas jufqu'au ſommet. Quand le tas de grillage eſt ainſi difpoſé,
» les ouvriers puiſent dans la fonderie des ſcories toutes brûlantes, qu'ils
» jettent ſur le bois ſec qui eſt dreſſé dans le milieu du tas, & tout le bois
» s'allume & eſt confommé en une nuit ; la mine ſe brûle au-dedans d'elle-
» même, ce qui dure pendant 8, 9 ou 10 femaines. On tire auſſi aĉtuelle-
» ment beaucoup de ſoufre de la mine du Rammelſberg, ce qui ne ſe fai-
» ſoit point autrefois, & l'on en obtiendroit une plus grande quantité ſi
» on s'y prenoit comme il faut : voici comment ſe fait cette opération.
» Lorfque l'enduit qui fert à couvrir le tas de grillage , s'eſt affaiſſé par
» l'aĉtion du feu, ces tas s'amolliſſent par la grande chaleur ; alors des
» ouvriers prennent des morceaux de bois, & forment pluſieurs creux
» au haut des tas ; le ſoufre va ſe rendre dans ces creux ou baſſins, &
» on le puiſe avec des cuillieres de fer. Mais j'ignore en quoi le réſidu
» de la Pyrite qui a donné du vitriol, peut fervir à obtenir du ſoufre plus
» que la petite mine, à moins que ce ne fût parce que le vitriol qui s'y
» eſt inſinué, contribue à faire prendre du corps & de la liaiſon à cette
» petite mine, & par-là le ſoufre eſt retenu, & ne ſe diſſipe point ſi
» promptement avec la fumée ». Voyez Lohneiſſ, *Deſcription du travail
des Mines*, page 80.

La conjeĉture de l'Auteur eſt juſte, & l'on ne ſe fert des petits fragmens de minerai que pour empêcher le contaĉt de l'air, qui feroit flam-
ber le feu, l'empêcheroit de ſe mettre en charbon, le réduiroit en cendres, & par-là le ſoufre feroit confumé. Il y a apparence que l'on a fait des
changemens à cette manière de griller la Pyrite depuis M. de Lohneiſſ :
en effet, un de mes amis m'en a envoyé les détails ſuivans : « Les mines
» du Rammelſberg donnent ſur le champ de très-bon ſoufre : il n'eſt
» point gris, mais d'une fort belle couleur ». (Je ne décide point ſi ce
ſoufre a par lui-même cette belle couleur, ou ſi elle n'eſt pas dûe à l'arfénic que l'on peut ſuppoſer dans la mine, puiſqu'elle donne de l'orpiment). « Cependant il faut que ce ſoufre ſoit purifié par les raiſons ſui-
» vantes. Prémiérement, on ne ſe fert point de fourneaux particuliers ou
» de vaiſſeaux pour tirer le ſoufre des Pyrites, mais on l'obtient par le
» grillage même de la mine. Le tas de grillage ſe recouvre avec le réſidu
» de la Pyrite qui reſte après qu'elle a été lavée pour en tirer le vitriol,
» & avec des petites rognures de la mine, que l'on emploie toutes mouil-
» lées. A la partie ſupérieure des tas on forme pluſieurs enfoncemens ou
» creux, qui ont environ deux pieds de diametre, & dix-huit pouces de
» profondeur, & on garnit pareillement ces creux avec le réſidu du vitriol ;
» ils ſont environ à deux pieds les uns des autres. Lorfque le tas s'allume
» de bas en-haut, le ſoufre s'amaſſe dans ces creux ; là on le puiſe avec
» des cuillieres de fer, & on le verfe dans des moules ou auges mouillés.
» Il ne feroit pas néceſſaire de purifier ce ſoufre, ſi on ne puiſoit en même

» tems avec les cuillieres une portion du réfidu de vitriol, ce qui le rend
» impur. La premiere purification fe fait dans des chaudieres de fer dans
» lefquelles on fait fondre le foufre, & lorfque la partie impure eft tom-
» bée au fond des chaudieres, on le coule dans des moules pour le met-
» tre en canons. Ce qui s'eft dépofé fe purifie une feconde fois, comme
» on a fait pour le foufre brut ».

Voici comment M. Roefsler a décrit dans fon *Miroir de Métallurgie,*
Liv. I. chap. XVI. pag. 155. la maniere dont on tire de deffein prémédité
le foufre des Pyrites de nos cantons. « Il faut avoir un fourneau à dif-
» tiller & un fourneau à purifier le foufre, qui foient conftruits fuivant
» des proportions exactes. Le fourneau pour la diftillation du foufre eft
» maçonné en longueur, de maniere qu'entre deux fronts ou murs prin-
» cipaux, on puiffe placer 11, 13 ou 15 retortes, les unes à côté des au-
» tres, dans la longueur ou en travers. En bas on arrange 6, 7 ou 8 re-
» tortes, de maniere que chacune ait un grand efpace ; au-deffus de ces
» tuyaux on place encore une rangée de 5, 6 ou 7 retortes, de forte que
» le feu peut faire rougir chaque retorte par-deffous. On donne au four-
» neau une largeur proportionnée à la longueur des retortes. D'un des
» murs frontaux à l'autre on maçonne en briques, à leur partie fupérieure,
» une voute platte qui paffe par-deffus les retortes, dans laquelle on laiffe
» quelques trous de la groffeur du bras, afin que la fumée du bois puiffe
» s'en aller par-là : les retortes doivent être de bonne glaife, & avoir en-
» viron un pouce d'épaiffeur, & leur longueur doit être d'environ vingt
» pouces. Près de l'embouchure elles doivent avoir environ deux pouces
» & demi d'épaiffeur & près de vingt pouces de longueur & de largeur ;
» on place par-deffus une forme de bois couverte d'un morceau de toile,
» difpofée de maniere que le fond foit uni par le bas & arrondi par le
» haut, & fe termine en pointe, en forte qu'il ne refte qu'une ouverture
» qui ait un doigt de diametre à l'endroit où le foufre doit fortir. Il faut
» que près de l'embouchure ces retortes foient faites de maniere que
» l'on puiffe y faire glifler une couliffe ou lame de terre cuite de haut en
» bas, & pour que l'on puiffe l'enlever à volonté, comme on fait pour les
» couvercles qu'on met fur un chaudron. Par derriere où le foufre doit dé-
» couler, on laiffe un rebord au long mur du fourneau, fur lequel on placera
» des cuvettes de plomb que l'on puiffe adapter aux becs des retortes
» inférieures, & l'on pratique des petits murs pour chacune des retortes
» fupérieures, pour pouvoir y placer de femblables cuvettes. Les cuvettes
» de plomb font quarrées, & on les couvre d'un couvercle plat comme
» la moitié d'un toît. A la partie fupérieure qui touche au fourneau on
» fait un trou, afin que les becs des retortes puiffent y paffer, ils doivent
» déborder le fourneau. On met de l'eau dans ces cuvettes, afin que le
» foufre y foit reçu & s'y refroidiffe. On chauffe ces fourneaux avec des
» buches que l'on fait entrer fur la grille par la porte du foyer, qui eft
» au mur frontal près de l'endroit où font les retortes, de maniere que
» les charbons puiffent tomber en bas dans le cendrier *. Il eft à propos de

---

* Ce fourneau qui eft décrit ici affez imparfaitement, l'eft d'une maniere plus claire dans

» connoître la nature de la Pyrite , parce que toutes les Pyrites ne sont
» pas propres à donner du soufre ; & il faut sçavoir la quantité que l'on
» en peut mettre à la fois pour être distillée en huit heures. Si l'on a
» onze tuyaux, il faudra employer 126 quintaux de Pyrite par semaine ,
» ce qui fait en un jour & une nuit 18 quintaux, que l'on distille en trois
» fois, c'est-à-dire, en 8 heures, par conséquent six quintaux à chaque fois.
» Lorsque les Pyrites sont médiocrement chargées de soufre , on pourra
» en une semaine tirer cinq demi-quintaux de soufre purifié , & l'on tire
» du quintal de Pyrite quatre livres & demie de soufre. Il faut que les tuyaux
» soient faits solidement , & ils ne doivent point être trop remplis de Py-
» rites , parce qu'elles se gonflent & les feroient briser. Il est donc à pro-
» pos d'y laisser un vuide de quatre doigts par le haut, afin qu'elles aient
» de l'espace ; il faut aussi que la voûte qui recouvre le fourneau, soit
» ouverte au-dessus des retortes supérieures, cela fait que la chaleur est
» plus forte , & la distillation s'en fait beaucoup mieux. Lorsqu'il s'est
» amassé une certaine quantité de soufre dans les cuvettes de plomb, on
» l'en retire, & on le met dans des vaisseaux oblongs pour le purifier :
» on place ces vaisseaux dans le fourneau destiné à cette opération ; on
» adapte sur ces vaisseaux des chapiteaux & des récipiens de terre, comme
» pour les distillations ordinaires : de cette manière on distille le soufre,
» on verse celui qui a passé dans les récipiens dans des pots faits ex-
» près , où on lui donne le tems de se refroidir un peu ; après quoi on
» le vuide dans des moules de bois , pour en former des bâtons ou ca-
» nons. Par la purification le soufre perd un cinquieme. Les matieres im-
» pures restent au fond des pots où l'on a laissé séjourner le soufre , on
» les appelle *scories de soufre* : on les en retire pendant qu'elles sont en-
» core chaudes, avec des cuillieres de fer. La Pyrite qui a été distillée se
» jette ; on s'en sert quelquefois comme d'un fondant dans la premiere
» fonte, d'autres fois on la fait bouillir dans de l'eau pour en tirer du
» vitriol ; mais il faut que celle qui est destinée à ce dernier usage , soit
» demeurée exposée à l'air pendant trois mois avant que de s'en servir ».

Je vais maintenant rapporter la maniere dont on tire le soufre en Suede , afin que l'on puisse en faire son profit : ce procédé est tiré du Livre
qui a pour titre , *Leopoldi Relatio historica de itinere suo Suecico, anno 1797.
ad D. Woodward ; pag. 84 & suiv.*

« L'attelier où la fabrique de soufre de Dylta dans la province de Né-
» ricie en Suede , est la plus fameuse du royaume : non-seulement on y
» distille du soufre , mais encore on y fait du vitriol ; de l'alun & du crayon
» rouge , (*rubrica*). La matiere qui sert à toutes ces préparations , est une
» Pyrite d'un jaune verdâtre , pesante & d'un brillant obscur, qui se trouve
» non dans les montagnes , mais dans la plaine , précisément sous la terre
» franche , quoique quelquefois dans une roche solide. Le veine où elle
» se trouve, a sa direction du Midi au Nord. Cette Pyrite est par couche

le *Traité de la fonte des Mines de Schlutter* ; To- | du même Ouvrage , que le Lecteur pourra
me II. *de la Traduction Françoise* , page 225 & | consulter.
suiv. & il est représenté dans la Planche XV.

» à trois ou quatre toises de profondeur au-dessous d'une roche que les
» ouvriers du pays appellent *græbe*, & qui a environ un doigt d'épais-
» seur. Quand on veut l'exploiter, on écarte tout jusqu'à la mine ; on ar-
» range par-dessus cette mine du bois que l'on allume de maniere que la
» flamme monte, car si elle frappoit par le côté, elle agiroit trop forte-
» ment sur la mine & en dissiperoit le soufre. Lorsque la mine a été ainsi
» échauffée, on verse de l'eau froide par-dessus, afin de la gercer pour
» pouvoir la détacher plus aisément ; on casse la mine qui a été détachée
» pour la réduire en petits morceaux, & on en forme un grand tas. Comme
» ce travail se fait à l'air libre, on ne le fait qu'au printems & en été, car
» en hyver le puits de la mine est à moitié rempli de neige & d'eau de
» pluie, c'est pourquoi on est obligé de s'y prendre deux années d'a-
» vance, pour rassembler une quantité de Pyrites qui suffise pour remplir
» vingt retortes, qui pendant six mois consécutifs consument chaque jour
» & chaque nuit seize tombereaux de mine. On se sert pour la distillation
» du soufre de vingt grandes retortes, dont les plus fortes pesent 6 à 7
» schifpunds, (un schifpund fait trois quintaux). Ces retortes, ainsi que
» leurs récipiens, sont faites de 400 charretées de la mine de fer de Prehs-
» berg & de Klaka, avec autant de charbon. On place ces retortes dans
» un fourneau voûté, de maniere que le fond de l'une rencontre le cou
» de l'autre, & des deux côtés du fourneau il y a dix bouches ou ouver-
» tures, dont cinq sont à la rangée supérieure, & autant à la rangée infé-
» rieure. Lorsqu'on commence à distiller le soufre, ce qui se fait commu-
» nément à la fin de l'été, on ne remplit ces retortes que jusqu'au tiers, d'a-
» bord avec de petits morceaux de Pyrite, & ensuite avec des morceaux
» plus grands, de peur qu'elles ne se fêlent ; après quoi on adapte exac-
» tement les récipiens, & on bouche les jointures avec de la glaise ; cela
» se fait parce que la Pyrite se gonfle lorsqu'elle est fortement échauffée,
» & le soufre fluide est poussé hors de la cornue, ses particules les plus
» déliées suintent au travers des pores du fer, la fraîcheur de l'air fait qu'il
» se fige. Les Apoticaires & les Chirurgiens se servent de ce soufre au lieu
» des fleurs de soufre, on l'appelle *sulfur stillatitium*. Mais en 24 heures il
» passe près de 4 quintaux ½ de soufre grossier dans le récipient, lorsque la
» Pyrite en est abondamment chargée. Durant l'été on retire chaque matin
» le soufre des récipiens, & le résidu de la distillation des Pyrites des retor-
» tes : durant l'automne cela se fait tous les soirs, & on remplit de nou-
» veau les retortes avec de la nouvelle Pyrite. Le soufre que l'on a ob-
» tenu se fond de nouveau à une chaleur modérée dans une chaudiere
» maçonnée dans un mur, afin de le purifier, & pour pouvoir le couler
» dans des moules : à l'égard de la Pyrite dont le soufre a été dégagé,
» on la met en tas à l'air libre ; ces tas commencent à s'allumer l'année
» d'après, lorsqu'ils ont été bien humectés par les pluies, & ils continuent
» à brûler jusqu'à ce que le soufre qui y est encore resté, soit entièrement
» consumé. Voilà la maniere dont on fait la distillation du soufre à Dylta,
» les Anciens se contentoient de cela, parce qu'ils étoient effrayés de la
» dépense qu'il falloit faire pour fondre des retortes, pour construire des
» fourneaux

» fourneaux, pour détacher la mine, pour l'achat & la voiture du bois, &
» ils ne s'embarraſſoient point de faire paſſer par une nouvelle diſtillation
» la Pyrite qui avoit été une fois diſtillée, parce que vingt retortes avec
» leurs récipiens demandent 400 charretées de mine de fer, dont cha-
» cune revient à quatre thalers *, monnoie de cuivre, & autant de char-
» retées de charbon, dont chacune revient à ſix thalers ; lorſque la diſtil-
» lation eſt achevée, ces retortes ſont comme brûlées & calcinées inté-
» rieurement par la Pyrite échauffée, & extérieurement par la flamme, en
» ſorte que l'on ne peut plus s'en ſervir. Joignez à cela la conſommation
» du bois, dont on brûle environ trente cordes par ſemaine pour tenir
» les retortes dans un degré de chaleur uniforme, ſans parler de la bâ-
» tiſſe du fourneau dans lequel il entre dix mille briques.

» Mais les Entrepreneurs modernes s'étant apperçus que les tas de Py-
» rites diſtillées ſe chargeoient de vitriol à l'air, & cela à meſure qu'elles
» y reſtoient plus long-tems expoſées, ils mirent ces rebuts dans de gran-
» des cuves, ils verſerent de l'eau par-deſſus pour en extraire le vitriol.
» Actuellement cette opération ſe fait dans des chaudieres de plomb,
» dans leſquelles on fait bouillir le réſidu pendant quelques heures avec
» de l'eau. On transporte cette leſſive avec des vaiſſeaux de bois pour la
» verſer dans d'autres chaudieres de plomb, & on la fait bouillir juſqu'à
» ce que l'Inſpecteur s'apperçoive qu'elle eſt propre à donner des cryſ-
» taux ; il faut qu'il ait de l'expérience & ſçache la mettre à ſon point,
» en y joignant de la premiere leſſive. Actuellement on eſt quatre jours
» & quatre nuits à faire la cuiſſon d'un tas de réſidu de Pyrites amaſſé
» pendant dix ans, au lieu qu'autrefois en 24 heures on avoit achevé la
» cuiſſon d'un tas amaſſé depuis 30 juſqu'à 60 années. Quand la leſſive a
» acquis par la cuiſſon la conſiſtence convenable, on fait ceſſer le feu, on
» verſe la leſſive dans des cuves où elle refroidit, & on la laiſſe en repos
» juſqu'à ce qu'elle ait formé des cryſtaux autour des branches de bou-
» leau que l'on y laiſſe tremper. La partie qui ne peut plus ſe cryſtalliſer,
» ſe remet avec de la nouvelle Pyrite chargée de vitriol dans de nou-
» velles chaudieres pour cuire, & enſuite on la remet encore à cryſtalli-
» ſer. Il y a quatre atteliers dans cet endroit, & dans chaque attelier il y
» a quatre chaudieres, dont deux ſont deſtinées à la premiere cuite, &
» deux pour la ſeconde. Chaque cuite peſe 10 ſchifpunds, (30 quin-
» taux) : les chaudieres ſont placées ſur de fortes barres de fer, afin
» qu'elles ne ſoient point endommagées. Malgré cela, elles ne peuvent
» ſervir que cinq ou ſix ans pour les bonnes cuites, & celles où ſe fait la
» premiere cuite ne durent guères que trois ans, parce que la terre de
» la Pyrite s'attache ſi fortement aux parois des chaudieres de plomb,
» que ſi on ne l'en détache pas continuellement, le plomb court riſque
» de ſe fondre. Lorſque tout le vitriol s'eſt ſéparé par la cryſtalliſation,
» on porte la leſſive qui reſte à l'attelier où ſe fait l'alun, là on verſe de-
» dans une eau qui contient des parties métalliques, & l'on y joint une

---

* Le *thaler* de cuivre revient à dix ſols & demi, argent de France.

» leſſive de cendres de bois ; par-là la couleur verte vitriolique prend la
» couleur blanche de l'alun : on fait bouillir le tout pendant 24 heures
» dans des chaudieres de plomb ; au bout de ce tems on laiſſe refroidir
» la leſſive, & on la laiſſe cryſtalliſer ; on fait diſſoudre dans de nouvelle
» eau les cryſtaux qui ſe ſont formés, & on la remet une ſeconde fois à
» cryſtalliſer, & alors l'alun eſt fait & purifié. On met dans un grand tonneau
» l'eau qui reſte de cette ſeconde cryſtalliſation, & après qu'elle y a ſé-
» journé pendant huit jours, elle dépoſe une maſſe de cryſtaux qui prend
» la forme du tonneau ; on la diviſe en morceaux pour le débit ; il ſe
» paſſe ordinairement 5 ou 6 ſemaines avant qu'un tonneau qui contient
» environ 6 ſchifpunds, (18 quintaux) puiſſe ſe remplir d'alun. Quand la
» cuite s'eſt faite en automne ou dans un tems humide, ou quand la leſ-
» ſive reſte trop long-tems dans le tonneau, elle devient un peu ver-
» dâtre «.

II. *De la maniere de faire le Vitriol.*

» AUPRE'S des atteliers où l'on tire du ſoufre, (c'eſt Roeſsler qui
» parle) l'on a communément un attelier pour faire le vitriol, parce
» que la Pyrite qui a été diſtillée, eſt propre à donner ce ſel ; cependant
» il y a des Pyrites dont on peut tirer du vitriol ſans que l'on en ait tiré
» le ſoufre. Dans ces ſortes d'atteliers on a beſoin d'une chaudiere de
» plomb qui ait trois aunes & demie, (ſept pieds) de long, & trois aunes,
» (ſix pieds) de large, ſept huitiemes d'aune de profondeur, & qui peſe
» depuis 24 juſqu'à 26 quintaux. L'on aura auſſi une auge de cinq aunes
» & demie, (onze pieds) de longueur & de largeur, & une aune, (deux
» pieds) de profondeur, pour recevoir la leſſive. Il faut qu'il y ait encore
» par-deſſus une autre auge quarrée pour retenir le fond, c'eſt une caiſſe
» retenue par des pieux. On met dans ces auges ou caiſſes la Pyrite qui
» a été grillée, on la lave avec de l'eau, on met l'eau qui en provient
» dans une cuve afin qu'elle ſe purifie ; on fait aller cette eau ou leſſive
» dans la chaudiere de plomb, & l'on eſt un jour & une nuit à faire une
» cuite. Il faut continuellement remettre de nouvelle leſſive dans la chau-
» diere, à meſure que l'évaporation ſe fait, de maniere qu'elle ſoit tou-
» jours pleine, & l'on obtient du vitriol à proportion que l'eau en a été
» plus ou moins chargée, & ſuivant qu'elle a ſervi à laver des Pyrites
» pour la premiere ou pour la ſeconde fois : ordinairement une chaudiere
» en donne ſix à ſept quintaux. Il faut prendre garde pendant la cuite
» qu'il ne tombe ni ſuif ni rien de gras dans la chaudiere, ſans cela l'ou-
» vrage ſeroit gâté : lorſqu'il ſe forme une peau à la ſurface de la leſ-
» ſive, on juge qu'elle a été aſſez cuite ; alors on la laiſſe couler dans une
» grande auge où elle ſe repoſe ; on la met enſuite dans des cuves
» pour ſe cryſtalliſer : chacune de ces cuves donne communément un
» quintal & demi de vitriol ; on y met tremper des morceaux de bois,
» pour que le vitriol puiſſe s'y attacher & s'y cryſtalliſer. L'eau qui reſte
» après la cryſtalliſation, ſe remet dans la chaudiere avec de la nouvelle
» leſſive…. Cette opération exige plus d'attention qu'on ne l'imagineroit ;

» il y a des tems où le vitriol ne peut point se cryſtalliſer, & les Inſpec-
» teurs ont pour remédier à cet inconvénient des tours de main dont ils
» font myſtere ». Voyez Roeſsler, *Miroir de Métallurgie, Livre VI. chap.
XVII. page 156. & Lohneiſſ, page 329.

III. *De la maniere de tirer l'Arſénic.*

Voici comment le même Auteur dit que l'on obtient l'arſénic : « L'ar-
» ſénic, dit-il, ſe tire ou des Pyrites arſénicales, ou du cobalt, ou des mi-
» nes d'étain, ou des cobalts dont on fait la couleur bleue, ou enfin du
» *miſpikkel,* ou de la Pyrite blanche qui contient de l'or & de l'argent. Tou-
» tes ces mines doivent d'abord être dégagées de la roche ou de la terre
» qui les accompagne, ce qui ſe fait en les écraſant, en les lavant, & enſuite
» en les grillant, au moyen de quoi l'on en dégage la partie arſénicale. Ce
» grillage ſe faiſoit autrefois dans des fourneaux qui n'avoient qu'une petite
» ouverture par où l'on remuoit la mine pulvériſée ; ils étoient conſtruits
» de maniere à avoir environ 4 aunes, (8 pieds) de largeur, quelque choſe
» de plus de longueur, & environ une aune, (2 pieds de hauteur) ; ils reſſem-
» bloient à un four à cuire du pain : on formoit à la partie poſtérieure de ce
» fourneau une voûte qui étoit de 3 aunes ½, (7 pieds) plus élevée que lui,
» qui alloit donner dans un conduit voûté de maçonnerie, placé horiſonta-
» lement, qui avoit 44 aunes, (88 pieds) de longueur ; il étoit de la
» hauteur d'un homme, & avoit 3 pieds de largeur. À l'extrémité de cette
» gallerie étoit une cheminée qui s'élevoit perpendiculairement, c'eſt par
» où paſſoit la fumée du bois & la vapeur. On pratiquoit dans cette gal-
» lerie de 20 aunes en 20 aunes, des trous ou des eſpeces de fenêtres
» d'un pied en quarré, que l'on ouvroit lorſqu'on vouloit ôter l'arſénic
» qui s'étoit attaché dans ce conduit ſous la forme d'une farine, & pour
» pouvoir y voir clair. Lorſqu'on faiſoit griller dans le fourneau une quan-
» tité ſuffiſante de la mine, en obſervant de la bien remuer, l'arſénic,
» ſous la forme d'une fumée, montoit dans le conduit ou dans la longue
» gallerie voûtée, où il tomboit à la fin ſous la forme d'une farine, &
» s'attachoit aux parois. Lorſque le fourneau étoit un peu refroidi, on
» en retiroit la mine qui venoit d'être grillée, & l'on y en remettoit de
» la nouvelle ; on continuoit à la griller de la même maniere juſqu'à ce
» que tout l'arſénic en fût parti : au bout d'un certain tems, on ôtoit l'eſ-
» pece de farine qui s'étoit attachée dans la longue gallerie, ce qui ſe
» faiſoit par des ouvriers qui ſe bandoient le nez & la bouche avec du
» linge, & à qui l'on avoit fait manger auparavant du lard ou du beurre.
» Actuellement on ſe ſert pour cela d'un fourneau, tel que celui que j'ai
» décrit en parlant du grillage des mines d'étain ; il a deux ouvertures &
» une cavité, & eſt partagé en deux parties ; au-deſſus de la cheminée
» on pratique une gallerie ſemblable à celle que j'ai décrite, mais on ne
» la fait point entiérement en maçonnerie, il n'y a qu'au commence-
» ment quelques pieds qui ſont bâtis en pierres, le reſte ſe fait en bois ;
» cette gallerie ne va pas non plus en ligne droite, mais on lui fait faire

A a a ij

»trois ou quatre coudes, afin de mieux retenir la fumée arſénicale. On
» lave la mine d'étain qui a été ainſi grillée, ſi elle a été écraſée groſſié-
» rement elle conſerve encore une portion d'arſénic, & ne donneroit pas
» un bon étain ſi on la faiſoit fondre ſur le champ ; dans ce cas, il faut
» la griller une ſeconde fois pour achever d'en dégager l'arſénic ; il faut
» outre cela la purifier : quoique la mine donne encore de l'arſénic par
» le ſecond grillage, on ne le joint point à celui qui a été obtenu par le
» premier grillage, quand même elle en fourniroit une plus grande quan-
» tité. A l'égard des mines de cobalt grillées, on les emploie ſur le champ
» & on les mêle avec de la potaſſe & du verre, pour en faire le ſaffre ou
» le verre bleu. On peut traiter de la même maniere les Pyrites arſéni-
» cales qui contiennent de l'or & de l'argent, pour les débarraſſer de
» la partie inutile & arſénicale, & les rendre plus propres à être fon-
» dues avec du plomb.

» Pour mettre l'arſénic en farine, ou celui qu'on a obtenu par cette pre-
» miere opération, dans l'état où il doit être pour le débit, on le fait
» ſublimer comme du cinnabre, & on lui donne une forme cryſtalline
» par la fuſion. Cela ſe fait dans un atelier couvert d'un angar ouvert
» par le haut, comme ceux où l'on fait griller des mines ; on y conſtruit
» un fourneau vouté oblong, qui s'éleve à trois pieds & demi au-deſſus
» de la terre, & qui ſoit aſſez long pour que l'on puiſſe y placer trois cha-
» peaux de tôle, à une égale diſtance les uns des autres : au-deſſus de la
» voûte du fourneau on laiſſe trois ouvertures rondes, dans leſquelles on
» puiſſe adapter trois capſules de fer de fonte ; au-deſſus de chacune de
» ces capſules on place un chapeau de fer, c'eſt-à-dire, des cylindres
» de tôle, qui aient le même diametre par le haut que par le bas, & qui
» s'ajuſtent exactement dans les capſules : ces cylindres ont trois pieds
» de haut, mais ils ſont terminés par un cône ou une pointe ; au ſommet
» de ce cône on ne laiſſe qu'une ouverture de la groſſeur du bras ; quand
» ces chapeaux ſont luttés avec les capſules, de maniere qu'il ne puiſſe
» point ſortir d'arſénic par les jointures, un ouvrier jette de l'arſénic en
» farine dans la capſule par l'ouverture du ſommet des cônes ; on allume
» le feu dans le fourneau qui a deux ouvertures dans ſa longueur. Par ce
» moyen l'arſénic ſe ſublime dans les cônes ou chapeaux, on remue ſou-
» vent la matiere qui eſt dans les capſules, avec un bâton qu'on paſſe par
» l'ouverture des cônes, & à meſure qu'il s'en eſt ſublimé une certaine
» quantité, on remet de nouvel arſénic en farine dans les capſules, juſ-
» qu'à ce qu'il y en ait ſuffiſamment : on laiſſe communément éteindre le
» feu toutes les nuits. L'ouverture du cône demeure toujours ouverte,
» mais les ouvriers ont la précaution de ſe bander la bouche & le nez
» avec du linge, lorſqu'ils mettent de l'arſénic dans les capſules, ou lorſ-
» qu'ils le remuent. Quand on veut faire de l'arſénic jaune, on met ſur
» trois quintaux de farine d'arſénic deux à quatre livres de ſoufre, on fait
» ſublimer le mélange, par-là on obtient de l'arſénic d'un beau jaune «
Voyez Roeſsler, *Liv. IV. chap. XVIII. page 157 & ſuiv.*

IV. *De la premiere fonte des Mines, ou fonte pour obtenir la Matte.*

LA fonte des mines eft l'opération par laquelle on fépare les métaux ; d'abord des fubftances qui les ont minéralifés, telles que font le foufre, l'arfénic & la terre métallique qui entre dans la combinaifon des mines ; & en fecond lieu des matieres non métalliques étrangeres, terreufes ou pierreufes, qui font encore attachées aux mines, & qui n'ont pu en être détachées par le lavage. Dans nos pays ce travail a deux parties : c'eft, 1°, le travail fur la mine brute, ou travail à dégroffir, & 2°, le travail qui fe fait avec le plomb, qui eft fuivi de l'affinage du cuivre. Le travail à dégroffir eft celui où l'on porte au fourneau de fonte les mines crues, c'eft-à-dire, non-feulement avec leur gangue ou miniere, dont on n'a point pu les féparer, mais encore fans les avoir fait griller, & on les fait fondre avec de bonnes fcories propres à en faciliter la fufion ; par-là la partie métallique eft en quelque façon rapprochée & concentrée dans une maffe que l'on nomme matte crue, (*panem feu regulum crudum*). Le travail du plomb dont on fe fert pour traiter la matte qui a été obtenue de cette maniere, après qu'on l'a grillée préalablement trois ou quatre fois, confifte à mêler cette matte avec de la mine de plomb riche en ar- gent, dont on a féparé la roche avec foin, & qui a été pulvérifée, lavée, purifiée, & même grillée à plufieurs reprifes pour la dégager parfaitement de l'arfénic & du foufre. Je ne compare point ces deux opérations, parce que dans l'une on traite la mine fans l'avoir écrafée, lavée ni grillée, au lieu que dans l'autre, on l'emploie après l'avoir bien triée & grillée. Je ne parle point ici du travail du cuivre, parce qu'il s'accorde avec celui du plomb ; & en eft une fuite. En effet, la matte de plomb, c'eft-à-dire, le régule de cuivre groffier qui obtient le nom de *matte de cuivre*, après avoir été grillé à plufieurs reprifes, eft d'abord fondu pour devenir ce qu'on appelle le *cuivre noir*, qu'on fait enfuite paffer par l'opération qu'on nomme *liquation*, au moyen de laquelle on en fépare l'argent, après quoi le cuivre fe raffine & s'appelle *cuivre de rofette.* Il n'eft ici queftion que du travail à dégroffir ou de la premiere fonte, parce qu'on y joint de la Py- rite qui joue le plus grand rôle dans cette opération, & dont on retire plus d'utilité que fi on la traitoit pour en tirer du foufre, du vitriol, ou de l'arfénic.

Lorfque les mines ont été tirées des fouterreins, on en fait le triage pour les féparer des parties étrangeres les plus groffieres, les morceaux de mines les plus riches & les plus purs, tels que les mines de plomb, les mines d'argent rouges, blanches, quoique ces dernieres ne foient pas toujours parfaitement pures, fe grillent & fe traitent fur le champ ; on jette toute la pierre ou roche inutile ; cependant dans ce triage il fe trouve bien des morceaux qui tiennent un milieu, c'eft-à-dire, qui ne contien- nent pas beaucoup de métal, foit parfait, foit imparfait, mais qui pour- tant ne font point à rejetter ; tels font des morceaux de quartz, de fpath, de *kneiff*, de pierre cornée, de talc, de pierre à chaux, de blende, &c.

dans lefquelles on trouve de la mine de plomb, de la mine de cuivre, & quelquefois même de la mine d'argent, répandues par petits points, attachées fuperficiellement, où en petites vénules, dont il eft impoffible de faire le triage avec profit : on ne retireroit point fes frais fi on vouloit écrafer & laver ces fortes de mines, attendu que l'eau pourroit fouvent entraîner les particules métalliques ; ces fortes de mines ne font pas non plus propres à être grillées, parce que le feu ne les dégageroit pas des fubftances pierreufes auxquelles elles font attachées. Pour tirer parti de ces fortes de mines, l'on a imaginé le travail à dégroffir, & l'on a trouvé jufqu'ici que c'étoit le meilleur moyen qu'on pût employer. Ainfi ce travail tient lieu des boccards ou pilons à écrafer les mines, de lavoirs & du grillage ; & dans cette opération c'eft la Pyrite qui en facilitant la formation de la matte crue dont on a parlé, rapproche & concentre les parties métalliques qui étoient éparfes dans un grand volume de mine, & fait que l'on eft plus à portée de traiter cette matte dans les travaux fubféquens ; mais on eft obligé de faire paffer la matte par un grand nombre de feux ou de grillages, & ce n'eft qu'après cela que l'on peut la mêler avec des mines de plomb & d'autres fondans femblables, pour en tirer l'argent qui y eft contenu ; mais par-là on n'obtient pas encore le cuivre qui eft paffé dans la matte que l'on appelle *matte de plomb* ; ce n'eft qu'après plufieurs grillages qu'on réduit cette matte en ce qu'on nomme *matte de cuivre*, & cette derniere matte doit être réduite en cuivre noir, avant que d'être parfaitement purifiée & mife dans l'état de cuivre de rofette. Dans nos fonderies la matte crue contient deux, trois ou quatre livres de cuivre & deux onces d'argent au quintal. Ou la Pyrite fe trouve déja jointe à la mine avant qu'on la travaille, ou on en mêle à la mine fuivant qu'il en eft befoin ; ou bien elle manque tout-à-fait, comme il arrive communément aux mines des métaux précieux, & alors on en eft d'autant plus obligé d'y en joindre, & la Pyrite eft d'une néceffité fi indifpenfable, que dans les pays où il n'y a point de Pyrites, & où l'on ne peut point en tranfporter d'ailleurs fans de trop grandes dépenfes, on eft forcé à abandonner le travail des mines qui promettent le plus : la raifon en eft que la mine eft fouvent clair femée dans la roche, ce qui fait qu'on ne peut la féparer en pilant ou en lavant le minerai, d'autant plus qu'on ne rencontre pas toujours des mines d'argent rouges ou vitreufes, compactes & pures, ou de l'argent natif, il faut que des mines d'une moindre qualité aident à porter les frais.

On ne s'attendra point à trouver ici des regles fur les proportions, ni fur la quantité de Pyrite qu'il faut joindre au minerai qu'on veut traiter, quoique je fois contraint d'avouer que cela eft d'une grande conféquence dans la Métallurgie. D'abord je ne prétends point parler ici en Métallurgifte, d'autant moins que les expériences faites en petit ne peuvent rien décider pour les travaux en grand. En fecond lieu, je ne veux point faire naître aucuns préjugés, & je me bornerai à dire qu'on ne peut point donner de regles là-deffus, ni alléguer d'exemples ; il ne faut point confulter les Livres, mais l'expérience & les circonftances ; d'ailleurs la pratique en apprendra plus là-deſſus que tous les Maîtres. Malgré cela, il y a des Auteurs, tels que Roeſsler, qui nous ont donné des préceptes ſur cette matiere ; & je crois ſur-tout devoir recommander la lecture d'un Ouvrage excellent, mais qui eſt devenu fort rare ; il a pour titre : *Ars fuſoria fundamentalis & experimentalis* *. On y trouvera les regles à obſerver dans la premiere fonte, dans le grillage, dans la liquation ; & les principes des travaux de la Métallurgie y ſont très-bien développés ; cependant dans l'application des regles qu'on y trouvera, il faudra avoir égard aux circonſtances, & obſerver que l'on n'eſt pas toujours à portée de ſuivre littéralement ce que l'Auteur preſcrit.

Pour ſe former une idée nette de la premiere fonte, & ſur-tout des effets que la Pyrite produit dans cette opération, il faut ſçavoir qu'elle facilite la fuſion du minerai, ou plutôt de la partie pierreuſe & terreuſe qui l'accompagne ; en un mot, qu'elle contribue à la vitrifier, ou à la mettre en ſcories : en effet, la Pyrite n'eſt point du tout néceſſaire pour mettre en fuſion les vraies mines de plomb ou de cuivre, qui ſont déja aſſez fuſibles par elles-mêmes : d'un autre côté, la Pyrite n'agit point ſur la ſubſtance pierreuſe ou ſur la miniere ſeule, quand il ne s'y trouve point du tout de mine répandue en petites particules, & quand on n'y joint pas ſoit des ſcories aiſées à fondre, ſoit du plomb. On voit donc que la Pyrite n'aide que-lorſqu'elle eſt elle-même aidée ; elle eſt difficile à fondre, cependant elle donne de la fuſibilité quand on l'aſſaiſonne convenablement. Il eſt donc très important d'enviſager la fuſibilité & l'infuſibilité des mines ſous différens points de vûe ; ces qualités viennent ou de la mine elle-même, ou des ſubſtances qui l'environnent. Les mines fuſibles par elles-mêmes ſont la mine de plomb cubique ou galene, les mines de plomb blanches & vertes, la mine d'antimoine, & la Pyrite jaune ou mine jaune de cuivre. La Pyrite blanche eſt plus difficile à fondre, cependant elle entre en fuſion à un feu violent, & par conſéquent quand par un feu doux on ne lui a point enlevé ſa partie arſénicale : la Pyrite jaunâtre ou d'un jaune pâle, eſt encore plus difficile à fondre ; ſeule elle ne fond point, ou du moins avec beaucoup de peine : mais de toutes les ſubſtances il n'y en a point de plus infuſible que la blende, & enſuite les terres, ou le *caput mortuum* de la Pyrite, du cobalt & du biſmuth que les Allemands nomment *graupen* ou farine : le réſidu ou la terre des Pyrites jaunâtres étant plus métallique, c'eſt-à-dire, ferrugineux, n'eſt pas ſi infuſible que le réſidu, ou que la terre de la Pyrite blanche qui eſt moins métallique. Quant à la terre du cobalt & du biſmuth, j'ai trouvé juſqu'ici qu'elle n'eſt nullement métallique, c'eſt pour cela qu'elle n'entre point en fuſion ſans addition de ſel, comme nous voyons par le verre bleu ou le ſaffre, dans lequel cette terre entre.

Ainſi la fuſibilité des mines qui contiennent du plomb, du cuivre & du fer, eſt relative au plus ou moins de fuſibilité de ces trois métaux. En effet, on ſçait que ce ſont les terres non métalliques qui ſont le plus

* Cet Ouvrage eſt d'Orſchall. J'en ai fait la | mée, & qui ſe trouve chez Hardy, rue S. Jac-
Traduction Françoiſe qui vient d'être impri- | ques.

infufibles : le fer fe fond difficilement, le cuivre avec moins de peine, & le plomb avec beaucoup de facilité. La pierre ou gangue qui accompagne les mines, les rend proprement toutes difficiles à fondre, quoique le quartz par lui-même annonce une plus grande difpofition que les autres à entrer en fufion ; mais en fe fervant de fondans ou d'additions, & fur-tout en employant du plomb & de l'arfénic, le quartz & le fpath deviennent fufibles à un certain point ; le talc, le mica, l'ardoife & la pierre cornée font très-difficiles à fondre, mais la pierre à chaux, la pierre à plâtre ou de gypfe, l'albâtre & la craie font les plus difficiles à fondre. Voilà ce que m'ont appris mes expériences, & en faifant attention à toutes ces différentes circonftances fur les mines, on verra à quoi tient le plus ou moins de facilité à fe fondre, & l'on fentira pourquoi la Pyrite qui doit être mife au rang des mines difficiles à fondre, eft pourtant propre à faciliter la fufion, lorfqu'on l'emploie dans de certaines circonftances.

Nous avons vû dans le Chapitre troifieme qu'il y a des Pyrites de trois efpeces ; fçavoir, la Pyrite jaunâtre ou d'un jaune pâle, ou la Pyrite martiale, la Pyrite d'un jaune vif ou Pyrite cuivreufe, & la Pyrite blanche ou Pyrite arfénicale. La Pyrite blanche n'eft point du tout propre à l'opération dont nous parlons, c'eft pour cela que l'on a grand foin de la féparer de la mine autant qu'il eft poffible, parce que l'arfénic attaque le plomb qui eft déja dans la mine, ou que l'on y a ajouté, & le réduit en fcories, effet que l'on fçait être produit par ces deux fubftances : ou bien en fecond lieu, lorfque l'arfénic ne trouve point de plomb qu'il puiffe attaquer, il ne fe fépare que très-difficilement & même point du tout de fa terre, vû que dans l'opération de la premiere fonte on emploie un feu très-violent, qui fait que l'arfénic s'embarraffe dans fa terre, au lieu qu'un feu doux feroit plus propre à l'en dégager ; par conféquent fa terre ne peut point fe réduire en fcorie, ce qui eft pourtant le but qu'on fe propofe dans la premiere fonte. Un troifieme inconvénient qui fe préfente en pareil cas, c'eft que l'arfénic trouve à fe loger non-feulement dans le fer qui eft déja dans fa Pyrite, mais encore dans celui qu'il rencontre dans la maffe totale de la mine qu'on traite, & ne peut en être dégagé dans les travaux fubféquens, où l'on opere fur le plomb & fur le cuivre : il refte donc dans la fubftance que l'on nomme *fpeiff*, & dans celle que l'on nomme *leg* ou *lettier*, qui font toutes les deux des mêlanges de fer & d'arfénic. En quatrieme lieu, quand même l'arfénic laifferoit aller fa terre pyriteufe feule, comme cela pourroit arriver quelquefois dans nos premieres fontes, par les différentes féparations, *intus-fufceptions* & précipitations, qu'on doit préfumer fe faire dans ces opérations, cette terre étant très-difficile à fondre, mettroit obftacle à la formation des fcories, qui eft le but principal qu'on fe propofe dans la premiere fonte, fur-tout parce que dans la Pyrite blanche elle eft dans une proportion qui furpaffe de beaucoup la petite portion de terre non métallique qui eft dans les Pyrites jaunes & jaunâtres, & même la portion de fer qu'elle contient elle-même. Concluons de-là que la Pyrite blanche ne

donne

donne point de matte crue, ou du moins la rend arfénicale & d'une mauvaife qualité.

Les Pyrites jaunâtres ou Pyrites martiales, & les Pyrites jaunes ou mines
de cuivre, font celles qu'on emploie dans la premiere fonte ; & c'eft fur-
tout la premiere de ces Pyrites qui fert à faciliter cette opération, non
que je veuille infinuer qu'elle donne de l'or, comme quelques-uns le prétendent ; mais au moyen de cette Pyrite on peut même quelquefois fe
paffer de la Pyrite cuivreufe. Il eft certain qu'il eft plus avantageux
d'employer la Pyrite cuivreufe, telle qu'eft communément celle que
nous avons dans nos environs, ou d'y joindre de la mine de cuivre,
parce qu'alors l'on a lieu de fe flatter que le cuivre qu'on en tirera, aidera à
fupporter les frais ; il y a même des travaux & des circonftances où l'on ne
pourroit s'en paffer, fur-tout lorfque l'on donne un grand feu, & quand
il s'agit de tirer l'argent : mais on ne peut point regarder la Pyrite cuivreufe comme abfolument néceffaire au but principal que l'on fe propofe dans cette opération, c'eft-à-dire, d'abord pour la fcorification des
parties terreufes & pierreufes ; enfuite pour la formation de la matte &
pour obtenir l'argent. En effet, la Pyrite cuivreufe ne peut rien faire dans
le premier cas, & dans le fecond cas, le plomb fuffit, tant celui qui
fe trouve répandu dans la mine même, & qui accompagne toujours les
mines des métaux les moins précieux, que celui que l'on joint pour
fervir de fondant aux mines précieufes, qui font fouvent dépourvues de
mine de plomb & même de Pyrite. Du moins il faut faire attention au
cuivre pour le travail fur l'argent ; & cela eft néceffaire fur-tout quand ce
métal fe tire en fi petite quantité de cette opération, que l'on ne conçoit
pas comment on peut retirer fes frais ; d'un autre côté, fi l'on ajoute
trop de mine de cuivre, il eft à craindre qu'il ne fe brûle aifément, & ne
paffe dans les fcories, ou ne devienne d'une mauvaife qualité : ce font
deux inconvéniens qu'il faut foigneufement éviter. Cependant cette précaution n'eft pas extrêmement néceffaire dans nos pays, où la mine de
cuivre n'eft pas trop abondante, où à peine en avons-nous fuffifamment,
& où il eft rare qu'elle ne foit point accompagnée de blende, de Pyrite
martiale & d'autres fubftances de cette nature. Que feroit-ce enfin fi l'on
trouvoit le moyen de faire la premiere fonte fans aucune Pyrite, c'eft-à-
dire, par la feule addition de la mine de plomb, ou de fubftances dans
lefquelles il entre du plomb ? Mais il ne s'agit point ici de ce que l'on
pourroit faire en de certaines circonftances ; je ne parle que de la maniere de fondre qui fe pratique à Freyberg, où l'on ne peut fe difpenfer
de fe fervir de la Pyrite.

Voyons maintenant comment la Pyrite opere. Il faut qu'elle faffe entrer
en fufion, & qu'elle change en fcories la fubftance terreufe & pierreufe qui
accompagne la mine, pour que la mine pure s'en dégage, & aille fe rendre dans la matte crue, ou dans le régule groffier qui fe forme. Mais la
Pyrite eft compofée de plufieurs parties, fçavoir, de foufre, d'arfénic,
de fer & de cuivre : on pourroit demander laquelle de ces fubftances produit cet effet ? L'arfénic ne doit point être regardé comme utile dans cette

B b b

opération ; c'est pourquoi l'on a grand soin de séparer des mines la Pyrite arsénicale lorsqu'on en fait le triage, parce qu'on regarde l'arsénic comme propre à dévorer le plomb, à gâter l'argent, & comme nuisant à la formation des scories. On peut aussi exclure le cuivre qui n'est point d'une nécessité aussi indispensable qu'on le prétend, & qui agit plutôt passivement qu'activement. Il faut donc que ce soit le fer & le soufre qui produisent dans la premiere fonte les effets dont on vient de parler : en effet, ce sont eux qui dans cette opération produisent la séparation, la précipitation, la scorification, &c. On peut conclure que le soufre est absolument nécessaire, puisque la Pyrite dégagée de son soufre, ne donne point de matte, qui est le but principal que l'on se propose : c'est pour cette raison que l'on appelle *caput mortuum* le résidu de la Pyrite dont le soufre a été dégagé, vû que les fonderies n'en peuvent faire aucun usage, & sont souvent obligées de cesser leurs travaux. Le soufre, si l'on y fait attention, paroît agir principalement sur la roche & sur la terre dont la mine est enveloppée : en effet, que produiroit-il sur la mine, c'est-à-dire, sur la partie métallique qui est déja combinée avec du soufre & même avec de l'arsénic ? Quand le feu la dégage du soufre qui lui est propre, si le métal se combinoit de nouveau avec le soufre de la Pyrite, il se minéraliseroit de nouveau, & alors il se feroit un cercle perpétuel d'opérations tout-à-fait contraires aux vûes que l'on a dans la fusion. Mais la grande quantité de terre non métallique & réfractaire qui se trouve jointe aux mines, ne peut point être mise en fusion par les seules scories qu'on leur joint comme fondant, elles demandent quelque chose qui se joignant au soufre des mines puisse mordre sur ces terres, les attendrir, les dissoudre, les diviser & les disposer à se changer en scories. Tous ces effets sont produits par l'acide du soufre qui fait sa partie la plus considérable ; mais comme nous voyons que l'esprit de soufre ou l'huile de vitriol n'agissent que très-foiblement, ou même point du tout sur certaines terres & pierres, il faut bien faire attention à la différente maniere dont agissent les corps de la Nature dans l'état de combinaison & dans celui de séparation ; & il ne faut point se laisser induire à tirer de fausses conclusions d'après des exemples spécieux : en effet, l'huile de vitriol & l'esprit de soufre, tirés du vitriol ou du soufre, agissent différemment de ces mêmes acides encore combinés dans le soufre & unis avec la terre inflammable ; & la différence est encore plus grande par la maniere dont opere le soufre dans la combinaison de la Pyrite.

A l'égard du fer, on voit clairement qu'il doit nécessairement coopérer; parce que premiérement le soufre dans l'état de séparation seroit totalement incapable de procurer la fusion, & il se consumeroit trop promptement ; en second lieu, parce que le soufre dans toute autre combinaison, telle que celle où il se trouve, par exemple, dans l'antimoine crud qui en contient beaucoup, ne pourroit point agir convenablement sur la substance pierreuse, parce qu'il a beaucoup plus de peine à se dégager de la terre semi-métallique, ou du régule avec lequel il est uni dans l'antimoine, que de la terre martiale avec laquelle il est uni dans la Pyrite ; par consé-

quent il ne pourroit point être mis parfaitement en action ; joignez à cela
que le soufre contribueroit à former des scories, comme il fait lorsqu'il est
combiné avec le fer. Pour procéder avec ordre & avec clarté, le fer n'agit
pas seulement sur la partie non métallique, mais encore sur la mine elle-
même ; ce que l'on ne peut point dire du soufre avec autant de raison : en
effet, le fer de la Pyrite, sur-tout lorsqu'il est aidé de bonnes scories ou
de mine de plomb, contribue à mettre en fusion la roche qui a été at-
tendrie & divisée par le soufre ; il s'amollit & devient liquide avec elle,
c'est-à-dire, il se vitrifie ou se scorifie. Cela vient d'abord de la facilité
avec laquelle la Pyrite & le fer lui-même se changent en terre ; or la *ter-*
rification des corps métalliques est le chemin qui conduit à leur vitrification ; & la scorification n'est qu'une vitrification. En second lieu, par-là
la mine qui est répandue, cachée & comme maçonnée dans la roche ou
dans la terre, est mise en liberté, & devient propre à quitter l'état de
mine pour prendre celui d'un métal. Troisiémement, le fer qui lui-même
étoit enchaîné par le soufre, est délivré de sa prison, & mis en état d'agir
& de séparer le soufre & l'arsénic de la mine, & même de les absorber,
de maniere que le métal dégagé des parties étrangeres les plus grossieres
qui l'environnoient, se précipite, comme cela se fait dans le régule d'antimoine dégagé par le fer. Il ne faut cependant point s'imaginer que toutes ces opérations se fassent successivement & à point nommé dans le
travail dont il s'agit : la violence & la rapidité du feu, en agissant sur une
masse de mine aussi variée, doit produire en même tems un grand nombre
d'effets & de combinaisons différentes. Je veux donc simplement indiquer la maniere dont les substances agissent les unes sur les autres, &
c'est pour me rendre plus clair que j'ai fait les divisions qu'on vient de
voir. Comme il ne se fait point de séparation & de précipitation, sans
qu'il passe une partie de ce qui sert à séparer dans la substance qui a été
séparée, il est certain que dans cette opération tout le fer de la Pyrite ne
passe point dans les scories, il y en a une portion très-considérable dont
j'ignore la proportion, qui passe dans la matte crue qui est toujours ferrugineuse.

Ce qui vient d'être dit mettra en état de juger de ce qu'on doit penser
des premieres fontes, telles que celles dont parle Lœhneiss, dans lesquelles on ne se sert que de fer tout seul comme fondant ; quoique, faute
de connoître suffisamment la nature de la mine que l'on traite de cette
maniere, on ne puisse en rien conclure, il y a tout lieu de croire qu'elle
doit être sujette à des inconvéniens insurmontables : je ne prétends cependant pas dire qu'elle ne puisse réussir dans de certaines circonstances.
Je sçais par expérience que le fer est la substance la plus propre à métalliser, ou à mettre en régule la mine de plomb, sans parler de l'argent
que l'on peut retirer ensuite de ce plomb : mais, 1°, dans la premiere
fonte nous n'avons pas toujours à opérer sur de la mine de plomb : 2°, le
fer rendroit cette opération plus couteuse : 3°, on seroit obligé de le diviser, ou de le mettre en grenaille, comme on est contraint de le faire
dans les expériences qui se font dans un creuset : 4°, si le fer pouvoit tenir

lieu de la Pyrite, ou même lui devoit être préférée, toute la maſſe de
pierre qui doit être diſpoſée à la fuſion par le ſoufre qui eſt dans la Pyrite,
& qui n'eſt point dans le fer, reſteroit entiere & ſans ſouffrir d'altération.
5°. Enfin, il faudroit examiner ſi le fer ne donneroit point une mauvaiſe
qualité au plomb & au cuivre. Il y auroit moins de frais, ſi au lieu de fer
on prenoit de la mine de fer pour la premiere fonte ; mais on auroit plus
de peine à parvenir au but principal que l'on ſe propoſe, qui n'eſt pas
ſeulement de ſéparer, mais encore de ſcorifier, d'autant plus que la mine
de fer a elle-même beſoin de fondant, à cauſe de ſa terre réfractaire &
non métallique. En un mot, il eſt très-différent de ſe ſervir du fer de la
Pyrite, ou de ſe ſervir du fer même ou de la mine de fer : dans la Pyrite
le fer eſt non-ſeulement préparé d'une certaine maniere & élaboré par la
Nature, mais encore le travail le réduit en une ſubſtance terreuſe, ſpongieuſe, ſubtile & propre à agir & à réagir : on ne peut pas attendre la
même choſe de la mine de fer ; & pour peu que l'on faſſe attention à la
différence des effets des corps, lorſqu'ils ſont dans l'état de combinaiſon
ou dans l'état de ſéparation, on ne regardera point du même œil le vrai
fer & la terre ferrugineuſe de la Pyrite. Cependant mon intention n'eſt
pas de critiquer les expériences & les opérations faites par des perſonnes
plus habiles que moi.

CHAPITRE XVI.

ADDITION.

I. *Deſcription de la Pyrite de Heſſe*, appellée Terra martialis Haſſiaca, *tirée
d'une Lettre que M. Rosinus m'a adreſſée.*

» L E grand Almérode eſt un village conſidérable de la Heſſe infé-
» rieure, à trois lieues de Caſſel & à cinq de Munden ; il eſt dans un
» pays montueux, dans la partie la plus élevée du pays de Heſſe, tout en-
» vironné de bois, & entouré de tous côtés de hautes montagnes, dont
» les principales ſont le *Weiſner* & le *Hers* ou *Hirſchberg.* Le mont Weiſ-
» ner, qui ſurpaſſe tous les autres, commence à une lieue d'Almérode
» près du village de Ludenbach ; il renferme des magaſins inépuiſables
» de charbon de terre que l'on exploite en deux endroits différens ; on le
» tranſporte de-là pour le travail des ſalines d'Allendorf. Au ſommet de
» cette montagne eſt une plateforme unie qui peut avoir une lieue de cir-
» conférence ; on y trouve un grand nombre de plantes qu'on ne voit point
» ailleurs, ainſi que de très-belles prairies & de fort bons pâturages. La
» montagne appellée *Hers* ou *Hirſchberg*, qui eſt tout auprès d'Almérode,
» eſt remplie de bois foſſile bitumineux, ou de ce qu'on nomme du *char-
» bon de bois foſſile* ; de plus, elle fournit de la mine d'alun à deux fabri-
» ques qui ſont au pied. Il y a encore d'autres mines & fabriques d'alun

» tout auprès d'Almérode, & c'est-là que se fait tout l'alun de Hesse qui
» se débite à Nuremberg & ailleurs. Comme ce canton est très-froid,
» les fruits & les légumes y sont si tardifs, que je me souviens d'y avoir
» vû à la S. Michel des cerises mûres qui étoient encore sur l'arbre ; mais
» les habitans d'Almérode sont amplement dédommagés par d'autres en-
» droits de ce qui leur manque de ce côté-là : ils ont dans leur voisinage
» différentes especes de glaises, dont les unes servent à faire des pipes
» à fumer du tabac, d'autres à faire des creusets ; d'autres à faire de la po-
» terie de terre. La premiere de ces terres fournit de quoi faire des pipes
» aux manufactures de Cassel & de Munden ; celle dont on fait des creu-
» sets, se travaille à Almérode même ; on la mêle avec un gros sable pour
» en former les creusets de Hesse qui sont connus dans toute l'Europe,
» ainsi que des cornues à distiller ; on transporte cette marchandise par
» bateaux jusqu'à Bremen, & de-là en Hollande, en Angleterre, & par
» la mer Baltique jusqu'à Dantzick, Riga, &c. La même glaise sert aussi
» à faire des cruches pour transporter les eaux minérales, & l'on en en-
» voie tous les ans une très-grande quantité à Pyrmont.

» Dans les différentes especes de glaises dont on vient de parler, on
» rencontre des marons ou roignons de Pyrites sulfureuses. Les Pyrites
» que l'on trouve dans l'argille blanche dont on fait les pipes, sont com-
» munément anguleuses & comme crystallisées ; les ouvriers du lieu pré-
» tendent qu'elles contiennent de l'argent ; il y en a qui, lorsqu'on les
» casse, sont aussi blanches que des Pyrites arsénicales, & ressemblent à
» de l'argent par la couleur ; elles sont fort pesantes, elles ne se décom-
» posent point à l'air, ou du moins elles ne le font que très-lentement.
» J'en ai gardé pendant sept ou huit ans, & au bout de ce tems je n'y ai
» remarqué que quelque efflorescence vitriolique à la surface. Dans cette
» même terre à pipes que l'on tire d'une montagne où elle est très-pro-
» fondément ensevelie, on rencontre au-dessus des Pyrites dont je viens
» de parler, des noix de galles fossiles, (*gallæ fossiles*) où du moins des
» fruits exotiques fort semblables aux noix de galle : j'ai eu l'honneur de
» vous en envoyer quelques-unes. Dans la terre grise dont on fait les
» creusets, on trouve aussi des Pyrites sulfureuses, mais ce n'est que rare-
» ment, & elles sont en petits grains ; les ouvriers qui font les creusets,
» ont grand soin de les séparer de leur argille, parce que quand on vient
» à faire cuire ces vaisseaux, il se feroit un trou dans l'endroit où se trou-
» veroit une de ces Pyrites ; on assure que ces Pyrites se vitriolisent à l'air,
» quoique très-lentement.

« L'argille à Potier, d'un gris foncé, est proprement celle qui contient
» la substance à laquelle Glauber a donné le nom pompeux de *Minera Martis*
» *solaris* ; les Potiers d'Almérode lui donnent un nom inconnu par-tout
» ailleurs, & ils l'appellent *hiecken* ; ainsi que toutes les autres Pyrites de
» leur voisinage ; ce qui vient peut-être de leur figure qui est souvent
» ronde, & semblable aux gobilles à jouer, dont on fait une grande quan-
» tité à Almérode, & que l'on nomme *hickers*. L'endroit où l'on trouve
» ces Pyrites est à peu de distance du village, au pied d'une montagne ;

» elles font répandües fans ordre dans la terre à Potier dont nous avons
» parlé, à peu de profondeur, & même tout proche de la furface, & en
» fi grande abondance, qu'en une heure de tems il m'a été très-facile de
» faire ramaffer par deux hommes un quintal de ces marons de Pyrites :
» j'y ai auffi trouvé des cryftallifations de *glacies Mariæ*. Ces Pyrites font
» plus ou moins arrondies ; il y en a qui ont la forme d'un œuf, elles font
» noirâtres à l'extérieur, intérieurement elles font jaunâtres, mais tantôt
» plus tantôt moins pâles, & quelquefois d'une couleur plus foncée que
» celle des autres Pyrites : quant à la pefanteur, il n'y a point de diffé-
» rence fenfible entre ces dernieres, & celles dont j'ai parlé plus haut ; la
» feule chofe qui les diftingue, c'eft qu'elles fe décompofent entiére-
» ment & très-promptement à l'air, & fe réduifent en une poudre gri-
» fâtre, qui lavée & évaporée donne un vitriol verd martial & une liqueur
» ou eau mere acide. Je connois un grand nombre de Pyrites qui ont
» la propriété de fe changer en vitriol avec le tems, mais je n'en connois
» point qui fubiffent ce changement avec autant de promptitude que cel-
» les qui font renfermées dans l'argille à Potier d'Almérode : des per-
» fonnes dignes de foi m'ont affuré qu'après avoir tiré de terre ces Py-
» rites pendant l'été, les avoir laiffé s'humecter un peu à une pluie chaude,
» en les expofant à l'air dans un endroit à l'ombre ; la vitriolifation s'en
» faifoit au bout de peu de jours. L'été dernier j'ai remarqué un phéno-
» mene très-fingulier, & qui eft peut-être particulier à cette Pyrite ful-
» fureufe d'Almérode : j'avois mis de cette fubftance minérale, déja ré-
» duite en une poudre grife & vitriolique, dans un baquet de bois, que
» je plaçai au quatrieme étage dans un endroit fec, mais où l'air pouvoit
» entrer par les fenêtres ; au commencement de l'été je vis avec furprife
» que cette matiere devenoit humide, s'amolliffoit peu-à-peu, & enfin
» elle devint entiérement fluide, & couloit par une petite fente qui étoit
» au baquet : je tranfvafai enfuite cette liqueur avec le dépôt épais qu'elle
» avoit formé, dans un autre vaiffeau, & j'y ajoutai l'eau dont je m'é-
» tois fervi pour rincer le premier baquet. Je mis cette liqueur dans des
» vaiffeaux de verre plats & découverts, pour qu'elle s'évaporât entiére-
» ment pendant l'été qui devenoit chaud de plus en plus ; par-là, au bout
» de quelque tems j'obtins enfin de cette liqueur du vitriol verd, & un
» dépôt fec, jaunâtre & facile à pulvérifer. L'automne fuivant, le dépôt fec
» qui s'étoit formé redevint liquide, & forma une liqueur qui par la cou-
» leur & le goût reffembloit affez à de l'huile de vitriol non rectifiée, &
» il eft demeuré en cet état. Une circonftance qu'il ne faut point omet-
» tre accompagne la décompofition de ces Pyrites ; c'eft que, fur-tout
» celles qui fe décompofent le plus promptement, fe gonflent, pour
» ainfi dire, du centre à la circonférence, elles fe rempliffent de fentes,
» peu-à-peu elles perdent leur liaifon & deviennent vitrioliques : d'où
» l'on voit clairement que ce mouvement interne de diffolution com-
» mence au centre des Pyrites.

» J'ai obfervé dans les coquilles bivalves de Landwernhagen, qui confer-
» vent encore leurs écailles naturelles, & qui font intérieurement remplies de

»Pyrites compactes, qu'il y en a quelques-unes qui avant qu'on puisse y
»remarquer la moindre chose de vitriolique, se fendent avec éclat par le
»milieu, & souvent de maniere que les charnieres, (*cardines valvarum*)
»par lesquelles les écailles étoient jointes ensemble, se trouvent l'une
»vis-à-vis de l'autre; phénomene qui prouve encore la même chose.
»Quelques Auteurs ont remarqué que la Pyrite sulfureuse s'échauffoit d'el-
»le-même, & se décomposoit du centre à la surface, soit dans le sein de
»la terre, soit lorsqu'on l'entasse à l'air dans un endroit humide. J'ai voulu
»voir si la même chose arriveroit à la Pyrite d'Almérode; pour cet effet
»j'ai fait réduire en une poudre très-fine 50 à 60 livres de cette Pyrite
»nouvellement tirée de la terre; je l'ai humectée légérement, & je l'ai
»mise dans des vaisseaux de verre fort profonds, que j'avois fait faire ex-
»près: elle y demeura pendant assez long-tems exposée à l'air libre, ce-
»pendant je ne remarquai point qu'il se produisît l'effet que j'attendois,
»& je ne trouvai point qu'il se fût excité de chaleur; les vaisseaux ne
»s'échaufferent point; de plus, la Pyrite ainsi entassée & humectée,
»n'éprouva point de changement, & ne donna point de vitriol. Je ne
»déciderai pas si la saison, pendant laquelle je fis cette expérience,
»n'y fut pas contraire, c'étoit au mois d'Octobre. Je m'y pris donc d'une
»autre maniere; je mis de la Pyrite pulvérisée & humectée avec de l'es-
»prit-de-vin dans une cucurbite peu élevée, à laquelle j'adaptai un grand
»chapiteau & un récipient, pour ne point perdre l'esprit-de-vin qui de-
»voit s'élever; sans qu'il s'excitât de chaleur sensible dans la Pyrite, il
»commença à passer pendant la nuit dans le récipient, mais l'opération
»se fit très-lentement, au point que dans l'espace de quelques semaines
»je n'en obtins qu'un demi-septier. Cet esprit-de-vin avoit le goût de
»la Pyrite, il étoit très-chargé de phlegme; ce qui me fait conjecturer
»que non-seulement la fraîcheur de la nuit, mais encore le mouvement
»interne de la Pyrite avoit contribué à le faire passer à la distillation.
»Quoi qu'il en soit, la décomposition & la vitriolisation de la Pyrite
»sulfureuse prouvent qu'il faut qu'elle contienne quelque chose qui est
»très-disposée à entrer en action; & il faut en chercher la cause, soit dans
»le soufre commun, soit dans le fer, puisque c'est de ces deux substan-
»ces que la Pyrite est composée. Les phénomenes des produits de l'Art
»& de la Nature dans lesquels il entre du soufre, tels que sont ceux du
»pyrophore & de la mine d'alun bitumineuse, qui s'allument à l'air & qui
»se résolvent en alun, me feroient presque penser que le soufre doit être
»regardé comme la cause principale de la vitriolisation des Pyrites; &
»de-là je conçois que d'abord la matiere inflammable, qui est combinée
»dans le soufre de ces Pyrites, est mise en action par le contact de l'air
»humide, qu'elle met ensuite tout le corps entier en mouvement, que par-
»là l'acide se dégage de plus en plus, & que quand il est entiérement mis
»en liberté, il se combine avec le fer, avec lequel il forme du vitriol. Pour
»terminer ma Lettre, je vous-dirai que personne n'a encore rien écrit
»sur la Pyrite vitriolique d'Almérode, & il n'y a point d'attelier en ce
»canton où l'on travaille à faire du vitriol. Il est vrai que dans les attéliers

» où l'on fait de l'alun, après avoir précipité la solution d'alun avec de
» l'urine, on en tire du vitriol verd, mais il est d'une mauvaise qualité,
» aussi le donne-t-on à un très-bas prix ».
Tout ce détail est dû à M. Rosinus.

II. *De la pesanteur spécifique de la Pyrite.*

C'est au célebre Docteur Meuder que je suis redevable des observations qui suivent. Comme je n'avois point de balance hydrostatique, il a bien voulu se charger d'examiner par cette voie non-seulement toutes mes Pyrites, mais encore il a bien voulu comparer leur pesanteur à celle d'un grand nombre d'autres substances, tant solides que fluides. A ces expériences qu'il a faites avec la plus grande exactitude, M. Meuder a joint des remarques, des regles & des manipulations relatives à la balance hydrostatique que l'on chercheroit vainement ailleurs. Peut-être aurois-je dû m'en tenir uniquement à ce qui regardoit les Pyrites, le soufre, l'arsénic & l'orpiment; mais j'ai cru que le Lecteur ne seroit point fâché de trouver réunies dans une même table les pesanteurs spécifiques d'un grand nombre d'autres corps : ces expériences faites par une main habile doivent être précieuses ; & l'importance dont la Pyrite est dans le regne minéral doit rendre intéressante la connoissance de sa pesanteur spécifique, comparée à celle de plusieurs corps de la Nature. Voici mot-à-mot les éclaircissemens que M. Meuder m'a communiqués.

I.

«Comme il paroît que la pesanteur spécifique de chaque corps est
» un des signes qui le caractérisent, & d'ailleurs comme ces sortes d'ob-
» servations peuvent jetter de la lumiere sur la Physique, j'ai formé la
» Table qui suit de la pesanteur spécifique des substances minérales les
» plus connues ».

1 Le succin transparent.
2 La colophone.
30 La poix brune.
43 La poix noire des Cordonniers.
111 Le bitume de Judée ou l'asphalte.
244 La pierre-ponce remplie d'eau.
274 Le charbon de terre.
296 La gomme Arabique.
418 L'*aphronitrum*.
430 Le plâtre durci plein d'eau.
438 Le tartre rouge plein d'eau.
533 Le soufre crud.
545 Le soufre purifié.
545 L'opale tirée de la terre.

1005 La galène, ou mine de plomb cubique.
1006 Le cinnabre artificiel.
1007 Le fer.
1009 La litharge d'argent.
1013 L'alliage de quatre parties de zinc & d'une partie de cuivre.
1022 Le cuivre jaune.
1022 Le tombac fait avec du cuivre & de la cadmie.
1026 L'argent à six deniers de fin.
1028 Le cuivre.
1029 Le bifmuth.
1046 L'argent.
1058 Le plomb de Villach.
1073 Le mercure.
1098 L'or.

Obfervations fur la Balance hydroftatique & fur fes ufages.

1°. Pour qu'une balance hydroftatique foit exacte, & marque toujours les mêmes degrés, il faut que le fléau foit creux & ouvert par le haut, afin que l'air qui fe trouve dans le corps d'en-bas, ait toujours communication avec l'air extérieur.

2°. Les balances hydroftatiques, dont le fléau n'eft point creux ou eft fermé par le haut, ne valent rien, tels font ceux de verre ou d'ambre gris.

3°. Plus le fléau fera long, meilleur il fera, parce que plus on pourra y marquer de degrés, plus il pourra porter de différens corps fans s'enfoncer dans l'eau.

4°. Il faut que le fléau foit égal par tout, fans quoi il ne s'enfoncera pas également & proportionnellement au poids dont il fera chargé.

5°. La figure cônique eft la meilleure qu'on puiffe donner au corps inférieur de la balance, parce que cette figure eft la plus propre à s'enfoncer dans le fluide avec moins de réfiftance.

6°. Il faut que les degrés foient marqués exactement, & également efpacés fur le fléau, & l'on fera bien de faire chaque degré d'un dixieme de pouce, pour partir d'après une mefure connue.

7°. On attachera au bas du cône un petit plateau percé d'un trou, pour que le fluide puiffe y paffer, & par conféquent pour que la pefanteur du corps ne varie point. Ce trou ne m'a point empêché de pouvoir pefer le mercure coulant fans en rien perdre.

8°. La balance dont je me fuis fervi dans les expériences précédentes, a un fléau de neuf pouces, dont chacun eft partagé en dix parties égales, & par conféquent il a 90 divifions ou degrés. Un grain d'argent fin de fait enfoncer de fix lignes, ainfi depuis le premier degré jufqu'au 90e. il ne porte que 15 grains : au lieu que ma balance d'ambre gris, dont le fléau n'a que 8 pouces, & par conféquent 80 lignes ou degrés, s'enfonce à peine d'une ligne pour un grain d'argent fin. Ainfi, la premiere eft fix fois plus senfible. J'appelle grain la foixante-quatrieme partie d'une drachme.

9°. Un inconvénient qui réfulte d'une balance qui eft auffi fenfible qu'elle doit l'être pour les obfervations, c'eft qu'il y a très-peu de corps que l'on puiffe pefer par fon moyen. En effet, la plûpart ou font enfoncer entiérement la balance dans l'eau, ou la laiffent à la furface fans qu'elle s'enfonce du tout ; & parmi les corps que j'ai rapportés, à peine s'en eft-il trouvé dix qui aient tous feuls marqué leurs degrés. Mais on peut aifément remédier à cet inconvénient lorfqu'on fupplée à la légèreté & à la pefanteur, en ajoutant ou en ôtant quelque chofe du poids, & en calculant enfuite combien ce poids fait de degrés, & combien il y faut ajouter ou en fouftraire.

10°. Il faut que le fluide dans lequel on pefe foit toujours de la même nature, qu'il foit également chaud ou froid ; c'eft pourquoi les degrés ne font point les mêmes en hyver qu'en été, quand même on fe ferviroit de la même eau.

11°. En comptant les degrés dans cette balance, il faut commencer de bas en haut, parce que les degrés doivent augmenter en nombre à mefure que le poids eft plus confidérable.

12°. Il faut toujours commencer par humecter avec un pinceau les corps que l'on veut pefer, fans cela les bulles d'air qui s'y attachent fous l'eau les rendent plus légers.

13°. Quant aux corps poreux, tels que la craye, les yeux d'écreviffes, &c. il faut les laiffer s'imbiber d'eau, fans cela ces corps paroîtroient plus légers qu'ils ne font en effet.

14°. Il faut auffi fe défier des fubftances factices, elles peuvent renfermer de l'air qui ne peut plus en fortir. C'eft ce qui arrive fouvent dans le foufre fondu, la même chofe arrive à la pierre d'aigle, &c.

15°. Enfin, il faudra commencer par pefer les corps avec une balance très-exacte, vû qu'un grain fait fur le champ un objet de fix degrés. Dans les expériences qui ont été rapportées, tous les corps avoient exactement le poids de trois drachmes.

16°. Si on veut connoître le poids des fels, tels que l'alun, le borax, le vitriol, le fel gemme, &c. & les comparer les uns avec les autres, il faut au lieu d'eau fe fervir d'efprit-de-vin rectifié pour les pefer, par ce moyen ces fels ne fe diffoudront point pendant qu'on les pefera.

17°. Si l'on veut pefer une fubftance précieufe que l'on ne peut avoir en poids fuffifant, ou qui eft plus pefante qu'il ne faut, fans qu'on puiffe en rien ôter, on n'aura qu'à chercher dans la Table quelque corps qui en approche affez près pour le poids, on en pefera dans la balance autant que pefe la fubftance précieufe, & alors on les pefera toutes les deux dans l'eau, l'on ajoutera ou l'on fouftraira leur différence du corps connu dans la Table. Ainfi l'on fçaura le vrai poids du corps précieux proportionnellement au corps que l'on aura choifi dans la Table.

II.

Machine ingénieuse au moyen de laquelle on dispose un vaisseau de verre cylindrique de façon qu'en y versant une eau saline inconnue, la balance hydrostatique fasse voir sur le champ & sans calcul, combien il y a de grains ou de drachmes de sel dans une livre d'eau saline.

1°. On fera faire un vaisseau de verre cylindrique qui ait douze pouces de longueur & deux pouces & demi de diametre.

2°. On le remplira avec de l'eau commune.

3°. On attachera au cône de la balance assez d'étain fin pour qu'il s'enfonce presque entiérement, sans pourtant cesser de nâger, & par conséquent de maniere que la pointe ou le sommet du cône sorte encore un peu de l'eau.

4°. On marquera sur le cylindre l'endroit où se trouve le bord supérieur du cône.

5°. On fera dissoudre dans une livre de cette eau une demi-once de sel commun.

6°. On remplira le cylindre de verre avec cette eau salée, jusqu'à la même hauteur où alloit auparavant l'eau commune.

7°. On fera tremper la balance comme auparavant, & lorsqu'elle sera en repos on remarquera l'endroit où donnera le bord supérieur du cylindre.

8°. On partagera l'espace entre ces deux points marqués en soixante parties égales, dont chacune indiquera un grain, & l'on marquera les degrés en commençant de bas en haut.

9°. De cette maniere, quand on remplira ce cylindre avec une eau chargée de sel, le bord inférieur de la balance indiquera combien de grains de sel sont contenus dans une livre d'eau.

10°. Si la balance ne s'enfonçoit point, ce seroit une marque que dans une livre d'eau il y a plus d'une drachme de sel ; c'est pourquoi on mêlera une livre de cette eau avec une livre d'eau commune, & alors on examinera l'eau saline affoiblie de la maniere qui a été indiquée ; on doublera les grains que l'on trouvera, & l'on aura par-là le vrai contenu.

III.

Poids de plusieurs Fluides comparés les uns avec les autres.

300 Esprit-de-vin rectifié tiré de l'eau-de-vie de grain.
332 Vin de Pontac ou de Bordeaux.
333 Eau de Weiseritz.
333 Eau thermale de Wolkenstein.
333 Vin du Rhin.
334 Vin nouveau de Misnie.

334 Eau thermale de Radeberg.
335 Eau de Freſſwaſſer près de Graupen.
336 Eau de la ſource de Prudel à Carlsbade, froide.
337 Eau de la ſource de Muhlbade à Carlsbade, froide.
339 Eau amere de Zedluſch ou Sedlitz.
341 Urine d'un homme ſain & ſanguin.
343 Lait de vache.
343 Petite biere de Dreſde.
346 Double biere de Dreſde.
345 Sang d'un homme bilieux.
348 Lait d'âneſſe.
361 Moût ou vin doux de Miſnie, rouge.
374 Eſprit de ſel commun.
378 Eau-forte commune & médiocre.
391 Eau-forte commune, bonne.
516 Huile de tartre par défaillance.
606 Huile de vitriol non rectifiée.
4500 Mercure.

IV.

Comme il s'agit principalement ici de la Pyrite, nous allons examiner les différentes eſpeces & les ſubſtances qui entrent dans ſa compoſition, avec la réduction des nombres.

1 Soufre crud.
12 Soufre purifié.
23 Soufre fondu encore une fois.
172 Scories de ſoufre, ou dépôt qui ſe forme lorſqu'on le fond.
251 Realgar ou arſénic rouge.
274 Orpiment.
295 *Lapis de tribus.*
300 Arſénic jaune.
305 Arſénic blanc.
330 Pyrite jaune.
375 Pyrite jaunâtre.
423 Arſénic noir natif, ou cobalt écailleux.
429 Pyrite blanche.
435 Cobalt propre à faire du bleu.

Tous ces détails ſont dûs à M. Meuder.

On voit par ce qui précede la peſanteur ſpécifique de la Pyrite ainſi que de l'arſénic & du ſoufre, cela peut nous faire connoître la nature de ces corps : on voit, par exemple, que l'arſénic approche beaucoup des métaux par ſon poids ; de plus, cette maniere de peſer les corps eſt une eſpece de pierre de touche pour connoître ſur le champ le poids d'un

corps ; au reste, on peut entiérement s'en rapporter à la Table qui a été
donnée. En effet, on voit par-là que le soufre, quand il est joint avec de
l'arsénic, est plus pesant que lorsqu'il est pur. L'arsénic chargé de soufre
est plus léger que l'arsénic blanc & crystallin : il est aisé de s'appercevoir
que l'orpiment contient plus d'arsénic que de soufre ; plus la Pyrite est
pesante, plus elle est arsénicale ; plus la Pyrite arsénicale est pesante, plus
elle est chargée d'arsénic (1), &c. Il faut seulement bien faire attention,
1°, que le corps qu'on veut peser, ne soit mêlé d'aucune terre, pierre ou
substance étrangere ; 2°, que ce corps ne soit point rempli de fentes, ni
spongieux, mais qu'il soit compacte & serré, de façon que l'air ne s'y loge
point, ou qu'il puisse aisément en être chassé, car ces deux choses rendroient l'expérience fausse. C'est-là, par exemple, la raison pourquoi le
soufre crud, dans la Table, s'est trouvé plus léger que le soufre purifié,
quoique le soufre crud, quand il est gris comme il l'est communément,
contienne un peu d'arsénic, & quelque petite qu'en soit la quantité, ce
soufre devroit l'emporter dans la balance sur le soufre purifié. On voit
encore que le soufre natif fait plus enfoncer la balance que le soufre purifié, parce que ce dernier n'est pas si compacte que le premier : voilà
pourquoi le soufre qui a été fondu une seconde fois, & qui par-là est devenu plus compacte, est plus pesant que le soufre purifié. Cependant
on voit que la densité & la pesanteur ne sont point toujours des qualités
inséparables ; en effet, les cailloux ordinaires, ou pierres à fusil, sont
plus légers que le quartz qui lui-même est plus léger que le spath. L'arsénic blanc crystallin est beaucoup plus léger que l'arsénic noir natif, qui
cependant se sublime en entier sous la forme d'arsénic blanc ; il faut donc
conclure que l'arsénic crystallin a reçu ou perdu quelque chose qui l'a
rendu plus léger, ou qui lui a enlevé sa pesanteur. Il ne faut point non
plus être surpris que la Pyrite jaune ou cuivreuse se trouve plus légere
dans la balance que la Pyrite jaunâtre ou martiale, quoique cette derniere
ne soit composée que de fer & de soufre, tandis que la premiere est composée de cuivre & d'arsénic, qui sont plus pesans que le fer & le soufre.
Il faut conclure de-là que la Pyrite cuivreuse contient une plus grande
quantité de terre non métallique, & conséquemment de terre légere. Il
est constant que la balance hydrostatique n'est pas un moyen d'examiner
les corps avec autant de précision que le désireroient ces Physiciens dé-
daigneux, qui craindroient de se déshonorer s'ils salissoient leurs mains
avec du charbon, & qui ne veulent faire leurs petites expériences qu'au
coin du feu & sans se gêner ; cependant on doit regarder cette balance
comme une voie abrégée de connoître certains corps : le feu seul, l'air
seul, la balance hydrostatique seule, les dissolvans seuls ne suffisent souvent pas pour découvrir les secrets de la Nature, lors même qu'on emploie tous ces agens à la fois (2).

(1) Un phénomène très-remarquable que M.
Henckel auroit pu joindre ici, c'est que l'étain
étant le plus léger des métaux, sa mine qui
n'est composée que d'étain & d'arsénic, ne
laisse pas d'être un des corps les plus pesans du
regne minéral.

(2) La balance hydrostatique est une voie in-
suffisante pour s'assurer de la pesanteur spécifi-

III.

III. *Obſervations mêlées.*

1. L'argent natif ſe trouve le plus communément, ſoit ſur du quartz pur, ſoit ſur le cobalt, & par conſéquent ſur une mine d'arſénic. Malgré cela, quoique la Pyrite blanche ſoit auſſi arſénicale que le cobalt, jamais on n'y a trouvé de l'argent natif ; d'où il faut conclure que le fer, ou quelque autre terre contenue dans la Pyrite arſénicale, eſt contraire à l'argent.

2. L'or natif ou vierge, ſe trouve auſſi le plus ordinairement dans le quartz pur, mais jamais on n'en rencontre ſur le cobalt, au lieu qu'on en trouve ſur la Pyrite arſénicale.

3. On ne trouve ni or ni argent ſur la Pyrite jaune ni ſur la Pyrite jaunâtre, du moins n'y trouve-t-on point ces métaux de façon à faire croire qu'ils en ont été formés.

4. Il y a peu de tems qu'on me fit voir un morceau de la roche appellée *Kneiſſ*, qui accompagnoit de la Pyrite jaunâtre, ſur laquelle on remarquoit de l'argent par filets qui ſembloient avoir été formés de la Pyrite ; mais d'abord de ce que cet argent s'y trouvoit placé, il ne s'enſuit pas qu'il en ſoit ſorti ; & quand cela ſeroit, cela viendroit de l'arſénic, car cette Pyrite eſt hémiſphérique, & par conſéquent arſénicale comme celle que l'on appelle *cobalt* à Halſbruck.

5. On prétendoit que ce même morceau de mine prouvoit que l'argent natif ſe décompoſoit ; cependant l'eſpece de ſuie ou de matiere noire qu'on y remarquoit, ne ſuffiſoit point pour le décider avec certitude ; il auroit fallu conſerver ce morceau de mine pendant quelques années pour voir ſi l'argent ſe conſommoit. Du moins n'y a-t-il pas lieu de le croire de tout argent natif ; & il ne faut pas confondre & croire que de l'argent qui tombe ou ſe détache d'une mine, ait ſouffert une décompoſition.

6. Si l'argent natif ſe décompoſoit, il faudroit qu'il fût mêlé d'arſénic, de même qu'il y a des gens qui prétendent que l'or natif eſt ſouvent mêlé de mercure, & que c'eſt-là ce qui le rend d'une couleur pâle.

7. Quoique la Pyrite ſoit la mere du vitriol, elle n'eſt point la mere des métaux, & elle n'en eſt point une excroiſſance, comme quelques-uns l'ont cru. Voyez Caneparius, *Deſcript. I. cap.* 2. & Ludovic. de Comitibus *de Metallis.*

8. C'eſt une erreur que de croire qu'il y ait du vitriol qui contient de l'or, comme on l'a dit de celui de Hongrie, & l'on a dit qu'il ſe faiſoit ſentir juſques dans l'eau-forte que l'on a faite par ſon moyen ; & quand, comme Bécher l'aſſure, un Eſſayeur de la Monnoye y auroit trouvé de l'or, il ne faudroit point l'attribuer à une *fixation de ce qui eſt volatil*, ni à

---

que d'un grand nombre de ſubſtances, & l'on eſt actuellement convaincu que les alliages métalliques n'ont point la même peſanteur étant alliés ; que chacun des métaux avoit avant l'alliage, d'où l'on voit que le fameux problême de la couronne d'Hiéron eſt fondé ſur une ſuppoſition fauſſe.

une extraction de ce qui étoit caché, mais plutôt à une production opérée par le concours de deux substances qui sont entrées dans l'opération. Voyez *Tollii Epistol. Itiner. V. pag.* 175. Bécher , *Physica subterranea, Lib. I. sect.* 3. *cap.* 3.

9. Caneparius dit avoir vu de ses propres yeux qu'une marcassite ou Pyrite pulvérisée s'étoit changée en mercure, en y versant du vinaigre; l'on peut joindre ce fait avec l'expérience de Boyle , dont j'ai parlé à la fin du Chapitre X. Voyez Caneparius *de Atramentis, Descript. I. cap.* 10. *pag.* 63. *& cap.* 18. *pag.* 108.

10. Pomet a cru qu'un Abbé avoit fait le remede universel avec une Pyrite ou marcassite vitriolique qui se trouve dans de la glaise, à Passy près de Paris. Voyez Pomet *Dictionnaire des Drogues.*

11. Albert le Grand dit que la Pyrite est d'une nature mercurielle, ce qu'il conclut de ce qu'elle donne une couleur blanche au cuivre. Voyez Ludovic. de Comitibus *de Metallis, pag.* 236.

12. Matthesius parle d'une marcassite qui contenoit du mercure, & d'une mine d'arsénic qu'il nomme *cadmia*, dont il sortoit du mercure lorsqu'on la frappoit. Voyez Libavius *de Natura Metallorum, Lib. I. cap.* I. *pag.* 7.

13. Caneparius indique un procédé pour tirer du mercure du vitriol. Voyez *de Atramentis, pag.* 218.

14. Une chaux de plomb mise en digestion avec du sel ammoniac, du sel de tartre & de l'urine putréfiée, & ensuite mise en dissolution, répand une odeur arsénicale, & enfin fait un très-beau phosphore.

15. J'ai reçu de Neusol en Hongrie un sel blanc sous le nom de vitriol blanc , que l'on nomme *strep* dans le pays, il étoit en crystaux longs & déliés.

16. Les eaux thermales de Radeberg doivent leur origine à une Pyrite qui donne un vitriol martial plus pur que toutes les autres Pyrites.

17. Suivant le rapport de M. Leyel, Conseiller des mines, on a trouvé à Falhun en Suede , dans la grande mine de cuivre, un cadavre humain qui y étoit resté au moins quarante ans en chair & en os sans se corrompre, & sans répandre d'odeur ; il étoit tout habillé, & entiérement incrusté de vitriol. Voyez *Acta Litteraria Sueciæ ; Trimestr. I. anni 1722. pag.* 250.

18. Des substances corrosives telles que le vitriol, qui loin d'agir sur les corps morts les conservent , agissent plus fortement sur les corps vivans : Tavernier dit que les Orientaux se font tomber la barbe avec un mélange de terre & d'orpiment, ce qui leur fait venir des ulceres & des trous dans la chair , ou du moins leur rend la peau rude comme du chagrin.

19. Voulant connoître l'effet que produiroit le vitriol sur les végétaux, je fis dissoudre une certaine quantité de ce sel dans de l'eau, j'y laissai tremper dix grains d'orge pendant 24 heures, & après les avoir fait sécher, je vis qu'ils étoient devenus tout noirs ; de ces dix grains il n'en leva que deux qui n'avoient qu'une tige & un épi très-foibles; je ne sçais si cela venoit du vitriol,

ou de ce que je les avois femés trop tard : cependant il paroît que le vitriol eft très-peu propre à fertilifer, l'on en a un exemple dans la terre vitriolique de Rogau en Siléfie, dont on voulut fe fervir comme d'un engrais pour les terres, mais l'on s'apperçut bientôt qu'elle les rendoit ftériles. Voyez les *Mémoires de Médecine & de Phyfique de Bréflaw*, année 1718. *pag.* 1402.

20. M. William Gould, Médecin & Profeffeur à Oxford, a remarqué que l'huile de vitriol devient plus pefante à l'air ; pour s'en affurer, il mit de cet acide parfaitement déflegmé dans un vaiffeau large & découvert, & il la pefa exactement chaque jour. En 57 jours, trois drachmes d'huile de vitriol ont acquis le poids de neuf drachmes & trente grains ; dès le premier jour le poids étoit augmenté d'une drachme & huit grains ; l'augmentation devint de jour en jour moins grande, & le dernier jour elle fut à peine d'un demi-grain. Cette expérience réuffit mieux dans un tems humide & nébuleux, que dans un tems fec, & dans un vaiffeau évafé que dans un vaiffeau étroit. Voyez les *Tranfactions Philofophiques du mois de Février 1684*, *n°.* 156.

21. Voici une expérience que rapporte Boyle pour prouver la volatilifation des métaux. Si on diftille des lames minces de cuivre avec partie égale ou le double de mercure fublimé, il refte au fond de la cornue une matiere fufible & inflammable, comme de la cire d'Efpagne. Si on pulvérife cette matiere, qu'on l'expofe à l'air, & qu'enfuite on la faoule d'efprit de fel, elle donne une fubftance qui reffemble à du verd-de-gris : en diftillant cette matiere avec du tripoli, elle donne une liqueur claire comme de l'eau de roche, mais qui verdit auffi-tôt qu'on y verfe du fel ammoniac ou de l'alkali volatil. Voyez Boyle. *Difcuff. de Salubritate Aëris*, & *Acta Eruditorum, ann.* 1687. *pag.* 68.

22. M. Swedenborg, Affeffeur des mines à Stockholm, a tenté de faire un fyftême des corps de la Nature fuivant les principes de la Géométrie, & d'après les expériences faites avec la balance hydroftatique ; mais il me paroît qu'il s'eft trop hâté dans les conclufions qu'il a tirées, & je crois qu'il auroit dû faire un plus grand nombre d'expériences, les répéter, & s'affurer de leur exactitude. Voyez fon *Prodromus Hiftoriæ Naturalis*.

23. Dans la mine de Salberg en Suede, on trouva en 1696. un peu de mercure coulant, mais jamais on n'y en a pu trouver depuis. La même chofe eft arrivée en Laponie. Voyez *Leopoldi Relatio de Itinere fuo Suecico*, *pag.* 81.

24. J'ai reçu depuis peu un envoi de Pyrites d'Alonitz en Mofcovie : faute de tems pour les examiner je dirai que les Pyrites de Ruffie me paroiffent en général comme celles des autres pays. La mine de cuivre de Schinifelgi qui eft de couleur d'azur, contient 45 livres de cuivre noir par quintal. Dans les mines de Bogatvi-mednoi-jami & de Ninifelgi-knordu, on trouve du cuivre natif fur du quartz tranfparent ; & ce qui mérite bien d'être remarqué, il fe trouve dans le diftrict de Nerzinskoy, dans la mine de Bajatky, une mine de plomb en petits grains qui donne

quatre-vingt-cinq livres de plomb & deux onces d'argent au quintal *.

25. Un Auteur Italien nommé Mazotta, dans un Ouvrage intitulé, *de triplici Philosophia*, pag. 208. dit de prendre une livre de *marcassite d'or*, de la faire dissoudre dans deux livres d'eau-forte, dans laquelle on aura mis deux onces de sel ammoniac ; de décanter la dissolution, & de la faire évaporer ; là marcassite restera au fond. On prendra six onces de cette marcassite, une once de chaux d'or ou de feuilles d'or, de sel ammoniac & de mercure sublimé, de chacun une once ; de mercure coulant bien pur, huit onces ; on mêlera le tout ensemble, & on le sublimera jusqu'à sept fois, ou du moins jusqu'à ce que tout demeure fixe au fond du vaisseau, à chaque fois on rejoindra le sublimé avec ce qui sera resté. On mêlera cette matiere avec une once de sel ammoniac, & on l'imbibera avec une livre & demie de l'alkali que je vais décrire ; par-là tout se changera en une huile. On lui donnera un feu doux dans un athanor, ou au feu de lampe pendant un mois ; cette huile se congelera ou se séchera, (*congelabitur*). On mettra une once de cette matiere sur dix livres de mercure bien purifié ; appliquez-lui peu-à-pêu le feu dans un fourneau à vent, laissez-la en fusion pendant une heure, elle se changera en or, & teindra le cuivre & l'argent. Voici comment on préparera l'alkali : mêlez du vinaigre avec de l'alkali, de maniere qu'on puisse paîtrir & former des boules avec ce mêlange ; faites-le sécher au soleil, exposez-le ensuite pendant 24 heures au fourneau de réverbere ; pulvérisez le mêlange, & faites-le dissoudre dans une fois autant de vinaigre distillé ; distillez & cohobez avec le même vinaigre, & distillez ensuite encore une fois, laissez-le se résoudre en eau sur une plaque de marbre dans un endroit humide ; faites-le évaporer jusqu'à siccité ; laissez-le se résoudre de nouveau, & réitérez plusieurs fois la même chose, vous aurez une chose admirable & un secret merveilleux ; cet alkali réduit tous les corps & les esprits (*spiritus & corpora*) en une eau. On est le maître de tenter cette expérience. Pour moi je ne puis le faire ;

Impossibile est indigentem philosophari.

* M. Gmelin, très-sçavant Physicien, qui a publié en Allemand un excellent Voyage de Sibérie, rapporte un phénomene bien digne de l'attention des Naturalistes, c'est que dans ces contrées septentrionales de l'Asie presque toutes les mines des métaux se trouvent à la surface de la terre, tandis que dans les autres pays elles se trouvent profondément ensevelies dans son intérieur.

FIN DE LA PYRITOLOGIE.

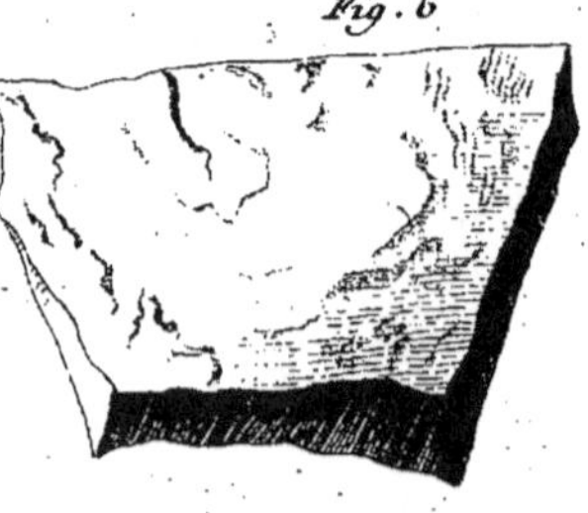

Pelletier Sc.

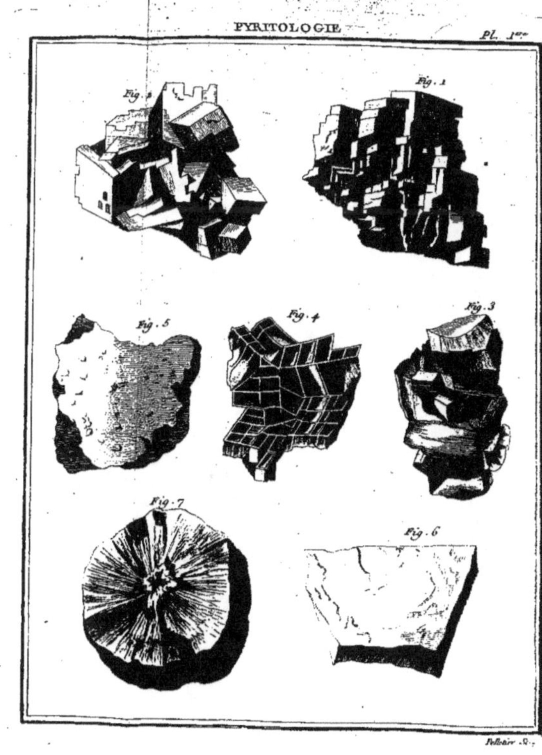

Pelletier Sc.

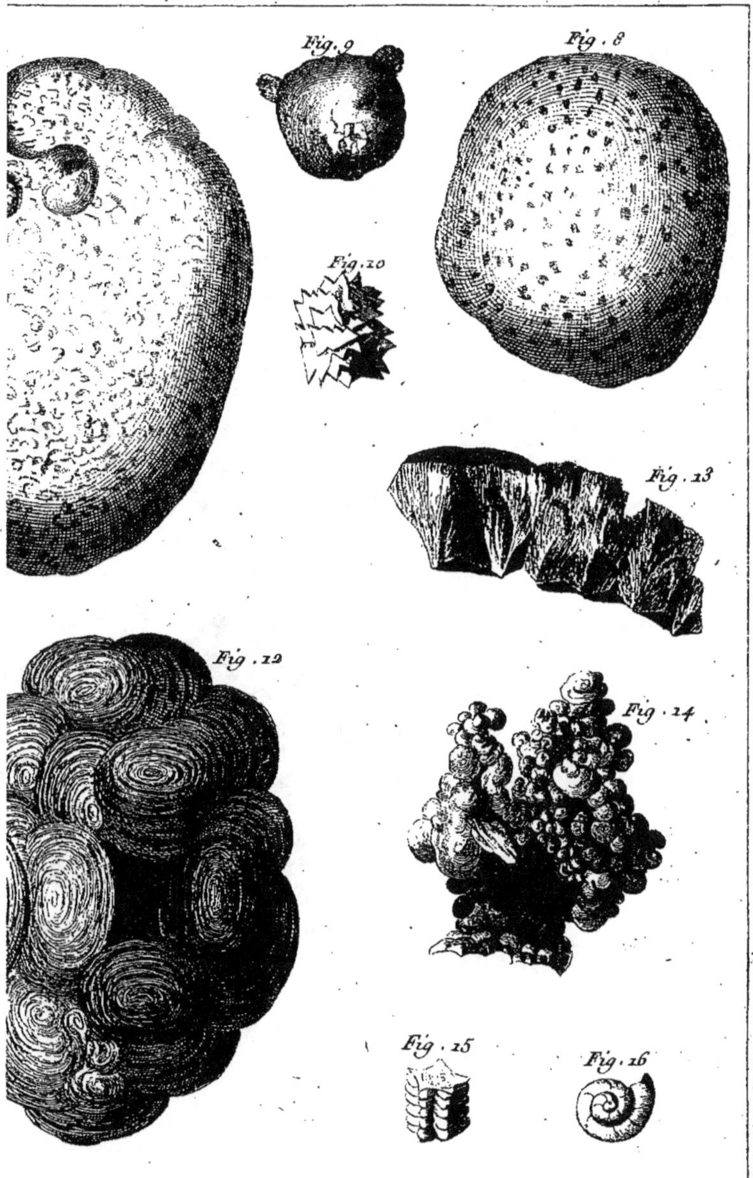

Fig. 9
Fig. 8
Fig. 10
Fig. 13
Fig. 12
Fig. 14
Fig. 15
Fig. 16
Pelletier Sc.

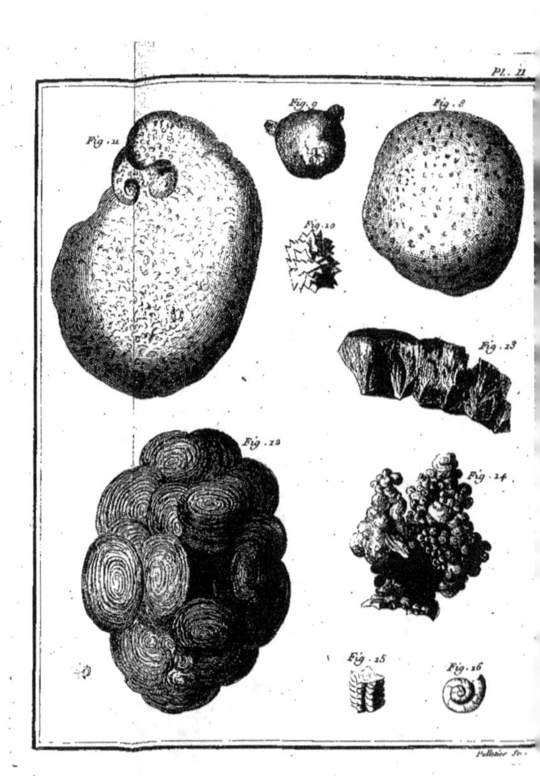
Pl. 21
Fig.11
Fig.9
Fig.8
Fig.10
Fig.23
Fig.13
Fig.24
Fig.15
Fig.16
Pelletier Sc.

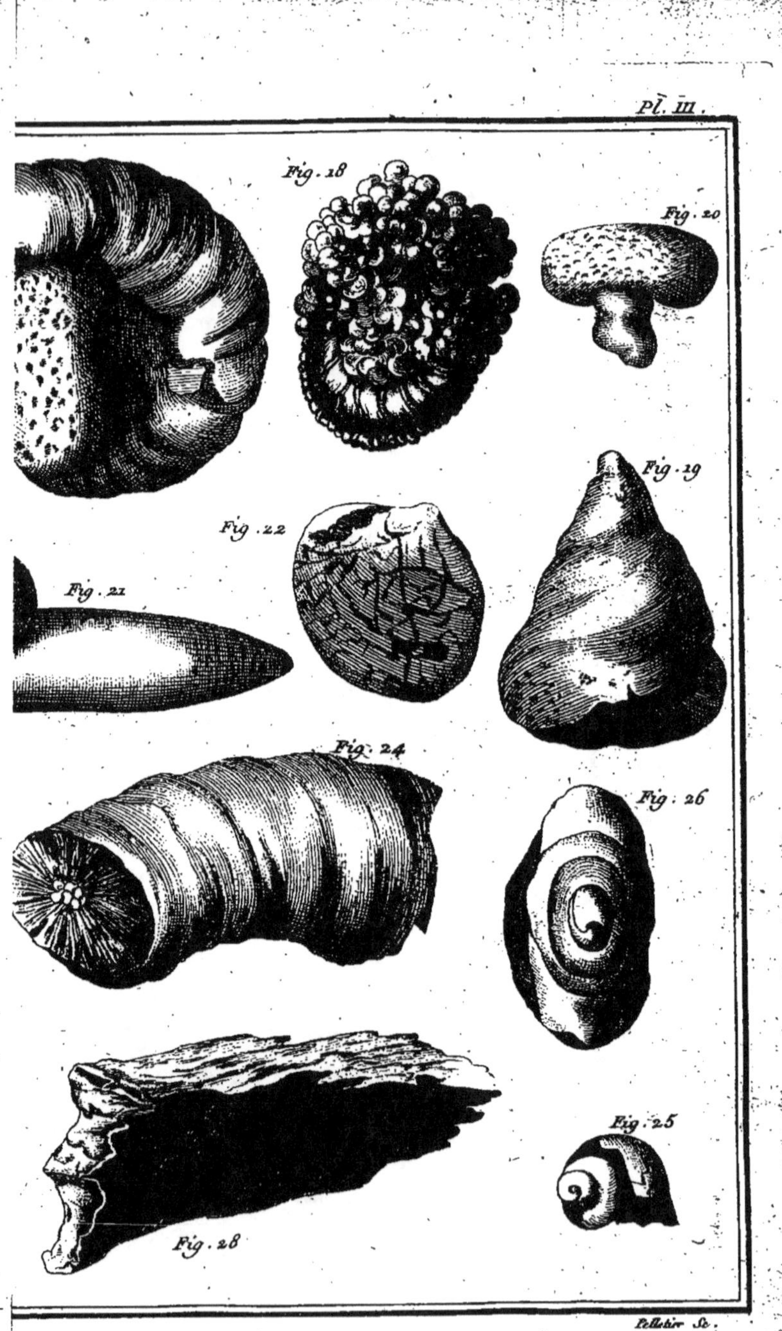
Fig. 18
Fig. 20
Fig. 19
Fig. 22
Fig. 21
Fig. 24
Fig. 26
Fig. 25
Fig. 28

Pellebir Sc.

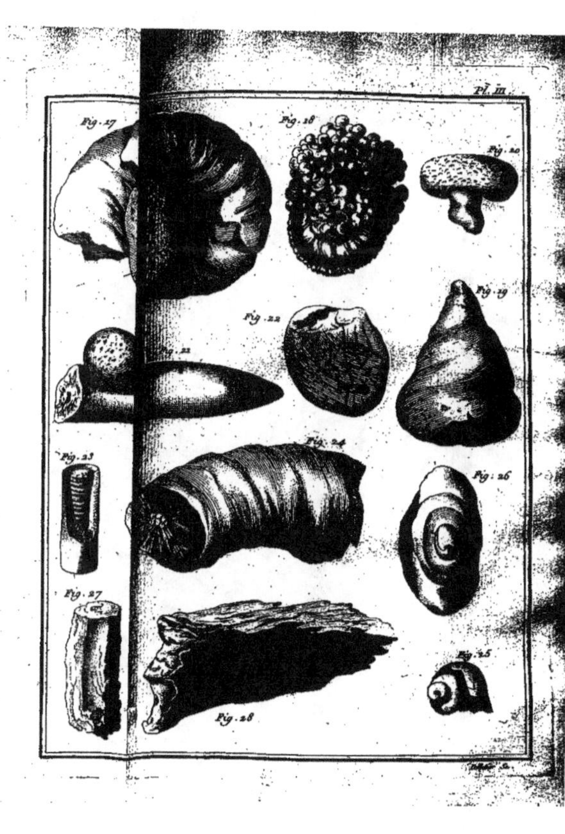

Pl. III.
Fig. 17
Fig. 18
Fig. 20
Fig. 19
Fig. 22
Fig. 21
Fig. 23
Fig. 24
Fig. 26
Fig. 27
Fig. 25
Fig. 28

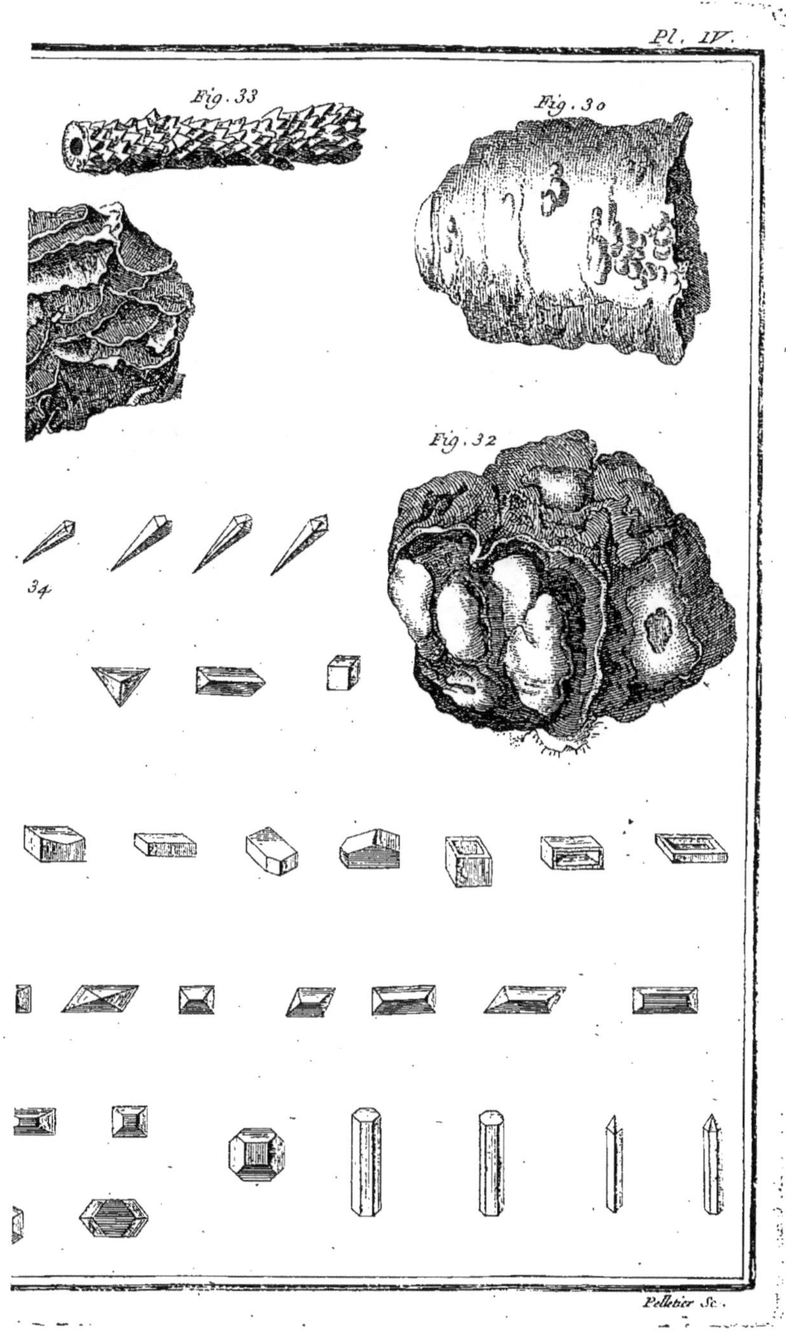
Fig. 33
Fig. 30
Fig. 32
34
Pelletier Sc.

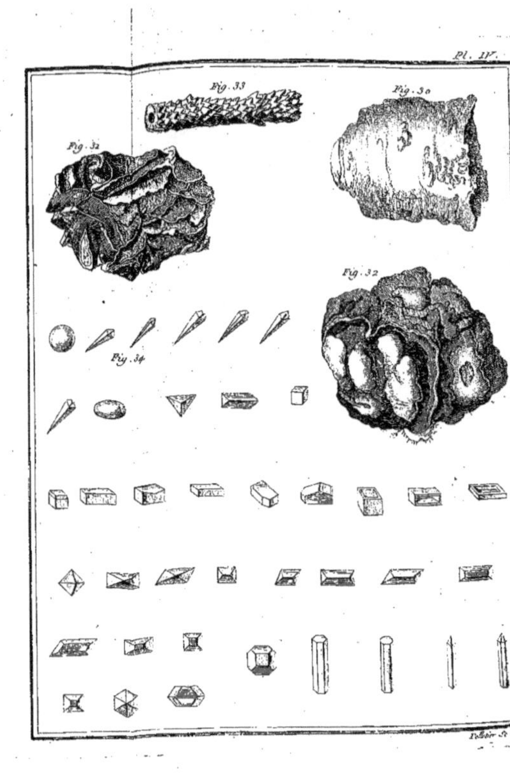
Pl. IV.
Fig. 33
Fig. 30
Fig. 32
Fig. 34
Fig. 32

TABLE
DES MATIERES

CONTENUES DANS LA PYRITOLOGIE.

D d d iij

F

G

Fin de la Table des Matieres de la Pyritologie.

APPROBATION DU CENSEUR ROYAL.

J'AI lû par ordre de Monseigneur le Chancelier les Traductions des différens Ouvrages du célebre HENCKEL, sçavoir, de sa *Pyritologie*, de son *Flora Saturnisans*, de son *Traité de l'Appropriation*, &c. & je les juge d'autant plus dignes d'être imprimées, que je suis persuadé que les bons Connoisseurs dans ces matieres seront pénétrés de la plus vive connoissance envers le zélé Patriote qui leur fait un si riche présent. A Paris, ce onze Octobre 1760.   BARON.

PRIVILEGE DU ROI.

LOUIS, par la grace de Dieu, Roi de France & de Navarre : A nos amés & féaux Conseillers, les Gens tenans nos Cours de Parlemens, Maîtres des Requêtes ordinaires de notre Hôtel, Grand Conseil, Prévôt de Paris, Baillifs & Sénéchaux, leurs Lieutenans Civils, & autres nos Justiciers qu'il appartiendra, Salut. Notre Amé le Sieur JEAN-THOMAS HERISSANT, Libraire à Paris, ancien Adjoint de sa Communauté, Nous a fait exposer qu'il désireroit faire imprimer & donner au Public des Ouvrages qui ont pour titre : *Traité Historique, Dogmatique & Pratique des Indulgences du Jubilé; de la Connoissance de Jesus-Christ, & de ses Mysteres;* PYRITOLOGIE *de M. Henckel, traduite de l'Allemand, par M. le Baron de Holback; Essai Pyrothecnique sur la Lithogéognosie, ou Examen Chymique des Pierres & des Terres ordinaires; Preuves & défenses de la Religion de Jesus-Christ, par le François,* s'il Nous plaisoit lui accorder nos Lettres de Privilége pour ce nécessaires. A CES CAUSES, voulant favorablement traiter l'Exposant, Nous lui avons permis & permettons par ces Présentes de faire imprimer lesdits Ouvrages autant de fois que bon lui semblera, & de le faire vendre & débiter par tout notre Royaume pendant le tems de six années consécutives, à compter du jour de la date des Présentes. Faisons défenses à tous Imprimeurs, Libraires & autres personnes, de quelque qualité & condition qu'elles soient, d'en introduire d'impression étrangere dans aucun lieu de notre obéissance : comme aussi d'imprimer ou faire imprimer, vendre, faire vendre, débiter ni contrefaire lesdits Ouvrages, ni d'en faire aucun Extrait sous quelque prétexte que ce puisse être, sans la permission expresse & par écrit dudit Exposant ou de ceux qui auront droit de lui, à peine de confiscation des Exemplaires contrefaits, de trois mille livres d'amende contre chacun des contrevenans, dont un tiers à Nous, un tiers à l'Hôtel-Dieu de Paris, l'autre tiers audit Exposant ou à celui qui aura droit de lui, & de tous dépens, dommages & intérêts ; à la charge que ces Présentes seront enregistrées tout au long sur le registre de la Communauté des Imprimeurs & Libraires de Paris, dans trois mois de la date d'icelles ; & que l'impression desdits Ouvrages sera faite dans notre Royaume & non ailleurs, en bon papier & beaux caracteres conformément à la feuille imprimée attachée pour modele sous le contre-scel des Présentes ; que l'Impétrant se conformera en tout aux Réglemens de la Librairie, & notamment à celui du 10. Avril 1725. & qu'avant de l'exposer en vente les Manuscrits qui auront servi de copie à l'impression desdits Ouvrages seront remis dans le même état où l'Approbation y aura été donnée, ès mains de notre très-cher & féal Chevalier Chancelier de France le sieur DE LAMOIGNON, & qu'il en sera ensuite remis deux Exemplaires de chacun dans notre Bibliothéque publique, un dans celle de notre Château du Loûvre, & un dans celle de notredit très-cher & féal Chevalier Chancelier de France le Sr DE LAMOIGNON, le tout à peine de nullité des Présentes. Du contenu desquelles vous mandons & enjoignons de faire jouir ledit Exposant & ses ayans causes pleinement & paisiblement, sans souffrir qu'il leur soit fait aucun trouble ou empêchement. Voulons que la copie des Présentes, qui sera imprimée tout au long au commencement ou à la fin dudit Ouvrage, soit tenue pour duement signifiée, & qu'aux copies collationnées par l'un de nos amés & féaux Conseillers Secrétaires, soit ajoutée comme à l'original. Commandons au prémier notre Huissier ou Sergent sur ce requis, de faire pour l'exécution d'icelles tous Actes requis & nécessaires, sans demander autre permission, & nonobstant clameur de Haro, Chartre Normande & Lettres à ce contraires. CAR tel est notre plaisir. Donné à Versailles le dix-huitiéme jour du mois de Janvier, l'an de grace mil sept cens soixante, & de notre régne le quarante-cinquiéme. Par le Roi en son Conseil.
                                                                    LEBEGUE.

Registré sur le Registre XV. de la Chambre Royale & Syndicale des Libraires & Imprimeurs de Paris, n°. 2891. fol. 41. conformément au Réglement de 1723. A Paris ce 22. Janvier 1760.
                                                                    G. SAUGRAIN, Syndic.

www.ingramcontent.com/pod-product-compliance
Lightning Source LLC
LaVergne TN
LVHW010833060726
842526LV00002B/263